우리 몸 연대기

The Story of the Human Body

THE STORY OF THE HUMAN BODY
Evolution, Health, and Disease

우리 몸 연대기

The Story of the Human Body

유인원에서 도시인까지,
몸과 문명의 진화 이야기

대니얼 리버먼 지음 | 김명주 옮김
최재천 감수

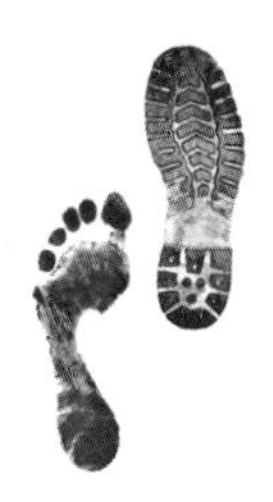

웅진지식하우스

부모님께

∞

추천의 글

대니얼 리버먼은 원래 하버드대학교 인류학과 교수였다가 요즘은 새로 생긴 인간진화생물학과 교수이자 내가 졸업한 개체및진화생물학과 겸임교수로 일하고 있다. 그는 인간의 진화를 연구하는 학자다. 그중에서도 뼈를 주로 연구한다. 그의 실험실 이름이 아예 '뼈 실험실Skeletal Biology Lab'이다. 인간 두개골의 진화 연구로 시작해 맨발로 달리기에 관한 연구에 이어 최근에는 직립 상태에서 던지기에 연관된 생리 및 진화 연구에 매진하고 있다. 그에게는 '맨발 교수'라는 별명 외에도 학교 안에서는 '엉덩이 교수'라는 별명이 따라다닌다. 강의실에서나 파티에서나 달리기와 던지기에 엉덩이가 얼마나 중요한지 줄기차게 떠든다.

나는 거의 20년 전에 진화의학이라는 새로운 학문을 처음으로 소개한 책 『인간은 왜 병에 걸리는가—다윈의학의 새로운 세계』를 우리말로 번역했다. 그 책의 저자인 랜덜프 네스Randolph Nesse와는 미시건대학교에서 교편을 잡고 있던 시절 동료로 지냈다. 나는 그동안 우리나라 거의 모든 의과대학에서 다윈의학 또는 진화의학에 관한 초청 강연을 했다. 그러나 아직 우리나라 그 어느 의과대학도 진화의학을 정식 교과과정으로 채택한 곳은 없다. 다만 벌써 여러 해째 한 번도 거르지 않고 서울의대 기생충학 수업에 불려 가 특강을 하고 있다. 최근에는 온라인 강좌 K-MOOC에서 '인간은 왜 병에 걸리는가?—질병의 생태와 진화'라는 제목의 수업을 진행하고 있다. 이 책이 번역되어 나오면 당연히 필독서 목록에 올릴 것이다.

대니얼 리버먼이 이 책에서 여러 차례 강조한 대로 막상 병에 걸리면 당장 치료를 받는 게 중요하지 인간은 도대체 왜 병에 걸리는 것일까를 고민할 여유는 없다. 하지만 우리 몸은 기계처럼 설계된 것이 아니라 끊임없이 변형되며 진화하는 유기체다. 따라서 우리 몸의 진화사를 이해하면 "왜 우리 몸이 지금과 같은 모습이고 지금과 같은 방식으로 작동하는지, 왜 우리가 그것 때문에 병에 걸리는지 알 수 있다." 진화의 렌즈로 질병을 바라볼 때 한 가지 꼭 기억해야 할 게 있다. 자연선택은 우리를 건강하게 만들어주는 것보다는 왕성한 번식을 하도록 돕는 데 더 큰 관심이 있다는 사실을. 평생 폐병으로 골골하다 요절했으면서도 자식은 남겨 두고 떠난 시인이 건강하게 장수했지만 자식은 남기지 못한 천하무적 장군보다 진화적으로 훨씬 성공한 사람이다. 진화란 결국 누구의 유전자가 후대에 남겨지느냐에 따라 일어나는 변화이기 때문이다.

내가 박사 학위 과정을 마무리하던 1980년대 말이었을 것이다. 우리들 대부분은 당시 유명한 고생물학자 스티븐 제이 굴드가 인간은 진화를 멈췄다고 말한 데 대해 엄청나게 흥분해 씩씩거리고 있었다. 그 무렵 어떤 세미나에서 이런 굴드의 주장을 옹호하고 나선 인류학과 대학원생이 있었다. 그가 바로 이 책의 저자 대니얼 리버먼이었다. 하지만 그는 그때 자신의 생각이 잘못됐었다고 이 책에서 고백한다. 뒤늦은 고백이지만 반갑다. 이 책이 진화의학을 뒷받침하려면 당연히 그래야 한다. 인간은 지금 이 순간에도 진화하고 있고 어떤 면에서는 예전보다 훨씬 더 빠른 속도로 진화하고 있다. 자연선택의 영향은 줄었지만 문화적 진화, 즉 성선택의 영역은 엄청나게 늘고 있기 때문이다.

현대인의 몸은 역설에 빠졌다. 많은 면에서 분명히 더 좋아졌고 오래 살지만 또 다른 면에서는 예전에 비해 훨씬 못해졌다. 영양실조에 걸리거나 감염성 질환으로 고생하는 사람은 줄었지만 나이가 들어가며 비감염성 질환으로 병원 신세를 지는 사람이 많아지고 있다. 많은 사람들이 온갖 다양한 기능장애에 시달리면서 훨씬 더 오래 살고 있다. 장수는 분명 축복이지만 늘어난 수명을 병원에 들락거리거나 중환자실에 누워서 보내는 게 과연 진정한 축복일까? 저자는 이 같은 역설을 이해하고 대처하려면 진화의 렌즈로 두 현상을 들여다봐야 한다고 말한다. 환경 변화로 인한 진화적 불일치와 그에 따른 역진화의 악순환 고리를 발견하고 그걸 끊어내야 한다고 역설한다. 우리가 지금 앓고 있는 불일치 질환의 대부분은 예방 가능한 것들이다. 그걸 일으키는 환경이 바로 우리가 스스로 만들어낸 것인 만큼 우리 노력으로 충분히 바로잡을 수 있다. 내 K-MOOC 수업의 마지막 강의 제목이 '현명한 환자가 되자'이다. 인생100세시대를 살고 있는 우리들은 기본적으로 모두 환자다. 더 정확히 말하면 사춘기 시절부터 누구나 잠재 환자의 삶을 시작한다. 이 책이 당신을 현명한 환자로 만들어줄 것이라고 확신한다.

특히 유발 하라리의 『사피엔스』를 읽은 독자들에게 이 책을 권한다. 아니 『사피엔스』를 읽으며 왠지 흡족하지 않았다면 이 책을 꼭 읽으라고 말하고 싶다. 하라리와 리버먼은 거의 비슷한 시기에 자신들의 책을 썼다. 몇 년 전 하라리 교수가 방한했을 때 가졌던 대담을 나는 잊지 못한다. 그럼에도 불구하고 하라리는 전쟁사를 연구하는 역사학자다. 그가 생물학자와 인류학자 들의 저술을 읽으며 이해하고 종합한 인류의 진화와, 고인류의 뼈를 직접 만지며 얻은 리버먼의 혜안에는 결코 넘을 수 없는 깊이의 차이가 있다. 당신이 만일 잘 다듬어진 결론 이야기에 만족하지 않고 자꾸 '왜Why?'라는 질문을 던지고 있다면 이 책을 읽어야 한다. 훨씬 더 진한 전율을 느끼며 때론 무릎을 칠 것이다. 행복한 독서가 되리라 확신한다.

최재천(이화여대 에코과학부 교수 • 『다윈 지능』의 저자)

∞

머리말

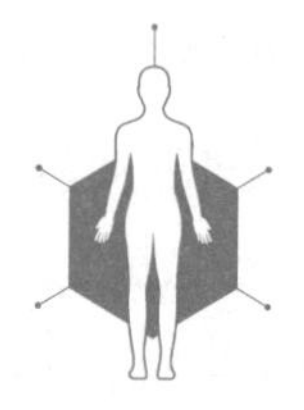

대부분의 사람들처럼 나도 인간의 몸에 매혹을 느낀다. 하지만 몸에 대한 관심을 저녁과 주말로 미루는 대부분의 지각 있는 사람들과 달리 나는 몸에 대한 관심을 직업으로 삼았다. 사실 나는 운좋게도 하버드대학교 교수가 되어 인간의 몸이 왜 그리고 어떻게 지금과 같은 방식으로 작동하는지 가르치고 연구하고 있다. 이런 일을 하다 보니 나는 팔방미인이 되었다. 학생들을 가르치는 것 외에도 나는 화석을 연구하고, 사람들이 몸을 어떻게 사용하는지 보기 위해 지구의 흥미롭고 구석진 장소들로 여행하고, 연구실에서 인간의 몸과 동물의 몸이 어떻게 작동하는지를 알아보는 실험도 한다.

대부분의 교수들처럼 나도 말하는 것을 좋아하고 사람들의 질문을 즐긴다. 하지만 자주 받는 질문들 중 하나인 "미래에 인류는 어떤 모습이 될까요?"는 정말 끔찍하다. 나는 이 질문이 정말 싫었다! 나는 진화생물학 교수다. 그것은 내가 미래가 아니라 과거를 연구한다는 뜻이다. 나는 예언자가 아니다. 그 질문을 받을 때마다 나는 먼 미래의 인간을 거대한 뇌와 창백하고 왜소한 몸에 번쩍거리는 옷을 걸친 존재로 묘사하는 수준 낮은 과학 영화들이 생각났다. 반사적으로 튀어나오는 내 대답은 한결같았다. "인류는 문화 때문에 별로 진화하지 않을 겁니다." 이것은 내 동료들의 다수가 같은 질문을 받을 때 내놓는 모범 답안의 한 변형이다.

하지만 그 뒤로 나는 생각이 바뀌어 지금은 인간 몸의 미래가 가장 중요한 쟁점 중 하나라고 생각한다. 우리는 몸에 관해서는 역설적인 시대에 살고 있다. 한편으로 보면 이 시대는 인간의 역사에서 가장 건강한 시대다. 만일 당신이 선진국에 살고 있다면, 당신의 모든 자녀가 죽지 않고 무사히 어른이 되어 아들딸 낳고 손자까지 보면서 노망날 때까지 살 것이라고 기대해도 좋다. 우리는 사람들을 떼죽음으로 몰아넣었던 천연두, 홍역, 소아마비, 페스트 같은 질병들을 정복했거나 진압했다. 사람들의 키는 더 커졌고, 맹장염, 이질, 다리 골절, 빈혈 같은 생명을 위협하던 병들도 지금은 쉽게 치료할 수 있다. 물론 아직도 영양실조와 질병에 시달리는 나라들이 있지만, 그것은 식량이나 의료 기술이 부족해서라기보다는 불안정한 정부와 사회 불평등의 결과이기 일쑤다.

하지만 뒤집어보면 우리는 더 잘할 수 있었다. 최근 들어 비만이 유행처럼 번지고, 예방할 수 있는 만성질환과 기능장애가 전 세계를 휩쓸고 있다. 그러한 질병으로는 몇 가지 암, 2형 당뇨병, 골다공증, 심장병, 뇌졸중, 신장콩팥 질환, 몇몇 알레르기, 치매, 우울증, 불안, 불면증 등이 있다. 또한 수십억 명이 요통, 평발, 발바닥근막염족저근막염, 근시, 관절염, 변비, 위산 역류, 과민대장 증후군 같은 문제들을 겪고 있다. 그중 몇몇은 오래전부터 있었던 것이지만, 대부분은 새로 생겼거나 전부터 있었다 해도 최근 들어 흔해지고 심해진 것이다. 이런 질병들이 증가하는 이유는 어느 정도는 사람들이 더 오래 살기 때문이지만, 그 질병들의 대부분이 중년기 사람들 사이에서 나타나고 있다. 이러한 역학적 이행epidemiological transition은 고통뿐만 아니라 경제 문제도 야기한다. 베이비붐 세대가 은퇴하면서, 그들이 앓고 있는 만성질환이 건강보험에 부담을 주고 경제의 발목을 잡는다. 게다가 수정 구슬에 비친 앞으로의 전망도 밝지 않다. 경제적 발전이 전 세계로 확산되면서 이러한 질병들이 흔해지고 있기 때문이다.

우리가 직면하고 있는 건강 난제들을 놓고 부모, 의사, 환자, 정치인, 기자, 연구자 들이 국경을 초월해 격론을 벌이고 있다. 초점은 주로 비만이다. 왜 사람들은 점점 뚱뚱해질까? 어떻게 하면 살을 빼고 식생활을 바꿀 수 있을까? 어떻게 하면 우리 자녀들이 과체중이 되는 것을 막을 수 있을까? 어떻게 하면 그들에게 운동을 시킬 수 있을까? 그뿐 아니라 아픈 사람을 돕는 일도 시급하기 때문에, 점점 늘고 있는 비감염성 질환에 대한 새로운 치료법을 고안하는 것 역시 집중 논의 대상이다. 어떻게 하면 암, 심장병, 당뇨병, 골다공증 같은 나와 내가 사랑하는 사람들을 죽일 가능성이 가장 높은 질환을 치료할 수 있을까?

의사, 환자, 연구자, 부모 들이 이러한 질문들에 대해 논쟁하고 연구할 때 우리 조상들이 유인원에서 갈라져 나와 두 발로 선 먼 옛날의 아프리카 숲을 한번쯤 돌이켜보는 사람은 거의 없을 것이다. 그들은 루시Lucy나 네안데르탈인호모 네안데르탈렌시스, *Homo neanderthalensis*에 대해 좀처럼 생각하지 않고, 진화를 고려한다 해도 대개의 경우는 우리가 동굴 원시인caveman(무슨 의미로 하는지는 모르나 아마 우리 몸이 현대의 생활 방식에 잘 적응되어 있지 않음을 암시하는 말일 것이다.)이었다는 명백한 사실을 인정하는 것에 그친다. 심근경색 환자에게 필요한 것은 인간의 진화에서 뭔가를 배우는 것이 아니라 당장의 의학 치료니까.

내가 심근경색 환자라면 나 역시 주치의가 인간의 진화가 아니라 당장 급한 치료에 집중하기를 바랄 것이다. 하지만 이 책에서 나는 우리 사회가 인간의 진화에 대해 생각하지 않는 것이 예방할 수 있는 질병을 막지 못하는 가장 큰 이유라고 주장할 것이다. 우리 몸에는 진화 이야기가 있다. 이 이야기는 엄청나게 중요하다. 우선 진화를 알면 왜 우리 몸이 지금처럼 되었는지 알 수 있고, 따라서 어떻게 하면 병에 걸리지 않을 수 있는지에 대한 단서들을 찾을 수 있다. 왜 우리는 쉽게 살이 찔까? 왜 우리는 때때로 음식을 먹다가 질식할까? 왜 우리 발바닥활은 평평해질까? 왜 우리는 허리가 아플까? 몸의 진화 이야기를 알아야 하는 또 다른 이유는 그것을 통해 우리 몸이 무엇에 적응되어 있고 무엇에 적응되어 있지 않은지 이해할 수 있기 때문이다. 이 질문에 대한 답은 직관적으로 알 수 없는 복잡한 것이지만, 그것을 알면 무엇이 건강과 질병을 촉진하고, 왜 우리가 때때로 자연스럽게 병에 걸리게 되는지 이해하는 데 도움이 된다. 마지막으로 우리가 몸의 진화에 대해 알아야 하는 가장 절실한 이유는 진화가 끝나지 않았기 때문이다. 우리는 아직 진화하고 있다. 하지만 오늘날 진화의 가장 강력한 형태는 찰스 다윈Charles Darwin이 설명한 생물학적 진화가 아니라 문화적 진화다. 문화적 진화란 우리가 새로운 생각과 행동을 창안해서 그것을 자녀, 친구, 타인에게 전달하는 것을 일컫는다. 이러한 새로운 행동들 중 일부가 우리를 병들게 만든다. 그중에서도 우리가 먹는 음식과 하는 활동이 특히 중요한 역할을 한다.

인간의 진화는 재미있고, 흥미롭고, 계몽적이다. 이 책의 많은 부분은 우리 몸을 만든 진화의 경이로운 여정을 되밟아보는 것으로 구성되어 있다. 그리고 아직까지는 인간에게 가장 좋은 이 시대를 농업, 산업, 의학, 기타 전문 분야들이 어떻게 이루어냈는지에 대해서도 살펴볼 것이다. 하지만 나는 대책 없는 낙관주의자가 아니며, 우리의 숙제는 지금보다 더 잘하는 것이기 때문에 마지막 몇 개의 장들에서는 왜 우리가 병에 걸리는지를 집중적으로 알아볼 것이다. 만일 톨스토이였다면 이렇게 썼으리라. "건강한 몸은 모두 비슷하지만 건강하지 못한 몸은 저마다 다른 이유로 건강하지 못하다." (『안나 카레니나』의 첫 문장인 "행복한 가정은 모두 비슷하지만 불행한 가정은 저마다 다른 이유로 불행하다."라는 첫 문장을 변형한 것이다.—옮

긴이)

이 책의 중심 줄기라고 할 수 있는 인간의 진화, 건강, 질병은 광범위하고 복잡한 주제들이다. 나는 사실, 설명, 논증을 간단명료하게 표현하기 위해 최선을 다했지만, 다뤄야 할 쟁점들을 지나치게 단순화하거나 피하지 않았다. 특히 유방암과 당뇨병 같은 심각한 질병에 대해 이야기할 때 그렇게 하지 않으려고 조심했다. 또한 더 알고 싶은 독자들을 위해 웹사이트를 포함해 참고 문헌을 풍부하게 실었다. 또한 폭과 깊이 사이에서 적절한 균형을 찾으려고 노력했다. 우리 몸이 왜 지금과 같은지는 한 권의 책에서 다루기에 너무 큰 주제다. 몸은 매우 복잡하기 때문이다. 따라서 식생활과 신체 활동에 관계있는 몇몇 이야기에 초점을 맞추었다. 따라서 내가 다루는 주제마다 다루지 못한 주제가 적어도 열 가지씩은 있다고 보면 된다. 마지막 3부에서도 마찬가지로 질환들 중 몇 가지 중요 사례를 골라 집중적으로 다루었다. 게다가 이 분야의 연구는 빠르게 변하고 있다. 불가피하게도 내가 다룬 내용들 중 일부는 곧 낡은 이야기가 될 것이다. 미리 사과한다.

마지막으로 무모한 시도일 수도 있지만, 이 책의 결론에서 나는 몸의 과거 이야기에서 얻은 교훈을 미래에 적용할 수 있는 방법을 나름대로 생각해보았다. 굳이 감출 것 없이 여기서 곧바로 털어놓자면 이렇게 요약할 수 있다. 우리는 건강하도록 진화한 것이 아니라 다양하고 험난한 환경조건에서 가능한 많은 자식을 남기도록 진화했다. 그 결과 우리는 풍요롭고 안락한 환경조건에서 무엇을 먹고 어떻게 운동할지에 대해 합리적 선택을 내리도록 진화하지 않았다. 게다가 우리가 물려받은 몸, 우리가 창조한 환경, 우리가 내리는 결정들이 서로 맞물려 악순환의 고리pernicious feedback loop를 만들었다. 만성질환에 걸리는 것은 우리가 진화적으로 물려받은 행동을 우리 몸이 적응되어 있지 않은 조건에서 하고 있기 때문이며, 그러한 조건을 자식들에게 그대로 물려주는 탓에 그들 역시 병에 걸린다. 우리가 이 악순환의 고리를 끊고 싶다면, 건강에 이로운 음식을 먹고 몸을 더 많이 움직이도록 권유하고 강요하고 때로는 강제하는 현명하고 정중한 방법을 알아낼 필요가 있다. 건강한 음식을 먹고 몸을 많이 움직이는 것 역시 우리가 선조로부터 물려받은 진화적 행동이다.

∞

차례

2부 농업혁명과 산업혁명

3부 현재와 미래

∽

서론

인간은 무엇에 적응되어 있는가?

과거와 현재가 싸우면 미래를 잃게 될 것이다.

—윈스턴 처칠

플로리다주 탬파에서 열린 2012년 공화당 전당대회에서 한판의 촌극을 연출한 '미스터리 멍키Mystery Monkey'에 대해 들어본 적이 있는가? 문제의 원숭이는 도망친 히말라야원숭이로, 쓰레기통에서 음식물을 뒤지고 자동차를 피해 다니고 자신을 잡으려고 혈안이 된 공무원들을 영리하게 따돌리며 거리에서 3년 넘게 살았다. 이 원숭이는 곧 탬파의 전설이 되었다. 그때 수많은 정치인들과 기자들이 전당대회를 위해 탬파로 내려가게 되면서, 미스터리 멍키는 일약 세계 스타가 되었다. 약삭빠른 정치인들은 그 원숭이의 이야기를 선전 기회로 활용했다. 자유주의자와 진보주의자는 잡히지 않는 원숭이가 자유에 대한 부당한 침해에서 벗어나고자 하는 본능을 상징한다고 말했다. 보수주의자는 수년간 원숭이를 잡지 못하는 것은 무능하고 비효율적인 정부를 상징한다고 해석했다. 기자는 미스터리 멍키와 그 원숭이를 잡으려는 사람들을 도시 어딘가에서 벌어지는 정치쇼에 대한 은유로 포장하려고 안달이었다. 대부분의 시민들은 히말라야원숭이가 원래 사는 곳이 아닌 플로리다 교외에서 혼자 뭘 하고 있는지 의아할 뿐이었다.

미스터리 멍키와 그것이 불러일으킨 파장을, 나는 생물학자이자 인류학자로서 좀 다른 눈으로 보았다. 내게 미스터리 멍키는 자연 속 인간의 위치를 바라보는 우리의 관점이 진화의 측면에서 얼마나 순진하고 일관성이 없는지를 보여주는 상징적인 사건으로 비춰졌다. 언뜻 보면, 그 원숭이는 동물들은 원래 적응한 환경조건이 아닌 곳에서도 얼마든지 잘 살 수 있음을 완벽하게 보여주는 한 사례로 보인다. 남아시아에서 진화한 히말라야원숭이는 여러 종류의 먹이를 먹을 수 있어서 초원, 삼림은 물론 산악 지대에서도 살 수 있다. 또한 이 원숭이는 마을이나 도시에서도 잘 살 수 있고 실험동물로도 자주 쓰인다. 이렇게 보면 탬파에서 쓰레기통을 뒤지며 살아가는 미스터리 멍키의 능력은 놀랍지 않다. 그런데도 사람들은 플로리다의 도시는 도망친 히말라야원숭이가 있을 곳이 아니라고 확신하는 반면, 같은 논리를 자신에게 적용하지 못한다. 사실 진화적 관점에서 보면 히말라야원숭이가 탬파에 있는 것은 대다수 인류가 현대의 도시나 근교에서 사는 것만큼이나 이상한 일이 아니다.

당신과 나는 미스터리 멍키만큼이나 우리가 있어야 할 곳에서 멀리 떨어져 있다. 600세대 전만 해도 전 세계의 모든 사람이 수렵 채집인이었다. 진화적 시간으로 보면 조금 전이라고 할 수 있는 비교적 최근까지도, 우리 조상들은 50명 이하의 작은 무리를 이루고 살았다. 그들은 한 야영지에서 다음 야영지로 정기적으로 이동했고, 사냥과 낚시, 채집을 해서 먹고살았다. 약 1만 년 전에 농업이 시작된 이후에도 대부분의 농부들은 여전히 작은 촌락을 이루고 살았고, 자신이 먹을 것을 생산하기 위해 날마다 일했으며, 플로리다의 탬파 같은 곳에서 흔히 볼 수 있는 생존 방식은 상상조차 하지 못했다. 하지만 오늘날 탬파에 사는 사람들은 자동차, 화장실, 에어컨, 휴대폰, 고칼로리 가공식품을 당연하게 여긴다.

유감스럽게도 미스터리 멍키는 2012년 10월에 결국 잡혔지만, 대다수의 인간은 우리 몸이 적응한 곳과는 다른 새로운 환경에서 계속 살아가고 있다. 이것이 얼마나 큰 문제일까? 여러 면에서 볼 때, 크게 걱정하지는 않아도 될 것 같다. 지난 몇 세대에 걸쳐 이룩한 사회적, 의학적, 기술적 진보 덕분에 21세기 초 우리의 삶은 대체로 꽤 살 만하고, 우리 종은 전반적으로 번성하고 있다. 오늘날 세계에는 70억이 넘는 사람들이 살고 있고, 대부분은 본인처럼 자식들과 손자들도 70세 이후까지 살 것이라고 기대한다. 가난한 나라들도 큰 발전을 이루었다. 예를 들어 인도의 평균 기대 수명은 1970년까지만 해도 50세에 미치지 못했지만 지금은 65세가 넘는다.[1] 수십억 명의 사람들이 더 오래 살고, 키는 더 크고, 과거의 왕과 왕비보다 더 안락한 생활을 누린다.

그런데 우리는 좋은 상황만큼 잘하지는 못하고 있고, 게다가 우리 몸의 미래에 대해 걱정해야 할 많은 이유들이 있다. 우리는 기후변화의 잠재적 위협 외에도 폭발적인 인구 증가와 역학적 이행을 한꺼번에 맞이하고 있다. 오래 사는 사람들이 많아지고 감염이나 영양실조 때문에 병에 걸려 일찍 죽는 사람들이 적어지면서, 과거에는 드물거나 없던 비감염성 만성질환을 앓는 사람들이 중년층과 노년층에서 기하급수로 늘고 있다.[2] 미국과 영국 같은 선진국의 대다수 성인들은 지나친 풍요 탓에 살이 찌고 건강하지 못하며, 아동 비만율은 전 세계적으로 하늘 높은 줄 모르고 치솟고 있어서, 몇십 년 뒤에는 살찌고 건강하지 못한 사람들이 수십 억 명 더 늘어날 것이다. 살찌고 건강하지 못한 사람들은 심장병, 뇌졸중, 암뿐 아니라 2형 당뇨병과 골다공증과 같이 치료비가 많이 드는 여러 가지 만성질환에 걸리게 된다. 또한 점점 더 많은 사람들이 알레르기, 천식, 근시, 불면증, 평발 등의 문제를 겪고 있는 등 기능장애의 패턴도 심상치 않다. 한마디로 말해 사망률이 낮아지는 대신 이환율罹患率, 일정 기간 내 한 인구 집단에서 병에 걸린 사람의 비율이 높아지고 있다. 이 변화는 어느 정도는 어려서 전염병으로 죽는 사람이 줄었기 때문이지만, 노년층에서 더 흔해지고 있는 질환과 정상적인 노화가 초래하는 질환을 혼동해서는 안 된다.[3] 이환율과 사망률은 모든 연령대에서 생활 방식의 영향을 크게 받는다. 신체 활동을 많이 하고 과일과 채소를 많이 먹고 담배를 피우지 않고 과음하지 않는 45~79세 사람은 건강하지 않은 생활 습관을 가진 사람보다 평균적으로 한 해에 사망할 위험이 4분의 1이나 낮다.[4]

만성질환에 걸리는 사람들이 급격히 늘어나면 고통뿐만 아니라 의료비도 증가한다. 미국에서 한 해에 공공 보건비로 들어가는 돈은 일인당 8,000달러로, 국내총생산GDP의 약 18퍼센트에 해당한다.[5] 이 돈의 대부분이 2형 당뇨병과 심장병 같은 예방할 수 있는 질병들을 치료하는 데 쓰인다. 이보다 보건비를 적게 쓰는 나라들에서도 만성질환이 증가함에 따라 보건비가 걱정스러울 정도로 빠르게 증가하고 있다(예를 들어 프랑스는 현재 국내총생산의 약 12퍼센트를 보건비로 쓴다.). 중국과 인도 같은 개발도상국이 더 부유해지면 이러한 질병들과 비용에 어떻게 대처할까? 보건비를 낮추고 현재와 미래의 수많은 환자들을 치료하기 위해 저렴한 새 치료법을 개발할 필요는 분명히 있다. 하지만 애초에 이러한 질병들을 예방하는 것이 더 낫지 않을까? 어떻게 하면 그렇게 할 수 있을까?

* * *

여기서 미스터리 멍키 이야기로 다시 돌아가자. 만일 탬파 교외는 원숭이가 있을 곳이 아니므로 원숭이를 거기서 데리고 나와야 한다고 생각한다면, 그 이웃으로 지냈던 인간도 생물학적으로 더 정상적인 자연으로 돌아가야 할 것이다. 히말라야원숭이처럼 인간이 (근교와 실험실을 포함해) 아무리 광범위한 환경에서 생존하고 번성할 수 있다 해도, 원래 먹던 음식을 먹고 조상들이 했던 것처럼 운동을 하면 더 건강하지 않을까? 인간은 진화적으로 농부나 공장 노동자나 사무직원보다는 수렵채집인으로 생존하고 번식하도록 적응되어 있다는 논리는 요즘 뜨고 있는 '현대 동굴 원시인 운동'에 영향을 미치고 있다. 건강에 대한 이러한 접근 방식을 추종하는 사람들은 우리가 석기 시대의 조상들처럼 먹고 운동하면 더 건강하고 더 행복할 것이라고 주장한다. 우선 '구석기 시대의 식생활'부터 시작해보자. 고기를 많이 먹고(물론 '풀을 먹여 기른 소의 고기'로), 견과류, 과일, 씨, 잎채소를 섭취한다. 당과 단순한 녹말로 만들어진 가공식품은 절대 금지다. 정말 제대로 할 생각이라면, 식단에 벌레도 넣는 것이 좋다. 곡물, 유제품, 튀긴 것은 피한다. 이러한 식생활과 함께 일상에서 구석기 시대의 활동을 병행한다. 하루에 10킬로미터를 걷거나 뛰고(물론 맨발로), 나무도 좀 타고, 공원에서 다람쥐를 쫓고, 돌을 던지고, 의자에는 앉지 말고, 매트리스 대신 판자에서 잔다. 그런데 엄밀하게 말해서, 원시적인 생활 방식을 옹호하는 사람들은 직장을 그만두고 칼라하리사막으로 이사해 화장실, 자동차, 인터넷 같은 현대 문명의 이기를 포기하자는 것이 아니다. (특히 인터넷은 비슷한 생각을 가진 사람들과 당신의 석기 시대 경험을 공유하기 위해 꼭 필요하다.) 그들은 우리가 몸을 사용하는 방법, 특히 먹는 것과 운동하는 방식에 대해 다시 생각해보자고 제안하는 것이다.

하지만 그들의 생각이 옳을까? 만일 구석기 시대의 생활 방식이 더 건강하다면, 왜 더 많은 사람들이 그렇게 살지 않을까? 단점은 무엇일까? 어떤 음식과 활동을 버리거나 선택해야 할까? 인간이 '정크 푸드junk food'를 잔뜩 먹고 하루 종일 의자에 편하게 앉아 있는 생활에 적응되어 있지 않다는 것은 분명하다. 하지만 재배 식물과 가축 고기를 먹고 책을 읽고 항생제를 복용하고 커피를 마시고 유리 조각이 널려 있는 거리를 맨발로 뛰는 것에도 우리 몸은 적응되어 있지 않다.

이러한 문제들은 이 책의 핵심이라고 할 수 있는 근본적인 질문을 제기한다. 인간의 몸은 무엇에 적응되어 있는가?

이것은 답하기 어려운 질문으로 다각적 접근이 필요하다. 그중 하나가 인간 몸이 겪은 진화의 역사를 살펴보는 것이다. 우리 몸은 왜 그리고 어떻게 지금과 같은 방식으로 진화했을까? 우리는 어떤 음식을 먹도록 진화했을까? 우리는 어떤 활동을 하도록 진화했을까? 왜 우리 인간만 큰 뇌, 털 없는 피부, 발바닥활 등의 독특한 특징들을 갖고 있을까? 앞으로 살펴볼 이 질문들에 대한 대답은 매혹적이고, 대개는 가설 단계이며, 때때로 직관에 반한다. 하지만 첫 번째로 해야 할 일은 '적응이 무엇을 의미하는가?'라는 더 근본적이고 까다로운 문제를 다루는 것이다. 사실 적응 개념은 정의하고 적용하기 어렵기로 악명 높다. 우리가 특정 음식을 먹도록, 또는 특정 활동을 하도록 진화했다는 것은 그러한 음식과 활동이 우리에게 더 좋다거나 다른 음식과 활동이 그보다 못하다는 뜻이 아니다. 따라서 인간의 몸 이야기를 다루기 전에 먼저 자연선택 이론에서 적응 개념이 어떻게 파생되는지, 그 용어가 실제로 무엇을 의미하는지, 그 용어가 오늘날의 우리 몸과 무슨 관계인지부터 살펴봐야 한다.

자연선택은 어떻게 작동하는가?

진화도 섹스와 마찬가지로 잘 아는 사람들과 그렇지 않은 사람들이 똑같이 목소리를 높이는 주제인데, 잘 모르는 사람들은 진화는 나쁘고 위험한 사상이라서 아이들에게 가르치면 안 된다고 믿는다. 하지만 논란이 아무리 무성하고 무식이 아무리 용감해도 진화가 일어난다는 것은 논쟁의 대상이 아니다. 진화는 간단히 시간의 경과에 따른 변화다. 골수 창조론자들조차도 지구와 지구의 종들이 언제나 똑같지는 않았다는 것을 인정한다. 다윈이 1859년에 『종의 기원』을 출판했을 때, 이미 과학자들은 조개껍데기와 해양 화석이 많은 산악 지역은 과거 바다 밑바닥이 어떤 힘을 받아 밀려 올라온 것임을 알고 있었다. 매머드 화석 등 멸종 생물의 발견은 세계가 크게 변모했다는 것을 증명했다. 다윈 이론의 획기적인 부분은 진화가 어떻게 지적인 행위자 없이 자연선택을 통해 일어날 수 있는지를 포괄적으로 설명한 것이었다.[6]

자연선택은 세 가지 흔한 현상의 결과로 일어나는 아주 간단한 과정이다. 첫 번째 현상은 **변이**variation다. 즉 모든 생물은 그 종의 다른 구성원들과 다르다. 당신의 가족, 이웃, 그리고 타인은 체중, 다리 길이, 코 모양, 성격 등이 천차만별이다. 두 번째 현상은 **유전 가능성**genetic heritability이다. 즉 변이들 가운데 일부는 유전된다는 뜻인데 그것은 부모가 자신의 유전자를 자식에게 전달하기 때문이다. 키는 성격보다 유전 가능성이 훨씬 높고, 언어는 유전 가능한 기반을 갖고 있지 않다. 세 번째 현상은 **번식 성공도의 차이**differential reproductive success다. 즉 인간을 포함한 모든 생물은 성적으로 성숙할 때까지 살아남는 자식의 수가 개체마다 다르다. 번식 성공도의 차이는 작고 사소한 차이 같지만(내 형은 나보다 아이가 하나 더 많다.) 개체들이 생존과 번식을 위해 고투하거나 경쟁해야 하는 상황에서는 이 차이가 아주 중요할 수 있다. 우리 동네 다람쥐들 중 약 30~40퍼센트가 겨울마다 사라지며, 대기근이나 전염병이 발생하면 인간도 비슷한 비율이 사라졌다. 흑사병이 돌았던 1348년과 1350년 사이에 유럽에 살던 사람들의 적어도 3분의 1이 사라졌다.

변이, 유전 가능성, 번식 성공도의 차이가 존재한다는 것에 동의한다면 자연선택이 일어난다는 것도 받아들여야 한다. 이 세 가지 현상이 합쳐질 때 일어나는 필연적인 결과가 자연선택이기 때문이다. 좋든 싫든 자연선택은 일어난다. 공식적으로 자연선택은 유전되는 변이를 가진 개체들이 그 개체군의 다른 개체들보다 자손을 더 많이 또는 적게 남길 때, 즉 **상대적 적합도**relative fitness가 다를 때 일어난다.[7] 하지만 자연선택이 가장 빈번하고 강력하게 일어나는 순간은 개체들이 혈우병(혈액이 응고되지 않는 질환)처럼 생존과 번식을 가로막는 드물고 해로운 변이를 물려받을 때다. 그러한 형질은 다음 세대로 전달될 가능성이 낮고, 따라서 그 개체군 내에서 드물어지거나 사라질 것이다. 이러한 장치를 부정적 선택negative selection이라고 한다. 부정적 선택이 일어날 때, 개체군은 대개 변화 없이 현상을 유지하게 된다. 하지만 이따금 한 개체가 우연히 적응adaptation이라고 하는, 생존과 번식에 유리한 새로운 유전형질을 물려받으면 긍정적 선택positive selection이 일어난다. 적응형질은 생존과 번식에 도움이 되므로 보통 한 세대에서 다음 세대로 가면서 빈도가 증가해 변화를 일으킨다.

언뜻 보기에 적응은 인간, 미스터리 멍키, 그 밖의 모든 생물에게 간단히 적용될 수 있는, 전혀 복잡할 것 없는 개념처럼 보인다. 만일 한 종이 진화했다면—따라서 특정한 식생활이나 서식지에 '적응되어' 있다면—그 종의 구성원들은 그러한 먹이를 먹고 그러한 환경에서 살 때 가장 성공해야 한다. 사자들이 온대 숲보다, 사막의 섬보다, 동물원보다 아프리카 사바나에 잘 적응되어 있다는 사실을 받아들이는 것은 어렵지 않다. 그런데 사자가 탄자니아 세렝게티 초원에 적응되어 있으므로 그곳에 사는 것이 가장 적합하다는 논리를 인간에게 그대로 적용하면 어떻게 될까? 인간은 수렵채집인으로 사는 것에 적응되어 있으므로 수렵채집 생활에 최적으로 맞추어져 있을까? "꼭 그렇지는 않다."라고 대답할 이유들이 많이 있다. 왜 그리고 어떻게 그러한지 고찰하는 것은 우리 몸의 진화사가 현재의 몸 그리고 미래의 몸과 어떤 관련이 있는지 생각하는 것에 큰 영향을 미친다.

'적응'이라는 까다로운 개념

우리 몸은 수천 개의 적응을 갖고 있다. 땀샘은 몸을 시원하게 유지시키고, 뇌는 사고를 돕고, 내장의 효소는 소화를 촉진한다. 이러한 형질들은 생존과 번식을 도움으로써 자연선택된, 유용하고 유전되는 형질이기 때문에 '적응'이다. 이것들은 평소에는 당연하게 여겨지다가 제대로 기능하지 않을 때 비로소 적응으로서의 가치를 분명하게 드러낸다. 예를 들어 우리는 귀지를 쓸모없고 성가신 존재로 여기지만, 이 분비물은 귀의 감염을 막아주기 때문에 이롭다. 하지만 우리 몸의 모든 형질이 적응은 아니다. (나는 보조개, 코털, 하품하는 경향이 어떤 면에서 유용한지 모르겠다.) 게다가 많은 적응 형질이 반직관적인 방식 또는 예측 불가능한 방식으로 작동한다. 우리가 무엇에 적응되어 있는지 이해하기 위해서는 진정한 적응 형질을 식별해서 그것이 어디에 쓰이는지 알아낼 필요가 있다. 하지만 이 일은 말처럼 쉽지 않다.

첫 번째 과제는 어떤 형질이 적응이고 왜 적응인지 알아내는 것이다. 우선 인간 유전체genome, 게놈를 살펴보자. 인간 유전체는 2만여 개의 유전자를 지정하는 약 30억 개의 분자쌍염기쌍으로 이루어져 있다. 우리 몸에 있는 수천 개의 세포들은 이 수십억 염기쌍을 끊임없이 복제하는 일을 매번 거의 완벽하게 수행한다. 유전암호를 만드는 이 수십억 염기쌍 모두가 없어서는 안 되는 '적응'이라고 추론하는 것이 논리적이겠지만, 사실은 그중 거의 3분의 1이 뚜렷한 기능을 가지고 있지 않다. 그런 부분은 어쩌다 들어갔거나, 오랜 세월에 걸쳐 기능을 잃은 것이다.[8] 우리의 표현형(눈 색깔이나 맹장처럼 관찰 가능한 형질)에도 옛날에는 유용한 역할을 했지만 지금은 아무 기능도 하지 않는 특징들, 또는 발달 과정에서 생기는 부산물에 불과한 특징들이 많이 있다.[9] 우리가 가진 사랑니는 부모에게 물려받은 것일 뿐 생존이나 번식과는 아무 관계가 없다. 관절이 있는 엄지, 귓불이 뺨에 붙어 있는 귀, 남성의 젖꼭지도 마찬가지다. 따라서 모든 형질을 적응으로 보는 것은 잘못이다. 더 나아가 각 형질의 적응 가치에 대해 손쉽게 '그럴싸한' 이야기를 지어낼 수 있다 해도(말도 안 되는 한 예가 안경을 올려놓기 위해 코가 진화했

다는 것이다.) 진정한 과학이라면 특정 형질이 실제 적응인지 검증해야 한다.[10]

적응은 생각만큼 널리 퍼져 있지도 않고 알아보기도 쉽지 않지만, 우리 몸에는 수많은 적응이 있다. 한 적응이 실제로 적응적adaptive인지(한 개체의 생존과 번식에 도움이 되는지)는 대개 상황에 달려 있다. 이 사실은 다윈이 비글호를 타고 세계 일주를 하면서 알아낸 중요한 통찰 중 하나였다. 다윈은 런던으로 돌아온 뒤 갈라파고스핀치들이 갖고 있는 서로 다른 부리 모양은 각기 다른 먹이를 먹기 위한 적응이라고 추론했다. 우기에는 핀치들이 평상시 좋아하는 선인장 열매와 진드기 같은 먹이를 먹기에 길고 가느다란 부리가 좋다. 하지만 건기에는 평소에는 잘 먹지 않는 씨 같은 딱딱하고 영양가가 낮은 먹이를 먹기에 더 짧고 두툼한 부리가 좋다.[11] 변이가 일어나고 유전되는 갈라파고스핀치의 부리 모양은 이렇게 하여 자연선택을 받는다. 강우 패턴이 계절에 따라 그리고 해마다 변하면, 건기에는 긴 부리를 가진 핀치들이 상대적으로 적은 자손을 남기고, 우기에는 짧은 부리를 가진 핀치들이 상대적으로 적은 자손을 남긴다. 그 결과 짧은 부리와 긴 부리의 비율이 바뀐다. 똑같은 과정이 인간을 포함한 다른 종에서도 일어난다. 키, 코 모양, 우유를 소화시키는 능력 등 인간의 많은 변이들은 특정 개체군 내에서 특정 환경조건 때문에 진화한 유전 가능한 형질이다. 창백한 피부색의 경우, 햇빛 화상으로부터 피부를 보호하지 못하지만 겨울에 자외선 수치가 낮은 온대 지역에서는 피부 밑의 세포들이 충분한 비타민 D를 합성할 수 있게 돕는 적응이다.[12]

적응이 상황 의존적이라면, 어떤 상황이 가장 중요할까? 여기서부터 문제가 상당히 복잡해질 수 있다. 적응은 개체군 내에서 남들보다 많은 자손을 남기는 데 도움이 되는 형질이므로, 살아남는 자식 수의 편차가 가장 심한 상황에서 적응에 대한 자연선택이 가장 강력하게 일어날 것이다. 한마디로 살기 힘들 때 적응이 가장 강력하게 진화한다. 한 예로 약 600만 년 전에 우리 조상들은 주로 과일을 먹었지만, 그렇다고 해서 그들의 치아가 단지 무화과 열매와 포도만 씹도록 적응되어 있었다는 뜻은 아니다. 가끔씩 심한 가뭄이 들어 과일이 귀해지면, 질긴 이파리, 줄기, 뿌리처럼 평소에는 먹지 않던 음식을 잘 씹을 수 있는 크고 두툼한 어금니를 지닌 사람들이 선택받았을 것이다. 마찬가지로 케이크와 치즈버거 같은 기름진 음식을 좋아하고 남는 에너지를 지방으로 저장하는 인류의 보편적 경향은 오늘날의 지나치게 풍요로운 환경에서는 부적응적이지만, 식량이 지금보다 드물고 대체로 칼로리가 낮았던 과거에는 매우 유용했을 것이다.

적응에는 이익이 있는 만큼 손해도 있다. 뭔가를 할 때마다 그 밖의 다른 것은 할 수 없다. 게다가 환경조건이 불가피하게 변함에 따라 변이의 상대적 손익도 변하기 마련이다. 갈라파고스제도의 핀치들에게 두툼한 부리는 선인장을 먹기에 덜 효과적이며, 가느다란 부리는 딱딱한 씨를 먹기에 덜 효과적이고, 그 중간쯤 되는 부리는 두 종류의 먹이 모두에 덜 효과적이다. 인간에게 짧은 다리는 추운 기후에서 열을 보존하기에 유리하지만, 먼 거리를 효율적으로 걷거나 달리기에 불리하다. 이렇게 모든 적응에는 손익이 있다 보니 자연선택이 완벽을 달성하는 경우는 드물다. 환경이 항상 변하기 때문이다. 강우량, 기온, 식량, 포식자, 먹잇감 등 많은 요인들이 계절마다, 해마다, 그리고 오랜 시간에 걸쳐 달라지므로 모든 형질의 적응 가치도 변한다. 따라서 각 개체의 적응은 이로웠다가 해로웠다가를 끊임없이 반복하는 과정에서 얻어지는 불완전한 산물이다. 자연선택은 최적의 상태로 항상 생물들을 이끌어나가지만, 최적의 상태를 달성하는 것은 거의 불가능하다.

완벽에 이를 수는 없지만 우리 몸은 광범위한 상황에서 놀랍도록 잘 돌아간다. 당신이 새로운 부엌 집기, 책, 옷 등을 계속해서 사 모으듯이 진화가 몸에 적응들을 축적하기 때문이다. 우리 몸에는 수백만 년에 걸쳐 내려온 적응들이 뒤섞여 있다. 이러한 뒤죽박죽 효과를 팰림프세스트palimpsest에 빗댈 수 있다. 팰림프세스트는 한 번 이상 덧쓰인 고대의 문서로, 썼던 글자를 지우고 다시 쓰기를 반복할수록 여러 글들이 섞인다. 팰림프세스트처럼 우리 몸도 여러 가지 적응들을 가지고 있으며, 이것들은 때로는 서로 충돌하지만 또 어떤 때에는 서로 조합을 이루어 우리 몸이 광범위한 조건에서 효과적으로 기능할 수 있도록 돕는다. 식생활을 한번 생각해보자. 인간의 치아는 과일을 잘 씹을 수 있도록 적응되어 있다. 우리는 과일을 주로 먹던 유인원에서 진화했기 때문이다. 하지만 우리의 치아는 날고기를 씹기에 매우 효과적이지 않다. 질긴 고기는 특히 더 그렇다. 훗날 우리는 도구를 만드는 능력, 요리하는 능력 같은 다른 적응들을 진화시켰고, 그 덕분에 지금의 우리는 고기, 코코넛 열매, 쐐기풀 등 독이 없는 거의 모든 것을 씹을 수 있다. 하지만 상호작용하는 여러 가지 적응들은 이익이 되기도 하고 불이익이 되기도 한다. 나중에 살펴보겠지만 인간은 똑바로 서서 걷고 달리기 위한 적응들을 진화시켰지만, 그로 인해 전력 질주하거나 날쌔게 나무를 타는 능력에는 제한이 생겼다.

마지막으로 꼭 기억해야 하는 적응의 가장 중요한 특징이 있다. 어떤 생물도 건강, 장수, 행복 등 사람들이 일반적으로 원하는 목표를 달성하도록 적응되어 있지 않다는 점이다. 다시 말하지만 적응은 상대적인 번식 성공도적합도를 높여주기 때문에 선택된 특징이다. 따라서 적응은 더 많은 자손을 남기는 것에 도움이 될 때만 건강, 장수, 행복을 촉진한다. 인간이 살찌기 쉽게 진화한 것은 여분의 지방이 우리를 건강하게 만들기 때문이 아니라 그것이 생식력을 높이기 때문이다. 마찬가지로 걱정하고 불안해하고 스트레스를 잘 받는 우리 종의 성향은 많은 비극과 불행을 초래하지만, 이것은 위험을 피하거나 위험에 대처하기 위한 오랜 적응이다. 그리고 우리는 협력하고 혁신하고 소통하고 보살피도록 진화했을 뿐 아니라 속이고 훔치고 거짓말하고 살인하도록 진화했다. 요컨대 인간의 수많은 적응이 꼭 육체적, 정신적 행복을 증진하기 위해 진화한 것은 아니다.

"인간은 무엇에 적응되어 있는가?"라는 질문에 답한다는 것은 역설적이게도 간단하면서 비현실적인 일 같다. 기본적으로는 인간은 자식, 손자, 증손자를 최대한 많이 남기도록 적응되어 있다고 대답할 수 있다! 하지만 다른 한편으로 보면 우리 몸이 어떻게 자기 자신을 다음 세대로 전달하느냐는 그렇게 단순한 문제가 아니다. 복잡한 진화의 역사 때문에 우리는 단 하나의 음식, 거주지, 사회적 환경, 운동 프로그램에 적응되어 있지 않다. 진화적 관점에서 보면 최적의 건강 같은 것은 존재하지 않는다. 그 결과 인간은—우리 친구 미스터리 멍키처럼—우리가 애초에 진화한 환경이 아닌 (플로리다의 도시 교외 같은) 새로운 환경조건에서도 생존할 수 있을 뿐 아니라 때로는 번성하기도 한다.

만일 진화가 건강을 유지하고 질병을 예방하는 것에 관한 쉬운 지침을 제공하지 않는다면, 자기 행복에만 관심 있는 사람이 인간의 진화사에 무슨 일이 있었는지 생각해야 할 이유가 있을까? 유인원, 네안데르탈인, 신석기 시대 농부가 우리 몸과 무슨 관련이 있을까? 이 질문에 두 가지로 답할 수 있는데, 하나는 과거의 진화와 관련이 있고, 다른 하나는 현재와 미래의 진화와 관련이 있다.

왜 인류의 진화적 과거가 중요한가?

모든 사람과 모든 몸은 이야기를 갖고 있다. 당신의 몸은 실제로 여러 가지 이야기를 갖고 있다. 하나는 당신의 인생, 당신의 일대기에 대한 이야기다. 누가 당신의 부모이고, 그들은 어떻게 만났으며, 당신은 어디서 컸는가, 그리고 인생의 어떤 우여곡절이 당신의 몸을 빚었는가. 또 하나의 이야기는 진화 이야기다. 즉 수백만 년에 걸쳐 한 세대에서 다음 세대로 우리 조상들의 몸을 탈바꿈시킨 일련의 긴 사건들이다. 그 사건들은 당신의 몸을 호모 에렉투스 *Homo erectus*, 물고기, 초파리의 몸과 다르게 만들었다.[13] 두 이야기 모두 알 가치가 있고, 두 이야기에는 공통된 요소들이 있다. 인물(영웅도 있고 악당도 있다.)이 있고, 배경이 있고, 우연한 사건들이 벌어지고, 승리와 시련이 있다.[14] 두 이야기 모두 과학적 방법, 즉 가설을 세우고 그 가설이 제안하는 사실과 추정을 검증하는 방식으로 접근할 수 있다.

인간의 몸이 거친 진화의 역사는 흥미로운 이야기다. 이 이야기의 가장 소중한 교훈 중 하나는 우리 종이 필연적인 존재가 아니라는 것이다. 상황이 아주 약간만 달랐어도 우리는 매우 다른 생명체가 되었을 것이다(십중팔구는 존재하지도 않았을 것이다.). 하지만 많은 사람들이 인간의 몸 이야기를 하는 (그리고 검증하는) 가장 큰 이유는 왜 우리가 지금의 방식으로 존재하는지를 밝히기 위해서다. 왜 우리는 큰 뇌, 긴 다리, 눈에 띄는 배꼽 등의 특이한 점들을 갖고 있을까? 왜 우리는 두 다리로 걷고 언어로 의사소통할까? 왜 우리는 협력을 하고 요리를 할까? 인간의 몸이 어떻게 진화했는지 살펴봐야 하는 긴급하고 실용적인 또 하나의 이유는 우리 종이 어떤 존재이며 무엇에 적응되어 있는지를 알아내 왜 우리가 병에 걸리는지 밝히기 위해서다. 질병을 예방하고 치료하기 위해서는 우리 종이 병에 걸리는 이유를 알아내야 한다.

이 논리를 이해하기 위해 2형 당뇨병을 생각해보자. 2형 당뇨병은 거의 전적으로 예방할 수 있음에도 전 세계적으로 급증하고 있는 질병이다. 이 병은 몸의 세포들이 인슐린insulin에 반응하지 않을 때 생긴다. 인슐린은 혈류에서 당을 꺼내 지방으로 저장하는 호르몬이다. 그런데 세포들이 인슐린에 반응하지 않으면, 우리 몸은 난방 시스템이 고장 나 열을 집 구석구석에 전달하지 못하는 탓에 열원은 과열되고 집은 얼어붙는 상황처럼 된다. 당뇨병에 걸리면 혈당 수치가 계속 올라간다. 췌장이 인슐린을 더 많이 생산하지만 그래봤자 소용없다. 몇년 후 췌장은 지쳐서 충분한 인슐린을 생산하지 못하고, 그 결과 혈당 수치가 항상 높은 상태로 유지된다. 지나치게 많은 혈당은 독이라서 끔찍한 건강 문제들을 유발하고 결국에는 죽음을 부른다. 다행히 의학의 발달로 당뇨병 증상들을 초기에 발견해 치료할 수 있게 되면서, 지금은 수백만 명의 당뇨병 환자들이 수십 년 동안 생존할 수 있다.

언뜻 보기에는 몸의 진화사와 2형 당뇨병 환자를 치료하는 것이 무관해 보인다. 2형 당뇨병 환자들은 하루라도 빨리 치료를 받아야 하므로, 현재 수천 명의 과학자들이 이 병의 인과 메커니즘을 연구하고 있다. 예컨대 왜 뚱뚱해지면 특정 세포들이 인슐린에 저항하는지, 인슐린을 생산하는 췌장세포들이 어떻게 기능을 멈추는지, 그리고 특정 유전자를 가진 사람이 어떻게 이 병에 잘 걸리게 되는지를 연구한다. 그러한 연구는 더 나은 치료법을 찾기 위해 꼭 필요하다. 하지만 애당초 이 병을 예방하면 어떨까? 특정 질병이나 복잡한 문제를 예방하려면 인과관계뿐만 아니라 근본 원인도 알아야 한다. 왜 그 병이 발생할까? 왜 인간은 2형 당뇨병에 잘 걸릴까? 왜 우리 몸은 때때로 현대의 생활 방식에 잘 대처하지 못하고 2형 당뇨병을 일으킬까? 왜 특정 사람들이 2형 당뇨병에 걸릴 위험이 더 높을까? 왜 더 건강한 음식을 먹고 더 몸을 움직여 그 질병을 예방하는 것이 잘 안 될까?

이러한 '왜'들에 대답하려면 인간 몸이 진화한 역사를 반드시 고려해야 한다. 저명한 유전학자 테오도시우스 도브잔스키Theodosius Dobzhansky보다 더 절박하게 이 문제를 거론한 사람은 없었다. 그는 이런 유명한 말을 남겼다. "진화에 비추어보지 않고는 생물학의 어떤 것도 이해되지 않는다."[15] 왜 그럴까? 생명은 기본적으로 살아 있는 존재가 에너지를 이용해 살아 있는 존재를 더 많이 만드는 과정이기 때문이다. 그러므로 만일 당신이 왜 당신의 조부모, 이웃, 혹은 미스터리 멍키와 다르게 생기고 다르게 기능하고 다른 병에 걸리는지 알고 싶다면 생물학적 역사를 알 필요가 있다. 오랫동안 진행된 그 과정들을 거쳐 당신, 당신의 이웃, 그리고 그 원숭이는 서로 다른 존재가 되었다. 게다가 이 이야기의 중요한 세부 내용을 알려면, 수많은 세대를 거슬러 올라갈 필요가 있다. 당신의 몸이 갖고 있는 다양한 적응들은 우리 조상의 생존과 번식을 돕기 위해 선택된 것인데, 거기에는 단지 수렵채집인만 포함되지 않는다. 그전에 있었던 물고기, 원숭이, 유인원, 오스트랄로피테쿠스*Australopithecus*뿐만 아니라 그 후에 있었던 신석기 시대 농부도 우리 조상에 포함된다. 이 적응들은 당신이 소화시키고 생각하고 번식하고 잠자고 걷고 달릴 때 몸이 작동하는 방식을 결정하고 제약한다. 따라서 장구한 몸의 진화사를 고찰하면 왜 우리가 원래 적응되어 있는 것과 다른 방식으로 행동할 때 병에 걸리거나 다치는지 알 수 있다.

왜 인간이 2형 당뇨병에 걸리는지의 문제로 다시 돌아가 보자. 그 답은 당뇨병을 야기하는 세포 작동 메커니즘과 유전 메커니즘에만 있지 않다. 더 깊이 들어가서 보면, 요즘 당뇨병이 증가하고 있는 것은 동물원 등에 갇혀 사는 영장류와 마찬가지로 인간의 몸이 지금과 매우 다른 조건에 적응되어 있기 때문이다. 즉 우리 몸은 현대의 식생활과 활동 부족에 잘 대처하도록 적응되어 있지 않다.[16] 지난 수백만 년간 고칼로리 음식(당류 같은 단순 탄수화물이 대표적이다.)을 좋아하고 여분의 에너지를 지방으로 잘 저장하는 조상들이 진화적 선택을 받았다. 게다가 당신의 먼 조상들은 몸을 움직이지 않고 탄산음료와 도넛을 많이 먹어서 당뇨병에 걸릴 일이 없었다. 또한 그들은 최근에 생긴 다른 질병들과 동맥경화, 골다공증, 난시 같은 기능장애의 원인들에 적응할 필요도 없었다. 따라서 오늘날 수많은 사람들이 전에는 드물었던 병에 걸리는 근본적인 이유는, 우리 몸의 많은 특징들이 우리가 진화한 환경에서는 적응이었지만 우리가 만든 현대 환경에서는 부적응이 되었기 때문이다. **불일치 가설**mismatch hypothesis이라고 알려진 이 가설은 진화생물학을 건강과 질병에 적용하는 신생 학문인 **진화의학**evolutionary medicine의 핵심이다.[17]

불일치 가설은 이 책의 2부에서 중점적으로 다룰 것이다. 그런데 어떤 질병이 진화적 불일치에 의한 것이고 어떤 질병이 아닌지 파악하려면 인간의 진화에 대해 얄팍하게 아는 것으로는 부족하다. 불일치 가설을 단순하게 적용하면, 인간이 수렵채집인으로 진화했으므로 우리는 수렵채집인의 생활 방식에 최적으로 적응되어 있다고 말할 수 있다. 이런 식으로 생각하면, 단순히 칼라하리사막의 부시먼이나 알래스카의 이누이트가 무엇을 먹고 어떤 행동을 하는지 관찰해 그것을 토대로 순진한 처방을 내리게 된다. 하지만 수렵채집인이라고 항상 건강하지는 않으며, 수렵채집인은 매우 다양하다. 그들은 사막, 열대우림, 삼림지, 극지방의 툰드라를 포함하는 광범위한 환경에 거주한다. 그러니 이상적이고 전형적인 수렵채집 생활 같은 것은 존재하지 않는다. 더구나 앞서 이야기했듯 수렵채집인은 건강하도록 적응된 것이 아니라, 자식을 많이 낳고 그 자식들이 무사히 살아남아 다시 자식을 낳을 수 있도록 적응되었다(이는 다른 생물들도 마찬가지다.). 또한 거듭 말하지만 수렵채집인의 몸을 비롯한 인간의 몸은 팰림프세스트처럼 수많은 세대에 걸쳐 축적되고 변형된 적응들을 편집해놓은 것이다. 우리 조상들은 수렵채집인이기 전에 유인원 같은 두 발 동물이었고, 그전에는 원숭이였으며, 그전에는 작은 포유류였다. 수렵채집인이 된 후로도 일부 사람들은 농부가 되기 위해 새로운 적응들을 진화시켰다. 인간의 몸이 진화하고 적응한 단 하나의 환경 따위는 없다. 그러므로 "우리는 무엇에 적응되어 있는가?"에 답하려면 수렵채집인들을 사실적으로 고찰하는 것뿐 아니라, 수렵채집 생활이 등장하기까지 있었던 오랜 연쇄적 사건들을 돌아볼 필요가 있으며, 나아가 우리가 농사를 짓기 시작한 뒤로 무슨 일이 일어났는지도 살펴봐야 한다. 수렵채집인에만 초점을 두고 인간 몸이 무엇에 적응되어 있는지 이해하려는 것은 축구 경기의 마지막 15분만 보고 그 결과를 이해하려는 것과 같다.

요컨대 인간이 무엇에 적응되어 있는지(그리고 어디에 적응되어 있지 않은지)를 이해하고 싶다면, 인간의 몸이 어떻게 그리고 왜 진화했는지에 대한 이야기를 가볍게 훑는 수준이 아니라 깊이 파고들어야 많은 것을 얻을 수 있다. 모든 가문의 역사처럼 우리 종의 진화사 역시 알면 유익하지만 복잡하고 빈틈이 많다. 인류 조상의 가계도를 그리다 보면 『전쟁과 평화』의 등장인물을 파악하는 일은 아이들 놀이처럼 보일 것이다. 하지만 100년이 넘는 열정적인 연구 끝에 인류 계통이 아프리카 숲의 유인원에서 어떻게 전 세계 곳곳에 거주하는 현생 인류로 진화했는지에 대한 널리 인정받는 일관된 이야기를 얻어냈다. 가계도의 정확한 세부 내용(누가 누구를 낳았는가)을 생략하면, 인간 몸에 대한 이야기는 다섯 단계의 큰 변화로 요약할 수 있다. 그중 어떤 변화도 필연적이지 않았지만, 각각의 변화는 새로운 적응을 추가하고 기존의 적응을 제거함으로써 각기 다른 방식으로 우리 조상들의 몸을 바꾸었다.

1단계: 최초의 조상들이 유인원에서 갈라져 나와 똑바로 서서 걷는 두발 동물로 진화했다.

2단계: 그 후손인 '오스트랄로피테쿠스류'에서 주식인 과일 외의 다양한 음식을 찾아 먹기 위한 적응들이 진화했다.

3단계: 약 200만 년 전에 호모속의 초창기 종들에서 거의 현대적인 (하지만 완전히 현대적이지는 않은) 몸과 약간 더 큰 뇌를 가진 최초의 수렵채집인이 등장했다.

4단계: 고인류 수렵채집인이 번성해 구세계 대부분의 지역으로 퍼져나갔다. 그들의 뇌는 더 커졌고 몸 또한 더 크고 느리게 성장했다.

5단계: 언어, 문화, 협력을 위한 특별한 능력을 지닌 현생 인류가 진화했다. 그들은 전 지구로 빠르게 퍼졌고, 지구상에 유일하게 살아남은 인류 종이 되었다.

진화는 현재와 미래에도 중요하다

진화가 단지 과거에 대한 연구이기만 할까? 예전엔 나도 그렇다고 생각했다. 사전에도 그렇게 나온다. 사전에서 '진화'를 찾아보면 "과거 지구의 생물들이 이전 형태에서 발전해 갈라져 나온 과정"이라고 나와 있다. 나는 이 정의가 만족스럽지 않은데, 진화(나는 진화를 시간의 경과에 따른 변화라고 정의하고 싶다.)는 오늘날에도 일어나고 있는 역동적인 과정이기 때문이다. 일부 사람들이 추정하는 것과 달리 인간의 몸은 구석기 시대가 끝났을 때 진화를 멈추지 않았다. 자연선택은 지금도 가차 없이 계속되고 있으며, 얼마나 많은 자식이 살아남아 다시 번식하는가에 약간이라도 영향을 미치는 변이가 다음 세대로 전해지는 한 언제까지나 계속될 것이다. 따라서 우리 몸은 몇백 세대 전 조상들의 몸과 완전히 같지 않다. 마찬가지로 몇백 세대 후 우리 후손들도 우리와 다를 것이다.

게다가 진화에는 생물학적 진화만 있는 것이 아니다. 유전자와 몸이 시간이 흐름에 따라 어떻게 변하는지는 매우 중요한 문제지만, 우리는 또 하나의 중요한 힘인 문화적 진화도 다루어야 한다. 문화적 진화는 오늘날 지구에서 가장 강력한 변화의 힘으로, 우리 몸을 근본적으로 바꾸고 있다. 문화는 기본적으로 학습하는 것이고, 그렇기 때문에 문화는 진화한다. 하지만 문화적 진화와 생물학적 진화 사이에는 중요한 차이가 있다. 문화는 우연을 통해서만 변하지 않고 의도를 통해서도 변한다. 변화의 원천도 부모뿐 아니라 누구든 될 수 있다. 그러므로 문화는 엄청 빠르게 그리고 강력하게 진화할 수 있다. 인간의 문화적 진화는 수백만 년 전에 시작되었지만, 약 20만 년 전 현생 인류가 처음 진화한 이후 그 속도는 극적으로 빨라졌으며 지금은 아찔한 수준에 도달했다. 지난 몇백 세대를 돌아보면 두 가지 문화적 변화가 인간의 몸에 매우 중요한 영향을 미쳤고, 따라서 앞에서 다섯 단계로 정리한 변화에 두 단계를 추가할 필요가 있다.

6단계: 식량을 수렵·채집하는 대신 직접 재배하기 시작한 농업혁명.
7단계: 기계가 인간의 노동을 대체하면서 시작된 산업혁명.

새로운 종이 나온 것은 아니지만 마지막에 덧붙인 두 단계는 인간의 몸 이야기에서 아주 중요하다. 두 변화는 우리가 먹는 것, 일하고 잠자고 체온을 조절하고 교류하는 방식, 심지어 배변하는 방식조차 완전히 바꾸어놓았기 때문이다. 우리 주변에서 일어난 이런 문화적 변화들은 자연선택도 어느 정도 일으켰지만, 무엇보다도 우리가 물려받은 몸과 중요한 방식으로 상호작용했다. 그런 상호작용 중 일부는 자식을 더 많이 남기는 데 도움을 주었다. 하지만 해로운 경우도 있었다. 감염, 영양실조, 활동 부족 때문에 새롭게 생긴 수많은 불일치 질환들이 대표적인 사례다. 지난 몇 세대에 걸쳐 우리는 그중 많은 질환을 정복하고 다스리게 되었지만, 다른 만성적인 비감염성 불일치 질환들—다수가 비만과 관계있다.—이 빠르게 증가하는 동시에 악화되고 있다. 어느 모로 보나 문화적 변화가 빠른 속도로 진행되고 있기 때문에 인간 몸의 진화는 끝났다고 보기 어렵다.

그러므로 나는 "진화에 비추어보지 않고는 생물학의 어떤 것도 이해되지 않는다."라는 도브잔스키의 말이 인간의 경우에는 자연선택에 의한 진화뿐 아니라 문화적 진화에도 적용된다고 본다. 문화적 진화는 현재 인간의 몸에 변화를 일으키는 지배적인 힘이므로 왜 더 많은 사람들이 만성적인 비감염성 불일치 질환에 걸리며 이 질병들을 어떻게 예방할 수 있는지 이해하려면, 한 걸음 더 나아가 조상들로부터 물려받아 지금도 진화하는 우리 몸과 문화적 진화가 어떤 영향을 주고받는지도 살펴봐야 한다. 이러한 상호작용은 때때로 불행한 역학 관계를 만들어내기도 한다. 우선 우리가 문화를 통해 창조한 새로운 환경에 우리 몸이 잘 적응되어 있지 않아서 우리가 비감염성 불일치 질환에 걸린다. 그러나 우리는 여러 가지 이유로 이 불일치 질환들을 예방하지 못한다. 어떤 경우는 예방할 수 있을 만큼 원인을 잘 알지 못해서이지만, 대개는 불일치를 유발하는 새로운 환경 요인들을 바꾸기 어렵거나 불가능해서 예방에 실패한다. 게다가 증상을 너무 효과적으로 치료하는 탓에 질병의 원인을 그냥 놔두면서 의도하지 않게 불일치 질환을 촉진하기까지 한다. 어쨌든 우리가 불일치 질환을 일으키는 새로운 환경 요인들을 해결하지 않아서 그런 질병이 그대로 유지되거나 오히려 늘어나고 악화되는 악순환의 고리가 만들어진다. 이 과정은 생물학적 진화가 아니다. 우리가 불일치 질환들을 자식에게 직접 전달하지 않기 때문이다. 그것은 일종의 문화적 진화다. 우리는 그 질환들을 일으키는 환경과 행동을 전달한다.

이야기하다 보니 내가 너무 앞서 나간 것 같다. 생물학적 진화와 문화적 진화가 어떻게 상호작용하는지 생각하기 전에 먼저 진화의 긴 여정, 즉 우리가 문화 능력을 어떻게 진화시켰고 인간의 몸이 무엇에 적응되어 있는지부터 살펴볼 필요가 있다. 이러한 탐험을 위해서는 시계를 약 600만 년 전으로 돌려 아프리카 숲으로 가야 한다.

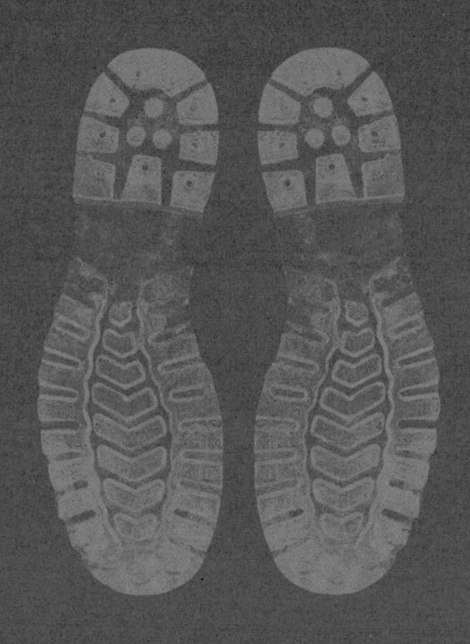

1부

유인원과 인간

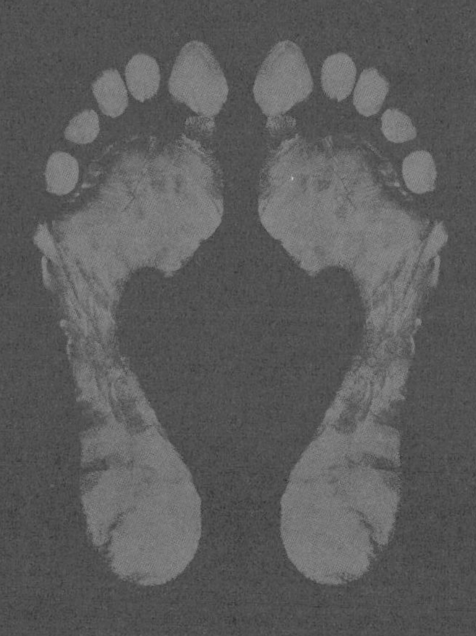

∽

1장

직립 유인원

: 우리는 어떻게 두 발 동물이 되었는가

싸울 땐 네 손이 나보다 더 날쌔지만,

다리는 내가 더 기니 냉큼 달아나겠어.

—셰익스피어, 『한여름밤의 꿈』

숲은 늘 그랬던 것처럼 고요하다. 나뭇잎이 바스락거리는 소리, 곤충이 찍찍대는 소리, 몇 마리 새들이 짹짹거리는 소리가 낮게 들릴 뿐이다. 그런데 갑자기 아수라장이 벌어진다. 침팬지 세 마리가 위로 높이 솟은 나무들을 헤치고 돌진한다. 한 무리의 콜로부스원숭이들을 추적하고 있는 이 침팬지들은 나뭇가지를 휙휙 건너뛰고, 털을 곤두세우고, 거칠게 소리를 지른다. 채 1분도 지나지 않아 노련한 늙은 침팬지 한 마리가 우아하게 점프해 앞서가던 공포에 질린 원숭이 한 마리를 잡아채더니 나무에 머리를 부딪쳐 박살낸다. 사냥은 시작하자마자 끝난다. 승자가 먹이를 갈기갈기 찢어

살을 먹기 시작할 때 다른 침팬지들은 환호성을 지른다. 하지만 인간이 이 장면을 지켜본다면 누구라도 충격을 받을 것이다. 침팬지의 사냥은 역겨워 보일 수 있다. 그들의 폭력성 때문이기도 하지만, 무엇보다도 우리가 그들을 인류의 점잖고 지적인 사촌으로 여기기 때문이다. 침팬지들은 인간의 더 나은 자아를 반영하는 거울 같을 때도 있지만, 사냥할 때의 침팬지는 고기를 좋아하고 폭력적이며 팀워크와 전략을 남을 해치는 데 쓴다는 점에서 인류의 어두운 성향을 고스란히 드러낸다.

침팬지의 사냥 장면에서 우리는 인간의 몸과 침팬지의 몸이 얼마나 다른지도 알 수 있다. 털, 돌출된 긴 주둥이, 네 발 보행 같은 분명한 해부적 차이들도 있지만, 침팬지의 대단한 사냥 기술을 보노라면 인간의 운동 능력이 여러 면에서 얼마나 한심한지 실감하게 된다. 인간은 주로 무기를 이용해 사냥한다. 사람은 속도, 힘, 민첩함에서 침팬지를 따라잡을 수 없으며, 하물며 나무 위에서는 더 말할 것도 없다. 내가 아무리 타잔처럼 되고 싶다 한들 나는 나무를 잘 못 탄다. 전문적으로 나무를 타는 사람조차 조심스럽고 신중하게 오르내린다. 마치 사다리인 양 나무줄기를 날쌔게 오르고, 위태롭게 매달려 있는 나뭇가지들을 건너뛰고, 공중을 가르며 도망치는 원숭이를 잡아채 나뭇가지에 안전하게 착지할 수 있는 침팬지의 능력은 아주 잘 훈련된 체조 선수의 기술을 훨씬 능가한다. 침팬지의 사냥이 아무리 역겹다 해도 우리와 유전암호의 98퍼센트 이상을 공유하고 있는 침팬지들의 초인적인 곡예 능력에는 절로 감탄하게 된다.

인간은 땅에서도 침팬지보다 운동 능력이 떨어진다. 세계에서 가장 빠른 인간도 시속 약 37킬로미터의 속도로 30초도 채 못 달린다. 빨리 달리지 못하는 대부분의 사람들에게는 그러한 속도도 초인적인 것처럼 보이지만, 침팬지와 염소를 비롯한 많은 포유동물들은 코치의 도움이나 수년간의 고된 훈련 없이도 그 두 배의 속도로 몇 분 동안 달릴 수 있다. 나는 다람쥐도 앞지르지 못한다. 또한 달리는 인간은 몸을 마음대로 가누기 어렵고 중심이 불안정해서 빠른 회전이 불가능하다. 달리는 사람은 아주 사소한 장애물이 있거나 살짝 건드리기만 해도 넘어질 수 있다. 마지막으로 우리는 힘이 부족하다. 다 큰 수컷 침팬지는 몸무게가 15~20킬로그램으로 대부분의 인간 남성보다 가볍지만, 그들의 힘을 측정해본 결과 보통의 침팬지가 가장 힘이 센 운동선수보다도 두 배 이상 강한 근력을 보였다.[1]

인간이 무엇에 적응되어 있는지 알아보기 위해 몸 이야기를 살펴보기 시작한 우리에게 첫 번째 중요한 질문은 이것이다. 인간은 왜 그리고 어떻게 나무 위 생활에서 벗어나게 되었으며 약해지고 느려지고 둔해졌을까?

답은 직립하면서부터 그렇게 되었다는 것이다. 직립은 인간의 진화 과정에서 첫 번째로 일어난 큰 변화다. 인류 계통을 다른 유인원들의 진화적 경로에서 분리시킨 진화 초기의 중요한 적응을 단 하나만 고르라면 두 발 보행, 즉 두 발로 서고 걷는 능력을 꼽을 수 있을 것이다. 1871년에 다윈이 특유의 선견지명으로 이 가설을 처음 제시했다. 화석 기록을 갖고 있지 못했던 다윈은 최초의 인간 조상들이 유인원에서 진화했으리라고 추측했다. 유인원들이 똑바로 서면서 손을 이동에 쓰지 않아도 되었고, 자유로워진 손으로 도구를 만들어 쓸 수 있게 되었으며, 그로부터 더 큰 뇌와 언어를 포함한 인간만의 독특한 특징들이 진화할 수 있었다는 것이다.

> 인간만이 두 발 동물이 되었다. 나는 인간의 가장 두드러진 특징 중 하나인 똑바로 선 자세를 어떻게 취하게 되었는지 우리가 어느 정도는 알 수 있다고 생각한다. 손을 사용하지 못했다면 인간은 이 세계에서 지금과 같은 지배적인 위치를 얻을 수 없었을 것이다. 손은 뜻하는 대로 움직일 수 있도록 적응되었다……. 하지만 이동을 위해, 그리고 체중을 지탱하기 위해 주로 사용되는 한, 그리고 앞서 말했듯이 나무를 타는 것에 특히 적합하게 되어 있는 한, 손과 팔이 무기를 제작할 수 있을 만큼, 또는 목표 지점에 정확하게 돌과 창을 던질 수 있을 만큼 완벽해질 수 없었을 것이다……. 만일 두 발로 안정되게 서고 손과 팔을 자유롭게 하는 것이 인간에게 이득이 된다면—인간이 생존 투쟁에서 출중한 성공을 거둔 것으로 보아 나는 분명히 그러하다고 생각하는데—차츰 똑바로 서고 두 발로 걷게 된 것이 인간의 조상들에게 이득이 되지 않았을 리가 없다. 그들은 그렇게 함으로써 돌과 곤봉으로 자신들을 방어하고 먹이를 공격하고 식량을 구하는 일을 더 잘할 수 있었을 것이다. 가장 훌륭한 체격을 갖춘 자들이 결국 가장 큰 성공을 거두었을 것이고 그 결과 더 많은 수가 살아남았을 것이다.[2]

150년이 흐른 지금, 우리는 다윈이 옳았음을 암시하는 증거를 충분히 확보했다. 환경 변화로 야기된 일군의 우연한 상황들 덕분에 인류 계통의 가장 오래된 구성원들은 유인원들보다 더 쉽게 더 자주 두 발로 걷고 서기 위한 여러 적응들을 발달시킬 수 있었다. 오늘날 우리는 두 발로 걷는 것에 완전히 적응되어 있어서 우리가 서고 걷고 달리는 방식이 실은 매우 이례적이라는 사실을 거의 의식하지 못한다. 하지만 주위를 둘러보라. 새를 빼면 (오스트레일리아에 산다면 캥거루도 빼고) 두 발로만 비틀거리며 걷거나 껑충 뛰는 동물들이 몇 종류나 되는가? 여러 증거들로 보건대, 지난 몇백만 년간 인간의 몸에 일어난 큰 변화들 중에 이 적응적 변화야말로 (장점 때문만이 아니라 단점 때문에도) 가장 중요하다. 그러므로 우리의 초기 조상들이 어떻게 똑바로 서는 것에 적응하게 되었는지 알아보는 것은 인간의 몸이 거쳐온 여정을 이야기하는 출발점으로 적격이다. 먼저 우리와 유인원의 마지막 공통 조상부터 시작해 아주 오래된 우리 조상들을 만나보자.

행방이 묘연한 '잃어버린 고리'

빅토리아 시대부터 쓰였던 '잃어버린 고리missing link'는 자주 오용되는 말이지만, 일반적으로는 생명의 역사에서 이행기에 있는 중요한 종을 일컫는다. 잃어버린 고리로 일컬어지는 많은 화석들이 말로만 '잃어버린' 것이지만, 인간의 진화 기록에 꼭 있어야 하는데 정말로 완전히 종적을 감춘 특별한 종이 하나 있다. 바로 인류와 그 밖의 다른 유인원들의 마지막 공통 조상이다. 답답하게도 이 중요한 종은 아직까지 완전한 미지의 존재로 남아 있다. 다윈이 추론했듯이 이 공통 조상도 침팬지와 고릴라처럼 아프리카의 열대우림에 살았을 가능성이 매우 높은데, 이곳은 뼈가 보존되기에 좋지 않은 환경이라서 화석 기록이 잘 남지 않는다. 바닥에 떨어진 뼈는 순식간에 썩어 사라진다. 이런 이유로 침팬지와 고릴라 계통의 쓸 만한 화석 유해는 얼마 없고, 마지막 공통 조상의 화석 유해를 발견할 확률도 희박하다.[3]

증거의 부재가 부재의 증거는 아니지만 증거가 없으면 추측이 난무하기 마련이다. 계통수에서 마지막 공통 조상의 자리를 채워줄 화석이 나오지 않자, 행방이 묘연한 이 잃어버린 고리를 둘러싸고 추측과 논쟁이 무성했다. 하지만 그렇다 해도 마지막 공통 조상이 언제 어디에 살았고 어떤 모습이었는지 합리적으로 추론해볼 수 있는 방법이 있다. 인간과 유인원의 유사점과 차이점을 꼼꼼하게 비교하고 그것을 우리가 알고 있는 진화적 계통수와 연결하는 것이다. 그림 1에 나와 있는 이 계통수는 세 종의 아프리카 유인원이 현존한다는 사실과, 인간은 고릴라보다 두 종의 침팬지(일반 침팬지와 피그미침팬지보노보)와 더 가깝다는 사실을 알려준다. 또한 광범위한 유전자 자료를 바탕으로 그려진 그림 1은 인류 계통과 침팬지 계통이 약 800만~500만 년 전에 갈라졌다는 사실도 보여준다(정확한 시기에 대해서는 아직 논쟁이 계속되고 있다.). 엄밀히 말해 인간은 유인원 중에서 호미닌hominin, 사람족이라고 불리는 한 집단에 속한다. 호미닌은 침팬지와 여타 유인원들보다 현생 인류에 더 가까운 모든 종을 일컫는다.[4]

1980년대에 이 계통수를 완성하는 데 꼭 필요한 분자생물학적 증거가 나왔을 때, 과학자들은 인간이 침팬지와 진화적으로 매우 가깝다는 사실을 알고 깜짝 놀랐다. 그전까지 대부분의 전문가들은 인간보다는 고릴라가 침팬지와 서로 더 가깝다고 추정했다. 침팬지와 고릴라가 상당히 닮았기 때문이다. 하지만 인간은 침팬지와는 진화적 사촌지간이지만 고릴라와는 그렇지 않다는 반직관적인 사실은 마지막 공통 조상의 모습을 복원하는 데 있어서 귀중한 단서를 제공한다. 인간과 침팬지가 배타적인 마지막 공통 조상을 공유하고 있다 해도, 침팬지, 보노보, 고릴라는 인간보다 서로 훨

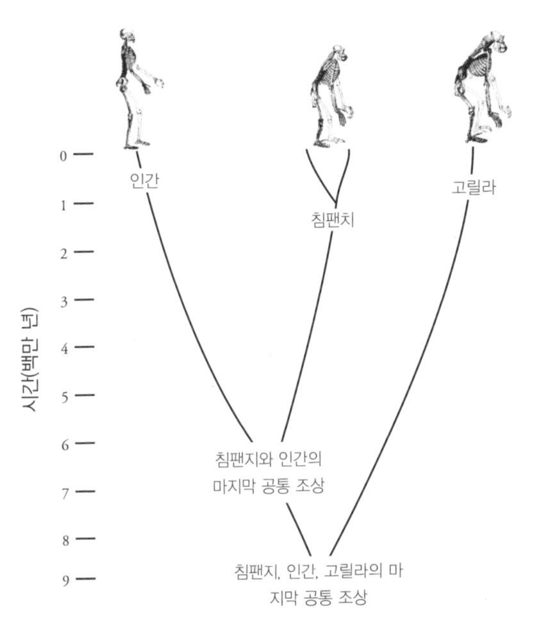

그림 1. 인간, 침팬지, 고릴라의 진화적 계통수. 이 그림에서 침팬지는 두 종(일반 침팬지와 보노보)으로 분류되어 있다. 어떤 전문가들은 고릴라를 한 종 이상으로 분류하기도 한다.

씬 더 비슷하기 때문이다. 고릴라가 침팬지보다 2~4배 더 무겁지만, 만일 침팬지를 고릴라 크기로 키운다면 (완전히 똑같지는 않겠지만) 고릴라와 닮은 생물을 얻게 될 것이다.[5] 또한 성체 보노보는 사춘기 침팬지처럼 생겼고 심지어 행동도 그렇다.[6] 게다가 고릴라와 침팬지는 걷고 달릴 때 둘 다 너클 보행knuckle walking을 한다. 이것은 가볍게 주먹을 쥔 채 손가락 중절골의 배면에 체중을 싣고 이동하는 방식이다. 그러므로 다양한 아프리카 대형 유인원들 사이에 나타나는 수많은 유사점이 각기 독립적으로 진화한 것이 아니라면 (그랬을 확률은 매우 낮다.) 침팬지와 고릴라의 마지막 공통 조상은 분명 해부적으로 침팬지 같거나 고릴라 같을 것이다. 같은 논리에 따라 침팬지와 인간의 마지막 공통 조상도 여러 해부적 측면에서 침팬지 같거나 고릴라 같을 것이다.

막말로 지금 보이는 침팬지와 고릴라를 수십만 세대 전의 아주 먼 조상—매우 중요한 위치를 차지하는 그 잃어버린 종—과 어렴풋하게 닮은 동물로 간주할 수도 있다는 이야기다. 하지만 직접적인 화석 증거 없이 이 가설을 확실하게 검증하기란 불가능하고, 따라서 다른 가설도 얼마든지 가능하다. 어떤 고인류학자들은 인간이 몸을 세우고 서거나 걷는 방식은 인간의 더 먼 친척인 긴팔원숭이가 나뭇가지에 매달려 휙휙 움직이거나 나뭇가지를 딛고 이동하는 방식을 떠올리게 한다고 말한다. 실제로, 침팬지와 고릴라가 사촌지간이라고 생각했던 100년이 넘는 세월 동안 많은 학자들은 긴팔원숭이와 닮은 어떤 종에서 인간이 진화했다고 추론했다.[7] 몇몇 고인류학자들은 마지막 공통 조상이 나뭇가지 위에서 걷기도 하고 네 발로 나무를 타기도 하는 원숭이 같은 생물이었다고 추측했다.[8] 이렇게 여러 견해들이 있지만 증거들을 종합하면 인류 계통에 속하는 최초의 종은 오늘날의 침팬지나 고릴라와 크게 다르지 않은 동물에서 진화했다는 결론으로 귀결된다. 이러한 추론은 최초의 호미닌이 왜 그리고 어떻게 직립하는 쪽으로 진화했는지를 알아내는 데 매우 중요한 역할을 한다. 다행히 아직까지 종적이 묘연한 마지막 공통 조상과 달리 최초의 호미닌은 물증이 남아 있다.

최초의 호미닌은 어떤 이들이었을까?

내가 학생이었을 때만 해도 인간의 진화사에서 첫 몇백만 년간 무슨 일이 일어났는지를 간직하고 있는 유용한 화석들이 존재하지 않았다. 자료가 없었던 탓에 많은 전문가들은 루시처럼 약 300만 년 전에 살았던, 당시로서는 가장 오래된 화석들이 행방이 묘연한 이전의 호미닌을 충분히 대신할 수 있다고 (경솔하게) 추정할 수밖에 없었다. 하지만 1990년대 중반부터 우리는 인류 계통이 지나온 첫 몇백만 년에 해당하는 많은 화석들을 발견했다. 이 원시적인 호미닌들은 부르기 어려운 난해한 이름들을 갖고 있지만, 덕분에 침팬지와 인간의 마지막 공통 조상이 어떤 모습이었는지 다시 생각하고 최초의 호미닌과 다른 유인원을 구별하는 두 발 보행 같은 특징들이 어떻게 생겼는지 알 수 있었다. 현재까지 초기 호미닌은 네 종이 발견되었고, 그중 두 종이 그림 2에 나와 있다. 이 종들이 어떤 모습이었고 무엇에 적응되어 있었으며 이후의 진화적 사건들과 어떻게 연결되는지 이야기하기 전에, 먼저 그들이 누구였고 어디서 왔는지 같은 몇 가지 기본 사실들을 알아보자.

호미닌으로 추정되는 종들 가운데 지금까지 알려진 가장 오래된 종은 사헬란트로푸스 차덴시스*Sahelanthropus tchadensis*다. 2001년에 미셸 브뤼네Michel Brunet가 이끄는 프랑스 발굴팀이 중앙아프리카 차드Chad에서 발견했다. 사하라사막 남부의 모래 밑에서 이 화석들을 발굴하는 일은 수년이 걸리는 힘들고 위험한 작업이었다. 오늘날 이 지역은 아무도 살 수 없는 불모의 땅이지만, 수백만 년 전에는 커다란 호수가 근처에 있고 군데군데 나무가 자라던 곳이었다. 사헬란트로푸스의 화석으로는 거의 완전하게 보존된 머리뼈(이 화석은 투마이Toumaï라는 별명으로 불리는데, 그 지역 말로 '생명의 희망'이라는 뜻이다. 그림 2 참조.)를 비롯해 몇 개의 치아와 턱뼈 파편 등이 발견되었다.[9] 브뤼네와 그 동료들은 사헬란트로푸스가 적어도 600만 년 전에 살았으며 720만 년 전에 살았을 가능성도 있다고 추정한다.[10]

초기 호미닌으로 추정되는 또 다른 종인 오로린 투게넨시스*Orrorin tugenensis*는 케냐에서 발견되었고, 약 600만 년 전에 살았던 것으로 추정된다.[11] 수수께끼에 싸여 있는 이 종은 안타깝게도 몇 개의 파편으로만 알려져 있다. 턱뼈 파편 한 개, 치아 몇 개, 그리고 팔다리뼈 파편 몇 개가 전부다. 오로린에 대해서는 알려진 것이 거의 없는데, 연구할 화석이 별로 많지 않기 때문이기도 하고, 그 화석들이 아직 완전하게 분석되지 않았기 때문이기도 하다.

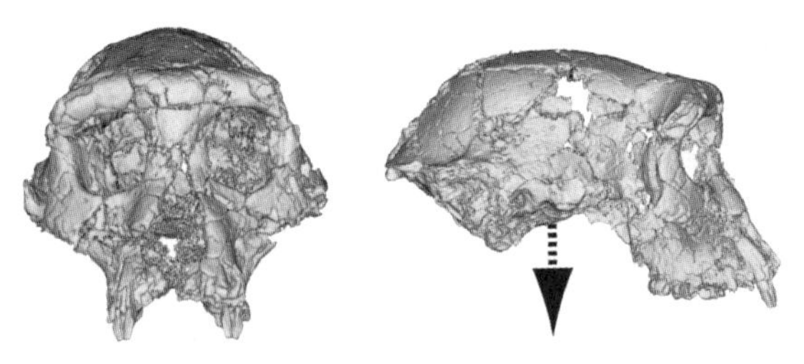

사헬란트로푸스 차덴시스

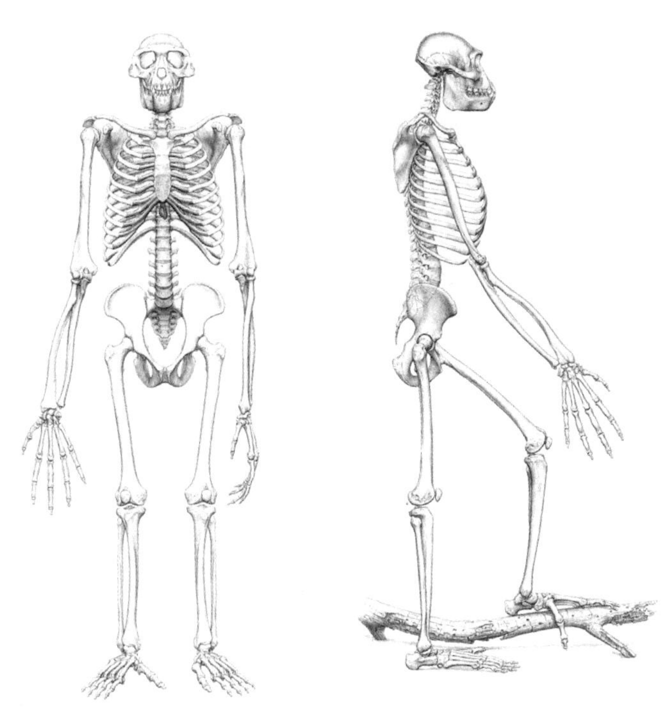

아르디피테쿠스 라미두스

그림 2. 두 종의 초기 호미닌. 위는 사헬란트로푸스 차덴시스의 머리뼈(투마이)이고, 아래는 아르디피테쿠스 라미두스(아르디)의 복원도다. 투마이의 대후두공 각도는 목 윗부분이 수직 방향으로 뻗어 있었음을 알려주는데, 이것은 두 발 보행의 확실한 증거다. 아르디의 골격을 복원한 그림은 그녀가 나무를 타는 것뿐 아니라 두 발로 걷는 것에 적응되어 있었을 가능성을 제기한다. 사헬란트로푸스 사진: 미셸 브뤼네 제공. 아르디피테쿠스 그림 © 2009 Jay Matternes.

가장 많은 초기 호미닌 화석들은 캘리포니아대학교 버클리캠퍼스의 팀 화이트Tim White와 그 동료들이 이끄는 국제 발굴팀에 의해 에티오피아에서 발견되었다. 이 화석들은 서로 다른 두 종에 배정되었는데, 두 종 모두 아르디피테쿠스*Ardipithecus*라는 속genus, 屬 아래 있다. 둘 중 더 오래된 종인 아르디피테쿠스 카다바*Ardipithecus kadabba*는 580만~520만 년 전에 살았던 것으로 추정되고, 지금까지 몇 개의 뼈와 치아를 통해 알려져 있다.[12] 더 최근 종인 아르디피테쿠스 라미두스*Ardipithecus ramidus*는 450만~430만 년 전에 살았던 것으로 추정되는데 화석이 훨씬 많다. 그중에는 '아르디Ardi'라는 별명이 붙은 한 여성의 부분 골격도 포함된다(그림 2 참조).[13] 그 외에도 이 종으로 분류되는 화석 파편들이 매우 많은데(주로 치아), 적어도 12명의 개체들에서 나온 것으로 추정된다. 아르디의 골격에 대해서는 집중적인 연구가 이루어지고 있는데, 이 골격이 아르디를 포함한 초기 호미닌이 어떻게 서고 걷고 나무를 올랐는지 알려주기 때문이다. 이처럼 좋은 기회는 드물다.

아르디피테쿠스, 사헬란트로푸스, 오로린의 화석들은 하나의 장바구니에 넣을 수 있을 만큼 수가 적다. 그렇지만 그 화석들은 유인원과의 마지막 공통 조상에서 갈라져 나온 뒤 첫 몇백만 년에 해당하는 인간의 초창기 모습을 구체적으로 보여준다. 이 화석들을 통해 알려진 사실 한 가지는 (별로 놀랍지 않게도) 초기 호미닌이 전반적으로 유인원 같다는 것이다. 아프리카 대형 유인원들과 우리가 가까운 관계라는 사실에서 예상할 수 있듯이 그들은 침팬지나 고릴라와 치아, 머리뼈두개골, 턱뿐 아니라 팔다리, 손발까지 닮은 점이 많다.[14] 예를 들어 그들의 머리뼈는 침팬지 수준의 작은 뇌, 발달된 눈썹뼈(안와상융기), 큰 앞니, 튀어나온 긴 주둥이를 갖고 있다. 아르디의 팔다리와 손발의 특징들도 아프리카 유인원들, 그중에서도 특히 침팬지와 많이 비슷하다. 사실, 이러한 아주 먼 옛날의 종들은 유인원과 너무 비슷해서 호미닌이 아닐 수 있다고 말하는 전문가들도 있다.[15] 하지만 나는 여러 가지 이유에서 그들이 진정한 호미닌이라고 생각한다. 무엇보다도 이 종들이 두 다리로 직립보행하도록 적응되어 있었음을 보여주는 단서들 때문이다.

최초의 호미닌은 정말로 두 발로 섰을까?

인간은 자기중심적인 생물이라서 인간의 전형적인 특징들이 단지 이례적인 것에 불과할 때도 그것을 특별한 것으로 착각한다. 두 발 보행도 예외가 아니다. 많은 부모들이 그러하듯 나도 내 딸이 걸음마를 시작한 순간을 잊을 수 없다. 그날부터 갑자기 내 딸이 개보다 인간에 훨씬 더 가까워 보였다. 흔히 사람들(특히 부모들)은 몸을 세우고 걷는 것을 유독 힘들고 어려운 일로 여긴다. 아기가 잘 걷기까지 수년이 걸리는 데다 습관적으로 두 발로 걷는 동물이 거의 없기 때문이다. 그러나 아기가 첫돌이 되어서야 걸음마를 떼고 그 뒤로도 능숙하게 걷고 뛰는 데 몇 년이 더 걸리는 진짜 이유는 신경과 근육이 성숙할 때까지 상당한 시간이 걸리기 때문이다.[16] 더구나 뇌가 큰 인간 아기는 제대로 걷는 데만 몇 년이 걸리는 것이 아니라, 옹알이가 아닌 말을 하고 대소변을 가리고 도구를 능숙하게 다루기까지도 수년이 걸린다. 물론 습관적으로 두 발로 걷는 동물은 드물어도 간헐적으로 두 발로 걷는 동물은 더러 있다. 유인원들은 가끔씩 두 다리로 서고 걸으며, 우리집 개를 포함한 그 밖의 많은 포유류도 마찬가지다. 그렇지만 인간의 두 발 보행은 유인원의 두 발 보행과 한 가지 중요한 면에서 다르다. 즉 우리 인간이 매우 효율적으로 서고 걸을 수 있는 것은 네 발 보행을 포기했기 때문이다. 침팬지와 여타 유인원들은 몸을 세우고 걸을 때마다 에너지가 많이 드는 방식으로 부자연스럽게 흔들거리며 걷는데, 잘 걷게 해주는 우리 종의 몇 가지 핵심 적응(그림 3 참조)이 그들에게는 없기 때문이다. 최초의 호미닌이 우리를 흥분시키는 이유는 무엇보다도 그들이 이러한 적응 중 몇몇을 가졌기 때문이다. 이것은 그들도 몸을 똑바로 세운 일종의 두 발 동물이었다는 증거다. 하지만 만일 아르디가 당시 호미닌의 대표 표본이라면, 호미닌은 여전히 나무를 오르는 데 유용한 특징을 많이 보유했다고 볼 수 있다. 아르디를 포함한 초기 호미닌이 나무를 오르지 않을 때 어떻게 걸었는지 정확하게 재현하기는 쉽지 않지만, 분명 그들은 우리와 아주 다르게, 훨씬 더 유인원처럼 걸었을 것이다. 이러한 종류의 초기 두 발 보행은 아마 직립보행의 중요한 과도기적 형태로, 더 현대적인 보행 방식의 기초가 되었을 것이다. 오늘날 우리 몸에 여전히 남아 있는 여러 적응들이 두 발 보행을 가능하게 만들었다.

그중 첫 번째는 엉덩이의 모양이다. 침팬지가 똑바로 서서 걷는 것을 보면, 두 다리를 벌리고 술 취한 사람처럼 상체를 이리저리 흔든다는 것을 알 수 있다. 하지만 술에 취하지 않은 멀쩡한 인간은 상체의 흔들림이 거의 알아볼 수 없을 정도로 작다. 따라서 우리 종은 에너지의 대부분을 상체를 안정시키는 데 쓰기보다는 몸을 앞으로 움직이는 데 쓸 수 있다. 우리 종의 더 안정적인 걸음걸이는 대체로 골반 모양에 일어난 단순한 변화 덕분이었다. 그림 3이 보여주듯이 골반의 윗부분을 이루고 있는 크고 넓적한 뼈(장골)가 유인원에서는 길고 뒤쪽을 향하고 있지만, 인간에서는 이 부분이 짧고 옆으로 펼쳐져 있다. 옆쪽을 향하는 장골은 직립보행을 위한 중요한 적응이다. 그 적응 덕분에 보행 시 한 발을 땅에 대고 버티는 동안 엉덩이 측면에 있는 근육들(소둔근)이 상체를 안정적으로 지탱해준다. 몸통을 꼿꼿이 세우고 한 다리로 최대한 오래 버티기를 해 보면 무슨 말인지 이해할 수 있다(당장 해 보라!). 1~2분이 지나면 이 근육들에서 피로가 느껴질 것이다. 침팬지는 골반이 뒤쪽을 향하고 있어서 똑같은 근육들이 다리를 뒤로 펴는 데만 쓰이기 때문에 이런 식으로 서거나 걸을 수 없다. 따라서 침팬지는 한 다리로 설 때 옆으로 넘어지는 것을 피하려면 그쪽으로 몸통을 심하게 기울이는 수밖에 없다. 하지만 아르디는 침팬지와 달랐다. 아르디의 골반은 심하게 일그러져 있어서 대대적인 복원이 필요했지만, 그녀는 인간처럼 옆을 향하고 있는 짧은 장골을 가졌던 것 같다.[17] 또한 오로린의 대퇴골넙다리뼈은 고관절엉덩관절이 특히 크고 경부가 길며 상부가 넓적해서, 걸을 때 엉덩이근육을 사용해 몸통을 효과적으로 안정시킬 수 있었고 몸이 좌우로 왔다 갔다 하는 힘에 저항할 수 있었을 것이다.[18] 엉덩이의 이런 특징들은 최초의 호미닌이 걸을 때 좌우로 흔들거리지 않았음을 알려준다.

두 발 보행을 위한 또 하나의 중요한 적응은 S자형 척추다. 다른 네 발 동물처럼 유인원은 완만하게 구부러진 척추를 갖고 있어서(앞쪽이 약간 오목하다.), 똑바로 서면 몸통이 자연스럽게 앞쪽으로 기운다. 그 결과 유인원의 몸통은 엉덩이 앞에 불안정하게 위치하게 된다. 반면 인간의 척추는 두 쌍의 만곡을 갖고 있다. 아래쪽의 요추 만곡은 요추의 개수가 늘어난 결과다(유인원들은 요추가 대개 서너 개인 반면 인간은 보통 다섯 개다.). 그리고 그 요추들 중 여러

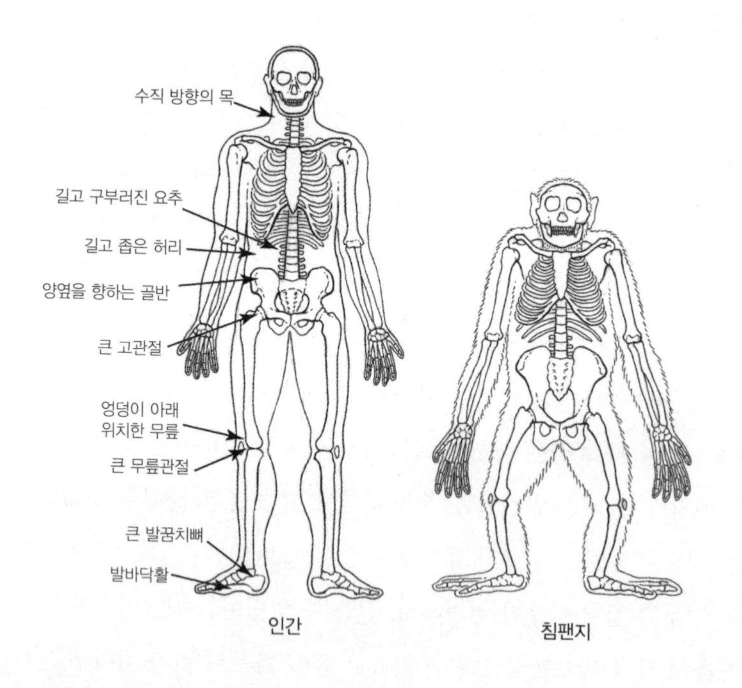

그림 3. 인간과 침팬지의 골격 비교. 인간의 직립보행을 위한 몇 가지 적응을 보여준다. D. M. Bramble & D. E. Lieberman(2004). Endurance running and the evolution of homo. *Nature* 432:345–52의 그림을 수정하여 게재.

개가 윗면과 아랫면이 나란하지 않은 쐐기 모양이다. 건축가들이 쐐기 모양의 돌로 다리 같은 아치형 구조물을 만드는 것처럼, 쐐기 모양의 척추체는 아래쪽 척추를 골반 위 지점에서 안쪽으로 구부러지게 해서 몸통을 엉덩이 위에 안정적으로 놓는다. 인간의 흉추와 경추는 척추의 윗부분에서 또 다른 완만한 곡선을 만든다. 이 만곡은 목 윗부분을 머리뼈 뒤쪽으로 향하게 하는 대신 아래쪽으로 향하게 한다. 우리는 초기 호미닌의 요추를 아직 찾지 못했지만, 아르디의 골반 모양은 요추 부위가 길었음을 암시한다.[19] 초기 호미닌이 두 발 보행에 적응된 S자형 척추를 갖고 있었음을 알려주는 더 결정적인 단서는 사헬란트로푸스의 머리뼈에서 찾을 수 있다. 침팬지를 포함한 유인원들의 목은 머리뼈 뒤쪽 지점에서 거의 수평으로 뻗어 있지만, 그림 2에 있는 완전하게 보존된 투마이의 머리뼈를 보면 그가 서거나 걸을 때 목 윗부분이 거의 수직으로 세워져 있음을 알 수 있다.[20] 이러한 배치는 투마이의 척추가 허리나 목, 혹은 둘 모두에서 구부러져 있을 때에만 가능하다.

초기 호미닌에서 나타나는 직립보행을 위한 또 다른 중요한 적응은 몸의 한쪽 끝에 있는 발에 있다. 인간은 걸을 때 발뒤꿈치를 먼저 딛고, 그다음에 발의 나머지 부분이 지면에 닿을 때 발바닥활을 단단하게 만들어 발을 떼는 순간 주로 엄지발가락을 이용해 위쪽과 앞쪽으로 몸을 밀어낸다. 인간의 발바닥활을 만드는 데는 발뼈뿐 아니라 현수교의 케이블처럼 뼈를 고정시키는 인대와 근육도 한몫을 하는데, 이들은 뒤꿈치가 땅에서 떨어질 때 (다양한 정도로) 팽팽해진다. 또한 인간의 경우 발가락과 발의 나머지 부분 사이에 있는 관절들의 표면이 매우 둥글고 약간 위쪽을 향하고 있어서, 발을 밀어서 지면에서 뗄 때 발가락들이 매우 큰 각도로 휘어질 수 있다. 침팬지를 비롯해 여타 유인원들은 발바닥활이 없어서 단단한 발로 지면을 딛고 몸을 밀어내지 못하며, 인간의 것처럼 발가락이 휘어지지도 않는다.

중요한 단서가 되는 아르디의 발(그리고 같은 속에 속하는 그보다 더 최근의 발 화석 파편)에는 중간 부분이 단단해졌던 흔적이 있고, 입각기(발뒤꿈치가 땅에 닫는 순간부터 발가락이 지면을 떠나는 순간까지를 말한다.—옮긴이)의 마지막에 크게 휘어질 수 있는 발가락관절들이 있다.[21] 이러한 특징들은 아르디가 침팬지와 달리 인간처럼 직립 자세로 걸을 때 효과적으로 추진력을 낼 수 있는 발을 가졌음을 말해준다.

지금까지 요약한 최초의 호미닌에서 볼 수 있는 두 발 보행의 증거들은 우리를 전율시키지만 솔직히 그것만으로는 부족하다. 아르디의 골격 중 많은 부분이 소실되었기 때문에 이 종이 어떻게 서고 걷고 뛰었는지에 대해 우리가 모르는 것들이 아직 많다. 또한 사헬란트로푸스속과 오로린속의 골격에 대해서는 거의 알려진 바가 없다. 그럼에도 이러한 먼 옛날의 종들이 우리와는 아주 다른 방식으로 서고 걸었음을 말해주는 증거들은 충분히 있다. 그들이 나무를 오르는 데 유용한 오래된 적응을 많이 보유했기 때문이다. 예를 들어 아르디는 나뭇가지나 나무 몸통을 잘 잡을 수 있도록 옆으로 벌어진 근육질의 엄지발가락을 가졌다. 나머지 발가락들은 길고 상당히 구부러져 있으며, 발목은 안쪽으로 약간 기울어져 있다. 나무를 타기에 유용한 이런 특징들 때문에 아르디의 발은 현생 인류의 발과 다르게 기능했을 것이다. 아르디는 걸을 때 인간처럼 발목을 몸 안쪽으로 꺾으면서 발바닥 안쪽에 체중을 싣는 대신 침팬지처럼 발바닥 바깥쪽에 체중을 실었을 것이다.[22] 또한 아르디는 짧은 다리를 갖고 있었는데, 만일 발 바깥쪽으로 딛고 걸었다면 오늘날 우리보다 다리를 더 벌린 자세로 걸었을 것이다. 아마 무릎도 약간 구부러져 있었을 것이다. 앞의 이야기에서 예상할 수 있다시피, 아르디의 상체에도 나무를 오르는 능력을 보여주는 증거들이 존재한다. 그녀는 길고 강한 근육질 팔과 길고 구부러진 손가락을 가졌다.[23]

세부적인 특징들에서 한발 물러나 전체적인 그림을 보면, 최초의 호미닌은 땅에 있을 때 네 발로 걷지 않았음이 확실하다. 그들은 나무를 오르지 않을 때 인간과 다른 독특한 직립 자세로 서고 걸었던 간헐적인 두 발 동물이었다. 그들은 인간처럼 효과적으로 걸을 수 없었지만 침팬지나 고릴라보다는 더 효과적이고 안정적으로 직립보행을 할 수 있었다. 하지만 이 먼 옛날의 조상들은 나무도 잘 탔다. 아마 상당한 시간을 나무 위에서 보냈을 것이다. 그들이 나무를 오르는 모습을 볼 수 있다면, 우리는 그들이 나무 위로 날쌔게 올라 이 가지에서 저 가지로 건너뛰는 모습에 경탄할 것이다. 하지만 그들은 침팬지보다 덜 민첩했을 것이다. 그들이 걷는 모습을 볼 수 있다면, 우리는 걸음걸이가 약간 이상하다고 생각할 것이다. 그들은 안쪽으로 휘어진 긴 발의 측면을 디디고 짧은 보폭으로 걸었기 때문이다. 그들이 몸을 세운 침팬지처럼 (혹은 술에 취한 인간처럼) 두 다리로 불안정하게 뒤뚱거리며 걷는 모습을 상상하기 쉽지만, 그럴 확률은 낮다. 나는 그들이 두 발로 걷는 것과 나무를 타는 것 모두에 능숙하되, 오늘날의 어떤 생물과도 다른 독특한 방식이었을 것이라고 생각한다.

식생활의 차이

동물들은 여러 가지 이유로 이동을 한다. 포식자를 피하기 위해서이기도 하고 싸우기 위해서이기도 하지만, 동물들이 걷거나 뛰는 가장 큰 이유는 먹을거리를 구하기 위해서다. 따라서 우리는 왜 두 발 보행이 처음에 진화했는지 생각해보기 전에, 초기 호미닌에서 달라진 식생활과 관련이 있는 일군의 특징들을 추가로 살펴볼 필요가 있다.

투마이와 아르디 같은 초창기 호미닌은 얼굴과 치아가 대체로 유인원과 비슷하다. 이것은 그들이 잘 익은 과일을 주로 먹는 유인원 같은 식생활을 했다는 뜻이다. 예를 들어 그들은 주걱처럼 생긴 넓적한 앞니를 가졌는데, 이런 앞니는 우리가 사과에 이를 박아 넣는 것처럼 과일을 깨물기에 적합하다. 또한 그들은 교두치아도드리가 낮은 어금니를 갖고 있는데, 이것은 질긴 섬유질 열매의 살을 으스러뜨리기에 적격이다. 그런데 인류 계통의 초기 구성원들이 과일 외에 질이 낮은 음식을 먹는 것에 침팬지들보다 더 잘 적응되어 있었음을 암시하는 몇 가지 단서가 있다. 우선 어금니가 침팬지나 고릴라 같은 유인원들의 것보다 좀 더 크고 두툼하다.[24] 이런 어금니는 줄기와 이파리처럼 단단하고 질긴 음식물을 더 잘 부쉈을 것이다. 두 번째로 아르디와 투마이는 주둥이가 덜 튀어나와 있는데, 그것은 광대뼈가 좀 더 앞쪽에 위치하고 얼굴이 목 위에 더 수직으로 놓여 있기 때문이다.[25] 이러한 얼굴 형태에서는 깨무는 힘이 더 커지는 위치에 씹기근육저작근이 위치하게 되어 더 질기고 단단한 음식을 부술 수 있다. 마지막으로, 초기 호미닌 남성의 송곳니는 침팬지 수컷의 송곳니보다 더 작고 짧으며 단검과 덜 비슷한 모양이다.[26] 송곳니가 더 작아졌다는 것은 남성들이 서로 덜 싸웠다는 증거라고 생각하는 연구자들도 있지만, 더 질기고 섬유소가 많은 음식을 씹게 해주는 적응이었다는 설명이 더 설득력 있다.[27]

여러 증거들을 종합해 판단컨대 우리가 어느 정도 확신을 갖고 말할 수 있는 이야기는 이렇다. 최초의 호미닌은 가능하면 과일을 먹었겠지만, 자연선택은 유사시에 섬유소가 많고 질긴 목질의 식물 줄기 등도 잘 먹는 개체를 선호했다. 식생활과 관련된 이런 차이들이 무엇을 의미하는지 딱 잘라 말하기는 어렵다. 하지만 그들의 보행 방식과 거주 환경에 대해 우리가 알고 있는 사실들을 고려하면, 왜 최초의 호미닌이 두 발 동물이 되어서 유인원 사촌들과는 매우 다른 진화적 경로를 밟게 되는지에 대해 가설을 세워볼 수 있다.

왜 두 발 동물이 되었는가?

플라톤은 인간을 깃털 없는 두 발 동물로 정의했지만, 그는 공룡, 캥거루, 미어캣의 존재를 알지 못했다. 사실 두 발로 걸으면서 깃털과 꼬리가 없는 동물은 인간밖에 없다. 그렇더라도 두 발로 비틀거리면서 걷는 보행 방식은 단 몇 차례밖에 진화하지 않았고 인간과 닮은 두 발 동물은 없기 때문에, 호미닌이 습관적인 두 발 보행을 하게 된 것의 장단점을 비교하고 평가하기는 어렵다. 만일 호미닌의 두 발 보행이 매우 이례적이라면 그들은 왜 그렇게 진화했을까? 그리고 그 이상한 방식으로 서고 걷는 것이 훗날 호미닌의 몸에 일어난 변화들에 어떤 영향을 미쳤을까?

왜 자연선택이 두 발 보행을 위한 적응들을 선호했는지 확실히 아는 것은 불가능하지만, 증거상 가장 유력한 가설은 인류 계통과 침팬지 계통이 나뉠 무렵 기후가 크게 변하고 있었고 이에 따라 최초의 호미닌이 식량을 더 효과적으로 채집하고 획득할 수 있도록 습관적인 직립보행에 대한 선택이 일어났다는 것이다.

기후변화는 요즘 뜨거운 관심을 받는 주제다. 무엇보다도 인간이 엄청난 양의 화석연료를 태워서 지구온난화를 가속시키고 있기 때문이다. 하지만 기후변화는 우리가 유인원에서 갈라져 나온 시기를 포함해 인간의 진화에 오랫동안 영향을 미쳐왔다. 그림 4의 그래프는 지난 1000만 년 동안 지구의 바다 온도가 어떻게 변했는지 보여준다.[28] 보다시피 1000만~500만 년 전에 지구 전체의 기온이 크게 내려갔다. 이 한랭화는 수백만 년에 걸쳐 일어났고 그동안 보다 따뜻한 시기와 보다 추운 시기가 오가는 변동은 계속 있었지만, 전반적으로 아프리카의 열대우림은 줄어들었고 삼림지는 늘어났다.[29] 당신이 이 시기에 살고 있는 유인원과 인간의 마지막 공통 조상—몸집이 크고 과일을 먹는 유인원—이라고 상상해 보라. 만일 열대우림 한복판에서 살고 있었다면 별 차이를 느끼지 못했을 것이다. 하지만 만일 당신이 열대우림의 가장자리에 살고 있는 불운의 주인공이었다면, 이 변화가 엄청난 스트레스로 다가왔을 것이다. 주변의 열대 숲이 줄어들고 삼림지가 확장되면 과일은 찾기 어려워질 뿐만 아니라 어떤 계절에는 아예 구할 수 없게

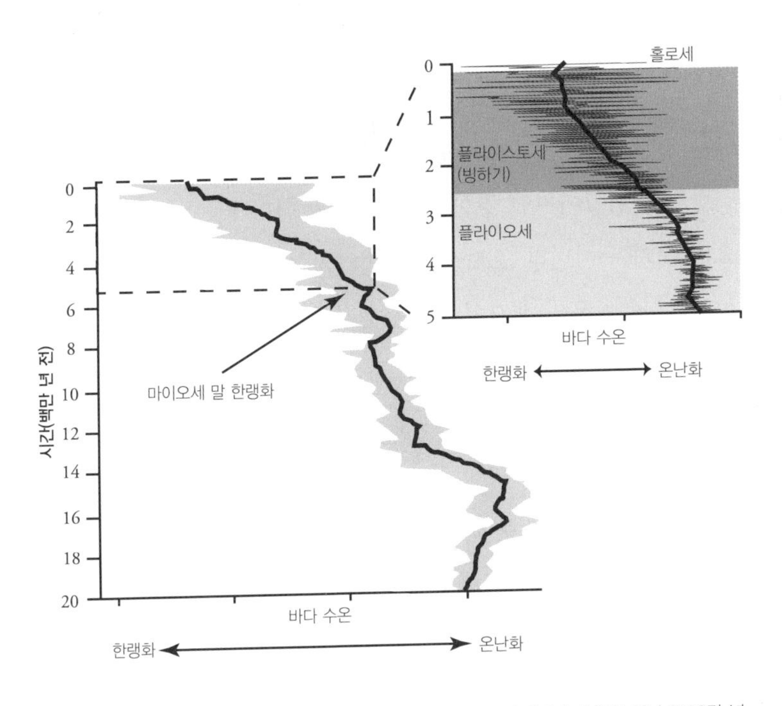

그림 4. 인류가 진화하는 동안 일어난 기후변화. 왼쪽 그래프는 전 세계의 수온이 지난 2000만 년간 계속 낮아졌으며, 인류 계통과 침팬지 계통이 갈라질 무렵 기온이 크게 떨어졌음을 보여준다. 오른쪽에 확대된 그래프는 지난 500만 년의 기후변화 양상을 보여준다. 그래프의 굵은 선은 평균 기온을, 지그재그 선들은 기온 변동을 나타낸다. 빙하기가 시작될 때 기온이 큰 폭으로 떨어진 것을 눈여겨보라. J. Zachos et al.(2001). Trends, rhythms, and aberrations in global climate 65 Ma to present. *Science* 292: 686–93의 그래프를 수정하여 게재.

되기 때문이다. 그 결과 때에 따라서는 똑같은 양의 식량을 얻기 위해 더 멀리 가고, 유사시에만 먹던 식량을 더 자주 먹어야 한다. 그러한 예비 식량들은 잘 익은 과일처럼 즐겨 찾는 음식보다 양이 풍부하지만 질이 떨어진다. 보통 침팬지가 예비 식량으로 먹는 것은 섬유질 함량이 높은 식물 줄기와 잎, 그리고 다양한 풀이다.[30] 기후변화의 증거들은 최초의 호미닌이 그러한 예비 식량을 침팬지들보다 더 자주, 더 열심히 찾아야 했음을 암시한다. 아마 오랑우탄과 처지가 더 비슷했을 것이다. 오랑우탄의 서식지는 침팬지의 서식지만큼 항상 풍요롭지 않아서, 오랑우탄은 과일이 없을 때 매우 질긴 줄기, 심지어 나무껍질까지 먹는다.[31]

상황이 힘들어지면 강한 자가 두각을 나타내듯, 자연선택은 풍요의 시기가 아니라 스트레스와 빈약의 시기에 가장 강력하게 작동한다. 만일 우리 생각처럼 유인원과 인간의 마지막 공통 조상이 열대우림에서 나는 과일을 주로 먹는 유인원이었다면, 자연선택은 투마이와 아르디 같은 초창기 호미닌에서 나타난 두 가지 큰 변화를 선호했을 것이다. 그중 첫 번째는 호미닌이 더 크고 두툼한 어금니와 씹는 능력 덕분에 더 질긴 섬유질의 예비 식량을 더 잘 먹게 된 것이다. 더 광범위한 두 번째 변화인 두 발 보행은 기후변화에 대한 적응이라고 단언하기 어렵지만, 긴 안목에서는 훨씬 더 중요하다고 볼 이유가 여럿 있으며 그중에는 놀라운 이야기도 있을지 모른다.

두 발 보행의 분명한 이점은 두 발로 서면 특정 과일을 찾기 더 쉽다는 것이다. 예를 들어 오랑우탄은 나무에 매달린 먹이를 먹을 때 가끔씩 나뭇가지 위에서 거의 똑바로 선다. 그렇게 무릎을 곧게 펴고 다른 가지를 붙잡은 채로 나뭇가지에 위태롭게 매달려 있는 과일을 딴다.[32] 침팬지와 일부 원숭이들도 낮게 매달려 있는 딸기와 과일을 먹을 때 비슷한 방식으로 선다.[33] 따라서 두 발 보행은 처음에는 자세가 주는 이점 때문에 진화한 적응이었을 것이다. 식량이 드물어 경쟁이 매우 치열해지는 계절에는 두 발로 더 잘 서는 초기 호미닌이 더 많은 과일을 딸 수 있었을 것이다. 마찬가지로 더 옆쪽으로 퍼진 골반 등 직립을 돕는 특징들을 지닌 초기 호미닌 개체는 에너지를 덜 쓰고 더 힘이 세고 더 안정적인 자세를 취할 수 있었기 때문에 다른 개체보다 유리했을 것이다. 더 효과적으로 두 발로 서고 걷는 개체들은 경쟁이 치열할 때 침팬지들이 그러하듯 더 많은 과일을 가져올 수 있었다.[34]

더 놀랍고 어쩌면 더 중요할지도 모르는 두 발 보행의 두 번째 이점은 초기 호미닌이 이동할 때 드는 에너지를 줄일 수 있었다는 것이다. 마지막 공통 조상이 너클 보행을 했으리라는 말을 떠올려보자. 너클 보행은 네 발 모두로 걷는 아주 특이한 보행 방식이고, 에너지가 많이 드는 자세이기도 하다. 침팬지들에게 산소마스크를 씌워 트레드밀treadmill을 걷게 했더니, 이들은 같은 거리를 기준으로 사람보다 네 배 많은 에너지를 썼다(두 다리로 걷든 네 다리로 걷든 마찬가지였다.).[35] 무려 네 배 말이다! 이렇게 큰 차이가 나는 것은 침팬지가 짧은 다리를 갖고 있고, 걸을 때 몸을 좌우로 흔들고, 엉덩이와 무릎을 항상 구부리고 걷기 때문이다. 그 결과 침팬지들은 바닥에 넘어지지 않기 위해 등, 엉덩이, 허벅지의 근육들을 긴장시키는 데 많은 에너지를 쓴다. 그러니 침팬지들이 하루에 걷는 거리가 약 2~3킬로미터로 비교적 적은 것도 놀라운 일은 아니다.[36] 동일한 에너지로 사람은 8~12킬로미터를 걸을 수 있다. 그러므로 초기 호미닌이 만일 엉덩이와 무릎을 곧게 펴고 덜 비틀거리며 두 발로 걸을 수 있었다면, 그들은 너클 보행을 하는 사촌들에 비해 에너지 면에서 상당히 유리했을 것이다. 동일한 에너지로 더 많이 걸을 수 있다는 것은 열대우림이 축소되고 파편화되고 개방되면서 평소에 즐겨 찾던 식량이 점차 줄어들고 분산되던 때에 매우 유리한 적응이었을 것이다. 하지만 인간의 두 발 보행이 침팬지의 너클 보행보다 아무리 경제적이라고 해도, 초기 호미닌은 침팬지보다 약간 더 효율적으로 걸었을 뿐 후기 호미닌만큼 효율적으로 걷지는 않았다.

여기서 우리가 예상할 수 있듯이, 최초의 호미닌을 두 발로 걷게 만든 다른 선택압selection pressure(생존과 번식에 유리한 특정 유전형질의 선택을 촉진하는 환경 요인—옮긴이)이 있었다고 주장하는 가설들이 있다. 이 가설들이 제시하는 직립의 또 다른 이점에는 도구를 만들고 사용할 수 있었다는 것, 키가 큰 풀 위로 시야를 확보할 수 있었다는 것, 시내를 잘 건널 수 있었다는 것, 심지어는 수영을 잘 할 수 있었다는 것이 있다. 하지만 그중 철저한 검증을 통과해 인정받은 것은 없다. 가장 오래된 석기는 직립이 나타난 뒤로도 수백만 년 동안 등장하지 않았다. 서서 시내를 건너고 주변을 살피는 것은 유인원들도 잘 하는 일이다. 그리고 인간이 에너지나 속도 면에서 수영을 잘 하도록 적응되었다는 사실을 납득하려면 상당한 상상력이 필요하다(아프리카의 호수나 강에서 오랜 시간을 보내는 것은 악어 밥이 되기 딱 좋다.). 또 하나의 오래된 가설은 오늘날 수렵채집 부족에서 남성이 여성에게 식량을 조달하듯이, 두 발 보행은 원래 호미닌 남성이 여성에게 식량을 잘 조달하기 위한 적응이라고 설명한다. 이 가설을 발전시키면, 식량을 제공한 대가로 여성과 섹스할 수 있었던 남성이 생존과 번식에 유리했기 때문에 두 발 보행이 진화했다고 볼 수 있다.[37] 그럴듯하게 보이지만 이 가설은 여러 가지 이유—특히 인간 여성은 침팬지 암컷과 달리 배란기가 겉으로 드러나지 않는다.—로 설득력이 없다. 인간 세계에서는 여성이 남성에게 식량을 조달하는 경우도 많기 때문이다. 게다가 초기 호미닌 남성과 여성의 몸집 차이가 어느 정도였는지는 아직 잘 모르지만, 후기 호미닌의 경우 남성이 여성보다 50퍼센트쯤 컸다.[38] 몸집 차이가 이 정도라면 남성들이 협력과 식량의 공유를 통해 여성들을 유혹했다기보다 여성에게 성적으로 접근하기 위해 남성들끼리 치열하게 경쟁했다고 보는 것이 더 논리적이다.[39]

요컨대 여러 증거들을 종합해보면, 기후변화로 과일이 없는 시기에 예비 식량을 더 잘 획득하기 위해 초기 호미닌 종들 사이에서 두 발 보행에 대한 선택이 일어났다고 추정해볼 수 있다. 이 가설을 확실하게 검증하려면 더 많은 증거가 필요하다. 하지만 원인이 무엇이든 똑바로 서고 걷게 된 것은 인간의 진화사에서 처음으로 일어난 큰 변화였다. 그러면 왜 두 발 보행이 이후의 진화적 사건들에 중요하게 작용했을까? 두 발 보행이 인간을 근본적으로 바꾼 중요한 적응인 이유는 무엇일까?

두 발 보행이 중요한 이유

우리에게는 우리 주변 세계가 보통은 지극히 정상적이고 아주 자연스러운 상태로 보이므로, 모든 것에는 어떤 목적, 그것도 의도된 목적이 있으며 지금의 상태는 필연적이라고 생각하기 쉽다. 이런 식으로 생각하면 하늘의 달과 중력 법칙처럼 인간도 필연적인 존재라고 믿게 된다. 하지만 두 발 보행이 인간 진화의 초기 단계에서 근본적인 역할을 한 시발점이긴 했어도, 그것이 생겨난 우연한 상황들은 두 발 보행을 필연적 사건으로 보는 시각이 오류임을 강조한다. 만일 초기 호미닌이 두 발 동물이 되지 않았더라면 인간은 결코 지금 같은 모습으로 진화하지 못했을 것이고, 당신이 이 책을 읽는 일도 없었을 것이다. 더구나 처음에 두 발 보행이 진화한 것은 있을 법하지 않은 일련의 사건들 때문이었고, 이 모든 사건들은 그전의 상황들로 인해 일어났으며, 그 상황들도 지구의 기후가 우연히 변해 만들어졌다. 만일 아프리카의 열대우림에서 너클 보행을 하고 과일을 먹는 유인원이 존재하지 않았다면 두 발로 걷는 호미닌은 진화할 수도 없고 진화하지도 않았을 것이다. 그뿐 아니라 수백만 년 전 지구가 추워지지 않았더라면 유인원들이 두 발로 걷기에 유리한 조건은 결코 조성되지 않았을 것이다. 우리가 여기 있는 것은 수많은 우연이 중첩된 결과다.

원인이 무엇이든 습관적으로 두 발로 서고 걷는 것이 이후의 인간 진화를 추동한 기폭제가 되었을까? 몇 가지 면에서 아르디와 그 동족에서 볼 수 있는 중간 단계의 두 발 보행이 후속 변화들을 초래한 방아쇠 사건이었다고 볼 근거들이 있다. 이미 보았듯이 최초의 호미닌은 똑바로 선다는 점만 빼면 아프리카의 유인원 사촌들과 많은 면에서 비슷했다. 만일 어딘가에 살아 있는 초기 호미닌의 한 개체군을 발견한다면, 우리는 그들을 기숙사가 아니라 동물원에 보낼 것이다. 그들은 침팬지와 비슷한 작은 뇌를 갖고 있을 것이기 때문이다. 이런 점에서 1871년에 다음과 같이 추측했던 다윈은 선견지명이 있었다. 다윈에 따르면 인류 계통을 다른 유인원들과 갈라지게 한 것은 큰 뇌도 아니고 언어도 아니고 도구의 사용도 아닌 두 발 보행이었다. 두 발 보행이 이동에서 손을 해방시켰고, 그 결과 도구를 만들고 사용하는 등의 능력들이 추가로 진화할 수 있었다. 이어서 더 큰 뇌, 언어, 다른 인지 능력들이 선택되었다. 덕분에 인간은 속도, 힘, 운동 능력이 부족함에도 불구하고 아주 특별한 종이 될 수 있었다.

다윈의 생각은 옳았던 것 같지만 그는 자연선택이 애당초 왜 그리고 어떻게 두 발 보행을 선호했는지 설명하지 못했고, 왜 자유로운 손이 도구 제작, 인지 능력, 언어에 대한 선택을 일으켰는지 설명할 수 없었다. 따지고 보면 캥거루와 공룡도 이동에서 해방된 손을 가졌지만 그들은 큰 뇌와 도구 제작 능력을 갖지 못했다. 이를 근거로 수많은 다윈의 후예들은 두 발 보행이 아니라 큰 뇌가 인간의 진화를 이끈 힘이라고 주장했다.

그로부터 100년도 더 지난 지금은 왜 그리고 어떻게 두 발 보행이 처음 시작되었으며 그것이 왜 중대하고 결정적인 변화였는지 좀 더 설득력 있게 설명할 수 있다. 앞에서 살펴보았듯이 최초의 두 발 동물은 손을 자유롭게 하기 위해 두 발로 서지 않았다. 그보다는 식량을 더 효율적으로 채집하고 (만일 마지막 공통 조상이 너클 보행을 했다면) 걷는 데 드는 비용을 줄이기 위해 두 발로 서게 되었다. 그렇게 보면 두 발 보행은 추워진 아프리카의 기후와 더 개방된 서식지에서 과일을 좋아하는 유인원의 생존을 돕는 편리한 적응이었을 것이다. 게다가 습관적 두 발 보행을 위해 몸이 당장 근본적으로 바뀌어야 하는 것은 아니다. 습관적으로 두 발로 서고 걷는 포유류가 극소수이기는 하나, 호미닌을 효과적인 두 발 동물로 만드는 해부적 특징들은 실제로는 작은 변화들이 자연선택을 받은 결과이다. 요추 부위를 생각해보자. 침팬지 개체군을 보면 개체들의 절반가량은 세 개의 요추를 갖고, 나머지 절반은 네 개의 요추를 가지며, 극소수만 다섯 개의 요추를 가진다. 이러한 차이는 유전적 변이 때문이다.[40] 만일 몇백만 년 전에 다섯 개의 요추를 가진 일부 유인원들이 서고 걸을 때 약간의 이득을 누렸다면, 그 변이는 자손에게 전달됐을 것이다. 인류와 유인원의 마지막 공통 조상이 두 발 보행을 더 잘할 수 있도록 도운 다른 특징들도 이러한 선택 과정을 거쳤을 것이다. 그러한 특징으로는 요추의 쐐기 모양, 골반의 방향, 발의 경직성 등이 있다. 마지막 공통 조상의 한 개체군이 두 발로 걷는 최초의 호미닌으로 바뀌기까지 얼마나 오래 걸렸는지는 모르지만, 이러한 변화는 처음의 중간 단계가 어떤 이득을 누린 경우에만 일어날 수 있다. 다시 말해 최초의 호미닌은 똑바로 서거나 걷는 것을 약간 더 잘했기 때문에 번식에서 이득을 얻었음이 분명하다.

변화는 항상 새로운 우연과 새로운 도전을 만들어낸다. 두 발 보행이 진화하자 또 다른 진화가 일어날 수 있는 새로운 조건이 조성되었다. 물론 다윈은 이 논리를 이해했지만, 그는 두 발 보행이 어떻게 추가적인 진화를 초래했는지를 두 발 보행의 불리한 점이 아니라 유리한 점에 초점을 두고 생각했다. 두 발 보행 덕분에 손이 자유로워져서 도구를 만들고 사용하는 능력에 대해 선택이 일어난 것은 맞다. 하지만 이 변화들은 수백만 년간 중요하지도, 한 쌍의 다리가 할 일이 없어졌을 때 필연적으로 일어나야 하는 것도 아니었다. 다윈은 두 발 보행이 새로운 현실적인 문제들을 일으켜 호미닌을 괴롭히기도 했다는 것을 미처 생각하지 못했다. 우리는 두 발로 걷는 것이 너무 익숙해서, 즉 그것이 너무도 정상으로 보여서 두 발 보행이 얼마나 많은 문제를 유발하는지 잊고는 한다. 두 발 보행이 초래한 불이익은 이익만큼이나 이후 인간의 진화에서 매우 중요했다.

두 발로 걷는 것의 단점 중 하나는 임신을 했을 때 발생한다. 네 발로 걷든 두 발로 걷든 임신한 포유류는 태아뿐 아니라 태반과 체액 증가로 인해 크게 늘어나는 하중을 견뎌야 한다. 인간 임신부의 경우, 만삭이 되면 몸무게가 7킬로그램쯤 증가한다. 하지만 임신한 네 발 동물과 달리 임신한 여성은 넘어지기 쉬운데, 무게중심이 엉덩이와 발의 앞쪽으로 많이 이동하기 때문이다. 곧 어머니가 될 만삭의 여성이라면 잘 알겠지만, 임신이 진행될수록 자세는 더 불안정해지고 불편해진다. 따라서 등근육을 더 긴장시키거나(이렇게 하면 피곤하다.) 상체를 뒤로 젖혀서 무게중심을 엉덩이 뒤쪽으로 이동시켜야 한다. 이렇게 하면 에너지는 줄일 수 있을지 몰라도, 요추들이 서로 미끄러지면서 생기는 힘 때문에 요추에 부담이 간다. 따라서 요통은 인간 어머니들이 흔히 겪는 질병이다. 그렇지만 자연선택은 호미닌 어머니들이 이 추가 하중에 대처할 수 있도록 아래쪽 요추 만곡 부위에 쐐기꼴 척추뼈의 수를 늘렸다. 그래서 그 부위의 척추뼈는 여성이 세 개고 남성이 두 개다.[41] 이렇게 만들어진 추가 만곡은 척추뼈에 걸리는 전단력을 줄였다. 또한 자연선택은 이 스트레스를 견딜 수 있도록 강화된 요추관절을 가진 여성들을 선호했다. 임신이라는 독특한 문제에 대처하기 위한 이러한 적응들은 매우 오래된 것으로, 지금까지 발견된 가장 오래된 호미닌의 척추에서도 볼 수 있다.

두 발 보행의 또 하나의 결정적 단점은 속도가 느려지는 것이다. 초기 호미닌은 두 발 동물이 되었을 때 질주 능력을 포기했다. 우리 초기 조상들의 단거리 질주 속도는 전형적인 유인원의 속도보다 적어도 절반은 떨어졌다. 그뿐 아니라 두 다리는 네 다리보다 안정성이 훨씬 떨어지고, 달릴 때 재빨리 방향을 트는 것을 어렵게 한다. 사자, 표범, 검치호랑이 같은 포식자는 호미닌을 사냥하는 것을 즐겼을 것이고, 따라서 탁 트인 곳으로 나가는 것(그리하여 누군가의 조상이 되지 못할 위험을 무릅쓰는 것)은 우리 조상들에게 아주 위험한 일이었다. 또한 두 발로 걷는 우리 조상들은 네 발로 걷는 유인원들만큼 민첩하게 나무를 오를 수 없었다. 확실히 말하기는 어렵지만, 초기 두 발 동물은 침팬지처럼 나무 사이를 뛰어다니며 사냥할 수 없었을 것이다. 우리 조상들은 네 발 보행의 속도, 힘,

민첩함을 포기하는 대신 (수백만 년 뒤) 도구 제작자와 오래달리기 선수로 진화했다. 또한 두 발 보행으로 인해 발목 염좌, 요통, 무릎 통증 같은 인간의 전형적인 질병을 겪게 되었다.

두 발로 서는 것에는 이렇게 많은 단점이 있지만, 모든 진화 단계에서 몸을 세우고 걷는 것의 이점이 손해를 능가했음에 틀림없다. 땅 위에서의 속도와 민첩성이 떨어졌음에도 초기 호미닌은 과일과 여타 식량을 찾아 아프리카 곳곳을 터덜터덜 잘 걸어 다녔다. 아마 나무를 오르는 데도 꽤 능숙했을 것이다. 우리가 아는 한 그들의 전반적인 생활 방식은 적어도 200만 년간 지속되었다. 하지만 약 400만 년 전에 또 한 차례의 폭발적 진화가 일어나면서 '오스트랄로피테쿠스류australopith'라고 총칭되는 다양한 집단이 등장했다. 오스트랄로피테쿠스류는 중요하다. 그들의 존재는 두 발 보행이 초기에 성공을 거두었고 이후에도 진화에 중요한 영향을 미쳤다는 사실을 증명할 뿐 아니라, 인간의 몸을 바꾼 훨씬 더 혁명적인 변화로 가는 기틀을 마련했다.

∞

2장

모든 것이 먹는 것에 달렸다

: 오스트랄로피테쿠스는 어떻게 과일에서 벗어났는가

이브가 사과를 먹은 날부터

많은 것이 저녁에 달려 있게 되었다.

—바이런, 『돈 후안』

우리는 부드럽고 가공된 음식을 주로 먹고 과일은 거의 먹지 않는다. 당신이 씹는 데 쓰는 시간을 모두 더해도 하루에 30분이 채 되지 않는다. 유인원이 보면 아주 이상하다고 생각할 일이다. 침팬지는 매일 깨어 있는 시간의 거의 절반을 생식을 하는 사람들처럼 씹는 데 쓴다.[1] 침팬지들은 야생 무화과, 야생 포도, 야자열매 같은 과일들을 주로 먹는다. 침팬지가 먹는 과일들은 우리가 즐겨 먹는 재배종 바나나, 사과, 오렌지만큼 달콤하지도 않고 씹기도 쉽지 않다. 침팬지가 먹는 야생 과일들은 당근보다 약간 더 쓰고 덜 달며, 섬유소가 매우 많고, 외피가 질기다. 침팬지는 그러한 과일에서 충분한 에너지를 얻기 위해 아침부터 밤까지 엄청나게 먹는다. 때로는 1시간에 1킬로그램을 먹는다. 그러고 나서 위가 빌 때까지 약 2시간을 기다렸다가 다시 게걸스럽게 먹는다.[2] 침팬지와 여타 유인원들은 과일이 풍부하지 않으면 잎이나 옹이투성이 줄기 같은 질 낮은 음식도 먹어야 한다. 우리는 이렇게 온종일 과일 먹는 것을 언제 그리고 왜 멈추었을까? 여러 가지 음식을 먹기 위한 적응은 우리 몸의 진화에 어떤 영향을 미쳤을까?

과일 외의 다른 음식을 먹기 위한 적응은 인간의 몸에 일어난 두 번째 큰 변화의 핵심이다. 앞에서 살펴보았듯이 최초의 호미닌도 가끔씩 잎과 줄기를 먹을 필요가 있었지만, 다양한 음식을 먹는 추세가 극적으로 가속된 것은 약 400만 년 전에 살았던 그들의 후손에서였다. 이 후손들은 비공식적으로 '오스트랄로피테쿠스류'라고 부르는 두루뭉술한 집단이다(그들 다수가 오스트랄로피테쿠스속에 속하기 때문에 그렇게 부른다.). 이 다양하고 매혹적인 조상 집단이 인간의 진화에서 특별한 위치를 점하는 이유는 그들의 식생활로 인해 우리가 지금 거울을 볼 때마다 확인할 수 있는 적응을 갖게 되었기 때문이다. 그중에서도 가장 두드러지는 변화는 질기고 단단한 음식을 씹기 위한 치아와 얼굴의 적응들이다. 게다가 아르디 같은 초기 호미닌보다 더 효율적이고 습관적인 장거리 보행을 할 수 있게 한 적응들은 더 넓은 지역을 돌아다니며 채집하는 데 유용했기 때문에 선택되었다. 주로 기후변화라는 긴급 상황에서 생겨난 이러한 적응들의 조합은 100만 년 뒤 호모속이 진화해 우리 몸의 중요 특징들이 만들어질 수 있는 바탕을 마련함으로써 인간의 진화에 결정적 영향을 미쳤다. 오스트랄로피테쿠스류가 없었다면 지금 우리의 몸은 매우 달랐을 것이고, 우리는 과일을 먹느라 나무에서 훨씬 더 많은 시간을 보내고 있었을 것이다.

루시의 무리: 오스트랄로피테쿠스류

오스트랄로피테쿠스류는 약 400만~100만 년 전에 아프리카에서 살았다. 풍부한 화석 기록 덕분에 그들에 대해 많은 사실이 알려져 있다. 가장 유명한 화석은 물론 '루시'다. 루시는 320만 년 전 에티오피아에 살았던 작은 여성이다. 불행히도 (우리에게는 다행이지만) 루시는 늪지에 빠져 죽었다. 진흙이 순식간에 덮어버려 그녀의 골격 중 3분의 1 이상이 보존될 수 있었다. 루시는 400만~300만 년 전에 아프리카 동부에 살았던 오스트랄로피테쿠스 아파렌시스*Australopithecus afarensis*의 화석 수백 점 중 하나다. 그리고 오스트랄로피테쿠스 아파렌시스는 오스트랄로피테쿠스류에 속하는 여섯 이상의 종들 중 하나다. 지구상의 호미닌이 호모 사피엔스*Homo sapiens* 한 종뿐인 오늘날과 달리, 동시에 여러 종이 살던 과거에 오스트랄로피테쿠스류는 매우 다양한 무리였다. 그들이 누구인지 간단히 소개하기 위해 각각의 기본 특징들을 표 1에 요약했다. 하지만 그중에는 단지 몇 개의 화석 표본들로만 알려져 있어 고인류학자들조차 어떻게 정의할지 아직 합의하지 못한 종들도 있다. 신원이 불확실하고 종마다 차이가 있기 때문에, 다양한 오스트랄로피테쿠스류를 이해하는 좋은 방법은 그들을 치아가 작은 '가냘픈 오스트랄로피테쿠스류gracile australopiths'와 치아가 큰 '건장한 오스트랄로피테쿠스류robust australopiths'로 나누는 것이다('건장한 오스트랄로피테쿠스류'는 파란트로푸스Paranthropus속이라고도 한다.—옮긴이). 가냘픈 오스트랄로피테쿠스류 중 유명한 종은 아프리카 동부에서 발견된 오스트랄로피테쿠스 아파렌시스(유명한 루시가 속한 종), 그리고 아프리카 남부에서 발견된 오스트랄로피테쿠스 아프리카누스*Australopithecus africanus*와 오스트랄로피테쿠스 세디바*Australopithecus sediba*다. 건장한 오스트랄로피테쿠스류 중 유명한 종은 오스트랄로피테쿠스 보이세이*Australopithecus boisei*와 오스트랄로피테쿠스 로부스투스*Australopithecus robustus*다. 이들은 각기 동아프리카와 남아프리카 출신이다. 그림 5는 그중 몇 종의 생김새를 보여준다.

이름과 연대에 초점을 맞추기보다는 그들의 일반적인 모습과 그 사이에 나타나는 몇 가지 차이들을 살펴보도록 하자. 만일 당신이 오스트랄로피테쿠스류의 한 집단을 관찰할 수 있다면, 첫인상은 직립 유인원으로 기억될 것이다. 크기의 측면에서 그들은 인간보다는 침팬지에 더 가까웠다. 여성의 평균 키는 1.1미터, 몸무게는 28~35킬로그램이었다. 남성의 평균 키는 1.4미터, 몸무게는 40~50킬로그램이었다.[3] 예를 들어 루시는 몸무게가 29킬로그램에 조금 못 미쳤지만, 부분 골격이 발견된 같은 종의 남성(큰 사람이라는 뜻의 '카다누무Kadanuumuu'라는 애칭으로 불린다.)은 약 55킬로그램으로 추정된다.[4] 이는 오스트랄로피테쿠스류의 남성이 여성보다 50퍼센트쯤 더 컸다는 뜻이다. 이 정도는 수컷이 암컷에 접근하기 위해 자주 싸우는 고릴라나 긴팔원숭이 같은 종에서 전형적으로 나타나는 크기 차이다. 오스트랄로피테쿠스류의 머리 역시 일반적으로 유인원과 비슷해서 침팬지 뇌보다 약간 더 큰 뇌를 가졌고 주둥이가 길었으며 눈썹뼈가 컸다. 또한 그들은 침팬지처럼 상대적으로 다리는 짧고 팔은 길었지만, 발가락과 손가락은 침팬지의 것만큼 길고 굽지도, 인간의 것처럼 짧고 곧지도 않았다. 그들의 팔과 어깨는 강해서 나무를 타기에 아주 적합했다. 마지막으로 만일 당신이 제인 구달Jane Goodall(세계적인 침팬지 행동 연구가—옮긴이)처럼 그들을 수년간 관찰할 수 있다면, 오스트랄로피테쿠스류가 성장하고 번식하는 속도가 유인원과 비슷함을 알게 될 것이다. 그들은 성인이 될 때까지 약 12년이 걸렸고, 여성은 5~6년마다 자식을 낳았다.[5]

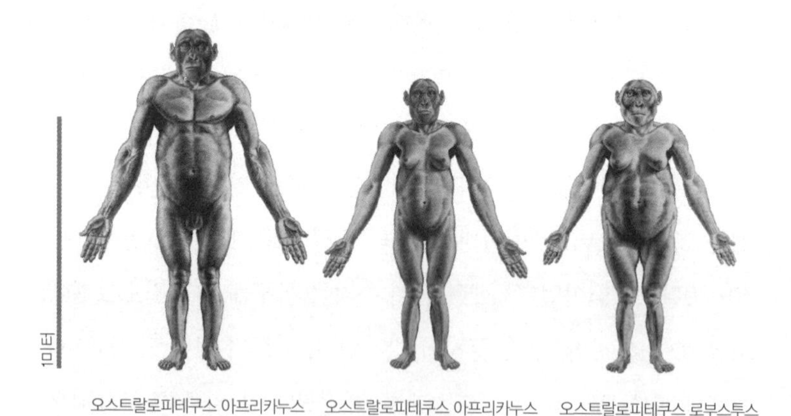

그림 5. 오스트랄로피테쿠스류 두 종의 복원도. 왼쪽은 오스트랄로피테쿠스 아프리카누스 남성, 가운데는 동종 여성, 오른쪽은 오스트랄로피테쿠스 로부스투스 여성이다. 비교적 긴 팔, 짧은 다리, 넓은 허리, 큰 얼굴에 주목하라. 이미지 재구성 © 2013 John Gurche.

하지만 그 밖의 면에 있어서 오스트랄로피테쿠스류는 유인원뿐 아니라 앞서 언급한 최초의 호미닌과도 달랐다. 한 가지 눈에 띄는 중요한 차이는 식생활이다. 종에 따라 큰 차이가 있지만 오스트랄로피테쿠스류는 전반적으로 과일을 훨씬 덜 먹고, 그 대신 덩이줄기, 씨, 식물 줄기 같은 단단하고 질긴 음식에 더 많이 의존했을 것이다. 이 추론을 뒷받침하는 핵심적인 증거는 그들이 잘 씹을 수 있는 여러 가지 적응들을 가졌다는 것이다. 그들의 조상으로 추정되는 아르디피테쿠스 같은 집단들에 비해, 오스트랄로피테쿠스류는 이가 더 크고 턱이 더 육중하고 얼굴이 더 넓고 길었다. 또한 광대뼈가 상당히 앞쪽에 위치했고, 씹기근육이 발달되어 있었다. 종마다 다르지만 이러한 특징들은 건장한 오스트랄로피테쿠스류의 세 종에서 특히 두드러진다. 즉 오스트랄로피테쿠스 보이세이, 오스트랄로피테쿠스 로부스투스, 그리고 오스트랄로피테쿠스 아이티오피쿠스*Australopithecus aethiopicus*다. 이러한 건장한 종들은 한마디로 호미닌 '소'로 볼 수 있다. 예를 들어 건장한 오스트랄로피테쿠스류 중 가장 특수하게 분화된 종인 오스트랄로피테쿠스 보이세이는 어금니가 우리의 두 배였고, 광대뼈는 얼굴이 수프 접시처럼 보일 정도로 넓고 길며 앞으로 튀어나와 있었다. 씹기근육도 매우 발달했는데 그 크기가 작은 스테이크만 했다. 메리 리키Mary Leakey와 루이스 리키Louis Leakey가 1959년에 처음 발견한 뒤로 사람들은 이 종의 튼튼한 턱에 깊은 인상을 받아 '호두까기 사람'이라는 별명을 붙여주었다. 하지만 나머지 해부적 특징들에서는 건장한 오스트랄로피테쿠스류에 속하는 종들이 가냘픈 사촌들과 별로 다르지 않

표 1. 초기 호미닌

종	연대 (만 년 전)	발견지	뇌 크기 (cm^3)	체중(kg)
초기 호미닌				
사헬란트로푸스 차덴시스	720~600	차드	360	?
오로린 투게넨시스	600	케냐	?	?
아르디피테쿠스 카다바	580~430	에티오피아	?	?
아르디피테쿠스 라미두스	440	에티오피아	280~350	30~50
가냘픈 오스트랄로피테쿠스류				
오스트랄로피테쿠스 아나멘시스	420~390	케냐, 에티오피아	?	?
오스트랄로피테쿠스 아파렌시스	390~300	탄자니아, 케냐, 에티오피아	400~550	25~50
오스트랄로피테쿠스 아프리카누스	300~200	남아프리카	400~560	30~40
오스트랄로피테쿠스 세디바	200~180	남아프리카	420~450	?
오스트랄로피테쿠스 가르히	250	에티오피아	450	?
케니안트로푸스 플라티옵스	350~320	케냐	400~450	?
건장한 오스트랄로피테쿠스류				
오스트랄로피테쿠스 아이티오피쿠스	270~230	케냐, 에티오피아	410	?
오스트랄로피테쿠스 보이세이	230~130	탄자니아, 케냐, 에티오피아	400~550	34~50
오스트랄로피테쿠스 로부스투스	200~150	남아프리카	450~530	32~40

왔던 것 같다.[6]

종마다 차이는 있지만, 오스트랄로피테쿠스류에서 두드러지는 또 다른 중요한 특징은 걷는 방식이다. 아르디를 포함한 최초의 호미닌처럼 오스트랄로피테쿠스류 또한 두 발 동물이었지만, 오스트랄로피테쿠스류의 몇몇 종들은 현생 인류처럼 성큼성큼 걸었다. 그들이 옆으로 퍼진 골반, 단단한 발바닥활, 다른 발가락들과 평행하게 놓인 짧은 엄지발가락과 같이 오늘날 우리 몸에서 볼 수 있는 많은 특징들을 갖고 있었기 때문이었다. 오스트랄로피테쿠스류가 두 발 보행을 했음을 뒷받침하는 분명한 증거는 라에톨리Laetoli 발자국 화석에서 찾을 수 있다. 이것은 남성, 여성, 어린이를 포함하는 여러 개체들이 약 360만 년 전에 탄자니아 북부의 재로 덮인 축축한 벌판을 가로지르다 남긴 발자국이다. 이 발자국들과 그들의 골격에 찾은 단서들은 오스트랄로피테쿠스 아파렌시스 같은 오스트랄로피테쿠스류의 몇몇 종이 습관적으로 그리고 효율적으로 직립보행을 했음을 말해준다. 하지만 오스트랄로피테쿠스 세디바 같은 다른 종들은 나무를 타는 데 능숙했고, 발바닥 바깥쪽을 대고 더 짧은 보폭으로 걸었을지도 모른다.[7]

오스트랄로피테쿠스류는 어떻게 해서 그리되었을까? 왜 수많은 오스트랄로피테쿠스 종이 존재했으며 그들은 어떻게 달랐을까? 오스트랄로피테쿠스류는 인간의 몸이 진화하는 데 어떤 역할을 했을까? 답은 그들이 아프리카의 변화하는 기후 속에서 저녁거리를 해결하는 문제에 직면했던 것에서 찾을 수 있다.

최초의 정크 푸드

우리는 동물의 세계에서 여러 가지로 이례적인 동물이다. 특히 "오늘 저녁 뭐 먹을래?"라는 질문 앞에서 우리는 엄청나게 많은 영양가 있는 음식들 중 선택을 할 수 있다. 하지만 오스트랄로피테쿠스류는 다른 동물들처럼 사는 곳에서 찾을 수 있는 것만 먹을 수 있었다. 그곳은 그 선조들이 살았던 과일이 넘쳐나는 숲이 아니라 나무가 더 적고 개방된 곳이었다. 설상가상으로 그들이 살았던 지질시대인 플라이오세Pliocene, 530만~260만 년 전에는 지구가 좀 더 추웠고 아프리카는 계속해서 메말라갔다. 이러한 변화들은 (그림 4의 지그재그 선들이 나타내는 것처럼) 간헐적으로 일어났지만, 오스트랄로피테쿠스류가 살던 시대에는 아프리카에 개방된 삼림지와 사바나가 팽창하면서 전반적으로 과일이 드물어졌다.[8] 그 결과 과일 외 다른 식량에 잘 접근할 수 있는 개체들에 대한 강력한 선택이 일어났다.

과일이 부족해지자 (종마다 차이는 있지만) 오스트랄로피테쿠스류는 더 질 낮은 식량—즐겨 찾는 식량을 구할 수 없을 때 먹는 이른바 예비 식량—을 자주 찾아야 했다. 인간은 오늘날까지도 가끔씩 예비 식량을 먹어야 하는 상황에 직면한다. 도토리는 중세 시대에 유럽 전역에서 최후의 수단으로 흔히 먹던 음식이었고, 많은 네덜란드인들은 1944년 겨울에 심각한 기근이 들었을 때 굶어 죽지 않기 위해 튤립 알뿌리를 먹었다. 앞서 말했듯이 잘 익은 과일을 구할 수 없을 때 유인원은 잎, 줄기, 풀, 심지어 나무껍질까지 먹는다. 예비 식량을 먹느냐 못 먹느냐는 생사를 가르는 문제라서, 이것들을 먹도록 돕는 적응은 강력한 자연선택을 받는다.[9] "우리가 먹는 것이 곧 우리"라는 말이 있는데, 진화론의 논리에 따르면 때로는 "우리가 먹고 싶지 않은 것이 우리"가 되기도 한다.

루시와 그 밖의 오스트랄로피테쿠스류가 비상시에 찾은 예비 식량은 무엇이었을까? 그러한 식량에 대한 자연선택이 그들의 몸이 진화하는 데 상당한 영향을 미쳤다는 증거는 무엇인가? 이 질문들에 확실히 답하기는 불가능하지만, 우리는 몇 가지 합리적인 추론을 할 수 있다. 우선 오스트랄로피테쿠스류가 과일나무가 있는 곳에서 살았다는 증거가 있다. 따라서 그들은 오늘날 열대 지역에 사는 수렵채집인 부족들처럼 구할 수만 있다면 과일을 먹었을 것이다. 이렇게 생각하면 그들의 긴 팔과 길고 굽은 손가락 같은, 나무를 오르기 위한 적응들이 별로 놀랍지 않다. 마찬가지로 그들의 치아에서 과일을 먹는 유인원이 가진 많은 특징들이 나타난다는 사실도 별로 놀랍지 않다. 예를 들면 위턱의 폭넓은 앞니는 껍질을 벗기기 좋도록 앞으로 약간 기울어져 있으며, 어금니는 넓적하고 교두가 낮다. 하지만 삼림지와 같은 서식지는 열대우림에 비해 과일나무가 듬성듬성 자라고 과일이 특정 계절에만 열린다. 따라서 한 해 중 특정 시기에는 과일이 부족했을 것이고, 가뭄이 드는 해에는 특히 더 부족했을 것이다. 이때 그들은 대형 유인원들과 같이 소화는 시킬 수 있지만 별로 먹고 싶지 않은 다른 식물들에 의지했을 것이다. 예를 들어 침팬지는 잎(포도 잎을 생각하라.), 식물 줄기(생아스파라거스를 생각하라.), 그리고 풀(싱싱한 월계수 잎을 생각하라.)을 먹는다.

오스트랄로피테쿠스류의 치아에 관한 연구와 그들의 서식지에 관한 생태적 분석에 따르면 오스트랄로피테쿠스류는 과일 외에도 식용 잎, 줄기, 씨를 먹는 다양하고 복합적인 식생활을 했던 것 같다.[10] 뿐만 아니라 그들 중 일부는 땅속에서 매우 중요하고 영양가도 높은 새로운 예비 식량을 찾아내 식단에 추가했을 가능성이 매우 높다. 대부분의 식물은 지상에 있는 씨, 열매, 또는 줄기의 껍질 안쪽에 탄수화물을 저장하지만, 감자와 생강 같은 일부 식물들은 여분의 에너지를 땅 밑에 있는 뿌리, 덩이줄기, 알뿌리에 저장한다. 이런 전략 덕분에 새와 원숭이 같은 초식동물의 눈을 피하면서도, 태양열에 말라비틀어지지 않을 수 있다. 이와 같은 식물 기관을 '땅 밑 저장 기관underground storage organs'이라고 부른다. 땅 밑 저장 기관은 발견하기 어렵고 캐내려면 약간의 수고와 기술이 필요하지만, 에너지와 물을 충분히 제공하고 건기를 포함해 1년 내내 구할 수 있다. 열대 지역에서 땅 밑 저장 기관들은 늪지대(파피루스 같은 사초들은 먹을 수 있는 덩이줄기를 갖고 있다.)에서 발견되지만, 삼림지와 사바나 같은 개방된 지역에서도 발견된다.[11] 수렵채집인은 땅 밑 저장 기관에 많이 의지하는데, 때로는 식단의 3분의 1 이상을 차지하기도 한다. 오늘날 우리도 감자, 카사바, 양파 같은 땅 밑 저장 기관들을 재배해서 먹는다.

각기 다른 종의 오스트랄로피테쿠스류가 땅 밑 저장 기관을 얼마나 많이 먹었는지는 아무도 정확하게 알 수 없지만, 덩이줄기, 알뿌리, 뿌리가 그들이 섭취하는 에너지의 상당 부분을 담당했고, 몇몇 종들에서는 과일보다 훨씬 큰 비중을 차지했을 것이다. 실제로, 땅 밑 저장 기관에 상당 부분 의존하는 식생활—그것을 '루시 식단'이라고 부르자.—은 매우 효과적이라서 그 덕분에 호미닌의 놀라운 적응 방산adaptive radiation이 가능했다고 추측할 만한 타당한 근거가 있다. 루시 식단의 이점을 알기 위해서는 침팬지가 먹는 식물의 약 75퍼센트가 과일이고 나머지가 잎, 속줄기, 씨, 풀임을 알 필요가 있다. 만일 침팬지가 먹는 과일에 영양 성분표가 붙어 있다면, 섬유소 함량은 매우 높고 녹말과 단백질 양은 중간이며 지방 함량은 낮다고 적혀 있을 것이다.[12] 예상할 수 있다시피, 침팬지의 예비 식량들은 이보다 섬유소 함량이 훨씬 더 높고 녹말과 열량이 더 적다.[13] 하지만 땅 밑 저장 기관들은 많은 야생 과일들보다 녹말이 더 많고 칼로리가 더 높으며, 대신 섬유소 함량은 약 절반이다.[14] 숲에는 땅 밑 저장 기관들이 드물기 때문에 침팬지들은 이것을 먹기 위해 가끔씩만 땅을 판다. 하지만 끼니를 해결하기 위해 땅을 파기 시작한 오스트랄로피테쿠스류는 침팬지가 과일이 없을 때 먹는 예비 식량들을 땅 밑 저장 기관으로 대체할 수 있었다.

요컨대 오스트랄로피테쿠스류는 전반적으로 과일을 포함해 다양한 음식을 먹었던 채집인이었지만, 그들 중 일부는 덩이줄기, 알뿌리, 뿌리를 먹기 위해 자주 땅을 파서 큰 이익을 얻었다. 잎, 줄기, 씨를 포함한 다른 종류의 예비 식량들도 채집했고, 침팬지와 긴팔원숭이처럼 흰개미와 유충 같은 곤충들도 즐겨먹었을 것이다. 가능할 때마다 고기도 먹었을 것이다. 느리고 불안정한 두 발 동물이었던 오스트랄로피테쿠스류는 솜씨 좋은 사냥꾼과는 거리가 멀었을 테니 직접 사냥하기보다는 버려진 죽은 고기를 찾아 먹었을 것이다. 그러면 무엇이 그들의 식단을 결정했을까? 어떤 증거가 존재할까? 그리고 저녁거리를 구하는 문제—다윈이 말한 '생존 투쟁'에서 가장 비중이 큰 부분—는 호미닌의 몸에 어떤 영향을 미쳤을까?

이가 엄청 크시네요!

우리 몸은 식량을 획득하고 씹고 소화시키는 것을 돕는 적응들로 가득하다. 그중에서도 특히 치아는 많은 것을 말해준다. 당신은 이가 어떻게 생겼는지, 치통이 얼마나 심하고 그로 인해 얼마나 많은 돈이 드는지 말고는 이빨에 대해 거의 생각해보지 않았을 것이다. 하지만 요리와 가공식품의 시대가 오기 전까지 이를 잃는 것은 사형선고와도 같았다. 치아에 자연선택이 이토록 강력하게 작용하는 이유는 치아 각각의 모양과 구조가 한 동물이 음식물을 작은 입자로 부수는 능력을 좌우하기 때문이다. 씹어서 잘게 부서진 음식물은 소화 작용을 거쳐 필요한 에너지와 영양소를 제공한다. 음식물 입자가 작을수록 소화시킬 때 더 많은 에너지를 얻는다는 사실을 생각하면, 유인원들처럼 하루의 거의 절반을 씹는 데 쓰는 오스트랄로피테쿠스류 같은 동물들에게 효과적으로 씹는 능력이 얼마나 큰 이익이었을지 알 수 있다.

식물의 땅 밑 저장 기관은 씹기가 특히 힘들었을 것이다. 우리가 오늘날 먹는 재배된 뿌리채소는 섬유소 함량이 적고 부드럽게 개량된 것이며, 요리를 하면 훨씬 더 부드러워진다. 반면, 야생에서 자란 요리하지 않은 땅 밑 저장 기관들은 섬유소 함량이 매우 높고 현대인의 입맛에는 불쾌할 정도로 질기다. 가공을 하지 않으면 정말 열심히 씹어야 한다. 갓 뽑은 얌yam이나 순무를 씹어보면 금방 알 수 있다. 오랫동안 씹어야 하고, 힘도 엄청나게 들어간다. 사실 몇몇 땅 밑 저장 기관들은 섬유소가 너무 많아서 수렵채집인은 짜내기wadging라고 하는 특별한 방법으로 먹는다. 오랫동안 씹어서 모든 영양소와 즙을 뽑아낸 다음, 남은 덩어리를 뱉어내는 것이다. 배가 고픈데 먹을 것이 없어서 그러한 음식물을 입에 넣고 몇 시간에 걸쳐 '짜내기'를 한다고 상상해보라. 질기고 단단한 음식물을 효과적으로 먹는 능력이 사느냐 죽느냐의 문제였다면, 강하게 그리고 힘주어 반복해서 씹어도 잘 견딜 수 있는 오스트랄로피테쿠스류가 자연선택을 받았을 것이다.

따라서 우리는 치아의 모양과 크기를 통해 오스트랄로피테쿠스류와 다른 호미닌 종들이 어떤 예비 식량을 먹도록 적응되어 있었는지 추론할 수 있다. 만일 오스트랄로피테쿠스류의 결정적 특징을 하나만 말하라면 두툼한 에나멜로 덮여 있는 크고 평평한 어금니를 꼽을 수 있을 것이다. 오스트랄로피테쿠스 아프리카누스 같은 가냘픈 오스트랄로피테쿠스류는 침팬지보다 50퍼센트나 큰 어금니를 갖고 있었다. 이를 덮고 있는 바위 같은 에나멜(몸에서 가장 단단한 조직)은 두 배 더 두꺼웠다. 이에 더해 오스트랄로피테쿠스 보이세이 같은 건장한 오스트랄로피테쿠스류는 어금니가 두 배 이상 크고 세 배 이상 두꺼웠다. 더 실감나게 비교해보면, 당신의 첫 번째 어금니는 면적이 약 120제곱밀리미터로 대략 새끼손톱만 하지만, 오스트랄로피테쿠스 보이세이의 것은 약 200제곱밀리미터로 엄지손톱만 하다. 오스트랄로피테쿠스류의 이는 드넓고 두꺼울 뿐 아니라, 침팬지의 이보다 교두가 훨씬 적어서 아주 평평했

다. 그리고 이뿌리는 길고 넓어서 이를 턱에 단단히 고정할 수 있었다.[15]

연구자들은 오스트랄로피테쿠스류가 왜 그리고 어떻게 크고 두껍고 평평한 어금니를 갖게 되었는지 오랫동안 연구했고, 예상했던 바와 같이 이 특징들이 질기고 단단한 음식을 씹기 위한 적응이었다고 결론 내렸다.[16] 밑창이 두껍고 큰 등산화가 밑창이 얇은 운동화보다 산길에서 더 잘 견디듯이, 더 두껍고 큰 치아가 더 단단하고 질긴 음식을 부수기에 더 적합하다. 두꺼운 에나멜은 높은 압력과 음식에 붙어 있는 모래알갱이에 치아가 마모되는 것을 막아준다. 게다가 크고 평평한 치아 표면도 유용한데, 무는 힘을 넓은 표면에 분산시킬 수 있고, 옆으로 비비듯 움직여 음식을 갈아 질긴 섬유를 끊을 수 있기 때문이다. 오스트랄로피테쿠스류는 기본적으로 맷돌 모양의 거대한 치아를 갖고 있으며 건장한 종들은 더욱 그러한데, 그것은 높은 압력을 가해 질긴 음식을 끊임없이 갈고 부수도록 적응된 것이다. 만일 평생 날마다 하루 중 절반을 가공도 요리도 하지 않은 덩이줄기를 씹는 데 보내야 하는 처지라면, 당신은 이 거대한 치아가 무척이나 고마울 것이다. 오스트랄로피테쿠스류의 유산은 우리에게 어느 정도 남아 있다. 인간의 어금니는 오스트랄로피테쿠스류의 것만큼 크고 두껍지 않지만, 침팬지의 것보다는 크고 두껍다.

얻는 것이 있으면 잃는 것도 있는 법이다. 치아의 크기도 마찬가지다. 오스트랄로피테쿠스류처럼 긴 주둥이를 가져도, 치아가 들어갈 공간은 한계가 있다. 앞니로 말할 것 같으면, 오스트랄로피테쿠스 아파렌시스 같은 초창기 오스트랄로피테쿠스류는 유인원처럼 과일에 치아를 박아 넣기 알맞게 폭이 넓고 돌출된 앞니를 가졌다. 하지만 어금니가 더 크고 두꺼워짐에 따라 그들의 앞니는 더 작아지고 위아래로 길쭉해졌으며, 송곳니 역시 앞니와 같은 크기로 줄었다. 앞니가 더 작아진 것은 식생활에서 과일의 중요성이 줄었기 때문이기도 하지만, 더 커진 어금니가 자리할 공간이 필요했기 때문이기도 하다. 오늘날 우리도 작은 앞니와 그 비슷한 송곳니를 갖고 있다.

매일 많은 시간을 들여 질기고 단단하고 섬유소가 많은 음식을 우적우적 씹기 위해 어금니가 크고 두꺼워진 것이라면, 씹기근육 또한 그렇게 변해야 한다. 그림 6과 같은 오스트랄로피테쿠스류의 머리뼈에는 무는 힘을 크게 낼 수 있는 육중한 씹기근육의 흔적이 많이 남아 있다. 머리 측면을 따라 위치하는 부채 모양의 근육인 관자근측두근은 오스트랄로피테쿠스류에서 너무 커서, 이 근육이 들어갈 공간을 마련하기 위해 시상능(머리뼈 꼭대기의 정중선을 따라 앞뒤로 뻗어 있는 뼈 능선으로 관자근이 붙는 부분이다.—옮긴이)이 머리뼈 위쪽과 뒤쪽으로 튀어나와 있다. 게다가 관자놀이와 광대뼈 사이를 지나 턱으로 들어가는, 관자근의 가운데 부분이 너무 두꺼워서 오스트랄로피테쿠스류의 광대활Zygomatic arch(관자뼈에서 위턱뼈 쪽으로 뻗어 나온 아치 모양의 뼈—옮긴이)은 옆으로 많이 밀려났고, 그로 인해 얼굴이 길어진 만큼 넓어졌다. 또한 오스트랄로피테쿠스류의 큰 광대뼈는 또 다른 주요한 씹기근육인 깨물근교근이 커질 수 있는 충분한 공간을 제공했다. 깨물근은 광대뼈에서부터 턱밑까지 연결되어 있는 근육이다. 오스트랄로피테쿠스류의 씹기근육들은 크기도 크고 힘도 효율적으로 내도록 배치되어 있다.[17]

괭장히 단단한 뭔가를 턱이 아플 정도로 오랫동안 씹어본 적이

그림 6. 침팬지와 오스트랄로피테쿠스 세 종의 머리뼈. 오스트랄로피테쿠스 아파렌시스와 오스트랄로피테쿠스 아프리카누스는 가냘픈 무리에 속하는 반면, 오스트랄로피테쿠스 보이세이는 건장한 무리에 속하는 종으로 치아, 씹기근육, 얼굴이 더 크다.

있는가? 연구 결과, 인간을 포함한 동물들이 그렇게 큰 힘으로 씹으면 턱뼈와 얼굴뼈에 약간의 변형이 일어나 미세한 손상을 초래하는 것으로 나타났다. 약간의 변형과 손상은 정상적인 것으로, 그때마다 뼈들은 스스로 복구되며 더 두꺼워진다.[18] 하지만 큰 변형이 반복되면 뼈에 심각한 손상이 일어나거나 뼈가 골절될 위험이 있다. 그러므로 무는 힘을 크게 내는 동물 종은 치아가 맞물릴 때마다 발생하는 스트레스를 줄이기 위해 더 두껍고 길고 넓은 위턱과 아래턱을 갖는 경향이 있으며, 오스트랄로피테쿠스류도 예외가 아니다. 그림 6에서 볼 수 있듯이, 그들은 육중한 턱을 갖고 있었고, 큰 얼굴은 기둥과 판 모양의 두꺼운 뼈들로 구성되어 있어서 골절 없이 질기고 단단한 음식을 하루 종일 씹을 수 있었다.[19] 이러한 얼굴 지지대는 가냘픈 오스트랄로피테쿠스류에서도 두드러지며, 건장한 오스트랄로피테쿠스류의 얼굴과 턱은 너무 육중해서 장갑을 두른 탱크처럼 보일 정도다.

요컨대 오스트랄로피테쿠스류는 침팬지와 고릴라처럼 과일을 좋아했지만 손에 넣을 수 있는 것은 무엇이든 먹었을 것이다. 단 하나의 '오스트랄로피테쿠스 식단'이라고 부를 수 있는 것은 없었으며, 오늘날 알려져 있는 약 여섯 종의 오스트랄로피테쿠스류는 서식지의 다양한 생태 조건에 따라 다채로운 음식을 먹었다. 하지만 기후변화로 과일이 드물어지자 질긴 예비 식량, 특히 땅 밑 저장 기관이 오스트랄로피테쿠스류에게 아주 중요한 식량 자원이 되었다(오늘날 우리도 그러한 식량에 의존할 때가 있다.).[20] 하지만 그들은 처음에 이 식량들을 어떻게 얻었을까?

슈퍼마켓에서 장을 볼 때 당신의 저녁은 어떤 포장 식품을 집느냐에 따라 결정되고, 가끔은 새로운 먹거리를 찾아 낯선 진열 통로를 탐색하기도 한다. 하지만 수렵채집인은 날마다 몇 시간씩 식량을 찾아 다녀야 한다. 그렇게 보면 침팬지를 비롯해 숲속에 사는 유인원은 수렵채집인보다 오늘날의 쇼핑객과 더 비슷하다. 좋아하는 과일을 먹든, 별로 안 좋아하는 잎, 줄기, 풀로 '연명'하든, 배를 채우기 위해 멀리 이동하는 일이 좀처럼 없기 때문이다. 전형적인 침팬지 암컷은 주로 과일나무를 찾아다니며 하루에 약 2킬로미터를 걷는다. 수컷 침팬지들은 그보다 1킬로미터를 더 걷는다.[21] 그 시간만 빼면 암컷과 수컷 모두 하루의 대부분을 먹고 소화시키고 털을 손질하고 사회적 관계를 맺으며 보낸다. 과일이 드물 때는 침팬지나 다른 유인원들도 예비 식량에 의존하지만 이동 거리에는 별 차이가 없다. 평소에는 쳐다보지도 않는 식량들이 도처에 널려 있기 때문이다.

과일 중심의 식단에서 덩이줄기 같은 예비 식량 중심의 식단으로 바뀐 것은 오스트랄로피테쿠스류의 이동 거리에 막대한 영향을 미쳤다. 오스트랄로피테쿠스류에는 많은 종이 있었지만, 모두가 강이나 호수에 접한 삼림과 초원같이 부분적으로 개방된 지역에 살았다. 이런 서식지들은 유인원들이 주로 사는 열대우림과 달리 과일나무가 적을 뿐 아니라 과일이 특정 계절에만 열렸다. 그 결과 오스트랄로피테쿠스류는 드문드문 흩어져 있는 식량을 찾아

다녀야 했고, 위험한 포식자들과 뜨거운 열기에 노출될 수밖에 없는 개방된 지형에서 충분한 식량을 찾기 위해 날마다 더 먼 거리를 걸어야 했다. 하지만 오스트랄로피테쿠스류는 동시에 나무도 타야 했는데, 단지 식량을 구하기 위해서만이 아니라 안전한 잠자리를 확보하기 위해서였다.

그들이 충분한 식량과 물을 구하기 위해 멀리 이동해야 했다는 사실은 오스트랄로피테쿠스류의 여러 종에서 보행에 중요한 적응들이 진화했다는 점에서 분명하게 드러난다. 그러한 적응들은 오늘날 우리 몸에도 여전히 남아 있다. 앞서 보았듯이 아르디와 투마이 같은 초기 호미닌은 일종의 두 발 동물이었지만, 아르디는 (아마 투마이도) 우리처럼 완전한 두 발 보행을 하지 않았고 주로 발바닥 바깥쪽에 체중을 싣고 짧은 보폭으로 걸었을 것이다. 또한 아르디는 나무를 타기 위한 특징들도 많이 보유하고 있었는데, 그중 하나가 움켜잡을 수 있게 벌어진 엄지발가락이다. 이런 발로는 우리처럼 효율적으로 걷기 어렵다. 하지만 더 습관적이고 효율적인 두 발 보행을 위한 적응들이 약 400만 년 전에 오스트랄로피테쿠스류의 일부 종들에서 처음 나타나기 시작했다. 그것은 적어도 일부 종들에서 장거리 보행을 더 잘하는 개체들에 대한 강력한 선택이 일어났음을 암시한다. 이러한 적응들은 오늘날 인간의 몸이 가진 아주 중요한 특징들로, 우리가 왜 그리고 어떻게 지금처럼 걷는지 이해하는 데 도움을 준다.

효율성부터 시작해보자. 유인원은 사람이 골반, 무릎, 발목을 비교적 곧게 펴고 걷듯이 성큼성큼 걸을 수 없다. 그 대신 세 곳의 관절들을 심하게 구부린 채로 앞쪽으로 발을 질질 끌며 걷는다. 미국의 유명한 코미디언 그라우초 막스Groucho Marx의 구부정한 걸음걸이를 닮은 보행 방식은 보기에는 즐거워도 여러 이유로 피곤하고 비용이 많이 든다. 그것은 보행의 기본 역학과 관계가 있다. 그림 7은 걷는 동안 다리가 회전중심이 바뀌는 진자처럼 기능하는 것을 보여준다. 다리가 바닥에서 떨어져 앞쪽으로 움직일 때는 회전중심이 골반이지만, 다리가 지면에 닿아 몸을 지지할 때는 회전중심이 발목이 되어 다리가 거꾸로 뒤집힌 진자처럼 기능한다. 회전중심을 뒤집는 것은 우리를 포함한 포유류가 에너지를 절약할 수 있는 영리한 방법이다. 입각기 전반부에는 다리의 근육들이 수축되어 다리를 아래로 밀면서 몸을 발과 발목 위로 넘긴다. 이러한 도약 동작은 몸의 무게중심을 높여서 위치에너지potential energy, 퍼텐셜 에너지를 저장한다. 땅에서 들어 올린 역기가 위치에너지를 갖는 것과 같다. 그다음 입각기 후반부에는 몸의 무게중심이 아래로 내려가면서 (역기를 내려놓을 때처럼) 이 저장된 에너지의 대부분이 운동에너지의 형태로 바뀐다. 따라서 진자 걷기는 매우 효율적이다. 하지만 침팬지처럼 골반과 무릎과 발목을 심하게 구부리고 발을 질질 끌면서 걸으면 에너지가 훨씬 많이 든다. 몸을 아래로 잡아당기는 중력 때문에 그러한 관절들이 더욱더 구부러지기 때문이다. 그라우초 막스처럼 걸을 때 다리를 역전된 진자처럼 쓰려면 엉덩이, 허벅지, 종아리의 근육들이 항상 강하게 수축해야 한다. 게다가 관절들이 구부러지면 보폭이 작아져 한 걸음에 멀리 못 간다. 걷기의 에너지 비용을 측정해봤더니, 엉덩이와 무릎을 구부리고 걷는 것이 정상적으로 걷는 것보다 훨씬 비효율적이었다. 몸무게가 45킬로그램인 수컷 침팬지는 3킬로미터를 걷기 위해 약 140칼로리를 소비하는데, 이는 65킬로그램의 인간이 같은 거리를 걷기 위해 필요한 에너지보다 약 세 배나 많다.[22]

불행히도 우리는 오스트랄로피테쿠스류의 걷는 모습을 영원히 볼 수 없을 것이고, 그들에게 산소마스크를 씌워 에너지 비용을 측정해볼 수도 없을 것이다. 어떤 연구자들은 그들이 직립한 침팬지처럼 엉덩이, 무릎, 발목을 구부리고 걸었다고 생각한다.[23] 하지만

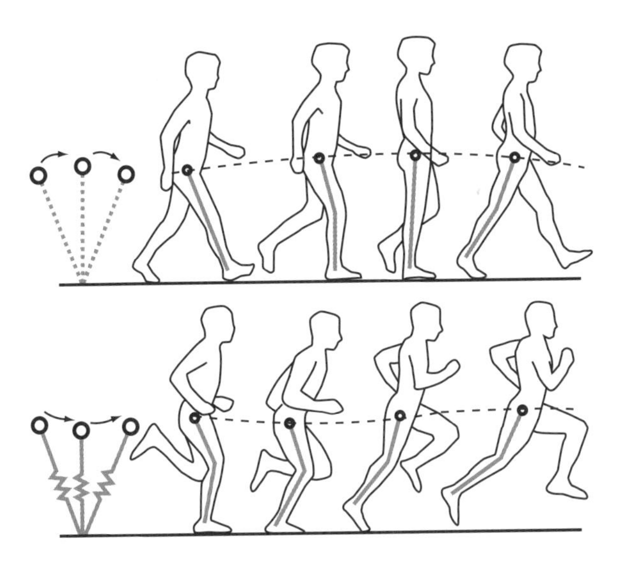

그림 7. 걷기와 달리기. 걸을 때 다리는 뒤집힌 추처럼 작동해서, 질량중심(원)이 입각기 전반부에서는 올라가고 입각기 후반부에서는 내려간다. 달릴 때 다리는 스프링처럼 작동한다. 입각기 전반부에서는 질량중심이 내려갔다가, 입각기 후반부에서는 반동에 의해 몸이 뛰어오른다.

여러 증거들에 따르면 오스트랄로피테쿠스류의 몇몇 종은 관절을 비교적 곧게 펴고 우리만큼 효율적으로 걸었던 것 같다. 이 사실을 뒷받침하는 단서가 발에 있다. 오스트랄로피테쿠스류의 발은 오늘날 우리가 보유하고 있는 특징들을 갖고 있다. 유인원과 아르디는 엄지발가락이 길고 바깥쪽으로 벌어져 있어 사물을 잡거나 나무를 오르기에 적합하지만, 오스트랄로피테쿠스 아파렌시스와 오스트랄로피테쿠스 아프리카누스 같은 종은 인간처럼 다른 발가락들과 평행하게 놓인 짧고 큰 엄지발가락을 갖고 있다.[24] 또한 우리처럼 세로 방향의 발바닥활을 갖고 있어서 걷는 동안 발의 중간 부분을 단단하게 만들 수 있었다.[25] 단단한 발바닥활과 위쪽을 향하는 발가락관절의 존재는 오스트랄로피테쿠스류가 인간처럼 입각기 마지막 순간마다 발가락을 효율적으로 이용해 앞쪽과 위쪽으로 몸을 밀 수 있었다는 뜻이다. 오스트랄로피테쿠스 아파렌시스 같은 오스트랄로피테쿠스류 몇몇은 크고 평평한 발꿈치뼈를 갖고 있었다는 사실도 중요하다. 이러한 발꿈치뼈는 발꿈치가 지면에 닿을 때 발생하는 큰 충격에 대처하기 위한 적응이다.[26] 인간의 특징이기도 한 이런 발꿈치는 루시가 걸을 때 인간처럼 관절을 펴고 큰 보폭으로 다리를 앞으로 움직였음을 알려준다. 하지만 적어도 오스트랄로피테쿠스류의 또 다른 종인 오스트랄로피테쿠스 세디바는 더 작고 안정성이 떨어지는 뒤꿈치를 갖고 있었고, 따라서 안쪽으로 돌아간 발로 발꿈치를 꾹 누르지 않고 더 짧은 보폭으로 걸었던 것 같다.[27]

오늘날에도 우리가 보유하고 있는, 효율적인 보행을 위한 또 다른 일군의 적응들은 오스트랄로피테쿠스류의 다리뼈 화석에서 분명하게 나타난다.[28] 오스트랄로피테쿠스류는 무릎으로 내려가면서 몸 안쪽으로 기울어지는 대퇴골을 갖고 있어서 무릎이 몸의 정중선 근처에 있다. 그래서 다리를 넓게 벌리고 아장아장 걷는 아기나 술 취한 사람처럼 몸을 좌우로 흔들면서 걸을 필요가 없었다.[29] 그들의 고관절과 무릎관절은 크고 지지력이 좋아서, 한쪽 다리로만 지면을 디딜 때 발생하는 큰 힘에 대처할 수 있었다. 그들의 발목은 인간과 거의 같은 방향을 향했고 침팬지의 발목보다 유연성은 낮지만 안정성은 더 높았다. 이러한 특징은 발목 염좌 같은 위험한 부상을 예방해주었다.

마지막으로, 오스트랄로피테쿠스류는 분명 두 발로 걸을 때 상체를 안정적으로 지지하는 적응들을 가지고 있었을 것이다. 엉덩이 위에 몸통을 위치시키는 길고 굽은 요추가 최초의 호미닌에서부터 진화한 것인지는 아직 모르지만, 오스트랄로피테쿠스 아프리카누스와 오스트랄로피테쿠스 세디바 같은 무리에서는 확실히 존재했다.[30] 게다가 오스트랄로피테쿠스류는 옆으로 둥그렇게 펴진 대야 모양의 넓은 골반도 갖고 있었다. 앞에서 이야기했듯이, 옆쪽을 향하는 넓은 골반은 한 다리로 땅을 디딜 때 측면의 근육을 이용해 상체를 안정시킨다. 그렇지 않았다면 우리는 옆으로 넘어질 위험 속에서 침팬지처럼 건들거리며 걸어야 했을 것이다.

종합적으로 판단하면, 오스트랄로피테쿠스 아파렌시스 같은 오스트랄로피테쿠스류는 인간과 비슷한 방식을 이용해 보다 효율적으로 걸었던 것 같다. 탄자니아 라에톨리의 유명한 발자국 화석이 이 사실을 알려준다. 이 발자국이 누구의 것이든(오스트랄로피테쿠스 아파렌시스의 것일 확률이 가장 높다.) 그들은 엉덩이와 무릎을 곧게 펴고 성큼성큼 걸었던 것으로 보인다.[31] 하지만 오스트랄로피테쿠스류의 보행 방식이 우리와 정확히 똑같았다고 생각하는 것은 오산이다. 그들은 과일을 따고 포식자를 피하고 밤에 잠자기 위해 여전히 나무를 올라야 했다. 그러다 보니 그들의 골격은 나무를 오르기에 유용한 유인원의 몇 가지 특징들을 간직하고 있다. 그들은 침팬지와 고릴라처럼 비교적 짧은 다리와 긴 팔, 길고 약간 굽은 발가락과 손가락을 가졌다. 오스트랄로피테쿠스류의 많은 종들은 강한 위팔근상완근과 위를 향하는 어깨와 같이 매달리거나 몸을 끌어올리기에 적합한 적응들을 가졌다. 이런 적응들은 오스트랄로피테쿠스 세디바의 상체에서 특히 두드러진다.[32]

오스트랄로피테쿠스류의 성큼성큼 걷는 보행 방식은 인간 몸에 여러 유산을 남겼다. 무엇보다도 효과적이고 효율적으로 걷는 능력은 인간의 진화에서 핵심적인 역할을 했다. 그 덕분에 호미닌은 탁 트인 서식지를 가로질러 멀리 잘 걷는 지구력 있는 보행자가 되었다. 걷기의 비용을 줄이기 위한 선택이 침팬지에게는 별로 중요하지 않았다는 점은 기억해둘 대목이다. 그들은 하루에 고작 2~3킬로미터를 걸었고, 나무를 오르거나 나무 사이를 건너야 했다. 하지만 만일 오스트랄로피테쿠스류처럼 과일이나 덩이줄기를 찾아서 자주 먼 거리를 이동해야 했다면, 이동의 효율성을 높이는 것이 이익이다. 몸무게가 30킬로그램인 오스트랄로피테쿠스 어머니가 하루에 6킬로미터를 이동한다고 상상해보자. 이 거리는 침팬지 어미가 이동하는 거리보다 두 배 많다. 만일 그녀가 인간 여성처럼 효율적으로 걸었다면 하루에 약 140칼로리를 절약했을 것이다(일주일이면 거의 1,000칼로리를 절약하게 된다.). 그녀가 침팬지보다 50퍼센트만 더 경제적이어도 하루에 70칼로리를 절약할 수 있다(일주일이면 거의 500칼로리다.). 식량이 부족할 때는 이 정도 차이도 선택을 일으키는 큰 이점이 된다.

이미 이야기했듯이, 두 발 동물이 되는 것에는 이익과 손해가 따라왔다. 직립의 가장 큰 단점은 전력 질주가 불가능하다는 것이다. 오스트랄로피테쿠스류는 분명 느렸을 것이다. 오스트랄로피테쿠스류는 나무 밑으로 내려갈 때마다 탁 트인 서식지에서 사냥하는 사자, 검치호랑이, 치타, 하이에나 같은 육식동물들의 손쉬운 먹잇감이 되었다. 그들은 아마 땀을 흘릴 수 있었을 것이고 따라서 이 포식자들이 효과적으로 몸을 식힐 수 없는 한낮까지 기다렸다가 움직였을 것이다. 장점에 대해 이야기해보면, 두 발로 걸어서 돌아다니면 식량을 옮기기가 더 쉽고, 똑바로 선 자세는 햇빛에 노출되는 표면적을 줄여준다. 이는 두 발 동물들이 네 발 동물들보다 태양복사열에 덜 과열된다는 뜻이다.[33]

마지막으로 두 발 동물이 되는 것의 또 다른 큰 이점은 다윈이 강조했듯이 자유로워진 손으로 다른 일을 할 수 있다는 것이다. 땅을 파는 것도 그중 하나다. 대개 땅속 깊이 박혀 있는 땅 밑 저장기관들을 뽑기 위해서는 20~30분간 막대기로 열심히 파야 한다. 나는 오스트랄로피테쿠스류에게는 땅을 파는 것이 큰 문제가 아니었을 것이라고 생각한다. 손 모양이 유인원과 인간의 중간 형태로 유인원보다 엄지손가락이 길고 나머지 손가락들은 짧았기 때문에[34], 그들은 막대기를 효과적으로 쥘 수 있었을 것이다. 게다가 땅 파는 막대기를 골라내고 변형시키는 일은 기술이 거의 필요 없어서 침팬지 정도의 능력만 있으면 만들어 사용할 수 있다. 침팬지는 막대기를 조금 변형시켜 흰개미를 낚거나 작은 포유류를 찌르거나 견과류를 깰 돌을 골라낸다.[35] 아마 막대기로 땅을 파는 능력에 대한 선택은 나중에 석기를 만들고 이용하는 능력에 대한 선택을 일으키는 바탕이 되었을 것이다.

내 안의 오스트랄로피테쿠스

왜 오늘날 우리가 오스트랄로피테쿠스류에 관심을 가져야 하는가? 직립보행을 했다는 것을 빼면 그들은 우리와 전혀 다른 존재처럼 보인다. 뇌가 침팬지보다 약간 크고 엄청나게 질기고 맛없는 음식을 구하기 위해 하루를 보냈던, 오래전에 멸종한 이 조상들과 우리 사이에는 무슨 관계가 있을까?

오스트랄로피테쿠스류에 관심을 가져야 하는 두 가지 타당한 이유가 있다. 첫째, 이 먼 조상들이 인간의 진화에서 중요한 중간 단계였기 때문이다. 진화는 일반적으로 오랜 시간에 걸친 점진적 변화가 누적되어 일어나고, 변화 각각은 이전의 사건에 의존한다. 사헬란트로푸스와 아르디피테쿠스 같은 초기 호미닌이 두 발 동물이 되지 않았더라면 오스트랄로피테쿠스류는 진화하지 않았을 것이다. 마찬가지로 오스트랄로피테쿠스류가 나무 위에서 시간을 덜 보내지도 않고 습관적으로 두 발 보행을 하지도 않고 과일에 대한 의존에서 벗어나지도 않아서 또 다른 기후변화가 야기한 후속 진화의 기틀을 마련하지 않았더라면 호모속은 진화하지 않았을 것이다. 더 중요한 두 번째 이유는 우리 안에 오스트랄로피테쿠스류의 유산이 많이 남아 있기 때문이다. 인간은 특이한 유인원이다. 나무에서 시간을 보내지 않고, 많이 걸으며, 아침 점심 저녁에 과일만 먹지 않는다. 이러한 추세는 우리가 유인원들과 처음 갈라질 때 시작되었지만, 오스트랄로피테쿠스류의 다양한 종들이 수백만 년에 걸쳐 진화하는 동안 크게 강화되었다. 이 진화적 실험의 여러 흔적들이 당신의 몸에 남아 있다. 침팬지에 비해 당신의 어금니는 두껍고 크다. 당신의 엄지발가락은 짧고 뭉툭하며 나뭇가지를 잘 잡을 수 없다. 당신은 길고 유연한 허리, 발바닥활, 큰 무릎처럼 장거리 보행에 특화된 많은 특징들을 갖고 있다. 우리는 이 특징들을 당연하게 여기지만 사실은 매우 이례적인 것으로, 수백만 년 전에 예비 식량을 구하고 먹는 능력에 대한 강력한 선택이 일어났기 때문에 우리 몸에 존재하는 것이다.

그렇더라도 당신은 오스트랄로피테쿠스가 아니다. 당신의 뇌는 루시와 그 친족들에 비해 세 배 더 크다. 당신은 긴 다리와 짧은 팔을 갖고 있으며 길고 돌출된 주둥이가 없다. 당신은 질 낮은 식량을 많이 먹는 대신, 고기와 같이 매우 질 높은 식량을 적당히 먹는다. 그리고 당신은 도구, 요리, 언어, 문화에 의존한다. 이와 같은 중요한 차이들은 약 250만 년 전에 시작된 빙하기에 나타났다.

∞

3장

최초의 수렵채집인

: 어떻게 호미닌에서 현생 인류가 진화했는가

어느 날 토끼가 거북이 앞에서 발이 짧고 속도가 느리다고 놀렸다.
그랬더니 거북이가 웃으며 이렇게 말했다.
"네가 바람처럼 빨라도 경주에서 나는 너를 이길 것이다."

—이솝, 「토끼와 거북」

빠르게 진행되고 있는 지구의 기후변화가 걱정되는가? 아니라면 걱정 좀 해야 한다. 상승하는 온도, 바뀐 강우 패턴, 이로 인한 생태적 변화가 식량 공급을 위태롭게 하기 때문이다. 하지만 이미 살펴보았듯이 전 지구적인 기후변화는 오래전부터 인간의 진화를 이끈 원동력이었다. 그것이 "오늘 저녁은 뭘 먹을까?"라는 오랜 문제에 영향을 미치기 때문이다. 기후변화에 대응하며 충분한 식량을 얻으려는 노력은 인류의 시대를 촉발하기도 했다.

오늘날 우리에게는 저녁(아침이나 점심도 마찬가지)거리를 장만하는 문제가 걱정 축에도 못 들지만, 대부분의 생물은 거의 항상 배가 고파서 항상 충분한 열량과 영양소를 찾는 데 정신이 팔려 있다. 물론 짝짓기 상대도 찾아야 하고 잡아먹히지 않게 피하기도 해야 하나 생존 투쟁은 대개 식량 투쟁이고, 최근까지 인간도 대부분의 경우 이 법칙에서 예외가 아니었다. 환경이 심하게 바뀌어서 평소에 먹던 식량이 사라지거나 드물어지면 먹을거리를 구하기가 어려워진다. 앞서 이야기했듯이 배불리 먹을 식량을 찾는 문제는 인간의 진화에서 커다란 두 변화를 촉발했다. 수백만 년 전에 아프리카가 더 추워지고 건조해지면서 과일나무의 밀도와 수가 줄었고, 그 결과 두 발로 서고 걸으며 식량을 더 잘 찾아다닐 수 있는 조상들이 선택되었다. 그리고 과일 외에 덩이줄기, 뿌리, 씨, 견과류 같은 음식들을 먹을 수 있도록 크고 두꺼운 어금니와 큰 얼굴이 진화했다. 하지만 이 변화들이 아무리 중요하더라도 루시를 비롯해 오스트랄로피테쿠스류를 진정한 인간으로 보기는 어렵다. 두 발로 걷긴 했지만 그들의 뇌는 여전히 유인원 크기에 불과했고, 우리처럼 말하고 생각하고 먹지도 않았다.

우리의 몸과 행동은 빙하기 초에 이르러 누가 봐도 훨씬 더 '인간답게' 진화했다. 300만~200만 년 전에 계속된 지구 한랭화로 기후에 중대한 변화가 생겼다. 이 시기에 바다 온도는 2도쯤 떨어졌다.[1] 2도라고 하면 별 것 아닌 것처럼 보일지도 모르지만, 전 세계 바다의 평균 온도로 따지면 엄청난 양의 에너지에 해당한다. 전 지구적인 한랭화는 전진과 후진을 수차례 거듭했지만, 260만 년 전 지구는 극지방의 만년설이 확장될 정도로 추웠다. 우리 조상들은 수천 킬로미터 떨어진 곳에서 거대한 빙하들이 형성되고 있는 줄은 몰랐지만, 왕성해진 지질 활동 때문에 서식지의 주기적인 변화가 심해졌다는 것은 확실히 알았다. 특히 동아프리카 지역이 심했을 것이다.[2] 화산활동을 일으키는 거대한 마그마 지대 때문에 그 지역 전체가 수플레처럼 위로 밀려 올라갔고, 그 후에 (몇몇 수플레처럼) 중앙 부분이 꺼져서 그레이트리프트밸리Great Rift Valley를 형성했다. 그레이트리프트밸리로 인해 광범위한 비 그늘rain shadow(산으로 막혀 강수량이 적은 지역—옮긴이)이 만들어져 동아프리카 지역이 메말라갔다. 또한 그레이트리프트밸리에는 많은 호수들이 있었다. 이 호수들은 오늘날까지도 물이 차고 빠지기를 주기적으로 반복한다.[3] 동아프리카의 기후는 끊임없이 바뀌었지만 전반적으로 숲은 줄어들고 삼림과 초원, 그 밖의 더 건조하고 계절적인 서식지들이 팽창했다. 200만 년 전쯤 이 지역은 〈타잔〉보다 〈라이언킹〉의 무대와 훨씬 더 비슷했다.[4]

약 250만 년 전으로 돌아가 배고픈 호미닌이 되었다고 상상해보자. 당신은 초원과 삼림이 조각보처럼 잇대어져 있는 곳에서 무엇을 먹을지 궁리하고 있다. 과일처럼 즐겨먹던 음식이 드물어지면 당신은 어떻게 대처하겠는가? 한 가지 방법은 뿌리, 덩이줄기, 알뿌리처럼 도처에 널려 있는 질기고 단단한 식량에 집중하는 것이다. 얼굴이 크고 이가 거대한 건장한 오스트랄로피테쿠스류가 그랬듯 말이다. 이들은 씹고 씹고 또 씹으며 하루를 보냈을 것이다. 다행히도 자연선택에 의한 적응은 변화하는 서식지에 대처할 수 있는 두 번째 혁명적인 전략을 이끌어냈다. 그것은 바로 수렵과 채집이었다. 수렵과 채집은 덩이줄기 같은 식물들을 계속 수집하는 한편 고기를 더 많이 먹고, 도구를 이용해 식량을 캐고 가공하며, 식량과 그 밖의 힘든 임무들을 공유하기 위해 협력하는 등의 새로운 행동을 결합한 혁신적인 생활 방식이었다.

수렵채집 생활은 호모속이 더 진화할 수 있는 바탕이 되었다. 나아가 최초의 인류에서 이 독창적인 생활 방식을 위해 선택된 핵심적인 적응은 큰 뇌가 아니라 현대적인 몸이었다. 우리 몸을 지금과 같은 방식으로 만든 것은 무엇보다 수렵채집 생활이었다.

최초의 인류는 누구였나?

빙하기에 초기 호모속의 여러 종들이 수렵채집을 통해 현대적인 몸으로 진화했지만, 호모 에렉투스는 그중에서도 특히 중요하다. 이 종은 1890년 이래로 인간의 진화를 이해하는 데 절대 빠질 수 없는 독보적인 존재가 되었다. 1890년, 다윈을 비롯한 진화론자들에게 자극을 받은 네덜란드의 용감한 군의관 외젠 뒤부아Eugène Dubois는 인간과 유인원을 연결하는 중간 단계의 화석, 즉 '잃어버린 고리'를 찾으러 인도네시아에 갔다. 운 좋게도 뒤부아는 도착한 지 몇 달 만에 머리덮개뼈 한 점과 대퇴골 한 점을 발견했고, 그것을 즉시 피테칸트로푸스 에렉투스*Pithecanthropus erectus*, '직립 원인'이라는 뜻라고 명명했다.[5] 1929년에는 이와 비슷한 화석들이 중국 베이징(당시 북경) 근처의 한 동굴에서 발견되어, 시난트로푸스 페키넨시스*Sinanthropus pekinensis*, 베이징인로 명명되었다. 이후 몇십 년간 비슷한 화석들이 탄자니아의 올두바이Olduvai 협곡, 북아프리카의 모로코와 알제리 등 아프리카 곳곳에서 나타났다. 베이징인처럼 그 화석들에도 새로운 종명이 붙었다. 하지만 제2차 세계대전 이후 학자들은 이것들이 모두 호모 에렉투스라는 한 종에 속한다고 결론지었다.[6] 현재 가장 유력한 증거에 따르면, 호모 에렉투스는 190만 년 전에 아프리카에서 진화한 다음에 구세계Old World(아프로유라시아를 지칭한다.—옮긴이)의 나머지 지역으로 퍼져나갔을 것으로 추정된다. 호모 에렉투스(혹은 그 친척 종들)는 180만 년 전에는 조지아의 캅카스산맥에서, 그리고 160만 년 전에는 인도네시아와 중국에서 동시에 나타난다. 그리고 아시아 일부 지역에서는 몇십만 년 전까지 존재했다.

세 대륙에서 거의 200만 년간 존재했다는 사실에서 예상할 수 있다시피 호모 에렉투스는 우리와 마찬가지로 다양한 모습을 하고 있었다. 표 2(4장 165쪽)에 그들의 몇 가지 기본 특징들이 요약되어 있다. 그들은 몸무게가 40~70킬로그램이었고, 키는 122~185센티미터 이상까지 다양했다.[7] 그들 다수가 오늘날의 인간만큼 컸지만, 지금에 비해 여성은 작은 편이었다. 특히 조지아의 드마니시Dmanisi에서 발견된 호모 에렉투스 집단은 전체적으로 작았다. 만일 당신이 거리에서 호모 에렉투스 한 무리를 만난다면 그들이 사람과 아주 비슷하며, 특히 목 아래부터는 거의 같다고 느낄 것이다. 그림 8에서 볼 수 있듯이, 그들의 몸은 오스트랄로피테쿠스류와 달리 비교적 다리가 길고 팔이 짧은 현생 인류의 신체 비율을 갖고 있었다. 그들은 길고 좁은 허리와 완전하게 현대적인 발을 갖고 있었다. 하지만 그들의 엉덩이는 우리보다 더 옆으로 퍼져 있었다. 우리처럼 그들도 낮고 넓은 어깨를 갖고 있었고, 술통 모양의 널찍한 가슴을 갖고 있었다. 하지만 그들의 머리는 우리와 완전히 같지 않았다. 호모 에렉투스는 돌출된 긴 주둥이를 갖고 있지는 않았지만, 그들의 얼굴은 위아래뿐만 아니라 앞뒤로도 길었고, 특히 남성은 눈 위에 막대 모양의 거대한 융기부(눈썹뼈)가 있었다. 호모 에렉투스의 뇌는 오스트랄로피테쿠스류와 인간 뇌 사이의 중간 크기였고, 그들의 머리뼈는 길고 꼭대기가 평평했으며, 뒤통수가 우리처럼 둥근 대신 뒤쪽으로 튀어나와 있었다. 치아는 오늘날 인간의 것과 모양은 거의 같았지만 크기는 조금 더 컸다.

인류 계통에 있는 많은 종들 중에서 호모 에렉투스는 가장 중요하게 여겨지나, 이 종의 기원은 분명하지 않다. 초기 호모속에는

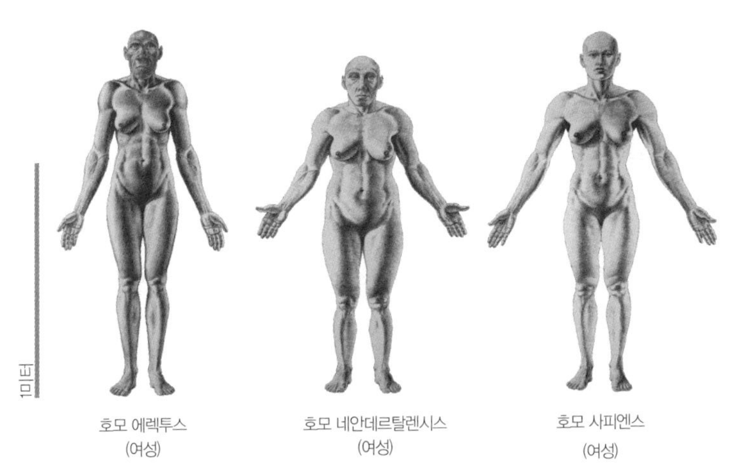

그림 8. 호모 에렉투스, 호모 네안데르탈렌시스(네안데르탈인), 호모 사피엔스 여성을 복원한 그림. 신체 비율이 전반적으로 비슷하지만 네안데르탈인이 뇌가 더 크다는 점과 현생 인류가 얼굴이 더 작고 머리가 더 둥글다는 점에 주목하라. 이미지 재구성 © 2013 John Gurche.

호모 에렉투스 외에 최소 두 종이 더 있다고 밝혀져 있다. 이들 역시 표 2에 나와 있는데, 아마 호모 에렉투스의 조상이었을 것이다. 첫 번째 종은 호모 하빌리스*Homo habilis*, '손 쓰는 사람'이라는 뜻다. 이 종은 루이스 리키와 메리 리키가 1960년에 발견했는데, 최초의 석기 제작자라는 뜻에서 그렇게 이름 붙었다. 호모 하빌리스의 생몰 연대는 불확실하지만 230만~140만 년 전으로 추정된다. 호모 하빌리스는 오스트랄로피테쿠스류처럼 팔이 길고 다리가 짧으며 두툼한 에나멜이 덮인 큰 어금니를 갖고 있었다. 하지만 오스트랄로피테쿠스류보다 뇌가 몇백 그램 더 컸고 머리뼈는 비교적 둥글었으며 주둥이가 길게 튀어나오지 않았다. 또한 현생 인류와 거의 같은 모양의 손을 가졌기 때문에 석기를 만들고 사용할 수 있었다.

두 번째 종인 호모 루돌펜시스*Homo rudolfensis*는 우리에게 덜 알려져 있는, 호모 하빌리스와 동시대에 존재한 초기 호모 종이다. 그들은 호모 하빌리스보다 뇌가 약간 더 컸지만 치아와 얼굴은 더 크고 평평한 것이 오스트랄로피테쿠스류와 비슷했다.[8] 뇌가 큰 오스트랄로피테쿠스일 뿐 호모속이 아닐 수도 있다.[9]

초기 호모 종이 얼마나 많았고 그들의 유연관계가 얼마나 정확하든, 지금까지 발견된 화석들을 종합하면 현생 인류와 비슷한 몸의 진화가 적어도 두 단계에 걸쳐 일어났음을 알 수 있다. 우선 호모 하빌리스에서 뇌가 약간 더 커지고 길게 튀어나온 주둥이가 사라졌다. 그다음에 호모 에렉투스에서 더 작은 치아와 더 큰 뇌, 그리고 훨씬 더 현대적인 다리, 발, 팔이 진화했다. 분명 호모 에렉투스의 몸은 당신의 몸과 100퍼센트 같지 않았지만, 이 핵심 종에서 현생 인류와 거의 같은 몸뿐 아니라 먹고 협력하고 소통하고 도구를 사용하는 등의 현대적 행동 양식이 진화했던 것으로 보인다. 사실상 호모 에렉투스는 인간이라고 부를 수 있는 첫 번째 조상이었다. 이러한 변화가 어떻게 그리고 왜 일어났을까? 수렵채집 생활은 어떻게 초기 호모속이 막 시작된 빙하기를 견딜 수 있게 했을까? 그리고 이러한 생활 방식이 그들의 몸, 그리하여 우리의 몸에 나타나는 변화들에 어떤 선택을 일으켰을까?

호모 에렉투스는 어떻게 저녁거리를 구했을까?

시간 여행이 발명되지 않는 한, 그리고 미지의 섬에서 살아남은 종을 발견하지 않는 한, 초기 호모속 구성원들이 어떻게 생계를 유지했는지 알려면 퍼즐을 맞추듯 그들이 남긴 화석과 유물을 연구해 그 결과를 현대 수렵채집인의 삶과 비교해봐야 한다. 이러한 재구성 과정에는 추측이 포함될 수밖에 없지만, 놀랍게도 그 추론은 상당히 믿을 만한다. 수렵채집 생활이 식물 채집, 동물 사냥, 긴밀한 협력, 식량 가공이라는 네 가지 기본 요소로 이루어진 하나의 종합 시스템이기 때문이다. 언제, 어떻게 그리고 왜 최초의 인간이 이러한 행동을 하게 됐을까?

채집부터 시작해보자. 초기 호모속이 살았던 아프리카의 환경에서는 식물이 식단의 70퍼센트 이상을 차지할 정도로 비중이 컸을 것이다. 채집은 보기에도 쉽지 않으며 실제로도 그렇다. 열대우림에서 유인원은 하루에 고작 2~3킬로미터를 걸으며 눈에 띄는 식용 과일과 잎을 따는 것으로 충분한 식량을 모을 수 있었다. 하지만 더 개방된 서식지에 살았던 호미닌은 식량을 구하기 위해 날마다 훨씬 더 먼 거리를 힘들게 걸어야 했다. 현대의 수렵채집인을 토대로 추측해보면, 적어도 6킬로미터는 걸어야 했을 것이다. 식량을 발견한 다음에는 먹을 수 있는 부분을 발라내야 했다.[10] 그러려면 식물에서 영양소가 풍부한 부위에 접근해야 하는데, 그런 부위는 땅 속에 감추어져 있거나(덩이줄기) 딱딱한 껍질에 감싸여 있거나(견과류) 독소를 포함하고 있었다(많은 딸기류과 뿌리). 게다가 개방된 서식지에는 식용 식물의 밀도가 낮고 과일이 풍부한 열대우림에 비해 계절의 영향을 크게 받기 때문에, 최초의 수렵채집인은 다양한 식량에 의존해야 했을 것이다. 오늘날 아프리카에 사는 수렵채집인 부족들은 보통 수십 종의 식물을 채집하는데, 그중 대다수가 계절 식물이고 찾기 어려우며 뽑기도 힘들다. 예를 들어 땅 밑 저장 기관들은 아프리카 수렵채집인의 식생활에서 큰 비중을 차지하지만, 덩이줄기 한 개를 얻으려면 10~20분 동안 힘들여 캐내야 한다. 그 과정에서 크고 요지부동인 바위를 제거해야 하는 경우도 종종 있다. 또 소화시키기 쉽게 갈거나 요리를 해야 한다. 수렵채집인이 채집하는 매우 가치 있는 또 다른 식량은 꿀이다. 이것은 달콤하고 맛있고 칼로리가 높지만, 획득하는 과정은 어렵고 때로는 위험하기까지 하다.

식물 식량의 이점은 어디에 가면 있는지 정확하게 예측할 수 있고, 비교적 풍부하며, 도망가지 않는다는 것이다. 식물 식량의 큰 단점은, 특히 야생 식물의 경우 소화시킬 수 없는 섬유소가 많고 영양소의 밀도가 낮다는 것이다. 대충 계산해봐도 초기 호모속, 특히 어머니들은 생존하고 번식하기에 충분한 식물 식량을 찾는 데 어려움을 겪었으리라 추론할 수 있다. 몸무게가 50킬로그램인 호모 에렉투스 여성은 하루에 약 1,800칼로리가 필요했을 것이다. 수유 중이거나 임신 중일 때는 추가로 500칼로리가 더 필요했을 것이다. 게다가 십중팔구는, 젖은 뗐지만 먹을 것을 혼자 찾아다니기에 아직 어린 자식들을 위해 날마다 적어도 1,000~2,000칼로리가 더 필요했을 것이다. 이를 모두 더하면 그녀는 하루에 3,000~4,500칼로리가 필요하다. 하지만 오늘날 아프리카에 살고 있는 수렵채집인 어머니라도 하루에 1,700~4,000칼로리의 식물 식량을 채집할 수 있으며, 특히 갓난아이를 돌봐야 하는 수유 중인 여성이 가장 적은 열량을 획득한다.[11] 호모 에렉투스 여성이 현대 수렵채집인 여성보다 채집을 더 잘했을 가능성은 별로 없으므로, 호모 에렉투스 어머니는 자신과 딸린 자식들에게 필요한 열량을 구하지 못하는 경우가 허다했을 것이다. 이 부족분을 보충하려면 다른 에너지원이 필요했다.

그 공급원들 중 하나가 고기였다. 연대가 적어도 260만 년 전인 고고학 유적지들에서 자른 흔적이 있는 동물 뼈들이 발견되는데, 이러한 흔적은 석기를 이용해 살을 잘라낼 때 생긴 것이다.[12] 독특하게 부러진 뼈들은 안에 있는 골수를 빼내려고 했다는 증거다. 따라서 적어도 260만 년 전부터 호미닌이 고기를 먹기 시작했다고 볼 수 있다. 그들이 얼마나 많은 고기를 먹었는지는 추측만 할 뿐이지만, 고기는 오늘날 열대 지역에 사는 수렵채집인의 식단 중 약 3분의 1을 차지한다(온대 지역에서는 생선과 고기를 더 많이 소비한다.).[13] 게다가 당시의 수렵채집인은 오늘날 침팬지와 인간이 그렇듯 고기를 선호했다. 영양 스테이크를 먹으면 같은 질량의 당근을 먹는 것보다 다섯 배나 많은 열량을 얻을 수 있고 필수 단백질과 지방도 섭취할 수 있으니 그럴 만도 하다. 간, 심장, 골수, 뇌 같은 내부 기관도 지방처럼 꼭 필요한 영양소뿐 아니라 소금, 아연, 철 같은 미량영양소를 제공한다. 고기는 영양가가 높은 식량이다.

초기 호모속 이래로 고기는 인간의 식생활에서 아주 중요했다. 하지만 초기 호모속이나 오늘날의 수렵채집인처럼 완전한 육식동물이 아닌 경우 사냥은 시간이 많이 들고 결과도 불확실한, 위험하고 어려운 일이다. 발사 무기가 발명되기 훨씬 전인 구석기 초에는 훨씬 더 힘들고 무모한 일이었을 것이다. 남자들은 버려진 동물 사체를 주워올 수라도 있지만, 임신 중이거나 수유 중인 초기 호모속 어머니들은 그러기 어려웠다. 특히 갓난아이를 돌봐야 한다면 더 말할 것도 없다. 따라서 여자가 주로 채집을 하고 남자가 채집뿐 아니라 사냥을 하거나 죽은 동물을 찾아다니는 식의 노동 분업이 일어나면서 동시에 육식이 시작되었다고 추론할 수 있다. 이러한 고대 노동 분업의 정수는 식량 공유였다. 오늘날의 현대 수렵채집 사회도 기본적으로 식량 공유를 바탕으로 살아간다. 침팬지 수컷들은 식량을 공유하는 경우가 드물고, 새끼들과 공유하는 일도 없다. 하지만 수렵채집인은 결혼을 하면 남편이 아내와 자식을 위해 식량을 조달해온다. 오늘날 남성 사냥꾼은 하루에 3,000~6,000칼로리를 획득할 수 있다. 이 정도면 자신과 가족을 충분히 먹이고도 남는 양이다. 사냥꾼들은 소득이 많으면 고기를 동료와 공유하기도 하지만, 그렇다 해도 가장 큰 몫은 가족에게 돌아간다.[14] 아내가 있고 게다가 보살펴야 하는 젖먹이까지 있는 남성은 더 자주 사냥을 나간다. 반대로 아내가 채집한 식물에 의존해야 하는 날도 자주 있다. 특히 오랜 사냥 끝에 굶주린 채 빈손으로 돌아오는 날에는 어쩔 도리가 없다. 최초의 수렵채집인은 남성과 여성이 서로 식량을 조달하며 협력하지 않고 어떻게 살았는지 상상하기 어려울 만큼 식량 공유로 엄청난 이익을 얻었다.

더구나 식량 공유는 남편과 아내, 부모와 자식 사이뿐 아니라 집단 내에서도 일어난다. 이는 수렵채집인 집단에서 긴밀한 사회적 협력이 얼마나 중요한지를 방증한다. 협력의 한 가지 기본 형태가 확대가족이다. 수렵채집인에 관한 연구에 따르면, 할머니—자기 밑에 딸린 어린 자식이 없는 유능하고 경험 많은 늙은 채집인—는 어머니에게 식량을 보충해주는 중요한 사람이었다. 자매, 사촌, 고모, 이모 들도 마찬가지다. 실제로 할머니는 딸들과 손자들에게 먹을 것을 공급하는 매우 중요한 존재라서 인간 여성이 가임기 이후까지 오래 살게 되었다는 주장도 있다.[15] 할아버지, 삼촌 등 다른 남성들도 종종 도움을 준다. 식량 공유 등의 협력 행태는 가족 단위를 넘어 더 넓은 범위로 확장되기도 한다. 수렵채집인 어머니들은 서로의 자식들을 돌봐주고[16], 남자들은 사냥한 고기를 가족뿐 아니라 다른 남자들과 공유한다. 한 사냥꾼이 100~200킬로그램짜리 영양처럼 큰 동물을 잡아오면, 그는 고기를 집단 내 모든 사람들과 나눈다. 꼭 타인의 호감을 사고 낭비를 피하기 위해서 그러는 것은 아니다. 식량 공유는 자신이 굶주릴 위험을 줄이는 전략이기도 하다. 한 사냥꾼이 어느 날 사냥을 나가서 큰 짐승을 잡아올 확률은 낮다. 따라서 사냥에 성공한 날 다른 사람들에게 고기를 나누어주면 훗날 빈손으로 돌아왔을 때 동료 사냥꾼에게 고기를 얻을 확률이 높아진다. 또한 남자들은 사냥에 성공할 확률을 높이고 전리품을 가져올 때 도움을 받기 위해 때때로 집단 사냥을 한다. 수렵채집 사회는 평등 사회로, 집단의 모든 구성원이 보다 정기적으로 자원을 공급받을 수 있도록 돕는 호혜주의에 높은 가치를 둔다. 오늘날 우리는 탐욕과 이기심을 죄로 간주하지만, 매우 협력적인 수렵채집 사회에서 공유와 협력을 하지 않는 것은 생사를 가르는 문제다. 집단 간 협력은 약 200만 년 전부터 수렵채집 생활의 근간이었을 것이다.

수렵채집의 마지막 요소는 식량 가공이다. 수렵채집인이 먹는 식물 대다수는 캐기 어렵고, 씹기 힘들고, 오늘날 먹는 재배 식물에 비해 섬유소가 훨씬 많기 때문에 소화가 잘 되지 않는다. 야생 덩이줄기나 뿌리는 슈퍼마켓에서 파는 순무보다 훨씬 씹기 어렵고 소화도 잘 안 된다. 만일 초기 호모속이 가공되지 않은 야생 식물을 많이 먹어야 했다면, 고섬유질 식물이 주식인 침팬지처럼 그것을 씹어서 위를 채우는 데 반나절, 위를 비우는 데 반나절을 보내야 했을 것이다. 영양소가 풍부한 고기에도 문제는 있었다. 유인원과 현생 인류가 그렇듯이 초기 호모속도 고기를 씹기에는 그리 적합하지 않은 낮고 평평한 치아를 갖고 있었다. 생고기를 씹어보면 이 문제를 금방 알 수 있다. 우리의 평평한 치아는 고기의 질긴 섬유를 자를 수 없어서, 생고기를 먹으려면 아주 오래 씹어야 한다. 침팬지는 원숭이 고기 몇 킬로그램을 11시간이나 씹는다.[17] 요컨대 초기의 수렵채집인이 유인원처럼 가공되지 않은 날음식만 먹었다면, 막상 수렵과 채집을 할 시간이 없었을 것이다.

이 문제의 해법은 음식을 가공하는 것이었다. 처음에는 매우 간단한 기술을 이용했다. 가장 오래된 석기는 너무 원시적이라서 도구라는 것조차 알아채지 못할 수 있다. 이것들은 결이 고운 돌을 다른 돌로 때려서 조각을 떼어내는 올도완 석기 공작Oldowan industry(탄자니아 올두바이 협곡의 이름을 딴 것으로 올두바이 석기 공작이라고도 부른다.)으로 만들어진다. 대부분의 석기가 그렇게 만들어진 날카로운 격지flake들이지만, 칼처럼 긴 날을 지닌 찍개chopper도 있다. 이것들은 오늘날의 정교한 도구들과 거리가 멀지만, 침팬지가 만드는 것보다 훨씬 뛰어나며, 형태는 단순해도 얕잡아 보면 안 된다. 이 석기들은 놀랍도록 날카롭고 다재다능하다. 매년 봄마다 우리 과 학생들은 직접 만든 올도완 석기로 염소를 도축하며 이 석기가 동물의 껍질을 벗기고 뼈에서 고기를 잘라내고 골수를 제거하는 데 얼마나 효과적인지 몸소 체험한다.

염소 고기는 그대로 씹기 어렵지만, 잘게 자르면 씹기 쉽고 소화도 잘 된다.[18] 식품의 가공은 식물 식량에서도 기적을 일으켰다. 가공의 가장 단순한 형태는 세포벽과 그 밖의 소화되지 않는 섬유를 부수어 가장 질긴 식물도 씹기 쉽게 만드는 것이다. 게다가 석기를 이용해 덩이줄기나 고깃덩어리 같은 날음식을 자르고 가는 것만으로도 더 많은 에너지를 얻을 수 있었다. 먹기 전에 부서진 음식이 더 잘 소화되기 때문이다.[19] 따라서 가장 오래된 석기들은 고기뿐 아니라 식물을 자르는 데도 쓰였을 것이다. 인간은 적어도 수렵과 채집을 하던 시기에 음식을 가공했다.

이러한 여러 증거들을 종합하면, 호모속의 초창기 종은 기후가 크게 변화하는 시기에 "오늘 저녁에는 뭘 먹을까?"라는 문제를 완전히 새로운 전략으로 해결했다고 결론지을 수 있다. 그들은 질 낮은 음식을 많이 먹기보다는, 수렵채집인이 되어 질이 더 높은 음식을 찾아내 가공해서 먹었다. 이런 방식으로 살려면 먹을거리를 구하러 날마다 먼 거리를 이동해야 하고, 때로는 죽은 동물을 찾아다니거나 사냥을 해야 한다. 수렵채집 생활은 긴밀한 협력과 간단한 기술도 필요로 한다. 이러한 행동 양식을 암시하는 흔적들이 연대가 260만 년 전으로 추정되는, 지금까지 알려진 가장 오래된 고고학 유적지들에서 발견되었다. 우연히 동아프리카에 있는 이 유적지들 중 한 곳을 지나게 된들, 당신은 발부리에 걸리는 것이 무엇인지 알아보지도 못할 것이다. 그 유적지들이 위치한 건조한 반半사막 지형에는 화산암들이 이리저리 흩어져 있고 화석들도 많다. 하지만 불과 몇 제곱미터의 좁은 구역이라도 주의 깊게 살피다 보면, 도축의 흔적이 남아 있는 동물 뼈와 드문드문 흩어져 있는 석기를 발견할 수 있을지 모른다. 일부 석기는 수 킬로미터 떨어진 곳에서 가져온 원석으로 만든 것이었다. 뼈에 하이에나가 할퀸 자국이 있는 것으로 보아, 우리 조상들은 이 귀한 고기를 두고 고약하고 위험한 육식동물과 경쟁해야 했음을 알 수 있다. 이러한 최초의 유적지들은 우리 조상들이 잠시 머물며 활동했던 장소였을 것이다. 나무 그늘 아래 모인 한 무리의 호모 하빌리스 또는 호모 에렉투스를 상상해보자. 그들은 서둘러 고기를 나누고, 어디선가 채집한 덩이줄기와 과일 등의 식물 식량을 가공하고, 간단한 도구를 만들고 있다. 고기를 나눠 먹고, 도구를 만들고, 식량을 가공하는 행동은 평범하게 보여도 실은 호미닌에만 나타나는 독특한 것으로 호모속을 탈바꿈시켰다.

수렵채집 생활은 우리 몸의 진화에 어떤 영향을 미쳤을까? 최초의 인류를 유능한 수렵채집인으로 만든 적응들은 무엇일까?

장거리 도보 여행

유인원은 보통 하루에 3킬로미터 이하를 걷지만, 인간은 엄청나게 먼 거리를 걸을 수 있다. 극단적인 예긴 하지만 최근에 조지 미건George Meegan이라는 사람이 하루 평균 13킬로미터씩 걸어서 남아프리카 최남단에서부터 알래스카 최북단까지 종단한 일이 있었다.[20] 미건의 장거리 도보 여행은 이례적인 사례로 꼽히지만, 사실 그가 하루에 걸은 평균 거리는 현대 수렵채집인이 먹을거리를 구할 때 걷는 거리를 넘지 않는다(여자는 평균 9킬로미터, 남자는 보통 15킬로미터를 걷는다.).[21] 호모 에렉투스 성인은 현대 수렵채집인과 비슷한 몸집에 비슷한 열량이 필요했고 비슷한 환경에 살았으므로, 그들도 충분한 식량을 구하기 위해서 태양이 내리쬐는 탁 트인 환경에서 하루에 비슷한 거리를 걸었을 것이다. 이러한 장거리 도보 여행은 인간의 몸 전체에 일련의 적응들을 발달시켰다. 이 적응들은 초기 호모속에서 처음 생겼고, 호모속을 오스트랄로피테쿠스류보다 장거리 보행에 더 능하게 만들었다.

장거리 보행을 위한 가장 두드러진 적응은 그림 9에서 분명하게 보이는 긴 다리다. 전형적인 호모 에렉투스의 다리는 크기 차이를 감안하더라도 오스트랄로피테쿠스류의 다리보다 10~20퍼센트 더 길다.[22] 다리 길이가 크게 차이 나는 두 사람이 함께 걸으면, 다리가 더 긴 사람이 한 걸음을 내딛을 때마다 더 멀리 이동한다. 일정 거리를 몇 걸음으로 걷느냐가 이동 비용을 결정하므로 다리가 길면 그만큼 비용이 줄어든다. 몇몇 연구들은 호모 에렉투스는 긴 다리 덕에 오스트랄로피테쿠스류에 비해 이동 비용을 거의 절반으로 줄였다고 추산한다.[23] 하지만 긴 다리는 나무에 오르는 것을 더 어렵게 만든다는 단점이 있다(나무를 오르려면 다리가 짧고 팔이 길어야 좋다.).

호모 에렉투스에서 찾아볼 수 있는 보행에 적합한 또 하나의 중요한 적응은 당신의 발에도 있는 것이다. 오스트랄로피테쿠스류의 몇몇 종들은 비교적 현대적인 발을 가졌다고 앞에서 말했다. 다른 발가락들과 거의 평행하게 놓인 강한 엄지발가락과 발 한가운데를 지탱해주는 발바닥활 덕분에 입각기의 마지막 순간에 발가락들이 앞쪽과 위쪽으로 몸을 밀어낼 수 있었다. 하지만 오스트랄로피테쿠스류는 걸을 때 발바닥활이 약간 낮았던 것으로 추정된다. 호모 에렉투스의 완전한 발 화석은 아직까지 아무도 발견하지 못했지만, 케냐에서 발견된 호모 에렉투스의 것으로 추정되는 150만 년 전의 발자국들은 우리가 해변을 걸을 때 남기는 발자국과 아주 흡사하다.[24] 이 발자국을 남긴 자가 누구였든 그는 키가 컸고, 완전히 발달된 발바닥활을 이용해 현대인처럼 성큼성큼 걸었다.

장거리 보행을 위한 적응들은 우리 다리뼈와 관절에서도 분명하게 나타난다. 다리뼈는 우리가 걸음을 내딛을 때마다 강한 힘을 받는다. 인간이나 새 같은 두 발 동물은 네 발 대신 두 발로 걷기 때문에 우리의 두 다리는 네 발 동물의 네 다리보다 걸을 때 힘을 두 배로 받는다. 그로 인해 세월이 흘러 뼈에 스트레스성 골절

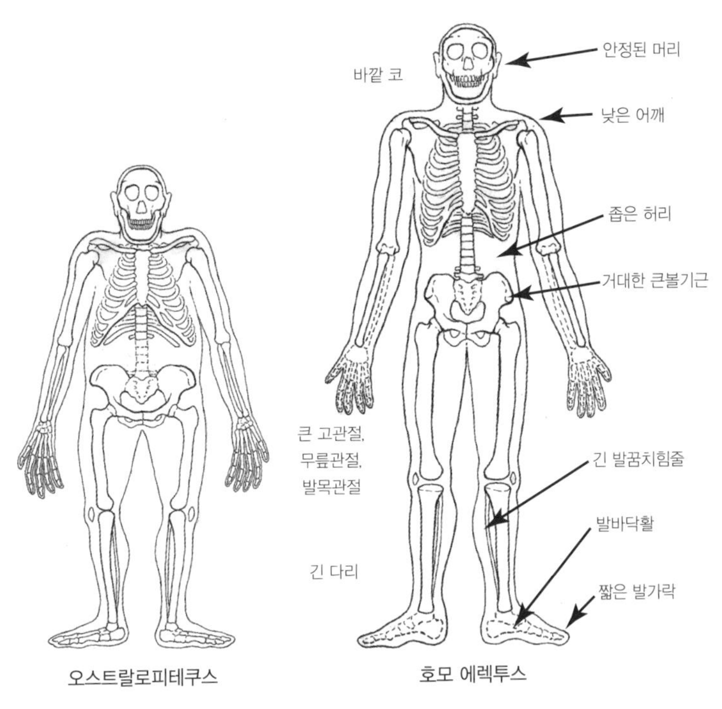

그림 9. 호모 에렉투스의 걷기와 달리기 적응들. 몸 왼편에 설명한 특징들은 걷기와 달리기 모두에 좋고, 오른편에 설명한 특징들은 주로 달리기에 좋다. 발꿈치힘줄(아킬레스건)은 보존되지 않으므로 그 길이는 추측한 것이다. D. M. Bramble and D. E. Lieberman(2004). Endurance running and the evolution of Homo. *Nature* 432: 345–52.

이 일어나거나 관절에 있는 모세혈관이 손상될 수 있다. 이런 문제를 해결하기 위해 자연이 생각해낸 간단한 방법은 큰 힘을 견딜 수 있도록 뼈와 관절을 키우는 것이다. 현생 인류처럼 호모 에렉투스는 오스트랄로피테쿠스류보다 뼈가 더 두꺼워서 구부리고 비틀 때 스트레스를 덜 받았을 것이다.[25] 그뿐 아니라 호모 에렉투스에서 더 커진 엉덩이, 무릎, 발목의 관절들도 스트레스를 줄이는 데 기여했을 것이다.[26]

최초의 수렵채집인에게는 이 외에도 결코 사소하지 않은 다른 스트레스가 있었다. 오늘날에도 많은 사람들이 겪는 그 문제는 바로 열대 지역의 뜨거운 열기 속에서 장거리를 걸을 때 체온을 일정하게 유지하는 것이었다. 적도의 태양 아래서 걷는 동물들은 살인적인 태양복사열에 노출된다. 게다가 걷기 자체가 상당한 체열을 발생시킨다. 열대 지역에 사는 동물들은 한낮에는 그늘에서 쉬는 것이 상책이다. 두 발로 걷는 호미닌은 빠르게 달릴 수 없으므로, 한낮에 몸을 과열시키지 않고 장거리를 걷는 능력은 아프리카의 초기 수렵채집인에게 아주 중요했을 것이다. 그래야 육식동물에게 잡아먹힐 가능성이 가장 낮을 때 먹을거리를 구하러 나갈 수 있기 때문이다. 영국 배우 노엘 카워드Noël Coward는 "미친개들과 영국인들만 해가 중천에 뜬 한낮에 외출한다."라고 말했지만, 사실은 "미친개들과 호미닌들"이라고 말했어야 했다.

체온을 일정하게 유지하는 한 가지 간단한 방법은 두 발 동물이 되는 것이다. 직립 자세로 서서 걸으면 직사광선이 닿는 면적이 크게 줄어서 몸이 태양열에 과열되는 것을 막을 수 있다.[27] 우리는 주로 정수리와 어깨가 뜨거워지지만, 네 발 동물은 등 전체와 목도 뜨거워진다. 또 다른 적응은 오스트랄로피테쿠스류보다 호모 에렉투스의 키가 커지고 다리가 길어진 것이다. 이렇게 길쭉해진 몸은 피부 표면에서 땀이 분비되는 발한 작용을 통해 몸을 식히는 데 도움이 된다. 땀이 증발하면서 피부와 그 아래 있는 혈액의 열을 빼앗기 때문이다. 이런 이유로 덥고 건조한 환경에 사는 사람들은 추운 환경에 적응된 사람들보다 키가 더 크고 다리가 더 길며 몸이 더 호리호리하다. 체질량에 비해 표면적이 넓어지도록 진화한 것이다(이누이트에 비해 키가 큰 투치족을 생각해보라.). 호모 에렉투스가 어떻게 호리호리해졌는지에 대해서는 아직 논쟁 중이지만, 분명한 사실은 그들의 전반적인 체형이 한낮의 땡볕에서 땀을 많이 흘릴 수 있도록 도왔다는 것이다.[28]

마지막으로, 걸을 때 몸을 식히기 위한 적응 중 하나로 우리가 초기 호모속에게 물려받은 아주 흥미로운 특징은 튀어나온 바깥 코다. 오스트랄로피테쿠스류의 얼굴에서 우리는 그들이 유인원이나 여타 포유류와 매우 비슷한 평평한 코를 지녔음을 알 수 있다. 하지만 호모 하빌리스와 호모 에렉투스에서는 비강의 끝선이 비스듬하게 튀어나와 있다. 이것은 그들이 얼굴 표면에서 밖으로 튀어나온 코를 가졌음을 암시한다.[29] 우리의 독특한 코는 (물론 우리 눈에만 그렇게 보이는 것이지만) 매력적인 외모를 만들어주는 것 외에도 코 안쪽으로 들어오는 공기에 난기류를 발생시켜 체온 조절에 중요한 역할을 한다. 유인원과 개의 경우 코로 들이마신 공기가 콧구멍을 통해 코 안쪽까지 일직선으로 흐른다. 하지만 사람이 코로

들이마신 공기는 콧구멍을 지나 위로 올라갔다가 90도 각도로 회전한 다음, 한 쌍의 코 판막을 통과해 코 안쪽에 도달한다. 이런 특이한 경로를 통과하는 공기는 소용돌이처럼 빙글빙글 돌게 된다. 공기의 불규칙한 흐름은 폐에 약간의 부담을 주지만, 코 안쪽을 덮고 있는 점막과 공기 사이의 접촉을 늘려준다. 점액은 많은 수분을 약하게 붙들고 있기 때문에, 코 바깥에서 들어온 뜨겁고 건조한 공기는 소용돌이치며 코 안쪽의 점막과 접촉해 수분을 머금고 촉촉해진다. 그러한 수분 공급 능력은 중요한데, 그래야 폐가 마르지 않기 때문이다. 또한 코 속 공기의 난기류 덕분에 숨을 내쉴 때도 수분을 뺏기지 않고 다시 붙잡을 수 있다.[30] 초기 호모속에서 진화한 커다란 코는 덥고 건조한 환경에서 탈수로 쓰러지지 않고 장거리를 걷는 능력에 대한 선택이 일어났다는 강력한 증거다.

뛰기 위해 진화하다

수렵채집인에게 장거리를 걷는 능력은 기본 중 기본이지만, 때로는 뛰어야 하는 경우도 있다. 무엇보다도 포식자에게 쫓길 때 나무 같은 피신처로 재빨리 도망쳐야 한다. 사자에게 쫓겨도 친구보다만 빨리 뛰면 잡아먹히지 않겠지만, 아무리 그래도 두 발 보행을 하는 인간은 어지간히 느리다. 세계에서 가장 빠른 인간은 시속 37킬로미터로 10~20초 동안 달릴 수 있는 반면, 사자는 최소 두 배 빠른 속도로 수분 동안 달릴 수 있다. 우리처럼 초기 호모속도 전력 질주에는 한심한 실력이었을 테니 죽기살기로 뛰어도 대개는 소용없었을 것이다. 하지만 호모 에렉투스에 이르러 우리 조상들은 더운 환경조건에서 적당한 속도로 장거리를 달리는 특별한 능력을 진화시켰다고 볼 상당한 증거들이 있다. 이런 능력을 뒷받침하는 적응들은 인간의 몸을 탈바꿈시킨 결정적인 요소였다. 운동선수가 아니라도 인간이 장거리 달리기로는 어떤 포유동물에게도 뒤지지 않는 것은 그런 적응들 덕분이다.

오늘날 인간은 건강을 위해, 이동을 위해, 또는 단지 즐거움을 위해 장거리를 달리지만, 최초의 오래달리기는 고기를 구하기 위해서 시작되었을 것이다. 200만 년 전에 최초의 인간이 사냥꾼 또는 청소동물로 사는 것이 어땠을지 상상해보면 이런 추론이 납득된다. 대부분의 육식동물은 속도와 힘을 이용해 먹잇감을 죽인다. 사자와 표범 같은 대형 포식자들은 먹잇감을 뒤쫓거나 갑자기 덮쳐 치명타를 입힌다. 이 위험한 동물들은 시속 70킬로미터까지 달릴 수 있고, 단검처럼 생긴 송곳니, 면도칼처럼 날카로운 발톱, 그리고 먹이를 꼼짝 못하게 하는 육중한 발 같은 무시무시한 무기를 지니고 있다. 사냥꾼들과 하이에나, 독수리, 자칼 같은 청소동물들 역시 달리고 싸울 필요가 있다. 동물 사체는 노리는 자가 많아 순식간에 사라지기 때문이다. 청소동물들은 뼛속까지 빼먹을 기회를 먼저 차지하기 위해 사체를 두고 치열하게 싸운다.[31] 오늘날 우리는 발사 무기 같은 도구를 이용해 먹이를 사냥하고 자신을 방어한다. 하지만 활과 화살이 발명된 것은 기껏해야 10만 년 전이며, 돌로 만든 가장 단순한 창도 약 50만 년 전에 이르러서야 발명되었다.[32] 최초의 수렵채집인에게는 치명적인 무기라고 해봤자 날카로운 나무막대기, 곤봉, 바위가 전부였다. 느리고 약하고 무기도 없는 호미닌이 저녁거리를 구하려고 사냥이라는 거칠고 힘들고 위험한 일에 뛰어드는 것은 보통 일이 아니었을 것이다.

이 문제를 해결하는 한 가지 좋은 방법이 오래달리기였다. 아마 처음에는 초기 호모속이 유능한 청소동물이 될 수 있도록 달리기에 대한 선택이 일어났을 것이다. 오늘날의 수렵채집인은 그 아래 죽은 동물이 있다는 확실한 증거인, 하늘을 빙빙 도는 독수리를 보면 사체 사냥을 준비한다. 그들은 사체 쪽으로 달려가서, 사자를 비롯한 육식동물들을 용감하게 쫓아내고 남은 것을 먹는다.[33] 또는 한밤중에 사자들의 사냥 소리에 유심히 귀를 기울인다. 그러고는 아침에 일어나자마자 다른 청소동물들이 도착하기 전에 죽은 동물이 있는 곳으로 달려간다. 어떤 식으로 사체를 찾든 수렵채집인에게는 장거리 달리기가 필요하다. 게다가 일단 고기를 획득하면, 다른 청소동물들로부터 아직 안전거리를 유지하고 있을 때 최대한 챙겨 도망치는 것이 좋다.

수렵채집인은 수백만 년간 청소동물로 살았지만, 고고학 증거에 따르면 190만 년 전 즈음에는 누wildbeest, 야생 소와 쿠두kudu, 영양 같은 대형 동물을 사냥했던 것 같다.[34] 청소동물에게도 달리기가 중요했는데, 하물며 느리고 무기도 변변치 않은 최초의 사냥꾼들에게는 얼마나 중요했겠는가. 얼룩말이나 쿠두 같은 큰 동물을 곤봉이나 촉 없는 나무창으로 죽이려고 애쓰다 보면 차라리 채식주의자가 되는 것이 낫겠다는 생각이 들 것이다. 촉 없는 창은 가까운 거리에서 찌르지 않는 한 사냥에 성공하기 어렵다.[35] 게다가 초기 호모속 사냥꾼들은 먹잇감을 따라잡을 만큼 빠르지 않았고, 설령 몰래 가까이 접근할 수 있었다 해도 발에 차이거나 뿔에 들이받히기 일쑤였다. 나와 내 동료들인 데이비드 캐리어David Carrier, 데니스 브램블Dennis Bramble은 이런 문제를 해결하기 위해 오래달리기를 바탕으로 하는 고대 사냥법인 '끈질긴 추적 사냥persistence hunting'이 생겼다고 주장해왔다.[36] 끈질긴 추적 사냥은 인간의 달리기가 가진 두 가지 기본 특징을 이용한다. 첫째, 인간은 네 발 동물들이 전력 질주를 해야 할 만큼 빠른 속도로 장거리를 달릴 수 있다. 둘째, 달리는 인간은 땀을 흘려서 몸을 식히고 네 발 동물들은 숨을 헐떡거려서 몸을 식히는데, 후자는 전속력으로 달리면서 할 수 없다.[37] 따라서 얼룩말과 누가 인간보다 훨씬 더 빨리 달릴 수는 있어도, 우리는 그들을 사냥하고 죽일 수 있다. 뜨거운 열기 속에서 오랫동안 전력 질주하다가 과열되어 쓰러지게 만드는 것이다. 오늘날 추적 사냥꾼들이 바로 이렇게 한다. 한 명 또는 한 무리의 사냥꾼이 햇볕이 뜨거운 한낮에 추적할 대형 포유류 한 마리를 (대개는 최대한 큰 놈으로) 고른다.[38] 추적이 시작되면, 그 동물은 전속력으로 도망쳐 그늘진 장소에 몸을 숨기고 숨을 헐떡거리며 체온을 식힌다. 하지만 사냥꾼은 그 동물을 잽싸게 따라간다. 대개 걸으면서 추적하다가 다시 뛰면서 쫓으면 놀란 동물이 충분히 몸을 식히기도 전에 다시 전속력으로 달리기 시작한다. 이런 식으로 걸으면서 추적하고 뛰면서 뒤쫓기를 몇 차례 반복하면 그 동물은 체온이 치명적인 수준까지 올라가 열사병으로 쓰러지고 만다. 이때 사냥꾼은 정교한 무기 없이도 그 동물을 안전하고 간단하게 처치할 수 있다. 사냥꾼에게는 장거리(때로는 30킬로미터)를 달리고 걷는 능력, 추적할 수 있는 지능, 부분적으로 개방된 환경, 사냥 전후에 마실 물만 있으면 된다.

활과 화살, 그물, 개의 가축화, 총 등이 발명된 뒤로 드물어지기는 했지만, 끈질긴 추적 사냥은 오늘날까지 세계 곳곳에서 행해진다. 남아프리카의 부시먼, 아메리카 원주민, 그리고 오스트레일리아 원주민이 아직도 이러한 방법으로 사냥을 한다.[39] 추적 사냥은 인간의 몸에 여러 흔적을 남겼다. 오늘날 인간의 몸에는 어떤 동물보다 장거리 달리기를 잘 하게 해주는 적응들이 가득하며, 그중 다수가 호모 에렉투스에서 처음으로 나타났다.

인간의 달리기에 중요한 적응들 중 하나는 숨을 헐떡이는 대신 땀을 흘려 몸을 식히는 특별한 능력이다. 이것은 털이 없는 것과 수백만 개의 땀샘 덕분이다. 대부분의 포유류는 손바닥에만 땀샘이 있지만 유인원과 구세계 원숭이는 그 밖의 다른 부위에도 땀샘이 있고, 인간은 어느 시점부터 땀샘이 500만~1000만 개로 엄청나게 늘어났다.[40] 우리 몸은 과열되면 땀샘을 통해 주로 물로 구성된 체액(땀)을 몸 밖으로 분비한다. 땀이 열에너지를 흡수하며 증발할 때 피부와 그 아래 혈액이 식어 결국에는 몸 전체 체온이 내려간다.[41] 인간은 시간당 1리터가 넘는 땀을 흘릴 수 있다. 이 정도면 더위 속에서 오래 달리는 선수도 충분히 몸을 식힐 수 있는 양이다. 2004년 아테네 올림픽의 여자 마라톤 경기에서 경기 당일 온도가 35도까지 올라갔는데도, 우승한 선수는 땀을 충분히 흘릴 수 있었던 덕분에 과열되지 않고 시속 17.3킬로미터의 평균 속도로 2시간 넘게 달렸다! 어떤 포유류도 이렇게 할 수 없다. 그들은 땀샘이 없는 데다 대부분이 털로 덮여 있기 때문이다. 털은 모자처럼 태양복사를 반사시키고, 피부를 보호하고, 이성을 매료시킬 수 있지만, 피부 근처의 공기를 순환하지 못하게 해서 땀의 기화를 막는다. 인간은 사실 침팬지의 밀도로 털을 갖고 있지만, 인간의 털은 대체로 복숭아 솜털처럼 매우 가늘다.[42] 인간이 언제 이 많은 땀샘을 진화시키고 털을 잃어버렸는지는 아직 모르지만, 이 적응들은 호모속에서 처음 진화했거나 아니면 오스트랄로피테쿠스속에서 처음 생겨 호모속에서 정교해졌을 것이다.

털과 땀샘은 화석으로 남지 않는다. 하지만 우리의 근육과 뼈에는 호모 에렉투스에게서 처음 나타난, 오래달리기를 위한 수십 가지 다른 적응들이 있다. 그 대부분은 다리를 진자처럼 이용하는 보행과 다르게, 다리를 거대한 스프링처럼 이용해 한 다리에서 다른 다리로 점프하게 해준다. 그림 7(2장 101쪽)과 같이 사람이 달리는 동안 발이 땅에 닫는 입각기 전반부에서는 엉덩이, 무릎, 발목이 구부러져 무게중심이 아래로 내려가고 그 때문에 다리근육과 힘줄이 늘어난다.[43] 이 조직들은 이때 탄성에너지를 저장했다가, 입각기 후반부에 움츠러들면서 그 에너지를 방출해 공중으로 뛰어오를 수 있게 한다. 실제로 달리는 인간의 다리는 에너지를 매우 효율적으로 저장하고 방출할 수 있어서, 통상적인 오래달리기 속도 범위 안에서는 달리는 데 드는 비용이 걷는 데 드는 비용보다 30~50퍼센트밖에 늘어나지 않는다. 게다가 이 스프링들은 매우 효과적이라서 어떤 속도로 달려도 오래달리기의 비용은 달라지지 않는다(하지만 전력 질주의 경우는 그렇지 않다.). 즉 1킬로미터를 7분에 달리든 10분에 달리든 5킬로미터를 달릴 때 쓰는 칼로리는 같다. 우리의 상식을 벗어나는 놀라운 현상이다.[44]

달리기는 다리를 스프링처럼 사용하는 것이므로, 달리기에 아주 중요한 몇몇 적응형질들은 말 그대로 스프링들이다. 그중 하나가 발에 있는 돔 모양의 발바닥활이다. 이 구조는 아이들이 걷고 뛰기 시작할 때 인대들과 근육들이 발뼈들을 하나로 합치면서 생긴다. 앞에서 이야기했듯이 오스트랄로피테쿠스류도 걸을 때 발을 단단하게 만들어주는 발바닥활을 갖고 있었지만, 그것은 우리 것처럼 오목하지도 안정적이지도 않은 불완전한 상태였다. 다시 말해 그들의 발바닥활은 스프링처럼 효과적으로 기능할 수 없었을 것이다. 초기 호모속의 발 전체가 보존된 화석은 아직 발견되지 않았지만, 발자국 화석이나 부분적인 발 화석은 호모 에렉투스가 인간과 같은 완전한 발바닥활을 가졌음을 암시한다. 걸을 때는 스프링처럼 작용하는 완전한 발바닥활이 꼭 필요치 않지만(평발을 가진 사람에게 물어보라.), 달릴 때는 발바닥활의 스프링 작용이 달리기 비용을 17퍼센트쯤 줄여준다.[45] 인간 다리에 있는 중요하고도 특이한 또 다른 스프링은 발꿈치힘줄아킬레스건이다. 침팬지와 고릴라의 경우 발꿈치힘줄의 길이는 1센티미터가 채 되지 않지만, 인간의 경우 대개 10센티미터가 넘고 매우 두꺼워서 달리는 동안 몸이 발생시키는 역학적에너지(운동에너지와 위치에너지의 합)의 거의 35퍼센트를 저장하고 방출한다. 불행히도 힘줄은 화석으로 남지 않지만, 오스트랄로피테쿠스류의 발꿈치뼈에 발꿈치힘줄이 붙는 공간이 작은 것을 보면 이 힘줄은 오스트랄로피테쿠스류에서 아프리카 유인원만큼이나 작았다가 호모속에서 처음 커졌을 것이다.

호모속에서 달리기를 위해 진화했다고밖에 볼 수 없는 많은 적응들이 몸을 안정시키는 장치들이다. 달리기는 기본적으로 한 다리에서 다른 다리로 점프하는 것이라서 걷기보다 훨씬 불안정하다. 살짝 밀거나 울퉁불퉁한 땅 또는 바나나껍질 위에 착지하기만 해도 쉽게 넘어져 다칠 수 있다. 발목 염좌 같은 부상은 오늘날에도 큰 문제지만 200만 년 전의 사바나에서는 사형선고나 다름없었다. 따라서 호모 에렉투스 이래로 우리는 머리끝부터 발끝까지 달리는 동안 넘어지지 않게 도와주는 일련의 특징들을 보유하고 있다. 가장 눈에 띄는 특징이 인간의 몸에서 가장 큰 근육인 큰볼기근대둔근이다. 이 거대한 근육은 걷는 동안 거의 움직이지 않지만 달리는 동안 발을 디딜 때마다 몸통이 앞으로 꼬꾸라지는 것을 막기 위해 매우 강하게 수축한다(엉덩이를 붙잡은 채 걷거나 뛰어보면 발을 디딜 때마다 근육이 얼마나 단단해지는지 느낄 수 있다.).[46] 유인원들은 큰볼기근이 작다. 그리고 골반뼈 화석을 보면 오스트랄로피테쿠스류에서도 큰볼기근은 작은 편이었다가 호모 에렉투스에서 처음으로 커지기 시작했음을 알 수 있다. 물론 큰 엉덩이근육은 나무를 오르고 단거리를 질주를 하는 데도 도움이 된다. 하지만 이러한 활동들은 오스트랄로피테쿠스류도 호모 에렉투스만큼은 했을 것이기 때문에, 큰볼기근이 커진 것은 주로 장거리 달리기를 위한 적응이었다고 볼 수 있다.

초기 호모속에서 처음 나타난 일련의 적응들 중에는 달릴 때 머리를 안정시키기 위한 것도 있었다. 걷기와 다르게 달리기는 흔들거리는 이동 방식이라서, 아무런 조치가 없다면 시야가 흐려질 정도로 머리가 요동칠 것이다. 머리를 말꼬리처럼 묶은 달리기 선수를 가만히 관찰해보면 무슨 말인지 알 수 있다. 머리에 작용하는 힘 때문에 선수가 발을 내딛을 때마다 묶은 머리카락이 8자 모양으로 출렁거리지만, 그 와중에도 머리는 상당히 잘 고정되어 있다. 이는 보이지 않는 안정화 메커니즘이 작동하고 있다는 증거다. 인간은 머리뼈 아래쪽 중심에 짧은 목이 붙어 있어서 네 발 동물들처럼 목을 굽혔다 폈다 하는 식으로 머리를 안정시킬 수 없다. 그 대신 우리는 시선을 안정적으로 유지하는 데 도움이 되는 새로운 메커니즘을 진화시켰다. 우선 균형감각기관인 내이의 반고리관이 더 커졌다. 반고리관은 자이로스코프gyroscope처럼 기능한다. 반고리관이 머리가 얼마나 빠르게 요동치고 돌고 기우는지 감지하여 그 자극을 뇌로 전달하면, 뇌가 눈과 목의 근육들로 신호를 보내 그러한 움직임을 바로잡는 반사 작용을 일으킨다(심지어 눈을 감고 있을 때에도 이 메커니즘이 작동한다.). 반고리관이 클수록 민감하기 때문에 개와 토끼처럼 머리가 출렁거릴 일이 많은 동물들은 비교적 정적인 동물들보다 반고리관이 큰 편이다. 다행히 머리뼈를 보고 반고리관의 3차원적 형태를 유추할 수 있기 때문에 유인원과 오스트랄로피테쿠스류보다 호모 에렉투스와 현생 인류에서 몸 크기에 비해 반고리관이 얼마나 커졌는지 알 수 있다.[47] 머리가 심하게 출렁거리는 것을 막아주는 특별한 적응에는 목덜미 인대nuchal ligament도 있다. 유인원과 오스트랄로피테쿠스류에는 존재하지 않다가 초기 호모속에서 처음 나타난 이 특이한 구조는 머리 뒤와 팔을 목의 정중선을 따라 연결하는 고무밴드 같은 역할을 한다. 달리는 동안 발이 땅을 칠 때마다 머리는 앞으로 쏠리고 어깨와 팔은 뒤쳐진다. 목덜미 인대는 뒤쳐진 팔이 머리를 부드럽게 잡아당기면서 안정적으로 지지할 수 있도록 머리와 팔을 연결시켜준다.[48]

이 외에도 인간의 몸에는 호모 속에서 처음 진화한 것으로 보이는 효과적인 달리기를 위한 많은 특징들이 존재한다.[49] 그림 9에 정리되어 있는 이 특징에는 비교적 짧은 발가락(발을 안정시켜준다.)[50], 좁은 허리와 낮고 넓은 어깨(달리는 사람의 몸통이 엉덩이나 머리와 독립적으로 돌아갈 수 있게 해준다.)[51], 그리고 다리근육을 구성하는 상당량의 지근섬유(속도는 저해하나 지구력을 높여준다.)가 있다.[52] 이들 대부분이 걷기와 달리기 모두에 도움이 되지만, 큰볼기근, 목덜미 인대, 큰 반고리관, 짧은 발가락 같은 것은 걷기에는 거의 영향을 주지 않는 반면 주로 달릴 때 유용하게 쓰이기 때문에 달리기를 위한 적응으로 보인다. 따라서 호모속에서는 걷기뿐 아니라 달리기, 그리고 아마도 사체 줍기와 사냥 능력에 대한 강한 선택이 일어났던 것 같다. 또한 긴 다리와 짧은 발가락 같은 몇몇 적응은 나무 타는 능력을 떨어뜨린다는 점에도 주목해야 한다. 달리기에 대한 선택이 일어난 결과 호모속은 나무를 잘 못 타는 최초의 영장류가 되었다.

요컨대 호모속의 초기 종들에서 처음 나타난 몸의 많은 변화들은 동물 사체를 줍거나 사냥을 해서 고기를 획득하는 것이 이득이었기 때문에 생겼다고 설명할 수 있다. 이러한 변화들은 초창기 수렵채집인이 잘 걷게 해주었을 뿐만 아니라 먼 거리를 잘 달리게 했다. 호모 에렉투스가 현생 인류보다 더 잘 달렸는지는 알 수 없지만, 왜 그리고 어떻게 인간이 장거리를 잘 달리는 몇 안 되는 포유류 중 하나이자 더위 속에서도 마라톤을 할 수 있는 유일한 포유류가 되었는지 설명하는 적응들을 그들이 우리 몸 전반에 남긴 것만은 분명하다.

도구를 사용하다

도구 없는 삶을 상상할 수 있는가? 우리는 인간만 도구를 만든다고 생각하지만, 사실 침팬지 같은 다른 몇몇 종들도 가끔씩 돌로 간단한 도구를 만들어 견과류를 깨거나 잔가지를 변형시켜 흰개미를 낚는다.[53] 하지만 수렵과 채집이 시작된 뒤로는 식물을 캐고, 동물을 사냥해 도축하고, 음식을 가공하는 등의 활동을 돕는 도구가 인간의 생존을 좌우했다. 적어도 260만 년 전부터 인간은 석기를 만들었으며(어쩌면 더 오래되었을지도 모른다.), 다양한 종류의 정교한 도구들이 현재 지구 곳곳에서 일상적으로 쓰인다. 호모속의 몸에서 처음 진화한 독특한 특징들은 도구를 만들고 사용하는 능력에 대한 선택의 결과라고 해도 전혀 놀랍지 않다.

만일 인간의 몸에서 도구에 대한 의존을 가장 직접적으로 반영하는 한 부분이 있다면 그것은 손일 것이다. 침팬지와 같은 유인원들이 사물을 잡는 방식은 일반적으로 우리가 망치의 손잡이를 잡듯 손가락들을 손바닥 쪽으로 강하게 누르는 것이다. 때때로 침팬지는 엄지 측면과 검지 측면으로 작은 물건을 쥐기도 하지만, 엄지의 평평한 살 부분과 나머지 손가락 끝으로 연필 같은 도구를 정확하게 집지는 못한다.[54] 인간이 이런 방식으로 쥘 수 있는 것은 비교적 긴 엄지와 짧은 나머지 손가락들뿐 아니라 매우 강한 엄지 근육, 큰 관절로 연결된 튼튼한 손가락뼈를 갖고 있기 때문이다.[55] 한번이라도 석기를 제작해 그것으로 동물을 도축해봤다면, 힘을 주면서도 정확하게 쥐는 것이 초기 수렵채집인에게 얼마나 중요했을지 대번에 알 수 있다. 돌을 세게 반복적으로 부딪혀 도구를 만들려면 강한 힘이 필요하다. 특히 격지 석기를 정확하게 쥐고 껍질을 벗겨 살을 발라내려면 남다른 손가락 힘이 요구된다. 날은 점점 무뎌지고 움켜진 부분은 지방과 피 때문에 미끄러울 것이기 때문이다.[56] 루시 같은 가냘픈 오스트랄로피테쿠스류는 유인원과 인간의 중간 단계에 해당하는 손으로 땅 파는 막대기를 쥐고 다룰 수 있었던 것 같다. 하지만 강하고 정확하게 쥘 수 있는 손이 분명하게 모습을 드러내는 것은 약 200만 년 전이다.[57] 실제로, 루이스 리키와 그 동료들이 호모속의 가장 오래된 종을 '손 쓰는 사람'이라는 뜻의 호모 하빌리스로 명명한 것은 올두바이 협곡에서 발견된 거의 현대적인 손 화석 때문이었다.

호모속에서 진화해서 우리의 몸을 변하게 만든, 석기와 관련된 또 하나의 능력은 던지기 기술이다. 수렵채집 시대 초에 먼 거리에서 동물을 죽일 수 있는 촉 달린 창이 있던 것은 아니나, 끝이 뾰족한 막대를 던지거나 찔러 넣는 일은 있었고 인간만이 이것을 할 수 있었다. 침팬지와 그 밖의 영장류도 바위, 나뭇가지, 똥 같은 더러운 물질을 목표를 향해 꽤 잘 던지지만, 빠르면서도 정확하게 던지지는 못한다. 그 대신 그들은 팔꿈치를 쭉 펴고 상체만을 이용해 서투르게 던진다. 우리는 전혀 다른 방식으로 던진다. 우선 던지는 방향으로 한 걸음을 내딛고, 몸통을 측면으로 돌린 채 팔꿈치를 굽히고 팔을 몸 뒤쪽으로 잡아당긴다. 그러고는 허리, 그다음에 몸통을 차례로 회전시켜 채찍을 휘두르듯 엄청난 양의 에너지를 발생시킨다. 이렇게 하면 어깨, 팔꿈치, 손목에 차례로 추진력이 실린다. 세게 던지기 위해서는 다리와 허리도 중요하지만, 던지는 에너지의 대부분은 어깨에서 나온다. 우리는 머리 뒤로 팔을 잡아당김으로써 새총을 잡아당기듯 어깨에 힘을 싣는다.[58] 그리고 적당한 순간에 이 힘을 방출해 창, 바위, 야구공 같은 발사체들을 시속 160킬로미터의 속도로 정확하게 던진다. 이런 일련의 동작을 수행하기 위해서는 많은 연습뿐 아니라 적절한 해부적 특징이 필요하다. 그중 일부는 오스트랄로피테쿠스류에서 처음 진화했지만, 호모 에렉투스에 이르러서야 모두가 한꺼번에 나타나는데, 매우 기동성 높은 허리, 낮고 넓은 어깨, 위가 아니라 옆을 향하는 어깨관절, 그리고 잘 펴지는 손목이 이에 해당된다.[59] 호모 에렉투스 사냥꾼들은 아마 던지기에 능했던 최초의 인류였을 것이다.

사냥하고 도축하기 위해서만이 아니라 음식을 가공하기 위해서도 도구가 필요하다. 도구를 사용해 자르거나 갈거나 부드럽게 만들지 말고 날 것 그대로의 음식을 먹어보라. 상추, 당근, 사과 같은 음식은 먹을 수 있겠지만, 고기나 덩이줄기 같은 질긴 음식은 삼키기도 어려울 것이다. 요리는 100만 년 전에 이르러서야 생긴 것 같지만, 가장 오래된 고고학 유적지들에서 나온 돌들과 뼈들을 보면 호모속의 초기 종들은 이미 음식을 먹기 전에 자르고 두들겨 부수었던 것 같다.[60] 이러한 기초 수준의 식품 가공에도 이익이 있다. 씹고 소화시키는 데 드는 시간과 노력을 줄일 수 있기 때문이다. 그 결과 하루의 반 이상을 먹고 소화시키는 데 쓰는 침팬지와 달리, 도구를 사용하는 초기 호모속은 남는 시간에 수렵과 채집 등의 유용한 일을 할 수 있었다. 그뿐 아니라 먹기 전에 덩이줄기와 고깃덩어리를 부드럽게 만들기만 해도 소화가 더 잘 되서 더 많은 열량을 얻을 수 있다.[61] 마지막으로 식품을 가공하면 치아와 씹기 근육이 작아져도 된다. 앞서 이야기했듯이 오스트랄로피테쿠스류는 질기고 단단한 음식을 부수기 위해 매우 두꺼운 어금니와 거대한 씹기근육을 진화시켰다. 하지만 호모 에렉투스의 어금니는 약 25퍼센트가 줄어 거의 현생 인류의 것과 비슷해졌다.[62] 씹기근육도 거의 현생 인류의 크기로 줄었다. 그로 인해 호모속에서 얼굴 아래쪽을 축소하는 선택이 일어날 수 있었다. 우리 종이 주둥이가 없는 유일한 영장류가 된 것은 어느 정도는 도구 덕분이다.

소화관과 뇌

우리의 사고는 대체로 뇌가 담당하지만, 이따금 소화관이 뇌에 앞서 우리 몸에 대한 결정을 내리는 것처럼 보일 때가 있다. 실제로 직감gut instinct은 충동이나 직관 그 이상의 것으로 뇌와 소화관의 긴밀한 연결성을 보여준다. 둘의 관계는 호모속에서 수렵과 채집을 시작한 뒤로 중대한 변화를 겪었다.

사냥과 채집에 대한 선택이 우리의 뇌와 소화관 각각뿐 아니라 둘의 관계를 어떻게 바꾸었는지 알기 위해서는, 그것들이 모두 성장과 유지에 많은 에너지가 드는 비싼 기관이라는 사실에 주목할 필요가 있다. 뇌와 소화관은 단위질량당 에너지 소비량이 거의 같고, 기초대사량의 15퍼센트를 소모하며, 산소와 연료를 공급받고 노폐물을 제거하는 데 비슷한 양의 혈액을 쓴다.[63] 당신의 소화관에는 척수나 말초신경계 전체에 있는 것보다 많은, 약 1억 개의 신경이 있다. 이 두 번째 뇌는 수억 년 전 음식물을 부수고, 영양소를 흡수하고, 입에서 항문까지 음식물과 노폐물을 이동시키는 복잡한 활동을 감독하고 조절하기 위해 진화했다.

인간의 한 가지 특이한 점은 뇌와 소화관(텅 빈 상태일 때) 둘 다 1킬로그램이 약간 넘고 크기도 비슷하다는 것이다. 체질량이 같은 대부분의 포유류에서 뇌는 인간 뇌의 약 5분의 1인 반면 소화관은 두 배다.[64] 다시 말해 인간은 비교적 작은 소화관과 큰 뇌를 갖고 있다. 레슬리 아이엘로Leslie Aiello와 피터 웰러Peter Wheller는 이러한 뇌와 소화관의 이례적인 크기 비율이 최초의 수렵채집인에서 에너지 전략이 변하면서 초래된 결과라고 주장했다. 즉 호모속의 초기 종들이 질 높은 식생활을 누리게 되면서 큰 뇌와 큰 소화관을 교환했다는 것이다.[65] 이 논리에 따르면, 호모속의 초기 종들은 고기 섭식과 식품 가공을 통해 소화에 드는 에너지를 줄이고 더 많은 에너지를 큰 뇌를 만들고 유지하는 데 쓸 수 있었다. 실제 수치로 확인해보면, 오스트랄로피테쿠스류의 뇌는 400~550그램이었고, 호모 하빌리스의 뇌는 약간 더 큰 500~700그램이었으며, 초기 호모 에렉투스의 뇌는 600~1,000그램이었다. 몸 크기가 더 커진 것을 감안하면 전형적인 호모 에렉투스의 뇌는 오스트랄로피테쿠스류의 뇌보다 33퍼센트가 컸다.[66] 소화관은 화석으로 보존되지 않지만, 몇몇 연구자들은 호모 에렉투스가 오스트랄로피테쿠스류보다 소화관이 더 작았을 것으로 본다. 그렇다면 수렵과 채집으로 충분한 에너지를 얻으면서 더 작은 소화관으로 살 수 있었기에 뇌가 커졌다고 할 수 있다.

큰 뇌는 에너지가 많이 들었지만 최초의 수렵채집인에게는 분명 엄청난 이익이었을 것이다. 효과적인 사냥과 채집을 위해서는 식량, 정보 등의 자원을 공유하며 서로 긴밀하게 협력해야 한다. 게다가 수렵채집인의 협력은 친족뿐 아니라 비혈연 집단 내에서도 일어난다.[67] 모두가 서로 돕는다. 어머니들은 함께 음식을 채집하고 가공하며, 서로의 아이들을 돌본다. 아버지들은 함께 사냥하고 잡은 고기를 공유하며, 힘을 합쳐 집을 짓고 자원을 방어한다. 이런 식의 협력은 유인원의 수준을 넘어서는 복잡한 인지 능력을 요구한다. 효과적으로 협력하기 위해서는 상당한 수준의 마음 이론theory of mind(타인이 무슨 생각을 하는지 직감적으로 아는 능력), 언어로 의사소통하는 능력, 추론하는 능력, 그리고 충동을 억누르는 능력이 필요하다. 또한 수렵과 채집을 잘 하려면 어떤 종류의 식량을 언제 어디서 찾아야 하는지 기억하는 능력도 좋아야 하고, 먹을 것이 어디에 있을지 예측하기 위한 자연학자의 머리도 필요하다. 특히 사냥감을 추적하기 위해서는 연역적 사고와 귀납적 사고를 모두 포함하는 여러 종류의 수준 높은 인지 능력이 필요하다.[68] 물론 200만 년 전 최초의 수렵채집인이 현생 인류 수준의 인지 능력을 보유하지는 않았겠지만, 오스트랄로피테쿠스류보다 더 크고 좋은 뇌는 상당히 유용했을 것이다. 이후 수렵과 채집이 가용 에너지를 더 많이 마련할 수 있을 만큼 성공했을 때, 큰 뇌에 대한 더욱더 강한 선택이 일어났을 것이다. 수렵채집 생활이 시작된 뒤에 뇌가 눈에 띄게 커진 것은 단순한 우연이 아니다.

* * *

무인도에 발이 묶여 수렵채집 생활을 하며 살아가는 상상을 해 본 적이 있는가? 실제로 이따금씩 이런 일이 일어난다. 『로빈슨 크루소』에 영감을 준 알렉산더 셀커크Alexander Selkirk의 이야기는 아주 유명하다. 그는 칠레에서 서쪽으로 약 650킬로미터 떨어진 작은 섬에 고립되어 있는 동안 맨발로 야생 염소를 추적하는 방법을 터득했다.[69] 또 하나는 마르그리트 드 라 로크Marguerite de La Rocque의 사례다. 이 프랑스 귀족 여성은 연인, 하녀, 그리고 막 태어난 아기와 함께 1541년에 퀘벡 연안에 있는 한 섬에 수년간 고립되었다. 이 불운한 네 사람 중 마르그리트만 살아남았다. 그녀는 구조될 때까지 임시로 지은 오두막에 살면서, 식용 식물을 채집하고 단순한 무기로 야생 동물을 사냥했다.[70] 이러한 생존담들은 우리 대부분이 당연하게 여기는 인간만의 독특한 특징들—고기를 사냥하고 식물을 채집하는 능력, 도구를 만들고 이용하는 능력, 그리고 지구력—을 생생하게 보여준다. 그것들은 호모속, 특히 호모 에렉투스에서 나타나기 시작했다.

하지만 알렉산더와 마르그리트는 호모 에렉투스가 아니었다. 그들은 훨씬 더 큰 뇌를 갖고 있었고, 선조들과는 매우 다른 방식으로 번식하고 성장했다. 생각하고 소통하고 행동하는 것도 근본적으로 달랐다. 이러한 차이들은 수렵채집 생활의 성공이 인간의 몸에 훨씬 더 중요한 후속 변화들을 촉발했음을 보여주는 증거다. 그러한 변화가 일어나던 때는 파란만장한 빙하기였다. 서식지가 반복적으로 빠르게 변하는 가운데 호모속은 여전히 생존 투쟁을 벌이고 있었다.

∞

4장

빙하기의 에너지
: 큰 뇌, 통통한 몸, 긴 성숙 기간

우리는 빠르게 줄어드는 자원과 에너지 수요 사이에서
균형을 맞추어야 한다. 지금 행동하면 미래가 우리를
통제하게 하는 대신 우리가 미래를 통제할 수 있다.

—지미 카터(1977년)

200만 년 전에 살았던 호모 에렉투스의 한 가족을 복제하거나 21세기로 데려와 세렝게티에서 수렵과 채집을 시킨다고 상상해보자. 사파리에서 그들을 구경할 수 있다면, 목 아래로는 우리와 비슷하다고 생각하겠지만, 그 외에는 여러 중요한 측면에서 상당한 차이를 인지할 수 있을 것이다. 무엇보다도 훨씬 작은 뇌와 턱끝이 없는 큰 얼굴, 길고 비스듬한 이마와 커다란 눈썹뼈가 가장 눈에 띌 것이다. 만일 그들을 수년간 관찰할 수 있다면, 그 자식들이 현생 인류보다 훨씬 빨리 성숙해서 12~13세에 완전한 어른이 된다는 사실도 알게 될 것이다. 따라서 그들은 오늘날의 수렵채집인들보다 더 긴 시간 간격을 두고 아기를 낳았을 것이다. 또한 그들은 가장 마른 슈퍼모델보다도 체지방이 훨씬 적은 깡마른 몸일 것이다. 이런 차이들은 처음 등장한 뒤로도 우리 호모속 조상들이 중요한 진화적 변화를 계속 겪었다는 증거다. 그들은 뇌가 커지고 느리게 성숙하고 빠른 속도로 번식하게 된 동시에 영장류 중 가장 체지방이 많아졌다. 점진적으로 일어난 이런 변화들은 몸의 에너지 이용 방식을 바꾼 일종의 혁명을 반영하는 것들로 호모 사피엔스의 진화에 발판이 되었다.

우리는 잘 깨닫지 못하는 사실이지만 우리 몸이 에너지를 이용하는 방식은 이례적이다. 기본적으로 생명이란 에너지를 이용해 더 많은 생명을 만드는 것임을 상기해보면, 우리가 에너지를 획득하고 저장하고 소비하는 방식이 얼마나 독특한지 알 수 있다. 세균에서 고래에 이르는 모든 생물은 음식에서 얻은 에너지를 사용해 성장하고 생존하고 번식하며 하루하루를 보낸다. 집단 내 경쟁자들보다 자식을 더 많이 남기게 해주는 적응을 가진 개체가 자연선택을 받기 때문에, 생물은 자식과 손자의 수를 늘릴 수 있는 방식으로 에너지를 획득하고 이용하도록 진화하기 마련이다. 그 결과 쥐, 거미, 연어를 포함한 대부분의 생물들은 되도록 적은 에너지를 성장에 쓰고 최대한 많은 에너지를 번식에 쓴다. 이러한 종들은 빨리 성숙하고, 짧은 일생 동안 수십 개, 수백 개, 심지어는 수천 개의 알 또는 새끼를 낳는다. 그중 대부분이 일찍 죽고 극소수의 행운아들만 살아남는다. 이러한 최소 투자 전략—빨리 살고 일찍 죽고 많이 번식하는 것—은 자원이 예측 불가능하고 사망률이 높을 때 합리적인 전략이다. 인생이 불확실하면 적은 수익을 빨리 거두는 편이 좋다.

여러 모로 볼 때 인간은 더 많은 에너지를 투자해 더 천천히 번식하는, 매우 다른 전략을 진화시킨 소수의 종에 속한다. 유인원과 코끼리처럼 우리는 매우 느린 속도로 성숙하고, 몸을 크게 키우고, 자식을 적게 낳아 많은 시간과 에너지를 들여 잘 키운다. 이 이례적인 전략이 성공한 까닭은 유인원과 코끼리가 쥐보다 새끼를 적게 낳지만 그들의 새끼들은 높은 비율로 살아남아 다시 번식하기 때문이다. 생쥐는 생후 5주가 되면 어미가 될 수 있고, 한 번에 4~10마리의 새끼를 낳으며, 약 12개월을 사는 동안 2개월에 한 번씩 새끼를 낳을 수 있다. 하지만 태어난 새끼들의 대다수가 어릴 때 죽는다. 반면 침팬지나 코끼리의 암컷은 적어도 12세가 되어야 번식하고, 30년간 5~6년마다 한 마리씩 새끼를 낳는데 그들 중 거의 절반이 부모가 된다. 최대 투자 전략—오래 살고 늦게 죽고 적게 번식하는 것—은 자원이 예측 가능하고 영아 사망률이 낮을 때만 진화할 수 있다.[1]

인간은 분명 쥐보다 침팬지와 더 비슷한 방식으로 에너지를 이용하고 번식하지만, 빙하기에 들어 호모속은 기존 방식을 수정해 이례적이고도 놀라운 전략을 개발했다. 일단 우리 조상들은 유인원의 전략을 강화했다. 그 결과 몸을 키우는 데 훨씬 더 많은 시간과 에너지가 들게 되었다. 침팬지는 온전히 성숙하는 데 12~13년이 걸린다. 반면 인간은 약 18년에 걸쳐 성숙하는 큰 몸과 일일 에너지 예산의 상당량을 소비하는 큰 뇌를 성장시키는 데 많은 에너지를 쓴다. 다시 말해 인간은 단지 몸을 성장시키고 유지하는 데 유인원보다 절대적으로 많은 양의 에너지를 투자한다. 하지만 그와 동시에 우리는 번식 속도를 높였다. 수렵채집인은 보통 3년마다 자식을 낳는데, 이것은 유인원이 번식하는 속도의 거의 두 배다. 게다가 인간의 아기는 성숙할 때까지 훨씬 더 오랜 시간이 걸려서, 수렵채집인 어머니들은 갓 태어난 아이에게 수유와 보살핌을 제공하는 동시에, 혼자 힘으로 먹을거리를 구할 수 없는 미성숙한 아이에게도 계속해서 먹을 것과 보살핌을 제공해야 했다. 어떤 유인원 어머니도 이러한 종류의 육아 부담을 짊어지지 않는다. 요컨대 우리는 원숭이와 쥐의 전략을 완전히 새로운 방식으로 결합하는 데 성공한 셈이다. 하지만 이를 위해서는 인간의 건강에 지금까지도 심각한 여파를 미치고 있는 에너지 혁명이 필요했다.

호모속이 더 오래 살면서 더 많은 에너지를 이용해 더 큰 몸과 더 똑똑한 머리를 성장시키는 동시에 번식 속도를 높이는 독특한 전략을 진화시킨 것은 인간의 몸 이야기에서 네 번째 큰 변화다. 이 변화는 수렵채집 생활이 시작되고 호모 에렉투스가 나타난 직후인 빙하기 초에 시작되었다.

빙하기를 무사히 나기 위해

3장에서 우리의 영웅 호모 에렉투스는 이제 막 진화한 상태였다. 지금까지 가장 오래된 호모 에렉투스의 화석은 케냐에서 발견되었으며 그 연대는 190만 년 전으로 추정된다. 하지만 호모 에렉투스(혹은 친척 종들)[2]는 그로부터 얼마 지나지 않아 구세계의 다른 지역들에서도 나타난다. 현재까지 아프리카 밖에서 발견된 가장 오래된 고인류 화석은 드마니시의 180만 년 전 유적지에서 나왔다. 드마니시는 카스피해와 흑해 사이에 있는 나라인 조지아의 한 언덕에 위치한 작은 마을이다. 그곳에서 지금까지 발굴된 여섯 개체가 실제로 호모 에렉투스라면, 그들은 지금까지 발견된 호모 에렉투스들 중 가장 크기가 작다. 그중에는 이가 없는 남성 노인도 하나 있는데, 아마 그는 음식을 먹을 때 도움이 필요했을 것이다.[3] 그 밖의 다른 지역들에서 발견된 화석들로 판단컨대 호모 에렉투스는 동쪽의 남아시아 히말라야산맥 아래까지 퍼져나가 160만 년 전 자바에 도달했고, 그와 비슷한 시기에 중국에도 당도했다.[4] 또한 그들은 서쪽의 지중해 연안을 따라 퍼져나가서 적어도 120만 년 전에 남유럽에 다다른 것 같다.[5] 따라서 호모 에렉투스는 호미닌 중에서 대륙 간 이주를 한 최초의 종이다(하지만 어떤 사람들은 호모 하빌리스도 아프리카 밖으로 나갔다고 추측하는데, 이에 대해서는 이 장 끝에서 이야기하겠다.).

호모 에렉투스는 어떻게 그리고 왜 전 세계로 빠르게 퍼져나갔을까? 세실 데밀Cecil B. Demille은 이 사건을 이주로 해석한다. 눈썹뼈가 발달된 호미닌이 고향을 그리워하며 흙투성이가 된 채 길게 줄지어 아프리카를 빠져나와 북쪽을 향해 관혁악단 반주에 맞춰 터덜터덜 걸어가는 모습을 그려보자. 아니면 홍해를 가르며 자신의 씨족을 중동으로 이끄는 호모 에렉투스 모세를 상상할 수도 있다. 하지만 실상은 이주가 아니라 점진적인 확산이었다. 확산은 밀도를 높이지 않으면서 인구를 늘린다. 어느 정도 성공을 거둔 최초의 수렵채집인은 아마 그렇게 했을 것이다. 오늘날의 수렵채집인들이 광대한 영토 내에서 낮은 인구밀도를 유지하며 작은 집단을 이루어 살아간다는 사실을 떠올려보자. 만일 그들이 현대 수렵채집인과 비슷했다면, 250~500제곱킬로미터 면적에 대략 25명(일곱 내지 여덟 가구)이 모여 살았을 것이다. 이러한 인구밀도는 맨해튼 섬에 6~12명만 사는 것과 같다! 또한 어려서 죽지 않고 살아남은 호모 에렉투스 여성은 4~6명의 자식을 낳을 수 있었고, 그중 절반만 살아남아 성인이 되었다. 이 숫자들을 이용해 연평균 인구 성장률이 대략 0.4퍼센트라고 추측하면, 호모 에렉투스 집단은 175년이 지나면 두 배로 커진다. 이 추세가 계속되면 1,000년 뒤에는 50배 이상 커진다. 이들은 마을이나 도시 같은 곳에 모여 살지 않았으므로, 낮은 인구밀도를 유지하면서 인구를 늘리는 유일한 방법은 여러 집단으로 쪼개져 새로운 영토로 퍼져나가는 것이다. 케냐의 나이로비Nairobi 근처에 사는 최초의 호모 에렉투스 무리에서 500년마다 한 번씩 새로운 무리가 떨어져 나와 북쪽으로 가서 500제곱킬로미터쯤 되는 둥근 영토에 새 터전을 세운다고 하자. 5만 년도 채 지나지 않아 그들은 나일강 계곡에서 이집트로, 그다음에는 요르단 계곡으로, 결국에는 캅카스산맥까지 퍼져나갈 것이다.[6] 1,000년마다 한 번씩 갈라진다 해도, 호모 에렉투스가 동아프리카에서 조지아까지 퍼지는 데는 10만 년이 채 걸리지 않을 것이다.

호모 에렉투스가 빠르게 퍼져나갔다는 사실은 그리 놀랍지 않다. 그보다 더 중요한 것은 이러한 수렵채집인이 빙하기에 온대 지역을 차지하기 시작했다는 것이다. 빙하기는 대규모 빙하가 지구 대부분을 덮었던 시기라고 생각하는 사람들이 많지만, 실제로는 빙하가 팽창한 빙기와 빙하가 물러나 잠깐 따뜻해진 간빙기가 주기적으로 반복된 시기였다(그림 4의 지그재그 선들은 이러한 주기적 변화를 나타낸다.). 처음에는 변화가 온건한 편이었고 한 주기가 4만 년 정도였다. 그러다 약 100만 년 전부터 변화가 심해지고 주기는 10만 년으로 길어졌다. 주기가 한 번씩 돌 때마다 초기 인류가 생존 투쟁을 벌이고 있던 지역들은 큰 영향을 받았다. 빙기가 절정에 다다르자(약 50만 년 전부터 심해지기 시작했다.) 바다의 평균 온도가 몇 도나 떨어졌고, 대륙빙하빙상가 지표면의 3분의 1을 뒤덮으며 5000만 세제곱미터 이상의 물을 가두었다. 그로 인해 해수면이 수십 센티미터 낮아져 대륙붕이 드러났다. 대륙빙하가 최대로 확장되었을 때에는 베트남에서부터 자바섬과 수마트라섬까지, 또는 프랑스에서 영국해협을 지나 영국까지 걸어갈 수 있었다. 이런 주기적인 기후변화는 동식물 분포를 바꾸었다. 추운 시기에는 유럽 중부와 동부 지역 대부분이 살기 힘든 북극 툰드라가 되어서 이끼와 순록 외에는 먹을 것이 거의 없었다. 한편 유럽 남부 지역은 곰과 멧돼지가 가득한 소나무 숲이 되었다. 초기 수렵채집인에게 이러한 환경은 지옥이나 다름없었을 것이다. 불이 발명되기 전이라면 더 말할 것도 없다. 여러 증거들로 볼 때, 추운 시기에는 알프스산맥과 피렌체산맥 북쪽에는 초기 인류가 살지 않았던 것 같다. 하지만 빙기 사이의 간빙기에는 대륙빙하가 극지방으로 물러났고, 남유럽에는 울창한 지중해 숲이 돌아왔으며, 템스강에서는 하마가 노닐었다.[7] 인간은 이 온난하고 살기 좋은 시기에 구세계 온대 지역을 차지했다.

아프리카에 사는 집단들은 빙하의 직접적인 영향을 받지는 않았지만 그들도 기후의 주기적 변화를 실감했다. 습도와 온도가 심하게 변동함에 따라, 사하라사막뿐 아니라 사바나 같은 개방된 서식지들도 숲과 삼림지에 비례해 팽창과 수축을 반복했다.[8] 이러한 주기적 변화는 거대한 생태적 펌프ecological pump처럼 작용했다. 사하라사막이 줄어드는 습한 시기에는 수렵채집인들이 사하라사막 이남 아프리카에서 나일강 계곡을 따라 북쪽으로 올라가서 중동을 지나 유럽과 아시아로 퍼져나가며 번성했던 것 같다. 하지만 사하라사막이 팽창한 건조한 시기에 아프리카의 수렵채집인들은 세계 나머지 부분과 차단되었다. 게다가 유럽과 아시아에 더 춥고 건조한 빙기가 찾아왔을 때 심한 곤경에 처한 호모 에렉투스는 멸종하거나 다시 남쪽의 지중해 지역 또는 남아시아로 떠밀려 내려갔을 것이다.

요컨대 호모 에렉투스는 지구 역사에서 극도로 역동적이고 험난한 시기가 막 시작될 때 아프리카에서 진화하는 불운을 겪었다. 하지만 그들은 아프리카 안에서 견디는 대신 전 세계로 빨리 퍼진 다음 광활한 아프로유라시아 지역에서 계속 진화했다. 이제부터 이들이 어떤 사람들이었고 어떻게 빙하기의 극적인 기후변화에 잘 대처했을 뿐 아니라 번성했는지 좀 더 자세하게 살펴보자.

빙하기의 고인류

가족이나 기숙사 친구라도 사이가 틀어지면 연락을 끊는다. 하지만 종이 흩어질 때는 격리가 더 철저하게 일어나 돌이킬 수 없는 결과를 낳는다. 널리 퍼진 집단들 사이에 생식적 격리가 일어나면, 그들은 자연선택과 여타 무작위적 진화 과정을 거쳐 서로 달라진다. 갈라파고스제도의 바다이구아나들에서 이러한 현상을 쉽게 관찰할 수 있다. 그 이구아나들은 크기와 색깔이 확연히 달라서 전문가들은 흘깃 보는 것만으로도 어느 섬 출신인지 구별할 수 있다. 똑같은 과정이 호모 에렉투스에게도 일어났을 것이다. 여러 대륙에서 빙하기의 기후변화에 직면한 수렵채집인 집단들은 각기 차이를 보이며 변하기 시작했는데, 무엇보다 몸 크기가 달라졌다. 더 작아진 몇몇 경우를 제외하고 그들은 전반적으로 더 커졌다. 호모 에렉투스 개체는 몸무게가 평균 40~70킬로미터였고 키는 130~185센티미터였다. 앞에서 말한 드마니시 집단은 그에 비해 상당히 왜소한 편으로, 몸과 뇌가 아프리카 사촌들보다 25퍼센트쯤 작았다.[9] 하지만 호모 에렉투스에서 나타나는 일반적인 추세는 시간의 경과에 따른 뇌 크기의 절대적, 상대적 증가였다. 그림 10의 그래프가 보여주듯이 호모 에렉투스의 뇌는 존속 기간 동안 두 배 가까이 커져서, 100만 년 뒤에는 거의 현생 인류의 수준에 도달했다.[10] 그런데 각기 다른 시기와 장소에서 나온 호모 에렉투스 화석들은 이런저런 차이에도 불구하고 그림 11에서 볼 수 있듯이 일군의 공통 특징들을 갖고 있다. 우선 머리뼈가 길고 평평하고, 이마가 낮고, 눈썹뼈가 발달했으며, 뒤통수뼈가 돌출되어 있다. 또한 모든 화석들이 크고 위아래로 긴 얼굴, 큰 눈구멍과 넓은 코를 갖고 있다. 그리고 다수가 머리뼈 꼭대기의 정중선을 따라 약간 솟아 있는 작은 융기부를 갖고 있다. 앞에서 이야기했듯이 호모 에렉투스의 몸은 전반적으로 현생 인류와 흡사하나, 엉덩이가 더 넓고 옆

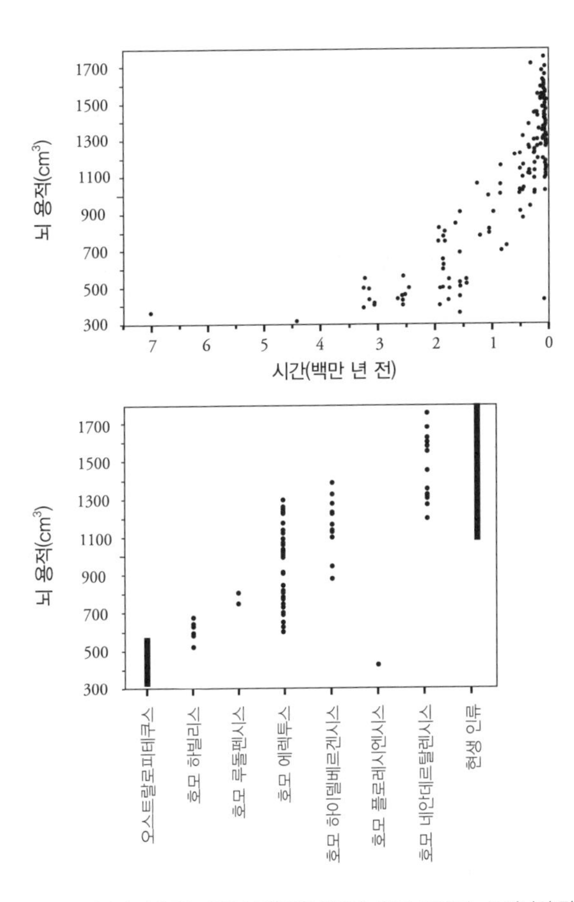

그림 10. 위 그래프는 인간이 진화하는 동안 뇌 용적의 변화를, 아래 그래프는 호미닌의 몇몇 종에서 나타나는 뇌 용적의 범위를 보여준다.

으로 퍼졌으며 전체적으로 뼈가 더 두꺼웠다.

60만 년 전에 이르러 호모 에렉투스의 후손들 중 일부가 서로 다른 종들로 분류될 정도로 진화했다. 가장 잘 알려진 것이 그림 11에 나와 있는 호모 하이델베르겐시스*Homo heidelbergensis*다. 이 종은 남아프리카에서부터 영국과 독일까지 퍼졌다. 호모 하이델베르겐시스 화석이 가장 많이 발견된 곳은 스페인 북부에 있는 유적지인 시마 데 로스 우에소스Sima de los Huesos, '뼈 구덩이'이라는 뜻다.

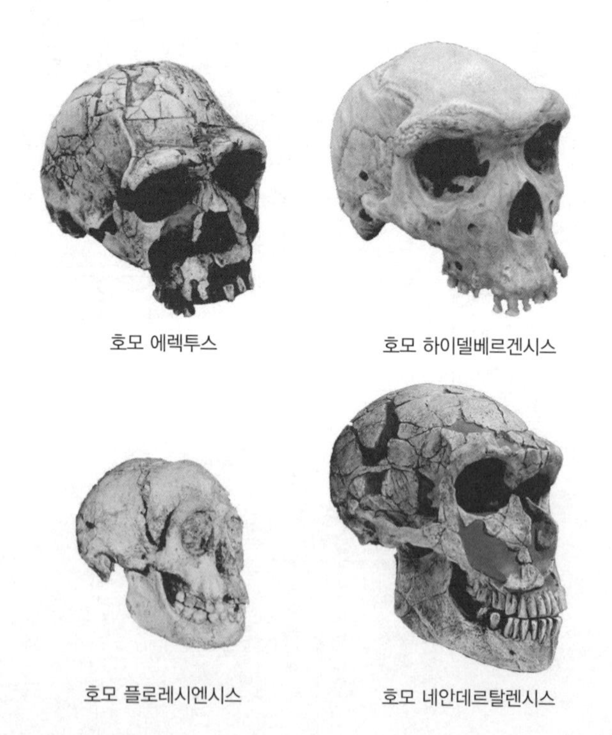

그림 11. 몇몇 고인류 종들의 비교. 그들 모두는, 작은 호모 플로레시엔시스조차, 호모 에렉투스에서 나타나는 크고 길고 돌출된 얼굴과 길고 낮은 머리뼈를 지녔다. 하지만 뇌 크기와 얼굴 크기 등 몇 가지 다른 특징들은 종에 따라 다르다. 호모 플로레시엔시스 사진: 피터 브라운(Peter Brown) 제공.

60만~53만 년 전에 최소 30명이 절벽에 뚫린 구불구불한 천연동굴 속으로 수 미터를 끌려가 한 구덩이에 버려졌다(아마 죽은 이후의 일이었을 것이다.). 그들의 골격은 호모 하이델베르겐시스에 대해 대략적으로 알려주는 귀한 자료다. 호모 에렉투스처럼 그들은 머리뼈가 앞뒤로 길고 낮았으며 눈썹뼈가 매우 발달했지만, 뇌는 1,100~1,400세제곱센티미터로 더 컸으며, 얼굴도 더 컸는데 특히 코 공간이 넓었다.[11] 그들은 몸무게가 65~80킬로그램일 정도로 몸집도 컸다.[12] 같은 시기에 호모 에렉투스는 아시아에서 존속했거나, 더 큰 뇌와 얼굴을 가진 종으로 진화했을 것이다. 그들의 흥미로운 흔적이 방글라데시에서 북쪽으로 3,000킬로미터쯤 떨어진 시베리아의 알타이산맥에 있는 한 동굴에서 발견됐다. 그것은 잘 보존된 손가락뼈로, DNA를 추출해 분석해보니 '데니소바인Denisovan'이라고 알려진 한 계통의 것이었다. 데니소바인은 호모 에렉투스의 후손으로, 100만~50만 년 전에 현생 인류와 네안데르탈인과 마지막 공통 조상을 공유한 것으로 추정된다.[13] 데니소바인이 누구인가 하는 문제는 미스터리로 남아 있지만, 현생 인류가 아시아로 이주했을 때 그들 중 극소수가 현생 인류와 짝짓기를 했다.[14]

화석들을 알맞은 종으로 정확하게 분류하는 일은 쉽지 않으며, 호모 에렉투스의 후손이 몇 종이고 누가 누구의 후손인지에 대해서는 아직 합의된 결론이 존재하지 않는다. 핵심은 그 종들이 기본적으로 호모 에렉투스의 뇌가 큰 변종들이라는 것이다. 따라서 인간 몸의 진화를 탐구할 때 그들을 '고인류archaic Homo'라는 명칭으로 묶는 것은 편리하고 또 타당하다. 고인류는 예상할 수 있다시피 유능한 수렵채집인이었다. 그들이 만든 석기는 호모 에렉투스가 만든 것보다 전반적으로 더 정교하고 다양했지만[15], 무기에서 그들이 이룩한 가장 큰 혁신은 창촉이었다. 촉이 없는 창은 석기 시대 초부터 만들었던 것 같지만, 나무는 잘 보존되지 않아서 거의 발견되지 않는다.[16] 하지만 50만 년 전쯤에 고인류가 새롭고 독창적인 석기 제작 방법을 발명했다. 그것은 미리 다듬어놓은 몸돌을 가지고 매우 얇은 석기를 만드는 기법이다. 삼각형의 창촉도 이렇게 만들어졌다.[17] 이 기법을 쓰기 위해서는 뛰어난 기술과 많은 연습이 필요하지만, 이런 식으로 만들어진 창촉은 가볍고 날카로워서 송진이나 동물의 힘줄로 창에 붙일 수 있었기 때문에 발사 무기에 혁명을 가져왔다. 이러한 창촉이 사냥꾼들에게 어떤 변화를 가져왔을지 상상해보라. 훨씬 더 날카로워진 창은 사냥감의 몸에 부딪혀 튕겨 나오는 대신 질긴 동물 가죽과 갈비뼈까지 뚫을 수 있었고, 한 번 박히면 톱니 모양의 날이 무시무시한 열상을 입혔다. 얇은 창촉으로 무장한 사냥꾼들은 이제 멀리서도 사냥감을 죽일 수 있었기 때문에, 부상의 위험은 줄어들었고 사냥에 성공할 확률은 높아졌다. 몸돌 가공 기술로 만들어진 석기들은 가죽을 벗기는 등의 여러 일에도 유용했다.

이보다 훨씬 더 중요한 발명은 불의 사용이었다. 인간이 언제부터 정기적으로 불을 피우고 사용했는지는 아무도 확실히 모른다. 인간이 불을 이용했음을 보여주는 가장 오래된 증거는 남아프리카의 100만 년 전 유적지와 이스라엘의 79만 년 전 유적지에서 발견되었다.[18] 하지만 그 비슷한 연대의 다른 유적지에서는 불의 흔적이 드물고, 40만 년 전 유적지들에서 화로와 불탄 뼈 등이 자주 나온다. 따라서 고인류는 호모 에렉투스와 달리 습관적으로 음식을 익혀먹었던 것 같다.[19] 요리의 유행은 많은 변화를 가져왔다. 우선 익힌 음식을 먹으면 날음식을 먹을 때보다 훨씬 많은 에너지를 얻을 수 있고 병에 걸릴 위험도 줄어든다. 또한 불은 고인류가 추운 지역에서 따뜻하게 지내고, 동굴곰 같은 위험한 포식자들로부터 자신들을 지키고, 밤늦게까지 깨어있을 수 있게 해주었다.

고인류가 때때로 불을 이용했다 해도 빙하기의 극단적인 기후 변화는 큰 타격이었다. 특히 북유럽과 아시아의 고인류 집단에게는 치명타였다. 한 예로, 빙하가 북유럽을 뒤덮었던 시기에 호모 하이델베르겐시스는 지중해 연안을 제외한 모든 곳에서 사라졌다. 아마 더 북쪽에 살던 집단들이 멸종했거나 남쪽으로 내려갔기 때문일 것이다. 하지만 기후가 온화해지자 그들은 다시 북쪽으로 퍼져나갔다. 이러한 확산의 규모가 꽤 컸다면, 유럽과 아프리카의 호모 하이델베르겐시스 집단들은 서로 유전적으로 완전히 격리되지 않았을 것이다. 하지만 DNA 자료와 화석 증거에 따르면 그들은 40만~30만 년 전부터 부분적으로 격리된 여러 계통들로 갈라진 것 같다.[20] 아프리카 계통은 현생 인류(그들의 기원에 대해서는 5장 참조)로 진화했다. 또 다른 계통은 아시아에서 데니소바인으로 진화했다. 유럽과 서아시아 계통은 가장 유명한 고인류인 네안데르탈인으로 진화했다.

네안데르탈인 사촌

네안데르탈인보다 더 열띤 논쟁을 불러일으키는 고인류 종은 없다. 『종의 기원』이 출간된 1859년 이전에도 네안데르탈인 화석이 소수 발견되었지만, 1863년에 이르러서야 이 종이 공식적으로 인정을 받았다. 그때부터 동굴 원시인의 원조라고 할 수 있는 네안데르탈인에 관한 논문과 논쟁이 무수히 쏟아지는 가운데 그들은 우리 자신에 대한 관념을 고스란히 반영하는 일종의 거울이 되었다. 처음에 사람들은 네안데르탈인을 '잃어버린 고리'로 간주하는 오류를 범했다. 그들은 우리의 불결하고 잔인한 원시적 조상으로 간주되었다. 제2차 세계대전 이후 이러한 시각에 대한 (좋은 의미의) 극단적인 반작용이 일어났다. 한편으로는 나치의 비과학적인 인종주의에 대한 반발이었고, 다른 한편으로는 네안데르탈인이 혹독한 빙하기에 유럽에서 살아남은 우리의 사촌으로 현생 인류의 뇌와 같거나 더 큰 뇌를 지녔음을 제대로 알게 된 결과였다. 1950년대부터 많은 고생물학자들은 네안데르탈인을 별개의 종이 아니라 인간의 아종(지리적으로 격리된 인종)으로 분류했다. 하지만 최근의 자료들은 네안데르탈인과 현생 인류가 실은 적어도 80만~40만 년 전에 유전적으로 갈라진 별개의 종임을 보여준다.[21] 유전적으로 약간 섞인 것은 맞지만, 그들은 우리의 조상이 아니라 매우 가까운 사촌이다.[22]

네안데르탈인에 관한 가장 중요한 사실은 그들이 약 20만~3만 년 전에 유럽과 서아시아에서 살았던 고인류의 한 종이었다는 것이다. 그들은 유능하고 지적인 사냥꾼들로, 자연선택을 통해 빙하기의 추운 반半극지 환경에서 살아남을 수 있는 기지와 적응력을 갖추고 있었다. 그림 11이 보여주듯이 네안데르탈인 머리뼈는 호모 하이델베르겐시스의 것과 전반적으로 같다. 머리뼈는 앞뒤로 길고 높이가 낮으며, 얼굴이 거대하고, 코가 크고, 눈썹뼈가 발달되어 있으며, 턱끝이 없다. 하지만 그들의 평균 뇌 용적은 거의 1,500세제곱센티미터에 달했다. 그들의 머리뼈에는 전문가가 아니라도 네안데르탈인임을 쉽게 알아볼 수 있는 일군의 특징들이 있는데, 거대한 얼굴과 넓은 코, 머리뼈 뒷부분에 있는 계란 크기의 융기부와 얕게 파인 홈, 아래턱의 사랑니 뒤쪽에 있는 공간 등이 대표적이다. 몸의 나머지 부분은 다른 고인류와 흡사했지만, 그들은 근육질의 다부진 체격을 갖고 있었고 위팔과 정강이가 짧았다. 이러한 체형은 이누이트와 라플란드인 같은 극지방 사람들에게 전형적으로 나타나는 것으로, 체열을 보존하는 데 효과적이었다.

네안데르탈인은 호모 사피엔스가 없었다면 아직까지 유능한 수렵채집인으로 살아가고 있을 것이다. 네안데르탈인은 긁개와 창촉을 비롯해 매우 다양한 형태의 복잡하고 정교한 석기들을 만들었다. 그들은 음식을 익혀 먹었고, 소, 사슴, 말 같은 대형 동물들을 사냥했다.[23] 하지만 네안데르탈인은 재주가 있었음에도 행동은 완전히 현대화되지 않았다. 그들은 털가죽으로 옷을 만들어 입었지만, 뼈바늘 같은 도구를 사용한 경우는 별로 없었다. 그들은 망자를 그냥 파묻었고, 미술 같은 상징적 예술 행위의 흔적을 거의 남기지 않았다. 네안데르탈인 거주지 중에는 물고기와 조개가 풍부한 곳도 있었지만, 그들은 어패류를 거의 먹지 않았다. 그들은 원재료를 25킬로미터 이상 옮겨오는 일도 없었다. 곧 살펴보겠지만 약 4만 년 전에 현생 인류가 유럽에 도착했을 때, 네안데르탈인은 현생 인류로 거의 대체되었다.

큰 뇌

호모 에렉투스와 그 후손들인 고인류 종들에서 나타나는 가장 확실하고 인상적인 변화는 뇌가 커진 것이다. 그림 10은 빙하기 동안 호모속에서 뇌 크기가 거의 두 배가 되었음을 잘 보여준다. 네안데르탈인 같은 종들은 오늘날 우리의 평균 뇌보다 약간 더 큰 뇌를 가졌다. 큰 뇌는 사고, 기억, 그 밖의 복잡한 인지 과제들을 수행하는 데 도움이 되었기 때문에 진화했을 것이다. 하지만 영리한 것이 그렇게 좋다면 왜 큰 뇌가 더 일찍 진화하지 않았으며 왜 더 많은 동물들이 우리만큼 큰 뇌를 갖고 있지 않을까? 앞서 말했듯이 그 답은 에너지와 관계가 있다. 대부분의 종에서 큰 뇌는 에너지를 엄청나게 많이 소모한다. 호모 에렉투스와 고인류는 수렵과 채집으로 얻을 수 있었던 여분의 에너지 덕분에 고비용의 큰 뇌를 가질 수 있었던 것이다.

뇌가 얼마나 크게 진화했는지 알기 위해서는 먼저 그 크기를 측정하는 방법을 알아야 한다. 평균적인 인간의 뇌 용적은 대략 1,350세제곱센티미터이다. 이에 비해 짧은꼬리원숭이의 뇌는 85세제곱센티미터, 침팬지의 뇌는 390세제곱센티미터, 고릴라 성체의 뇌는 465세제곱센티미터다. 따라서 인간의 뇌는 원숭이 것보다 훨씬 크고, 다른 대형 유인원들 것보다도 세 배 이상 크다. 하지만 몸의 크기를 감안했을 때 인간의 뇌는 얼마나 큰 것일까? 이 질문에 대한 답이 그림 12에 있는데, 이 그래프는 여러 영장류의 체중 대비 뇌 크기를 보여준다. 보다시피 이 관계는 비선형적이다. 즉 몸이 커질수록 뇌가 절대적으로는 커지지만 상대적으로는 작아진다.[24] 뇌와 몸 크기 사이의 이러한 관계는 상관성이 매우 높고 일관되게 나타난다. 그러므로 만일 한 종의 평균적인 체질량을 알고 있다면, 그 체질량에서 예상되는 뇌 크기로 실제 뇌 크기를 나눠

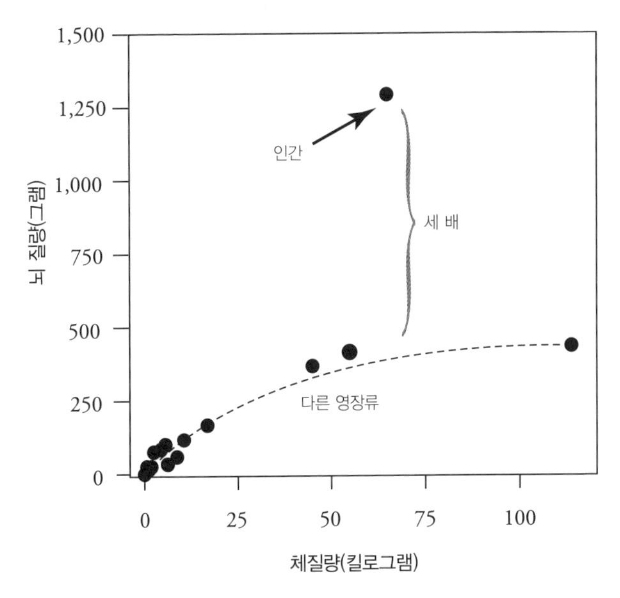

그림 12. 영장류의 몸 크기에 대한 뇌의 상대적인 크기. 몸이 커질수록 뇌가 커지지만, 둘의 관계가 선형적인 것은 아니다. 유인원과 비교하면 인간은 몸 크기에서 예상되는 것보다 약 세 배 큰 뇌를, 포유류와 비교하면 약 다섯 배 큰 뇌를 갖고 있다.

상대적인 크기를 계산할 수 있다. 대뇌화 지수Encephalizaton Quotient, EQ라고 부르는 이 비율은 침팬지는 2.1, 인간은 5.1이다. 이 숫자를 풀이하면, 몸무게가 같은 전형적인 포유류에 비해 침팬지는 약 두 배 큰 뇌를 갖고, 인간은 약 다섯 배 큰 뇌를 가진다는 뜻이다. 다른 영장류와 비교하면 인간은 약 세 배 큰 뇌를 갖고 있다.

이제부터는 골격에서 추산한 체질량과 머리뼈에서 측정한 뇌 용적을 이용해 뇌 크기가 어떻게 진화했는지 살펴보자.[25] 그 값들이 표 2에 정리되어 있다. 호미닌의 초창기 종들은 유인원들과 비슷한 크기의 뇌를 갖고 있었지만, 초기 호모 에렉투스의 뇌 크기는 절대적으로나 상대적으로나 약간 더 컸던 것 같다. 뇌 용적이 890세제곱센티미터이고 몸무게가 60킬로그램인 150만 년 전의 한 호모 에렉투스 남성은 대뇌화 지수가 약 3.4로, 침팬지보다 뇌가 60퍼센트쯤 컸다. 다시 말해 호모속이 처음 진화할 때, 절대적인 뇌 크기는 약간 커졌지만 몸 크기 대비 상대적인 크기는 급증했다. 그림 10에서 알 수 있듯이 우리 조상들의 뇌 용적은 100만 년 전에 1,000세제곱센티미터가 넘었고, 50만 년 전에는 현생 인류의 크기에 달했다. 사실 뇌는 지금보다 빙하기 말에 더 큰 편이었는데 당시에 몸도 더 컸기 때문이다. 지난 1만 2000년 동안 기후가 따뜻해지면서 몸과 함께 뇌도 약간 작아졌다. 따라서 현생 인류는 초기와 최근의 상대적인 뇌 크기가 대략 같다.[26] 약간의 체중 차이를 감안하면 현생 인류는 네안데르탈인보다 뇌가 아주 조금 컸을 뿐이다.

호모속 뇌는 어떻게 더 커졌을까? 뇌를 키우는 방법에는 크게 두 가지가 있다. 더 오랜 시간 성장시키는 것과 더 빠른 속도로 성

표 2. 호모속 종들

종	연대	발견 장소	뇌 크기(cm^3)	체질량(kg)
호모 하빌리스	240만~140만 년 전	탄자니아, 케냐	510~690	30~40
호모 루돌펜시스	190만~170만 년 전	케냐, 에티오피아	750~800	?
호모 에렉투스	190만~20만 년 전	아프리카, 유럽, 아시아	600~1,200	40~65
호모 하이델베르겐시스	70만~20만 년 전	아프리카, 유럽	900~1,400	50~70
호모 네안데르탈렌시스	20만~3만 년 전	유럽, 아시아	1,170~1,740	60~85
호모 플로레시엔시스	9만~2만 년 전	인도네시아	417	25~30
호모 사피엔스	20만 년 전~현재	모든 장소	1,100~1,900	40~80

장시키는 것이다. 유인원과 비교해보면 우리는 두 방법을 다 쓴다는 것을 알 수 있다.[27] 침팬지의 뇌는 갓 태어났을 때 130세제곱센티미터였다가 3년에 걸쳐 세 배로 증가한다.[28] 인간의 뇌는 신생아일 때 330세제곱센티미터였다가 6~7년에 걸쳐 네 배가 된다. 따라서 인간은 출생 전에는 침팬지보다 두 배 더 빠르게, 출생 후에 더 오랫동안 더 빠르게 뇌를 성장시킨다. 그렇게 뇌가 더 커지는 것은 뉴런neuron, 신경세포이라고 불리는 뇌세포들이 약 두 배 더 많아지기 때문이다.[29] 뉴런을 만드는 세포체들은 신피질neocortex, 새겉질이라고 불리는 뇌 바깥층에 주로 있다. 이곳에서 기억, 사고, 언어, 지각 같은 거의 모든 복잡한 인지 작용이 일어난다. 인간의 신피질은 그 두께가 겨우 몇 밀리미터지만 그것을 펼치면 0.25제곱미터를 덮을 정도로 넓다. 뉴런이 더 많아지면 침팬지의 뇌보다 수백만 배 더 많은 연결이 만들어진다.[30] 뇌는 망처럼 연결된 뉴런들을 통해

기능하기 때문에, 더 크고 더 많이 연결되어 있는 인간의 신피질은 기억, 추론, 사고 같은 복잡한 일들을 수행할 잠재력이 훨씬 크다. 만일 뇌가 클수록 더 영리하다면, 네안데르탈인을 비롯해 뇌가 큰 고인류는 꽤 똑똑했을 것이다.

하지만 더 큰 뇌는 비용이 많이 든다. 당신의 뇌는 몸무게의 단 2퍼센트만 차지하지만, 당신이 잠을 자든 텔레비전을 시청하든 이 문장을 읽으며 곰곰이 생각하든 간에 휴식 시 에너지 소비량의 20~25퍼센트를 소비한다. 절댓값으로 따지면 당신의 뇌는 하루에 280~420칼로리를 쓰는 반면, 침팬지의 뇌는 하루에 100~120칼로리를 쓴다. 고칼로리 음식을 소비하는 현대 사회에서는 하루에 도넛 하나면 이 정도의 에너지를 공급할 수 있지만, 도넛이 없었던 수렵채집 사회에서는 같은 양의 에너지를 얻으려면 6~10개의 당근을 더 채집해야 했다. 게다가 먹여 살릴 자식이 있으면 필요한 에너지양이 더 늘어난다. 임신한 여성이 세 살 난 자식과 일곱 살 난 자식을 돌보고 있다면, 자신과 태아와 어린 자식들을 먹이기 위해 하루에 4,500칼로리가 필요하다.[31] 만일 그 아이들의 뇌가 침팬지의 뇌 크기라면 필요량이 약 450칼로리쯤 줄어든다. 구석기 시대에 450칼로리는 결코 적은 양이 아니다.

큰 뇌는 다른 문제들도 야기한다. 뇌에 연료를 공급하고 노폐물을 제거하고 적당한 온도를 유지하기 위해 혈액의 거의 4분의 1, 즉 몸 전체에 공급되는 혈액의 12~15퍼센트가 항시 뇌를 지난다. 따라서 인간의 뇌는 산소가 포함된 혈액을 전달한 다음에 그것을 심장, 간, 폐로 돌려보내는 특수한 배관을 필요로 한다. 또한 뇌는 연약한 기관이라서 넘어지거나 머리를 부딪칠 때 손상을 막는 보호 장치들도 많이 필요하다. 크기가 두 배 차이 나는 뇌 모양의 젤리덩어리 두 개를 흔든다고 상상해보라. 젤리를 떨어져 나가게 하는 힘은 젤리덩어리의 크기에 비례해 기하급수적으로 증가하므로, 더 큰 젤리 뇌의 표면이 훨씬 잘 떨어져 나간다. 따라서 뇌가 커질수록 뇌진탕에 대한 보호가 더 필요하다.[32] 뇌가 크면 출산도 어렵다. 인간 태아의 머리는 앞뒤 길이가 약 125밀리미터이고 좌우 폭이 약 100밀리미터이지만, 산도의 최소 단면은 평균적으로 앞뒤 길이가 113밀리미터이고 좌우 폭이 122밀리미터이다.[33] 이곳을 통과하기 위해 인간 태아는 몸을 90도 옆으로 돌려 골반으로 진입한 다음에 다시 산도 내에서 90도로 회전해야 한다. 그 결과 신생아는 위를 바라보는 대신 아래를 바라보는 부자연스러운 자세로 밖에 나온다.[34] 최상의 조건에서도 출산은 힘든 과정이라서 인간 어머니들은 이때 거의 항상 도움이 필요하다.

이 모든 비용을 생각하면 대부분의 동물들이 큰 뇌를 갖고 있지 않은 것이 전혀 이상하지 않다. 뇌가 크면 더 영리해지지만 비용이 많이 들고 문제도 많다. 호모 에렉투스가 처음 진화한 뒤로 뇌가 점점 커졌다는 것은 고인류가 충분한 에너지를 얻을 수 있었고 향상된 지능의 이익이 비용을 능가했음을 의미한다. 애석하게도 고인류가 불을 능숙하게 다루고 창촉 같은 복잡한 도구들을 만드는 것 외에 어떤 지적 성취를 달성했는지 알 수 있는 직접적인 증거가 거의 없다. 큰 뇌의 가장 큰 이점은 고고학 기록으로 남지 않는 행동 측면에서 나타났을 것이다. 그중 하나는 분명 협력을 더 잘 하는 능력이었을 것이다. 인간은 다른 동물들과 달리 함께 일하는 것에 능숙하다. 우리는 음식 등의 중요 자원들을 나누고, 자녀 양육을 돕고, 유용한 정보를 공유하고, 가끔씩은 목숨을 걸고서라도 도움이 필요한 친구나 모르는 사람들을 돕는다. 하지만 협력은 복잡한 인지 능력을 필요로 하는 행동이다. 효과적으로 의사소통하고, 이기적이고 공격적인 충동을 통제하고, 타인의 욕구와 의도를 이해하고, 집단 내의 복잡한 사회적 교류를 유지해야 하기 때문이다.[35] 유인원들도 사냥할 때처럼 가끔 협력을 하지만 효과적으로는 못 한다. 예를 들어 침팬지 암컷은 어린 새끼하고만 음식을 공유하며, 수컷은 음식을 공유하는 일이 거의 없다.[36] 따라서 큰 집단에서 협력적인 상호작용을 돕는 것이야 말로 큰 뇌의 가장 분명한 이익일 것이다. 로빈 던바Robin Dunbar는 영장류에서 신피질의 크기와 집단 크기 사이에 매우 큰 상관성이 있음을 밝혀냈다.[37] 만일 이 관계가 인간에게도 적용된다면 우리 뇌는 100~230명의 사회 관계망을 다루기 위해 진화한 것이라는 추산이 나오는데, 실제로 전형적인 구석기 시대 수렵채집인은 일생에 그 정도 수의 사람을 만났을 것이다.

자연학자의 능력을 갖게 된 것도 뇌가 커져서 좋은 점 중 하나였다. 오늘날에는 주변 동식물에 대해 잘 아는 사람이 거의 없지만, 과거에는 그러한 지식이 필수적이었다. 수렵채집인은 100여 종의 다양한 식물을 먹고 산다. 따라서 어느 계절에 특정 식물을 구할 수 있는지, 크고 복잡한 지형에서 그 식물을 어디서 찾을 수 있는지, 어떻게 가공해야 먹을 수 있는지에 대한 지식이 그들의 생계를 좌우한다. 사냥은 더 높은 수준의 인지 능력을 요구한다. 특히 약하고 느린 호미닌에게는 그런 능력이 필수적이었다. 동물들은 포식자의 눈에 띄지 않으려 하고, 고인류는 먹잇감을 힘으로는 압도할 수 없었으므로, 초기 사냥꾼들은 운동 능력, 기지, 자연학 지식을 총동원해야 했다. 한 사냥꾼이 먹잇감을 찾아서 가까이 접근해 죽이거나 다치게 한 뒤 추적하려면 그 먹잇감들이 각기 다른 조건에서 어떻게 행동할지 예측할 수 있어야 한다. 사냥꾼들은 발자국, 자취, 모습, 냄새 같은 단서들을 토대로 동물을 찾고 추적하는 귀납 기술을 쓴다. 하지만 동물을 추적하려면 그 동물이 어떤 행동을 할지 가설을 세운 다음 그 예측을 검증하기 위해 단서들을 해석하는 연역 논리도 필요하다. 과거 동물을 추적하는 데 썼던 기술들이 오늘날 과학적 사고의 토대가 되었을지도 모르는 일이다.[38]

큰 뇌가 제공한 이점이 무엇이었든 그것은 비용을 감수할 가치가 있었었음에 틀림없다. 그렇지 않았다면 큰 뇌는 진화하지 않았을 것이다. 그러나 인간은 왜 몸의 나머지 부분과 함께 뇌가 성장하는 데 오랜 시간이 걸릴까? 우리는 언제부터 뇌와 몸의 성장 속도가 느려졌으며 그 이유는 무엇일까?

느린 성장

어린아이로 머무는 것은 즐거운 일이지만, 진화적 관점에서 인간은 지독히 더딘 성숙 속도에 대한 큰 비용을 치른다. 대략 18년에 걸쳐 당신을 양육하는 동안 당신의 부모는 많은 돈을 투자했을

뿐만 아니라 상당한 적합도 비용fitness cost도 감수했을 것이다. 특히 당신의 어머니는 자식을 더 낳을 수 있는 기회를 포기해야 했을 것이다. 만일 자식들이 두 배 빨리 성숙했다면 당신의 어머니는 두 배 많은 자식을 가졌을 것이다. 천천히 자라는 당신 본인도 적합도 비용을 부담한다. 번식을 늦게 시작하면 번식 기간이 줄어드는 데다 자칫하면 자식을 전혀 갖지 못할 수도 있기 때문이다. 게다가 인간과 비슷한 속도로 성장하면 자식 하나당 드는 에너지 비용도 늘어난다. 한 사람을 18세 성인까지 키우려면 무려 1200만 칼로리가 필요한데, 이것은 침팬지를 성체로 키우는 데 드는 칼로리의 대략 두 배다. 우리는 성장에 이렇게 많은 시간과 에너지를 쓸 수 있게 된 것에 대해 고인류에게 가장 고마워해야 한다.

뇌가 큰 고인류가 어떻게 그리고 왜 높은 비용을 감수하면서까지 발달을 지연시켰는지를 이해하기 위해, 대형 포유류가 성체가 될 때까지 거치는 발달의 주요 단계들을 비교해보자(그림 13 참조). 첫 번째 단계인 영아기에는 어미의 젖과 보살핌 덕분에 뇌와 몸이 빠르게 성장한다. 젖을 뗀 뒤(실제로는 점진적인 과정이다.)에는 두 번째 단계인 소년기에 들어선다. 어미에게 의존하지 않고 생존할 수 있는 이 시기에 몸은 점진적으로 성장하고, 사회성과 인지 능력이 계속 발달한다. 성인이 되기 전 마지막 단계는 청년기로, 정소나 난소가 성숙하고 몸이 급격하게 성장한다.[39] 청년기는 기본적으로 아직 생식 능력이 없는 미성숙한 시기로, 사춘기에 접어들 때부터 골격의 성장이 끝나고 성적 성숙이 완성될 때까지를 말한다. 인간은 청년기에 유방과 체모 같은 이차성징들이 나타나고, 몸이 성장을

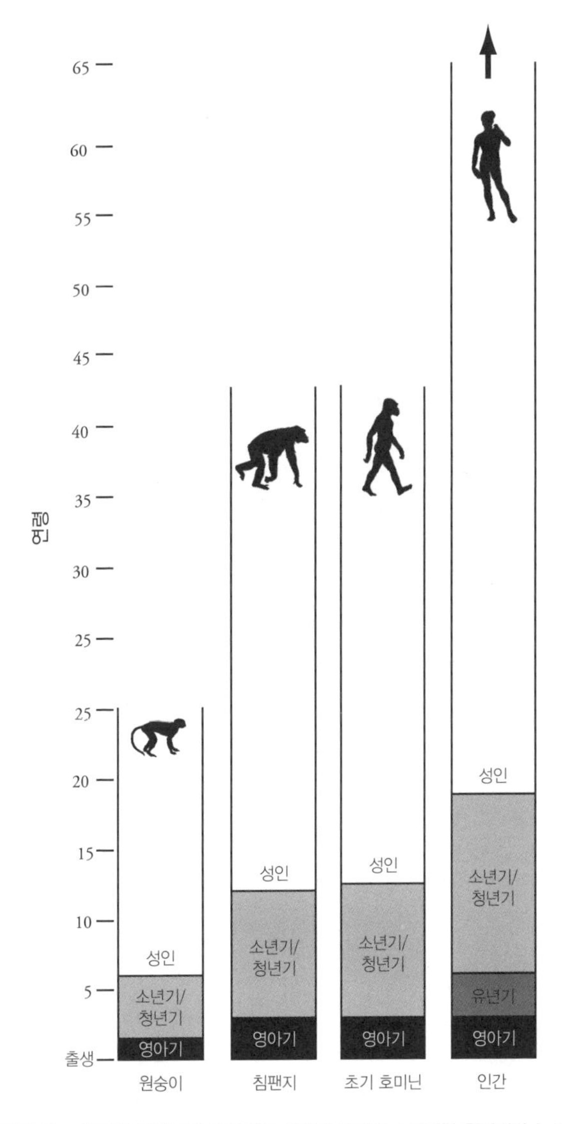

그림 13. 생활사 비교. 인간은 유년기가 추가되고 성인기 이전의 소년기와 청년기가 늘어나서 생활사가 길어졌다. 오스트랄로피테쿠스류와 초기 호모 에렉투스는 일반적으로 침팬지와 비슷한 생활사를 가졌다. 생활사가 느려진 것은 고인류 종들에서 시작된 것 같지만 정확히 언제부터 얼마나 느려진 것인지는 아직 확실치 않다.

끝내며, 사회성과 지적 능력이 완전하게 발달한다.

그림 13은 여러 측면에서 인간의 발달이 어떻게 지연되는지 보여준다. 먼저 인간의 발달에 새로운 단계인 유년기가 추가된 것이 가장 눈에 띈다.[40] 유년기는 인간에게만 있는 의존적인 시기로, 젖을 뗐지만 자기 힘으로 충분한 식량을 마련할 수도 없고 뇌가 성장을 끝내기도 전인 시기다. 침팬지 새끼는 약 3세에 뇌의 성장이 끝나고 첫 번째 영구치가 나지만 4~5세까지 계속 젖을 먹는다(빈도는 줄어든다.).[41] 반면 수렵채집인 아이는 뇌의 성장이 멈추고 영구치가 나기 최소 3년 전인 3세에 젖을 뗀다. 그다음에 약 3년간의 유년기가 대개 6~7세까지 이어진다. 이 시기에 아이는 매우 미성숙한 상태여서 많은 양의 질 높은 음식을 필요로 한다. 따라서 성인의 집중적인 투자와 인내 없이는 어떤 아이도 생존할 수 없다. 하지만 수렵채집인 어머니들은 일찍 젖을 떼고 어린 자식을 유년기로 밀어 넣어 유인원 어미들보다 비교적 일찍 다시 임신할 수 있었다. 많은 식량과 도움을 얻을 수 있는 수렵채집인 어머니들은 젖을 뗀 뒤에 유년기를 추가해 유인원의 어미들보다 거의 두 배 많은 아기를 가질 수 있었다.[42]

인간의 생활사에는 특이한 점이 또 하나 있는데, 바로 유년기 이후의 소년기와 청년기가 상당히 길다는 것이다. 원숭이에서는 약 4년, 유인원에서는 약 7년 동안 지속되는 소년기와 청년기가 인간에서는 대략 12년간 지속된다. 전형적인 인간 수렵채집인 소녀는 13~16세에 초경을 겪지만 초경 후 5년까지는 생식적으로나 사회적으로 완전히 성숙하지 않은 상태이며 적어도 18세가 되서야 어머니가 된다.[43] 소년들은 소녀들보다 약간 늦게 사춘기에 들어서며 20세가 될 때까지는 아버지가 되는 일이 드물다. 부모와 교사라면 잘 알겠지만 청년기에도 인간은 여전히 부모에게 의존한다. 하지만 그들은 어린 동생들을 보살피고 요리 같은 가사를 도울 수 있으며, 수렵과 채집도 처음에는 도움을 받다가 차차 혼자 힘으로 하는 법을 터득한다. 오늘날 십대는 수렵과 채집 대신 중고등학교에 진학하거나 밭일을 거든다.

인간의 발달이 언제 그리고 왜 이렇게 지연되었을까? 왜 뇌가 성장하는 데 걸리는 시간이 두 배로 늘어났을까? 어머니가 아기에게 젖을 먹이는 동시에 미성숙한 어린아이를 돌봐야 하는데도 왜 유년기가 추가되었을까? 소년기와 그렇지 않아도 길고 고통스러운 청년기는 왜 더 길어졌을까?

일반적으로 몸이 클수록 성숙하기까지 더 오랜 시간이 걸리지만, 호모속의 몸 크기가 증가했다는 이유만으로 발달이 더뎌진 것을 충분히 설명하기 어렵다. 따지고 보면 고릴라 수컷은 몸무게가 인간의 두 배인데도 성장을 마칠 때까지 13년밖에 걸리지 않는다(5톤이 나가는 코끼리도 성숙할 때까지 대략 같은 시간이 걸린다.). 훨씬 더 타당한 설명은 인간의 뇌가 너무도 크고 복잡한 연결을 요하기 때문에 성숙하는 시간이 길어졌다는 것이다. 우선 뇌 크기 자체가 시간을 잡아먹는 요인이다. 영장류를 보면 뇌가 클수록 완전한 크기에 이를 때까지 시간이 오래 걸린다. 짧은꼬리원숭이의 작은 뇌는 완전히 성장하는 데 1년 6개월이 걸리고, 그보다 다섯 배가 더 큰 침팬지의 뇌는 3년이 걸린다. 침팬지의 뇌보다 네 배 더 큰 인간의 뇌는 완전한 크기에 이를 때까지 적어도 6년이 걸린다. 멸종한 호미닌의 뇌가 완전히 성장할 때까지 시간이 얼마나 걸렸는지도 (놀랍게도 치아를 이용해) 대략 추산해볼 수 있다.[44] 분석 결과 루시 같은 오스트랄로피테쿠스류의 뇌는 침팬지와 비슷한 속도로 성장했는데, 그들의 뇌가 침팬지의 뇌와 대략 같은 크기이므로 이 결과는 일리가 있다. 800~900세제곱센티미터인 초기 호모 에렉투스의 뇌는 완전하게 성장할 때까지 약 4년이 걸렸다.[45] 뇌가 더 큰 고인류 종이 진화했을 무렵 생활사 패턴이 지금의 우리와 대략 비슷해진 것 같다. 뇌가 현생 인류와 비슷했거나 더 컸던 네안데르탈인은 5~6년 만에 뇌가 성인 크기로 커졌다. 이 속도는 오늘날 대부분의 사람들보다 약간 빠른 편이지만 모든 사람보다 빠른 것은 아니다.[46]

인간의 뇌는 6~7년 만에 완전한 크기로 성장하지만(아이와 성인이 같은 모자를 나눠 쓸 수 있는 것은 이 때문이다.), 뇌와 몸이 완전하게 발달하려면 최소 12년이 더 필요하다. 인간의 생활사에서 소년기와 청년기가 길어진 것이 언제부터인지는 확실하지 않지만, 이와 관련해 몇 가지 흥미로운 단서들이 남아 있다. 그중 가장 좋은 증거가 미성숙한 호모 에렉투스 남성의 거의 완전한 골격 화석인 '나리오코톰Nariokotome 소년'이다. 이 소년은 150만 년 전에 늪지대에서 죽었는데(아마 감염이 원인이었던 것 같다.), 진흙에 덮여 골격의 대부분이 보존되었다. 치아 분석 결과 사망 당시 8~9세로 추정되나 골격 나이는 13세 인간과 비슷했다.[47] 두 번째 어금니가 막 돋아난 상태였던 것을 토대로 그가 성인이 되기 몇 년 전이었음을 알 수 있다. 따라서 우리는 초기 호모 에렉투스가 단지 침팬지보다 약간 더 느리게 성장했다고 추론할 수 있다. 이 사실은 소년기와 청년기가 늘어난 것이 인간의 진화에서 더 최근에 일어난 일임을 뜻한다. 생활사의 측면에서는 네안데르탈인도 호모 에렉투스와 비슷했다는 단서들이 있다. 프랑스의 르무스티에Le Moustier 유적지에서 발견된 십대 네안데르탈인은 치아 분석 결과 사망 당시 12세로 추정되나, 사랑니가 아직 돋아나지 않았던 것으로 보아 성장이 1~2년쯤 더 남았음을 알 수 있다.[48] 더 많은 근거 자료가 필요하지만, 유년기 이후의 발달이 매우 더딘 것은 현생 인류에서만 나타나는 특징인 것 같다. 고인류는 이렇게 긴 십대를 보내지 않았을 것이다.

현존하는 모든 증거를 종합하면, 호모속은 발달 초기 영아기와 유년기를 늘려 큰 뇌가 성장할 수 있는 시간을 번 것으로 보인다. 현생 인류에 이르러 소년기와 청년기가 완전하게 늘어났다 해도, 과거 고인류 어머니들은 분명 에너지 이중고에 직면했을 것이다. 먼저, 발달 단계에 유년기가 추가되면서 대부분의 어머니들은 걸음마를 뗀 아이를 돌보는 동시에 갓 태어난 아기에게 젖을 먹여야 했다. 따라서 고인류 어머니는 많은 에너지와 도움이 필요했다. 수유 중인 어머니는 본인의 몸을 움직이기 위해 하루에 약 2,300칼로리가 필요했을뿐더러 자식들이 먹을 몇천 칼로리의 에너지도 구해야 했다. 고기를 먹고 요리를 함으로써 음식의 질을 높이지 않았다면 이렇게 많은 에너지를 조달할 수 없었을 것이다. 나아가 어머니들은 아이 아버지, 조부모, 그 밖의 사람들로부터 정기적으로 도움을 받을 수 있는 매우 협력적인 집단에서 살 필요가 있었다.

뇌가 쓰는 그 엄청난 에너지를 어떻게 충당할 것인가 하는 문제는 큰 뇌를 가진 어머니와 자식이 직면한 또 하나의 에너지 문제였다. 뇌 조직은 자체적으로 에너지를 저장할 수 없어서, 혈류를 통해 충분한 당을 끊임없이 공급받아야 한다. 혈당이 잠시 끊기거나 부족한 상태가 1~2분 이상 지속되면 뇌는 회복 불가능한 치명적인 손상을 입는다. 따라서 인간 어머니들은 기아나 질병 때문에 식량을 구하기 어렵거나 구할 수 없는 유사시—때로는 오래 지속되기도 한다.—에 본인뿐 아니라 자식들의 큰 뇌를 유지할 수 있을 만큼 충분한 에너지를 비축해야 했다. 대개 강력한 자연선택이 일어나기 마련인 이러한 시기에 초기 인류의 어머니들은 어떻게 살아남았을까?

답은 지방에 있었다. 다른 동물들도 급할 때 꺼내 쓰려고 여분의 에너지를 지방으로 저장한다. 하지만 인간은 대부분의 포유류에 비해 이례적으로 뚱뚱하다. 우리가 살찌기 시작한 것은 고인류에서 뇌가 커지고 발달 속도가 느려진 뒤부터라고 볼 만한 타당한 근거가 있다.

통통한 몸

요즘 많은 사람들이 지방에 대해 걱정하는 것은 과거와 180도 달라진 현대 사회의 한 특징이다. 인간은 수백만 년간 지방과 몸무게 때문에 전전긍긍했지만, 최근까지 우리 조상들은 주로 충분한 지방을 섭취하지 못할까봐, 그리고 몸무게가 충분히 나가지 않을까봐 그랬다. 지방은 에너지를 저장하는 가장 효과적인 방법이고, 어느 시점에 우리 조상들은 다른 영장류보다 많은 양의 지방을 비축하기 위한 여러 중요한 적응들을 진화시켰다. 그로 인해 가장 마른 사람도 야생의 다른 영장류에 비해 비교적 통통하고, 인간 아기는 다른 영장류 새끼에 비해 특히 통통하다. 지방을 비축하는 능력과 성향이 없었다면 고인류에서 큰 뇌와 천천히 성장하는 몸은 결코 진화할 수 없었을 것이라는 가설은 충분히 타당하다.

우리 몸이 지방을 어떻게 이용하고 저장하는지에 대해서는 뒤에서 더 자세히 알아보기로 하고, 여기서는 지방에 대해 두 가지 중요한 사실만 기억하자. 첫째, 고지방 식품에서 지방 분자의 성분들을 얻을 수도 있지만, 우리 몸은 탄수화물로도 지방을 쉽게 합성할 수 있다(무지방 음식을 먹어도 살이 찌는 것은 이 때문이다.).[49] 둘째, 지방 분자는 에너지가 농축된 유용한 물질이다. 지방 1그램은 9칼로리를 저장하는데, 이는 탄수화물이나 단백질 1그램이 저장하는 에너지의 두 배가 넘는다. 우리가 밥을 먹으면 호르몬이 당, 지방산, 글리세롤을 지방으로 전환해 특수한 지방세포에 저장한다. 우리 몸에는 이런 지방세포가 약 300억 개에 이른다. 추후에 몸이 에너지를 필요로 하면, 다른 호르몬들이 우리 몸이 태울 수 있는 구성 성분들로 지방을 분해한다(9장 참조).

모든 동물은 지방이 필요하지만 인간은 태어난 순간부터 유독 많은 지방이 필요하다. 그것은 에너지를 많이 쓰는 우리의 뇌 때문이다. 아기의 뇌는 성인의 뇌의 4분의 1 크기지만, 그럼에도 하루에 약 100칼로리를 소비한다. 이것은 그 작은 몸이 휴식 시 소비하는 총에너지의 약 60퍼센트에 해당한다(성인의 뇌는 하루에 280~420 칼로리를 쓰는데, 몸이 쓰는 총에너지의 20~30퍼센트에 해당한다.).[50] 뇌는 끊임없이 당을 필요로 하므로, 지방을 많이 보유하고 있어야 뇌에 에너지를 차질 없이 공급할 수 있다. 원숭이의 어린 새끼는 약 3퍼센트의 체지방을 갖고 있지만, 건강한 인간의 영아는 약 15퍼센트의 체지방을 갖고 태어난다.[51] 사실 임신 마지막 3개월은 주로 태아를 살찌우는 기간이다. 이 기간에 태아의 뇌 용적은 3배로 늘어나지만 지방은 100배가 늘어난다![52] 게다가 건강한 인간의 체지방 비율은 유년기에 25퍼센트까지 증가했다가, 성인이 되면 수렵채집인 남성의 경우 약 10퍼센트, 여성의 경우 15퍼센트로 줄어든다. 지방이 뇌, 임신, 수유를 위한 에너지 저장소로만 기능하는 것은 아니다. 지방은 수렵채집인에게 필수적인 지구력을 요하는 활동을 위해서도 꼭 필요하다. 걷고 달릴 때 당신이 태우는 에너지의 대부분이 지방에서 온다(하지만 속도를 올리면 탄수화물도 더 많이 태워야 한다.).[53] 또한 지방세포는 에스트로겐estrogen 같은 호르몬의 조절과 합성을 돕고, 피하지방은 뛰어난 단열재라서 몸을 따뜻하게 유지시킨다.

결국 많은 지방을 비축할 수 없었다면 인간의 뇌가 그렇게 커질 수 없었을 것이고, 수렵채집인 어머니들은 뇌가 큰 자식들에게 영양가가 높은 젖을 충분히 제공할 수 없었을 것이며, 우리의 지구력은 지금보다 못했을 것이다. 불행히도 지방은 화석 기록으로 보존되지 않으므로, 우리 조상들이 언제부터 다른 영장류에 비해 통통해졌는지는 확실히 알 수 없다. 아마 이 추세는 호모 에렉투스 때 시작되어, 약간 더 커진 뇌와 장거리 걷기·달리기에 필요한 연료를 공급하는 데 도움이 되었을 것이다. 고인류에 와서는 높은 체지방 비율이 더 중요해졌을 것이고, 특히 아기들이 그랬을 것이다. 빙하기에 유럽에서 겨울을 나는 네안데르탈인이라면 나라도 따뜻하게 지낼 수 있도록 체지방이 많기를 바랄 것이다. 언젠가 인간 몸에서 지방을 늘리는 유전자를 찾아내 이 유전적 적응이 언제 진화했는지 알아내면 이 가설을 검증할 수 있을 것이다.

지방의 중요한 역할이 낳은 진화의 역설적 유산은 오늘날 많은 사람들이 지방을 갈구하고 저장하도록 완벽하게 적응되어 있다는 것이다. 다큐멘터리 영화 〈슈퍼 사이즈 미〉에서 모건 스퍼록Morgan Spurlock은 맥도널드 음식만 먹고 28일 만에 약 11킬로그램을 찌웠다(그는 하루 평균 5,000칼로리를 섭취했다.)! 인간이 이러한 극단적인 묘기를 부릴 수 있는 것은 배 터지게 먹을 수 있는 드문 기회에 최대한 많은 지방을 저장하는 적응들이 수천 세대에 걸쳐 선택된 결과다. 화요일에 저장한 200그램의 지방은 수요일에 추적 사냥을 할 때 유용하게 쓰였을 것이다. 그리고 음식이 충분할 때 저장해둔 몇백 그램은 살이 빠질 수밖에 없는 계절에 요긴하게 쓰였을 것이다. 은행에 넣어둔 돈처럼 비축된 지방은 먹을 것이 없는 계절에도 활동을 계속하고 몸을 유지하고 번식까지 할 수 있게 해준다.[54] 하지만 불행히도 자연선택은 패스트푸드 식당은 고사하고 끝없는 풍요의 시절에 대처할 수 있도록 우리 몸을 준비시키지 않았다. 이 주제는 9장에서 더 다룰 것이다.

그 많은 에너지는 어디서 났을까?

고인류는 그 많은 에너지를 어떻게 얻어 몸과 뇌를 더 키우고, 더 오래 성장하고, 더 일찍 젖을 떼고 더 많은 지방을 비축할 수 있었을까? 이러한 묘기를 부릴 방법은 둘 뿐이다. 첫 번째 방법은 전반적으로 더 많은 에너지를 획득하는 것이다. 두 번째 방법은 다른 기능에 쓰이는 에너지를 아끼고, 뇌 성장과 번식에 더 많은 에너지를 쓰는 것이다. 고인류는 두 방법을 모두 썼을 것이다.

이러한 에너지 전략을 이해하기 위해 당신의 총에너지 예산을 여러 개의 은행 계좌에 나누어 보관한다고 생각해보자. 첫 번째 계좌는 기초대사량이다. 몸을 움직이거나 음식을 소화시키는 등의 활동을 하지 않고 단순히 체조직들을 유지하는 데 쓰는 에너지를 말한다. 포유류의 기초대사량이 대체로 체질량에 비례하듯[55], 인간도 마찬가지다. 몸무게가 40킬로그램인 전형적인 침팬지는 기초대사량이 하루에 약 1,000칼로리이고, 몸무게가 60킬로그램인 전형적인 수렵채집인은 기초대사량이 하루에 약 1,500칼로리다.[56] 하지만 3장에서 이야기했듯이 인간은 기초대사가 이뤄지는 여러 부분에 배분되는 에너지 비율을 바꾸었다. 호모 에렉투스와 고인류 개체들이 몸집에 비해 큰 뇌를 유지할 수 있었던 것은 어느 정도는 몸집에 비해 작은 소화관을 가졌기 때문일 것이다. 더 작은 소화관(뿐만 아니라 더 작은 치아)으로 살아가는 것은 육류 섭취와 식품 가공으로 고칼로리 식생활을 할 때에만 가능하다.

작은 소화관 덕분에 큰 뇌를 유지할 수 있었다 해도, 따져볼 것이 하나 더 있다. 하루에 획득하는 에너지 총량(일일 에너지 생산량)과 하루에 쓰는 에너지 총량(총에너지 소비량)을 비교해보는 것이다. 인간은 양측 모두에서 이례적이다. 아마 고인류도 마찬가지였을 것이다. 침팬지의 총에너지 소비량은 하루 평균 1,400칼로리쯤이지만, 현대 수렵채집인의 총에너지 소비량은 하루 2,000~3,000칼로리로, 몸 크기를 고려해 예측한 것보다 높다.[57] 수렵채집인의 총에너지 소비량이 비교적 많은 이유는 좀 더 활동적이기 때문이다. 그들은 장거리를 걷고 뛰며, 아이와 식량을 메고, 땅을 파 식물을 캐고, 음식을 가공하고, 기계나 가축의 도움 없이 일상적인 허드렛일을 직접 처리한다. 고인류도 몸 크기가 비슷한 현대 수렵채집인만큼 이동하고 일했을 것이기에 그들의 총에너지 소비량도 그리 다르지 않았을 것이다. 하지만 더 중요한 점은 수렵채집인 성인의 일일 에너지 생산량이 총에너지 소비량보다 일반적으로 더 높다는 것이다. 일일 에너지 생산량은 측정하기 어려운 데다 날마다, 계절마다, 개인마다, 심지어는 집단마다 크게 다르다. 하지만 다수의 수렵채집 집단을 대상으로 실시한 연구들을 보면, 전형적인 수렵채집인 성인은 하루에 약 3,500칼로리를 획득한다.[58] 이 값은 편차가 크고 오차의 여지도 많지만, 중요한 것은 수렵채집인 성인이 하루에 1,000~2,500칼로리의 잉여 에너지를 획득한다는 점이다. 이 상당한 잉여 에너지는 고기를 사냥하고 꿀, 덩이줄기, 견과류, 딸기류처럼 노력에 비해 많은 에너지를 제공하는 질 높은 식량을 다양하게 채집한 결과다.[59]

고인류가 잉여 에너지를 획득하는 데 도움을 준 다른 두 요인은 협력과 기술이었다. 수렵채집인은 생존을 위해 노동 분업을 조직하고, 친족뿐 아니라 타인과 자원을 공유하는 등의 협력을 해야만 한다. 최초의 수렵채집인이 오늘날의 수렵채집인만큼 긴밀하게 협력했는지는 알 수 없지만, 협력 행위에 대한 선택이 빠르게 일어났을 것이다. 기술의 역할은 좀 더 추적하기 쉽다. 앞서 우리는 최초의 석기가 초기 호모속이 음식을 자르고 부수는 것을 어떻게 도왔는지, 그리고 고인류가 돌로 된 창촉을 어떻게 발명했고 그 덕분에 사냥이 얼마나 쉽고 안전해졌는지 살펴보았다. 요리도 엄청난 기술적 진보였다. 우리는 뭔가를 먹을 때마다 씹고 소화시키기 위해 에너지를 써야 한다(밥을 먹은 뒤에 맥박과 체온이 올라가는 것은 이 때문이다.). 자르고 갈고 부수는 기계적 가공을 거친 음식은 식물성이든 동물성이든 소화시키는 데 에너지가 훨씬 덜 든다. 요리의 효과는 상당했다. 감자 같은 것들은 요리해서 먹으면 날 것으로 먹을 때보다 열량이나 영양소들을 대략 두 배 더 얻을 수 있다.[60] 또한 요리하는 과정에서 병균이 죽기 때문에 면역계를 가동하는 비용이 크게 준다.

정확히 어떻게 고인류가 정기적으로 충분한 고칼로리 음식을 획득했든 간에, 에너지 흑자가 선순환의 고리를 만든 것이 분명하다. 이러한 선순환 고리가 어떤 식으로 작동했는지를 설명하는 이론은 여러가지가 있다. 하지만 모든 이론은 우리 몸이 기초대사량을 충족시킨 후 남은 잉여 에너지를 네 가지 방식으로 쓴다는 기본 원리를 공유한다. 우리는 그 잉여 에너지를 아직 미성숙한 몸을 성장시키는 데, 더 많이 활동하는 데, 더 많은 자식을 낳고 기르는 데 쓰거나 지방 형태로 저장할 수 있다.[61] 만일 삶이 불확실하고 유아 사망률이 높으면, 최선의 진화적 전략은 유인원보다 쥐처럼 살면서 잉여 에너지를 최대한 번식에 투자하는 것이다. 하지만 만일 자식들이 모두 잘 크고 있다면 고인류처럼 더 적은 수의 뛰어난 자식들에게 더 많은 에너지를 투자하는 것이 이익이다. 발달을 지연시켜 뇌를 더 크게 키우는 것은 이러한 전략의 일환이다. 뇌가 더 크면 더 많이 배울 수 있고 언어와 협력 같은 복잡한 인지 활동과 사회적 행동을 할 수 있으므로, 자식들은 더 나은 수렵채집인이 되어 생존하고 번식할 확률을 높인다. 그 결과 더 똑똑하고 더 협력을 잘 하는 수렵채집인이 더욱더 많은 잉여 에너지를 생산하게 되므로, 계속해서 더욱더 크고 천천히 성장하는 뇌와 더 오래 성장하는 통통한 몸에 대한 선택이 일어난다. 게다가 적절한 에너지 공급과 아낌없는 사회적 지원을 받는 어머니들은 더 일찍 아이의 젖을 뗄 수 있었기 때문에 더 많은 자식을 낳았을 것이다.

아직은 이 가설을 완전히 검증할 수 없다. 언제부터 인간이 더 통통해졌는지, 언제부터 인간이 유인원보다 일찍 젖을 떼기 시작했는지 증명할 수 없기 때문이다. 하지만 우리는 언제부터 뇌와 몸이 커졌는지, 언제부터 초기 성장 기간들이 길어졌는지 측정할 수 있다. 여러 증거들은 그러한 방향으로의 진화가 점진적이었음을 암시하는데, 이는 선순환 고리 가설이 예측하는 바와 정확히 일치한다. 그림 10이 보여주듯이 뇌 크기는 호모속에서 급증하지 않았고, 호모 에렉투스의 등장 이후 100만 년 이상 동안 서서히 증가했다. 마찬가지로 인간의 발달 기간도 점진적으로 늘어났을 것이다.

이러한 추론들을 검증하기 위해서는 더 많은 자료가 필요하지만, 잉여 에너지에 힘입은 에너지 예산의 변화가 빙하기에 수렵채집 생활을 했던 고인류의 몸을 진화시킨 중요한 원동력이었다고 봐도 무방하다.

하지만 더 많은 에너지를 획득하고 이용하는 추세가 보편적인 것은 아니었다. 예상할 수 있다시피 빙하기에 모든 집단이 잉여 에너지를 갖지는 못했다. 수많은 화석들이 특정 시기에 생존 투쟁이 매우 힘겹고 위태로웠으며 이따금씩 파국으로 끝났음을 보여준다. 음식이 귀해지자 고칼로리 식단에 대한 의존은 자산에서 부채로 전환되었다. 연료비가 오르면 기름을 많이 먹는 자동차가 돈 먹는 하마가 되는 것처럼 말이다. 빙하가 확장한 시기에 유럽의 온대 지역에 사는 고인류들의 삶은 힘겨웠으며, 그중 다수는 멸종했을 것이다. 열대 지역, 특히 섬에서도 음식이 귀해졌을 것이다. 실제로 우리 종의 독특한 에너지 의존성이 얼마나 큰 역효과를 낼 수 있는지 가장 잘 보여주는 사례가 '호빗hobbit'으로 알려져 있는 인도네시아의 난쟁이 고인류인 호모 플로레시엔시스*Homo floresiensis*다.

에너지 반전: 플로레스섬의 호빗 이야기

섬에서는 이상한 진화적 사건들이 종종 일어난다. 작고 외딴 섬에 사는 대형 동물들이 종종 에너지 위기에 직면하는 것은 대륙에 비해 식물이 적고 먹을 것이 없기 때문이다. 이러한 환경에서는 덩치 큰 동물들은 그 섬이 제공할 수 있는 것보다 더 많은 식량이 필요하기 때문에 살아남기 아주 힘들다. 반면 작은 동물들은 본토의 친척들보다 더 잘 사는 경우가 많은데, 식량이 충분한 데다 다른 작은 종들과의 경쟁도 덜 하고, 포식자도 없어서 숨을 필요가 없기 때문이다. 그 결과 많은 섬에서 작은 종들은 더 커지고(거대화) 큰 종들은 더 작아진다(왜소화). 따라서 마다가스카르, 모리셔스, 사디니아 같은 섬에는 대형 쥐와 왕도마뱀(코모도왕도마뱀)이 소형 하마, 코끼리, 염소와 함께 산다.

수렵채집인도 똑같은 에너지 제약에 직면하면 비슷한 과정을 겪는다.[62] 호모속의 가장 극단적인 예는 플로레스섬에서 일어났다. 인도네시아 군도의 일부인 플로레스섬은 발리, 보르네오, 티모르를 포함하는 일군의 섬들과 아시아대륙 사이에 있는 깊은 해구의 동쪽에 있다. 그래서 빙하기에 해수면이 최저로 내려갔을 때조차 플로레스섬과 가장 가까운 섬 사이에는 수 킬로미터 깊이의 바다가 놓여 있었다. 하지만 쥐, 왕도마뱀, 코끼리 등의 몇몇 동물들이 헤엄쳐 건너가 거대화 또는 왜소화 과정을 겪었던 것 같다. 이 섬에는 현재 대형 쥐들이 코모도왕도마뱀과 함께 살고 있고, 최근까지 난쟁이 코끼리인 스테고돈*Stegodon*이 살았다.

그리고 호빗이 있었다. 1990년대에 플로레스섬에서 연구하던 고고학자들이 최소 80만 년 전의 것으로 추정되는 원시적인 도구들을 발견했다.[63] 그것은 호모 에렉투스가 뗏목을 타거나 헤엄쳐 플로레스섬에 왔음을 뜻했다. 그리고 나서 2003년에 리앙 부아 Liang Bua 동굴에서 땅을 파던 오스트레일리아와 인도네시아 연구팀이 9만 5000년 전과 1만 7000년 전 사이의 것으로 추정되는 소형 인류의 골격 일부를 발견했다. 이 소식은 전 세계에 대서특필되었다. 그 연구팀은 이 화석을 호모 플로레시엔시스라고 명명하고, 초기 호모속에 속하는 난쟁이 종의 유해로 추정했다.[64] 언론에서는 빨 빠르게 이 종에 '호빗'이라는 별명을 붙였다. 그 뒤로도 이 종의 유해가 최소 여섯 개체 더 발견되었다.[65] 이들은 키가 약 1미터에 몸무게가 25~30킬로그램이고, 침팬지 뇌와 비슷한 약 400세제곱센티미터의 작은 뇌를 가진 소형 인류였다. 이 화석들은 눈썹뼈가 발달되어 있었고, 턱끝이 없었으며, 다리가 짧았고, 발이 길고, 발바닥활이 완전하게 발달되어 있지 않는 등 이상한 조합의 여러 특징들을 갖고 있다. 연구자들은 호빗의 뇌와 머리뼈(그림 11 참조)가 크기만 빼면 호모 에렉투스와 가장 비슷하다는 분석을 내놓았다.[66] 그렇다면 가장 타당한 시나리오는, 호모 에렉투스가 적어도 80만 년 전에 이 섬에 도착해 식량 부족에 처한 결과 더 작은 뇌와 몸집을 갖도록 진화했다는 것이다.

당연히 호모 플로레시엔시스는 많은 논란을 불러일으켰다. 어떤 학자들은 이 종의 뇌가 몸 크기에 비해 너무 작다고 주장했다. 체질량이 각기 다른 동물들을 비교해보면, 덩치가 큰 종이 절대적으로는 더 크지만 상대적으로는 더 작은 뇌를 갖는 경향이 있다. 고릴라는 침팬지보다 체질량이 세 배지만, 뇌는 단지 18퍼센트 더 크다. 일반적인 축척 법칙에 따르면, 호빗이 절반 크기의 인간(피그미족)인 경우 뇌가 대략 1,100세제곱센티미터여야 하고, 호모 에렉투스의 난쟁이 변종인 경우 뇌가 500~600세제곱센티미터여야 한다.[67] 여러 연구자들은 이런 예측을 토대로 호빗의 유해는 질병 때문에 몸과 뇌가 작아진 어떤 현생 인류의 것이라고 결론 내렸다. 하지만 이 종의 뇌와 머리뼈, 팔다리를 자세히 분석한 결과들을 보면 호모 플로레시엔시스가 어떤 질병을 앓았거나 비정상적인 성장을 겪었던 것 같지는 않다.[68] 그뿐 아니라 다른 섬의 난쟁이 하마에 관한 연구들을 보면, 섬 같은 환경에서 왜소화 과정이 일어날 때 자연선택은 뇌 크기를 극단적으로 줄일 수 있으며, 호모 플로레시엔시스의 작은 뇌도 그렇게 설명할 수 있는 수준이다.[69] 살기 힘든 작은 섬에서 에너지를 많이 소모하는 큰 뇌는 분명 감당하기 힘든 사치다.

셜록 홈스가 말했듯이(물론 소설에서였지만) "불가능한 것을 제거했을 때 남는 것은 아무리 있을 법하지 않아 보여도 사실일 확률이 높다." 호빗이 작은 뇌를 가진 왜소증 환자가 아니라면, 남은 가능성은 호미닌의 한 종이라는 것이다. 실제로는 두 가지 가능성이 존재한다. 첫 번째는 호빗이 호모 에렉투스의 후손일 가능성이다. 그리고 원시적인 손과 발이 제기하는 더 놀라운 두 번째 가능성은, 호빗이 호모 하빌리스 같은 더 원시적인 종이라는 것이다. 이 경우 그들은 아주 오래전 아프리카를 떠나 인도네시아에 온 다음에 플로레스섬으로 건너왔고, 그 경로를 추적할 만한 화석을 전혀 남기지 않았다는 이야기가 된다. 어느 쪽이든 뇌의 크기가 상당히 줄어야 한다. 지금까지 발견된 호모 에렉투스의 가장 작은 뇌는 600세제곱센티미터이고, 호모 하빌리스의 가장 작은 뇌는 510세제곱센티미터다. 따라서 자연선택이 일어나 뇌 크기가 적어도 25퍼센트는 줄어야 호빗의 작은 뇌를 설명할 수 있다.

호빗과 관련하여 가장 중요한 사실은 이 놀라운 종이 인류의 진화에서 에너지가 얼마나 중요했는지 온몸으로 보여준다는 점이다. 자원이 제한된 섬이라는 상황에서는 뇌와 몸 크기의 축소가 설득력 없는 일이 아니며, 에너지 부족에 처한 초기 인류 또는 고인류에게 충분히 일어날 수 있는 일이다. 큰 몸과 뇌는 에너지 소모가 많아서 자연선택이 비용을 줄일 때 가장 먼저 겨냥하는 표적이 된다. 호모 플로레시엔시스는 몸집을 줄여 하루에 1,200칼로리, 수유 중에는 하루에 1,440칼로리로 생존할 수 있었을 것이다. 이것은 호모 에렉투스 어머니에 비하면 훨씬 적은 양이다. 호모 에렉투스 어머니들은 임신 중이거나 수유 중이 아니어도 하루에 약 1,800칼로리가 필요했고, 수유 중일 때는 하루에 2,500칼로리가 필요했다. 호모 플로레시엔시스가 그렇게 작은 뇌를 갖는 대신 인지 능력에서 어떤 대가를 치렀는지 모르지만, 그러한 교환은 분명 할 만한 가치가 있었을 것이다.

고인류에게 무슨 일이 일어났을까?

열대 지역을 여행하면서 유연관계가 가까운 영장류를 보게 된다면, 그들 사이에 유사점과 차이점이 보일 것이다. 예를 들어 침팬지는 2종, 긴팔원숭이는 5종, 짧은꼬리원숭이는 12종 이상이 존재한다. 지금까지 살펴보았듯이 자연선택은 빙하기에 초기 호모속에서도 다양한 후손들을 빚어냈다. 유럽의 네안데르탈인, 아시아의 데니소바인, 인도네시아의 호빗 등이다. 물론 호모 사피엔스도 그중 하나였다. 우리는 네안데르탈인과 거의 같은 시기에 진화했는데, 만일 당신이 약 20만 년 전에 살았던 최초의 현생 인류를 관찰할 수 있다면 그들이 네안데르탈인들과 근본적으로 다르지 않다고 생각할 것이다. 호빗을 제외하면 현생 인류와 고인류의 몸은 큰 뇌를 포함해 일반적으로 비슷했다. 하지만 현생 인류는 몇 가지 점에서 독특하다. 우리 종은 (지금까지) 매우 다른 진화적 운명을 맞았다. 빙하기가 끝날 무렵 우리와 가까운 친척 종들은 모두 멸종했고, 현생 인류만 인류 계통에서 유일하게 살아남았다.

왜 그랬을까? 왜 다른 종들은 멸종했을까? 현생 인류의 무엇이 생물학적으로나 행태적으로 특별할까? 현생 인류만의 적응은 무엇일까? 그리고 에너지를 새로운 방식으로 이용하는 능력 등 고인류의 유산은 어떻게 인간 몸에 다섯 번째 큰 변화를 일으켰을까?

∞

5장

매우 문화적인 종

: 현생 인류는 어떻게 세계를 차지했는가

문화란 우리는 하지만 원숭이는 하지 않는 것이다.

—피츠로이 서머싯(래글런 백작)

인간이 한때는 모두 석기 시대 수렵채집인이었다는 사실을 나는 여덟 살 때 처음 알았다. 당시 텔레비전에서 타사다이족에 관한 화질이 좋지 않은 영상을 넋을 잃고 보았던 기억이 난다. 타사다이족은 그 당시에 막 '발견된' 필리핀의 원시 부족으로 현대 문명과 한 번도 접촉한 적이 없었다. 오직 26명만 남은 그들은 거의 벌거벗은 채 동굴에서 살았고, 석기를 만들었으며, 곤충, 개구리, 야생 식물을 먹었다. 이 발견에 전 세계가 전율했다. 내가 다니던 학교 선생님을 포함한 어른들은 타사다이족에게는 폭력이나 전쟁을 뜻하는 단어가 없다는 사실에 특히 흥분했다. 많은 사람들이 타사다이족과 같다면 얼마나 좋을까.

불행히도 타사다이족은 날조된 것으로 드러났다. 모두가 이 부족의 '발견자'인 마누엘 엘리잘데Manuel Elizalde가 꾸며낸 이야기였다. 그는 근처 마을사람들 몇 명에게 돈을 주어 청바지와 티셔츠를 난초 잎으로 만든 아랫도리로 바꿔 입게 한 뒤 카메라 앞에서 쌀과 돼지고기 대신 벌레와 개구리를 먹게 했다고 한다. 나는 타사다이족에 전 세계가 속은 것은 엘리잘데가 연출한 원시 사회의 모습이 베트남 전쟁 당시 많은 사람이 보고 싶어한 모습과 일치했기 때문이었다고 생각한다. 타사다이족은 문명에 오염되지 않은 인간은 원래 선하고 평화로우며 건강하다는 루소의 자연주의 사상을 보여주고 있었다. 그뿐 아니라 타사다이족의 느긋한 생활 방식은 석기 시대의 삶이 힘겨웠으며 인간의 역사는 농업이 시작된 뒤로 진보를 거듭해왔다는 고정관념을 완전히 뒤집었다. 타사다이족이 우리집 텔레비전 화면에 나오고 《내셔널 지오그래픽 매거진 *National Geographic Magazine*》의 지면을 장식한 그해에, 인류학자 마셜 살린스Marshall Sahlins가 『석기 시대 경제학』이라는 유명한 저서를 펴냈다.[1] 살린스는 수렵채집 사회가 "원래 풍요로운 사회"였다고 주장했다. 수렵채집인들은 기본적인 생계를 유지하는 것 외에 필요한 것이 거의 없었다. 뼈 빠지게 일할 필요도 없었다. 그들은 매우 다양하고 영양가 있는 음식을 먹었고, 폭넓은 사교 생활과 많은 자유 시간을 누렸으며, 폭력은 거의 없었다. 여전히 인기 있는 이러한 사고방식에 따르면, 인간 조건은 우리가 농부가 된 약 600세대 전부터 계속 나빠졌다.

하지만 그리 멀지 않은 석기 시대의 삶은 양극단의 주장들과 달리 실제로는 그리 끔찍하지도 그리 목가적이지도 않았을 것이다. 수렵채집인은 농부처럼 오랜 시간 일할 필요가 없고 전염병에도 잘 걸리지 않지만, 그렇다고 해서 열심히 일하지 않아도 부족함 없이 살 수 있었던 것은 아니다. 사실 수렵채집인은 자주 굶주린다. 그들은 충분한 식량을 얻기 위해 긴밀히 협력해야 할 뿐 아니라 걷고, 달리고, 짐을 짊어지고, 땅을 파는 등 많은 일을 해야만 한다. 하지만 살린스의 분석도 완전히 틀린 것은 아니다. 수렵채집인은 본인이 속한 집단과 가족이 하루에 필요로 하는 것을 충족시킬 만큼만 일하면 된다. 그 뒤에는 휴식을 취하거나 가족이나 친구들과 어울리며 잡담을 나누며 시간을 보낸다. 통근, 실직 위험, 진학, 은퇴를 대비한 저축 같은 많은 스트레스에 시달리는 현대인은 수렵채집 경제를 좋게 생각할 만하다.

타사다이족 같은 부족들은 남아 있지 않지만, 최근까지 소수의 수렵채집 집단들이 있었고 그중 몇몇은 아직 현존한다. 물론 진정한 수렵채집인의 생활에 얼마나 가까운지는 집단마다 차이가 있다. 현대 수렵채집인들을 연구하는 것은 흥미로운 동시에 중요한 일인데, 그들은 우리 조상들이 수천 세대 동안 살았던 방식과 가장 비슷한 방식으로 살고 있는 마지막 사람들이기 때문이다. 그들의 식생활, 활동, 문화에 대해 알면 현생 인류가 무엇에 적응되어 있는지 알아내는 데 어느 정도 도움이 된다. 하지만 단순히 현대 수렵채집인들을 연구하는 것만으로는 왜 인간이 지금과 같은 방식으로 살아가는지 알 수 없다. 우리 몸이 수렵채집 생활을 위해서만 진화한 것은 아니기 때문이다. 게다가 석기 시대 수렵채집인의 모습을 고스란히 간직하고 있는 집단은 존재하지 않는다. 그들 모두가 농부들, 목동들과 수천 년간 교류했기 때문이다.

현생 인류의 몸이 어떻게 그리고 왜 지금과 같이 되었고 왜 우리가 지구상에 마지막으로 살아남은 인류 종이 되었는지 알려면, 잠시 시간을 거슬러 올라가 우리 몸의 역사에서 마지막으로 일어난 종 분화 사건speciation event인 호모 사피엔스의 기원에 대해 살펴봐야 한다. 화석 기록에만 초점을 맞출 경우, 더 작아진 얼굴과 더 둥글어진 뇌와 머리뼈처럼 머리에서 가장 분명한 몇몇 사소한 해부적 변화들이 일어나면서 현생 인류가 진화했다고 생각할 수 있다. 하지만 이것과 고고학 기록에서 관찰되는 사실들을 결합하면, 고인류와 현생 인류의 가장 큰 차이가 문화적 변화를 일으키는 능력임을 알 수 있다. 우리는 혁신하고 정보와 사상을 교류하는, 전례를 찾아보기 힘든 독특한 능력을 갖고 있다. 처음에 현생 인류는 문화를 서서히 바꿔나가며 수렵채집 방식에 중요하고도 점진적인 변화들을 일으켰다. 그런 다음 약 5만 년 전부터 문화 기술 혁명이 일어나 인류가 전 세계로 퍼져나가는 것을 도왔다. 그 뒤로 문화적 진화는 변화를 일으키는 빠르고 강력한 엔진이 되었다. 그러므로 호모 사피엔스를 특별하게 만드는 것이 무엇이며 왜 우리가 살아남은 유일한 인류 종인가에 대한 최선의 답은 우리의 하드웨어에 몇 가지 작은 변화가 일어났고 그것이 지금도 점점 속도를 높이며 계속되고 있는 소프트웨어 혁명에 불을 붙였기 때문이라는 것이다.

최초의 호모 사피엔스는 누구였나?

호모 사피엔스가 언제 어디에서 기원했는지에 대해 모든 종교는 각기 다른 설명을 내놓는다. 구약성경에 따르면 신이 에덴동산에서 흙으로 아담을 창조한 다음에 아담의 갈비뼈로 이브를 만들었다. 다른 문화권에서는 신이 최초의 인간을 토해냈거나, 진흙으로 빚었거나, 거대한 거북에서 탄생시켰다고 이야기한다. 하지만 과학은 현생 인류의 기원을 단 한 가지로 설명한다. 게다가 이 사건은 수많은 증거들을 바탕으로 아주 철저하게 연구되고 검증되어서, 우리는 현생 인류가 적어도 20만 년 전 아프리카 고인류에서 진화했다고 꽤 확실하게 말할 수 있다.

우리 종이 기원한 시기와 장소를 정확하게 알아낼 수 있었던 것은 대체로 유전자 연구 덕분이다. 유전학자들은 전 세계 사람들의 유전적 변이를 비교해 가계도를 도출할 수 있고, 그 가계도를 바탕으로 모든 사람이 마지막으로 공통조상을 공유한 시점을 추산할 수 있다. 수천 명의 유전자 데이터를 이용한 수백 개 연구들은 모든 살아 있는 사람들의 뿌리를 추적하면 약 30만~20만 년 전 아프리카에 살았던 한 집단으로 거슬러 올라갈 수 있으며 그 작은 집단이 약 10만~8만 년 전부터 아프리카 밖으로 퍼져나가기 시작했다는 것을 일관되게 보여준다.[2] 다시 말해, 아주 최근까지 모든 인간은 아프리카인이었다. 이 연구들은 또한 모든 살아 있는 사람들이 놀랍도록 적은 수의 조상들에서 유래했다는 사실도 알려준다. 한 계산에 따르면, 지금 살고 있는 모든 사람은 사하라사막 이

남 아프리카에서 온 1만 4000명 이하의 한 집단에서 유래했고, 모든 비아프리카계 사람들을 탄생시킨 초기 집단은 3,000명 이하였던 것 같다.[3] 우리가 하나의 작은 집단에서 최근에 갈라졌다는 것은 모든 사람이 알아야 할 또 다른 중요한 사실, 즉 우리 모두가 유전적으로 균질한 종이라는 사실을 설명해준다. 우리 종에 존재하는 유전적 변이를 전부 조사해보면, 어느 집단에서든 그중 86퍼센트가 발견된다.[4] 쉽게 말해, 피지든 리투아니아든 한 집단만 남기고 세계 모든 사람을 없애도 여전히 인간의 거의 모든 유전적 변이가 보존된다. 한 집단 내에 그 종의 유전적 변이의 40퍼센트 이하를 공유하는 침팬지 등의 유인원들과는 극명하게 대조되는 패턴이다.[5]

우리 종이 최근에 아프리카에서 기원했다는 증거는 화석 DNA에서도 나온다. 너무 뜨겁지도 않고 너무 산성도 아니고 너무 알칼리성도 아닌 적당한 조건에서 DNA 파편들은 화석 뼈에 수천 년간 보존될 수 있다. 초기 현생 인류 몇 개체와 고인류 10여 개체—주로 네안데르탈인—에서 오래된 DNA 파편들이 나왔다. 스반테 패보Svante Pääbo와 그 동료들이 초인적인 노력으로 이 파편들을 다시 조립해 분석한 결과, 현생 인류와 네안데르탈인이 같은 조상 집단에 속한 마지막 시기는 약 50만~40만 년 전으로 밝혀졌다.[6] 놀랍지 않게도, 인간과 네안데르탈인의 DNA는 매우 비슷하다. 즉 당신의 염기쌍은 600개 중 1개 비율로 네안데르탈인과 다르다. 어떤 유전자가 다른지, 그것이 무엇을 의미하는지 알아내기 위해 현재 많은 연구가 이루어지고 있다.

고인류와 현생 인류의 DNA에는 또 다른 놀라운 사실이 숨어 있다. 네안데르탈인과 현생 인류의 유전체를 꼼꼼하게 비교해 분석한 결과, 비아프리카계 사람이면 네안데르탈인의 유전자를 2~5퍼센트쯤 갖고 있는 것으로 드러났다. 현생 인류가 중동을 거쳐 아프리카 밖으로 퍼져나가던 5만 년 전에 네안데르탈인과 현생 인류 사이에 이종교배가 일어났던 것 같다.[7] 이 집단의 후손들은 유럽과 아시아로 퍼져나갔다. 아프리카인들이 네안데르탈인의 유전자를 전혀 갖고 있지 않은 것은 이 때문이다. 또 현생 인류가 아시아로 가서 데니소바인과 교배할 때 이종교배가 한 번 더 일어났다. 오세아니아와 멜라네시아 사람들의 유전자 중 3~5퍼센트가 데니소바인의 것이다.[8] 더 많은 화석 DNA가 발견되면 또 다른 이종교배의 흔적들을 찾을 수 있을 것이다. 하지만 이 흔적들을 현생 인류, 네안데르탈인, 데니소바인이 하나의 종이라는 증거로 해석해서는 안 된다. 유연관계가 가까운 종들은 서로 접촉할 때 드물게 이종교배가 이루어지는데 인간도 다르지 않다. 사실 나는 멸종한 네안데르탈인의 잔재가 내 안에 살아 있다는 사실을 알게 되어 기쁘다.

현생 인류가 언제 어디에서 처음 진화했는지 알려주는 더 가시적인 단서는 화석이다. 유전자 데이터가 예측한 대로 지금까지 가장 오래된 현생 인류 화석들은 아프리카에서 나왔으며, 그 연대는 약 19만 5000년 전으로 추정된다.[9] 15만 년 전보다 오래된 초기 현생 인류의 화석들도 아프리카에서만 나온다.[10] 이 뼈들을 추적해 호모 사피엔스가 처음에 어떤 경로를 통해 전 세계로 흩어졌는지 알 수 있다. 현생 인류는 15만~8만 년 전에 중동에 처음 나타나고

(이 연대는 불확실하다.), 그다음 약 3만 년간 사라진다. 유럽의 빙하 작용이 극으로 치달았을 때 네안데르탈인들이 중동으로 이동하면서 일시적으로 현생 인류를 대체한 것 같다.[11] 새로운 기술로 무장한 현생 인류는 약 5만 년 전에 다시 중동에 나타났고, 그다음에 북쪽, 동쪽, 서쪽으로 빠르게 퍼져나갔다. 현존하는 자료들에 따르면, 유럽에는 약 4만 년 전에, 아시아에는 약 6만 년 전에, 뉴기니와 오스트레일리아에는 약 4만 년 전에 현생 인류가 나타났다.[12] 또한 여러 고고학 유적지들은 현생 인류가 3만 년 전과 1만 5000년 전 사이에 베링해협을 건너 신세계에 도착했음을 알려준다.[13]

현생 인류가 전 세계로 퍼져나간 정확한 연대는 화석이 계속 발견되면서 바뀌겠지만, 중요한 사실은 그들이 아프리카에서 처음 진화한 이후 단 17만 5000년 만에 남극을 제외한 모든 대륙을 점령했다는 것이다. 게다가 수렵채집 생활을 하던 현생 인류가 퍼져나갈 때마다, 그리고 퍼져나가는 곳마다 고인류가 곧 멸종했다. 예를 들어 지금까지 알려진 유럽의 마지막 네안데르탈인은 스페인 남단의 한 동굴에서 발견되었는데, 연대가 기껏해야 3만 년 전이었다. 이때는 현생 인류가 유럽에 처음 나타난 이래로 약 1만~1만 5000년이 지났을 때였다.[14] 이 증거는 현생 인류가 유럽 전역으로 빠르게 퍼져나가면서 네안데르탈인이 감소했고, 결국에는 격리된 레퓨지아refugia(과거에는 광범위하게 분포했던 유기체가 소규모의 제한된 집단으로 생존하는 지역 또는 거주지—옮긴이)에만 남아 있다가 영원히 사라졌음을 말해준다. 왜 그랬을까? 무엇이 호모 사피엔스를 지구상에 유일하게 살아남은 인류 종으로 만들었을까? 우리의 몸과 머리는 각기 그 성공에 얼마만큼 기여했을까?

현생 인류의 무엇이 '현대적'인가?

역사는 승자들이 쓰는 것이듯 선사 시대는 생존자들(우리)이 썼고, 우리는 과거에 발생한 일을 너무 자주 필연적인 사건으로 해석한다. 하지만 만일 21세기의 네안데르탈인이 이 책을 쓰면서 왜 호모 사피엔스가 수만 년 전에 멸종했는지 묻고 있다면 어떨까? 아마 그들도 화석과 고고학 증거를 이용해 우리 몸이 어떻게 다르고 우리가 그 몸을 어떻게 사용했는지 알아내려 할 것이다.

역설적으로 우리와 고인류를 구분하는 가장 분명한 차이점들은 생물학적 연관성을 해석하기 어려운 해부 구조에 있다. 그 대부분은 머리에서 나타나는데, 크게 두 가지로 정리할 수 있다(그림 14 참조). 첫 번째는 작은 얼굴이다. 고인류는 머리뼈 앞으로 튀어나온 큰 얼굴을 갖고 있다. 하지만 현생 인류의 얼굴은 그에 비해 평평하고 위아래 길이가 짧아, 얼굴이 이마뼈전두골 아래로 거의 들어가 있다.[15] 네안데르탈인의 눈구멍에 손가락을 넣고 위를 향해 수직으로 찌르면 뇌 앞에 있는 눈썹뼈로 손가락이 나올 것이다. 하지만 우리의 얼굴은 쑥 들어가 있어서 그렇게 찌르면 뇌의 이마엽전두엽으로 손가락이 나올 것이다. 쑥 들어간 더 작은 얼굴은 현생 인류의 얼굴 모양에 여러 영향을 주는데, 이는 그림 14에 잘 나와 있다. 가장 분명한 변화는 눈썹뼈가 더 작아진 것이다. 눈썹뼈는 한때 얼굴 윗부분을 강화하기 위한 적응으로 간주되었지만, 실제로는 이

마와 눈구멍 윗부분을 연결하는 선반 모양의 뼈일 뿐이다. 따라서 눈썹뼈는 얼굴 크기와 얼굴이 머리뼈 앞쪽으로 돌출한 정도에 따라 결정되는 구조적 부산물이다.[16] 평평한 얼굴은 더 작고 짧은 비강과 더 짧은 구강을 만든다. 작은 얼굴은 광대뼈를 줄이고, 눈구멍 또한 더 작고 네모지게 만든다.

현생 인류의 머리에 뚜렷하게 나타나는 두 번째 특징은 둥근 모양이다. 고인류의 머리뼈를 옆에서 보면 좌우로 길고 높이는 낮으며, 눈구멍 위와 머리뼈 뒤쪽에 큰 융기부가 있어 모로 눕힌 레몬 같다. 반면 현생 인류의 머리뼈는 이마가 넓고 옆면과 뒷면의 윤곽이 더 둥글어 오렌지 같다(그림 14 참조). 우리 머리가 더 둥근 것은 얼굴이 더 작기 때문이기도 하지만, 뇌가 더 둥글고 그것을 받치는 머리뼈바닥skull base, 두개저이 덜 평평하기 때문이기도 하다.[17]

지금까지 언급한 점을 빼면 현생 인류의 머리에는 별로 특별한 점이 없다. 뇌가 더 큰 것도 아니고, 치아가 독특한 것도 아니며, 귀, 눈 등 다른 감각기관들도 비슷하다. 작지만 뚜렷한 특징 하나는 턱끝chin, 즉 아래턱뼈에서 뒤집어진 T자 모양으로 튀어나온 부분이 있다는 것이다. 고인류에서는 진정한 턱끝이 발견되지 않았다. 많은 가설에도 불구하고 왜 현생 인류만이 턱끝을 갖는지는 분명하지 않다.[18] 목 아래에서 현생 인류와 고인류를 분간하기는 더 어렵다. 아마 가장 분명한 차이가 현생 인류의 엉덩이가 약간 덜 퍼져 있고, 여성의 산도가 좌우로 약간 더 좁고 앞뒤로 더 넓다는 점일 것이다.[19] 또한 현생 인류는 네안데르탈인보다 어깨가 덜 근육질이고, 허리가 약간 더 굽었으며, 몸통이 덜 술통 모양이고, 발

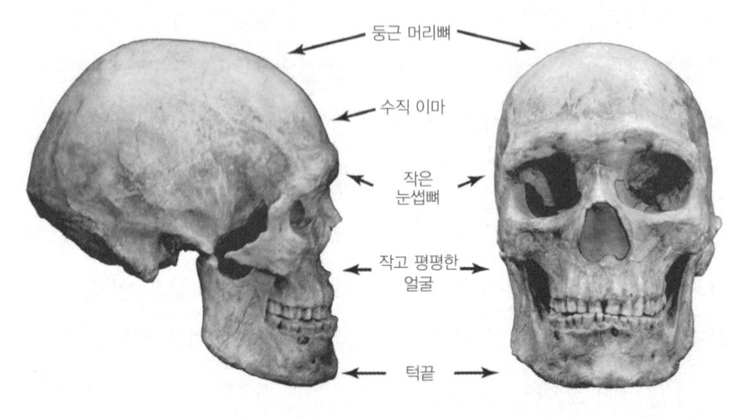

초기 현생 인류(호모 사피엔스)

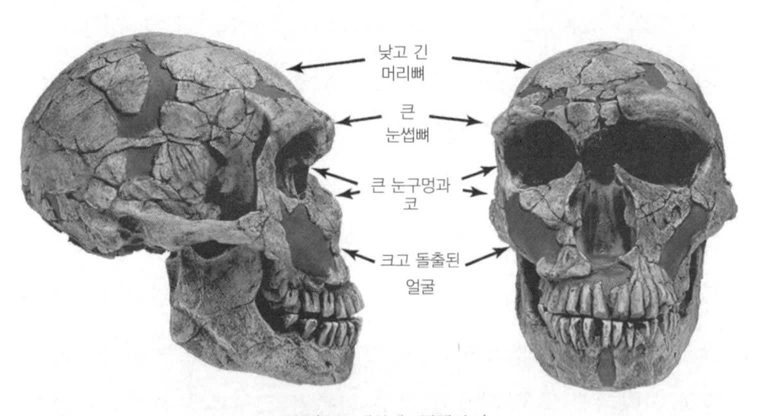

고인류(호모 네안데르탈렌시스)

그림 14. 초기 현생 인류와 네안데르탈인의 머리뼈 비교. 현생 인류의 머리에 나타나는 독특한 특징 대부분은 더 작고 덜 돌출된 얼굴에서 비롯된다.

꿈치뼈가 더 짧다. 현생 인류의 골격이 덜 강건하다는 주장이 있지만 엄밀하게 따지면 그렇지 않다. 몸무게와 팔다리 길이의 차이를 감안하면 초기 현생 인류는 네안데르탈인만큼이나 두꺼운 팔다리뼈를 갖고 있었다.[20] 전반적으로 현생 인류와 고인류 사이의 해부적 차이는 목 윗부분보다 아랫부분에서 훨씬 더 찾기 어렵다.

현생 인류와 고인류의 몸은 일관되게 작은 차이를 보이는 반면, 고고학 기록은 상당히 다른 이야기를 들려준다. 고대 유적지에서 발견되는 석기, 동물 뼈, 인공물 들이 주로 학습된 행동의 산물임을 감안하면, 고고학 증거물로 드러나는 문화적 차이가 처음에는 작다가 시간이 흐르면서 크게 벌어지는 것이 그리 놀라운 일은 아니다. 실제로 초반에는 비슷했을 것이라고 누구나 예상할 것이다. 네안데르탈인과 현생 인류는 둘 다 40만 년 전 이전에 마지막 공통 조상에서 갈라진, 뇌가 큰 수렵채집인들이었다. 그 결과 네안데르탈인과 현생 인류 둘 다 중기 구석기 시대의 도구 제작 전통을 물려받았다(4장 참조). 또한 두 종 모두 인구밀도가 낮았고, 창을 이용해 큰 동물을 사냥했고, 불을 피웠고, 음식을 익혀 먹었다. 하지만 아프리카의 고고학 기록을 자세히 보면 두 종 간의 차이를 감지할 수 있다.[21] 7만 년 이상 된 수많은 아프리카 유적지들은 당시 최초의 현생 인류가 장거리 무역을 하고 있었음을 보여주는데, 이는 크고 복잡한 사회 관계망이 있었다는 뜻이다. 또한 초기 현생 인류는 화살용 돌촉이나 뼈작살 같은 새로운 도구들을 만들어냈다.[22] 남아프리카의 초기 유적지들에서 염색한 목걸이 구슬이나 오커oc her 조각 등 상징 예술symbolic art의 증거들도 발견되었다.[23] 네안데르탈인들이 회화, 예술, 몸치장 같은 상징적인 예술 활동을 했다는 증거는 매우 드물다.[24] 하지만 아프리카에서 나타나는 현대적 행동의 초창기 흔적들은 오래가지 않는다. 예를 들어 자루 달린 화살촉은 6만 5000년 전과 6만 년 전 사이에 남아프리카에 나타났다가 사라지더니, 한참 뒤까지 다시 유행하지 않은 것 같다.[25] 게다가 수렵채집 생활을 하는 초기 현생 인류는 영구적 예술품들을 다량 제작하거나 집을 짓지 않았으며, 거주지의 인구밀도도 높지도 않았다.

그러다 약 5만 년 전부터 놀라운 일이 일어나기 시작했다. 후기 구석기 문화가 등장한 것이다. 정확한 시기와 장소는 불투명하지만, 북아프리카에서 시작되었다가 북쪽의 유라시아와 남아프리카 지역으로 급속하게 퍼져나갔던 것 같다.[26] 후기 구석기 문화가 전과 분명히 다른 점은 석기 제작 방식에 있었다. 중기 구석기 시대에는 노동 집약적이고 까다로운 방식으로 복잡한 도구를 만들었지만, 후기 구석기 시대에는 석기 제작자들이 프리즘 모양으로 미리 준비한 몸돌의 가장자리에서 길고 얇은 돌날을 대량생산하는 방법을 알아냈다. 이 혁신 덕분에 수렵채집인은 여러 가지 특수한 모양으로 가공하기 쉬운, 더 가늘고 더 용도가 다양한 석기를 대량으로 생산할 수 있었다. 하지만 후기 구석기 혁명은 몸돌에서 격지를 떼어내는 것을 뛰어넘는 진정한 기술 혁명이었다. 중기 구석기 시대의 전임자와 달리 후기 구석기 시대의 수렵채집인은 의복과 그물을 만드는 데 필요한 송곳과 바늘을 포함해 다양한 골각기들을 제작했고 램프, 낚싯바늘, 피리 등을 만들었다. 또한 더 복잡한 야영지를 건설했고 때로는 반영구적인 집도 지었다. 그뿐 아니라 사냥꾼들은 투창기와 작살 등 훨씬 더 치명적인 발사 무기들을 개발했다.

수천 개의 고고학 유적지들이 말해주듯, 후기 구석기 시대에 수렵채집의 성격이 근본적으로 바뀌었다. 중기 구석기 시대 사람들은 노련한 사냥꾼들로 주로 큰 동물들을 쓰러뜨렸지만, 후기 구석기 시대 사람들은 어패류, 새, 작은 포유류, 거북 등 훨씬 더 다양한 동물들을 사냥해 식단에 추가했다.[27] 이러한 동물들은 풍부할 뿐 아니라 여자와 아이도 안전하고 쉽게 잡을 수 있었다. 구석기 시대에 먹었던 식물의 흔적은 거의 남아 있지 않지만, 후기 구석기 시대의 사람들은 다양한 식물들을 채집해 단지 굽는 것에 그치지 않고 끓이기도 하고 갈기도 하면서 더 효과적으로 가공했던 것 같다.[28] 이와 같은 식생활의 변화는 인구의 폭발적 증가를 도왔다. 후기 구석기 문화가 등장한 직후 시베리아 같은 험하고 외딴 곳조차 주거지가 늘고 인구 밀도가 높아졌다.

후기 구석기 시대에 가장 두드러진 변화는 문화였다. 사람들은 이때부터 어떻게든 다르게 생각하고 행동했다. 그중 가장 가시적인 증거가 예술이다. 중기 구석기 유적지들에서도 몇 가지 단순한 예술품들이 발견되지만, 후기 구석기 시대에 비하면 드물고 보잘것없다. 후기 구석기 시대에 오면 화려한 동굴 벽화, 작은 조각상, 아름다운 장식물, 뛰어난 공예품이 함께 묻힌 정교한 무덤이 나타나기 시작한다. 물론 모든 후기 구석기 유적지에 예술품이 남아 있는 것은 아니지만, 후기 구석기 시대 사람들은 자신들의 믿음과 감정을 영구적인 매체에 본격적으로 표현하기 시작한 최초의 사람들이었다. 후기 구석기 혁명을 구성하는 또 다른 요소는 문화적 '변화'다. 중기 구석기에는 변화가 거의 없었다. 프랑스, 이스라엘, 에티오피아의 유적지들은 20만 년 전이나 10만 년 전이나 6만 년 전이나 기본적으로 똑같다. 하지만 약 5만 년 전 후기 구석기 시대에 들어서자마자, 인공물을 보고 특정 시기와 장소에만 나타나는 문화들을 구별할 수 있게 된다. 후기 구석기 시대 이후로 세계 전 지역에서 독창적이고 창의적인 마음에 힘입어 일련의 문화적 변화들이 끊임없이 일어났다. 이 변화들은 오늘날에도 점점 속도를 높이며 계속되고 있다.

요컨대 고인류 사촌들과 비교했을 때 현생 인류의 가장 다른 점은 문화를 통해 혁신하는 능력과 경향이다. 네안데르탈인과 여타 고인류는 확실히 우둔하지 않았고, 유럽의 몇몇 고고학 유적지들을 보면 네안데르탈인이 현생 인류와 접촉한 뒤로 그들만의 후기 구석기 문화를 창조하려고 시도했던 흔적들이 나타난다.[29] 하지만 얼마 가지 못한 이 시도는 불완전하고 부분적인 모방에 그쳤다. 수백 개의 고고학 유적지들을 보면 네안데르탈인에게는 현생 인류처럼 새로운 도구를 발명하고 새로운 행동을 배우고 예술을 통해 자신을 표현하는 성향이 없었음을 확실히 알 수 있다. 그렇다면 이러한 문화적 유연성과 독창성이 우리가 살아남고 그들이 멸종한 이유였을까? 이 질문을 포함해 그 밖의 관련 질문들을 해결하는 한 가지 방법은 현생 인류의 몸에 후기 구석기 시대부터 문화적 진보를 가능하게 했거나 촉발한 어떤 특별한 점이 있는지 알아보는 것이다. 가장 먼저 살펴봐야 할 장소는 당연히 뇌다.

현생 인류의 뇌는 더 뛰어날까?

뇌는 화석으로 남지 않는 데다, 빙하 밑에 온전히 얼어붙어 있는 네안데르탈인도 아직 발견되지 않았다. 따라서 현생 인류와 고인류의 뇌에 존재하는 차이를 알려면 뇌를 둘러싼 뼈의 크기와 모양을 연구하고, 인간과 여타 영장류의 뇌를 비교하고, 인간과 네안데르탈인에서 다르게 나타나는 유전자들 중에서 인간의 뇌에 영향을 미친 유전자를 찾을 수밖에 없다. 우리가 뇌의 작동을 이해하기 시작한 지 얼마 되지 않았기 때문에, 이런 식으로 현생 인류와 초기 조상들의 뇌가 어떻게 다른지 알아내는 것은 두 컴퓨터의 차이를 알아내려고 겉모습을 살펴보고 기능도 모르는 부품들을 무작위로 조사하는 것과 같다. 하지만 그렇다 해도 동원할 수 있는 정보라면 뭐든 이용해봐야 한다.

가장 확실히 비교할 수 있는 부분은 크기인데, 다시 말하지만 초기 현생 인류와 네안데르탈인의 뇌는 똑같이 컸다. 뇌 크기와 지능의 관계는 강력하지도 않고 분명하지도 않지만(지능은 측정하기 어려운 변수로 악명 높다.), 뇌가 큰 네안데르탈인이 영리하지 않았다고 믿기는 어렵다.[30] 이 말은 인간과 네안데르탈인이 인지 능력에 차이가 없었다는 뜻이 아니다. 오히려 어떤 차이가 있다면 그것은 분간하기 어려운 뇌의 세부 구조와 신경의 연결 구조에 있을 것이라는 뜻이다. 따라서 많은 연구자들이 뇌 구조에 차이가 있는지 확인하기 위해 뇌를 둘러싼 뼈의 모양을 비교해왔다. 이 차이들의 의미를 명확하게 해석하는 것은 불가능하지만, 현생 인류의 머리뼈가 더 둥글어진 것은 특정 뇌 부위들의 크기가 달라졌기 때문으로 밝혀졌다.[31] 게다가 이 크기의 차이가 현생 인류와 고인류 사이에 존재했을 인지 능력의 차이와 관련이 있을지도 모른다.

뇌의 많은 구조들 중에서 꼭 살펴봐야 하는 중요한 곳은 뇌에서 가장 큰 부분인 대뇌를 이루는 엽葉들이다(그림 15 참조). 대뇌의 바깥층인 신피질은 고인류와 현생 인류 모두에서 매우 커졌으며, 의식적 사고, 계획, 언어 등 복잡한 인지 작업을 담당한다. 신피질은 다시 기능에 따라 여러 개의 엽으로 나뉘는데, 이 엽들의 복잡하게 접힌 표면 구조가 머리뼈 화석에 부분적으로 보존된다. 현생 인류와 고인류의 신피질에서 가장 분명하게 나타나는 중요한 차이는 호모 사피엔스의 관자엽측두엽이 약 20퍼센트 더 크다는 점이다.[32] 관자놀이 안쪽에 놓여 있는 이 한 쌍의 엽은 기억을 이용하고 조직한다. 당신이 누군가가 말하는 것을 듣고 있을 때 그 소리를 인식하고 해석하는 것도 관자엽이다.[33] 또한 관자엽은 시각과 후각을 판독한다. 예를 들면 당신이 사람의 얼굴을 보고 이름을 떠올릴 때, 또는 소리를 듣거나 냄새를 맡고 어떤 기억을 떠올릴 때 관자엽이 작동한다. 그뿐 아니라 관자엽 안쪽에 있는 한 부위(해마)는 정보를 학습하고 저장한다. 따라서 관자엽이 커진 덕분에 현생 인류가 뛰어난 언어와 기억 능력을 발휘하게 되었다고 추론할 수 있다. 이 기능과 관계있는 놀라운 현상 하나가 영성 체험일 것이다. 뇌외과의사들은 수술하는 동안 깨어 있는 환자의 관자엽을 자

극하면 스스로 무신론자라고 공언한 사람들에게조차 강력한 영적 감정을 이끌어낼 수 있음을 발견했다.[34]

현생 인류에서 비교적 커진 것으로 보이는 또 다른 뇌 부위는 마루엽두정엽이다.[35] 이 한 쌍의 엽은 몸의 각기 다른 부분들에서 받은 감각 정보를 해석하고 통합하는 데 중요한 역할을 한다. 우리는 마루엽을 이용해 공간 지도를 그려서 자신의 위치를 파악하고, 단어와 같은 상징들을 해석하며, 도구를 어떻게 조작하는지 이해하고, 수학 문제를 푼다.[36] 이 부위가 손상되면 멀티태스킹multitasking이나 추상적 사고가 불가능하다.

다른 차이들도 분명 있었을 텐데 알기가 쉽지 않다. 그중 한 후보로는 이마엽의 한 부위인 이마앞엽전전두엽이 있다. 이마 안쪽에

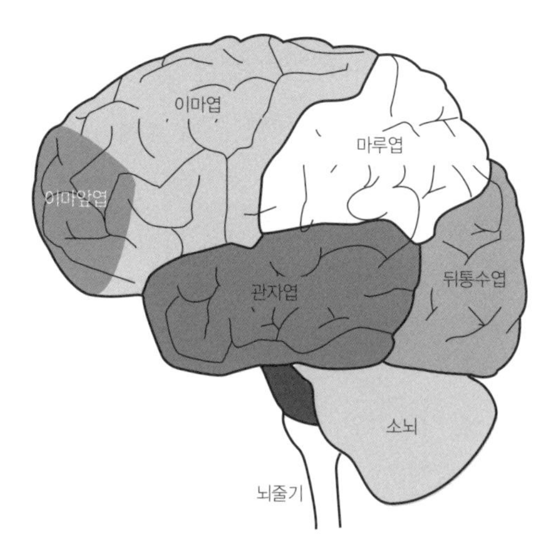

그림 15. 뇌의 다양한 엽들. 관자엽과 이마앞엽 등 뇌의 여러 부위들이 유인원에 비해 인간에서 더 크다. 그중 일부가 고인류보다 현생 인류에서 더 컸을 수도 있다.

있는 호두 크기의 이 부위는 몸집 차이를 감안하면 인간이 유인원보다 약 6퍼센트가 크고 구조와 연결이 더 복잡하다.[37] 불행히도 이마앞엽이 언제부터 유인원보다 커졌는지 머리뼈 비교로는 알 수 없기 때문에 우리는 단지 그 부위가 현생 인류에서 특별히 커졌을 것이라고 추측만 할 뿐이다. 하지만 이마앞엽의 확장이 중요했다는 사실에는 의문의 여지가 없다. 뇌가 관현악단이라면 이마앞엽은 지휘자이기 때문이다. 즉 이마앞엽은 당신이 말하고 생각하고 타인과 교류할 때 뇌의 다른 부분들이 하는 일을 조정하고 계획한다. 이마앞엽에 손상을 입은 사람들은 충동을 잘 조절하지 못하고, 계획을 세우거나 효과적인 결정을 내릴 수 없고, 타인의 행동을 해석하고 자신의 사회적 행동을 조절하기가 어렵다.[38] 다시 말해 이마앞엽은 타인과 협력하고 전략적으로 행동하는 것을 돕는다.

관자엽과 마루엽이 커지면서 겉보기에 달라진 점은 사람의 머리가 더 둥그렇게 된 것이다. 그것은 이 엽들이 머리뼈바닥의 중심부에 있는 경첩 같은 구조물 바로 위에 놓여 있기 때문이다. 출생 직후에 뇌가 빠르게 성장하면서 이 경첩이 고인류보다 현생 인류에서 약 15도 더 구부러지고, 그 결과 뇌와 그 주변의 머리뼈가 더 둥그런 모양이 되는 동시에 얼굴이 앞뇌전뇌 밑으로 들어오게 된다.[39] 하지만 더 중요한 것은 현생 인류가 갖고 있는 인지 능력의 몇 가지 특별하고 적응적인 측면들을 뇌의 재조직으로 설명할 수 있을지도 모른다는 점이다. 수렵채집인의 성공은 타인과 얼마나 잘 협력할 수 있는지, 수렵과 채집을 얼마나 효과적으로 할 수 있는지에 달려 있다. 협력을 잘하기 위해서는 타인의 동기와 마음을 이해하는 능력뿐 아니라 충동을 조절하고 전략적으로 행동하는 능력이 필요하다. 이 능력들은 이마앞엽이 더 커지거나 더 잘 작동할 때 향상된다. 또한 협력을 잘하기 위해서는 감정과 의도뿐만 아니라 생각과 사실을 빠르게 전달하는 능력도 필요하다. 관자엽이 커지면서 이 능력도 개선됐을 것이고, 관자엽과 마루엽은 함께 최초의 현생 인류가 수렵채집 활동을 할 때 더 효과적으로 추론할 수 있게 도왔을 것이다. 뇌의 이러한 부위들은 심상 지도mental map를 만들고, 동물을 추적하는 데 꼭 필요한 감각 단서들을 해석하고, 자원이 어디에 있는지 추론하고, 도구를 만들고 이용하는 것에 관여한다. 현생 인류에서 이 부위들이 커졌다는 증거를 고려하면, 우리의 더 둥근 뇌는 우리의 모습만 현생 인류로 만든 것이 아니라 우리의 행동도 현대적으로 만들었다고 보는 것이 타당하다.

현생 인류에서 뇌의 다른 측면들도 달라졌을 텐데, 고인류의 뇌를 연구해보지 않는 한 추측만 할 수 있을 뿐이다. 그중 하나는 뇌의 연결이 달라졌을 가능성이다. 유인원에 비해 인간의 뇌는 신피질이 두껍고 뉴런이 크고 복잡해서 연결을 완료하는 데 더 오랜 시간이 걸린다.[40] 유인원과 원숭이에서와 마찬가지로 인간의 뇌에서도 복잡한 회로들이 학습, 신체 활동 등에 관여하는 안쪽 구조들을 바깥쪽 피질 부분들과 연결한다. 이 회로들이 인간의 뇌에서 근본적으로 다르게 연결되어 있는 것은 아니지만, 인간은 발달 과정에서 이 회로들을 더 많은 연결을 통해 대규모로 변형할 수 있다.[41] 인간이 다른 동물들과 달리 몸의 성장을 지연시키도록 진화한 것은 소년기와 청년기에 뇌를 성숙시킬 시간을 더 많이 벌기 위해서였을 것이다. 이때 이러한 복잡한 연결이 대부분 만들어지고 보호되며, 사용되지 않는 (잡음을 더하는) 연결들이 제거된다.[42] 이 가설은 물론 추측이고, 따라서 신중한 검증이 필요하다.[43] 하지만 인간의 진화사에서 언제부터인가 발달이 지연된 것은 사실이며, 만일 그로 인해 수렵채집인이 생존과 번식에 도움이 되는 사회적, 감정적, 인지적 능력(언어를 포함한다.)을 갖게 되었다면, 발달 지연은 유리하게 작용했을 것이다.[44]

만일 현생 인류와 고인류의 뇌가 서로 다른 구조와 기능을 가진다면, 그 바탕에 분명 유전적 차이가 있을 것이다. 우리는 우리 뇌에 현생 인류가 진화한 무렵에 생긴, 협력하고 계획하는 능력을 높이는 유전자들이 존재할 것이라고 예상해볼 수 있다. 어떤 학자들은 이러한 유전자들이 그보다 더 최근인 5만 년 전에 진화했고, 이것이 후기 구석기 혁명을 불러왔다고 주장한다.[45] 아직까지는 확인되지 않았지만, 우리가 뇌 발달과 뇌 기능의 유전적 기초에 대해 더 잘 알게 되면 그 유전자들을 분명히 찾을 수 있을 것이고 그것들이 언제 진화했는지도 추측할 수 있을 것이다. 유력한 후보가 발성과 탐구 활동에 중요한 역할을 하는 폭스피투FOXP2 유전자다.[46] 연구 결과 인간과 유인원은 이 유전자가 서로 다르지만, 네안데르탈인과 인간은 FOXP2의 같은 변종을 공유하고 있었다.[47] 인간과 네안데르탈인에서 서로 다른 유전자들에 대한 연구가 더 이루어지면, 그것들이 인간의 인지 능력에 어떤 영향을 미쳤는지에 관한 흥미로운 사실들이 밝혀질 것이다. 나는 네안데르탈인이 매우 영리했지만 현생 인류가 창의력과 소통 능력이 더 뛰어났을 것이라고 추측한다.

수다 떠는 재능

우리가 의사소통을 할 수 없다면 창의적인 생각이나 가치 있는 사실이 과연 유용하게 쓰일 수 있을까? 지난 몇천 년간 일어난 최고의 문화적 진보들 중 일부는 쓰기, 인쇄술, 전화, 인터넷처럼 더 효과적으로 정보를 전달하는 방법들 덕분에 가능했다. 하지만 이 같은 정보 혁명 이전에 의사소통에 있어서 더 근본적인 대도약이 있었으니, 바로 '말하기'였다. 네안데르탈인 같은 고인류도 언어를 갖고 있었지만, 현생 인류의 얼굴은 위아래로 짧고 입 부분이 들어갔기 때문에 알아듣기 쉽게 명료하고 빠른 발성이 가능했다. 우리는 말을 독보적으로 잘하는 종이다.

말소리는 기본적으로 압력을 받은 날숨의 흐름이다. 클라리넷 같은 악기의 리드reed(관악기에서 공기를 불어 넣으면 떨면서 소리를 내는 얇은 진동판—옮긴이)가 만들어내는 소리와 다르지 않다. 리드에 입술을 대고 불어넣는 압력으로 클라리넷의 음량과 음높이를 조절하는 것처럼, 우리는 숨을 내쉴 때 기관(숨통) 꼭대기에 있는 목소리 상자(후두)를 통과하는 공기의 속도와 양을 조절해 말소리의 음량과 음높이를 변화시킨다. 후두를 지나 생성된 음파는 성도vocal track를 통과하면서 그 성질이 현저하게 바뀐다. 성도는 기본적으로 후두에서 입술까지 이어진 r자 모양의 관이다(그림 16 참조). 우리는 혀, 입술, 턱을 움직여 성도의 모양을 다양하게 바꿀 수 있다. 이렇게 성도의 모양을 바꿈으로써, 성도를 통과하는 공기의 에너지 분포가 달라진다. 그 결과 알파벳만큼이나 다양한 소리가 생긴다. 예를 들어 당신은 때때로 성도의 특정 지점을 조여서, 특정 주파수에 불규칙한 진동을 첨가한다('스'나 '취' 소리를 낼 때). 또는 성도의 한 부분을 닫았다가 갑자기 열어서 특정 주파수의 진폭을 증가시킨다('지' 또는 '피' 소리를 낼 때).

물론 대부분의 포유류가 발성을 한다. 하지만 필립 리버먼Philip Lieberman은 인간의 성도가 두 가지 면에서 특별하다고 강조한다.[48] 하나는 혀와 혀의 모양을 바꾸는 다른 구조들의 움직임을 뇌가 매우 빠르고 정확하게 통제할 수 있다는 것이다. 다른 하나는 다른 동물들과 달리 현생 인류만 얼굴이 짧고 입 부분이 들어가 있는데, 그 덕분에 소리 내기 적합한 모양으로 성도가 배치되었다는 것이다. 침팬지와 인간을 비교한 그림 16은 이 점을 잘 보여준다. 두 종에서 성도는 기본적으로 두 개의 관 — 혀 뒤에 있는 수직 모양의 관과 혀 위에 있는 수평 모양의 관 — 으로 이루어져 있다. 하지만 인간의 성도는 두 관의 비율이 다르다. 얼굴이 짧아지면서 구강도 작아져 혀가 길고 평평한 대신 짧고 둥글어졌기 때문이다.[49] 혀뿌리에 붙어 있는 작은 뼈(목뿔뼈)에 후두가 매달려 있기 때문에, 인간의 낮게 내려앉은 둥근 혀는 다른 어떤 동물보다도 후두를 목에서 낮은 지점에 위치시킨다. 그 결과 성도의 수직관과 수평관의 길이가 인간에서는 똑같다. 이러한 배치는 어떤 포유류에서도 찾을 수 없다. 예를 들어 침팬지는 성도의 수평관이 수직관보다 적어도 두 배가 길다. 이와 관련된 인간의 성도의 중요한 특징은, 끝이 매우 둥근 혀를 이용해 각 관의 횡단면을 열 배쯤 독립적으로 바꿀 수 있다는 것이다('우'와 '에'를 말할 때와 같이).

수평관과 수직관의 길이가 똑같은 독특한 모양의 인간 성도는 말소리에 어떤 영향을 미칠까? 이렇게 생긴 성도는 주파수가 확연히 달라서 정확하게 발성하지 않아도 되는 모음들을 만들어낼 수 있다.[50] 사실 우리는 말을 부정확하게 해도 뚜렷하게 구별되는 모음을 낼 수 있어서 듣는 사람이 맥락에 의존하지 않고도 잘 알아듣는데, 그게 다 이러한 성도 배치 덕분이다. 따라서 상대방이 "네 어머니의 아버지Your mother's dad"라고 말해도 그것을 "네 어머니가 죽었다Your mother is dead."라고 알아듣지 않는다. 우리 조상들이 말하기 시작했을 때—고인류부터였을 것이다.—더 알아듣기 쉽게 말소리를 내는 성도의 모양이 강한 선택을 받았을 것이다.

하지만 함정이 있다. 독특하게 배치된 인간의 성도는 중요한 문제를 일으킨다. 유인원을 포함한 다른 모든 포유류에서는 코와 입 뒤의 공간(인두)이 부분적으로 분리된 두 개의 관으로 나뉘어 있으며, 안쪽 관으로는 공기가 지나고 바깥쪽 관으로는 물과 음식이 지난다. 이러한 배치는 혀뿌리에 있는 홈통처럼 생긴 연골 덮개인 후두덮개와, 코로 음식물이 들어가는 것을 막는 입천장 뒤쪽의 연한 부분인 물렁입천장연구개이 맞닿아서 생긴다. 개나 침팬지에서는 음식과 공기가 목구멍에서 다른 통로로 간다. 하지만 인간에서는 다른 포유류와 달리 후두덮개가 몇 센티미터나 낮아서 물렁입천장과 닿을 수 없다. 후두의 위치가 낮아지면서 인간 목은 이러한 배치를 잃었고, 혀 뒤로 커다란 공동의 공간이 생겼다. 음식과 공기는 모두 이 공간을 지나 각각 식도나 기도로 간다. 그 결과 음식물이 기도를 막는 일이 생긴다. 인간은 너무 큰 것을 삼키거나 잘못 삼킬 때 질식사할 수 있은 유일한 종이다. 이 문제는 당신이 생각하는 것보다 흔한 사망 원인이다. 미국안전협회National Safety

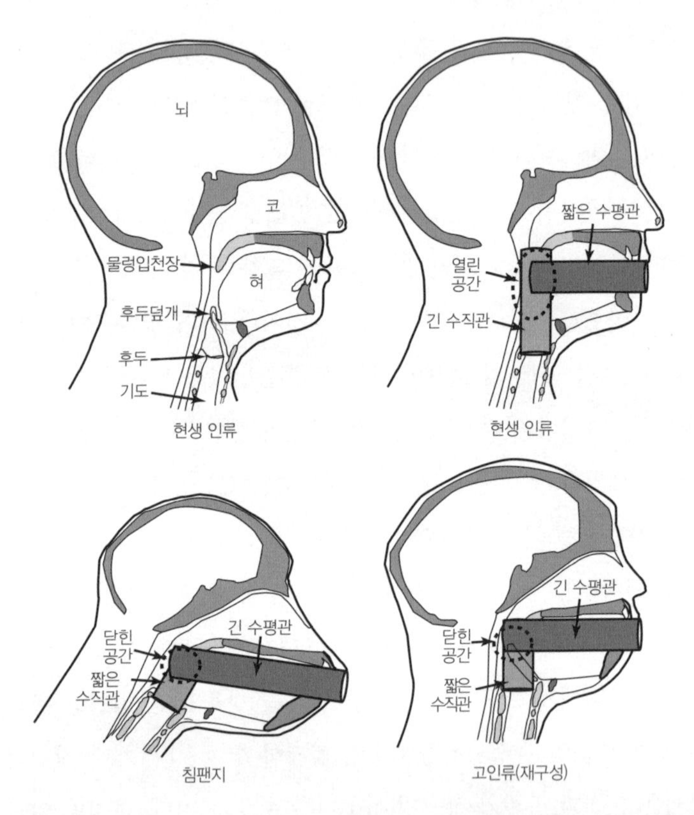

그림 16. 발성 기관의 해부 구조. 왼쪽 위 그림(현생 인류 머리의 중앙 단면)은 인간의 후두가 낮게 위치하고, 혀가 짧고 둥근 모양이며, 후두덮개(후두개)와 물렁입천장 뒤쪽 사이에 공간이 있다는 것을 보여준다. 이 독특한 배치는 성도의 수직관과 수평관의 길이를 거의 똑같게 만들고, 후두덮개와 물렁입천장 사이에 열린 공간을 만들어낸다(오른쪽 위 그림). 침팬지는 다른 포유류처럼 수직관이 짧고 수평관이 길며, 혀 뒤쪽에 공간이 없다. 고인류의 성도 배치는 인간보다 침팬지와 더 비슷했을 것이다.

Council에 따르면, 음식물에 목이 막혀 죽는 것은 미국에서 발생하는 사고사의 네 번째 원인으로 그 사망자수는 교통사고 사망자수의 대략 10분의 1에 이른다.

다음번에 친구들과 식사하면서 이야기를 나눌 때는 당신이 두 가지 특별한 일—명료하게 말하는 것과 약간 위험하게 음식물을 삼키는 것—을 하고 있음을 잊지 마라. 두 활동은 이례적으로 작고 입 부분이 들어간 얼굴을 가진, 현생 인류의 전유물이다. 분명히 고인류도 저녁을 먹을 때 입에 음식물을 넣고 말했으리라. 하지만 그들은 우리보다 발음이 부정확했을 것이다. 음식물에 목이 막혀 죽는 일은 드물었을 테지만 말이다.

문화적 진화의 진화

우리를 고인류와 다르게 만드는 생물학적 형질은 뭐든 매우 중요했음에 틀림없다. 혁신이 점진적으로 누적되어오다 후기 구석기시대가 본궤도에 오르자 현생 인류는 전 세계로 빠르게 퍼져나갔고, 고인류 사촌들은 우리가 도착하는 장소와 시기마다 사라졌다. 우리는 현생 인류가 고인류를 대체한 사건의 자세한 내막을 다 알지 못한다. 현생 인류는 분명히 네안데르탈인을 포함한 고인류와 교류했을 것이고, 때로는 이종교배도 일어났을 것이다. 하지만 왜 그들이 아니라 우리가 살아남았는지는 아무도 모른다.[51] 이와 관련해 수많은 이론이 존재한다. 그중 하나는 우리가 그들보다 번식을 더 잘했기 때문이라고—아마 더 일찍 젖을 떼어서 또는 사망률이 더 낮아서였을 것이다.—설명한다. 수렵채집인들은 낮은 인구밀도로 살아야 하므로, 출생률과 사망률의 아주 작은 차이도 중대하고 때로는 치명적인 영향을 미칠 수 있다. 현생 인류와 네안데르탈인이 같은 지역에 살면서 네안데르탈인의 사망률이 단 1퍼센트만 높아도 네안데르탈인이 30세대, 즉 1,000년도 되지 않아서 멸종한다는 결과가 나온다.[52] 후기 구석기 시대 사람들이 중기 구석기 시대 사람들보다 더 오래 살았다는 것을 고려하면[53], 네안데르탈인의 멸종 속도는 이보다 더 빨랐을 수도 있다. 한편 이것과는 다르지만 완전히 무관하지는 않은 다른 가설들은, 현생 인류가 협력에 능하고, 물고기와 날짐승을 비롯해 다양한 자원을 획득하고, 더 크고 효과적인 사회 관계망을 가졌기 때문에 사촌 종들과의 경쟁에서 이긴 것이라고 설명한다.[54] 고고학자들은 이러한 가설들을 놓고 계속 논쟁을 벌이겠지만, 어느 것이 옳든 현생 인류의 어떤 행동에 이점이 있었다는 것은 분명하다. 하지만 현생 인류의 행동을 다르게 만든 형질들을 '행동의 현대성behavioral modernity'으로 정의하는 것은 전형적인 순환 논리다.[55]

'행동의 현대성'을 뭐라 정의하든 그것이 후기 구석기 시대 이래로 우리 몸에 미친 영향은 매우 컸으며 수천 세대가 지난 오늘날에도 여전히 중요하다. 왜 그럴까? 우리의 인지 능력과 행동을 현대적으로 만든 생물학적 형질들이 주로 문화를 통해 모습을 드러내기 때문이다. 문화는 복합적인 의미를 갖고 있는 말이지만, 일반적으로는 한 집단이 다른 집단과 다르게 생각하고 행동하게 만드는 일군의 학습된 지식, 믿음, 가치를 일컫는다. 이러한 일은 때로는 적응 과정을 통해 일어나기도 하고, 때로는 임의로 일어나기도 한다. 이 정의에 따르면 침팬지 같은 유인원은 매우 단순한 문화를, 호모 에렉투스와 네안데르탈인 같은 고인류는 정교한 문화를 갖고 있었다. 하지만 현생 인류와 관련된 고고학 기록을 살펴보면, 혁신을 이루어내고 새로운 생각을 전달하는 우리의 능력과 성향은 다른 어떤 종과도 견줄 수 없을 만큼 뛰어나다는 것을 확실하게 알 수 있다. 호모 사피엔스는 철두철미 문화적인 종이다. 사실 문화는 우리 종의 가장 독보적인 특징이다. 외계인 생물학자가 지구를 방문한다면, 그는 인간의 몸이 다른 포유류와 어떻게 다른지 금방 알아채겠지만(우리는 두 발로 걷고 털이 없고 큰 뇌를 갖고 있다.) 옷, 도구, 도시, 음식, 미술, 사회조직, 언어를 포함하는 우리의 다양하고 임의적인 행동 방식에 가장 놀랄 것이다.

인간의 문화적 창조성은 한번 터져 나온 뒤로는 진화를 가속하는 멈출 수 없는 엔진이 되었다. 유전자처럼 문화도 진화한다. 하지만 문화는 유전자와는 다른 과정을 통해 진화하고, 그 결과 문화적 진화는 자연선택보다 훨씬 더 강력하고 빠른 힘이 되었다. '밈meme'이라고 하는 문화적 형질은 여러 측면에서 유전자와 다르기 때문이다.[56] 새로운 유전자는 무작위 돌연변이를 통해 우연히 생기는 반면, 문화적 변이는 대개 의도된 산물이다. 농업, 컴퓨터, 사회주의 같은 발명품들은 인간이 목적을 갖고 독창성을 발휘해 고안한 것들이다. 게다가 밈은 부모 외 여러 원천으로부터 후대로 전달된다. 이 책을 읽는 것 또한 당신이 요즘 많이 하는 수평적 정보교환 중 하나다. 마지막으로 문화적 진화는 임의로도 일어날 수 있지만(넥타이 폭이나 치마 길이 같은 패션의 유행을 생각해보라.), 대개는 행위자—예를 들어 설득을 잘 하는 지도자, 텔레비전, 또는 기아, 질병, 러시아와의 달 탐사 경쟁 같은 문제를 해결하고자 하는 집단적 욕구—에 의해 일어난다. 이 모든 차이들 때문에 문화적 진화는 생물학적 진화보다 더 빠르고 강력한 변화를 일으킨다.[57]

문화 자체가 생물학적 형질은 아니지만, 인간이 문화적으로 행동하는 능력, 그리고 문화를 이용하고 바꾸는 능력은 기본적으로 생물학적 적응이며, 이 적응들은 현생 인류에서만 특별히 생겨난 것으로 보인다. 지구에 남은 유일한 인류 종이 네안데르탈인이나 데니소바인이라면, 그들은 10만 년 전과 거의 똑같은 방식으로 수렵과 채집을 하고 있었을 것이다(증명할 수는 없다.). 호모 사피엔스의 경우는 그렇지 않으며, 문화적 변화가 후기 구석기 시대 이래로 가속되면서 그것이 우리 몸에 미치는 영향들도 가속되고 있다. 문화와 우리 몸의 생물학적 형질들 간의 가장 기본적인 상호작용은 학습된 행동들—먹는 음식, 입는 옷, 하는 활동—이 주변 환경을 바꿈으로써 우리 몸이 성장하고 기능하는 방식에 영향을 미치는 것이다. 이것이 진화 그 자체를 일으키지는 않지만(라마르크식 진화), 시간이 흐르면서 그 상호작용들 중 일부가 집단의 진화를 초래하기도 한다. 때때로 문화적 혁신이 몸에 대한 자연선택을 추동하기도 한다. 잘 알려진 한 예가 성인이 되어서도 젖당을 소화시키는 능력인데, 이 능력은 아프리카, 중동, 유럽에서 각기 독립적으로 동물의 젖을 먹는 사람들 사이에서 진화했다.[58] 또한 환경이 몸에 미치는 영향을 문화가 완화하거나 없앰으로써 자연선택의 영향으로부터 몸을 보호하는 문화적 완충 사례들도 많이 있다. 사실 문화적 완충의 예는 너무도 널리 퍼져 있어서, 우리는 옷, 요리, 항생제 같은 기술을 빼앗기기 전까지는 그러한 효과를 알아채지 못한다. 이런 기술이 없었다면 지금 살고 있는 많은 사람들이 오래전에 유전자군gene pool에서 제거되었을 것이다.

당신의 몸에는 문화와 생물학적 형질이 수십만 년간 상호작용함으로써 진화한 특징들이 가득하다. 그중 일부는 현생 인류가 기원하기 전부터 있던 것이다. 예를 들어 석기와 발사 무기의 발명은 정교한 도구를 만드는 손재주와 정확하고 세게 던지는 능력에 대한 자연선택을 일으켰다. 전기 구석기 시대에 석기가 만들어진 이래로는 더 작은 치아에 대한 자연선택이 일어났다. 요리가 널리 퍼진 뒤로는 요리 없이 살 수 없을 정도로 우리 소화계가 너무 많이 변했다.[59] 20만 년 전에 호모 사피엔스가 등장한 이래로 인간의 생물학적 형질이 거의 바뀌지 않았다고 주장하는 사람들도 있지만, 우리의 끊임없는 혁신 욕구가 몸에 대한 자연선택을 일으켰음은 분명한 사실이다. 이 선택은 대부분 국지적으로 일어났고, 그 결과 각기 다른 지역에 사는 집단들을 구별해주는 변이들이 나타났다. 후기 구석기 시대 사람들이 전 세계로 퍼져나가면서 새로운 병균, 낯선 음식, 다양한 기후에 직면했을 때도 자연선택은 이들을 다양한 환경에 적응시켰다.

다양한 현생 인류 집단들이 기후에 대처하기 위해 어떻게 진화했을지 생각해보자. 현생 인류가 기원한 뜨거운 아프리카에서는 열을 식히는 것이 가장 큰 문제였지만, 빙하기에 인류가 유럽과 아시아의 온대 지역으로 이동했을 때는 보온이 훨씬 더 중요한 문제였다. 아프리카 밖으로 나간 이 최초의 이주자들이 아프리카인이었다는 사실을 기억하자. 의복을 만들고, 불로 난방을 하고, 집을 짓는 등의 기술이 없었다면 그들은 추운 북쪽 지역에서 빙하기를 견디지 못하고 사라졌을 것이다. 과감하게 북쪽으로 떠난 초기 현생 인류는 추운 기후에서 살아남기 위해 여러 문화적 적응들을 고안해냈다. 후기 구석기 시대에 현생 인류가 발명한 도구들 중에는 뼈바늘 같은 것도 있었는데, 이런 골각기들은 중기 구석기 시대에는 존재하지 않았다. 네안데르탈인은 바느질을 할 줄 몰랐던 것 같다. 그 밖에도 후기 구석기 시대 사람들은 혹독한 환경에서 생존하기 위해 따뜻한 주거지, 램프, 작살 등을 개발했다. 솔직히 이런 기술은 열대 지역의 영장류에게 어울리지도, 적합하지도 않은 것이다. 하지만 이러한 문화적 혁신은 자연선택의 영향으로부터 그들을 완전히 보호했다기보다는, 오히려 그러한 혁신이 없었더라면 일어나지 않았을 선택을 일으켰다. 매섭게 추운 빙하기의 겨울에 사람들이 문화적 적응의 도움을 받아 목숨을 부지한 덕분에, 생존과 번식을 돕는 유전 가능한 변이를 지닌 사람들이 자연선택을 받았다. 체형의 변화가 그 명백한 증거다. 더운 지역에서는 몸의 표면적이 넓을수록 땀을 흘려 열을 식히는 데 좋기 때문에 키가 크고 마르고 팔다리가 긴 체형이 선호될 것이다. 추운 기후에서는 반대로 짧은 팔다리와 떡 벌어진 체구가 체열 보존에 유리할 것이다.[60] 후기 구석기 시대에 유럽 사람들이 빙하기 중 가장 추운 시기를 견디는 동안 그들의 체형은 예측대로 바뀌었다. 유럽에 처음 정착한 사람들은 키가 크고 말랐지만, 수만 년에 걸친 진화 끝에 좀 더 작고 다부진 몸을 갖게 되었는데, 특히 유럽 북부 지역에서 이런 경향이 두드러졌다.[61]

현생 인류가 사막, 극지 툰드라, 열대우림, 고산지대 같은 다양한 지역으로 퍼져나간 뒤로 자연선택이 일어나 집단별로 달라진 특징들은 체형 외에도 많다. 그중에서 피부색만큼 잘못 알고 있는 형질은 아마 없을 것이다. 피부 바깥층이 색소를 합성하는 데 적어도 여섯 개의 유전자가 관여한다. 이러한 색소들은 위험한 자외선을 막는 천연 차단제 역할을 하는 한편 비타민 D의 합성을 방해한다(피부는 햇빛을 받으면 비타민 D를 만든다.).[62] 그 결과 연중 자외선이 강하게 내리쬐는 적도 근처에서는 짙은 색소 형성에 대한 강력한 자연선택이 일어났다. 반면 온대 지역으로 이주한 집단들은 비타민 D를 충분히 만들 수 있도록 색소 형성이 덜 되도록 진화했다. 인간의 유전적 변이에 대한 연구들은 지난 몇천 년간 강력한 선택이 일어난 흔적을 갖고 있는 유전자들을 수백 개나 찾아냈다(이 주제는 뒤에서 다룰 것이다.). 하지만 머릿결과 눈 색깔처럼 사람 또는 집단마다 다른 형질들은 말 그대로 거죽 한 꺼풀 차이에 불과하다는 점과, 많은 형질들은 문화적 진화는 말할 것도 없고 자연선택과도 아무 관계가 없는 무작위 변이라는 점을 잊어서는 안 된다.

두뇌와 몸이 이끈 현생 인류의 승리

우리 몸의 역사를 통틀어보면 서론에서 던진 "인간은 무엇에 적응되어 있는가?"라는 질문에 대한 대답은 하나가 아니라는 사실을 분명히 알 수 있다. 오랜 진화의 길을 걸어오면서 인간은 직립하고, 다양한 음식을 먹고, 사냥을 하고, 다양한 식물을 채집하고, 오래 달리고, 음식을 요리하고 가공하고 나눠 먹게 되었다. 하지만 우리의 진화적 성공(지금까지는 성공이다.)을 설명하는 현생 인류의 어떤 특별한 적응이 있다면 그것은 소통하고 협력하고 생각하고 발명하는 놀라운 능력을 활용해 적응하는 능력일 것이다. 이러한 능력들의 생물학적 바탕은 우리의 몸, 특히 뇌에 있지만, 그 효과는 주로 우리가 문화를 이용해 혁신함으로써 새롭고 다양한 환경에 적응하는 방식으로 드러난다. 현생 인류는 아프리카에서 처음 등장한 이래로 개량된 무기와 새로운 도구를 발명하고 상징적인 예술 작품을 창작하며 장거리 무역을 하는 등 이전과는 완전히 다른, 현대적인 방식으로 행동했다. 이러한 후기 구석기 시대의 생활 방식이 나타나기까지는 10만 년 이상이 걸렸지만, 이 혁명은 지금까지 점점 더 빠른 속도로 계속되는 수많은 문화적 도약들 중 하나에 불과했다. 몇백 세대에 걸쳐 현생 인류는 농업, 문자, 도시, 엔진, 항생제, 컴퓨터 등을 발명했다. 이제 문화적 진화의 속도와 정도는 생물학적 진화의 속도와 정도를 크게 능가한다.

따라서 현생 인류를 특별하게 만드는 자질들 중 문화적 능력이 가장 큰 변화를 일으켰고 우리의 성공에 가장 큰 역할을 했다는 결론은 타당하다. 현생 인류가 유럽에 처음 발을 들여놓자마자 네안데르탈인이 멸종한 이유, 그리고 우리 종이 아시아 전역으로 퍼져나가면서 데니소바인, 플로레스섬의 호빗, 그리고 호모 에렉투스의 다른 후손들이 멸종한 이유는 아마 문화적 능력에서 찾을 수 있을 것이다. 그 후로도 계속해서 일어난 많은 문화적 혁신 덕분에 현생 인류는 1만 5000년 전에 이르러 시베리아, 아마존 밀림, 오스트레일리아 중부 사막, 티에라델푸에고 같은 살기 힘든 지역들을 포함해 지구의 거의 모든 곳에서 살게 되었다.

이렇게 보면 인간의 진화는 한마디로 몸에 대한 두뇌의 승리인 것처럼 보인다. 실제로 인간의 진화를 이야기하는 많은 사람들이 이 승리를 강조한다.[63] 힘, 속도, 타고난 무기, 그 밖의 신체적 이점들이 없는데도 우리는 문화적 수단들을 이용해 자연계 대부분—세균에서부터 사자까지, 북극에서부터 남극까지—을 지배해왔다. 오늘날 수십억 사람들 대부분이 예전보다 더 오래 건강하게 살아가고 있다. 후기 구석기 혁명을 촉발한 그 창조력 덕분에 우리는 지금 하늘을 날 수 있고, 병든 장기를 교체할 수 있고, 원자를 볼 수 있고, 달에 다녀올 수 있다. 아마 언젠가는 우주를 관장하는 근본적인 물리법칙들을 이해하고, 다른 행성들에 가서 살고, 가난을 근절할지도 모른다.

우리 종이 최근에 거둔 성공이 생각하고 학습하고 소통하고 협력하고 혁신하는 놀라운 능력 덕분이기는 하지만, 나는 현생 인류의 진화를 순전히 몸에 대한 두뇌의 승리로 보는 것은 부정확할 뿐 아니라 위험한 발상이라고 생각한다. 후기 구석기 혁명과 여타 문화적 혁신이 있었기에 현생 인류가 지구를 지배하고 다른 사촌 종들과의 경쟁에서 이길 수 있었지만, 그렇다고 해서 수렵채집인이 일을 할 필요가 없게 된 것은 아니며, 생존하기 위해 몸을 쓸 필요가 없게 된 것도 아니다. 지금까지 살펴보았듯이 수렵채집인은 기본적으로 몸을 능숙하게 쓰는 사람들로, 몸을 부지런히 움직여야 생계를 이어나갈 수 있다. 예를 들어 탄자니아에 사는 하드자족의 평균적인 남성 수렵채집인은 몸무게가 51킬로그램으로, 하루에 15킬로미터를 걸을 뿐 아니라 나무를 타고 덩이줄기를 캐고 먹을 것을 싣고 나르는 일을 날마다 한다.[64] 그가 하루에 쓰는 총에너지는 약 2,600칼로리로, 그중 1,100칼로리가 생명 유지(기초대사)에 쓰이고 1,500칼로리가 몸을 움직이는 데 쓰인다. 하루에 체중 1킬로그램당 거의 30칼로리를 쓰는 것이다. 반면 전형적인 미국 남자 또는 유럽 남자는 몸무게가 50퍼센트쯤 더 나가지만 일은 75퍼센트나 덜 한다. 따라서 신체 활동에 쓰는 에너지는 하루에 1킬로그램당 17칼로리에 불과하다.[65] 다시 말해 수렵채집인은 현대 서양인보다 체중 1킬로그램당 약 두 배 더 일한다(이것은 왜 서구인이 과체중이 될 가능성이 더 높은지를 잘 설명해준다.).

그러므로 수렵채집 시대의 현생 인류는 두뇌와 몸을 두루 갖춘 덕분에 지구를 지배했고, 산업 시대에 비해 더 힘들고 신체적 부담이 큰 인생을 살았다. 그러나 수렵채집 생활은 신체적 부담이 크긴 해도 일부 사람들이 상상하는 것처럼 등골이 휘도록 힘들고 비참한 삶은 아니다. 인류학자들은 수렵채집 생활에 필요한 노동량을 처음 계산했을 때, 전형적인 수렵채집인이 가혹한 환경에서도 실제로 '일'을 하는 시간이 적다는 사실에 놀랐다. 예를 들어 칼라하리사막의 부시먼은 하루 평균 6시간을 수렵과 채집, 도구의 제작, 집안일 등의 활동에 쓴다.[66] 하지만 그것이 꼭 나머지 시간을 노는

데 쓴다는 뜻은 아니다. 수렵채집인은 잉여 식량을 생산하지 않기 때문에, 에너지 낭비를 피할 수 있을 때마다 휴식을 취하고, 65세에도 은퇴할 수 없으며, 다치거나 불구가 되면 그만큼의 노동력을 벌충하기 위해 타인들이 더 열심히 일해야 한다. 요컨대 우리 종의 특별한 인지 능력과 사회적 능력 덕분에, 수렵채집인은 열심히는 일하지만 지나치게 열심히 일하지는 않는다.

문화를 이용해 적응하고 대처하고 개선하는 능력은 수렵채집인의 또 다른 특징인 높은 변이성variability에도 기여했다. 현생 인류는 지구 곳곳에 뻗어 나가면서 놀랍도록 다양한 기술과 전략으로 새로운 환경에 적응했다.[67] 북유럽의 춥고 개방된 지역에서는 매머드를 사냥해서 그 뼈로 오두막을 짓는 방법을 터득했다. 중동에서는 야생 보리를 수확했고 그것을 가루로 만들기 위해 맷돌을 발명했다. 중국에서는 최초의 도자기를 만들었는데, 아마 음식을 끓이고 수프를 만들기 위한 것으로 보인다. 열대 지역의 수렵채집인들은 대형 포유류 사냥에서 하루 필수 열량의 약 30퍼센트를 획득한 반면, 온대 지역과 극지로 이주한 수렵채집인들은 주로 물고기로 구성된 동물성 식량에서 필요량의 대부분을 획득했다. 그리고 대부분의 수렵채집인들은 제철 음식을 따라 정기적으로 야영지를 옮겼지만, 아메리카 북서부의 원주민들 같은 일부 수렵채집인들은 정주하는 삶을 선택했다. 사실 단 하나의 수렵채집 생활은 존재하지 않는다. 친족 체계와 종교가 단 하나만 존재하지 않고, 이동 전략, 노동 분업, 집단의 크기가 단 하나만 존재하지 않는 것과 마찬가지다.

또한 인간의 문화적 적응 능력은 아이러니한 결과를 낳았다. 혁신 능력과 문제 해결 능력 같은 현생 인류만의 특별한 재능 덕분에 수렵채집인들은 지구의 거의 모든 지역에서 번성할 수 있었지만, 일부 수렵채집인들은 바로 그 능력 덕분에 떠도는 삶을 그만둘 수 있었다. 1만 2000년 전부터 몇몇 집단이 영구 주거지에 정착해 식물을 재배하고 동물을 길들이기 시작했다. 이러한 변화들은 처음에는 점진적이었지만, 다음 몇천 년에 걸쳐 전 세계적인 농업혁명을 일으켰다. 그 효과는 지금까지도 지구뿐 아니라 우리 몸에 큰 영향을 미치고 있다. 앞으로 살펴보겠지만, 농업은 많은 이익을 가져다준 만큼이나 심각한 문제들을 초래했다. 농업은 인간에게 풍족한 음식을 가져다줌으로써 자식을 많이 낳아 기를 수 있게 했지만, 새로운 형태의 일을 요구했고 식생활을 바꾸었으며 질병과 사회악이라는 판도라의 상자를 열었다. 농업이 시작된 지는 단 몇백 세대밖에 되지 않았지만, 농업으로 인해 문화적 변화의 속도와 폭이 엄청나게 증가했다. 현대인은 문자, 자동차, 금속 도구, 엔진은 말할 것도 없고 농업이 발명되기 전의 생활 방식을 상상조차 하기 어렵다.

이러한 최근의 문화적 발전은 실수였을까? 인간의 몸이 수백만 년에 걸쳐 과일을 먹는 두 발 동물로, 그다음에는 오스트랄로피테쿠스류로, 그리고 마침내 큰 뇌를 가진 문화적이고 창의적인 수렵채집인으로 조금씩 바뀌었으니, 그간 적응해온 과거처럼 살면 우리 몸이 더 건강하지 않을까? 문명이 인간의 몸을 엇나가게 하는 것은 아닐까?

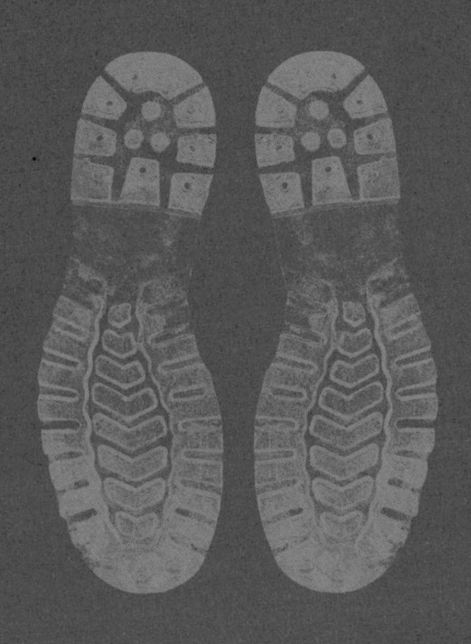

2부

농업혁명과 산업혁명

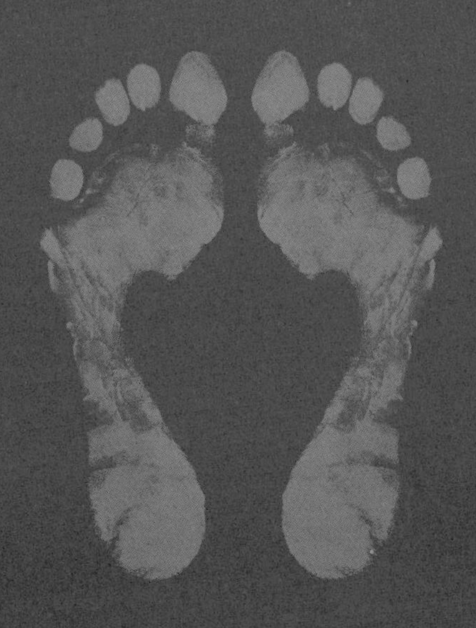

6장

진보, 불일치, 역진화
: 구석기 시대의 몸으로 이후 세계를 산다는 것

우리는 미개하지 않으나 동굴이나 천막에서 살거나 가죽을 걸칠 수 있다.
하지만 값비싼 대가를 지불하기는 했어도 인류가 창의력과 근면함으로 얻은
문명의 이기를 수용하는 편이 확실히 더 낫다.

—헨리 데이비드 소로, 『월든』

모든 것을 버리고 진화적 유산에 따라 단순하게 살고 싶다고 생각해본 적이 있는가? 헨리 데이비드 소로Henry David Thoreau는 『월든』에서 19세기 중엽 미국에 만연한 소비주의와 물질주의에서 벗어나 월든 호숫가 숲에 오두막을 짓고 2년을 지낸 경험을 들려준다. 『월든』을 읽지 않은 사람들은 소로가 이 기간에 은둔자처럼 지냈다고 오해하기도 한다. 하지만 그가 실제로 추구한 것은 단순하고 자족적이고 자연적 삶, 그리고 일시적인 고독이었다. 소로의 오두막은 매사추세츠주 콩코드의 중심가에서 몇 킬로미터 거리에 있었고, 그는 매일 또는 격일로 그 중심가를 찾아 친구들과 잡담을

나누고 저녁을 함께 먹고 옷을 세탁하고 잘 나가는 문인에 걸맞은 위안거리들을 즐겼다. 그런데도 『월든』은 문명의 진보를 원망하면서 과거로 돌아가기를 원하는 원시주의자들에게 일종의 성서가 되었다. 그들에 따르면 현대의 기술은 '가진 자'와 '못 가진 자'를 나누는 불공평한 사회 계급을 낳았고, 소외와 폭력을 초래했으며, 인간의 품위를 떨어뜨렸다. 일부 원시주의자들은 이상화된 농부의 생활 방식으로 돌아가기를 원한다. 심지어 구석기 수렵채집인으로 살기를 그만둔 이래로 삶의 질이 계속 내리막길을 걸어왔다고 생각하는 사람들도 있다.

더 단순한 삶으로 돌아가자는 데는 그럴 만한 이유가 있지만, 기술과 진보를 무조건 반대하는 것은 안이하고 헛된 생각이다(소로도 그것을 옹호하지 않았다.). 여러 척도에서 볼 때 인류는 구석기 시대 이후 번영을 누려왔다. 21세기 초에 세계 인구는 석기 시대보다 적어도 1,000배가 많다. 여전히 이 세계에는 가난, 전쟁, 기아, 전염병이 존재하지만, 그 어느 때보다도 많은 사람이 풍족한 먹거리를 즐기며 오래 건강하게 살고 있다. 한 예로, 오늘날 보통의 영국인은 100년 전에 살았던 자신의 증조할아버지보다 키가 7센티미터가 더 크고, 기대 수명은 30년이 더 길며, 그의 자식들이 영아기를 무사히 넘길 확률은 열 배쯤 더 높다.[1] 그뿐 아니라 자본주의가 시작되면서 몇 세기 전만 해도 부유한 귀족들조차 상상하지 못했던 기회들을 나와 같은 일반인들이 당연한 듯 누리며 산다. 나는 의료, 교육, 위생 시설 없이 동굴 원시인으로 사는 것은 고사하고, 초월주의자transcendentalist가 되어 숲에서 영원히 살 생각이 없다. 나는 내가 먹는 다양하고 맛있는 음식들이 좋고, 내 직업을 사랑하며, 재미있는 사람들과 식당, 박물관, 상점 들이 가득한 생기 있는 도시에서 사는 것이 정말 좋다. 또한 비행기 여행, 아이팟, 뜨거운 샤워, 에어컨, 3D 영화 같은 최신 기술들이 좋다. 현대의 삶이 점점 소비주의와 물질주의에 찌들어가고 있다는 소로의 진단은 옳지만, 사람들의 욕구가 바뀌었다기보다는 그 욕구를 충족시킬 기회가 새롭게 생긴 것으로 봐야 한다.

하지만 인류가 현재 직면하고 있는 심각하고 새로운 문제들을 무시하는 것 역시 안이하고 어리석은 일이다. 구석기 시대 이후에 생겨난 것—농업, 산업화, 다른 형태의 '진보'—은 보통 사람들에게 횡재나 다름없었지만, 그로 인해 이전에 드물었거나 없었던 새로운 병과 건강 문제가 생겼다. 천연두, 소아마비, 페스트 같은 대부분의 전염병이 농업혁명 이후에 발생했다. 게다가 현대 수렵채집인에 관한 연구들을 보면, 그들이 잉여 식량을 누리지는 못해도 기아나 심각한 영양실조를 겪는 일이 드물었음을 알 수 있다. 또한 현대적인 생활 방식은 충치와 만성 변비 같은 가벼운 병들뿐 아니라 심장병, 암, 골다공증, 2형 당뇨병, 알츠하이머병처럼 전염되지 않는데도 널리 퍼져 있는 신종 질환들을 양산했다. 게다가 불안과 우울증 같은 상당수의 정신 질환도 현대 환경에서 기인한 것으로 보인다.[2]

석기 시대 이후의 문명사는 많은 사람들이 추정하는 것처럼 점진적이지도 연속적이지도 않았다. 앞으로 몇 장에 걸쳐 이야기하겠지만 농업이 시작되면서 먹을거리가 많아지고 인구가 늘어났음에도 지난 몇천 년간 보통의 농부는 어떤 수렵채집인보다도 더 열심히 일해야 했고, 건강이 더 나빴으며, 젊어서 죽을 확률이 더 높았다. 수명 연장과 영아 사망률 감소와 같이 건강과 관련된 좋은 일 대부분은 지난 몇백 년 사이에 일어났다. 사실 몸의 관점에서 보면 많은 선진국들이 최근에 와서 너무 많은 진보를 이룩했다. 인류 역사상 최초로 사람들은 먹을 것이 부족한 상황이 아니라 넘치는 상황에 놓였다. 미국의 경우 성인 세 명 중 두 명꼴로 과체중이거나 비만이고, 그들의 자식들 중 3분의 1 이상이 과체중이다. 뿐만 아니라 미국과 영국 같은 선진국에서는 성인 대다수가 신체적으로 건강하지 않다. 심박수를 높이는 일을 하지 않고 보내는 날이 부지기수이기 때문이다. '진보' 덕분에 나는 푹신하고 편안한 침대에서 일어날 수 있고, 몇 개의 버튼만 눌러 아침을 차릴 수 있으며, 자동차를 타고 직장에 갈 수 있고, 엘리베이터를 타고 사무실로 올라갈 수 있으며, 그다음에 내리 8시간을 편안한 의자에 앉은 채로 땀을 흘리지도 배를 곯지도 않고 너무 춥거나 너무 덥지도 않게 보낼 수 있다. 한때는 몸을 써야 했던 일들을 지금은 기계들이 대신 해준다. 물을 긷고, 세탁하고, 먹을 것을 구해서 차리고, 이동하고, 심지어는 이를 닦는 일까지도.

요컨대 인류는 수렵채집인으로 살기를 그만둔 뒤로 지난 몇천 년간 엄청난 진보를 이루었다. 이 진보의 일부가 왜 그리고 어떻게 우리 몸에 나쁘게 작용할까? 다음 장들에서 인간의 몸이 구석기 시대 이후 어떻게 바뀌었는지를 살펴볼 텐데, 그전에 먼저 수백만 년간 적응된 대로 살지 않는 것의 장단점을 살펴보자. 특정 종류의 병들은 문명의 필연적인 결과일까? 구석기 시대 이후 생물학적 진화와 문화적 진화의 상호작용은 인간의 몸에 어떤 좋은 또는 나쁜 영향을 미쳤을까?

우리는 여전히 진화하고 있을까?

나는 20년 넘게 대학교에서 인간의 진화를 가르치고 있는데, 대체로 현생 인류의 기원과 확산을 다루는 5장의 마지막 부분쯤에서 강의가 끝난다. 구석기 시대에서 강의를 끝내는 것은 나름의 이유가 있다. 구석기 시대 이래로 호모 사피엔스에서 유의미한 생물학적 진화가 거의 일어나지 않았다는 것이 정설이었기 때문이다. 이런 관점에 따르면 문화적 진화가 자연선택보다 더 강력한 힘이 된 뒤로 인간의 몸은 거의 바뀌지 않았다. 따라서 1만 년 전부터 일어난 변화들은 진화생물학자의 영역이라기보다는 역사학자와 고고학자의 영역에 더 가깝다.

하지만 지금은 내가 인간의 진화를 가르쳤던 방식을 반성한다. 우선, 호모 사피엔스가 구석기 시대 이후로 진화를 멈췄다는 것은 사실이 아니다. 자연선택이란 유전 가능한 변이와 번식 성공도의 차이가 빚어낸 결과라는 것만 생각해도 진화가 끝났다는 생각은 분명히 틀렸다. 지금도 사람들은 유전자를 자식들에게 전달하고 있으며, 석기 시대와 마찬가지로 어떤 사람은 다른 사람보다 자식을 더 많이 갖는다. 인간의 생식력 차이에 유전적 바탕이 있는 한, 자연선택은 계속 일어난다. 게다가 점점 빨라지는 문화적 진화는 우리가 먹는 것, 우리가 일하는 방식, 우리가 걸리는 질병, 그 밖에 선택을 일으키는 여타 환경 인자들을 상당히 큰 폭으로 빠르게 바꿔왔다. 진화생물학자와 인류학자는 문화적 진화가 자연선택을 멈추어 세우지 않았으며 문화적 진화는 자연선택을 추동할 뿐 아니라 때때로 가속한다는 것을 증명해왔다.[3] 앞으로 살펴보겠지만 그 중에서도 농업혁명은 진화를 이끈 아주 강력한 힘이었다.

오늘날 우리가 진화를 커다란 힘으로 여기지 않는 이유 중 하나는 자연선택이 점진적으로 일어나는 탓에 극적인 효과가 나타나려면 대개 수백 세대가 걸리기 때문이다. 인간의 한 세대는 보통 20년 정도이므로, 세균, 효모균, 초파리에서 금방 관찰할 수 있는 수준의 세대 변화를 인간 세계에서 찾기란 어렵다. 하지만 방대한 표본과 노력이 있으면 최근 몇 세대 동안 인간에 대한 자연선택이 얼마나 일어났는지 알아낼 수 있다. 실제로 몇몇 연구에서 지난 몇백 년간 낮은 수준의 선택이 일어났다는 증거가 발견됐다. 예를 들어 핀란드와 미국에서 여성의 첫 출산 연령과 초경 연령뿐 아니라 사람들의 키, 몸무게, 콜레스테롤 수치, 혈당 수치에 대한 선택이 일어났다.[4] 더 오랜 기간을 두고 관찰하면 최근에 일어난 자연선택의 증거를 더 많이 찾을 수 있을 것이다. 빠르고 값싸게 전체 유전체 서열을 밝혀내는 신기술 덕분에, 지난 몇천 년간 특정 집단 내에서 강력한 선택을 받은 수백 개의 유전자를 찾아낼 수 있었다.[5] 예상할 수 있듯이 이 유전자들 중 상당수가 생식이나 면역계를 조절하는 것으로, 자식을 더 많이 낳고 전염병을 이겨낼 수 있게 도왔다.[6] 또 다른 유전자들은 대사와 관련된 것으로, 농업을 기반으로 하는 특정 집단들이 유제품과 곡물 등의 음식에 적응하는 것을 도왔다. 몇몇 유전자들은 체온조절과 관련된 것이었는데, 아마 지구 곳곳으로 퍼져나간 현생 인류가 다양한 기후에 적응할 수 있도록 도왔을 것이다. 내 동료들과 나는 빙하기 말에 아시아에서 진화한 한 유전자 변종이 강력한 자연선택을 받은 증거를 발견했다. 이 유전자 변종은 동아시아인과 아메리카 원주민이 더 두꺼운 털과 더 많은 땀샘을 갖게 했다.[7] 이와 같이 최근 진화한 유전자들을 연구하면, 왜 어떤 사람은 특정 질환에 잘 걸리고 어떤 사람은 잘 걸리지 않는지, 각기 다른 약물에 사람들이 어떻게 반응하는지와 같은 실용적인 문제를 해결하는 데 도움이 될 수 있다.

자연선택은 구석기 시대 이후 멈추지 않았지만, 이전 몇백만 년에 비하면 지난 몇천 년 사이에 인간 집단에서 자연선택이 비교적 덜 일어난 것이 사실이다. 이러한 차이가 뜻밖인 것은 아니다. 최초의 농부들이 중동에서 땅을 갈기 시작한 것이 겨우 600세대 전인 데다, 대부분의 조상들은 겨우 300세대 전에 농업을 시작했기 때문이다. 지난 100년간 내 집에서 살았던 쥐들이 대략 300세대쯤 된다. 300세대만 해도 자연선택이 충분히 일어날 수 있지만, 이로운 돌연변이를 집단 내에 빨리 퍼뜨리거나 해로운 돌연변이를 빨리 제거하려면 자연선택이 매우 강하게 일어나야 한다.[8] 게다가 지난 몇백 세대를 거치면서 자연선택이 항상 일관되게 작동한 것은 아니기 때문에 그 효과가 나타나기 어렵다. 예를 들어 기온과 식량 생산량이 오르내리는 동안 때로는 큰 사람이, 때로는 작은 사람이 선택되었을 것이다. 무엇보다도 몇몇 문화적 발전이 자연선택으로부터 수많은 사람들을 보호했다. 페니실린이 1940년대부터 널리 쓰이게 되면서 자연선택에 어떤 영향을 미쳤을지 생각해보라. 페니실린 덕분에 오늘날 수백만 명의 사람들이 병에 잘 걸리는 유전자들을 갖고 있어도 결핵이나 폐렴 같은 질병으로 죽지 않고 산다. 결론적으로 말해, 자연선택은 멈추지는 않았지만 지난 몇천 년 동안 인간의 생물학적 형질에 오직 제한적이고 국지적인 영향만 미쳤다. 만일 당신이 후기 구석기 시대의 크로마뇽인 소녀를 현대 프랑스 가정에 데려와 기른다면, 그 아이는 주로 면역계와 대사의 측면에서 나타나는 몇 가지 작은 생물학적 차이를 제외하고는 전형적인 현대인 소녀가 될 것이다. 그것은 지구에 사는 모든 사람이 20만 년 전 이래로 마지막 공통 조상을 공유하고 있기 때문이다. 우리는 서로 다른 집단에 속해도 유전적으로, 해부적으로, 생리적으로 대부분 똑같다.[9]

구석기 시대 이래로 얼마나 많은 자연선택이 일어났든, 지난 몇천 또는 몇백 년간 인간의 진화는 다른 방식으로 진행되었다. 진화는 자연선택을 통해서만 일어나는 것이 아니다. 오늘날에는 문화적 진화가 자연선택보다 훨씬 더 강력하고 빠른 힘이며, 지금까지 문화적 진화는 유전자가 아니라 환경을 바꿈으로써 유전자와 환경의 상호작용을 바꾸었다. 모든 신체 기관—근육, 뼈, 뇌, 신장, 피부—은 발달 기간에 유전자가 환경 신호(힘, 분자, 기온 등)의 영향을 받아서 만들어진 산물이고, 현재의 기능은 계속해서 현재의 환경으로부터 영향을 받는다. 인간의 유전자는 지난 몇천 년간 약간 바뀌었을 뿐이지만, 문화적 진화가 우리의 환경을 극적으로 바꿈으로써 자연선택이 초래하는 변화와는 매우 다른, 더 중대한 변화가 일어났다. 예를 들어 담배의 독성 물질, 특정 플라스틱, 여타 공산품은 노출 후 수년이 지나 암을 유발할 수 있다. 만일 당신이 부드럽게 가공된 식품을 먹고 자랐다면, 단단하고 거친 음식을 먹고 자란 경우보다 얼굴이 작아질 것이다.[10] 만일 당신이 더운 기후에서 생후 첫 몇 년을 보냈다면, 서늘한 환경에서 태어난 경우보다 땀샘이 더 많이 발달할 것이다.[11] 이러한 변화는 유전적으로는 전달될 수 없지만 문화적으로 전달될 수 있다. 가문의 성姓을 물려주듯이, 우리는 자식들에게 독소, 음식, 기온 같은 환경조건을 전달한다. 문화적 진화가 가속되면서 우리 몸의 성장과 기능에 영향을 미치는 환경 변화도 가속되고 있다.

문화적 진화가 물려받은 유전자와 살고 있는 환경 간의 상호작용을 어떤 식으로 바꾸고 있는지는 매우 중요한 문제다. 지난 몇백 세대 동안 인간의 몸은 문화적 진화로 인해 다양한 측면에서 바뀌었다. 성숙이 더 빨라졌고, 치아는 더 작아졌고, 턱이 더 짧아졌고, 뼈는 더 가늘어졌고, 발은 더 평평해졌고, 충치가 더 흔해졌다.[12] 또한 우리는 과거보다 잠을 덜 자고, 더 많은 스트레스와 불안과 우울증에 시달리고, 더 쉽게 근시가 된다. 그뿐 아니라 오늘날 인간의 몸은 과거에는 드물었거나 존재하지 않았던 수많은 질병들과 싸워야 한다. 인간의 몸에 일어난 이러한 변화는 각기 유전적 기반을 갖고 있지만, 바뀐 것은 이러한 질병에 특정 역할을 하는 유전자라기보다 유전자와 상호작용하는 환경이다.

2형 당뇨병을 생각해보자. 이 병은 과거에는 드물었지만 지금은 전 세계적으로 흔한 대사 질환metabolic disease이다. 어떤 사람들은 2형 당뇨병에 유전적으로 취약한데, 이 사실은 왜 이 병이 유럽과 미국보다는 중국과 인도 같은 곳에서 더 빠르게 퍼져나가는지 설명하는 데 도움이 된다.[13] 하지만 2형 당뇨병이 미국보다 아시아에서 더 빠르게 확산되고 있는 이유는 동양에서 빠르게 확산되고 있는 새로운 유전자 때문이 아니다. 그보다는 서구의 생활 방식이 전 세계로 빠르게 퍼져나가면서 전에는 부정적인 영향을 미치지 않았던 오래된 유전자들과 상호작용한 결과다.

요컨대 진화는 자연선택을 통해서만 일어나는 것이 아니며, 빠른 문화적 진화가 주변 환경을 바꾸면서 유전자와 환경의 상호작용이 빠르게, 때로는 근본적으로 바뀌고 있다. 설령 평발 유전자나 근시 유전자, 혹은 2형 당뇨병에 취약한 유전자가 있다 해도, 그것들을 물려준 우리 조상들은 이러한 문제들을 겪지 않았을 것이다. 따라서 진화의 렌즈를 통해 구석기 시대 이후에 유전자와 환경의 상호작용이 어떻게 달라졌는지 알아보면 큰 도움이 될 것이다. 초기 현생 인류가 물려준 유전자와 몸이 오늘날의 새로운 환경에서 얼마나 잘 해낼 수 있을까? 그리고 이 변화들에 대한 진화적 관점은 우리에게 어떤 실용적인 도움을 줄 수 있을까?

의학과 진화론의 만남

병원에서 '암'보다 더 무서운 말은 없지만, '암'이라는 말을 듣고 진화를 떠올리기는 참 힘든 일이다. 만일 내가 내일 당장 암 진단을 받는다면 나는 암을 없앨 방법을 가장 먼저 고민할 것이다. 어떤 종류의 세포가 암세포가 되었는지, 그렇게 마구 분열하게 만든 돌연변이가 무엇인지, 수술, 방사선 치료, 항암 요법 중 어떤 것이 정상 세포를 죽이지 않고 암세포만 선택적으로 죽일 확률이 가장 높은지 같은 문제가 가장 궁금할 것이다. 내가 아무리 인간의 진화를 연구하는 사람이라도 막상 암에 걸리면 자연선택 이론 같은 건 머릿속에 들어오지도 않을 것이다. 심장마비에 걸리거나 충치로 고생하거나 햄스트링이 찢어져도 마찬가지다. 아플 때는 의사를 찾지 진화생물학자를 찾지 않는다. 의사들도 직업 훈련의 일환으로 진화생물학을 연구하지 않는다. 왜 그럴까? 따지고 보면 진화는 주로 과거에 일어난 일이고, 오늘날의 환자들은 네안데르탈인은커녕 수렵채집인도 아니다. 심장병에 걸린 사람은 수술이나 투약 같은 의학적 조치가 필요하고, 그러한 처치를 하려면 유전학, 생리학, 해부학, 생화학 같은 분야를 잘 아는 것이 중요하다. 따라서 의사나 간호사가 진화생물학 강의를 꼭 들을 필요는 없다. 또한 의료인, 보험회사, 여타 의료 산업 종사자가 자신의 일과 관련해서 다윈이나 루시를 떠올리는 경우도 거의 없을 것이다. 산업혁명의 역사를 아는 기계공이 자동차를 더 잘 고치는 것이 아니듯, 질병을 치료하는 의사가 몸의 역사를 알아서 뭐하겠는가?

하지만 진화가 의학과 무관하다는 생각은 언뜻 보기에 논리적인 것 같아도 사실은 매우 근시안적이고 잘못된 사고방식이다. 우리 몸은 자동차처럼 설계된 것이 아니라 '변형을 동반한 상속descent with modification'을 통해 진화했다. 그러므로 몸의 진화사를 알면 왜 우리 몸이 지금과 같은 모습이고 지금과 같은 방식으로 작동하는지, 왜 우리가 그것 때문에 병에 걸리는지 알 수 있다. 생리학과 생화학 같은 분야는 질병의 근접 메커니즘proximate mechanism(발생 원인을 파악하는 것—옮긴이)을 이해하려고 하지만, 진화의학이라는 새로운 분야는 왜 애초에 그 질병이 생겨났는지를 이해하려고 한다.[14] 예를 들어 암은 몸 안에서 일어나는 변칙적인 진화 과정으로 볼 수 있다. 세포가 분열할 때마다 유전자에서 돌연변이가 발생할 수 있다. 따라서 더 자주 분열하는 세포들(예컨대 혈액세포과 피부세포), 또는 돌연변이를 유발하는 화학 물질에 더 자주 노출되는 세포들(예컨대 폐세포와 위세포)에서 이상증식을 일으키는 돌연변이가 발생해 종양이 생길 확률이 높다. 하지만 대부분의 종양은 암이 아니다. 종양세포가 암세포가 되려면, 건강한 세포의 영양소를 빼앗아 증식하면서 정상적인 기능을 방해하는 추가 돌연변이가 일어나야 한다. 기본적으로 암세포는 다른 세포들보다 더 잘 생존하고 번식할 수 있게 하는 돌연변이를 지닌 비정상 세포에 불과하다. 따라서 우리가 진화하도록 진화하지 않았다면, 우리는 절대 암에 걸리지 않을 것이다.[15]

나아가 진화는 지금도 일어나고 있는 과정이므로, 진화가 어떻게 작동하는지 알면 질병 예방 및 치료에 도움이 될 뿐 아니라 기회를 놓치거나 실패할 확률을 낮출 수 있다. 의학에 진화생물학을 접목시키는 것이 특히 시급한 분야는 감염병 분야다. 감염병은 지금도 우리와 함께 진화하고 있다. 우리는 인간과 에이즈, 말라리아, 폐렴 같은 질병이 '진화적 군비경쟁evolutionary arms race'을 하고 있다는 사실을 모르고 약을 남용하거나 생태 조건을 무분별하게 교란함으로써 자신도 모르게 감염원을 돕거나 강화한다.[16] 다음번 유행병을 예방하고 치료하기 위해서는 다원주의에 입각한 접근 방식이 필요하다. 또한 진화의학은 일상적인 감염을 치료하기 위해 항생제를 처방하는 습관을 재고하게 한다. 항생제 남용은 신종 슈퍼박테리아의 진화를 촉진할 뿐 아니라, 크론병Crohn's disease(10장 참조) 같은 새로운 자가면역질환에 취약한 몸 상태를 만든다. 암을 더 잘 예방하고 치료하기 위해서도 진화생물학이 필요하다. 우리는 흔히 방사선이나 화학 물질(항암제)로 암세포를 죽이지만, 진화적 관점에서 보면 왜 이러한 치료법이 때때로 역효과를 낳는지 알 수 있다. 방사선과 항암제는 치명적이지 않은 종양을 암으로 바꾸는 돌연변이의 발생 확률을 높일 뿐 아니라, 새로운 돌연변이에게 유리하게 세포의 환경을 바꾼다. 이러한 이유로 온순한 형태의 암에 걸린 환자들에게는 덜 공격적인 치료가 더 좋을 수 있다.[17]

또한 진화의학은 의사와 환자에게 병의 증상이 실제로는 적응임을 알게 해서 질병과 부상을 치료하는 방식을 재고하게 만들 수 있다. 열, 메스꺼움, 설사가 시작되거나 통증이 나타나자마자 약을 사서 먹는 일이 얼마나 많은가? 우리는 이러한 불편을 제거해야 한다고 생각하지만, 진화적 관점에서 보면 이런 증상들은 주시하며 돌봐야 하는 적응일 수 있다. 열은 몸이 감염과 싸우는 것을 돕고, 관절통과 근육통은 나쁜 달리기 자세 같은 해로운 습관을 그만두게 하며 , 메스꺼움과 설사는 해충이나 독소를 몸 밖으로 배출한다. 게다가 서론에서 강조했듯이 적응은 복잡한 개념이다. 우리 몸의 적응들은 오래전에 우리 조상들이 자식을 많이 남기는 것을 도왔다는 이유만으로 진화했다. 따라서 우리가 때때로 병에 걸리는 것은 자연선택의 우선순위가 일반적으로 건강보다 번식이기 때문이다. 우리는 건강하도록 진화하지 않았다. 예를 들어 구석기 시대 수렵채집인은 주기적인 식량 부족에 직면했고 몸을 많이 움직여야 했기 때문에, 우리 몸은 지방을 저장하고 더 많은 에너지를 번식에 쓰기 위해 고칼로리 음식을 탐하고 틈날 때마다 쉬도록 진화했다. 진화적 관점에서 보면 대부분의 다이어트와 운동 프로그램은 실패로 끝날 수밖에 없다. 우리는 도넛을 먹고 엘리베이터를 타고 싶어하는, 한때는 적응이었던 원시적인 본능과 어떻게 싸워야 하는지 아직 알지 못하기 때문이다.[18] 게다가 몸은 적응들이 복잡하게 중첩된 산물이고 그 적응들은 각기 다른 손해와 이익을 주며 때로는 서로 충돌하기 때문에, 완벽한 최적의 다이어트 계획 또는 운동 프로그램은 존재하지 않는다. 우리 몸은 타협으로 가득하다.

마지막으로—가장 중요한 이유이다.—진화 일반, 특히 인간의 진화에 대해 생각하고 학습하는 것은 **진화적 불일치**evolutionary mismatch라고 부르는 유형의 질병들과 여타 건강 문제들을 예방하고 치료하는 데 반드시 필요하다.[19] 불일치 가설의 기본은 아주 간단하다. 자연선택은 오랜 시간에 걸쳐 유기체를 특정 환경조건에 적응(즉 일치)시킨다. 예를 들어 얼룩말은 아프리카 사바나에서 걷고 뛰고, 풀을 먹고, 사자를 보면 도망치고, 특정 질병에 내성을 갖고, 덥고 건조한 기후에 대처하도록 적응되어 있다. 내가 살고 있는 뉴잉글랜드로 그 얼룩말을 데려온다면, 녀석은 사자에 대해서는 걱정할 필요가 없겠지만 풀을 찾고 추운 겨울을 보내고 새로운 질병과 싸우느라 고군분투하면서 다양한 문제들을 겪을 것이다. 녀석은 뉴잉글랜드의 환경에 잘 적응되어 있지 않기 때문에(즉 불일치하기 때문에) 도와주지 않으면 병에 걸려 죽을 것이다.

진화의학이라는 이 중요한 신생 학문은, 구석기 시대 이래로 이루어진 많은 진보에도 불구하고 우리가 어떤 면에서는 그 얼룩말과 같은 처지에 놓였다고 주장한다. 특히 농업이 시작된 뒤로 혁신이 가속되면서 우리 몸과 충돌하는 새로운 문화적 관행들이 점점 더 늘어났다. 물론 비교적 최근의 발전 대부분은 유익했다. 농업은 더 많은 식량을 생산했고, 현대의 위생 시설과 의학은 영아 사망률을 낮추고 수명을 늘렸다. 하지만 다른 한편으로는 수많은 문화적 변화들이 유전자와 환경 간의 상호작용을 바꾼 결과, 광범위한 건강 문제가 발생했다. 그것이 바로 **불일치 질환**mismatch disease으로, 현대의 특정 행동과 조건에 충분히 적응되어 있지 않거나 부적절하게 적응되어 있는 구석기의 몸이 일으키는 질병을 말한다.

불일치 질환은 너무도 중요해서 아무리 강조해도 지나치지 않다. 당신이 불일치 질환으로 죽거나 불일치 질환이 초래하는 기능장애로 고통받을 가능성은 매우 높다. 불일치 질환은 전 세계적으로 엄청난 의료비를 초래한다. 무엇이 불일치 질환일까? 우리는 어떻게 이러한 질병에 걸릴까? 우리는 왜 불일치 질환을 예방하기 위해 더 노력하지 않을까? 우리 몸의 진화사를 살펴보는 것과 같이 진화적 관점에서 건강과 의료에 접근하는 것은 불일치 질환을 예방하고 치료하는 데 어떤 도움이 될까?

불일치

진화적 불일치 가설은 적응 이론을 유전자와 환경의 상호작용에 적용한 것이다. 요약하면 다음과 같다. 모든 세대의 모든 사람은 주변 환경과 상호작용하는 수천 개의 유전자들을 물려받는다. 그 대부분은 특정 환경조건에서 생존과 번식에 유리했기 때문에 몇백 세대 또는 몇천 세대, 심지어는 몇백만 세대에 걸쳐 선택되었다. 그러므로 우리는 사람마다 정도의 차이가 있지만 우리가 물려받은 유전자 덕분에 다양한 활동, 음식, 기후, 그 밖의 환경 요소에 잘 적응되어 있다. 동시에 주변 환경에 일어난 변화 때문에 우리는 때때로 (항상 그렇지는 않다.) 다른 활동, 음식, 기후 등에 잘 적응되어 있지 않거나 부적절하게 적응되어 있다. 이러한 부적응이 때때로 (이번에도 항상 그런 것은 아니다.) 우리를 병들게 만든다. 예를 들어 자연선택은 지난 몇백만 년간 다양한 과일, 덩이줄기, 야생 동물, 씨, 견과류 등 섬유소가 풍부하지만 당분은 낮은 음식들을 다양하게 섭취하도록 우리 몸을 적응시켰기 때문에, 당분이 많고 섬유소가 적은 음식을 지속적으로 먹으면 2형 당뇨병과 심장병 같은 질환들에 걸릴 수 있다. 또한 과일만 먹어도 병에 걸리게 된다. 하지만 모든 새로운 행동과 환경이 우리가 물려받은 몸에 부정적인 영향을 미치는 것은 아니며, 때로는 도움을 주기도 한다. 예를 들어 인간은 카페인 음료를 마시거나 이를 닦도록 진화하지 않았지만, 나는 차나 커피를 적당히 마시는 것이 해롭다는 증거를 보지 못했고, 이를 닦는 것은 (특히 당신이 가당 식품을 많이 먹는다면) 말할 나위 없이 건강한 습관이다. 또한 모든 적응이 건강에 도움이 되는 것도 아니다. 소금은 우리 몸에 필수적인 성분이라서 우리는 소금을 좋아하도록 적응되었지만, 소금을 너무 많이 섭취하면 병에 걸릴 수 있다.

불일치 질환은 많지만, 모두가 몸이 기능하는 방식을 바꾸는 환경의 변화로 인해 발생한다. 불일치 질환을 분류하는 가장 간단한 기준은 특정 환경 자극이 어떻게 바뀌었느냐이다. 대략적으로 보면, 대부분의 불일치 질환은 한 자극이 몸이 적응하고 있는 수준보다 올라가거나 내려갈 때, 또는 그 자극이 완전히 새로운 것이라서 몸이 거기에 전혀 적응되어 있지 않을 때 발생한다. 한마디로 진화적 불일치는 자극이 너무 심하거나 너무 약하거나 너무 새로운 것일 때 발생한다. 예를 들어 문화적 진화가 사람들의 식생활을 바꾸면서 어떤 불일치 질환은 지방을 너무 많이 먹어서 생기고, 어떤 불일치 질환은 지방을 너무 적게 먹어서 생기며, 또 다른 불일치 질환은 몸이 소화시킬 수 없는 새로운 종류의 지방(예컨대 부분적으로 수소화된 지방인 트랜스 지방)을 먹어서 생긴다.

불일치 질환의 원인에 대해 생각하는 상보적인 방법은 환경을 바꾸는—그 결과 주변 상황에 적응되어 있는 정도를 바꾸는—여러 가지 과정들을 고려하는 것이다.[20] 이렇게 보면 불일치의 가장 간단한 원인은 사람들이 잘 적응되어 있지 않은 새로운 환경으로 옮겨가는 것, 즉 이주다. 예를 들어 북유럽 사람이 오스트레일리아 같은 화창한 나라로 이주하면 피부암에 더 잘 걸리게 되는데, 그것은 창백한 피부가 강한 햇빛에 취약하기 때문이다. 이주에 의한 불일치는 오늘날만의 문제가 아니다. 구석기 시대에 현생 인류가 아프리카에서 나와 전 세계로 퍼져가면서 새로운 병원체와 새로운 음식을 만났을 때에도 같은 문제가 발생했을 것이다. 하지만 지금과 그때의 중요한 차이는, 과거의 확산은 오랜 시간에 걸쳐 점진적으로 일어난 덕분에 자연선택이 일어나 진화적 불일치를 바로잡을 시간이 충분했다는 것이다(5장 참조).

환경이 바뀌어 진화적 불일치가 유발되는 과정과 작용 중 가장 흔하고 강력한 것은 문화적 진화 때문에 발생한다. 지난 몇 세대 동안 일어난 기술적, 경제적 진보는 우리가 걸리는 병, 우리가 먹는 음식, 우리가 복용하는 약, 우리가 하는 일, 우리가 삼키는 오염물질, 우리가 소비하고 섭취하는 에너지양, 우리가 겪는 스트레스를 모두 바꾸었다. 이런 변화는 대부분 도움이 되었다. 그러나 우리는 그 밖의 변화를 다루는 데 아주 잘 또는 충분히 적응되어 있지 않아서 결국 병에 걸린다. 게다가 이러한 질환들은 변수 간의 상호 인과관계가 당장 분명하게 드러나지 않는다는 공통점을 가지고 있다. 예를 들어 어떤 오염 물질이 특정 질병을 유발하기까지는 수년이 걸린다(대부분의 폐암은 사람들이 담배를 피우기 시작하고 몇십 년 후에 발생한다.). 또 수시로 모기와 벼룩에 물리며 사는 사람들은 이 곤충들이 때때로 말라리아나 페스트를 옮긴다는 사실을 깨닫기 어렵다.

마지막으로 불일치의 원인을 생활사의 변화에서도 찾을 수 있다. 우리가 성장하면서 거치는 발달 단계들이 질병 취약성에 영향을 미친다. 예를 들면 더 오래 살면 자식의 수가 늘어날 수 있지만,

심장과 혈관에 더 많은 손상이 생기고 다양한 세포들에 더 많은 돌연변이가 축적될 가능성도 커진다. 노화가 직접적으로 심장병과 암을 유발하지는 않지만 이러한 질병들은 나이가 들수록 흔해지기 때문에 그 증가세를 수명이 늘어난 탓으로 어느 정도 설명할 수 있다. 또한, 더 어린 나이에 사춘기를 겪으면 앞으로 자식을 낳을 기회가 많아질 수 있지만, 생식 호르몬에 노출되는 기간도 늘어나 특정 질환에 걸릴 확률이 높아진다. 예를 들어 초경을 더 일찍 시작한 여성들이 유방암 발생률이 더 높다(9장 참조).[21]

불일치 질환의 원인이 이렇게 복잡한 탓에 어떤 병이 진화적 불일치 질환인지 결정하기란 논쟁의 여지가 있는 어려운 일이다. 앞서 강조했지만 "인간이 무엇에 적응되어 있는가?"라는 질문에는 간단명료한 답이 없기 때문에 더 어렵다. 우리 종의 진화사는 그렇게 단순하지 않고, 몸에 있는 모든 특징이 적응인 것도 아니며, 많은 적응들이 득과 실을 수반하는 데다, 우리 몸에 있는 이런저런 적응들은 때때로 서로 충돌한다. 따라서 어떤 환경조건에 얼마나 적응되어 있는지 알아내는 것은 쉬운 문제가 아니다. 예를 들어 우리는 매운 음식을 먹는 것에 얼마나 잘 적응되어 있을까? 우리는 몸을 움직이도록 적응되어 있지만 몸을 혹사하는 것에는 적응되어 있지 않을까? 달리기 등의 운동을 무리하게 하면 여성의 생식력이 떨어질 수 있다는 것은 잘 알려져 있지만, 울트라마라톤 ultramarathon(일반 마라톤 구간인 42.195킬로미터 이상을 달리는 운동—옮긴이) 같은 극단적인 오래달리기가 부상과 질병의 위험을 얼마나 높이는지는 불분명하다.

불일치 질환을 구별하기 어려운 또 다른 이유는 질병을 직접 유발하거나 발병에 영향을 미치는 환경 인자들을 정확하게 집어낼 만큼 우리가 잘 아는 질병이 별로 없기 때문이다. 예를 들어 자폐증은 과거에는 드물었지만 최근에 흔해지고 있으며(진단 기준이 바뀌었기 때문만은 아니다.), 개발도상국에서 주로 발생한다는 점에서 불일치 질환으로 볼 수 있다. 하지만 자폐증의 유전적, 환경적 원인을 모르기 때문에 그 질병이 오래된 유전자와 현대 환경의 불일치로 생기는 질환이라고 결론짓기는 어렵다.[22] 더 나은 정보가 생길 때까지는 다발경화증, 주의력결핍·과잉행동장애ADHD, 췌장암 같은 많은 질병과 요통 같은 통증이 진화적 불일치 질환이라는 것은 가설에 머물 수밖에 없다.

불일치 질환을 식별하는 데 있어서 마지막 걸림돌은 수렵채집인, 특히 구석기 시대 수렵채집인의 건강에 대한 훌륭한 자료가 없다는 것이다. 불일치 질환은 기본적으로 우리 몸이 새로운 환경조건에 잘 적응되어 있지 않아서 발생하는 것이다. 그러므로 서구인에서는 흔하지만 수렵채집인에서는 드문 질환들은 진화적 불일치 질환의 좋은 후보다. 반대로 주변 환경에 잘 적응되어 있다고 추정되는 수렵채집인들에서 흔히 발생하는 질병이 있다면 그것은 불일치 질환일 확률이 낮다. 그동안 불일치 질환을 식별하기 위한 많은 시도가 있었다. 최초로 포괄적인 시도를 한 사람은 미국인 치과의사 웨스턴 프라이스Weston Price였다. 그는 제2차 세계대전이 터지기 전에 전 세계를 여행하면서 현대 서구인의 식생활(특히 밀가루와 당분의 과다 섭취)이 충치와 치아 밀집dental crowding 등의 여러 건강 문제를 유발한다는 자신의 이론을 뒷받침하기 위해 증거들을 수집했다.[23] 그 뒤로 여러 연구자들이 수렵채집인 집단과 자급 농업 집단을 대상으로 건강과 환경 간의 관계에 관한 자료들을 수집해왔다.[24] 불행히도 이러한 연구들은 수가 적고, 일화나 제한된 자료에 의존하며, 표본 크기가 작은 경향이 있다. 우리는 2형 당뇨병, 근시, 특정 심장병들이 이 집단들에서 드물다는 합리적인 결론을 내릴 수 있지만, 암, 우울증, 알츠하이머병 같은 다른 질병들의 경우는 정보가 너무 적다. 증거의 부재가 부재의 증거는 아니라는 회의주의자들의 지적은 옳다. 게다가 비서구 사회에서 수집된 자료는 결과에 영향을 미칠 수 있는 다른 잠재적 요인들을 통제한 상태에서 음식이나 신체 활동 같은 변수가 건강에 미치는 영향을 실험적으로 검증해 얻어낸 것이 아니다. 마지막으로, 때 묻지 않은 수렵채집인 집단은 더 이상 존재하지 않는다. 그렇게 된 지 수천 년까지는 아니라도 수백 년은 되었다.[25] 피험자로 참여한 수렵채집인 대부분이 담배를 피우고, 술을 마시고, 농부에게서 먹을 것을 사고, 외부에서 들어온 감염병들과 오랫동안 싸웠다.

이러한 점들에 주의해야 하지만, 그렇다 해도 어떤 병이 진화적 불일치 질환인지 혹은 그럴 가능성이 있는지 따져보는 것은 도움이 된다. 표 3은 진화적 불일치에 의해 발생하거나 악화된다고 볼 만한 근거가 있는 질병과 건강 문제를 추려 정리한 것이다. 다시 말해 이러한 질병들은 새로운 환경조건에 인간이 잘 적응되어 있지 않기 때문에 더 흔히 발생하거나 더 심해지거나 더 어린 나이에 발생할 가능성이 있는 질병들이다. 표 3은 일부에 지나지 않으

표 3. 불일치 질환으로 추정되는 비감염성 질환

위산 역류/만성 속쓰림	평발
여드름	녹내장
알츠하이머병	통풍
불안장애	망치 발가락
무호흡증	치질
천식	고혈압
무좀	요오드 결핍증(갑상선종/크레틴병)
주의력결핍·과잉행동장애(ADHD)	매복 사랑니
건막류	만성 불면증
암(특정 종류)	과민대장 증후군
손목굴 증후군	젖당 소화 장애
충치	요통
만성피로 증후군	부정교합
간경변증	대사 증후군
만성 변비	다발경화증
관상동맥 질환	근시
크론병	강박장애
우울증	골다공증
2형 당뇨병	발바닥근막염
기저귀 발진	다낭성 난소 증후군
식이 장애	자간전증
폐기종	구루병
자궁내막증	괴혈병
지방간	위궤양
섬유조직염	

며, 이 질병들 대다수가 아직은 불일치 질환으로 추정되는 단계라서 검증이 더 필요하다. 게다가 새로운 병원체가 유발하는 감염병은 제외시켰다. 그것까지 포함시켰다면 이 목록은 훨씬 더 길고 무시무시했을 것이다.

일부 질병들만 추려놓기는 했지만, 표 3은 경악과 공포를 유발한다. 다시 한 번 강조하지만, 열거된 질병들이 항상 불일치로 인해 발생하는 것은 아니다. 그 대다수는 불일치 질환으로 추정될 뿐이고, 실제로 그 질병이 유전자와 환경의 새로운 상호작용으로 인해 발생하거나 악화되는지 검증하려면 더 많은 자료가 필요하다. 그렇다 해도 이 질병들 대부분이 주로 농업화와 산업화 이후 환경인자들에 의해 촉발되었거나 심해진 것은 분명하다. 과거 사람들은 2형 당뇨병과 근시 같은 병 때문에 아프거나 기능장애를 겪을 일이 없었다. 따라서 요즘 사람들이 걸리는 질병의 대부분은 우리 몸의 오래된 생물학적 형질과 맞지 않는 현대적인 생활 방식으로 인해 발생하거나 악화된다는 이유에서 진화적 불일치라고 볼 수 있다. 사실, 선진국에서 가장 큰 사망 원인이 심장병과 암이라는 사실을 생각하면 당신은 불일치 질환으로 죽을 가능성이 매우 높다. 게다가 노년에 이르러 삶의 질을 떨어뜨릴 수 있는 기능장애도 진화적 불일치 때문에 발생할 가능성이 높다. 그리고 다시 한 번 말하지만 표 3은 폐렴, 천연두, 인플루엔자(유행성 감기), 홍역 같은 치명적인 감염병을 제외한 부분적인 목록에 불과한데, 그러한 감염병 역시 농업을 시작한 이후 우리가 가축들과 접촉하면서, 그리고 인구밀도가 높고 위생 시설이 열악한 대규모 거주지에 모여 살면서 널리 퍼졌다.

역진화의 악순환

사람의 몸 이야기로 돌아와 구석기 시대가 끝난 뒤로 문화적 진화가 어떻게 불일치 질환을 유발하는 환경을 만들었는지 살펴보기 전에, 또 하나의 진화 역학을 알아야 한다. 바로 문화적 진화가 불일치 질환에 대응하는 방식이다. 이것은 사소하게 넘길 문제가 아니다. 그 역학을 알아야 왜 천연두와 갑상선종 같은 유형의 불일치 질환은 사라졌거나 드물어진 반면 2형 당뇨병, 심장병, 평발 같은 불일치 질환은 여전히 기승을 떨치는지를 알 수 있기 때문이다.

우선 흔한 불일치 질환인 괴혈병과 충치를 비교해보자. 비타민 C 결핍 질환인 괴혈병은 선원이나 군인처럼 비타민 C의 주된 공급원인 신선한 과일과 채소를 충분히 섭취하지 못하는 사람이 주로 걸렸다.[26] 현대 과학은 1932년이 되어서야 괴혈병의 근본 원인을 파악했지만, 그전에도 사람들은 비타민 C가 풍부한 특정 식물을 먹으면 이 병을 예방할 수 있음을 알고 있었다.[27] 요즘에 신선한 과일과 채소를 먹지 않는 사람들에서조차 괴혈병이 드문 이유는 가공식품에 비타민 C를 첨가하는 방법으로 이 병을 쉽게 예방할 수 있기 때문이다. 따라서 괴혈병은 과거에는 불일치 질환이었는지 몰라도 지금은 그 원인을 효과적으로 해결할 수 있기 때문에 그렇지 않다.

반면 충치를 생각해보자. 충치는 치아에 들러붙어 얇은 막 형태의 치태dental plaque를 만들어내는 세균 때문에 생긴다. 입안에 있는 대부분의 세균은 자연스럽고 무해하지만 몇몇은 때때로 문제를 일으킨다. 우리가 녹말과 당이 함유된 음식을 씹을 때 이 세균들이 그것을 먹고 산을 분비하면 치아가 녹아 구멍이 생기는데 그것이 충치다.[28] 치료하지 않으면 치아의 뿌리로 세균이 파고들어 심한 통증과 심각한 감염을 일으킨다. 불행히도 충치를 유발하는 미생물에 대한 인간의 자연적인 방어 수단은 침밖에 없다. 아마 우리가 녹말과 당을 많이 먹도록 진화하지 않았기 때문일 것이다. 유인원이나 수렵채집인은 충치가 드물다. 충치는 농업을 시작한 이후 흔해졌고 19세기와 20세기에 급증했다.[29] 오늘날 전 세계 사람들 중 거의 25억 명이 충치를 갖고 있다.[30]

충치는 괴혈병처럼 인과관계가 잘 밝혀진 불일치 질환이지만 아직도 기승을 떨치고 있는데, 그 이유는 우리가 충치의 근본 원인을 해소하지 않고 있기 때문이다. 그 대신 우리는 문화적 진화를 통해 사후에 충치를 치료하는 방법을 고안해냈다. 치과의사는 충치를 갈아내고 그곳을 충전재로 때운다. 그뿐 아니라 우리는 충치가 더 생기지 않도록 예방하는 몇 가지 효과적인 방법들도 알아냈다. 오늘날 우리는 이를 닦고, 치실을 사용하고, 치아의 홈을 메우고, 매년 한두 번씩 치과에서 가서 치석을 제거한다. 이러한 조치가 없었다면 지금보다 훨씬 많은 사람들이 충치로 고생했을 것이다. 물론 충치를 정말로 예방하고 싶다면 당과 녹말의 섭취를 대폭 줄여야 한다. 하지만 농업을 시작한 뒤로 전 세계 사람들 대부분이 필요 에너지를 곡물에 의존하고 있어서, 그런 식생활은 사실상 불가능하다. 충치는 값싼 에너지를 얻는 대가인 셈이다. 대부분의 부모처럼 나도 딸이 충치를 일으키는 음식을 먹어도 말리지 않고, 그 대신 양치질을 시키고 치과에 데려간다. 이 자리를 빌려 딸에게 용서를 구한다.

따라서 괴혈병과 달리 충치가 여전히 흔한 불일치 질환으로 남아 있는 것은 문화적 진화와 생물학적 형질의 상호작용이 유발하는 악순환의 고리 때문이다. 어떤 자극이 너무 많거나 너무 부족하거나 완전히 새로운 자극이 생겨난 환경조건에 몸이 적응하지 못할 때 진화적 불일치가 일어난다. 그리고 진화적 불일치로 인해 병에 걸리거나 부상을 입을 때 이 악순환의 고리가 시작된다. 사람들은 대개 불일치 질환의 증상을 잘 치료하는 반면 그 원인을 차단하는 일은 해보지도 않거나 실패한다. 그 결과 불일치 질환을 야기한 환경 인자가 고스란히 자식들에게 대물림되니, 다음 세대에서도 그 질병은 사라지지 않고 오히려 더 흔해지고 심해진다. 충치를 예로 들면, 나는 딸에게 충치를 물려주지 않았지만 충치를 유발하는 식생활을 물려주었고, 내 딸도 아마 자기 자식들에게 그럴 것이다.

주로 환자의 질병을 다루는 상황에서였지만, 질병의 원인을 해소하지 않는 문제에 대해서는 몇백 년 전부터 토론과 논쟁이 계속 있었다. 『옥스퍼드 영어 사전』에 따르면, '완화palliative'라는 단어(15세기에 처음 쓰였다.)는 본래 "근본 원인을 해결하지 않은 채 병의 증상을 경감시키는" 치료를 일컫는 말로 쓰였다.[31] 또한 진화생물학자와 인류학자도 문화와 생물학적 형질이 오랫동안 상호작용하면서 생물학적 형질의 변화뿐만 아니라 문화적 변화를 촉진하는 현상을 밝혀왔다.[32] 예를 들어 구석기 시대 사람들이 온대 지역으로 이주하면서 새로운 형태의 의복과 주거가 생겼다. 불일치 질환도 같은 과정을 거쳐 발생한다. 그런데 수 세대 동안 불일치 질환의 원인이 되는 환경 인자들을 해결하지 않고 후대에 물려줌으로써 그 질병을 존속시키거나 악화시키는 악순환의 고리를 뭐라고 불러야 할지 고민이다. 나는 원래 신조어를 좋아하지 않지만, 이 경우는 '역진화dysevolution'라는 말이 유용하고 적절하다고 생각한다. 몸의 관점에서 보면 이 과정은 시간의 경과에 따른 변화evolution의 해로운 형태dys-이기 때문이다. 거듭 말하지만 역진화는 생물학적 진화가 아니다. 한 세대에서 다음 세대로 불일치 질환이 직접 전달되지는 않기 때문이다. 그 대신 불일치 질환을 촉진하는 행동 양식과 환경이 전달된다는 점에서 역진화는 문화적 진화의 한 형태다.

불행히도 충치는 역진화하는 불일치 질환 중 아주 작은 일부일 뿐이다. 사실 나는 표 3에 있는 불일치 질환의 대부분이 이러한 악순환의 고리에 갇혀 있다고 생각한다. 고혈압을 생각해보자. 전 세계 고혈압 인구는 10억이 넘으며, 고혈압은 뇌졸중, 심장마비, 신장병 등을 일으키는 주요 위험 인자다.[33] 거의 모든 질환이 그렇듯이 고혈압도 유전자와 환경의 상호작용에 의해 발생하고, 늙으면 동맥이 자연적으로 굳는다는 점에서 노화의 부산물이기도 하다. 하지만 청년층과 중년층에서 발생하는 고혈압은 비만을 야기하는 고칼로리 식단, 염분 과다 섭취, 신체 활동 부족, 지나친 음주로 인한 것이다. 고혈압 치료제가 많이 나와 있지만 최선의 치료는 예방이다. 정답은 옛날의 건강한 식생활과 규칙적인 운동이다.[34] 유병률을 줄이는 방법을 알고 있으면서도 질병을 야기하는 환경 인자들을 고스란히 후대에 전달한다는 점에서 고혈압도 충치처럼 역진화의 사례다. 9~11장에서 살펴보겠지만 2형 당뇨병, 심장병, 몇 가지 암, 부정교합, 근시, 평발, 그 밖에 흔한 불일치 질환들도 비슷한 악순환의 고리에 갇혀 있다.

역진화는 불일치 질환의 원인을 해결하지 않아서 일어나는 것이지만, 때때로 증상을 치료하는 방식이 그 과정을 악화시키기도 한다. 증상은 열, 통증, 메스꺼움, 발진처럼 정상적인 건강 조건을 벗어난 상태로, 병에 걸렸다는 것을 알려준다. 증상은 질환을 야기하는 것이 아니라 병에 걸렸을 때 통증을 유발해서 우리의 시선과 관심을 끈다. 감기에 걸리면 우리는 코와 목에 있는 바이러스에 대해 불평하는 것이 아니라 우리를 괴롭히는 열, 기침, 인후통에 대해 불평한다. 마찬가지로, 당뇨병 환자는 자신의 췌장에 발생한 문제를 생각하는 대신 지나친 혈당의 독성 효과에 신경 쓴다. 앞서 주장했듯이 증상은 우리가 병에 대해 조치를 취하도록 진화한 적응이다. 물론 많은 경우에 증상의 치료는 치료 과정에 도움이 되며 감기 같은 몇몇 질환은 증상을 치료하는 것 외에 대안이 없다. 인도적 차원에서 고통을 완화하는 것은 옳고, 증상을 치료하는 것은 많은 도움이 되며 생명을 구하기도 한다. 하지만 불일치 질환의 증상을 너무 효과적으로 치료하게 되면 원인을 해결할 필요를 느끼지 못할 수 있다. 나는 충치가 그런 경우에 해당한다고 생각한다. 현대의 새로운 질병들에서 증상만 치료하는 것이 어떤 결과를 가져오는지는 앞으로 몇 개의 장에 걸쳐 살펴볼 것이다.

불일치 질환의 역진화는 현재 진행 중인 중요한 과정으로, 농사를 짓고 새로운 음식을 먹고 기계를 이용하고 온종일 의자에 앉아 생활해온 지난 1만 년 동안 인간의 몸이 어떻게 변했는지 살펴볼 때 반드시 고려해야 할 문제다. 물론 모든 불일치가 역진화하는 것은 아니지만 상당수가 그렇다. 그런 불일치 질환들은 공통점을 갖고 있다. 첫째, 그것들은 원인을 치료하거나 예방하기 어려운 비감염성 만성질환이라는 것이다. 근대 의학과 과학의 진보로 감염성 질환의 치료나 예방은 쉬워졌다. 그 원인이 되는 병원체를 찾아내 죽이면 되기 때문이다. 또한 기아나 영양실조 때문에 발생하는 질환은 가난을 해결하거나 식이 보충제를 제공함으로써 효과적으로 예방할 수 있다. 반면, 비감염성 만성질환은 예방이나 치료가 아직 어려운데, 이러한 질환들은 서로 상호작용하는 여러 원인을 가진, 복잡한 타협의 결과물이기 때문이다. 예를 들어 우리는 당분을 좋아하고 몸집을 불리고 느긋하게 생활하도록 진화했으며, 수많은 생물학적, 문화적 인자들이 우리가 살 빼는 것을 더 어렵게 만든다(자세한 내용은 9장 참조). 크론병처럼 불일치 질환인 것 같기는 하나 그 원인이 밝혀지지 않은 신종 질환도 골치다. 이 병들을 해결할 '파스퇴르'는 절대 나오지 않을 것 같다.

둘째, 역진화로 이어지는 불일치 질환은 주로 번식 적합도에 적거나 무시할 만한 효과를 미친다. 충치, 근시, 평발 같은 장애는 치료 효과가 너무 좋아서 배우자를 만나서 자식을 낳는 것에 지장을 주지 않는다. 또한 2형 당뇨병, 골다공증, 암 같은 질환은 조부모가 될 때까지는 잘 발생하지 않는다. 구석기 시대였다면 중년과 노년의 질환이 번식 적합도에 큰 타격을 입혔을 것이다. 수렵채집인의 조부모는 자식과 손자에게 식량을 조달하는 역할을 수행하기 때문이다.[35] 하지만 21세기에는 조부모의 경제적 역할이 달라졌고, 오늘날에는 50대나 60대에 병에 걸리거나 죽는 것이 몇 명의 자식과 손자를 남기느냐에 큰 영향을 미치지 않는다.

역진화 과정을 거쳐 흔해지는 불일치 질환의 마지막 특징은 그 원인 인자가 문화적인 이점을 가져다준다는 것이다. 이러한 이점은 대개 사회적 또는 경제적 형태를 띤다. 담배를 피우거나 탄산음료를 너무 많이 마시는 것 같은 불일치 질환의 원인 인자들이 사람들에게 사랑을 받는 이유는, 그것이 제공하는 당장의 즐거움이 장기적인 효과에 대한 합리적 평가를 가로막기 때문이다. 게다가 제조업자와 광고업자는 우리의 '진화한' 욕구들을 포착해 편의, 안락, 효율, 쾌락을 높이는 제품 또는 유익하다는 환상을 불러일으키는 제품을 판매하여 엄청난 이윤을 챙긴다. 정크 푸드가 인기 있는 데는 이유가 있다. 일반적인 현대인이라면 거의 하루 24시간 내내, 심지어는 잘 때도 상품을 이용한다. 그 대부분이 내가 앉아 있는 의자처럼 기분 좋게 만들지만, 모두가 몸에 좋은 것은 아니다. 역진화 가설에 따르면, 이러한 제품이 유발하는 문제에 순응하거나 다른 제품으로 대처하는 한, 그리고 이익이 손해보다 큰 한, 우리는 계속해서 그 제품을 구매하고 이용할 뿐 아니라 자식들에게 물려줄 것이고, 그 결과 우리가 죽은 뒤에도 오랫동안 악순환이 계속될 것이다.

* * *

인간이 겪고 있는 불일치 질환이 초래하는 엄청난 부담, 그리고 불일치 질환을 영속시키는 역진화는 많은 질문을 불러일으킨다. 그것이 진정으로 불일치 질환인지 어떻게 아는가? 현대 환경의 어떤 측면이 불일치 질환을 유발하는가? 문화적 진화는 어떻게 이 질환이 계속되게 만드는가? 우리는 어떻게 대처해야 하는가? 심장마비, 암, 평발은 문명의 불가피한 부산물인가? 아니면 빵, 자동차, 신발을 포기하지 않고도 불일치 질환들을 효과적으로 예방할 수 있는가?

9장부터 11장까지는 불일치 질환을 크게 세 종류로 나누고 왜 (모두는 아니지만) 어떤 불일치 질환은 진보의 불가피한 결과가 아닌지, 진화적 관점이 불일치 질환을 예방하는 데 어떤 도움이 되는지 살펴볼 것이다. 하지만 먼저 구석기 시대 이후 인간의 몸에 무슨 일이 일어났는지 좀 더 자세하게 파헤쳐보자. 농업혁명과 산업혁명은 우리 몸이 성장하고 기능하는 방식에 어떤 영향을 미쳤을까?

∽

7장

실낙원?

: 농업 생활의 이익과 손해

농업을 시작하면서 인류는 저열하고 비참하고

화가 치미는 기나긴 세월로 발을 들여놓게 되었으며,

고마운 기계 덕분에 겨우 그러한 세월에서 벗어나고 있다.

—버트런드 러셀, 『행복의 정복』

『실낙원』 4권에서 존 밀턴John Milton은 인류가 타락하기 전 모든 것이 완벽했던 에덴동산이 사탄에게 어떤 모습으로 비쳤을지 상상한다. 그곳은 초식동물이 풀을 뜯고 맛있는 과일이 넘쳐나는 경치 좋고 향기로운 초원 지대였다. "다채로운 경치가 어우러진 행복한 전원이었다. 어떤 숲에서는 울창한 나무들이 향기로운 나무진을 흘리고, 어떤 숲에는 번쩍번쩍 윤이 나는 황금 껍질에 싸인 맛있는 과일들이 주렁주렁 열려 있고 …… 그 사이에는 잔디나 평평한 언덕, 그리고 부드러운 풀을 뜯는 가축 떼가 있었다."

낙원은 우리에게 매력적으로 보이지만, 사탄은 이 목가적 행복에 질투심을 드러냈다. "이런 지옥이라니! 비탄에 찬 내 눈에 보이는 저것은 무엇인가?" 그는 안락한 문명 세계에서 외딴 시골로 유배된 도시인 아니었을까. 그는 아담과 이브가 벌거벗은 채로 뛰어다니는 것을 봐야 했고, 맛있는 에스프레소 한 잔을 어디서 구할 수 있을지 고민하고 있었을 것이다. 그것은 고문이었다! 하지만 아담과 이브는 유혹에 넘어가 선악과를 먹고 낙원에서 쫓겨나고, 잔인한 바깥 세계에서 농부로 일하는 벌을 받는다. 성경에서 하느님이 내린 심판은 인간 삶의 비참한 본질을 한마디로 요약한다.

> 아담에게 이르시되 네가 네 아내의 말을 듣고 내가 네게 먹지 말라 한 나무의 열매를 먹었으니 땅은 너로 말미암아 저주를 받고 너는 네 평생에 수고하여야 그 소산을 먹으리라. 땅은 네게 가시덤불과 엉겅퀴를 내릴 것이며 너는 들의 채소를 먹어야 하리라. 너는 얼굴에 땀을 흘리며 고되게 일을 해서 먹고살다가 흙으로 돌아가리라. 왜냐하면 네가 흙으로 만들어졌기 때문이다. 너는 흙이니 흙으로 돌아갈 것이니라. (「창세기」 3장 17~19절, 『킹 제임스 성경』)

이 평결을 읽으면서 나는 아담과 이브의 추방 이야기가 수렵채집 생활의 종말이라는, 진화적 불일치를 야기한 최초이자 최대 원인에 대한 알레고리라고 생각했다. 약 600세대 전에 이 변화가 시작된 이래로 인류는 손에 닿는 맛있는 과일을 따서 먹는 대신 농부가 되어 일용할 양식을 위해 날마다 비참할 정도로 고되게 일해야 했다. 창조론자와 진화생물학자가 한목소리를 내는 경우는 극히 드물지만, 인류가 그때부터 내리막길을 걸어왔다는 것에는 모두가 동의한다. 재러드 다이아몬드Jared Diamond에 따르면, 농업은 "인류 역사상 최악의 실수"였다.[1] 농부는 수렵채집인보다 더 많은 식량을 소유하고 덕분에 자식도 더 많이 낳지만, 일반적으로 더 고되게 일해야 하고, 질 낮은 음식을 먹고, 홍수나 가뭄 같은 자연재해로 인해 흉년이 들 때마다 굶주리고, 주거지의 인구밀도가 높다 보니 전염병과 사회적 스트레스에 시달린다. 농업은 문명과 '진보'를 가져왔지만, 한편으로는 더 큰 규모의 비극과 죽음을 불러왔다. 우리가 현재 앓고 있는 불일치 질환의 대부분이 수렵채집 생활을 그만두고 농업을 시작한 결과로 발생했다.

농업이 그토록 참담한 실수였다면, 왜 우리는 농업을 시작했을까? 수백만 년간 수렵채집 생활에 적응된 몸으로 재배된 식물과 기른 동물만 먹은 결과는 무엇일까? 농업은 우리 몸에 어떤 이익을 주었고 어떤 불일치 질환을 유발했을까? 그리고 우리는 어떻게 대응해왔을까?

최초의 농부

오늘날 농업은 구식 생활 방식이지만, 진화적 관점에서는 비교적 최근에 생긴 독특하고 특이한 생활 방식이다. 게다가 농업은 빙하기 이후 겨우 몇천 년 만에 아시아에서 안데스산맥에 이르기까지 세계 곳곳에서 독립적으로 시작됐다. 농업이 우리 몸에 어떤 영향을 미쳤는지 살펴보기 전에 먼저 왜 농업이 그렇게 많은 장소에서 그렇게 짧은 기간에 생겨나 수백만 년 역사의 수렵채집 생활을 끝냈는지 알아보자.

이 문제에 단 하나로 답할 수는 없지만, 전 지구적인 기후변화가 한 요인이었을 것이다. 1만 1700년 전 빙하기가 끝나고 홀로세가 시작되었다. 이 시기에 기후는 따뜻했고 기온과 강우량은 비교적 안정적이었다.[2] 빙하기에도 수렵채집인은 야생 식물을 재배하려고 시도했으나 온갖 시행착오에도 결실을 맺지 못했는데, 아마 극단적이고 급격한 기후변화 때문이었을 것이다. 홀로세에는 강우량과 기온 패턴이 해마다는 물론 10년 전후로도 큰 변화 없이 안정적으로 유지되었기 때문에, 재배 실험이 성공할 확률이 더 높았다. 예측 가능한 일관된 날씨는 수렵채집인에게는 그저 도움이 되는 정도지만 농부에게는 너무도 중요했다.

세계 곳곳에서 농업이 시작된 훨씬 더 중요한 요인은 인구 스트레스였다.[3] 고고학 자료에 따르면, 약 1만 8000년 전에 마지막 빙기가 끝나면서부터 야영지—사람들이 살던 장소—가 더 많아지고 더 커졌다.[4] 극지방의 만년설이 후퇴하고 지구가 온난해지면서 인구가 급증했기 때문이다. 자식이 많다는 것은 축복처럼 보일 수도 있지만, 인구밀도가 높으면 유지될 수 없는 수렵채집 사회에서는 스트레스의 근원이기도 하다. 그러다 보니 수렵채집인은 기후가 비교적 호의적일 때에도 평소 채집 활동에 더해 적당한 식물을 재배하여 늘어난 입을 먹여 살려야 했다. 하지만 일단 땅을 경작하기 시작하자 식구가 더 늘어나고 경작할 필요는 더 커지는 악순환이 시작됐다. 취미가 직업이 되듯이 농사는 수십 년 또는 수백 년에 걸쳐 발전했다. 처음에는 식량이 부족할 때에만 부정기적으로 경작을 통해 먹을 것을 보충했지만, 자식이 더 늘어나고 환경조건까지 좋아지자 경작의 이점이 비용을 능가했다. 몇 세대 후, 재배 과정에서 야생 식물이 농작물로 진화했고 가끔씩 이용하던 밭은 농지로 바뀌었다. 식량은 더 예측 가능한 자원이 되었다.

수렵채집인을 전업 농부로 바꾼 결정적 요인이 무엇이었든, 농업이 시작되는 시기와 장소마다 일련의 큰 변화들이 일어났다. 수렵채집인은 항상 옮겨 다니지만 초기 농부는 농작물, 밭, 가축 떼를 1년 내내 돌보고 지키기 위해 한곳에 정착하는 것이 이익이다. 또한 초창기 농부는 특정 식물을 농작물로 길들였다. 그들은 더 크고 더 영양가 높고 기르고 수확하고 가공하기 더 쉬운 식물을—의식적이었든 무의식적이었든—선택했다. 그런 선택이 몇 세대를 거치자 식물은 인간에게 의존하지 않으면 번식할 수 없게 바뀌었다. 예를 들어 옥수수의 조상인 테오신테teosinte는 원래 알이 적고 헐렁하게 맺히며 익으면 쉽게 떨어졌다. 하지만 사람들이 알이 더 크고 많이 맺히며 쉽게 떨어지지 않는 개체를 인위적으로 선택한 결과, 오늘날의 옥수수는 사람이 알을 떼어 땅에 심어줘야 번식할 수 있는 농작물이 되었다.[5] 그뿐 아니라 양, 돼지, 소, 닭 같은 몇몇 동물의 가축화도 일어났다. 공격성이 덜한 동물들을 교배해 더 다루기 쉬운 동물을 얻었다. 또한 빨리 성장하고 젖이 더 많이 나오고 가뭄에 잘 견디는 등의 유용한 형질을 가진 동물이 선호되었다. 이 과정에서 동물과 인간이 서로 의존하게 되었다.

이런 작물화, 가축화 과정은 서남아시아, 중국, 중앙아메리카, 안데스산맥, 미국 남동부, 사하라사막 이남 아프리카, 그리고 뉴기니 고지 등지에서 약간씩 다르게, 적어도 일곱 단계에 걸쳐 진행되었다. 가장 잘 연구된 농업혁명의 중심지는 서남아시아다. 거의 100년에 걸쳐 집중적으로 연구한 결과 어떻게 그곳의 수렵채집인이 기후와 생태 조건의 자극을 받아 농사를 짓기 시작했는지 매우 자세하게 밝혀졌다.

이 이야기는 빙하기 말로 거슬러 올라간다. 당시는 후기 구석기 시대였고, 수렵채집인들은 지중해의 동쪽 해안을 따라 번성하고 있었다. 그 지역에는 야생 곡식, 콩, 견과류, 과일 같은 식물과 가젤, 사슴, 야생 염소, 양 같은 동물이 모두 풍부했다. 이 시기를 대표하는 가장 잘 보존된 유적지들 중 하나가 오할로 II Ohalo II이다. 갈릴리호 부근에 있는 이 유적지는 당시 한 계절 머물다 떠나는 야영지seasonal camp로, 적어도 여섯 가족에 해당하는 20~40명이 임시로 지은 오두막에서 살았던 것으로 보인다.[6] 그 유적지에서는 야생 보리와 같은 식물의 씨앗이 많이 발견되었을 뿐 아니라 밀가루를 만드는 맷돌, 야생 곡식을 자르는 낫, 사냥에 쓴 화살촉도 나왔다. 오할로 II 유적지에 살았던 사람들의 삶은 최근 아프리카, 오스트레일리아, 아메리카에 살았던 수렵채집인들의 삶과 거의 다르지 않았을 것이다.

하지만 빙하기의 종식은 오할로 II의 후손들에게 큰 변화를 가져왔다. 지중해 지역의 기후가 따뜻해지고 더 습해지기 시작한 1만 8000년 전부터 정착지가 많아지더니 오늘날 사막이 된 지역들까지 널리 퍼졌다. 이러한 인구 급증은 1만 4700~1만 1600년 전

'나투프 문화Natufian culture'라고 불리는 시기에 쟁점에 달했다.[7] 나투프 시대 초기는 수렵채집 시대의 황금기라 할 만했다. 살기 좋은 기후와 풍부한 자원 덕분에 나투프인은 수렵채집인의 기준에서 보면 매우 부유했다. 나투프인은 그 지역에서 자생하는 풍부한 야생 곡식을 수확했고, 가젤 등의 동물도 사냥했다. 먹을거리가 충분했던 나투프인은 돌로 된 토대 위에 작은 집을 짓고 100~150명 규모의 큰 마을을 이루어 영구적으로 정착해 살았다. 또한 구슬 목걸이와 팔찌, 조각상 같은 아름다운 예술품을 만들었고, 먼 곳에 사는 사람들과 별난 조개껍데기를 교환했으며, 정교한 무덤을 만들어 망자를 묻었다. 수렵채집인에게 에덴동산이 있었다면 바로 이곳이었을 것이다.

하지만 1만 2800년 전에 기후가 갑작스럽게 나빠지면서 위기가 닥쳤다. 북아메리카에 있는 거대한 빙하호의 물이 갑자기 대서양으로 유입되면서 멕시코만류를 일시적으로 교란시켜 전 지구의 날씨 패턴을 파괴했기 때문으로 추정된다.[8] 이 사건으로 갑자기 세계가 수백 년간 추워지는데, 이 시기를 소빙하기Younger Dryas라고 부른다.[9] 나투프인에게 이 변화가 얼마나 큰 스트레스였을지 상상해보라. 이들은 인구밀도가 높은 영구 주거지에서 살았지만 여전히 수렵채집 방식에 의존하고 있었다. 그런데 약 10년 만에 그들이 사는 지역 전체가 춥고 건조해지면서 먹을 것이 줄었다. 그중 일부는 더 단순한 유목 생활로 돌아갔다.[10] 하지만 다른 사람들은 완강하게 버티며 정착 생활을 유지하기 위해 더 노력했다. 과연 필요는 발명의 어머니였다. 그들 중 일부가 재배 실험에 성공해 지금의 터키, 시리아, 이스라엘, 요르단을 아우르는 지역의 어딘가에서 최초로 농사를 짓기 시작했다. 그로부터 1,000년 내에 사람들은 무화과, 보리, 밀, 병아리콩, 렌즈콩렌틸콩을 작물화했고, 그들의 문화는 토기 이전 신석기 시대 A Pre-Pottery Neolithic A, PPNA(이른 시기의 PPNA부터 늦은 시기인 PPNB, PPNC로 이어진다.—옮긴이)라는 새로운 이름에 걸맞게 변했다. 이 초기 농부들은 면적이 때때로 3만 제곱미터에 이르는 대규모 정착지에서 살았다. 그들은 흙벽돌로 집을 지었고 벽과 바닥에는 회반죽을 발랐다. 고대 도시 예리코 Jericho(거대한 돌로 도시 주위에 성벽을 쌓은 것으로 유명하다.)는 처음에 집이 50채쯤 있었고 사람이 500명 정도 살았다. 또한 이 시대의 농부들은 음식을 갈고 빻는 정교한 간석기를 만들었고, 뛰어난 조각상을 제작했으며, 석고로 망자의 머리를 본떴다.[11]

변화는 계속되었다. 처음에 농부들은 주로 가젤을 사냥해 먹을거리를 보충했지만, 1,000년이 지나지 않아 양, 염소, 돼지, 소를 가축화했다. 그리고 얼마 지나지 않아 토기를 발명했다. 이와 같은 혁신이 계속 축적되면서 새로운 신석기 생활 방식은 무르익어갔고, 중동을 지나 유럽, 아시아, 아프리카로 빠르게 퍼져나갔다. 당신이 오늘 먹은 것은 이들이 최초로 작물화하고 가축화한 것이고, 당신의 조상이 유럽 또는 지중해 출신이라면 그들의 유전자를 일부 갖고 있을 확률이 높다.

그 외 지역에서도 빙하기 이후 농업이 진화했지만 상황은 지역마다 달랐다.[12] 동아시아에서는 약 9,000년 전에 쌀과 기장이 양쯔강과 황허강 계곡에서 처음 작물화되었다. 하지만 아시아에서 농업이 시작된 것은 수렵채집인이 토기를 만들기 시작한 지 1만 년 이상 지나서였다. 토기가 발명되면서 수렵채집인은 음식을 끓이고 저장할 수 있었다.[13] 중앙아메리카에서는 약 1만 년 전에 호박이 처음으로 작물화되었고, 그다음으로 옥수수가 약 6,500년 전에 작물화되었다. 멕시코에서 농업이 서서히 자리를 잡아가자 농부들은 콩과 토마토 등의 식물도 작물화하기 시작했다. 옥수수 농업은 아메리카대륙 전역으로 천천히 그리고 거침없이 퍼져나갔다. 아메리카대륙의 또 다른 농업 발상지는 안데스산맥과 오늘날 미국의 남동부 지역이다. 안데스산맥에서는 적어도 7,000년 전에 감자가 작물화되었고, 미국 남동부 지역에서는 5,000년 전에 종자식물이 작물화되었다. 사하라사막 이남 아프리카에서는 진주기장, 아프리카쌀, 수수 같은 곡식이 약 6,500년 전부터 작물화되었다. 마지막으로 얌과 타로(녹말질 뿌리)가 1만~6,500년 전에 뉴기니 고지에서 처음 작물화되었다.

재배한 농작물이 채집한 식물을 대체했듯이 가축화된 동물이 사냥한 동물을 대체했다.[14] 가축화의 주요 거점은 서남아시아였다. 양과 염소가 약 1만 500년 전에 중동에서 처음으로 가축화되었고, 소가 인더스강 유역에서 약 1만 600년 전에 가축화되었으며, 돼지가 유럽과 아시아에서 1만~9,000년 전에 각각 따로 가축화되었다. 그 후에 다른 동물들도 세계 곳곳에서 가축화되었다. 라마는 약 5,000년 전에 안데스산맥에서, 닭은 약 8,000년 전에 남아시아에서 가축화되었다. 인간의 친구인 개는 최초의 가축이었다. 적어도 1만 2000년 전에 늑대가 길들여져 개가 되었지만, 언제 어디서 어떻게 가축화한 건지(그리고 개가 우리를 어느 정도나 길들였는지)에 대해서는 아직 의견이 분분하다.

농업은 어떻게 그리고 왜 퍼져나갔을까?

모든 인간은 한때 수렵채집인이었다. 그러나 단 몇천 년 만에 수렵채집인 집단은 외딴 곳에 고립된 소수로 남게 되었다. 이런 변화는 농업이 시작된 지 얼마 지나지 않아 일어났다. 어떻게 시작되었든 농업은 전염병처럼 번져갔기 때문이다. 이런 급속한 전파의 주요 원인은 인구 성장이었다. 앞에서 말했지만 현생 인류의 수렵채집인 어머니는 아이가 만 세 살일 때 젖을 떼고, 3~4년마다 아이를 낳았다. 영아 사망률과 아동 사망률은 40~50퍼센트나 되었다. 따라서 건강한 수렵채집인 어머니는 일생에 평균 6~7명의 자식을 낳고, 그중 셋 정도만 살아남아 성인이 된다. 그 밖에 사고와 질병으로도 죽기 때문에 수렵채집인의 인구는 억제하지 않아도 매우 느린 속도(1년에 약 0.015퍼센트씩)로 성장한다.[15] 이 정도 성장률일 때 한 집단의 인구는 약 5,000년 후 두 배가 되고 1만 년 후 네 배가 된다.[16] 반면 농업 시대 어머니는 수렵채집인 자식이 젖을 떼는 나이의 절반에 해당하는 한두 살일 때 젖을 뗄 수 있다. 그렇게 할 수 있는 것은 곡식, 동물의 젖, 소화가 잘되는 음식들로 여러 자식들을 한꺼번에 충분히 먹일 수 있기 때문이다. 따라서 농경 사회의 영아 사망률이 수렵채집 사회만큼 높았다면, 초기 농경 사회의 인구 성장률은 수렵채집인 집단의 두 배였을 것이다. 이 정도의 크지 않은 인구 성장률에도 인구는 2,000년마다 약 2배가 되고, 1만 년이 지나면 32배가 된다. 사실 인구 성장률은 농업이 시작된 후 변동이 심했고 유난히 높은 시기들도 가끔 있었지만, 농업이 인류 역사에서 처음으로 '인구 폭발'이라고 할 만한 사건을 초래했다는 데는 의문의 여지가 없다.[17]

초기 농부들이 성장과 팽창을 계속함에 따라 수렵채집인들과의 접촉은 불가피했다. 때로는 싸움도 일어났지만 대개 그들은 공존하며 교역과 교잡을 통해 유전자와 문화 모두를 교환했다.[18] 오늘날 조각보를 잇는 조각들만큼 다양한 전 세계의 언어와 문화는 대개 농부들이 퍼져나가면서 수렵채집인들과 교류한 흔적이다. 신석기 시대 말 전 세계에 언어가 1,000개가 넘었다는 추산도 있다.[19]

농업이 진화적 불일치 질환을 유발한 "인류 역사상 최대의 실수"였다면, 왜 그렇게 빠르게 지구 곳곳으로 퍼져나갔을까? 가장 큰 이유는 농부가 수렵채집인보다 아기를 훨씬 더 빨리 생산하기 때문이다. 오늘날의 경제 체제에서는 높은 출산율이 곧 높은 비용을 의미한다. 먹일 입이 더 많아지고, 마련해야 할 대학 등록금이 늘어나기 때문이다. 따라서 너무 많은 자식은 가난의 원인이 되기도 한다. 하지만 농부에게 자식은 부의 원천이다. 자식은 활용도가 매우 높은 훌륭한 노동력이기 때문이다. 몇 년만 기르면 아이들은 밭에 나가 농작물과 가축을 돌보고 집에서 동생을 챙기고 음식을 가공하는 등의 일을 거들 수 있다. 사실 농업이 성공한 것은 무엇보다도 농부가 수렵채집인보다 더 효과적으로 노동력을 길러낸 덕분이고, 자식들이 생산한 에너지는 다시 시스템에 공급되어 생식률을 더 높인다.[20] 따라서 농업은 기하급수적인 인구 성장을 유발함으로써 확산된다.

농업이 확산된 또 하나의 원인은 농부들이 수렵과 채집을 하기 힘들도록 농장 주변의 환경을 바꾸기 때문이다. 수렵채집인도 때로는 영구적 또는 반영구적 주거지에서 살 때가 있지만, 대부분은 1년에 6번쯤 야영지를 옮긴다. 어느 시점이 되면 한곳에 머무르면서 먹을 것을 구하기 위해 매일 먼 거리를 이동하는 것보다 지금의 야영지를 허물고 소지품을 챙겨 몇십 킬로미터 떨어진 새로운 야영지로 옮기는 것이 더 낫기 때문이다. 반면 농부는 논밭에 발이 묶여 있어서 수렵채집인처럼 이주할 수가 없다. 논밭, 농작물, 수확물은 정기적인 관리와 보호가 필요하다. 이렇게 영구적으로 정착하게 된 농부는 정착지 주변의 생태를 바꾸기 시작한다. 그들은 숲을 베어내고 들판을 태운다. 또한 소와 염소 같은 가축에게 풀을 뜯게 하는데, 이러한 동물들이 어린 식물을 먹어치워 자연 서식지가 파괴되면 나무와 수풀 대신 잡초가 자라게 된다. 따라서 일단 농부가 되면 수렵채집인으로 돌아가기 어렵다. 때때로 그런 역전이 일어나기도 하지만 대개는 특별한 상황에서다. 마오리족 원시 농부들은 800년 전에 뉴질랜드에 도착했을 때 다른 곳에서 살 때처럼 농작물을 심는 쪽보다 조개를 채집하고 날지 못하는 대형 새 모아moa를 사냥하는 쪽이 더 쉽다는 것을 알았다. 하지만 결국 마오리족은 이 자원을 고갈시켰고(그들은 모아를 멸종시켰다.) 다시 농부로 돌아갔다.[21]

농업의 확산을 도운 마지막 요인은 초기 농업이 훗날의 농업처럼 힘들고 비참하지 않았다는 것이다. 초창기 농부들도 물론 열심히 일했지만, 고고학 유적지를 보면 그들이 사냥과 채집을 하면서 소규모 경작을 병행했음을 알 수 있다. 농업의 창시자들이 힘든 삶을 살았던 것은 분명하지만, 끝없는 노동과 불결함과 비참함에 시달리는 농부는 초기 신석기 시대 농부보다는 훗날 봉건 시대 농부에게 더 적합한 모습일 것이다. 1789년에 태어난 프랑스 농부의 딸은 기대 수명이 단 28년이었다. 그녀는 자주 굶었을 것이며 십중팔구는 홍역, 천연두, 장티푸스, 발진티푸스 같은 질환으로 죽었을 것이다.[22] 프랑스 혁명이 일어난 것도 놀라운 일은 아니다. 신석기 시대의 초기 농부는 힘든 삶을 살았지만 아직 천연두나 흑사병 같은 전염병에 시달리지 않았고, 권력을 가진 소수의 귀족이 땅을 소유하고 수확량 대부분을 착취하는 무자비한 봉건제 속에서 억압받고 살지도 않았다. 이와 같은 비참한 상황은 시계를 되돌려 수렵채집인으로 돌아가기에는 너무 늦었을 때 닥쳤다.

다시 말해 수렵채집 생활을 포기한 당신의 먼 조상들은 그렇게 무모하지 않았다. 같은 상황에 처했다면 당신과 나도 아마 똑같은 선택을 했을 것이다. 하지만 몇 세대가 지나자 농업은 여러 불일치 질환과 건강 문제를 낳기 시작했다. 수백만 년에 걸쳐 구석기 생활 방식에 맞춰진 우리 몸의 적응들이 농부의 삶에 적합하지 않았기 때문이다. 오늘날의 우리도 여전히 겪고 있는 이 문제들을 살펴보기 위해 농부의 식생활, 작업량, 인구 규모, 정착 시스템이 인간의 생물학적 형질에 어떤 영향을 미쳤는지 알아보자.

농부의 식생활: 은총이자 저주

우리 가족은 매년 11월에 추수감사절을 지낸다. 공식적으로 이 날은 미국으로 건너온 최초의 이주자들이 거둔 첫 수확을 기념하는 날이다. 물론 그것은 왐파노아그 원주민의 도움이 있었기에 가능했던 일이다(훗날 이주자들은 원주민의 땅을 훔쳤다.). 다른 미국인들처럼 우리 가족도 추수감사절을 특별하게 보낸다. 칠면조를 굽고 크렌베리 소스와 고구마 같은 지역 전통 음식을 엄청나게 많이 준비한다. 하지만 추수감사절은 미국인만의 독특한 행사가 아니다. 전 세계의 거의 모든 곳에서 농부들은 그 땅에서 난 음식을 푸짐하게 차려놓고 성공적인 추수를 경축한다. 이러한 만찬에는 여러 가지 기능이 있지만, 무엇보다도 먹을 것을 풍성하게 거둔 행운에 감사하기 위함이다. 당연히 그럴 만하다. 구석기 시대의 수렵채집인이 현대의 슈퍼마켓에 온다면 무슨 생각을 할까?

슈퍼마켓 덕분에 매일이 추수감사절인 현대의 풍부한 먹을거리와 지난 몇천 년간 농부들의 식생활은 거리가 한참 멀다. 수송, 냉장, 슈퍼마켓이 등장하기 전에는 거의 모든 농부가 끔찍하게 단조로운 식사를 했다. 신석기 시대 유럽에서 일반 농부가 주로 먹은 음식은 밀, 호밀, 보리 같은 곡물로 만든 빵이었다. 이에 더해 콩과 렌즈콩, 우유와 치즈 같은 유제품으로 부족한 열량을 보충했고, 가끔씩 고기와 제철 과일을 먹었다.[23] 내일도, 이듬해에도, 100년 후에도 사정은 같았다. 단 몇 가지 주식 작물만 기르는 것의 가장 큰 장점은 더 많은 양을 생산할 수 있다는 것이다. 전형적인 수렵채집인 성인 여성은 채집을 통해 하루에 약 2,000칼로리를 획득하고, 남성은 사냥과 채집으로 하루에 3,000~6,000칼로리를 획득한다.[24] 한 무리의 수렵채집인들이 함께 노력해야 몇 가구를 먹일 수 있을 정도의 식량을 구한다. 반면, 초기 신석기에 유럽의 한 농가는 쟁기가 발명되기 전에 손으로만 일했어도 1년 내내 하루 평균 1만 2800칼로리를 생산할 수 있었다. 이는 여섯 가구를 먹이기에 충분한 양이었다.[25] 다시 말하면 최초의 농부는 가족 크기를 두 배로 늘릴 수 있었다.

식량이 더 많아진 것은 좋지만, 농부의 식생활은 불일치 질환을 초래할 수 있다. 특히 영양소의 질과 다양성이 사라지는 것이 가장 큰 문제였다. 수렵채집인은 살아남기 위해 먹을 수 있는 것은 뭐든 먹는다. 그러다 보니 수렵채집인은 한 계절에 수십 가지 식물을 먹을 정도로 다양한 먹거리를 섭취한다.[26] 반면 농부는 수확량이 많은 단 몇 가지 주요 작물만 집중적으로 재배한다. 질과 다양성보다 양을 취하는 것이다. 당신이 오늘 섭취한 열량의 50퍼센트 이상이 쌀, 옥수수, 밀, 감자에서 왔을 것이다. 그 밖에 기장, 보리, 호밀 같은 곡식과 타로와 카사바 같은 녹말질 뿌리가 농부의 주요 작물이었다. 이 작물들은 대량으로 기르기 쉽고, 열량이 풍부하고, 수확 후 오래 저장할 수 있지만 수렵채집인과 영장류가 먹는 대부분의 야생 식물보다 비타민과 무기질미네랄이 적다.[27] 따라서 고기나 과일과 채소(특히 콩과 식물)를 곁들이지 않고 주곡에만 의존하면 영양소 결핍에 걸릴 수 있다. 수렵채집인과 달리 농부는 괴혈병(비타민 C 부족), 펠라그라(비타민 B_3 부족), 각기병(비타민 B_1이 부족), 갑상

선종(요오드 부족), 빈혈(철분 부족) 같은 병에 걸리기 쉽다.[28]

하나 또는 몇 가지 농작물에 과도하게 의존하는 것에는 다른 심각한 단점들도 있다. 우선, 주기적인 식량 부족과 기근이 발생할 수 있다. 인간은 다른 동물과 달리 지방을 태우고 몸무게를 줄여서 계절적인 식량 부족에 대처한다. 긴 굶주림의 계절이 지나고 풍요의 계절이 오면 몸무게를 다시 늘리면 되기 때문이다. 일반적으로 자급자족하는 농부의 체질량은 식량 가용성과 작업량에 따라 계절마다 약간씩 변동하지만, 때때로 심한 계절적 변화를 겪기도 한다. 예를 들어 아프리카 감비아의 농부들은 보통 우기에 4~5킬로그램이 빠지는데, 식량이 부족하고 질병이 많은 시기에 작물을 심고 잡초를 제거하는 등의 강도 높은 노동을 하기 때문이다. 일이 순조롭게 흘러가면, 작물을 추수하고 농한기를 보내는 건기에 몸무게가 다시 분다.[29] 하지만 작황이 좋지 못하면 감비아뿐만 아니라 다른 모든 곳의 농부들이 심각한 영양실조에 걸린다. 사망률도 급증하는데 특히 어린이들이 많이 죽는다. 수렵채집인도 주기적으로 살이 빠졌다 쪘다 하지만, 이상기후가 정상적인 생장 주기를 파괴할 때 받는 영향은 농부에 비해 훨씬 작다. 수렵채집인은 소수의 주곡에 얽매어 있지 않아서 다른 음식을 먹으면 되기 때문이다. 다시 말해 농부는 수렵채집인보다 훨씬 많은 식량을 얻을 수 있지만, 가뭄, 홍수, 마름병, 전쟁처럼 순식간에 전체 농작물을 파괴하는 재난에 더 취약하다. 그러다 보니 농부들은 풍년에 식량을 저장했다가 흉년에 꺼내 먹는다(「창세기」를 보면 요셉도 파라오에게 그렇게 충고한다.). 하지만 몇 년 연속으로 흉년이 들면 심각한 기근이 든다.

기근은 농업이 시작된 이래로 잊을 만하면 찾아와 사람들을 죽음으로 몰았다.

아일랜드 감자 기근을 생각해보라. 감자는 17세기에 남아메리카에서 아일랜드로 들어왔는데, 이 식물은 아일랜드의 생태에 매우 잘 맞아서 18세기에 주곡이 되었다(규모가 영세해 다양한 농작물을 재배해서는 충분한 식량을 얻기 어려운 소작농 체제도 한 원인이었다.). 감자는 (특히 겨울에) 아일랜드 농부에게 풍부한 에너지 공급원이었고, 그 덕분에 인구가 급증했다. 하지만 1845년에 곰팡이병의 일종인 감자마름병이 감자밭을 휩쓸면서 4년 연속으로 수확물의 75퍼센트 이상이 파괴되고 100만 명 이상이 목숨을 잃었다.[30] 슬프게도 아일랜드 감자 기근은 농업이 시작된 이래로 수많은 사람들이 죽은 수천 번의 기근 중 하나에 불과하다.[31] 당신이 이 대목을 읽는 동안에도 세계 어디서는 기근이 일어나고 있다. 수백만 년에 걸쳐 인류가 진화하는 동안 수렵채집인들도 식량 부족으로 죽었지만, 그들이 굶어 죽을 확률은 농부들보다 훨씬 낮다.

영양소 결핍도 농부의 식생활이 유발할 수 있는 단점이다. 쌀이나 밀 같은 곡식을 영양가 있고 건강하고 든든한 식품으로 만들어주는 분자들은 주로 식물성 기름, 비타민, 무기질인데, 이 영양소들은 알곡에서 녹말이 가장 많은 중심부를 둘러싼 바깥층(왕겨와 씨눈)에 존재한다. 불행히도 영양소가 풍부한 부분은 빨리 부패한다. 몇 달 또는 몇 년간 식량을 저장해야 하는 농부들은 결국 바깥층을 제거해 쌀이나 밀을 '갈색'에서 '흰색'으로 바꾸는 곡물 정제법을 알아냈다. 그런데 초창기 농부들은 몰랐던 이런 정제 기술을 거치면 곡물의 영양소 대부분이 유실된다. 예를 들어 갈색 쌀과 흰 색 쌀의 한 컵은 열량이 거의 같지만, 갈색 쌀에는 비타민 B군과, 비타민 E, 마그네슘, 칼륨, 인 같은 영양소들이 3~6배 정도 많다. 정제된 곡물과 옥수수 같은 식물에는 섬유소(식물에서 소화되지 않는 부분)도 적다. 섬유소는 음식과 노폐물이 장을 통과하는 속도를 높이고, 소화와 흡수의 속도를 늦추는 데 중요한 역할을 한다(9장 참조). 식품을 장기간 저장하는 것의 또 다른 위험은 오염이다. 예를 들어 아플라톡신aflatoxin은 곡물, 견과류, 기름 종자를 먹는 균류가 생산하는 해로운 화합물로, 간 손상, 암, 신경 장애 등을 유발할 수 있다.[32] 수렵채집인은 하루나 이틀 이상 음식을 저장하지 않으므로 이러한 독소를 만날 일이 거의 없다.

녹말을 지나치게 섭취하는 농부의 식단은 또 하나의 아주 심각한 건강 문제를 일으킨다. 수렵채집인은 복합 탄수화물을 많이 먹는 반면, 농부가 재배하고 가공하는 곡식과 알뿌리식물에는 녹말이라고 알려져 있는 단순 탄수화물이 풍부하다. 녹말은 맛이 아주 좋지만 너무 많이 먹으면 여러 불일치 질환을 야기할 수 있다. 그 중에서 가장 흔한 것이 충치다. 우리가 밥을 먹고 나면 녹말과 당분이 치아에 들러붙어 세균을 유인하는데, 이 세균들이 증식하면서 입안에 있는 단백질과 결합해 치아를 둘러싸는 흰 막인 치석을 형성한다. 그리고 세균들이 당을 소화시키며 산을 분비하면 그것이 치석에 있다가 에나멜질의 치관을 녹여 충치를 일으킨다. 충치는 수렵채집인에서는 드물지만 초기 농부에서는 매우 흔했다.[33] 근동 지방에서 충치가 있는 사람의 비율은 농업 이전에는 약 2퍼센트였지만 초기 신석기 시대에는 약 13퍼센트로 급증했고, 나중에는 훨씬 더 높아졌다.[34] 그림 17은 고통스러워 보이는 사례를 보여준다. 충치는 항생제와 현대식 치아 관리가 있기 전에는 결코 사소한 문제가 아니었다. 치관 밑의 상아질로 침투하는 충치는 말할 수 없이 고통스러울 뿐 아니라, 턱에서 시작해 머리의 나머지 부분으로 번지는 심각하고 치명적인 감염을 일으킬 수 있다.

단순 탄수화물 함량이 높은 식사는 몸의 대사에도 부담을 줄 수 있다. 녹말 식품, 특히 가공을 통해 섬유소를 제거한 것은 빠르고 쉽게 당으로 바뀌어 혈당 수치를 순식간에 높인다(이것이 9장의 주제다.). 우리 소화계는 너무 많은 당을 빨리 처리할 수 없어서, 단순 녹말이 풍부한 식품을 장기적으로 먹으면 2형 당뇨병과 여타 문제들이 생길 수 있다. 하지만 초기 농부가 먹던 음식에는 현대 산업사회의 가공식품만큼 정제된 녹말이 많이 포함되어 있지 않았고, 규칙적이고 활발한 신체 활동을 통해 혈당 수치의 급증이 초래하

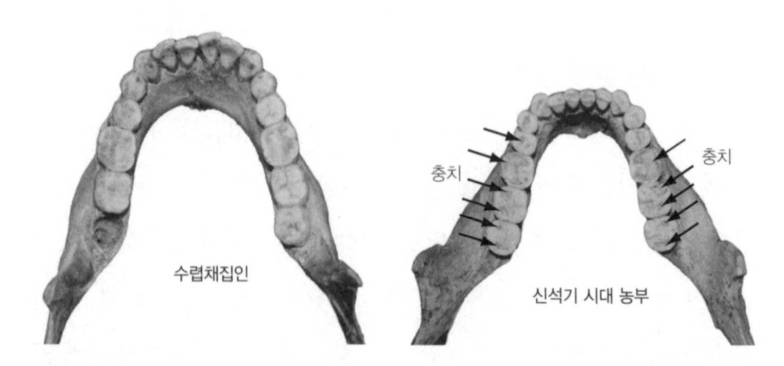

그림 17. 수렵채집인의 턱과 초기 신석기 농부의 턱 비교. 사진에서 잘 보여주듯이 농업이 시작된 후 충치가 더 흔해졌다. 하버드대학교 피보디 박물관 제공.

는 부정적 효과를 완화할 수 있었다. 따라서 2형 당뇨병은 최근까지 드물었다. 그렇다 해도 초기 농부들이 단순 탄수화물을 많이 섭취할 때 혈당 수치가 급증하는 것에서 자유롭지는 않았다. 지난 몇천 년간 일부 농부 집단이 인슐린 생산을 높이고 인슐린 저항성을 낮추는 여러 적응들을 진화시켰다는 증거가 있기 때문이다.[35] 이 적응들이 무엇이며 당뇨병과 심장병 같은 불일치 질환과 무슨 관계인지는 나중에 살펴볼 것이다.

물론 식단은 농부 집단마다 상당히 다르다. 중국, 유럽, 중앙아메리카의 농부들은 각각 전혀 다른 식물을 기르고 먹었다. 하지만 모든 곳에서 농부들은 열량과 영양소의 질을 맞바꾸었다. 심지어 비료, 관개, 쟁기가 없었던 신석기 시대의 초기 농부조차 수렵채집인이 획득할 수 있는 것보다 훨씬 많은 식량을 거두었지만 농부의 식단은 일반적으로 덜 건강하고 더 위험했다. 농부는 녹말이 더 많은 대신 섬유소와 단백질이 적고 비타민과 무기질이 줄어든 음식을 먹는다. 또한 농부는 수렵채집인보다 오염된 음식을 먹을 가능성이 더 높고, 기근의 위험에 더 정기적으로 무방비하게 노출된다. 식생활의 측면에서 인간은 해마다 돌아오는 추수감사절의 즐거움을 위해 큰 대가를 지불했다.

농업의 노동

농업은 우리의 신체 활동량과 우리가 몸을 써서 일하는 방식을 어떻게 바꾸었을까? 수렵과 채집은 쉬운 일이 아니지만, 부시먼이나 하드자족 같은 비농경 집단은 일반적으로 하루에 5~6시간만 일한다.[36] 이것을 자급자족하는 농부의 삶과 비교해보자. 한 농작물을 기르려면, 농부는 밭을 정리해야 하고(잡초를 태우고 관목과 덤불을 정리하고 바위를 제거하는 일), 땅을 갈고 땅에 비료를 주어 농사짓기 적합하게 만들어야 하고, 씨를 뿌려야 하고, 그다음에는 잡초를 뽑고 새나 설치류 같은 동물로부터 농작물을 보호해야 한다. 모든 일이 순조롭게 진행되고 자연이 충분한 비를 내려주면, 추수하고 탈곡하고 키질하고 건조시켜 마침내 곡물을 저장하게 된다. 이것으로도 모자라 농부는 가축을 돌봐야 하고, 많은 양의 음식을 가공하고 조리해야 하며(예를 들어 고기를 보존 처리하고 치즈를 만드는 일), 옷을 만들어야 하고, 집과 헛간을 짓고 수리해야 하며, 토지와 저장된 곡식을 지켜야 한다. 농부는 끝없는 육체노동을 해야 하고, 때로는 동틀 때부터 어스름이 깔릴 때까지 일한다. 조르주 상드George Sand는 이렇게 말했다. "이 시샘 많은 흙의 가슴을 가르느라 한 사람의 힘과 하루를 소진한다는 것은 참으로 슬픈 일이다. 흙은 우리더러 자신이 품고 있는 풍성한 보물들을 짜내도록 종용하지만, 하루 일과가 끝나면 검고 거친 빵 한 조각이 이토록 고된 노동에 딸려오는 유일한 보상이요, 유일한 이익이다."[37]

농부들, 특히 봉건 영주에게 착취당하고 있거나 기근을 벗어나려고 안간힘을 쓰는 농부들은 분명 극도로 열심히 일했을 테지만, 경험적 증거에 따르면 농업이 항상 상드의 과장처럼 비참했던 것은 아니다. 농부, 수렵채집인, 산업화 이후 현대인의 노동량을 비교하는 아주 간단한 방법은 신체 활동량 점수를 측정하는 것이다.

신체 활동량 점수는 하루에 쓰는 열량(총에너지 지출)을 몸이 기능하기 위해 필요한 최소한의 열량(기초대사량)으로 나눈 값이다. 쉽게 말해 신체 활동량 점수는 한 사람이 약 25도의 쾌적한 온도에서 하루 종일 잠을 자는 데 필요한 에너지와 비교해 한 사람이 얼마나 많은 에너지를 쓰는지를 나타낸 것이다. 당신이 만일 앉아서 생활하는 사무직 노동자라면 당신의 신체 활동량 점수는 약 1.6이다. 하지만 당신이 병원의 침상에 누워 하루를 보낸다면 이 점수는 1.2로 낮아지고, 마라톤이나 투르 드 프랑스(프랑스에서 매년 열리는 국제 사이클 도로 경기—옮긴이)를 대비해 훈련하고 있다면 2.5 이상으로 높아진다. 한편 아프리카, 아시아, 남아메리카에서 자급자족하는 농부들의 신체 활동량 점수는, 남성이 평균 2.1이고 여성이 평균 1.9였다(최저는 1.6이고 최고는 2.4였다.). 이 점수는 대부분의 수렵채집인의 점수보다 약간 더 높다. 수렵채집인 남성의 점수는 평균 1.9이고, 여성의 점수는 평균 1.8이다(전체 범위는 1.6~2.2이다.).[38] 이 점수들은 집단 내 그리고 집단 사이의 날마다, 계절마다, 해마다 다른 차이를 반영하고 있지 않지만, 확실한 것은 자급자족하는 대부분의 농부는 수렵채집인만큼 열심히 일하며, 두 생활 방식 모두 요즘 사람들이 보통으로 여기는 수준의 노동량을 요구한다는 것이다.

자급 농업이 수렵채집 생활과 비슷하거나 약간 더 많은 육체노동을 요구한다는 것은 별로 놀랍지 않다. 트랙터 같은 농기계가 발명되기 전에 농부들이 어떤 일들을 했는지 생각해보면 알 수 있다. 수렵채집인처럼 농부도 일반적으로 하루에 수 킬로미터를 걸으며, 그 밖에 땅을 파거나 짐을 운반하고 들어 올리는 일과 같이 상당한 상체 힘이 필요한 활동을 많이 한다. 일반적으로 수렵채집인일 때보다 농부일 때 힘은 더 많이 필요하고 지구력은 더 적게 필요한 것 같지만, 농부의 활동은 수렵채집인 못지않게 상당히 다양하다. 어쨌든 두 경제 체제의 노동량은 성인 노동이 아니라 아동노동에서 가장 큰 차이가 벌어진다. 인류학자 캐런 크레이머Karen Kramer에 따르면, 대부분의 수렵채집 사회에서 어린이는 하루 평균 1~2시간만 일하며, 주로 채집, 사냥, 낚시, 땔감 수집, 식품 가공 등의 집안일을 거든다.[39] 반면 자급자족하는 농부의 자식은 하루 평균 4~6시간을 일하며(최소 2시간에서 최대 9시간까지), 정원을 관리하고, 가축을 돌보고, 물을 긷고, 땔감을 수집하고, 음식을 가공하고, 그 밖의 집안일을 도맡아 처리한다. 사실 농업 사회에서 아이들은 가족의 경제적 성공에 상당한 기여를 하는 꼭 필요한 존재였기 때문에 아동의 노동은 농업과 역사를 함께해왔다. 아동의 노동은 아이들이 성인이 되었을 때 필요한 기술들을 미리 배우는 기회가 되기도 했다. 오늘날 우리는 육체노동을 학교교육으로 대체했지만 궁극적인 목표는 대체로 같다.

집단, 페스트, 전염병

농업의 가장 근본적이고 중요한 이점은 사람들이 더 많은 에너지를 생산해 더 큰 가족을 부양함으로써 인구를 증가시킨 것이다. 하지만 더 커진 집단과 이로 인한 주거 패턴의 변화는 새로운 종류의 전염병을 양산했다. 전염병은 농업혁명이 초래한 진화적 불일치 중에서 가장 파괴적인 것이었다.

전염병의 한 가지 선결 요건은 큰 집단이다. 농업이 시작되기 전에는 집단 규모가 크지 않았다. 초창기 농경 마을들은 오늘날의 기준에 비추어보면 작았지만, 토머스 맬서스Thomas Malthus 목사가 1798년에 지적했듯이 한 집단의 출생률이 조금만 높아져도 단 몇 세대 만에 그 규모가 빠르게 커진다.[40] 초기 농경 마을은 3년이 아니라 18개월 만에 자식의 젖을 떼는 것만으로도 같은 크기의 수렵채집인 집단보다 기하급수로 성장했다. 영아 사망률이 똑같다고 해도 마찬가지다. 현대식 인구통계가 생기기 전의 세계 인구에 관한 정확한 데이터는 존재하지 않지만, 지식과 경험을 바탕으로 한 추측(그림 18 참조)에 따르면, 세계 인구는 1만 2000년 전에 단 500만~600만 명에서 예수 탄생 시점에 6억 명으로 최소 100배 증가했고, 19세기 초에 대략 10억 명에 달했다.[41]

전염병의 또 다른 선결 요건은 영구 주거지와 높은 인구밀도다. 농부들은 주로 마을을 이루고 사는데, 제분기와 관개수로 같은 자원을 공유할 수 있고 교역하기 쉽고 규모의 경제에서 이익을 얻을 수 있기 때문이다. 농업이 본궤도에 올랐을 때, 이러한 사회경제적 이점에 빠른 인구 성장률이 더해져서 주거지 규모가 꾸준히 늘었다. 중동의 마을들은 몇천 년에 걸쳐 성장했다. 나투프 시대에 10가구쯤 살던 작은 촌락이 신석기 시대에 이르러서 50가구가 사는 마을로 성장했고, 7,000년 전에는 주민수가 1,000명이 훨씬 넘는 소도시로 발전했다. 5,000년 전에는 몇몇 소도시들이 우르Ur와 모헨조다로Mohenjo-Daro 같은 수만 명 규모의 고대 도시로 성장했다. 인구가 증가하면서 인구밀도도 급증했다. 수렵채집인 무리는 1제곱킬로미터당 1명 이하의 낮은 인구밀도로 살았지만, 농부 집단의 인구밀도는 몇 자리수가 더 높다. 단순한 농업 경제에서는 1제곱킬로미터당 1~10명 수준이고, 소도시에서는 1제곱킬로미터당 50명 수준이었다.[42]

크기가 크고 인구밀도도 높은 지역사회는 사회적 자극과 경제적 이익을 주지만, 그러한 환경에서는 생명을 위협하는 건강 문제가 생길 수 있다. 가장 큰 위험은 전염병이다. 전염병에는 많은 종류가 있지만 전염 과정은 모두 같다. 병원성 미생물이 숙주에 침투해 숙주의 몸에서 영양분을 얻어서 번식하고, 그다음에 새로운 숙주로 옮겨가 이 주기를 반복한다. 따라서 한 질병의 존속은 그 집단에 감염시킬 숙주가 얼마나 많이 있느냐, 한 숙주에서 다른 숙주로 퍼져나갈 수 있느냐, 그리고 감염된 숙주가 얼마나 살아남느냐에 달려 있다.[43] 잠재적 숙주가 서로 가까운 거리에 많이 모여 있는 마을과 도시는 전염병이 번성하기에 이상적인 동시에 인간에게는 위험한 장소다. 상업 또한 전염병이 퍼지는 데 한몫한다. 농부들이 잉여농산물을 정기적으로 거래하는 과정에서 미생물이 교환된다. 그 결과 감염성 병원체들이 한 곳에서 다른 곳으로 빠르게 건너간다. 농업이 유행병의 시대를 불러왔다는 것은 놀라운 일이 아니다. 그동안 폐렴, 나병, 매독, 페스트, 천연두, 인플루엔자 등이 전 세계를 휩쓸었다.[44] 수렵채집인이 병에 걸리지 않은 것은 아니지만, 농업이 시작되기 전에 사람들은 주로 머릿니 같은 기생충, 오염된 식품에서 유래한 요충, 다른 포유류와 접촉하면서 얻은 단순 포진 같은 바이러스나 세균으로 고생했다.[45] 말라리아와 매종yaws 같은 질병도 수렵채집인 사이에 존재했겠지만, 농부의 경우에 비해 발생률이 훨씬 낮았을 것이다. 사실 신석기 시대 이전에는 전염병이 유행할 수 없었다. 수렵채집인의 인구밀도는 1제곱킬로미터당 1명 이하로, 전염성이 강한 질병이 퍼져나가기 위한 역치threshold, 문턱값

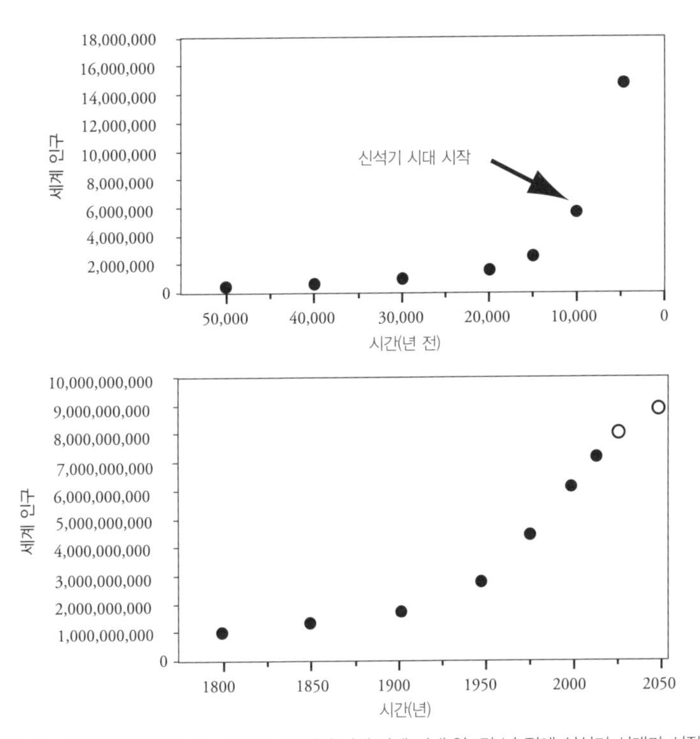

그림 18. 세계 인구의 성장. 위 그래프는 구석기 시대 말에 비해 약 1만 년 전에 신석기 시대가 시작된 뒤 인구가 얼마나 빠르게 증가했는지를 추측한 것이다. 아래 그래프는 산업혁명이 시작된 뒤로 인구가 얼마나 성장했는지 보여준다. 더 많은 정보는 다음 자료를 참조하라. J. Hawks et al.(2007). Recent acceleration of human adaptive evolution. *Proceedings of the National Academy of Sciences USA* 104: 20753–58; C. HAUB(2011). *How Many People Have Ever Lived on Earth?* Population Refefence Bureau. http://www.prb.org/Articles/2002/HowManyPeopleHaveEverLivedonEarth.aspx.

에 미치지 못하기 때문이다. 예를 들어 원숭이와 설치류에서 왔다고 추정되는 오래된 바이러스성 질환인 천연두는(이 병의 원인은 아직 밝혀지지 않았다.) 인구밀도가 높은 큰 주거지가 생길 때까지 퍼져나갈 수 없었다.[46]

농업의 불결한 부산물인 열악한 위생도 감염성 불일치 질환을 야기했다. 일시적인 소규모 거주지에서 사는 수렵채집인은 수풀에 들어가서 배변하고, 쓰레기도 많이 생산하지 않았다. 하지만 사람들이 영구 정착지에 살기 시작하자 다량의 쓰레기가 쌓여 주변 환경을 더럽혔다. 변소는 식수와 토양을 인간의 배설물로 오염시켰고, 쓰레기가 쌓여 썩어갔으며, 집 안은 쥐, 생쥐, 참새 같은 작은 동물이 올빼미나 뱀 같은 천척을 피해 음식물과 쓰레기를 먹고사는 이상적인 환경이 되었다. 사실, 생쥐*Mus musculus*는 농업 초창기에 서남아시아의 마을에서 처음 진화해 인간 거주지에 매우 잘 적응해서 오늘날 대부분의 도시에는 사람보다 쥐가 훨씬 더 많다.[47] 이런 동물들은 때때로 질병 운반체가 되어 우리의 환대에 응답한다. 설치류는 라사열 바이러스Lassa fever 같은 치명적인 바이러스의 운반체이자, 페스트균과 발진티푸스균을 갖고 있는 벼룩의 숙주다. 참새와 비둘기가 옮기는 살모넬라, 빈대, 진드기는 뇌염 같은 질병을 매개한다. 사람들이 폐쇄 하수관과 오수 정화 시설 같은 공공위생 시설을 마련하기 전까지 마을과 도시는 만병의 근원이었다.

농업이 발전하고 마을과 도시가 성장하면서 치명적인 질병을 옮기는 수많은 해충에게 최적인 생태 조건이 만들어졌다. 어처구니없게도 농부들이 초목을 제거하고 농작물에 물을 댈 관개 시설을 만드는 과정에서 모기를 위한 이상적인 서식지가 탄생했다. 모기는 고여 있는 물웅덩이에 알을 낳기 때문이다. 또한 모기는 열이나 빛을 좋아하지 않아서 시원한 집 안과 근처 수풀에 숨는데, 이러한 장소들은 인간 가까이에 머물면서 피를 얻을 수 있는 이상적인 환경이다. 말라리아는 먼 옛날부터 있었지만, 이상적인 번식 환경과 숙주가 될 많은 사람들이 한꺼번에 생긴 신석기 시대에 극적으로 증가했다.[48] 모기가 옮기는 또 다른 질병들 중 황열병, 뎅기열, 필라리아증filariasis, 사상충증, 뇌염도 농업이 시작된 뒤로 번성했다. 그뿐 아니라 관개수로에서 천천히 움직이는 물은 기생충 질환인 주혈흡충증schistosomiasis, 빌하르츠 종양의 확산을 촉진했다. 이 질환을 일으키는 기생충은 담수의 달팽이 안에서 자라다가 물속을 걷는 사람의 다리를 뚫고 들어간다. 몇몇 병원체에게 최적의 조건을 제공한 또 한 가지는 의복이었다. 옷은 진드기, 벼룩, 이가 살기에 좋은 환경이다. 수렵채집인, 특히 온대 지역에 사는 사람들도 옷을 입지만, 농부의 수가 훨씬 많고, 농부가 옷을 훨씬 더 많이 입는다. 아담과 이브는 에덴동산에서 쫓겨날 때 무화과 잎으로 몸을 가렸다고 전해지나, 그 후손들이 입은 불결한 옷가지는 수백만 세대의 고약한 해충들에게 하느님의 선물이나 마찬가지였다.

마지막으로, 인간은 동물과 가까이 살면서 50종이 넘는 무시무시하고 끔찍한 질병을 자초했다.[49] 그러한 질병은 인간에게 참으로 위험한 병원체들이 일으키는 것으로, 폐렴, 홍역, 디프테리아(셋 다 소에서 유래), 나병(물소에서 유래), 인플루엔자(돼지와 오리에서 유래), 페스트, 발진티푸스, 천연두(집쥐와 생쥐에서 유래) 등이 있다. 예를 들어 인플루엔자 바이러스는 끊임없이 돌연변이를 일으키는 바이러스인데, 물새에서 유래해 돼지와 말 같은 농장의 가축으로 건너온다. 그 후 더 진화해 새로운 형태로 변신하는데, 그중 일부는 인간에게 매우 잘 전염된다. 우리가 이 바이러스에 감염되면 코, 목, 폐를 덮고 있는 세포에 염증 반응이 일어나 기침과 재채기가 나는데, 이 과정에서 바이러스의 복제본 수백만 부가 다른 사람들에게 전파된다.[50] 인플루엔자 균주 대부분은 순하지만 몇몇은 치명적인데, 대개 폐렴이나 다른 호흡기 감염을 일으킬 때 그렇다. 제1차 세계대전이 끝난 1918년에 전 세계를 휩쓴 유행성 인플루엔자로 4000만~5000만 명이 사망했는데[51], 이 숫자는 전쟁 그 자체로 죽은 시민과 군인의 수보다 세 배나 많은 것이다. 세계적으로 유행한 이 전염병은 노인이 아니라 건강한 젊은이에게 치명적이었다는 점에서 특히 무시무시했다. 아마 젊은이들은 인플루엔자 항체가 적은 미숙한 면역계를 갖고 있어서 직접적인 사망 원인이었던 폐렴에 더 잘 걸렸기 때문이었던 것 같다.

농업이 유발했거나 악화시킨 감염성 불일치 질환을 모두 합치면 아마 100개가 넘을 것이다. 다행히 지난 몇 세대 동안 현대 의학과 공중 보건이 크게 발전해서 이 질병들 대부분을 예방하고 치료할 수 있게 되었다. 몇천 년 만에 처음으로 선진국에 사는 사람들은 유행병과 전염병에 대해 별로 걱정하지 않게 되었다. 하지만 이런 안이한 생각은 잘못된 것일지도 모른다. 감염성 질환을 피하고 추적하고 치료하는 수많은 신기술이 있다 해도, 인간 집단은 그 어느 때보다도 규모가 크고 인구밀도가 높아서 우리는 새로운 유

행병에서 여전히 자유롭지 못하다.[52]

농업은 할 만한 가치가 있었을까?

농업이 이렇게 기근, 노동 증가, 질병을 초래하는 와중에 우리와 우리 몸은 수렵채집 사회에서 농경 사회로 이행하는 이 중요한 시기를 얼마나 잘 지냈을까? 농업혁명은 불일치 질환을 겪으면서까지 할 만한 가치가 있었을까?

판단은 성공과 실패를 평가하는 기준에 따라 달라질 수 있다. 당신이 대부분의 사람들처럼 농업이 인류가 내딛은 가장 큰 진보의 발걸음이었다고 생각한다면, 조상들이 몇백 세대 전에 이러한 생활 방식을 잘 채택했다고 생각할 만한 몇 가지 근거가 있다. 초창기 농부는 식량을 더 많이 확보함으로써 이익을 얻었고, 잉여농산물은 더 많은 자식을 생산하는 데 투자됐으며, 이로써 수렵채집보다 농업에 더 의존하게 되었다. 따라서 수렵채집인이 인구 스트레스 때문에 농부가 되었다면 분명 손해보다 이익이 많았을 것이다. 자식이 몇 명인지로 성공을 평가하는 진화적 관점에서는 특히 그렇다. 농업 덕분에 사람들은 더 큰 가족을 꾸릴 수 있었을 뿐 아니라 마을과 도시에 정착함으로써 거주 패턴을 영속적으로 변화시켰다. 또한 농업으로 잉여식량을 확보함으로써 예술, 문학, 과학 등의 성취를 이룰 수 있었다. 사실상 문명은 농업 덕분에 가능했다. 하지만 동전의 양면처럼 농업이 가져온 잉여식량은 사회 계층, 억압, 노예제, 전쟁, 기근 등 수렵채집 사회에는 없었던 폐단을 낳았다. 또한 충치에서 콜레라에 이르는 수많은 불일치 질환을 양산했다. 수백만 명이 페스트, 영양실조, 기아로 죽었는데, 우리가 수렵채집인으로 계속 살았다면 그러한 일은 일어나지 않았을 것이다. 하지만 이렇게 많은 사람들이 죽었는데도 오늘날 세계 인구는 농업혁명 이전보다 60억 명이 더 많다.

농업은 우리 종 전체에는 이익이었을지 몰라도 우리 몸에는 축복인 동시에 저주였다. 농업이 인간의 건강에 미친 영향을 평가하는 한 가지 유용한 방법은 키의 변화를 살펴보는 것이다. 일반적으로 한 사람이 최대로 자랄 수 있는 키는 유전자의 영향을 강하게 받고, 실제 키는 환경의 제약을 많이 받는다. 따라서 영양 부족, 질병 등의 생리적 스트레스를 겪는 사람은 쓸 수 있는 에너지가 한정되어 있기 때문에 유전적 잠재력이 허용하는 선까지 성장하지 않는다. 에너지는 몸을 유지하고, 감염을 막고, 활동을 하고, 성장을 하는 데 쓰인다. 그런데 만일 한정된 에너지 중 상당량을 감염과 싸우거나 고된 일을 하는 데 써야 한다면 성장에 쓸 수 있는 에너지가 줄게 된다. 따라서 키의 변화를 살펴보면 사람들이 얼마나 잘 먹는지, 질병 등의 스트레스에 얼마나 시달리는지를 가늠해볼 수 있다. 인간의 키에 대한 분석들을 보면, 초기에는 세계 전체는 아니더라도 많은 지역에서 농업이 인간의 건강에 좋은 영향을 미쳤던 것 같다. 농업이 최초로 시작된 중동이 대표적 성공 사례다. 여러 연구들에 따르면, 약 1만 1600년 전 신석기 시대가 시작된 후 몇천 년에 걸쳐 농업이 발전하면서 남성은 약 4센티미터 커졌고 여성은 이보다 조금 적게 커졌다. 하지만 그 후 약 7,500년 전부터 키가 다시 줄어들기 시작했는데, 그 시기의 골격을 보면 질병과 영양부족의 흔적이 더 많이 나타난다.[53] 처음에는 발전하다가 거꾸로 가는 패턴은 다른 지역에서도 비슷하게 나타난다. 아메리카도 그 중 하나다. 예를 들어 1,000~500년 전 동부 테네시 지역 사람들이 옥수수를 먹기 시작하면서 남성은 2.2센티미터, 여성은 6센티미터 정도 키가 커졌다.[54] 키만 갖고 평가하면, 초기 농부 (전부는 아니지만) 대다수가 처음에는 이 새로운 생활 방식에서 이익을 얻었던 것 같다.

하지만 농업혁명 전후를 비교하는 것에서 한발 물러나 장기간에 걸친 키의 변화를 살펴보면, 농업 생활 방식은 전반적으로 건강에 별로 좋지 않았던 것 같다.[55] 몇몇 예외가 있지만, 농업 경제가 발전할수록 사람들의 키가 줄었다. 예를 들어 초기 신석기 시대에 중국과 일본에서 몇천 년에 걸쳐 쌀농사가 발전하는 동안 농부들의 키는 8센티미터가 줄었다.[56] 그리고 중앙아메리카에서 농업이 뿌리내리면서 남자들은 5.5센티미터, 여자들은 8센티미터 작아졌다.[57] 다시 말해 농업의 발전은 불운한 아이러니를 초래했다. 농부들이 식량을 전반적으로 더 많이 생산했음에도 한 아이가 성장에 쓸 수 있는 에너지는 오히려 줄어든 것이다. 아마 감염과 싸우고, 가끔씩 식량 부족에 대처하고, 논밭에서 오랜 시간 노동하느라 비교적 많은 에너지를 썼기 때문일 것이다.

다른 자료에서도 농업을 시작하면서 인간의 건강이 전반적으로 나빠졌음을 확인할 수 있다. 치아에 깊이 파인 골은 감염이나 굶주림으로 극심한 스트레스를 겪었음을, 골격 병변은 철분 부족으로 빈혈에 걸렸음을, 뼈에 남겨진 염증의 흔적은 매독 같은 감염병에 걸렸음을 각각 암시한다. 농업 전과 후로 나누어 이러한 질환들의 발생률을 집계해온 여러 연구자들은 초기 농부의 후손들 골격에 질병, 영양실조, 치아 문제를 암시하는 흔적이 더 많다는 사실을 반복해서 발견한다. 아메리카, 아프리카, 유럽 등 어디서든 마찬가지다.[58] 한마디로 농부의 삶은 시간이 지나면서 일반적으로 더 힘들어지고 더 잔인해지고 더 짧아지고 더 고통스러워졌다.

농업 이후의 불일치와 진화

최초의 농부들은 농업 경제로 전환하면서 몇 가지 이익을 얻었지만 이 새로운 생활 방식은 불일치 질환을 비롯해 여러 문제를 야기했다. 이러한 변화, 특히 불일치 질환은 어떤 종류의 진화를 일으켰을까? 농업은 자연선택과 문화적 진화를 일으키는 힘으로 작용했을까? 아니면 단지 불일치 질환을 유발함으로써 더 많은 비극과 죽음을 불러오는 데 그쳤을까?

먼저 농업이 자연선택을 일으켰는지 살펴보자. 거듭 말하지만 초기 농부들은 약 600~500세대 전에 살았고, 세계 대부분의 지역에서 농업은 겨우 300세대 동안 실시되었다. 진화의 시간 척도에서 보면 이 정도는 새로운 종의 진화 같은 굵직한 변화가 많이 일어날 정도로 긴 시간이 아니지만, 그동안에도 생존과 번식에 강력한 영향을 미치는 유전자의 빈도는 눈에 띄게 변할 수 있다. 사실 농업은 먹는 것, 마주치는 병원체, 하는 일, 자식의 수를 송두리째 바꾸었기 때문에, 아마 농업이 시작되면서부터 특정 유전자에 대한 선택이 가속되었을 것이다.[59] 또한 자연선택이 지금 존재하는 유전되는 변이에만 작용한다는 사실도 중요하다. 그 점에서 봐도 농업이 진화의 속도를 가속한 것은 분명하다. 집단의 크기가 폭발적으로 증가하면서(1,000배 이상), 각 세대마다 선택이 작용할 수 있는 새로운 돌연변이가 많이 생겼을 것이기 때문이다. 실제로, 지난 몇백 세대 동안 전 지구의 인간 집단에서 발생한 새로운 유전적 변이는 100만 개가 넘었다.[60] 최근에 생긴 돌연변이가 이렇게 많다는 것은 예사로운 일이 아니다. 돌연변이는 대부분 해롭기 때문이다.

지난 몇백 세대 동안 생긴 돌연변이 대부분은 빈도가 증가하지 않는데, 사실 새로 생긴 돌연변이들 중 86퍼센트 이상이 부정적인 영향을 미치는 것으로 보인다.[61] 새로 생긴 돌연변이가 많다는 사실을 고려하면 놀라운 사실은 아니지만, 대개는 농업 때문에 최근 적극적으로 선택된 유전자들이 100개 이상 발견되었다.[62] 이 모든 유전자들을 완전히 이해하려면 수년이 걸리겠지만, 그 대부분은 농업이 시작된 뒤로 인간을 괴롭혀온 가장 치명적인 병원체들—림프절 페스트, 나병, 장티푸스, 라사열, 말라리아, 홍역, 폐렴—에 면역계가 잘 대처할 수 있도록 돕는 것들이다. 가장 잘 연구된 것 중 하나가 말라리아에 대한 면역을 제공하는 유전자들이다. 말라리아는 모기가 옮기는 기생충에 의해 발생하는 오래된 질병이다. 농업의 확산으로 인구밀도가 높아지고 농사에 적합한 환경을 만드는 과정에서 모기 번식을 촉진하는 환경이 조성되면서 말라리아의 발생도 증가했다. 철을 갖고 있는 단백질로서 혈액에서 산소를 운반하는 분자인 헤모글로빈에서 말라리아 기생충이 영양분을 얻기 때문에, 헤모글로빈에 영향을 미치는 여러 가지 돌연변이들이 말라리아가 만연한 집단에서 선택되었다.[63] 그중에는 낫 모양의 적혈구(겸상 적혈구)를 만들어 빈혈을 일으키는 것도 있고 말라리아에 감염이 되면 혈액세포가 에너지를 만드는 능력을 떨어뜨리거나, 헤모글로빈 분자의 형성을 지체시키는 것도 있다.[64] 이런 사례들에서, 돌연변이 유전자를 한 부만 갖고 있으면 부분적인 면역이 생기지만, 두 부를 모두 갖고 있으면 심각하고 때로는 치명적인 빈혈을 일으킨다. 이렇게 생명을 위협할 수 있는 유전자들이 진화했다는 사실은, 그보다 더 끔찍한 결과를 초래하는 질병에 대해 면역을 제공하기 위해 자연선택이 일어났다는 맥락에서만 납득이 가능하다. 다시 말해 말라리아가 만연한 지역에 사는 농부들에게는 부분적인 면역으로 얻는 이점이 그 친족들 중 몇 명이 빈혈에 걸리는 비용을 능가한다.

최근에 농업으로 인해 빈도가 증가한 다른 유전자들은 기르고 재배한 식품에 인간의 몸을 적응시키는 역할을 한다. 여러 가지 예가 있지만, 가장 잘 연구된 것은 성인이 우유를 소화시킬 수 있도록 돕는 유전자들이다. 우유에는 당의 특별한 형태인 젖당이 들어 있는데, 젖당은 락타아제lactase라는 효소에 의해 분해된다. 농업 이전의 인간은 모유를 끊은 뒤로는 젖을 소화시킬 필요가 없었고, 대부분 5~6세가 되면 소화계가 락타아제의 생산을 자연적으로 멈춘다. 하지만 사람들이 젖을 짜서 먹을 수 있는 염소와 소 같은 동물을 가축화시킨 뒤로, 영아기 이후에도 젖당을 소화시키는 능력이 유리해졌고, 성인이 되어서도 락타아제를 생산할 수 있게 하는 유전자들에 대한 선택이 일어났다. 실제로 그러한 돌연변이들이 동아프리카인, 북인도인, 아랍인, 서남아시아와 유럽의 거주자들 사이에서 각기 독립적으로 진화했다.[65] 그 밖에도 다량의 탄수화물을 섭취할 때 혈당이 급증하는 것에 대처할 수 있도록 돕는 적응들도 진화했다. 예를 들어 식후 인슐린 분비를 촉진하는 TCF7L2 유전자는 신석기 무렵에 유럽, 동아시아, 서아프리카에서 독립적으로 진화한 여러 개의 변종을 가지고 있다.[66] 이러한 유전자들은 오늘날 농부들의 후손들을 2형 당뇨병으로부터 보호한다.

자연선택은 결코 끝나지 않는 과정으로, 최근에 생긴 많은 유전적 변이에 힘입어 지금도 일어나고 있다. 하지만 농업혁명이 새로운 식생활과 전염병에 대처하도록 돕는 형질에 대한 선택을 일으키긴 했어도, 자연선택이 지난 몇천 년간 일어난 진화의 주된 동력이었다고 생각해서는 안 된다. 어떤 척도로 봐도 신세계와 구세계의 서로 다른 지역에서 독립적으로 진화한 최근의 유전적 적응들은 인간이 같은 기간에 이룩한 문화적 혁신의 규모와 정도에 비하면 보잘것없다. 이 문화적 혁신의 대다수—바퀴, 쟁기, 트랙터, 문자—가 경제적 생산성을 높였지만, 상당수는 농업 생활 방식이 초래한 불일치 질환에 대한 대응이었다. 더 정확하게 말하면, 이 같은 혁신 다수가 농업의 위험과 단점으로부터 농부들을 격리 또는 보호하는 문화적 완충작용을 수행해왔다. 그렇지 않았더라면 지금 나타나는 것보다 더 강력한 자연선택이 일어났을 것이다.

예를 들어 영양실조를 생각해보자. 수렵채집인보다 농부가 영양실조에 더 많이 걸리는데, 몇 가지 주곡에만 의존하는 농부의 식생활은 영양소의 다양성과 질이 낮기 때문이다. 한 예로 '펠라그라'라고 하는, 비타민 B_3니아신가 부족해서 생기는 끔찍한 병이 있다. 펠라그라에 걸리면 설사, 치매, 피부 발진이 일어나고, 치료하지 않으면 결국 죽음에 이른다. 펠라그라는 옥수수가 주식인 농부들 사이에서 흔한데, 옥수수의 비타민 B_3는 다른 단백질과 결합되어 있어서 사람의 소화계가 이용할 수 없기 때문이다. 아메리카 원주민 농부들은 펠라그라에 대한 저항성을 제공하는 유전자들을 진화시키지 않았지만, 오래전에 옥수수로 마사 가루를 만드는 법을 터득했다. 가루로 빻기 전에 알칼리 용액에 옥수수를 푹 담그는 이 조리법('닉스타말화nixtamalization'라고 부른다.)은 비타민 B_3를 자유롭게 풀어놓아서 소화될 수 있게 해줄 뿐 아니라 옥수수의 칼슘 함량을 높여준다.[67]

마사 가루를 만드는 것 외에도 문화적 진화는 농업이 초래한 변화에 대해 수천 가지 대응책들을 마련했다. 이러한 문화적 혁신—원시적인 위생 시설, 치아 관리, 도기, 고양이의 가축화, 치즈—은 우리가 수렵채집인으로 살기를 그만둔 뒤로 등장했거나 악화된 많은 불일치 질환을 제거하고 또 완화했다. 그중에서 마사 가루와 치즈 같은 몇 가지는 농업이 초래한 문제를 성공적으로 해결함으로써 자연선택으로부터 우리를 보호해주었다. 하지만 다른 것들은 해결책이라기보다 불일치 질환의 증상만을 치료해주는 임시방편에 불과했다. 그러한 미봉책들은 불일치 질환의 원인은 그냥 두고 증상만을 해결해 때때로 질환을 존속시키거나 더 악화시키는 악순환의 고리를 초래한다는 점에서 문제가 될 수 있다. 나는 이 현상을 '역진화'라고 불렀다. 하지만 이 악순환의 고리를 다루기에 앞서, 우리 몸의 역사에 또 다른 장을 열어젖힌 '산업 시대'를 살펴볼 필요가 있다.

∞

8장

현대와 우리 몸

: 산업 시대가 초래한 건강의 역설

포장도로를 달리는 나막신 소리와 빠르게 울리는 종소리가 들렸고,
단조로운 일과를 위해 윤을 내고 기름칠을 한, 우울한 광증에 사로잡힌 모든
코끼리들이 또다시 힘든 하루를 시작했다.

—찰스 디킨스, 『어려운 시절』

인간 존재는 지난 몇백만 년간 크고 많은 변화들을 겪었지만, 지난 250년의 시간만큼 빠르게 많은 변화를 겪었던 적은 없다. 우리 할아버지의 인생이 이러한 변화를 몸소 보여준다. 그는 1900년 무렵 러시아와 루마니아의 국경에 있는 가난한 시골 지역인 베사라비아에서 태어났다. 당시 동유럽의 많은 지역들이 그랬듯이 베사라비아는 산업혁명의 영향을 거의 받지 않은 농업 사회였다. 그가 태어난 마을에서 전기, 가스, 옥내 화장실을 갖고 있는 사람은 아무도 없었다. 모든 일은 사람과 가축이 함께했다. 하지만 할아버지는 유태인 대학살 때문에 어렸을 때 가족과 함께 미국으로 도피했

다. 미국에 온 그는 공립학교에 다니게 되었고, 그다음에는 제1차 세계대전에 참전했다. 그리고 돌아와서는 퇴역 군인에게 주어지는 특전 덕분에 의대에 진학했고 뉴욕시에서 의사가 될 수 있었다. 우리 대다수는 일생 동안 상당히 많은 변화를 겪지만, 우리 할아버지는 짧은 몇 년의 청년기에 산업혁명을 몸소 겪었고, 그다음에는 20세기의 변화들을 고스란히 경험했다.

소년이었던 할아버지는 변화를 기쁘게 받아들였다. 기계적 진보에 반대하는 러다이트Luddite가 되기는커녕[1], 그는 과학, 산업화, 자본주의의 많은 혜택들을 기꺼이 받아들였다. 아마 농부로 태어났기 때문에 우리 할아버지는 멋진 욕실, 큰 차, 에어컨, 중앙난방을 갖는 것이 무척 좋았으리라. 또한 그는 자신의 전공인 소아의학에서 일어난 진보를 엄청나게 자랑스러워했다. 할아버지가 태어나던 때만 해도 미국에서 태어난 아기들 중 15~20퍼센트가 생후 1년 내에 죽었지만, 그가 의사로 일하는 동안 영아 사망률은 1퍼센트 이하로 떨어졌다.[2] 영아 사망률이 이렇게 크게 감소한 것은 주로 호흡기 질환, 전염병, 설사병에 걸린 아기들을 치료하는 항생제와 기타 신약들 덕분이었다. 또한 20세기 동안 영아 사망률이 극적으로 줄어든 것은 개선된 위생 시설, 더 나은 영양 상태, 병원 진료 같은 예방 조치 덕분이기도 했다. 아플 때만 찾아오는 성인 환자를 주로 진료하는 많은 의사들과 달리, 소아과의사들은 건강한 어린 환자들이 병에 걸리는 것을 막기 위해 정기적으로 자주 진찰한다. 20세기 동안에 소아의학이 거둔 극적인 성공은 예방의학이 진정으로 최선의 의학임을 보여준다.

우리 할아버지는 1980년대 초에 돌아가셨지만, 그가 오늘날 미국 어린이들이 처한 예방 의료의 현실을 보면 분명 절망할 것이다. 미국 어린이들의 대다수는 여전히 정기적인 진찰, 예방접종, 치과 진료를 받지만, 가난하고 의료보험이 없는 10퍼센트는 제외된다. 저체중아의 비율은 현재 8.2퍼센트인데, 몇십 년째 그대로 유지되고 있으며, 오히려 최근 들어 증가하고 있다. 저체중아로 태어난 어린이는 수십 가지의 장·단기적 건강 문제에 당면할 위험이 상당히 높다.[3] 1900년에 미국인들은 평균적으로 세계에서 가장 키가 컸지만, 오늘날은 대부분의 유럽인들보다 작다.[4] 마지막으로 우리는 아동 비만을 예방하는 일에서 굴욕적인 실패를 겪었다. 1980년 이후 미국의 비만 아동 비율은 5.5퍼센트에서 약 17퍼센트로 세 배 이상 늘었고, 비슷한 추세가 전 세계적으로 진행되고 있다.[5] 지금까지 의사, 부모, 공공 보건 전문가, 교육자 등이 합심해서 이 추세를 되돌려보려고 했지만 모두 허사였다. 어린이들, 그리고 그 부모들은 점점 더 뚱뚱해지고 있다. 지금은 과체중인 어린이들이 너무 많아서 일부 사람들은 그것을 정상이라고 인식할 정도다.

현재 우리 몸의 전체적인 상태를 보면, 미국뿐 아니라 많은 나라들이 새로운 역설에 직면해 있다. 한편으로 보면 산업혁명 이후 사람들이 더 부유해지고 공공 보건, 위생 시설, 교육이 눈부시게 발전한 덕분에 무엇보다도 선진국에서 수십억 명의 건강이 극적으로 개선되었다. 오늘날 태어나는 어린이들은 농업혁명이 초래한 감염성 불일치 질환으로 죽을 확률이 훨씬 낮다. 그들은 더 오래 살고, 더 크게 자랄 것이며, 우리 할아버지 세대보다 전반적으로 더 건강할 것이다. 그 결과 세계 인구는 20세기에만 세 배나 불어났다. 하지만 다른 한편으로 보면 우리 몸은 몇 세대 전에는 생각지도 못했던 새로운 문제와 마주했다. 오늘날 우리는 2형 당뇨병, 심장병, 골다공증, 결장암 같은 새로운 불일치 질환에 걸릴 위험이 훨씬 높다. 이 질병들은 농업 시대를 포함해 대부분의 인류 진화사에서 존재하지 않았거나 극히 드물었다.

이 모든 일이 왜 그리고 어떻게 일어났는지 이해하려면, 그리고 이 새로운 문제들을 해결할 방법을 알려면, 진화적 관점에서 산업 시대를 살펴봐야 한다. 산업혁명은 자본주의, 의학, 공공 보건과 함께 우리 몸이 성장하고 기능하는 방식에 어떤 영향을 미쳤을까? 지난 몇백 년 사이의 중요한 사회적, 기술적 변화들이 농업 시대에 발생한 수많은 불일치 질환을 어떻게 완화하고 해결했으며, 그와 동시에 새로운 불일치 질환을 어떻게 유발했을까?

산업혁명이란 무엇인가?

산업혁명은 기본적으로 경제와 기술 분야의 혁명이었다. 우리는 화석연료로 움직이는 기계를 이용해 상품을 대량으로 생산하고 수송할 수 있게 되었다. 18세기 후반 영국에서 공장이 처음으로 등장한 이후에 대규모의 공장 생산 시스템이 프랑스, 독일, 미국 등지로 급속히 확산되었다. 산업혁명은 그 후 10년 내에 동유럽과 일본을 포함한 환태평양 지역으로 퍼져나갔다. 당신이 이 책을 읽는 동안에도 산업화의 물결은 인도, 아시아, 남아메리카, 아프리카의 일부 지역을 휩쓸고 있다.

어떤 역사가들은 산업혁명이라는 말에 반대한다. 며칠 또는 몇 년에 걸쳐 일어나는 정치혁명에 비해, 농업 경제에서 산업 경제로의 이행은 수백 년에 걸쳐 일어났기 때문이다. 심지어 중국의 시골 지방 같은 세계의 몇몇 지역은 이제 겨우 산업화되기 시작했다. 그렇더라도 진화생물학의 관점에서 보면 '혁명'이라는 말은 아주 적절한데, 10세대도 못 되는 기간 만에 인간이 지구의 환경은 물론 자신의 존재 방식을 이전의 그 어떤 문화적 변화보다 빠르게 그리고 완전히 바꾸었기 때문이다. 산업혁명이 시작되기 전에 세계 인구는 10억 명이 되지 않았고, 사람들은 주로 시골에서 농사를 짓고 살면서 손이나 가축을 이용해 모든 일을 했다. 하지만 지금은 지구상에 70억 명이 살고 있고, 그중 절반 이상이 도시에 살며, 우리는 기계를 이용해 대부분의 일을 한다. 산업혁명 이전에 사람들은 농사일 외에도 식물을 기르거나 동물을 돌보거나 목공일을 하는 등의 다양한 능력과 활동이 필요했다. 하지만 오늘날 사람들은 공장이나 사무실에서 일하면서 숫자를 더하거나 차에 문을 달거나 모니터 화면을 바라보는 등의 일에 전문가가 되어야 한다. 산업혁명 이전에는 과학 발명품이 일반인의 일상에 거의 영향을 미치지 않았다. 사람들은 여행 가는 일이 거의 없었으며, 현지에서 기른 식재료를 최소한으로 가공해 먹었다. 그러나 오늘날에는 우리가 하는 모든 일에 기술이 침투한다. 우리는 비행기나 차를 타고 수백 또는 수천 킬로미터를 이동하는 것을 대수롭지 않게 여기며, 우리가 먹는 음식의 대부분은 멀리 떨어진 공장에서 재배되고 가공되고 조리된 것들이다. 또한 산업화는 가족 형태와 지역사회의 구조, 통치 방식, 교육 방법, 노는 방법, 정보를 얻는 방법, 수면과 배설 등의 생체 기능을 수행하는 방식을 바꾸었다. 우리는 심지어 운동도 산업화했다. 오늘날 많은 사람들은 직접 운동하기보다 텔레비전에서 중계되는 운동경기를 관람하는 것에서 즐거움을 얻는다.[6]

극히 짧은 시간에 이렇게 많은 변화가 일어났다는 것이 놀라울 따름이다. 우리 할아버지 같은 사람들은 산업혁명이 가져온 변화에서 자유와 기쁨을 누렸고, 오늘날 서구 경제 시스템에서 살아가는 사람들은 전반적으로 과거 수백 세대보다 더 건강하고 부유하다. 하지만 어떤 사람들은 산업혁명이 불러온 변화 때문에 혼란과 불안과 피해를 겪는다. 당신이 산업 시대를 좋게 생각하든 나쁘게 생각하든, 이 혁명의 근간을 이루는 세 가지 변화는 다음과 같다. 첫 번째 변화는 새로운 에너지원에 의한 새로운 생산 양식의 등장이다. 산업 시대 이전에도 사람들이 가끔씩 풍력이나 수력을 이용했지만 대개는 사람과 동물의 근육이 발생시키는 동력을 이용했다. 제임스 와트James Watt(그는 현대적인 증기기관을 발명했다.) 같은 산업혁명의 선구자들은 석탄, 석유, 가스 등의 화석연료에서 얻은 에너지를 증기, 전기 등의 동력으로 바꾸어 기계를 가동하는 방법을 알아냈다. 그런 최초의 기계는 섬유를 만드는 것이었지만, 그 후 몇십 년 만에 제철, 목공, 밭일, 운송, 그리고 (맥주를 포함해) 우리가 만들어 팔 수 있는 거의 모든 것을 생산하는 기계들이 발명되었다.[7]

두 번째 변화는 경제제도와 사회제도의 재편이었다. 산업화가 가속되는 가운데, 개인이 재화와 서비스를 생산하고 더 많은 이윤을 남기기 위해 경쟁하는 자본주의가 지배적인 경제 체제가 되면서 사회도 급속도로 변했다. 노동자의 활동 거점이 농장에서 공장과 기업으로 바뀌면서, 일은 더 전문화되었고 함께 일하는 사람의 수는 증가했다. 이에 따라 공장들은 조직과 규율이 필요하게 되었다. 게다가 상품을 수송하고 팔고 광고하기 위해, 투자를 유치하기 위해, 공장 주변에 우후죽순 생겨나는 대도시로 몰려오는 사람들을 수용하고 관리하기 위해, 회사와 정부 기관이 만들어져야 했다. 여성과 아이가 노동력에 편입되면서(산업 시대 초에는 아동 노동이 흔했다.) 가정과 이웃이 재편되었고, 노동시간, 식사 습관, 사회 계급도 재설정되었다. 중산층이 증가하면서 정부와 회사가 함께 그들의 요구에 부응하고, 그들을 교육시키고, 도로와 위생 시설 등의 인프라와 편의시설을 제공하고, 정보를 전파하고, 오락을 제공했다. 산업혁명은 블루칼라만이 아니라 화이트칼라 직종도 창조했다.

마지막 변화는 재미있지만 필수는 아닌, 철학의 한 분과에 불과했던 과학이 돈이 되고 활력이 넘치는 일로 탈바꿈한 것이었다. 초기 산업혁명의 수많은 영웅들은 화학자들과 공학자들이었는데, 그들 대부분은 마이클 패러데이Michael Faraday와 제임스 와트 같은 아마추어 과학자로 공식 학위나 교수직을 갖고 있지 않았다. 변화의 바람에 설렘을 느낀 다수의 젊은 빅토리아인이 그랬듯, 찰스 다윈과 그의 형 에라스무스 다윈Erasmus Darwin도 어렸을 때 화학자를 꿈꾸었다.[8] 생물학과 의학 같은 분야는 공공 보건을 발전시킴으로써 산업혁명에 큰 기여를 했다. 루이 파스퇴르Louis Pasteur는 와인 생산과 관련해 타타르산tartaric acid의 구조를 연구하는 화학자였다. 하지만 그는 발효를 연구하는 과정에서 미생물을 발견했고, 음식을 멸균하는 방법을 알아냈으며, 최초의 백신을 만들었다. 미생물과 공공 보건 분야에서 파스퇴르 같은 선구자들이 없었다면 산업혁명은 그렇게 멀리 가지도, 그렇게 빨리 퍼져나가지도 못했을 것이다.

요컨대 산업혁명은 기술적, 경제적, 사회적, 과학적 변화가 맞물려서 일어난 일이었다. 그것은 역사의 경로를 신속하게 그리고 근본적으로 바꾸었으며, 열 세대가 채 못 되는 기간—진화의 시간 척도에서는 눈 깜박할 시간—에 지구의 얼굴을 바꾸었다. 같은 기간에 산업혁명은 우리의 몸도 바꾸었다. 산업혁명은 먹는 것, 씹는 방법, 일하는 방식, 걷고 뛰는 방식뿐만 아니라, 몸을 시원하고 따뜻하게 유지하는 방법, 출산하는 방식, 병에 걸리는 방식, 성숙하고 생식하는 방식, 늙고 사회화되는 방식까지 바꾸었다. 이 변화들 중 많은 것이 이익을 주었지만, 몇몇은 우리 몸에 부정적인 영향을 미쳤기 때문에 우리 몸은 새로운 환경에 맞춰 다시 진화해야만 한다. 에너지를 이용해 기계를 가동하는 것이 산업혁명의 근간이므로, 산업혁명이 어떻게 그 많은 불일치 질환을 유발했는지 알기 위해 가장 먼저 살펴봐야할 대목은 오늘날 우리가 얼마나 많은 일을 하고 어떤 종류의 일을 하는가이다.

신체 활동

1936년 영화 〈모던 타임스Modern Times〉에서 찰리 채플린은 오버

올overall(위아래가 붙은 작업복)을 입고 공장에 도착해 한 쌍의 렌치를 들고 조립라인에 서서 끊임없이 다가오는 너트를 열심히 조인다. 컨베이어 벨트가 속도를 높이자, 채플린은 모든 공장노동자들이 알고 있는 사실, 즉 조립라인에서 이뤄지는 노동은 어렵고 힘들다는 것을 우스꽝스럽게 과장해서 희화화한다. 산업혁명이 일어나 인간의 근육 대신 기계 엔진이 뭔가를 만들고 옮기는 일을 수행하게 되었지만, 공장노동자들은 여전히 힘들고 고된 일을 했다. 전형적인 19세기 공장노동자는 공장의 경적이 울릴 때 도착해서 일할 준비를 마쳐야 했고, 그렇지 않을 때는 하루 임금의 절반이 깎였다. 그다음에는 현장 관리자의 감독 아래 12시간 이상을 계속해서 일해야 했다. 주당 80시간 이상의 노동, 저임금, 위험한 작업환경이 비일비재하자 결국 노동조합과 정부가 비인간적인 근로조건을 개선하고 산업 현장을 안전하게 만들기 위해 여러 개혁을 추진했다. 영국에서는 1802년에 공장법Factories Act이 제정되어 13세 미만의 아동은 하루 8시간 이상, 13세 이상 18세 미만의 청소년은 하루 12시간 이상 일할 수 없게 되었다(1901년에 와서야 아동 노동이 영국에서 전면 금지되었다.).[9] 그 후 몇몇 나라에서는 단체협약을 통해 노동조건이 많이 개선되었다. 예를 들어 오늘날 미국에서 일반적인 공장노동자의 노동시간은 주당 40시간으로 19세기에 비해 약 50퍼센트나 줄었다.[10] 하지만 중국 같은 저개발국에서는 노동시간이 주당 90시간을 넘는 공장이 아직도 많다.[11] 요컨대 최근까지도 산업화는 사람들에게 농사일만큼 혹은 그보다 훨씬 더 많은 노동을 요구하고 있으며, 지금도 세계 어디선가는 살인적인 노동시간에 시달리는 사람들이 있다.

몸의 관점에서는 노동이 실제 요구하는 신체 활동량이 중요하다. 〈모던 타임스〉나 〈메트로폴리스Metropolis〉 같은 영화들은 공장에서의 노동을 무자비하고 고되게 묘사하지만, 직종별 에너지 비용은 일에 따라 큰 차이가 난다. 표 4는 다양한 작업들의 에너지 비용을 보여주는데, 그 대다수가 공장과 사무실에서 일반적으로 하는 일이고, 그 밖의 몇 가지는 농장에서 주로 하는 일이다. 그리고 비교를 위해 걷기와 달리기도 포함시켰다. 예상할 수 있다시피 가장 힘든 일은 석탄 채굴과 짐 싣기처럼 무거운 기계를 조작하거나 힘을 쓰는 일이다. 이것들의 에너지 비용은 농장일보다 많지는 않다 해도 거의 비슷하다. 산업 분야에서 이보다 덜 힘든 일은 서서 도구와 기계의 도움을 받아서 일하는 것이다. 생산 라인에서 일하거나 실험실에서 일하는 것이 대표적인데, 편안한 속도로 걸을 때와 같은 에너지가 든다. 산업 분야에서 가장 에너지를 적게 쓰는 일은 주로 앉아서 손을 써서 하는 일이다. 특히 로봇 같은 기계들이 인간의 노동을 대체하거나 노동 형태를 바꾸면서 이런 형태의 업무가 점점 일반적인 것이 됐다. 타이핑, 바느질처럼 책상에 앉아서 하는 일은 가만히 앉아 있는 것보다 약간 더 많은 에너지를 쓸 뿐이다. 보통 하루 8시간을 컴퓨터 앞에 앉아서 보내는 접수원이나 은행 직원은 하루 약 775칼로리를 쓴다. 자동차 공장의 노동자는 하루에 약 1,400칼로리를 쓰고, 정말 고된 노동을 하는 광부는 무려 3,400칼로리를 쓴다. 도넛으로 계산하면, 접수원은 하루 일과에 설탕 바른 도넛 3개면 충분하지만, 광부는 15개의 도넛을 먹어

표 4. 작업별 에너지 비용

업무	에너지 비용(시간당 칼로리)
뜨개질	70.7
전기 재봉틀 조작	73.1
책상 앞에 앉아서 일하기	92.4
발로 밟아서 돌리는 재봉틀 조작	97.7
앉아서 타자 치기	96.9
가만히 서 있기	107.0
서서 하는 가벼운 일(빨래)	140.0
자동차 조립라인에서 일하기	176.5
대장간 금속 가공 작업	187.9
시속 3~4킬로미터로 걷기	181.8
집안일	196.5
연구 활동	205.6
정원 가꾸기	322.7
괭이질	347.3
석탄 채굴	425.3
트럭에 짐 싣기	435.9
달리기(오래달리기 속도로)	600~1,500

출처: W. P. T. James and E. C. Schofield(1990). *Human Energy Requirements: A Manual for Planners and Nutritionists*. Oxford: Oxford University Press.

야 한다.

다시 말해 산업 시대의 일들은 처음에는 에너지를 많이 요구했지만, 기술의 발전 덕분에 대다수가 신체 활동의 측면에서 덜 힘들어졌다. 이 차이는 매우 중요한데, 에너지 소비의 작은 차이도 오랜 시간 누적되면 커지기 때문이다. 바느질을 한번 생각해보자. 전기 재봉틀을 조작하는 사람은 보통 시간당 약 73칼로리를 쓴다. 이것은 그냥 앉아 있을 때 쓰는 에너지 비용과 거의 같다. 하지만 페달을 밟아야 하는 구식 재봉틀을 조작할 때는 30퍼센트가 더 많은 시간당 98칼로리를 쓴다.[12] 1년이 지나면, 전기 재봉틀을 조작하는 사람은 약 5만 2000칼로리를 덜 쓰게 된다. 이것은 마라톤을 약 18번 뛸 수 있는 에너지다![13] 하지만 이 차이는 앉아서 일하는 사람과 서서 일하는 사람의 에너지 차이에 비하면 작다. 서 있는 것은 앉아 있는 것보다 에너지가 7~8퍼센트쯤 더 들고, 이리저리 움직이면 훨씬 더 많은 에너지가 든다. 1년에 하루 8시간씩 260일을 일하면, 자동차 조립 공장의 블루칼라 노동자는 사무실의 화이트칼라 노동자보다 약 17만 5,000칼로리를 더 쓰게 된다. 이것은 마라톤을 거의 62번 뛸 수 있는 에너지다. 수백만 년의 인류 역사에서 전기로 돌아가는 기계를 이용해 책상 앞에 앉아서 일하는 것만큼 인간의 에너지 비용을 크게 낮춘 것은 없었다.

산업화의 아이러니 중 하나는 산업화가 전 세계로 퍼져나갈수록 더 많은 사람들이 더 많은 시간을 앉아서 보내게 되었다는 것이다. 역설적으로, 산업화가 진행수록 제조업 비율은 줄고 서비스직, 정보통신직, 연구직 종사자 수가 늘어나기 때문이다. 미국 같은 선진국에서는 전체 노동자의 11퍼센트만 공장에서 일한다. 제조업 고용이 줄고 서비스업 고용이 증가하는 추세에는 몇 가지 원인이 있다. 우선, 제조업이 더 많은 부를 창출하면 은행가, 변호사, 비서, 회계사에 대한 수요가 생긴다. 게다가 나라가 부유해지면 인건비가 높아져서 제조업자들이 인건비가 낮은 저개발국에 가서 노동력을 충당하려고 한다. 서비스 부문은 미국과 서유럽을 포함한 대부분의 선진국 경제에서 가장 크고 빠르게 성장하고 있다. 어느 때보다 많은 사람들이 타자를 치고 모니터를 보고 전화 통화를 하고 건물 내를 오가며 회의하는 일로 생계를 유지한다.

단지 직장에서만 이런 현상이 일어나는 것은 아니다. 산업혁명은 나머지 일과에서 하는 신체 활동량도 엄청나게 바꾸었다. 산업혁명 이래로 가장 성공한 제품들 대부분은 노동을 덜어주는 장치들이었다. 자동차, 자전거, 비행기, 지하철, 에스컬레이터, 엘리베이터는 이동에 드는 에너지를 줄인다. 지난 수백만 년간 수렵채집인은 날마다 9~15킬로미터를 걸었지만, 오늘날 미국인은 하루에 0.5킬로미터도 걷지 않고 평균 51킬로미터를 차로 이동한다는 사실을 떠올려보라.[14] 미국의 쇼핑몰을 찾는 사람들 중 에스컬레이터가 있을 때 자발적으로 계단을 이용하는 사람들은 3퍼센트 이하다(계단 이용을 권장하는 표지가 있으면 이 비율이 두 배로 늘어난다.).[15] 푸드프로세서(식재료를 자르거나 가는 조리 기구—옮긴이), 식기세척기, 진공청소기, 세탁기는 요리하고 청소하는 데 필요한 신체 활동량을 크게 줄였다.[16] 에어컨과 중앙난방은 우리 몸이 일정 체온을 안정적으로 유지하는 데 쓰는 에너지를 줄였다. 그 밖에도 전기 깡통따개, 리모컨, 전기면도기, 바퀴 달린 여행 가방이 우리 몸을 유지하는 데 쓰는 에너지를 야금야금 줄여왔다.

요컨대 산업혁명은 단 몇 세대 만에 우리의 신체 활동량을 엄청나게 줄였다. 우리는 주로 앉아서 생활하고, 몇 걸음을 걷고 이런 저런 버튼을 누르는 것 외에는 힘쓸 일이 없다. 우리는 해야 하기 때문이 아니라 원해서 체육관에 가거나 몇 킬로미터를 뛴다.

우리는 실제로 산업혁명 이전보다 얼마나 몸을 덜 움직일까? 7장에서 이야기했듯이, 에너지를 얼마나 쓰는지를 측정하는 간단한 방법은 신체 활동량 점수를 계산하는 것이다. 신체 활동량 점수는 당신이 침대에 누워서 아무것도 하지 않을 때 쓰는 에너지와 비교해 당신이 하루에 쓰는 에너지를 나타내는 값이다. 신체 활동량 점수는 사무직이나 행정직에 종사하는 성인 남성의 경우 선진국에서 평균 1.56이고, 저개발국에서 1.61이다. 반면, 제조업이나 농업에 종사하는 사람의 신체 활동량 점수는 선진국에서 평균 1.78이고 저개발국에서 1.86이다.[17] 수렵채집인의 신체 활동량 점수는 평균 1.85로, 농부나 육체 노동자의 점수와 거의 같다.[18] 따라서 전형적인 사무직 노동자가 하루에 몸을 움직이는 데 쓰는 에너지는 한두 세대 만에 일반적으로 대략 15퍼센트가 줄었다. 이러한 감소는 결코 사소하지 않다. 만일 하루에 대략 3,000칼로리를 소비하는 평균적인 몸집의 남성 농부 또는 목수가 은퇴 이후 앉아서 생활하게 되면, 그의 에너지 소비량은 하루에 약 450칼로리가 줄게 된다. 따라서 훨씬 덜 먹거나 더 열심히 운동을 하지 않으면 그는 뚱뚱해질 것이다.

산업 시대의 식생활

〈스타 트렉Star Trek〉 같은 과학 드라마에서 그렇듯 미래에는 복제 장치를 이용해 음식을 만들어 먹을지도 모른다. 전자레인지처럼 생긴 기계로 걸어가서 "뜨거운 얼그레이 홍차" 또는 "마카로니와 치즈" 등 원하는 음식을 말하면, 그 음식을 구성하는 원자들이 그 자리에서 바로 조립된다. 미래의 음식에 대한 이러한 상상은 사실 요즘 사람들이 먹고사는 방식과 그리 동떨어진 것이 아니며, 오늘날의 식생활도 엄청나게 변한 것이어서 구석기 시대와 농업 시대 사이의 식생활 차이가 사소해 보일 정도다. 농부는 사냥도 채집도 하지 않지만, 적어도 자신이 먹을 것을 기르고 가공한다. 당신은 어떤가? 오늘 먹은 것을 직접 기르거나 키웠는가? 그것을 직접 가공하기는 했는가? 미국인과 유럽인은 집 밖에서 하루 끼니의 약 3분의 1을 해결하고, 요리를 할 때도 대개 여러 재료들의 포장을 풀고 합쳐서 가열할 뿐이다. 나는 요리하는 것을 무척 좋아하지만, 내가 하는 가장 힘든 일이라고 해 봐야 당근 껍질을 벗기고, 양파를 썰고, 푸드 프로세서에 재료를 넣고 가는 것이 전부다.

생리적 관점에서 보면 산업혁명은 농업혁명보다 더 많이는 아니더라도 그만큼은 우리의 식생활을 바꾸었다. 7장에서 살펴보았듯이, 최초의 농부들은 수렵과 채집 대신 가축을 기르고 작물을 재배하여 획득 가능한 식량을 늘렸지만 그 대가를 감내해야 했다. 농부는 열심히 일해야 했을뿐더러 그들이 생산하는 음식은 수렵채집인이 먹는 것보다 다양성, 영양, 확실성 측면에서 모두 뒤떨어졌다. 산업혁명은 먹을 것을 생산하고 수송하고 저장하는 것을 직물을 짜고 자동차를 만들 듯 기계화함으로써 그 대가를 완화하기도 강화하기도 했다. 이러한 변화는 19세기에 시작되어 제2차 세계대전 이후, 특히 1970년대에 이르러 음식을 만들고 생산하는 일이 소규모 농장에서 거대 기업으로 넘어가면서 더욱 심해졌다.[19] 오늘날 선진국에 사는 사람들이 먹는 음식은 자동차와 옷만큼이나 산업화되어 있다.

식품 분야에서의 산업화가 가져온 가장 큰 변화는 식품 생산자들(그들은 농부라고 부를 수 없는 사람들이다.)이 수백만 년간 인류가 원했던 지방, 녹말, 당분, 염분을 최대한 값싸고 효율적으로 기르고 제조하는 방법을 알아낸 것이다. 덕분에 값이 싼 고칼로리 음식이 엄청나게 풍부해졌다. 한 예로 당을 생각해보자. 수렵채집인이 먹을 수 있는 진정한 당 식품은 꿀이 유일한데, 꿀을 얻으려면 대개 수 킬로미터를 걸어서 벌집을 찾고 나무를 올라 벌들을 태운 다음에 다시 벌집을 들고 수 킬로미터를 돌아와야 한다. 사탕수수는 중세 시대에 농작물이 되었고, 18세기에 노예 농장에서 대규모로 재배되면서 생산량이 급증했다.[20] 19세기 말에 노예제가 철폐되자 당도 산업적 방법으로 재배되기 시작했다. 오늘날의 농부들은 최대한 달콤하게 품종이 개량된 사탕수수와 사탕무를 특수한 트랙터를 이용해 거대한 밭에 심는다. 그다음 다른 기계를 이용해 밭에 물을 대고, 수확량을 늘리기 위해 비료를, 작물의 손실을 최소화하기 위해 살충제를 만들어 뿌린다. 이 엄청나게 달콤한 식물이 다 자라면, 또 다른 기계를 이용해 추수하고 가공해서 설탕을 추출한다. 그러고 나서 설탕을 포장해 배, 기차, 트럭에 실어 전 세계로 수송한다. 1970년대에 화학자들이 옥수수 전분을 고과당 옥수수 시럽으로 바꾸는 방법을 알아내면서 더 많은 사람들이 더 많은 양의 당을 이용할 수 있게 됐다. 현재 미국인이 소비하는 당의 약 절반이 옥수수에서 나온다. 인플레이션을 감안하면 오늘날 당 1파운드(약 450그램)의 가격은 100년 전 가격의 5분의 1이다.[21] 당의 양은 엄청나게 풍부해지고 당의 가격은 엄청나게 내려가서 요즘 미국인은 당을 연평균 45킬로그램 이상 먹는다![22] 우습게도 요즘은 당이 덜 들어간 음식을 사서 먹으려면 오히려 돈을 더 내야 한다.

밭에서 직접 기르거나 농산물 직판장에 가지 않는 한, 당신이 먹는 것의 대부분이—풀어놓고 기른 닭이 낳은 계란과 유기농 상추를 포함해—산업적으로 재배된 것이고, 대개는 수확량을 늘리고 가격을 낮추기 위한 정부 보조금이 들어간 것이다. 1985년과 2000년 사이에 미국 달러의 구매력이 59퍼센트가 떨어졌을 때, 과일과 채소 가격은 두 배로 올랐고, 생선 가격은 30퍼센트가 올랐으며, 유제품 가격은 거의 변동이 없었던 반면, 당과 가당 식품의 가격은 약 25퍼센트가 내려갔고, 지방과 기름의 가격은 40퍼센트가 떨어졌으며, 탄산음료의 가격은 66퍼센트가 내려갔다.[23] 1인분 크기도 늘어났다. 당신이 1955년에 미국의 패스트푸드점에 가서 햄버거와 감자튀김을 주문했다면 약 412칼로리를 소비했겠지만, 오늘날은 (인플레이션을 감안하여) 같은 가격에 같은 음식을 주문하면 두 배 많은 양이 나와서 총 920칼로리를 섭취하게 된다.[24] 미국의 탄산음료 소비량은 1970년대 이후 두 배 이상 증가해서 현재 연평균 150리터가 넘는다.[25] 미국 정부의 추산에 따르면, 1인분의 크기가 커지고 열량이 늘어난 결과 2000년에 미국인이 하루에 섭취하는 열량은 1970년보다 14퍼센트가 증가한 약 250칼로리였다.[26]

산업 식품은 저렴할지는 모르지만 환경과 노동자의 건강 모두에 상당히 해롭다. 당신이 먹는 산업 식품 1칼로리에는 대략 10칼로리의 화석연료가 소비된다. 이것은 그 식품이 당신의 접시에 놓이기 전까지의 전 과정, 즉 씨를 뿌리고 비료를 주고 추수하고 운송하고 가공하는 데 쓰인다.[27] 게다가 그 식품이 유기농으로 만들어진 것이 아닌 한 살충제와 무기질 비료가 대량 사용되었을 것이고, 그로 인해 물이 오염되었거나 농장 노동자들이 해로운 영향을 받았을 것이다. 가장 극단적이고 충격적인 유형의 산업 식품은 육류다. 인류는 지난 수백만 년 동안 (꿀을 빼고는) 고기를 가장 좋아했기 때문에 할 수만 있다면 값이 싼 고기(특히 쇠고기, 돼지고기, 닭고기, 칠면조고기)를 대량생산하지 않을 이유가 없다. 하지만 이러한 기호를 만족시키는 것은 최근까지 어려운 일이었고 그동안 육류 소비량은 그리 높지 않았다. 동물을 가축화했음에도 불구하고 초기 농부는 일반적으로 수렵채집인보다 고기를 덜 먹었다. 가축을 죽여서 고기를 먹는 것보다 살려두고 젖을 짜먹는 것이 더 이익이었고, 가축을 기르려면 토지와 노동력이 많이 필요하기 때문이었다. 예를 들어 농부들은 겨울에 가축을 먹일 건초를 미리 준비해 저장해야 했다. 하지만 식품의 산업화는 새로운 기술과 규모의 경제를 이용해 이 방정식을 극적으로 바꾸었다. 미국인과 유럽인이 먹는 고기의 대부분이 집중 가축 사육 시설Concerntrated Animal Feeding Operations, CAFO이라고 불리는 거대한 축산 농장에서 길러진다. CAFO는 붐비는 환경에서 수십만 마리의 동물들을 곡물(주로 옥수수)을 먹여서 기르는 거대한 농장 또는 헛간이다. 이 동물들은 우리가 운동을 하지 않고 녹말을 많이 먹을 때처럼 살이 찐다. 또한 그 안에서는 질병 발생률도 높다. 많은 가축이 밀집된 좁은 공간에 배설물이 쌓여 전염병에 이상적인 환경이 되는 데다, 소 같은 동물들은 곡물보다 풀에 적응된 소화계를 갖고 있기 때문이다. 따라서 이 동물들의 만성적인 설사와 사망을 막기 위해서는 계속해서 항생제와 약물을 처방해야 한다(항생제는 체중 증가도 유발한다.). 또한 CAFO는 환경도 엄청나게 오염시킨다. 질 낮은 값싼 고기를 대량 생산하는 것의 경제적 이점이 인간의 건강과 환경에 미치는 비용보다 과연 더 클까?

식품의 산업화 이후 인간의 식단에 나타난 또 다른 중요한 변화는, 상품성, 편리성, 저장성을 높이기 위해 식품을 심하게 변형하고 가공하기 시작한 것이다. 수백만 년간 충분한 먹을거리를 구하느라 고군분투해온 인류의 역사를 생각하면 왜 사람들이 섬유소가 적고 당, 지방, 염분 함량이 높은 가공식품을 그토록 일관되게 선호하는지 이해가 된다.[28] 이제는 식품 회사, 부모, 학교, 그 밖에 식품을 팔거나 공급하는 모든 사람들이 우리가 먹고 싶은 것을 기꺼이 제공한다. 또 식품 공학자라는 새로운 직종까지 생겨나 매력적이고 값싸고 유통기한이 긴 가공식품이 만들어졌다.[29] 동네의 슈퍼마켓에 가면 아마 그곳에서 판매하는 식품의 절반 이상이 '리얼 푸드'보다는 먹기 간편하게 만들어져 있는 가공식품일 것이다. 부모인 나는 이러한 가공식품을 내 딸에게 먹이려는 시도를 차단하기 위해 노력했다. 그들은 진짜 사과 대신 과일맛 캔디를 과일의 대용품이라고 선전하면서 아이들에게 먹으라고 한다. 이것은 과일과 같은 양의 칼로리와 비타민 C를 함유하고 있지만 섬유소와 기타 영양소들을 포함하고 있지는 않다.

작은 입자로 갈고 섬유소를 제거하고 녹말과 당 함량을 높인 가공 식품들은 우리 소화계가 기능하는 방식을 바꾼다. 우리는 먹은 음식을 소화시키기 위해 구성분자들을 분해해 영양소를 장에서 몸 전체로 실어 나르는 데 에너지를 써야 한다(밥을 먹고 나서 체온이 얼마나 올라가는지를 측정해보면 소화에 드는 에너지를 실감할 수 있을 것이다.). 가공이 많이 되어 입자가 작은 음식을 먹으면 이 비용이 10퍼센트 이상 줄어든다.[30] 만일 고깃덩어리를 햄버거용 고기로 갈거나 땅콩 한줌을 갈아서 땅콩버터로 만들면, 우리 몸은 식품 1그램당 더 적은 비용으로 더 많은 열량을 뽑아낸다. 장은 효소들을 이용해 음식을 소화시키는데, 효소는 음식물의 표면에 결합해 그것을 분해하는 단백질이다. 입자의 크기가 작을수록 단위질량당 표면이 더 넓어지므로, 소화 효율이 높아진다. 게다가 흰 밀가루와 흰 쌀처럼 섬유소가 적은 가공식품은 소화에 드는 단계와 시간이 적어서 혈당 수치를 갑자기 높인다. 이러한 음식(혈당 지수가 높은 음식)은 빠르고 쉽게 분해되지만, 우리 소화계는 그런 음식이 혈당 수치를 갑자기 올리는 상황에 잘 적응되어 있지 않다. 따라서 췌장이 충분한 인슐린을 빠르게 생산하려고 시도하면서 인슐린 수치가 지나치게 높아지고, 그 결과 혈당 수치가 정상 이하로 떨어져 허기를 초래한다. 이러한 음식은 비만과 2형 당뇨병을 촉진한다(자세한 이야기는 9장 참조).

그러면 산업화는 우리가 먹는 것을 얼마나 바꾸었을까? 식생활은 단순하지 않다. 오늘날에도 그렇고 과거에도 그랬다. 수렵채집

표 5. 수렵채집인과 미국인의 식생활, 그리고 미국의 일일 권장량 비교

항목	수렵채집인	미국인	미국의 일일 권장량
탄수화물	35~40%	52%	45~65%
단당류	2%	15~30%	10% 미만
지방	20~35%	33%	20~35%
포화 지방	8~12%	12~16%	10% 미만
불포화 지방	13~23%	16~22%	10~15%
단백질	15~30%	10~20%	10~35%
섬유소(g/일)	100g	10~20g	25~38g
콜레스테롤(mg/일)	500mg 초과	225~307mg	300mg 미만
비타민 C(mg/일)	500mg	30~100mg	75~95mg
비타민 D(IU/일)	4,000IU	200IU	1,000IU
칼슘(mg/일)	1,000~1,500mg	500~1,000mg	1,000mg
나트륨(mg/일)	1,000mg 미만	3,375mg	1,500mg
칼륨(mg/일)	7,000mg	1,328mg	580mg

위 데이터는 남성과 여성의 평균값이다. 탄수화물부터 단백질까지는 일일 총에너지에 대한 비율을 나타낸 것이다. 현대 미국인의 식생활 자료 출처: http://www.cdc.gov/nchs/data/ad/ad334.pdf. 수렵채집인 식생활 추정치 출처: M. Konner and S. B. Eaton(2010). Paleolithic nutrition: 25 years later. *Nutrition in Clinical Practice* 25: 594-602. Paleolithic nutrition: 25 years later. *Nutrition in Clinical Practice* 25: 594-602.

인 또는 농부의 식단이 하나가 아니듯 현대의 서구 식단도 단 한 가지가 아니다. 그렇기는 하지만 표 5에서 전형적인 수렵채집인의 예상 식단을 현대 미국인의 식단, 그리고 미국 정부가 발표한 일일 권장량과 비교해 보았다. 산업 시대 사람은 수렵채집인에 비해 탄수화물을 비교적 많이 섭취하고 그중에서도 당과 정제된 녹말을 특히 많이 섭취한다. 또한 현대의 식생활은 단백질 비율이 비교적

낮고, 포화 지방 비율이 높으며, 섬유소 비율이 낮다. 마지막으로, 식품 제조사들은 열량이 높은 식품을 만드는 능력은 탁월하지만, 그런 식품에는 비타민과 무기질이 적게 들어 있고, 염분만 지나치게 많다.

요컨대 농업이 먹을거리의 양을 늘리고 질을 떨어뜨렸고, 식품의 산업화는 이 효과를 배가시켰다. 지난 몇백 년간 사람들은 많은 새로운 기술을 통해 몇 자릿수나 많은 먹거리를 생산했지만 대개 영양가가 낮고 열량은 높은 것들이었다. 약 12세대 전에 산업혁명이 시작된 이후 우리는 열 배 이상 많은 사람들에게 더 많은 음식을 먹일 수 있게 되었다. 그 결과 약 8억 명의 사람들이 여전히 식량 부족을 겪고 있음에도 16억이 넘는 사람들이 과체중이거나 비만이다.

의학과 위생의 산업화

산업혁명이 시작되기 전까지 의학의 진보(이 말이 적당한지 모르겠지만)는 대개 미신을 돌팔이 치료로 대체하는 것에 불과했다. 물론 오늘날에도 사람들은 민간요법을 쓰며, 그중 몇몇은 구석기 시대부터 내려온 것이다. 하지만 당시 사람들은 전염병, 빈혈, 비타민 결핍, 통풍 같은 문명의 질환을 어떻게 다루어야 하는지에 대해 제대로 된 지식을 거의 갖고 있지 못했다. 그러한 질환들은 농업혁명 이후에 생겼고, 수렵채집인은 잘 겪지 않았다. 유럽과 미국에서는 다량의 채혈, 진흙 속에 몸 담그기, 수은 같은 독을 소량 섭취하기 등 효과가 전혀 없는 치료법이 유행했다. 마취는 존재하지 않았고, 치아를 뽑기 전이나 아기를 받기 전에 손을 씻는 것 같은 기본적인 위생조차 지켜지지 않았으며 이런 행동은 비웃음만 샀다. 지각 있는 사람들은 의사를 피했다. 당시 의사들은 우리 몸을 구성하는 네 가지 체액인 황담즙, 흑담즙, 점액, 혈액의 불균형이 질병을 일으킨다고 믿었다.[31]

한심한 의학 수준만큼이나 끔찍하게 비위생적인 환경 때문에 사람들은 자주 병들고 죽었다. 수렵채집인은 한곳에 오래 머물거나 많이 모여 살지 않았기 때문에 쓰레기를 쌓아놓지 않았고, 전반적으로 꽤 청결하게 지냈다. 하지만 사람들이 정착해 마을을 이루기 시작하면서 생활환경이 더러워졌다. 그러다가 인구가 급증하고 사람들이 크고 작은 도시로 모여들자 생활환경은 갈수록 불결해졌고 곳곳에 악취가 진동했다. 도시에서는 돼지우리에서와 같은 불쾌한 냄새가 났다. 유럽의 도시에는 오물 구덩이들이 넘쳐났는데, 사람들은 이 거대한 지하 구덩이에 대소변과 쓰레기를 쏟아부었다. 오물 구덩이의 가장 큰 문제는 거기서 똥물(완곡한 표현으로 '검은 물'이라고 불렀다.)이 시내와 강으로 흘러나와 식수를 오염시키는 것이었다. 하수구는 드물게 존재하거나 있으나 마나했다. 화장실은 부자의 전유물이었고, 하수처리 같은 것은 존재하지 않았다. 비누는 사치품이었고, 정기적인 샤워와 목욕은 극소수의 사람만이 누릴 수 있었으며, 의복과 침구를 빠는 일은 거의 없었다. 설상가상으로 멸균과 냉장이 아직 발명되기 전이었다. 농업이 시작된 이후 수천 년 동안 거주지에서는 악취가 풍겼고 설사가 일상이었으며 콜레라는 잊을 만하면 찾아왔다.

이렇듯 불결한 죽음의 덫이었음에도 농업 경제가 발전함에 따라 도시는 자석처럼 사람들을 끌어당겼다. 사람들은 가난에 찌는 시골 대신 더 많은 부, 더 많은 직업, 더 많은 경제적 기회를 제공하는 도시로 모였다. 1900년 이전에는 시골 마을보다 런던 같은 영국의 대도시에서 사망률이 더 높아서, 도시의 규모를 유지하려면 시골 사람들의 정기적 유입이 필요했다.[32] 하지만 산업혁명이 일어나 도시의 생활환경이 크게 개선되기 시작했다. 현대 의학, 위생 시설, 정부가 생긴 덕분이었다. 사실 산업혁명이 가져온 경제적 변화는 의학, 위생 시설, 공공 보건에 일어난 혁명과 불가분의 관계로 얽혀 있다. 각각의 혁명은 계몽사상에 뿌리를 두고 있었고, 의학과 위생이 발전해서 상품과 서비스에 대한 수요를 창출하지 않았다면 산업혁명의 성공은 상상도 할 수 없었을 것이다. 공장은 상품을 만들고 이를 사줄 노동자가 필요했다. 또 산업화는 하수도를 건설하고 비누를 제조하고 값싼 약을 생산하는 데 꼭 필요한 기술과 자금을 제공했다. 생명을 구하는 이러한 진보들은 인구 폭발을 일으켜 상품에 대한 수요를 견인했다.

인간의 건강에 혁명을 가져온 의학의 진보를 하나만 꼽으라면, 미생물을 발견하고 그것을 없애는 방법을 알아낸 일일 것이다. 안톤 판 레이우엔훅Anton van Leeuwenhoek은 현미경의 성능을 크게 개선했고, 1670년대에 세균과 기타 미생물들을 최초로 공식 기술했다. 하지만 그와 그의 동시대인들은 이 '아주 작은 동물들animacules'이 병원체가 될 수 있다는 사실은 몰랐다. 하지만 오래전부터 사람들은 눈에 보이지 않는 전염의 매개체가 존재하며, 정확한 이유는 모르지만 감염된 사람과 접촉하면 위험하다는 것을 알고 있었다. 예를 들어 성경의 「레위기」에는 나병을 진단하는 방법과 나병자들의 옷을 태우고 그들의 집을 청소하고 그들을 격리하라는 규칙이 나온다. "나병 환자는 옷을 찢고 머리를 풀어라. 그리고 윗입술을 가리고 '부정하다! 부정하다!'라고 외쳐라."[33] 몇몇 문화권에서는 천연두 환자의 고름이 사람들을 감염시키지만 때때로 예방접종의 효과가 있다는 사실도 알았다(중국인들은 그것을 불에 태워서 연기를 쐬어 병을 다스리는 데 썼다.). 잘 알려져 있듯이 1766년에 에드워드 제너Edward Jenner가 예방접종을 발명해 그 효과를 입증했다. 그는 우두에 감염된 농부의 딸에서 채취한 고름을 여덟 살 소년에게 접종했다. 몇 주 뒤 그는 소년의 팔에 천연두 고름을 접종했지만 감염이 일어나지 않았다.

이러한 지식에도 불구하고 미생물이 감염을 일으킨다는 사실은 오랫동안 입증되지 않았다. 1856년에 화학자 루이 파스퇴르는 귀한 와인이 식초로 변하는 것을 막게 도와달라는 프랑스 와인 업계의 의뢰를 받았다. 파스퇴르는 공기 중의 세균이 와인을 오염시킨다는 사실과, 와인을 60도로 가열하면 그 미생물들을 죽일 수 있다는 것을 알아냈다. 와인, 우유 등의 물질을 가열하는 간단한 저온살균법은 와인 제조자들의 이윤을 하룻밤 사이에 높여주었고, 뒤이어 수십억 건의 감염과 수백만 명의 죽음을 예방했다. 파스퇴르는 이 발견의 의미를 재빨리 알아채고 다른 미생물들에 관심을 돌려 연쇄상구균과 포도상구균을 발견했고, 탄저병, 가금콜레라,

광견병 백신을 개발했다. 또한 파스퇴르는 누에를 죽이는 병의 근원을 밝혀 프랑스의 비단 산업을 구했다.[34]

파스퇴르의 발견에 과학계는 전율했다. 새로운 과학 분야인 미생물학이 창시되었고, 신예 미생물학자들이 탄저병, 콜레라, 임질, 나병, 장티푸스, 디프테리아, 페스트 같은 질병을 일으키는 세균을 열정적으로 찾아 나서면서 이후 몇십 년 내로 수많은 발견이 이어졌다. 말라리아원충*Plasmodium*이 1880년에 발견되었고, 바이러스가 1915년에 발견되었다. 그만큼이나 중요한 발견은 많은 전염병이 모기, 이, 벼룩, 쥐, 기타 해충에 의해 전파된다는 사실이었다. 그 후에는 약물이 개발되었다. 파스퇴르와 미생물학의 선구자들은 특정 세균이나 곰팡이가 탄저균 같은 치명적인 세균의 생장을 저해할 수 있다는 것을 알았지만, 세균을 효과적으로 죽인 최초의 약물은 1880년대에 독일에서 파울 에르리히Paul Ehrlich가 개발했다. 최초의 항생제는 황 기반 물질로, 1930년대에 만들어졌다. 페니실린은 1928년에 우연히 발견되었지만 당시에는 그 중요성을 알지 못했다. 이 기적의 신약은 제2차 세계대전에 와서야 대량으로 생산되었다. 페니실린이 구한 목숨은 일일이 셀 수 없을 정도지만 수억 명은 족히 될 것이다.

건강을 개선하려는 욕구와 수단이 수익성과 맞물리면서, 산업혁명이 시작된 후 첫 100년간 많은 의학의 위대한 진보가 이뤄졌다. 비타민의 발견, 엑스선 같은 진단 도구의 발명, 마취술의 개발, 그리고 고무 콘돔의 발명은 건강에 중요한 영향을 미쳤으며 동시에 돈이 되었다. 특히 마취술은 산업 시대에 이윤과 발전이 어떻게 맞물려 돌아갔는지를 잘 보여주는 사례다.[35] 치과의사였던 윌리엄 모턴William Morton은 1846년에 보스턴의 매사추세츠 종합병원에서 에테르ether를 마취제로 이용한 최초의 공개 수술을 성공적으로 마쳤고, 즉시 그 마취제에 대한 특허를 냈다. 의학적 발견에 특허를 내는 것은 지금이야 별일 아니지만, 당시 모턴의 행동은 의학계의 공분을 샀다. 사람들은 인간의 고통을 덜어줄 수 있는 물질을 혼자 독점해서 돈을 벌려는 시도를 못마땅하게 여겼다. 모턴은 남은 인생을 소송 속에서 보내야 했지만, 어쨌든 그의 발견은 더 싸고 안전하고 효과적인 클로로포름chloroform의 발견으로 금방 빛을 잃었다. 오늘날과 마찬가지로 이윤 추구에 대한 욕구는 나쁜 생각을 품게 만들기도 했다. 병에 걸렸거나 병에 걸릴까봐 걱정하는 사람들은 다양한 형태의 돌팔이 치료에 엄청난 돈을 쓰고 그 효과를 신봉한다. 예를 들어 19세기에는 정기적인 관장이 건강의 특효약으로 선전되었다. 존 하비 켈로그John Harvey Kellogg 같은 기업가들은 호화로운 '요양원'을 지었고, 부유한 사람들은 이곳에 와서 큰돈을 내고 매일 장세척을 받는 한편 몸에 좋은 운동, 통곡물로 구성된 섬유소가 풍부한 식단 등의 치료를 받았다.[36]

산업 시대의 질병과의 전쟁이 거둔 또 하나의 중요한 성공은 공중위생을 개선함으로써 애초에 감염을 예방하는 것이었다. 세균의 발견이 이러한 혁신에 박차를 가했고, 새로운 건축 기술과 제조 기술이 그것을 도왔다. 이번에도 필요는 발명의 어머니였다. 도시가 빠르게 성장하면서 수많은 사람들의 배설물을 감당할 수 없게 되자 공중위생을 개선하는 일이 시급한 문제로 떠올랐다. 로마 같은 초기 도시들은 주로 오물이 흐르는 도랑에 뚜껑을 덮어놓은, 어느 정도 효과적인 하수도 시설을 갖추고 있었다. 하지만 많은 도시들은 거대하고 냄새나고 밖으로 새어나가는 오물 웅덩이에 의존했다. 런던에서는 수천 개의 오물 웅덩이가 넘쳐서 더 이상 감당이 되지 않자, 1815년에 시 정부는 어리석게도 오물을 템스강에 버릴 수 있도록 허가했고, 그 결과 런던의 주요 식수원이 심각하게 오염되었다.[37] 런던 사람들은 불결한 위생 상태와 콜레라의 빈번한 유행을 어떻게든 견뎌냈다. 그러다 1858년에 이례적으로 더운 여름이 찾아오면서 악취가 더 이상 견딜 수 없는 수준에 이르자 의회(템스강가에 의회 건물이 있었다.)가 마침내 새로운 하수도를 건설하기로 결정했다. 빅토리아 여왕은 하수도 건설에 너무 흥분한 나머지, 하수도에서 템스강을 가로지르는 부분을 통과하는 지하철을 만들어 하수도 공사에 전력을 다하도록 했다. 공학이 달성한 위업인 하수도는 세계 곳곳의 도시에 건설되어 시민들에게 안심과 자부심을 주었다. 파리에는 보기는 유쾌하지만 냄새는 썩 유쾌하지 않은 파리 하수도 박물관Le Musée des Égouts de Paris이 있는데, 이곳에 가면 그 모습과 냄새를 직접 접하면서 하수도의 영광스러운 역사를 배울 수 있다.

하수도 건설은 옥내 화장실 설치와 개인위생 개선으로 완성되었다. 우리는 수세식 화장실을 사용하는 것을 당연하게 여기지만, 19세기 말까지만 해도 깨끗한 장소에서 배설하는 것은 사치였고, 인간의 배설물이 식수로 흘러들지 않게 하는 기술은 있으나 마나 한 원시적인 수준이었다. 토머스 크래퍼Thomas Crapper는 수세식 화장실을 발명한 사람은 아니지만, 누구나 자신의 배설물을 새로 건설된 하수도로 깨끗하게 제거할 수 있도록 수세식 변기를 대량생산했다. 20세기 전반에는 사업가 존 데이비슨 록펠러John Davison Rockefeller가 인간 배설물에 의해 전파되는 십이지장충 감염을 막기 위해 미국 남부 전역에 옥외 화장실을 건설할 수 있도록 지원했다.[38] 오늘날 우리는 화장실을 이용한 뒤 비누로 손을 씻지만, 이렇게 쉽고 값싸고 효과적으로 씻게 된 것은 19세기에 옥내 화장실이 보급되고 비누 제조업이 발전하면서부터였다. 옷과 침구를 빠는 것도 산업혁명 시대에 세탁 세제와 면섬유가 값싸게 널리 보급되기 전까지는 생각하기 어려운 일이었다. 사실 19세기 전에는 건강을 지키려면 잘 씻어야 한다는 생각조차 없었다. 1840년대에 헝가리의 이그나즈 제멜바이스Ignaz Semmelweis와 미국의 올리버 웬들 홈스Oliver Wendell Holmes 경이 의사와 간호사가 손만 잘 씻어도 산욕열 발생률을 급감시킬 수 있다고 제안했을 때 사람들은 그들을 비웃었다. 다행히 파스퇴르가 미생물을 발견하고 기본적인 위생이 목숨을 구한다는 증거가 축적되면서 이러한 회의적인 시선은 결국 거두어졌다. 세균과의 전쟁이 이룩한 또 하나의 중요한 진보는 1864년에 조지프 리스터Joseph Lister가 석탄산carbonic acid을 이용해 미생물을 죽이는 방법을 발견한 것이었다. 이 발견으로 소독제와 방부제가 탄생했다. 리스터는 1871년에 빅토리아 여왕의 겨드랑이 종기를 제거하는 수술을 맡는 유례없는 영광을 얻었다.[39]

마지막으로 산업화는 식품 안전 문제를 혁신적으로 개선했다. 수렵채집인은 며칠 이상 음식을 저장하지 않지만 농부는 수확물을 몇 년씩은 아니더라도 몇 달간 저장하지 않으면 살아남을 수 없다. 산업 시대 이전에는 소금이 가장 흔하고 효과적인 식품 보존제였다. 통조림 식품은 1810년에 나폴레옹 1세의 명령으로 프랑스군에 의해 발명되었다. 나폴레옹은 군인이 소위 '밥심'으로 행진한다고 믿었다. 통조림 선구자들은 깡통에 넣는 식품이 상하는 것을 막으려면 가열해야 한다는 것을 금방 알아냈지만, 파스퇴르가 저온살균법을 발명한 뒤부터는 우유, 잼, 기름 같은 다양한 음식을 깡통, 병 등의 밀봉된 용기에 안전하고 경제적으로 저장하는 방법들이 빠르게 개발됐다. 또 다른 중요한 진보는 냉장고와 냉동고다. 사람들은 오래전부터 음식을 지하 창고에 시원하게 보관해왔다. 부유한 사람은 여름에 얼음을 이용할 수 있었지만, 대다수는 곰팡이가 피었거나 상한 음식을 먹기 일쑤였다. 그러다 1830년대부터 얼음을 제조하는 신기술을 이용해 효과적인 냉장 기술이 개발되기 시작했고, 그 후 몇십 년 만에 냉장 시설을 갖춘 기차가 온갖 식품들을 멀리 실어 날랐다.

현대 의학, 공중위생, 식품 저장 기술의 발전은 산업혁명과 과학혁명이 각기 독립적으로 일어난 것이 아니라 수많은 목숨을 구하고 많은 부를 가져다준 발견과 발명에 보상과 영감을 주면서 서로를 견인했음을 잘 보여준다. 하지만 산업화가 가져온 많은 변화들이 우리 몸이 성장하고 기능하는 방식에 꼭 이롭지만은 않았다. 이미 우리가 먹는 음식과 우리가 하는 일에 산업화가 어떤 부정적인 효과를 미치는지를 몇 가지 살펴보았다. 이제는 우리가 인생의 3분의 1을 잠자는 데 쓴다는 점에서 산업화가 우리의 수면 방식을 어떻게 바꾸었는지 살펴볼 것이다.

산업화된 수면

어젯밤에 잠을 충분히 잤는가? 미국인은 일반적으로 매일 침대에서 평균 7.5시간을 보내지만 6.1시간만 잔다. 이것은 1970년대 전국 평균보다 1시간 적고 1900년대보다는 2~3시간 적다.[40] 게다가 미국인의 3분의 1만 낮잠을 잔다. 대부분의 사람들은 혼자 또는 배우자와 함께 바닥에서 수십 센티미터 올라와 있는 푹신하고 따뜻한 침대에서 잠을 자고, 어린 자녀에게도 자기 방에서 빛, 소리, 냄새, 사회적 활동 같은 감각 자극을 최대로 억제한 채 성인처럼 자도록 강요한다.

당신이 선호하는 이러한 수면 습관은 사실 현대에 와서 생긴 비교적 특이한 수면 방식이다. 수렵채집인, 유목민, 자급 농부의 수면 습관에 관한 보고서들을 종합해 보면, 인간이 자식이나 다른 가족들과 침대를 나눠 쓰지 않고 격리된 환경에서 따로 잠을 자는 일은 최근까지도 드문 일이었음을 알 수 있다. 그들은 날마다 낮잠을 잤고, 우리보다 수면 시간이 길었다.[41] 하드자족의 수렵채집인은 일반적으로 매일 아침 동이 틀 때 일어나고(적도 지역에서는 항상 6시 30분과 7시 사이다.), 낮에 한두 시간의 낮잠을 즐기고, 저녁 9시쯤 잠자리에 든다.[42] 또한 아침에 눈을 뜰 때까지 계속 자는 대신 한밤중에 깨어 '두 번째 수면'에 들어간다.[43] 전통적인 문화권에서 침대는 대개 딱딱하고, 침구랄 것이 딱히 없어서 벼룩, 빈대, 여타 기생충들이 거의 없다. 또한 사람들은 여러 감각 자극이 혼재한 환경 속에서 잠을 잤다. 모닥불 곁에 누워 외부 세계의 소음을 주시하며 타인이 내는 소리, 움직임, 섹스 활동을 참아야 했다.

우리가 왜 그리고 어떻게 과거와 아주 다른 방식으로 잠자는지는 여러 가지 요인으로 설명할 수 있다. 우선, 산업혁명은 시간 개념을 바꾸었고, 진화적 관점에서 정상으로 여겨지는 취침 시간 이후까지 밝은 빛, 라디오, 텔레비전 쇼 등 즐겁고 자극적인 재밋거리들을 제공한다.[44] 수백만 년 만에 처음으로 대부분의 사람들이 밤늦게 깨어 있게 되었지만 이러한 환경은 수면 부족을 부추긴다. 게다가 오늘날 많은 사람들이 과음, 부실한 식사, 운동 부족, 불안, 우울증, 걱정 같은 육체적, 심리적 요인들로 인해 많은 스트레스를 겪는 탓에 불면증에 시달린다.[45] 우리의 자극 없는 특별한 수면 환경이 불면증을 더욱 부추길 가능성도 있다.[46] 잠에 드는 것은 점진적인 과정이다. 즉 몸이 가벼운 수면의 여러 단계를 거치고 뇌가 외부 자극에 점점 둔해지다가 결국 바깥 세계를 전혀 의식하지 못하는 깊은 잠에 빠진다. 이렇게 천천히 잠에 빠지는 것은 인간이 진화하는 동안 근처에서 사자가 으르렁거리는 것 같은 위험한 상황에서 깊은 잠에 빠지지 않도록 돕는 적응이었다. 밤에 첫 번째 수면과 두 번째 수면을 갖는 것도 일종의 적응 메커니즘이었을지 모른다. 어쩌면 때때로 불면증이 생기는 이유는 우리가 우리 자신을 외부 자극과 차단된 침실에 격리시킴으로써 장작불 타는 소리, 타인의 코고는 소리, 멀리서 하이에나가 짖는 소리 같은 정상적인 소음을 듣지 못하기 때문일지도 모른다. 이 소리들은 뇌의 잠재의

식에게 아무 문제가 없음을 알리는 일종의 신호였을 것이다.

원인이 무엇이든 우리는 과거보다 잠을 덜 자고 잘 못 잔다. 그리고 선진국에 사는 사람들의 적어도 10퍼센트가 심각한 불면증을 정기적으로 겪는다.[47] 잠이 부족하다고 죽지는 않지만 수면 부족이 만성이 되면 뇌가 제대로 작동하지 못해서 건강을 해치게 된다. 오랫동안 잠이 부족하면 몸의 호르몬 체계가 단기간의 스트레스에 적응된 방식으로 대응한다. 정상적으로는 잠이 들면 성장호르몬이 분비되어 성장, 세포 복구, 면역 기능을 자극한다. 하지만 잠이 부족하면 코르티솔cortisol이라는 호르몬이 더 많이 생산된다.[48] 코르티솔 수치가 올라가면 신체 대사가 성장과 투자 상태에서 공포와 도피 태세로 전환하여 각성 수준을 높이고 당을 혈류로 내보낸다. 이 변화는 아침에 침대 밖으로 당신을 끌어내거나 사자로부터 도망치는 데 유용하지만, 코르티솔 수치가 높은 상태가 만성적으로 지속되면 면역 기능이 떨어지고 성장이 저해되며 2형 당뇨병에 걸릴 위험이 높아진다. 만성적인 수면 부족 상태는 비만을 촉진하기도 한다. 정상적인 수면 상태에서 몸이 휴식에 들어가면 렙틴leptin이라는 호르몬 수치가 상승하고 또 다른 호르몬인 그렐린ghrelin 수치가 떨어진다. 렙틴은 식욕을 억제하고 그렐린은 식욕을 촉진하기 때문에 우리는 잠자는 동안에는 배고픔을 느끼지 않는다. 하지만 계속해서 잠을 적게 자면 렙틴 수치가 떨어지고 그렐린 수치가 올라가서 실제 영양 상태와 관계없이 뇌에 기근 상태라는 신호가 간다.[49] 잠이 부족하면 식욕이 상승하고 특히 탄수화물이 풍부한 음식을 찾게 되는 이유다.

잘 자는 것이 부의 특권이 되었다는 것은 산업 시대의 가장 잔인한 아이러니 중 하나다. 돈이 많은 사람들은 더 효율적으로 자기 때문에 잠을 더 많이 잔다(그들은 잠들지 못한 채 침대에 누워 있는 시간이 적다.).[50] 부유할수록 스트레스를 덜 받으므로 더 쉽게 잠들 수 있기 때문이다. 근근이 먹고사는 사람들은 일상적인 스트레스와 수면 부족이 악순환을 초래한다. 스트레스는 잠을 방해하고 불충분한 수면은 다시 스트레스를 높이는 탓이다.

좋은 소식: 더 크게, 더 오래, 더 건강하게

지난 150년간 우리가 먹고 일하고 이동하는 방식, 질병과 싸우고 청결을 유지하는 방식, 심지어 잠자는 방식까지 송두리째 바뀌었다. 마치 우리 종이 완전히 개조된 것처럼 보일 정도다. 단 몇 세대 전의 조상들조차 우리가 살아가는 방식을 이해하기 힘들 것이다. 하지만 우리는 그들과 유전적, 해부적, 생리적으로 사실상 똑같다. 변화가 너무 빨랐던 탓에 자연선택이 충분히 일어날 시간도 없었다.[51]

이러한 변화는 좋은 것일까? 몸의 관점에서 보면 분명 "매우 그렇다."라고 대답할 수 있다. 하지만 처음에는 별로 그렇지 않았다. 최초의 공장이 유럽과 미국에 생겼을 때, 노동자들은 위험한 환경에서 잔인할 정도로 긴 시간을 고되게 일했다. 그들은 전염병이 득실거리는 오염된 대도시로 몰려갔다. 도시의 공장에서 일하는 것이 시골에서 굶어 죽는 것보다 나았을지도 모르나 산업화 초기에 그 대가는 참혹했다. 하지만 부가 빠르게 축적되고 의학의 진보가 가속되면서 미국, 영국, 일본 같은 산업화된 선진국에서 공중 보건이 개선되기 시작했다. 하수관, 비누, 예방접종은 몇천 년 전 농업혁명이 가져온 무자비한 전염병들을 막아주었다. 새로운 방식의 식품 생산, 저장, 운송 덕분에 대부분의 사람들이 더 많은 양과 더 높은 질의 음식을 이용할 수 있었다. 물론 전쟁, 가난 등 사회악이 여전히 많은 고통과 죽음을 초래했지만, 산업혁명은 많은 사람들의 삶을 몇백 년 전보다 더 낫게 만들었다. 덕분에 사람들은 무사히 태어날 수 있었고, 병에 걸리거나 조기 사망할 가능성은 낮아졌으며, 키와 덩치는 더 커졌다.

산업화와 의학의 발전이 초래한 변화들에 근간이 되는 한 가지 변수는 에너지였다. 4장에서 이야기했듯이 인간은 다른 모든 유기체처럼 에너지를 이용해 세 가지 기본적인 기능인 성장, 유지, 번식을 한다. 농업 시대 이전의 수렵채집인은 성장하고 몸을 유지하고 대체 가능한 속도로 번식하는 데 필요한 에너지보다 약간 더 많은 에너지를 획득했다. 일일 신체 활동량은 적지도 많지도 않은 적절한 수준이었고, 쓴 에너지에 비해 얻는 에너지가 많지 않았으며, 유아 사망률이 높았고, 인구 성장은 더뎠다. 농업은 가용 에너지의 양을 크게 늘림으로써 이 방정식을 바꾸고 번식률을 거의 두 배 높였다. 몇천 년간 농부들은 몸을 혹사했고, 많은 불일치 질환에 시달렸다. 하지만 그때 산업화가 시작되면서 갑자기 화석연료에서 무한할 것 같은 에너지가 공급되었다. 화석 에너지를 이용해 엔진과 방직기 같은 기계들이 대신 일을 함으로써 먹을거리를 포함한 부가 기하급수로 늘어났다. 동시에 현대의 위생과 의학 덕분에 사망률이 낮아졌고 질병과 싸우는 데 쓰는 에너지도 크게 줄었다. 그 결과 사람들은 건강을 유지하는 데 에너지를 덜 쓴 만큼 성장과 번식에 더 많은 에너지를 쓸 수 있었다. 따라서 산업혁명은 우리 몸에 세 가지 예측 가능한 영향을 미쳤다. 바로, 더 큰 몸, 더 많은 자식, 더 긴 수명이다.

먼저 키를 살펴보자. 타고난 유전자와 성장하는 동안의 환경 모두가 키에 영향을 준다. 건강 상태가 좋으면 유전자가 허락하는 만큼 키가 자랄 수 있다(하지만 그 이상은 아니다.). 건강 상태와 영양 상태가 나쁘면 성장이 저해된다. 에너지 균형 모델에 따라 실제 우리 몸은 산업혁명 이후에 더 커졌다. 하지만 지난 몇백 년 사이의 키 변화를 주의 깊게 살펴보면 그 대부분이 최근에 일어났음을 알 수 있다. 한 예로 그림 19의 그래프는 1800년 이후 프랑스 남성의 평균 키가 어떻게 변했는지 보여준다.[52] 산업혁명 초기에는 키가 조금 증가했다(네덜란드 같은 가난한 나라에서는 키가 감소했다.). 1860년대에 들어와 키의 증가 속도는 다소 빨라진다. 그러다 50년 전부터 키가 급증한다. 아이러니하게도, 지난 4만 년 사이의 키 변화를 살펴보면 그림 19에 나타나는 것처럼 진보는 유럽인을 과거로 돌려보냈다가 다시 구석기 시대보다 약간 더 크게 했을 뿐이다.[53] 유럽인의 키는 빙하기 말에 감소했다. 아마 유럽인이 더 따뜻한 기후에 적응하면서 유전자 변이가 일어났기 때문일 것이다. 하지만 신석기 시대 초에 힘겨웠던 수천 년의 시간을 거치면서 더 작아졌다. 그러다 농업이 발전하면서 지난 1,000년간 이 추세가 뒤집어지기 시작해 20세기에 와서야 유럽인은 동굴 원시인과 같은 키에 이르렀다. 사실 키 자료를 보면 유럽인이 지구에서 가장 큰 사람이 된 것은 현대에 와서 일어난 일임을 알 수 있다. 1850년에 네덜란드 남성은 미국 남성보다 평균 4.8센티미터가 작았다. 그때 이후 네덜란드 남성의 키는 거의 20센티미터가 증가했지만 미국 남성은 10센티미터만 증가했기 때문에, 네덜란드 남성이 현재 세계에서 가장 키가 크다.[54]

몸무게는 어떨까? 늘어나는 허리둘레와 비만에 대한 자세한 이야기는 9장에서 하겠지만, 여러 나라에서 수집한 장기 데이터들을 보면 여분의 에너지가 키에 대한 상대적 몸무게를 증가시켰음을 알 수 있다. 이 관계를 나타내는 것이 체질량 지수BMI, 즉 한 사람의 몸무게(킬로그램)를 키(미터)의 제곱으로 나눈 값이다. 그림 20

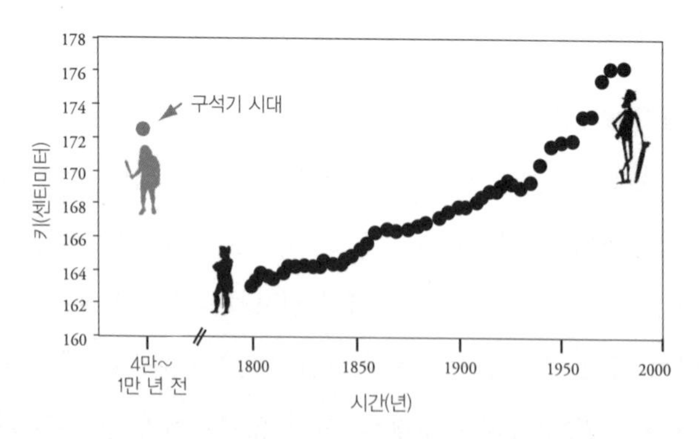

그림 19. 1800년 이후 프랑스 남성의 키 변화 추세와 구석기 유럽인과 비교. R. Floud et al. (2011). *The Changing Body: Health, Nutrition, and Human Development in the Western World Since 1700*. Cambridge: Cambridge University Press; T. J. Hatton and B. E. Bray (2010). Long-run trends in the hights of European men, 19th–20thcenturies. *Economics and Human Biology* 8: 205–13; V. Formicola and M. Giannecchini (1999). Evolutionary trends of stature in upper Paleolithic and Mesolithic Europe. *Journal of Human Evolution* 36: 319–33.

은 지난 100년간 40세와 59세 사이 미국 남성의 체질량 지수를 보여주는데, 로더릭 플라우드Roderick Floud와 그 동료들의 기념비적인 연구에서 가져온 자료다.[55] 이 그래프를 보면 1900년에 전형적인 미국 성인 남성의 체질량 지수는 약 23으로 건강한 수준을 유지했지만, 그 후로 체질량 지수는 제2차 세계대전 직후 약간 떨어졌을 뿐 꾸준히 증가했다. 오늘날 평균적인 미국 남성은 과체중(체질량 지수 25 이상)이다.

유감스럽게도 성인의 키와 몸무게가 지난 100년간 증가한 것이 저체중아가 태어나는 비율을 낮추지는 못했다. 신생아의 몸집은 건강에 중요한 영향을 미친다. 2.5킬로그램 이하의 저체중아는

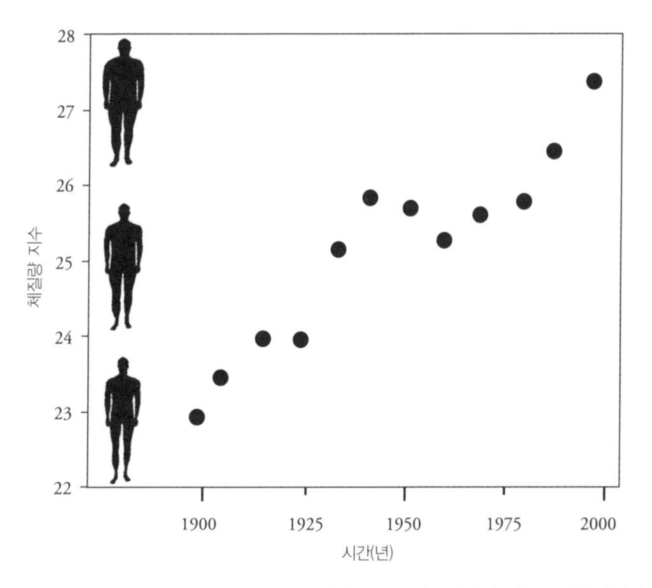

그림 20. 1900년 이후 40세와 59세 사이 미국 남성의 체질량 지수의 변화. 일부는 추정값이다. R. Floud et al. (2011). *The Changing Body: Health, Nutrition, and Human Development in the Western World Since 1700*. Cambridge: Cambridge University Press.

사망 위험이 훨씬 크고, 어려서나 성인이 되었을 때 건강하지 못할 가능성도 훨씬 높다. 플라우드와 그 동료들의 데이터를 보면 미국에서 신생아의 평균 체중은 백인보다 흑인에서 훨씬 적지만, 두 집단 모두 저체중아의 비율이 1900년 이후로 거의 바뀌지 않았다(흑인은 약 11퍼센트이고 백인은 5.5퍼센트이다.). 백인과 흑인의 격차는 주로 사회경제적 차이에 기인한다. 신생아의 몸무게는 산모가 자식에게 얼마나 많은 에너지를 투자할 수 있느냐를 직접 반영하기 때문이다.[56] 모든 국민에게 훌륭한 보건 의료 서비스를 제공하는 네덜란드 같은 나라에서는 저체중아의 비율이 낮다(약 4퍼센트).

에너지 모델을 토대로 우리는 고칼로리 음식을 통한 더 많은 열량 섭취, 신체 활동량의 감소, 질병의 감소가 맞물려 세계 인구의 인구통계학적 특징이 바뀔 것이라고 예측할 수 있다. 에너지 균형이 흑자인 사람들은 덩치가 더 크고, 더 오래 살고, 더 많은 자식을 낳을 것이며, 그 자식들이 더 많이 살아남을 것이다. 사실 진보를 측정하는 단 하나의 보편적 척도가 있다면 그것은 낮은 영아 사망률이다. 그 척도로 보면 산업혁명은 엄청난 성공이었다. 미국 백인의 영아 사망률은 1850년 21.7퍼센트에서 2000년 0.6퍼센트로 무려 36분의 1로 떨어졌다.[57] 낮은 영아 사망률은 다른 진보와 함께 기대 수명을 두 배 늘렸다. 당신이 만일 1850년에 태어났다면 아마 40세까지 살았을 것이며 전염병으로 죽었을 확률이 가장 높다. 하지만 2000년에 미국에서 태어난 아기는 77세까지 살 것이고 심혈관계 질환이나 암으로 죽을 확률이 가장 높다. 하지만 이 훈훈한 통계에서 되새겨봐야 할 대목이 있다. 지난 몇백 년간의 변화로 모든 사람이 똑같은 혜택을 누린 것은 아니라는 점이다. 1850년 이후 아프리카계 미국인의 영아 사망률은 20분의 1로 떨어졌으나 백인보다 여전히 세 배나 높다. 아프리카계 미국인의 기대 수명은 백인보다 거의 6년이 적다. 2010년에 잠비아에서 태어난 여자 아기는 55.1세까지 살겠지만 일본이었다면 85.9세까지 살 것이다.[58] 이러한 반복되는 차이는 공공 보건, 좋은 영양 상태, 위생적인 환경을 둘러싼 오랜 사회경제적 차별을 반영한다.

산업혁명이 출산율에 미치는 영향은 더 복잡하다. 먹을거리는 더 많고 할 일은 더 적고 병에 덜 걸리면 생식력(아이를 가질 수 있는 능력)이 높아지지만, 다양한 문화 요소가 여성의 실제 출산율(몇 명의 아이를 낳는가)에 영향을 미치기 때문이다. 인류의 진화사 대부분에 있어서 여성은 대체로 아이를 많이 낳았다. 영아 사망률이 높고 피임이 제한되어 있었기 때문이기도 했고, 아이들이 육아, 집안일, 농사일을 돕는 경제적 자원이었기 때문이기도 했다(7장 참조). 하지만 산업 시대에 이 방정식이 바뀌어서 너무 많은 자식은 오히려 경제적 부담이 되었다. 결혼한 사람은 새로운 피임 도구의 도움을 받아 출산을 제한하기 시작했다. 1929년에 미국의 인구통계학자 워런 톰프슨Warren Thompson은 산업혁명을 거치면서 그림 21과 같은 '인구변천'이 진행되었다고 주장했다. 톰프슨에 따르면, 산업화 이후 환경조건이 나아져 사망률은 떨어지지만, 그다음에 부부들이 출산율을 낮춘다. 그 결과 인구 성장률은 산업화 초기 단계에서 대개 높지만, 이후에는 변화가 없거나 때로는 감소하기도 한다. 톰프슨의 인구변천 모델은 모든 나라에 적용되지 않는다는 점에서 논란의 여지가 있다. 예를 들어 프랑스에서는 사망률이 떨어지기 전에 출생률이 감소했고, 중동, 남아시아, 라틴아메리카, 아프리카의 많은 개발도상국에서는 사망률이 크게 줄었는데도 출생률이 여전히 높다.[59] 따라서 이 나라들의 인구 성장률은 매우 높다. 경제 발전은 가족 크기에 영향을 미치지만 결정적 요인은 아니다.

요컨대 영아 사망률이 낮아지고 수명이 길어지고 출산율이 증가하면서 세계 인구가 폭발적으로 증가했다(그림 18 참조). 인구는 기하급수로 증가하는 경향이 있기 때문에 출산율이 조금만 늘거나 사망률이 조금만 줄어도 인구가 빠르게 성장한다. 처음에 100만 명이었던 집단이 매년 3.5퍼센트씩 성장하면, 매 세대마다 인구

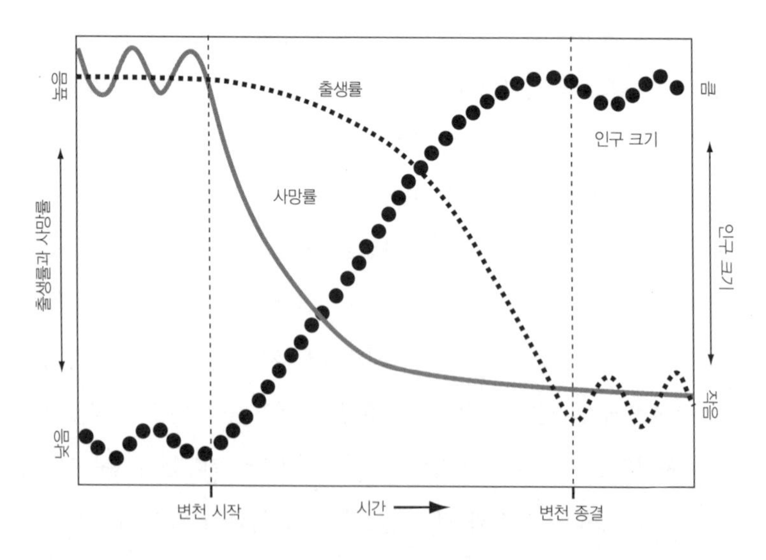

그림 21. 인구변천 모델. 이 모델에 따르면 경제 발전 이후 출생률이 줄어들기 전에 사망률이 먼저 감소함으로써 처음에는 인구가 증가하다가 결국 변화가 없는 지점에 이른다. 하지만 이 모델은 일부 국가들에만 적용되기 때문에 논란이 있다.

가 대략 두 배씩 늘어나 20년이면 200만 명, 40년이면 400만 명, 100년이 지나면 3200만 명에 이른다. 실제 전 세계의 인구 성장률은 1963년에 연 2.2퍼센트로 정점을 찍었고 그 후로는 연 1.1퍼센트 정도로 떨어졌다.[60] 이것은 64년마다 인구가 두 배가 된다는 뜻이다. 1960년부터 2010년까지 50년간 세계 인구는 30억에서 69억으로 두 배 이상 증가했다. 이대로 가면 이번 세기 말에는 인구가 140억 명에 이를 것이다.

또한 인구 성장과 함께 도시에 부가 집중되면서 도시화가 가속되었다. 1800년에는 전 세계 인구의 약 3퍼센트인 2500만 명만 도시에 살았지만, 2010년에는 전 세계 인구의 절반인 약 33억 명이 도시에 살았다.

나쁜 소식: 불일치 질환의 증가가 초래하는 만성적인 기능장애

여러 관점에서 볼 때 산업 시대는 인간의 건강과 관련해서 큰 발전을 이룩했다. 물론 산업혁명의 초창기에는 힘들었지만, 몇 세대 만에 기술, 의학, 정부, 공공 보건 분야에서 일어난 혁신이 농업혁명이 초래한 불일치 질환에 대한 효과적인 해결책을 내놓았다. 특히 높은 인구밀도와 비위생적인 조건에서 가축과의 잦은 접촉이 원인이었던 전염병에서 벗어날 수 있었다. 하지만 저개발국에서 가난하게 살아가는 불운한 사람들에게까지 진보의 혜택이 돌아가지는 않았다. 게다가 지난 150년에 걸쳐 이룩한 발전은 인간의 건강에 몇 가지 결정적인 악영향을 미쳤다. 무엇보다도 어려서 영양실조와 감염성 질환에 걸리는 사람들이 줄어든 대신, 늙어서 비감염성 질환에 걸리는 사람들이 늘어나는 역학적 이행이 나타났다. 이 과정은 지금도 진행 중이다. 감염성 질환과 영양실조로 인한 사망률은 1970년부터 2010년까지 40년간 17퍼센트가 떨어졌으며 기대 수명은 11년이 늘어난 반면, 비감염성 질환으로 인한 사망률은 30퍼센트 증가했다.[61] 더 많은 사람들이 기능장애에 시달리며 더 오래 살고 있다. 전문적으로 말하면, 사망률의 하락에 동반해 이환 상태가 증가하고 있다(이환 상태란 종류와 상관없이 질병 때문에 건강이 나빠진 상태를 말한다.).

이러한 역학적 이행을 좀 더 구체적으로 이해하기 위해 오늘날 미국의 노인들이 사는 방식을 그들의 조부모나 증조부모의 노년과 비교해보자. 프랭클린 루스벨트Franklin D. Roosevelt가 1935년에 사회보장법Social Security Act에 서명했을 때 노년은 65세 이상으로 정의되었지만, 당시 미국인의 기대 수명은 남성이 61세, 여성이 64세였다.[62] 하지만 오늘날 노인은 그보다 18~20년 더 살 수 있다. 문제는 더 천천히 죽게 되었다는 것이다. 1935년에 미국에서 가장 흔했던 두 가지 사망 원인은 호흡기 질환(폐렴과 유행성 감기)과 감염성 설사로, 둘 다 걸리면 금방 죽는 병이다. 반면, 2007년에 미국에서 가장 흔한 두 가지 사망 원인은 심장병과 암이었다(각각은 전체 사망 건수의 약 25퍼센트를 차지했다.). 일부 심장마비 환자들은 몇 분 또는 몇 시간 내에 사망하지만, 심장병에 걸린 대부분의 노인들은 고혈압, 울혈성 심부전증, 전신 쇠약증, 말초 혈관 질환 같은 합병증을 관리하면서 수년 더 생존한다. 많은 암 환자들 역시 암 진단 이후에 항암 요법, 방사선 치료, 수술 같은 의학 치료를 받고 수 년을 더 산다. 게다가 오늘날 주요 사망 원인들 중 대다수가 천식, 알츠하이머병, 2형 당뇨병, 신장병 같은 만성질환이고, 골다공증, 통풍, 치매, 노인성 난청처럼 치명적이지 않은 만성질환의 발생률도 급증했다.[63] 요컨대 중년층과 노년층에서 만성질환이 더 흔해졌고, 이것이 공공 보건의 위기를 초래하고 있다. 제2차 세계대전 후 태어난 베이비붐 세대가 현재 노년기로 진입하고 있는데, 그들 대부분이 만성적이고 기능장애를 일으키며 치료비가 많이 드는 병에 걸려 있기 때문이다. 역학자들은 이 현상을 '이환 상태의 연장'이라고 부른다.[64]

현재 일어나고 있는 이환 상태의 연장을 양적으로 측정하는 한 가지 방법으로 '장애 보정 손실 연수Disability-Adjusted Life Years, DALYs'가 있다. 이것은 한 질병의 전반적인 부담을 조기 사망으로 인한 손실 연수와 질병으로 인해 건강하게 생활하지 못한 햇수로 나타낸다.[65] 1990년부터 2010년까지 전 세계의 의학 자료를 분석한 최근 연구 결과에 따르면, 전염병과 영양 관련 질환으로 기능장애를 겪는 햇수는 40퍼센트 이상 줄어든 반면, 비전염병으로 기능장애를 겪는 햇수는 특히 선진국에서 증가했다. 예를 들어 2형 당뇨병은 DALYs가 30퍼센트, 알츠하이머병 같은 신경 질환은 17퍼센트, 신장병은 17퍼센트, 관절염과 요통 같은 근골격계 질환은 12퍼센트, 유방암은 5퍼센트, 간암은 12퍼센트 증가했다.[66] 인구 성장을 감안하더라도 비전염병에 의한 만성 기능장애를 겪는 사람들이 더 많아졌다. 진단 이후 생존 연수는 암에서 36퍼센트, 심장병과

순환계 질환에서 18퍼센트, 신경 질환에서 12퍼센트, 당뇨병에서 13퍼센트, 근골격계 질환에서 11퍼센트 증가했다.[67] 오늘날 노년은 다양한 기능장애(그리고 병원비)와 동의어가 되었다.

역학적 이행은 진보의 대가인가?

오늘날 많은 사람들이 예전보다 더 오래 사는 반면 값비싼 만성 질환에 더 자주 더 오래 시달리는 건강의 역설적인 추세는 단순히 진보의 대가일까? 따지고 보면 우리는 무슨 이유로든 죽는다. 그러니 어려서 전염병으로 죽는 사람이 적어졌다면 암과 2형 당뇨병 같은 질환에 걸리는 노인이 늘어나는 것이 타당하다. 나이가 들수록 장기와 세포의 기능이 떨어지고, 관절이 닳고, 돌연변이가 축적되고, 더 많은 독소와 해로운 물질에 노출되기 때문이다. 이 논리에 따르면, 어려서 영양실조, 유행성 감기, 콜레라로 죽지 않고 늙어서 심장병이나 골다공증으로 죽는 것을 다행으로 여겨야 한다. 또한 과민대장 증후군, 근시, 충치 등 치명적이지는 않지만 괴로운 질환은 문명의 필연적이고 부차적인 결과다.

산업 시대가 사망률을 낮춘 대신 이환율을 높인 걸까? 확실히 어느 정도는 그렇다. 더 많은 음식, 더 나은 위생 시설, 더 나은 노동 환경 덕분에 전염병이 줄고 식량 부족도 해소되어 사람들이 더 오래 살게 되었다. 하지만 나이가 들면 암을 유발하는 돌연변이가 증가하고 동맥이 경화되고 뼈 질량이 줄고 여타 기능들이 나빠지기 마련이다. 다수의 건강 문제는 나이와 강한 상관관계를 지니고,

따라서 집단의 크기가 증가하고 중년층과 노년층 비율이 늘어날수록 건강 문제는 흔해진다. 전 세계적으로 기능장애를 안고 살아가는 햇수는 인구 성장으로 인해 28퍼센트 증가했고, 노년층의 증가로 인해 거의 15퍼센트 증가했다.[68] 1990년 이후로는 추가 수명 1년 중 10개월만 건강하게 산다.[69] 2015년이 되면 5세 이하의 인구보다 65세 이상의 인구가 더 많아질 것으로 예상되지만, 50세 이상 인구의 절반 정도가 통증, 기능장애에 시달리며 의학 치료를 받아야 하는 힘없는 상태로 살게 될 것이다.

하지만 진화적 관점에서 보면 역학적 이행은 사망률과 이환율의 트레이드오프trade-off, 하나가 올라가면 다른 하나가 내려가는 상충 관계만으로 설명되지 않는다. 변화하는 건강 추세에 관한 공식적인 분석 대부분은 산업 경제 또는 농업 경제에 속한 사람들의 자료를 토대로 지난 100년간의 사망률과 이환율 변화를 살펴본다. 하지만 이러한 평가는 수렵채집인에 관한 자료들을 고려하지 않았기 때문에, 마지막 몇 분 동안 얻는 골만 가지고 축구 경기의 승자를 평가하는 것과 같다. 게다가 의사들과 공공 보건 당국자들이 질병을 그 원인(감염, 영양실조, 종양)에 따라 범주화하는 것이 타당하다 해도, 진화적 관점에서 우리가 진화한 환경(식생활, 신체 활동, 수면 등)과 우리가 지금 경험하는 환경 사이의 진화적 불일치가 어떤 질병에 얼마나 영향을 미치는지 살피는 것도 중요하다.

진화적 관점에서는 현재의 역학적 이행—어릴 때 전염병으로 죽는 대신 비전염병에 오래 시달리는 것—이 달리 보인다. 집단의 규모가 커지고 수명이 늘어날수록 더 많은 사람들이 불일치 질환에 걸린다는 사실과, 불일치 질환이 과거에는 드물었거나 존재하지 않았더라도 반드시 진보의 불가피한 부산물은 아니라는 사실이 분명하게 보인다.

이 관점을 뒷받침하는 중요한 증거는 아직 남아 있는 몇몇 수렵채집인 집단의 건강에 관한 자료에서 찾을 수 있다. 앞에서 이야기했듯이 수렵채집인들은 작은 집단을 이루고 산다. 여성이 그렇게 자주 아기를 낳지 않으며, 영유아 사망률이 높기 때문이다. 하지만 수렵채집인의 삶은 흔히 생각하는 것처럼 그렇게 끔찍하고 잔인하고 짧지 않다. 유년기를 무사히 넘긴 수렵채집인은 일반적으로 오래 산다. 그들이 가장 많이 사망하는 나이는 68~72세이고, 그들의 대부분이 조부모가 되며 때로는 증조부모가 된다.[70] 그들은 대체로 소화기 감염 또는 호흡기 감염, 말라리아나 결핵, 또는 폭력이나 사고로 사망한다.[71] 조사해보니, 선진국 노인들을 죽음과 기능장애에 이르게 하는 비감염성 질환의 대부분이 수렵채집인의 중년층과 노년층에는 드물거나 존재하지 않았다.[72] 비록 한계는 있지만 이러한 연구들은 수렵채집인이 2형 당뇨병, 관상동맥 질환, 고혈압, 골다공증, 유방암, 천식, 간 질환에 잘 걸리지 않는다는 사실을 밝혀냈다. 또한 그들은 우리에게 흔한 통풍, 근시, 충치, 노인성 난청, 발바닥활 붕괴 등의 가벼운 병에도 잘 걸리지 않는 것 같다. 물론 수렵채집인이라고 언제나 완벽한 건강 상태를 유지하는 것은 아니다. 그들이 담배와 술을 점점 더 많이 접하면서부터는 특히 그렇다. 하지만 여러 증거에 따르면 그들은 의학적 관리를 전혀 받은 적이 없음에도 미국 노인들에 비해 건강하다.

요컨대 전 세계 현대인의 건강 자료를 수렵채집인의 건강 자료와 비교해보면, 심장병과 2형 당뇨병 같은 불일치 질환이 늘어나는 것이 경제 발전과 수명 연장의 불가피한 부산물이라는 단순명쾌한 결론을 내리기 어렵다. 게다가 어려서 전염병으로 죽지 않으면 늙어서 심장병이나 특정 암으로 죽는 것이 불가피하다는 관점도, 그 근거로 이용된 역학 자료들을 면밀하게 조사하면 허술한 점이 드러난다. 예를 들어 최근의 유방암 추세를 생각해보자. 50~54세 영국 여성의 유방암 발생률은 1971년과 2004년 사이에 거의 두 배가 되었지만, 그 나이대의 여성 인구는 두 배가 되지 않았다(오히려 같은 기간에 기대 수명은 단 5년 증가했다.).[73] 게다가 2형 당뇨병과 동맥경화증 같은 대사 질환은 사람들이 더 오래 살기 때문에 나타나고 있는 것이 아니다. 실제로는 젊은 사람들 사이에서 비만율이 증가하면서 2형 당뇨병이 흔해졌다.[74] 물론 전립선암 같은 일부 질환이 흔해진 이유는 진단하기가 쉬워졌기 때문이다. 하지만 현재 선진국의 의사들은 산업 시대 이전에는 매우 드물었거나 좀처럼 볼 수 없었던 질환들을 치료해야 한다. 한 예가 크론병으로, 몸의 면역계가 장을 공격해서 심한 복통, 발진, 구토, 관절염 같은 끔찍한 증상을 초래하는 병이다. 크론병 발생률은 전 세계적으로 증가하고 있는데, 대부분이 10대와 20대에서 발병한다.[75]

역학적 이행이 진보에 따른 사망률과 이환율의 불가피한 교환에서 초래되는 것이 아님을 보여주는 또 다른 증거는 사망률과 이환률 추세의 변화 원인을 검토한 연구에서 찾을 수 있다. 이것은 매우 복잡한 작업이다. 만성적인 비전염병을 일으키는 인자가 무었이며 그 기여도가 얼마나 되는지 정확하게 분석하기란 거의 불가능하기 때문이다. 그래도 여러 연구들은 선진국에서 이환율을 높이는 주요 원인으로 (순위에 관계없이) 고혈압, 흡연, 지나친 음주, 오염, 과일 섭취 부족, 높은 체질량 지수, 빨리 높게 올라가는 혈당 수치, 운동 부족, 염분 과다 섭취, 견과류와 씨 섭취 부족, 그리고 높은 콜레스테롤 수치를 일관되게 꼽는다.[76] 이 인자들 대다수가 단독으로 작용하지 않는다는 사실에 주목하라. 흡연, 나쁜 식생활, 운동 부족은 고혈압, 비만, 높은 혈당 수치, 나쁜 콜레스테롤의 원인으로 잘 알려져 있다. 어쨌든 이 위험 인자들 중 어떤 것도 농업혁명과 산업혁명 이전에는 흔하지 않았다.

마지막으로, 이환 상태의 연장이 수명 연장의 불가피한 결과라

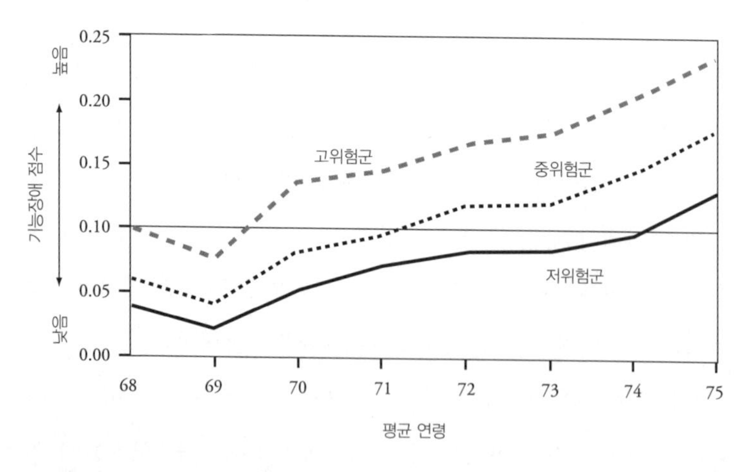

그림 22. 펜실베이니아대학교 졸업생들을 대상으로한 이환율 분석 그래프. 피험자들은 체질량 지수, 흡연, 운동 습관에 따라 세 가지 위험 범주로 분류되었다. 고위험군 사람들이 더 이른 나이에 더 많은 기능장애에 시달렸다. 그래프는 다음 자료를 손본 것이다. A. J. Vita, et al.(1998). Aging, health risks, and cumulative disability. *New England Journal of Medicine* 338: 1035–41.

는 추정에 의문을 제기하거나 찬물을 끼얹는 증거가 있다. 이 가설을 검증하기 위해 제임스 프리스James Fries와 그 동료들은 1939년부터 1940년까지 펜실베이니아대학교를 다닌 1,741명을 50년 넘게 추적 조사했다.[77] 연구자들은 피험자들로부터 세 가지 중요한 위험 인자(체질량 지수, 흡연 습관, 운동량), 만성질환을 앓고 있는지 여부, 기능장애의 정도(옷 입기, 일어서기, 먹기, 걷기, 자기 관리, 손 뻗기, 잡기, 심부름 수행을 얼마나 잘 수행하는지 점수를 매긴 것)를 수집했다. 과체중이고 담배를 피우고 운동을 하지 않는 고위험군은 저위험군보다 사망률이 50퍼센트 높았다. 또한 그림 22가 잘 보여주듯이 고위험군은 기능장애 점수가 저위험군의 두 배였고, 남들보다 대략 7년 일찍 기능장애에 시달렸다. 다시 말해 단 세 가지 위험 인자(식생활은 제외되었다.)만으로도 이 졸업생들이 70대가 되었을 때 남들보다 사망률이 50퍼센트 높고 기능장애가 두 배 높은 것이 설명된다. 그 결과는 남성과 여성이 동일했고, 교육과 인종의 효과는 항상 일정했다.

* * *

요컨대 산업 시대는 농업혁명이 야기한 불일치 질환의 대다수를 놀랍도록 성공적으로 해결했다. 하지만 동시에 새로운 비전염성 불일치 질환이 수두룩하게 생겼거나 심해졌다. 우리는 이 질병들을 아직 정복하지 못했다. 많은 사람들이 합심해서 노력하고 있음에도 오히려 이 질병들은 더 흔해지고 심해졌다. 이러한 질병들과 현재 진행 중인 역학적 이행에 따른 이환 상태의 연장은 단순히 더 오래 살고 전염병에 덜 걸리는 것의 불가피한 부산물이 아니다. 더 오래 사는 것과 더 높은 이환율은 상관성이 있지만 불가피한 트레이드오프 관계에 있지 않다. 오히려 많은 증거들이 수년간의 기능장애를 초래하는 비전염성 만성질환에 걸리지 않고도 오래 건강하게 살 수 있다는 우리의 상식을 뒷받침해준다. 그렇지만 애석하게도 많은 사람들이 잘 늙지 못한다. 이 추세를 이해하려면 농업혁명과 산업혁명 이후에 생겨난 불일치 질환들의 원인을 진화의 렌즈를 통해 좀 더 깊이 살펴볼 필요가 있다. 그리고 이것 못지않게, 우리가 그 원인을 제대로 해결하지 않음으로써 불일치 질환이 사라지기는커녕 더 악화되는 메커니즘—역진화—도 매우 중요하게 다뤄야 한다.

오늘날 우리가 직면한 다양한 불일치 질환들 중 가장 심각한 것은 과거에는 드물었던 자극이 지나치게 많아지면서 생기는 질환이다. 그리고 그중에서 가장 대표적이고 널리 퍼져 있는 것이 에너지 과잉이 유발하는 비만 관련 질환이다.

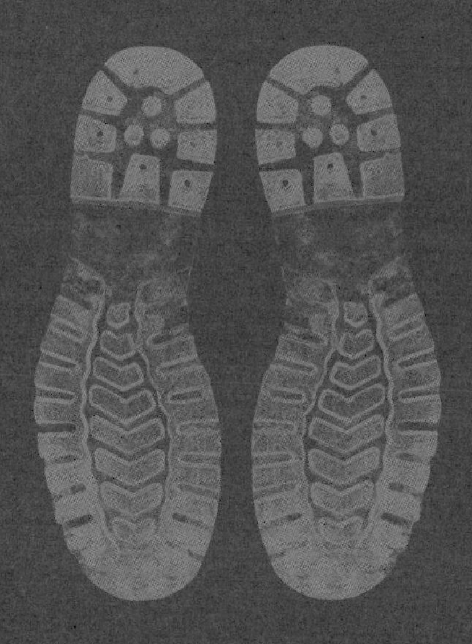

3부

현재와 미래

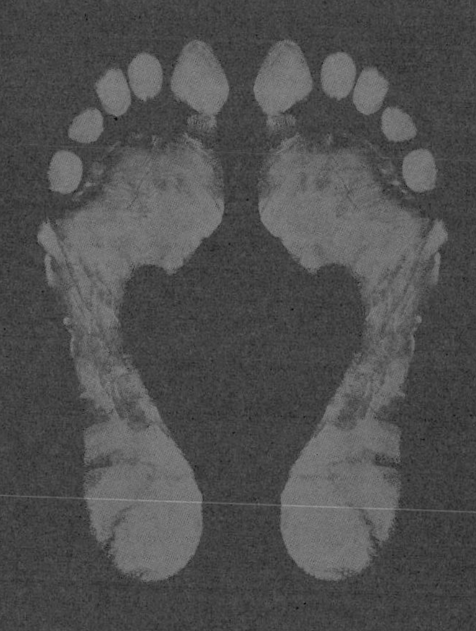

∞

9장

과잉의 악순환

: 너무 많은 에너지가 병들게 한다

너무 많이 들어가면 나올 수밖에 없다.

—리처드 멍크턴 밀네스

나는 지방을 두려워하면서 컸다. 지방을 먹는 것도, 몸에 지방이 붙는 것도 내게는 큰일이었다. '먹는 것이 곧 나'라고 생각한 어머니는 치즈, 버터, 그 밖에 지방이 많은 음식은 기필코 피해야 하는 독으로 간주했다. 계란은 독이 든 거대한 알약이었다. 우리를 살찌게 하는 음식에 대한 어머니의 판단이 전부 옳았던 것은 아니지만, 비만에 대한 어머니의 걱정만큼은 옳았다. 비만은 말 그대로든 비유적으로든 오늘날 우리 종이 직면한 수많은 건강 문제들 중 가장 심각하다. 그 자체로는 병이 아니라 할지라도 비만은 예전에는 드물던 자극, 바로 에너지를 너무 많이 얻는 것에서 비롯된다. 너무 많은 체지방(특히 복부지방)을 비롯해 과다한 에너지는 여러 불일치 질환을 일으킬 수 있다. 이 질환들은 우리가 만든 환경 탓에, 그리고 우리가 원인을 효과적으로 해결하지 못한 탓에 빠르게 퍼지고 있다.

비만은 너무나도 만연하여 자주 거론되다 보니 사람들은 비만에 대해 읽고 말하고 생각하는 것이라면 넌더리를 낸다. 미국 같은 나라에서 성인 중 3분의 2가 과체중 또는 비만이고, 그 자식들의 3분의 1이 과체중이며, 비만인 사람의 비율이 1970년 이후로 두 배가 되었다는 이야기를 언제까지 들어야 하는가? 또한 특대 사이즈의 옷과 새로운 다이어트 방법을 선전하는 광고들을 언제까지 봐야 하는가? 비만에 대해 모두가 알고 있는 사실 중 하나는 살을 빼는 것이 매우 어렵고 때로는 불가능하다는 것이다. 더구나 뚱뚱한 것이 그렇게 문제인가? 고대 유물인 비너스 조각상—풍만한 가슴, 터질 듯한 허벅지, 불룩한 배를 가진 얼굴 없는 여인 조각상—에서 볼 수 있듯이, 석기 시대에는 체지방이 많은 것을 숭배하지 않았던가.[1]

주제의 심각성을 달콤하게 포장하고 싶은 생각은 추호도 없지만, 비만의 유행을 둘러싼 혼란, 논쟁, 분노, 불안을 보니, 비만이 언제부터 그리고 왜 문제가 되었는지 좀 더 잘 이해할 필요가 있어 보인다. 왜 인간은 쉽게 살이 찔까? 우리는 지방을 저장하도록 적응되어 있다면서 왜 비만일 때 특정 질환에 잘 걸릴까? 왜 비만 관련 질환들이 더 많아지고 더 심해질까? 왜 과체중인 사람들 중에서도 어떤 사람은 병에 걸리고 어떤 사람은 안 걸릴까? 이 의문들을 해결하기 위해서는 진화의 렌즈가 필요하다. 진화적 관점에서 보면, 인간은 몸무게를 늘리도록 적응되어 있고, 비교적 많은 양의 체지방을 저장하는 것이 정상이다. 진화적 관점은 우리가 왜 엉덩이, 다리, 턱에 축적된 잉여 지방보다 배에 축적된 잉여 지방에 잘 적응되어 있지 않은지 알려준다. 진화적 관점은 이 문제의 궁극적인 원인에 관심을 기울이게 한다. 무엇보다도 중요한 사실은 우리가 얼마나 많이 먹는지도 중요하지만 무엇을 먹는지도 중요하다는 것, 그리고 우리 몸이 끊임없이 공급되는 잉여 에너지에 대처할 수 있도록 적응되어 있지 않아서 지금 우리가 2형 당뇨병, 동맥경화, 암 같은 심각한 불일치 질환에 걸리고 있다는 것이다. 마지막으로 진화적 관점은 우리가 풍요가 초래하는 이 같은 불일치 질환들을 치료하는 방식이 문제를 더 악화시키는 악순환의 고리를 만든다는 사실도 알려준다.

우리 몸은 어떻게 에너지를 저장하고 이용할까?

비만, 그리고 2형 당뇨병과 심장병 등의 비만 관련 질환은 우리가 무엇을 먹으며 소비량에 비해 얼마나 많은 에너지를 섭취하는지와 관계있는 불일치 질환이다. 아이스크림을 너무 많이 먹으면 나쁘다는 것을 직관적으로 알지만, 어떻게 에너지처럼 좋은 것이 많아서 해로울 수 있을까? 이 문제를 이해하기 위해서는 몸이 여러 음식들을 어떻게 에너지로 바꾸고, 그 에너지를 어떻게 태우고 저장하는지 알아야 한다. 이것은 복잡한 과정이지만 최대한 간단하게 설명하면 다음과 같다.

우리 종은 성장하고, 걷고, 소화시키고, 잠자고, 이 책을 읽는 것 같은 활동을 할 때마다 에너지를 쓴다. 우리 몸이 활동을 위해 사용하는 에너지의 거의 전부는 몸 어디에나 존재하는 작은 분자인 ATPadenosine triphosphate, 아데노신3인산에 저장되어 있다. ATP는 세포에 실려 온몸을 돌아다니면서 필요할 때 에너지를 내는 작은 배터리와 같다. 그리고 우리 몸은 주로 탄수화물과 지방 같은 연료를 태워서 ATP를 합성하고 충전한다. 우리가 밥을 먹는 것은 이러한 저장소들에 에너지를 다시 채워 넣기 위해서일 뿐 아니라, 한순간도 ATP가 떨어지지 않도록 에너지를 미리 비축해두기 위해서다. 따라서 우리 몸속에서 ATP는 우리가 벌고 쓰고 저금하는 돈처럼 기능한다. 은행 잔고가 버는 돈과 쓰는 돈의 차이인 것처럼, **에너지 잔고**energy balance는 일정 기간 섭취한 에너지와 쓴 에너지의 차이이다. 단기적으로 에너지 잔고가 균형을 이루는 경우는 드물다. 먹고 소화시킬 때는 에너지 잔고가 대개 흑자지만, 나머지 시간에는 에너지 잔고가 약간 적자일 것이다. 하지만 며칠, 몇 주, 몇 달에 걸쳐 장기적으로 볼 때, 살이 찌거나 빠지고 있지 않다면 에너지 잔고는 일정한 상태를 유지한다. 단순하게 말해, 몸무게가 늘거나 주는 것은 에너지 흑자나 적자인 상태가 장기간 지속되기 때문이다. 몇 주 또는 몇 달간 에너지 잔고가 적자면 번식에 성공하기 어렵기 때문에, 인간을 포함한 대부분의 생물은 이 상태를 피하도록 적응이 되어 있다.

에너지 적자를 피하는 한 가지 방법은 쓰는 에너지양을 조절하는 것이다. 우리가 음식, 집세, 여가 활동에 월급을 쓰듯이, 우리 몸은 다양한 기능에 에너지를 쓴다. 몸의 에너지 예산 중 가장 큰 부분을 차지하는 것은 휴식대사량resting metabolism인데, 뇌를 작동시키고 혈액을 순환시키고 숨을 쉬고 조직을 복구하고 면역계를 유지하는 것 같은 기본 활동에 쓰이는 에너지를 말한다. 보통의 성인은 휴식대사량으로 하루에 약 1,300~1,600칼로리가 필요하지만, 지방을 제외한 체질량에 차이가 있기 때문에 (몸이 클수록 더 많은 에너지를 소비하므로) 이 값은 사람마다 다르다.[2] 에너지 예산의 나머지는 주로 몸을 움직이는 데, 그리고 음식을 소화시키고 체온을 일정하게 유지하는 데 쓰인다. 하루 종일 침대에서 뒹굴뒹굴할 때에는 휴식대사량보다 약간만 더 먹어도 에너지 균형을 유지할 수 있다. 하지만 마라톤을 완주하려면 2,000~3,000칼로리가 더 필요하다.

에너지 잔고를 조절하는 또 다른 방법은 화학결합 형태로 에너지를 보유한 음식을 먹는 것이다. 우리 뇌는 방금 먹은 음식 맛을 즐기지만, 소화계는 섭취한 음식을 연료로 취급하고 단백질, 탄수화물, 지방으로 분해한다. 단백질은 나선처럼 꼬여 있는 아미노산 사슬이고, 탄수화물은 당 분자들이 길게 연결되어 있는 사슬이며, 지방은 무색무취한 글리세롤 분자 한 개와 지방산 세 개가 결합된 것이다(그래서 지방의 화학 용어는 트라이글리세라이드triglyceride다.). 단백질은 조직을 만들고 유지하는 데 주로 쓰이며, 아주 가끔 분해되어 연료로 쓰이기도 한다. 반면 탄수화물과 지방은 에너지로 저장되고 연소되는데 그 방식이 서로 다르다. 무엇보다도 탄수화물 분자는 지방 분자보다 훨씬 더 쉽고 빠르게 연소되지만 에너지 밀도가 낮다. 당 1그램에는 4칼로리의 에너지가 들어 있지만, 지방 1그램에는 9칼로리의 에너지가 들어 있다. 돈을 모으려면 고액권으로 모으는 것이 더 효율적이듯이, 우리 몸은 잉여 에너지의 대부분을 지방으로 저장하고 소량만 탄수화물로 저장한다. 탄수화물은 크고 진득진득한 분자인 **글리코겐**glycogen의 형태로 저장된다. 식물은 여분의 탄수화물을 에너지 밀도가 훨씬 더 높은 녹말 형태로 저장한다.

지방과 탄수화물은 성질이 달라서, 우리 몸은 각기 다른 방법으로 지방과 탄수화물을 연료로 이용하고 저장한다. 큰 초콜릿 케이크 한 조각을 먹었다고 상상해보자. 초콜릿 케이크의 주요 성분은 밀가루, 버터, 계란, 설탕이다. 당신이 케이크를 먹자마자 소화계가 곧바로 그것을 지방과 탄수화물로 분해하기 시작하고, 분해된 지방과 탄수화물 분자들은 소장에서 혈류로 흡수된 다음에 서로 다른 길을 걷는다. 지방의 운명은 주로 간이 결정한다. 그 결과 지방의 일부는 간에 저장되고, 일부는 즉시 연소되고, 일부는 근육에 저장되고, 나머지는 혈액을 통해 지방세포로 전달된다. 인간은 보통 지방세포를 수백억 개 가지고 있는데, 각각에는 지방 방울이 하나씩 들어 있다. 지방이 더 추가되고 방울들이 합쳐지면 지방세포가 풍선처럼 부푼다. 성장기일 때는 비대해진 지방세포가 분열하지만, 성인이 되면 지방세포의 수가 일정하게 유지된다.[3] 이 세포들의 대다수가 피부 밑에 모여 **피하지방**subcutaneous fat을 구성한다. 일부는 근육이나 다른 기관들에 있으며, 일부는 복부 장기 주변에 모여 **내장지방**visceral fat을 구성한다(소위 뱃살이라고 한다.). 피하지방과 내장지방의 차이는 정말 중요하다. 곧 이야기하겠지만 내장에 축적된 지방세포들은 다른 지방세포들과 다르게 행동하기 때문에, 과체중보다 지나친 뱃살이 비만 관련 질환과 관련해 훨씬 더 심각한 위험 인자다.

케이크의 또 다른 주성분은 탄수화물이다. 먼저 침 속 소화효소들이 케이크의 다양한 탄수화물을 당으로 분해하기 시작한다. 이후 음식물이 내장을 따라 내려가는 동안 다른 효소들도 분해 작업에 동참한다. 당의 종류는 여러 가지가 있지만, 가장 흔하고 기본적인 두 가지는 **포도당**glucose, 글루코오스과 **과당**fructose, 프룩토오스이다.[4] 불행히도 식품에 표시된 영양 성분표는 둘을 구분하지 않지만, 우리 몸은 구분한다. 그럼 우리 몸이 이 둘을 어떻게 달리 다루는지 살펴보자.

포도당은 별로 달지 않고, 녹말을 구성한다. 따라서 당신이 먹은 케이크에 쓰인 모든 밀가루는 포도당으로 빠르게 분해된다. 그뿐 아니라 설탕sucrose, 수크로오스과 젖당lactose, 락토오스은 둘 다 50퍼센트가 포도당이다. 그러므로 당신이 먹은 케이크에는 포도당이 엄청나게 많이 들어 있다. 몸에는 포도당이 중단 없이 일정하게 공급되어야 하므로 소장은 포도당을 혈액 속으로 최대한 빨리 실어 나른다. 하지만 여기에는 함정이 있다. 세포, 특히 뇌세포가 죽는 것을 막기 위해 혈액 속에는 항상 충분한 포도당이 있어야 한다. 하지만 너무 많은 포도당은 몸 전체의 조직에 심각한 독이 된다. 따라서 뇌와 췌장은 혈중 포도당 농도를 항상 주시하면서, 인슐린 분비량을 조절해 이 농도를 안정적으로 유지한다. 췌장은 인슐린을 만들어놓고 있다가 식후 혈당 수치가 올라갈 때 혈액으로 보낸다. 인슐린은 여러 일을 하지만, 무엇보다도 혈중 포도당 농도를 너무 높지 않게 조절한다. 인슐린은 여러 신체 기관에서 각각 다른 방식으로 이 기능을 수행한다. 인슐린이 활동하는 곳 중 하나는 간이다. 당신이 케이크에서 얻은 포도당의 약 20퍼센트는 간으로 들어온다. 원래 간은 포도당을 글리코겐으로 바꾸는데, 글리코겐이 너무 많아 빨리 저장할 수 없으면 여분의 포도당을 지방으로 바꾼다. 간에서 합성된 지방은 간 내부에 축적되거나 혈액으로 내보내진다. 케이크에서 섭취한 포도당의 80퍼센트는 몸속을 돌아다니며, 뇌, 근육, 신장 같은 수십 개 기관의 세포들에 연료를 제공한다. 인슐린은 지방세포가 여분의 포도당을 흡수해 지방으로 바꾸는 것도 돕는다.[5] 요컨대 식후 포도당 수치가 올라갈 때, 우리 몸의 가장 시급한 목표는 혈중 포도당 농도를 최대한 빠르게 낮추고 당장 이용할 수 없는 여분의 포도당을 지방으로 저장하는 것이다.

당신이 먹은 케이크에는 단맛이 매우 강한 과당도 있다. 흔히 포도당과 함께 짝지어 다니는 과당은 과일과 꿀, 그리고 설탕에 존재한다(설탕의 50퍼센트가 과당이다.). 제빵사가 당신이 먹은 케이크를 만드는 데 다량의 설탕을 사용했다면, 그 케이크에는 과당이 꽤 많이 들어 있을 것이다. 포도당은 몸 전체의 세포에서 대사될(연소될) 수 있지만, 과당은 거의 전부가 간에서 대사된다. 하지만 한 번에 태울 수 있는 과당의 양은 정해져 있어서, 간은 여분의 과당을 지방으로 바꾼다. 이 지방 역시 간에 저장되거나 혈액을 통해 내보내진다. 곧 살펴보겠지만 두 운명 모두 문제가 된다.

지금까지 우리 몸이 어떻게 지방과 탄수화물을 에너지로 저장하는지 간략히 살펴보았다. 그러면 몇 시간 뒤 당신이 체육관에 가서 그 에너지를 꺼내 쓸 때는 어떤 일이 일어날까? 근육 등의 조직들이 에너지를 소비할수록 혈당 수치는 떨어지고 저장된 에너지를 꺼내는 여러 가지 호르몬이 분비된다. 그중 하나인 글루카곤 glucagon은 인슐린처럼 췌장에서 생산되지만, 인슐린과는 정반대로 간에서 글리코겐과 지방을 당으로 바꾼다. 또 다른 중요한 호르몬인 코르티솔은 좌우 신장 위에 각각 하나씩 있는 내분비샘인 부신에서 생산된다. 코르티솔은 인슐린의 작용을 막고, 근육세포를 자극해 글리코겐을 태우고, 지방세포와 근육세포가 지방을 혈액으로 내보내게 하는 등의 많은 일을 한다. 지금 당장 벌떡 일어나 몇 킬로미터를 뛰면 당신의 글루카곤과 코르티솔 수치가 급격히 높아질 텐데, 이것은 다량의 저장된 에너지를 꺼내 쓰기 위한 몸의 반응이다.[6]

세부에서 한발 물러나 전체를 보면, 우리 몸은 음식을 먹을 때 에너지를 저장해놓았다가 필요할 때 그 에너지를 인출하는 일종의 연료 은행처럼 기능한다. 호르몬은 거래를 중재하고, 지방과 탄수화물 분자들은 거래를 위해 간, 지방세포, 근육 등 여러 기관을 끊임없이 들락거린다. 따라서 인간도 다른 동물들처럼 장기간 에너지 잔고가 적자일 때도 활동할 수 있도록 적응되어 있다. 우리는 빈속에도 사냥과 채집을 할 수 있다. 하지만 다시 말하지만 우리 몸은 글리코겐을 소량만 저장하고, 에너지가 당장 필요할 때 주로 글리코겐을 태운다. 우리는 잉여 에너지 대부분을 지방으로 저장하고, 다량의 에너지가 지속적으로 필요할 때 지방을 천천히 태운다. 따라서 몸무게를 지탱해줄 만큼 (즉 에너지 균형을 유지할 수 있을 만큼) 음식이 충분치 않아도 우리는 비축해둔 지방을 천천히 태우고 활동량을 줄여가며 몇 주 또는 몇 달간 생존할 수 있다. 글리코겐이 부족해지면, 우리 몸은 에너지 저장소가 없는 뇌에 에너지를 계속 공급하기 위해 주로 지방을 태우는 체제로 전환한다(필요하다면 단백질도 일부 태운다.).

최근까지 대부분의 사람들은 정기적으로 장기간의 에너지 적자를 견뎌야 했다. 배고픈 것이 일상이었다. 오늘날에도 여덟 명 중 한 명이 식량 부족을 겪고 있지만, 나머지 수십억 인구는 먹을거리가 결코 부족하지 않은, 진화적으로 보면 매우 특이한 상황에 놓여 있다. 이러한 지나친 풍요는 문제가 될 수 있다. 우선, 필요한 양보다 많은 에너지를 섭취하는 것이 장기간 계속되면 여분의 지방이 우리 몸에 저장된다. 하지만 이 문제는 여기서 그치지 않는다. 아까 먹은 케이크 한 조각을 포함해 현대인이 먹는 음식의 대부분은 당과 지방이 많고 섬유소가 없는 가공식품이다. 이렇게 식품을 가공하면 맛은 좋아질지는 몰라도 우리 몸은 이중고를 겪게 된다. 즉 우리 몸은 필요한 양보다 많은 열량을 섭취하게 될 뿐 아니라, 섬유소가 없는 탓에 간과 췌장이 감당할 수 있는 속도보다 빠르게 열량을 흡수한다. 우리 소화계는 그렇게 많은 당을 그렇게 빨리 태우도록 진화하지 않았다. 따라서 이 경우에 방법은 하나밖에 없다. 여분의 당을 내장지방으로 저장하는 것이다. 내장지방이 조금 있는 것은 괜찮지만, 너무 많으면 대사 증후군 증상이 나타난다. 대표적인 증상이 고혈압,혈중 트라이글리세라이드와 포도당 농도가 높은 것, 고밀도 지질단백질High Density Lipoprotein, HDL이 너무 적은 것, 그리고 저밀도 지질단백질Low Density Lipoprotein, LDL이 너무 많은 것이다. 이런 증상들 중 세 가지 이상이 나타나면 여러 가지 병에 걸릴 위험이 높아진다. 특히 심혈관계 질환, 2형 당뇨병, 생식계통 암, 소화계통 암, 그 외에 신장, 담낭, 간 관련 질환에 걸릴 위험이 높다.[7] 비만은 대사 증후군을 일으키는 주요 위험 인자라서, 체질량 지수가 높으면 이러한 질병으로 죽을 확률이 높다.[8] 만일 당신의 체질량 지수가 35를 넘으면 체질량 지수가 22(건강한 상태)일 때보다 2형 당뇨병에 걸릴 확률은 4,000퍼센트나 높고, 심장병에 걸릴 확률은 70퍼센트쯤 높다.[9] 하지만 이러한 확률은 신체 활동, 유전자, 지방이 주로 내장지방인지 피하지방인지 등에 따라 바뀔 수 있다.

그러면 이제부터는 왜 오늘날 인간은 여분의 에너지가 있을 때 살찌기 쉬운지, 왜 살을 빼는 것이 그렇게 어려운지, 왜 서로 다른 식생활이 체중 증감에 다양한 영향을 주는지 알아보자.

왜 우리는 살찌기 쉬울까?

영장류의 관점에서 보면 모든 인간은 마른 사람조차도 비교적 통통하다. 인간을 제외한 영장류는 일반적으로 성체의 체지방 비율이 평균 6퍼센트쯤 되고, 태어날 때는 체지방이 3퍼센트 정도 된다. 반면, 수렵채집인의 체지방 비율은 신생아일 때 보통 15퍼센트이고, 아동기에는 약 25퍼센트까지 증가했다가, 성인이 되면 남성은 약 10퍼센트, 여성은 약 20퍼센트로 떨어진다.[10] 많은 지방을 보유하는 것은 진화적 관점에서는 합리적인 전략이다(4장 참조). 우선 인간은 휴식대사량의 약 20퍼센트를 쓰는 큰 뇌를 갖고 있다. 따라서 인간 아기는 큰 뇌에 항상 연료를 공급할 수 있도록 충분한 지방을 비축하는 것이 이익이다. 게다가 인간 어머니는 아이가 비교적 어릴 때 젖을 떼기 때문에, 자신의 몸뿐 아니라 어린 자식과 유년기의 자식에게도 에너지를 공급해야 한다. 젖을 생산하는 것만으로도 하루에 약 20~25퍼센트의 에너지가 더 필요한 데다 젖은 식량이 부족한 상황에서도 계속 나와야 한다.[11] 따라서 체지방을 비축하는 것은 자식들이 생존하고 자라는 것을 돕는 중요한 보험인 셈이다. 마지막으로, 수렵채집인은 날마다 장거리를 여행해야 하고, 대개는 배고플 때 수렵과 채집에 나선다. 따라서 충분한 에너지를 비축해두면 몸무게를 유지할 수 있을 만큼 먹을거리가 충분치 못한 시기에 식량을 구하러 나가는 데 큰 도움이 된다. 여분의 체지방 몇 킬로그램은 사느냐 죽느냐를 결정하며, 번식의 성공에도 큰 영향을 미친다.

호모속이 진화하는 동안 자연선택은 다른 영장류보다 체지방이 많은 인간을 선호했다. 그리고 지방은 번식에 매우 중요하기 때문에 자연선택은 특별히 여성의 번식 체계가 몸의 에너지 상태, 특히 에너지 잔고의 변화에 민감하게 반응하도록 만들었다.[12] 여성이 임신을 하면 자신뿐 아니라 태아까지 충분한 영양을 공급할 수 있을 만큼 열량을 섭취해야 한다. 출산 이후에는 많은 양의 젖을 생산해야 하므로, 이때에도 에너지가 많이 필요하다. 식량이 한정되어 있고 몸을 많이 움직여야 하는 자급 경제에서는 살이 빠지는 동안 가임기 여성이 임신할 가능성이 낮아진다. 만일 일반적인 여성의 몸무게가 한 달 동안 0.5킬로그램 줄었다면, 그다음 달에는 임신할 가능성이 크게 낮아진다. 더 많은 에너지를 지방으로 저장해둔 여성들이 살아남는 자식들을 더 많이 가질 확률이 높기 때문에, 남성보다 여성이 체지방을 5~10퍼센트 더 갖게 되었다.[13]

요컨대 지방은 모든 종에서 중요하지만 인간에게는 특히 중요하다. 인간의 체지방이 갖는 진화적 중요성을 토대로 왜 인간이 쉽게 비만이 되고 당뇨병 같은 대사 질환에 잘 걸리는지, 그리고 왜 어떤 사람들이 다른 사람들에 비해 대사 질환에 더 잘 걸리는지를 설명하는 많은 이론들이 제기되었다. 그중 첫 번째는 아직도 거론되고 있는 알뜰 유전자형 가설thrifty genotype hypothesis로 1962년에 제임스 닐James Neel이 제안했다.[14] 이 획기적인 논문에서 닐은 석기시대에 자연선택은 최대한 많은 지방을 저장하게 만드는 알뜰 유전자들을 선호했다고 추론했다. 닐은 이 가설에 따라, 농경 사회는 수렵채집 사회보다 식량이 더 많아서 이러한 유전자들을 잃는 것이 이익이므로 농업을 늦게 시작한 집단일수록 알뜰 유전자들을 보유하고 있을 확률이 높다고 예측했다. 따라서 이런 사람들은 고칼로리 음식이 풍부한 현대 사회에 맞지 않을 가능성이 더 높다. 알뜰 유전자형 가설은 왜 남아시아인, 태평양의 섬 원주민, 아메리카 원주민처럼 최근에 서구식 식생활을 시작한 사람들이 비만과 당뇨병에 특히 잘 걸리는지 설명할 때 자주 거론된다. 특히 멕시코와 미국의 국경 지대에 사는 아메리카 원주민 피마족에 대해 연구가 잘 되어 있다. 연구에 따르면, 멕시코에 사는 피마족의 성인은 약 12퍼센트가 2형 당뇨병을 앓고 있는 반면, 미국에 사는 피마족에서 그 비율은 60퍼센트가 넘는다.[15]

닐의 가설처럼 인간은 전반적으로 지방을 쉽게 축적하는 알뜰 유전자형을 갖고 있지만, 수십 년에 걸친 연구 결과 알뜰 유전자형 가설의 많은 예측들이 틀린 것으로 밝혀졌다. 첫째로, 알뜰 유전자가 여러 개 확인되었지만 그중 어떤 것도 피마족 같은 집단에서 더 흔하지 않았으며. 이러한 유전자들이 강력한 영향을 미치는 것 같지도 않았다.[16] 유전자는 중요하지만 식생활과 신체 활동이 비만과 대사 질환을 훨씬 잘 예측하는 변수다. 두 번째 문제는 석기 시대에 정기적으로 기근을 겪었다는 증거가 별로 없다는 점이다. 수렵채집인은 여분의 식량을 쌓아놓고 살지도 않지만 식량 부족을 겪는 일도 드물어서, 계절에 따른 몸무게 변화가 심하지 않다.[17] 7장에서 살펴보았듯이 기근은 농업을 시작한 뒤에 훨씬 더 자주, 더 심하게 일어났다. 그렇다면 농업을 더 나중에 시작한 집단이 아니라 더 일찍 시작한 집단에서 알뜰 유전자가 더 흔해야 한다. 하지만 이 예측도 틀린 것으로 밝혀졌다. 비만과 대사 증후군의 발생률이 높은 태평양 섬의 몇몇 집단은 상당히 최근에 농업을 시작한 반면 남아시아인 같은 다른 집단은 그렇지 않았다. 오히려 위험에 놓인 집단에서 가장 흔한 특징은 경제적으로 가난해서 값싼 녹말 식품을 주로 먹는다는 것, 이러한 식생활을 아주 최근에 시작했다는 것, 그리고 인슐린 저항성을 막는 유전자들이 없다는 것이다.[18]

비만과 대사 질환을 설명하는 또 다른 중요한 가설은 알뜰 표현형 가설thrifty phenotype hypothesis로, 닉 헤일스Nick Hales와 데이비드 바커David Barker가 1992년에 제안했다.[19] 이 가설은 저체중아가 성인이 되었을 때 비만과 대사 증후군을 겪을 가능성이 훨씬 더 높다는 관찰 결과를 토대로 만들어졌다. 잘 연구된 한 사례가 1944년 11월부터 1945년 5월까지 계속되었던 네덜란드 기근이다. 이 극심한 기근 시기에 어머니 뱃속에 있었던 사람들은 성인이 되었을 때 심장병, 2형 당뇨병, 신장 질환 같은 건강 문제를 훨씬 더 많이 겪었다.[20] 실험에서도 자궁 속에 있는 쥐에게 에너지 부족을 겪게 했더니 비슷한 결과가 나왔다. 이런 결과는 발생학적 관점에서나 진화적 관점에서 타당하다. 임신한 어머니가 충분한 에너지를 갖지 못하면, 뱃속에 있는 태아는 환경에 맞춰 더 작게 자란다. 태아는 근육량을 줄이고, 인슐린을 만드는 췌장세포 수를 줄이고, 신장 같은 장기들의 크기를 줄인다. 이러한 작은 아기는 자궁 속에서뿐 아니라 태어난 직후에도 에너지가 부족한 환경에 잘 적응되어 있다. 하지만 이들은 성인이 되어서 맞이한 에너지가 풍부한 환경에는 잘 적응되어 있지 않다. 복부지방을 비축하는 성향 같은 알뜰 형질이 발현되어 있기 때문이다.[21] 게다가 그들의 신체 기관은 남들보다 작기 때문에, 몸에 대량으로 들어온 고칼로리 음식을 처리할 수 없다.[22] 따라서 저체중아가 키가 작고 마른 성인으로 성장하면 대개 건강하지만, 키가 크고 몸집이 큰 성인으로 성장하면 대사 증후군에 걸릴 위험이 높다.[23] 따라서 알뜰 표현형 가설은 왜 에너지가 부족한 환경에 적응된 사람들이 에너지가 풍부한 환경에 처했을 때 불일치 질환에 잘 걸리는지를 설명해준다.

알뜰 표현형 가설은 발생 과정에서 유전자와 환경이 어떻게 상호작용해서 몸을 만드는지를 고려한다는 점에서, 그리고 저체중아와 몸집이 작은 집단에서 대사 증후군이 흔한 이유를 설명해준다는 점에서 중요하다. 하지만 알뜰 표현형 가설은 왜 건강한 산모 또는 과체중인 산모가 낳은 수많은 아이들도 풍요의 질환에 걸리는지 설명하지 못한다. 선진국에서 대사 증후군에 걸린 대부분의 사람들은 태어날 때 몸집이 작지 않았다. 오히려 이들은 출생 시 몸무게가 상당했고(특히 진화적 관점에서 정상 수준보다), 알뜰 표현형보다는 풍요 표현형을 발현시켰다. 즉 우량아로 태어난 아이들이 몸집이 큰 것은 정상 체중으로 태어난 사람보다 두 배쯤 많은 체지방을 갖고 있기 때문이다. 장기적인 연구를 통해, 우량아가 계속해서 과체중을 유지하지 않는다면 건강하게 살아가지만, 계속해서 살이 찌면 대사 증후군에 걸릴 위험이 훨씬 더 높다는 사실이 밝혀졌다.[24]

여러 증거들을 종합하면 핵심은 유년기에 키에 비해 지나치게 몸무게가 불어나면 향후 대사 증후군과 관련된 질병에 걸릴 위험이 매우 높다는 것이다. 과체중인 아이가 성인이 되어 과체중 또는 비만이 되기 쉬운 가장 큰 이유는 평균 체중인 아이보다 더 많은 지방세포를 만들어 평생 유지하기 때문이다. 특히 이러한 여분의 지방세포들이 대개 간, 신장, 장 같은 기관들 주변에 붙어 있다는 것이 중요하다. 이러한 내장지방은 몸의 다른 곳에 있는 지방과 두 가지 면에서 다르게 행동한다.[25] 첫째로 내장지방은 호르몬에 몇 배나 더 민감해서 대사적으로 더 활동적인 경향이 있다. 즉 내장에 있는 지방세포들은 몸의 다른 부위에 있는 지방세포들보다 지방을 더 빨리 저장하고 꺼낼 수 있다. 둘째로 내장의 지방세포들이 지방산을 내보낼 때(지방세포들이 항상 하는 일이다.) 그 분자들이 곧장 간으로 보내지므로, 간에 지방이 축적되어 간의 혈중 포도당 조절 능력이 저해된다. 따라서 지나친 뱃살(올챙이배)은 체질량 수치가 높은 것보다 대사 질환을 초래할 위험이 훨씬 크다.[26]

우리는 왜 어떤 사람들이 다른 사람들보다 지방을 더 쉽게 저장하는지 아직 모르지만 이것만큼은 확실하다. 우리 모두가 여분의 에너지를 지방으로 잘 저장한다는 것, 우리가 성장과 번식에 에너지를 이용하는 방식이 에너지가 지나치게 많은 환경조건에는 잘 맞지 않는다는 것이다. 그런데 지난 몇십 년간의 비만율을 나타내는 그래프를 보면, 과체중인 사람의 비율은 일정하게 유지된 반면 비만인 사람의 비율은 1970년대와 1980년대에 급격히 증가하기 시작했다. 도대체 무엇이 바뀐 걸까?

우리는 왜 살이 찌고 있을까?

왜 예전보다 많은 사람들이 살이 찌고 있는지에 대한 가장 널리 인정받는 설명은 예전보다 더 먹고 덜 움직이기 때문이라는 것이다. 지나치게 단순화시킨 설명이지만 어느 정도는 사실이다. 8장에서 말했듯이, 지난 몇십 년간 식품의 산업화로 1인분의 크기는 커졌고 식품의 칼로리는 높아졌다. 노동을 덜어주는 기계와 자동차의 보급 같은 산업적 '진보'에 더해, 앉아 있는 시간이 늘어난 것 같은 생활의 변화는 사람들을 덜 움직이게 만들었다. 사람들이 에너지를 얼마나 더 섭취하고 얼마나 덜 소비하는지를 계산해보면, 잉여 에너지가 많아졌음을 알 수 있다. 이 말인즉슨, 사람들의 몸에 지방이 더 많이 축적되고 있다는 뜻이다.

'들어오는 열량에 비해 나가는 열량이 줄어든 것'으로 비만의 유행을 설명하는 것이 완전히 틀린 것은 아니지만, 상황은 그보다 더 복잡하다. 우리가 먹는 음식의 종류도 바뀌었기 때문이다. 호르몬이 에너지 균형을 조절한다는 것을 떠올려보자. 가장 중요한 호르몬은 인슐린이다. 인슐린의 주된 기능은 소화시킨 음식에서 나온 에너지를 세포로 실어 나르는 것이다. 다시 말하지만 혈당 수치가 올라가면 인슐린 수치가 올라가서 근육세포와 지방세포가 그 당의 일부를 흡수해 지방으로 저장한다. 또한 인슐린은 혈류 속 지방(트라이글리세라이드)이 지방세포로 흡수되게 하는 동시에, 지방세포가 트라이글리세라이드를 다시 혈류로 내보내지 못하게 한다.[27] 따라서 인슐린은 지방이 탄수화물에서 오든 지방에서 오든 관계없이 우리를 살찌게 만든다. 몇몇 추산에 따르면 21세기 미국 청소년들은 그들의 부모가 1975년에 같은 나이였을 때 분비한 양보다 훨씬 더 많은 인슐린을 분비한다.[28] 그들 중에 과체중인 사람이 더 많은 것도 당연하다. 포도당이 들어 있는 음식을 먹은 후에만 인슐린이 상승하기 때문에, 인슐린 수치를 올려서 지방을 비축하게 하는 범인은 탄산음료나 케이크처럼 포도당이 풍부한 음식이다. 하지만 그 밖에도 비만을 촉진하는 인자들은 많다. 그중 두 가지가 당과 관계가 있는데, 하나는 음식물을 포도당으로 분해하는 속도다. 그에 따라 인슐린 생산 속도가 결정되기 때문이다. 다른 하나는 간접적인 것으로, 과당 섭취량과 과당이 간에 도달하는 속도다.

당이 비만에 미치는 영향을 살펴보기 위해 무게가 100그램인 사과 한 개를 먹을 때와, 사과로 만들긴 했지만 더 달콤해지도록 당을 첨가하고 유통기한을 늘리려고 (사과의 다른 영양소들과 함께) 섬유소를 완전히 제거한 56그램짜리 과일맛 스낵 한 상자를 먹을 때 우리 몸이 어떻게 반응하는지 비교해보자. 먼저 당의 양을 보면, 사과에는 약 13그램의 당이 들어 있는 반면 과일맛 스낵에는 21그램의 당이 들어 있어서 열량이 거의 두 배다. 두 번째로 당의 구성비를 보면, 사과는 약 30퍼센트가 포도당이고 과일맛 스낵은 약 50퍼센트가 포도당이다. 따라서 과일맛 스낵을 먹으면 사과를 먹을 때와 과당 섭취량은 똑같지만 포도당 섭취량은 두 배 늘어난다. 마지막으로 사과의 껍질과 사과의 당이 들어 있는 세포는 모두 섬유소를 갖고 있다. 섬유소(또는 섬유질)는 우리가 소화시킬 수 없는 성분이지만, 사과의 당을 소화시킬 때 중요한 역할을 한다. 당을 포함한 세포의 세포벽은 섬유소로 이뤄져 있기 때문에 소화계가 탄수화물을 당으로 분해하는 속도가 느려진다. 또한 섬유소는 식품과 장벽gut wall을 코팅해서, 소화관에서 혈류와 다른 기관으로 당을 수송하는 속도를 늦추는 역할도 한다. 마지막으로 섬유소는 음식물이 소화관을 통과하는 시간을 단축시키고 포만감을 준다. 두 가지 사과 제품을 비교한 결과, 진짜 사과는 당이 적을 뿐 아니라 포만감을 높이고 당이 훨씬 더 천천히 소화된다. 반면 과일맛 스낵은 혈당 수치를 급격하고 비정상적으로 높이기 때문에(이 증상을 고혈당이라고 한다.) **혈당 지수가 높은 음식**high glycemic food이라고 불린다.[29]

사과도 너무 많이 먹으면 살이 찔 수 있지만, 왜 과일맛 스낵을 먹으면 그럴 가능성이 훨씬 더 높은지 이제는 확실히 알 수 있다. 우선, 과일맛 스낵의 열량이 더 높다. 두 번째 이유는 몸이 열량을 흡수하는 속도와 관계가 있다. 사과를 먹으면 인슐린 수치가 서서히 올라간다. 사과의 섬유소가 포도당을 뽑아내는 속도를 늦추기 때문이다. 따라서 당신의 몸은 혈당 수치를 일정하게 유지하기 위해 필요한 인슐린의 양이 어느 정도인지 충분한 시간을 두고 생각할 수 있다. 반면 과일맛 스낵에 두 배 많이 들어 있는 포도당은 빠르게 혈류로 진입해 혈당 수치를 높이고, 그 결과 췌장이 다량의 인슐린을 미친듯이, 대개는 너무 많이 분비한다. 그 결과 혈당 수치는 다시 급격하게 떨어지고, 그러면 당신은 허기를 느껴 혈당 수치를 빨리 정상으로 회복하기 위해 더 많은 과일맛 스낵이나 기타 고칼로리 음식을 찾게 된다. 한마디로, 빠르게 소화되는 포도당이 많이 든 음식은 더 많은 에너지를 제공하고 더 빨리 허기지게 만든다. 단백질과 지방에서 열량을 주로 섭취하는 사람은 당과 녹말 식품에서 주로 열량을 섭취하는 사람보다 더 오랜 시간 배가 고프지 않고, 따라서 전반적으로 적은 양의 음식을 먹는다.[30] 섬유소가 많이 들어 있는 덜 가공된 식품이 허기를 덜 느끼게 하는 것은 그러한 음식이 위에 더 오래 머물면서 식욕을 억제하는 호르몬을 분비하기 때문이기도 하다.[31]

하지만 포도당이 전부가 아니다. 또 다른 골칫거리는 과당이다.

과당을 악마로 취급하게 된 것은(딱히 부당한 취급이라고 할 수도 없다.) 고과당 옥수수 시럽이 발명되면서 과당이 말도 안 되게 싸고 풍부해졌기 때문이다. 하지만 분명하게 기억해야 할 것은 사과와 과일맛 스낵에는 거의 같은 양의 과당이 들어 있다는 점이다. 사실 거의 과일만 먹는 침팬지들은 많은 양의 과당을 소화시켜야 한다. 그런데도 그들을 포함해 과당을 좋아하는 다른 동물들은 살이 찌지 않는다. 왜 생과일에 포함된 과당은 가공된 과일이나 탄산음료와 과일주스 같은 가공식품에 들어 있는 과당보다 비만에 영향을 덜 주는 걸까?

답은 과당의 양과 간이 과당을 다루는 속도에 있다. 과당의 양과 관계있는 한 가지 문제는 작물화다. 우리가 오늘날 먹는 과일의 대부분은 야생형 조상보다 훨씬 더 달콤한 품종으로 개량된 것이다. 최근까지 대부분의 사과는 꽃사과와 비슷했고, 과당 함량이 훨씬 적었다. 사실 우리 조상들이 먹었던 거의 모든 과일은 당근 정도로 달았고, 비만을 촉진하는 음식과 거리가 멀었다. 그렇다 해도 재배 과일은 과일맛 스낵이나 사과주스 같은 가공식품에 비하면 당도가 높지 않고 섬유소가 풍부하다. 앞에서 이야기했듯이 가공된 음식은 대부분 섬유소가 제거되어 있다. 사과의 과당은 섬유소 덕분에 천천히 소화되어 간에 늦게 도착한다. 그 결과 간은 사과의 과당에 대처할 시간이 충분하고, 그것을 느긋한 속도로 수월하게 태울 수 있다. 하지만 가공식품을 먹으면 간에 너무 많은 과당이 너무 빨리 밀어닥치고, 그러면 간은 어찌해볼 도리가 없어서 대부분의 과당을 지방으로 바꿔버린다. 이 지방의 일부가 간에 쌓여 염증을 일으키면, 간이 인슐린의 작용을 방해하기 시작한다. 이때 해로운 연쇄반응이 시작된다. 간은 저장하고 있던 포도당을 혈류로 내보낸다. 그러면 췌장은 더 많은 인슐린을 분비하고, 인슐린은 여분의 포도당과 지방을 세포로 실어 나른다.[32] 빠르게 유입되는 과당으로부터 간이 생산한 지방의 나머지는 혈류를 따라 지방세포, 동맥, 다른 좋지 않은 장소로 향한다.

과당이 위험한 것처럼 들리겠지만 다량의 과당이 빠르게 흡수될 때만 그렇다. 인간의 진화사 대부분에 있어서, 우리 조상들이 얻을 수 있었던 빠르게 소화되는 과당은 꿀이 유일했다. 8장에서 설명했듯이, 1970년대에 고과당 옥수수 시럽이 발명되면서 과당이 값싸게 대량 공급되었다. 제1차 세계대전 이전에 미국인은 하루 평균 약 15그램의 과당을 섭취했는데, 주요 공급원은 과일과 채소였다. 오늘날 미국인은 하루 평균 55그램의 과당을 먹는데, 대부분이 가당 식품과 탄산음료를 통해 섭취된다.[33] 특히 뱃살이 찌는 가장 큰 이유는 가공식품이 우리 소화계가 처리할 수 없을 만큼 많은 당(포도당과 과당)을 너무 빠르게 공급하기 때문이라고 봐도 틀리지 않다. 우리는 탄수화물을 많이 먹고 효율적으로 저장하도록 진화했지만, 탄수화물'만' 너무 많이 먹는 것에 적응되어 있지 않다. 우리는 탄산음료와 주스(과일주스도 정크 푸드다.) 같은 달콤한 음료뿐만 아니라 케이크, 과일맛 스낵, 초코바, 기타 수많은 가공 식품에서 탄수화물을 섭취한다. 산업화된 식생활이 야기하는 문제들은 전 세계의 여러 농업 사회에서 제각기 독립적으로 진화한 전통적인 식생활이 체중 증가를 막는 데 효과적인 이유를 설명해준다. 예를 들어 아시아의 식생활과 지중해의 식생활은 공통점이 거의 없는 것처럼 보인다. 둘 다 녹말 함량도 높다(쌀 또는 빵과 파스타). 하지만 둘 다 섬유소를 함유하고 있는 신선한 채소와 생선과 올리브유 같은 건강한 지방(지방에 대해서는 나중에 더 다루겠다.)이 풍부하다. 이러한 식생활은 건강에 도움이 되는 다른 영양소들(또 다른 중요한 주제)도 풍부하다. 요컨대 만일 가공되지 않은 과일과 채소가 많이 포함된 구시대의 상식적인 식단을 따라 탄수화물을 섭취한다면 과체중이 되기 어렵고 살을 빼기 더 쉽다.[34]

전 세계적으로 점점 더 많은 사람들이 살이 찌고 있는 이유를 주로 식생활로 설명할 수 있지만, 그 밖에도 유전자, 수면, 스트레스, 장내세균, 운동 등의 중요한 요인이 여럿 있다.

첫 번째로 유전자를 살펴보자. 비만을 유발하는 유전자를 발견한다면 얼마나 좋을까? 그러면 그 유전자의 스위치를 끄는 약만 개발해도 문제가 해결될 것이다. 불행히 그러한 유전자는 존재하지 않지만, 몸의 모든 측면이 유전자와 환경의 상호작용에 의존한다는 점을 생각하면 쉽게 살찌게 만드는 유전자를 수십 개쯤 찾은 것이 전혀 놀랍지 않다. 이 유전자들은 주로 뇌에 영향을 미친다.[35] 지금까지 발견된 가장 강력한 유전자는 FTO 유전자로, 뇌가 식욕을 조절하는 데 영향을 미친다. 이 유전자를 한 쌍만 갖고 있는 사람은 이 유전자를 전혀 갖고 있지 않은 사람보다 평균 1.2킬로그램이 더 나가고, 두 쌍 갖고 있는 사람은 3킬로그램쯤 더 나갈 확률이 높다.[36] FTO 유전자를 갖고 있는 사람들은 식욕을 통제하는 데 약간의 어려움을 겪지만, 운동이나 식단 조절을 통해 살을 빼는 것에는 영향이 전혀 없다.[37] 게다가 FTO 유전자처럼 과체중과 관계있는 유전자들은 인간의 비만율이 증가하기 오래전부터 있었다. 체중 증가 유전자들은 지난 몇십 년간 우리 종에 순식간에 퍼지지 않았다. 오히려 이 유전자를 지닌 거의 모든 사람들이 수천 세대에 걸쳐 정상 체중이었다. 바뀐 것은 유전자가 아니라 환경인 것이다. 따라서 우리가 유행병처럼 퍼져나가는 비만을 해결하기 위해서는 유전자가 아니라 환경에 주목해야 한다.

그런데 우리의 환경은 식생활만 바뀐 것이 아니다. 8장에서 지적했듯이, 우리는 예전보다 스트레스를 더 많이 받고 잠을 덜 잔다. 서로 관계된 이 두 인자는 체중 증가를 초래하는 악순환의 고리를 만든다. '스트레스'라는 말에는 부정적인 의미가 담겨 있지만, 스트레스는 원래 위험한 상황에서 우리를 구해주고 우리가 필요한 순간에 저장된 에너지를 꺼내게 만드는 오래된 적응이다. 만일 가까운 곳에서 사자 한 마리가 으르렁거리고 있거나, 자동차가 당신을 칠 뻔하거나, 달리기를 하러 간다면, 뇌는 신장 위에 있는 부신에 신호를 보내 코르티솔을 소량 분비하게 한다. 코르티솔은 스트레스를 받게 만드는 것이 아니라 스트레스를 받을 때 분비된다. 코르티솔은 많은 기능을 하는데, 그중 하나가 순간적으로 필요한 에너지를 제공하는 것이다. 코르티솔은 간과 지방세포, 특히 내장의 지방세포에서 포도당을 혈류로 꺼내고, 심박수와 혈압을 높이고, 각성 효과를 높여 잠을 방해한다. 또한 코르티솔은 에너지가 풍부한 음식을 찾게 만들어 스트레스에서 회복할 수 있게 준비시킨다. 그러니까 코르티솔은 우리가 생존하는 데 필수적인 호르몬이다.

하지만 스트레스가 해결되지 않으면 살이 찐다. 만성 스트레스가 오래 계속되면 높은 코르티솔 수치가 장기간 유지된다. 몇 시간, 몇 주, 심지어는 몇 달 동안 코르티솔 수치가 높게 유지되면 여러 가지 이유로 해롭지만, 무엇보다도 비만을 촉진하는 악순환의 고리가 가동된다. 코르티솔은 포도당을 혈류로 내보낼 뿐 아니라 열량이 높은 음식을 찾게 만든다(그래서 스트레스를 받으면 달콤한 음식을 찾는 것이다.).[38] 잘 알다시피 둘 다 인슐린 수치를 높여 지방의 저장을 촉진한다. 특히 내장지방이 축적되는데, 내장지방이 피하지방보다 코르티솔에 네 배쯤 민감한 탓이다.[39] 설상가상으로, 인슐린 수치가 항상 높게 유지되면 뇌가 렙틴에 반응하지 못하게 된다. 렙틴은 지방세포에서 분비되며 포만감을 느끼게 한다. 그 결과, 스트레스를 받는 뇌는 당신이 굶주리고 있다고 생각해서 배고픔을 느끼게 만드는 반사 반응과 덜 활동적으로 만드는 반사 반응을 동시에 활성화시킨다.[40] 마지막으로 스트레스를 유발하는 환경 인자(직업, 가난, 통근 등)가 그대로 남아 있는 한, 코르티솔의 과다 분비가 계속되고, 그것은 인슐린의 과다 분비로 이어져 식욕을 높이고 활동을 줄인다. 또 다른 악순환은 수면 부족이다. 스트레스가 높아져서 코르티솔 수치가 높아지면 수면 부족이 초래되지만, 수면 부족은 다시 코르티솔 수치를 높인다. 잠이 부족하면 그렐린 수치도 높아진다. 이 '배고픔 호르몬'은 위와 췌장에서 생산되어 식욕을 자극한다. 잠이 모자란 사람들은 그렐린 수치가 높고 과체중이 될 가능성이 더 높다는 사실이 수많은 연구에서 밝혀졌다.[41] 우리 종은 무자비하게 계속되는 스트레스와 수면 부족에 대처하도록 적응되어 있지 않다.

또한 우리는 몸을 움직이지 않는 것에도 적응되어 있지 않지만, 사람들은 운동과 비만의 관계를 잘못 알고 있고, 때로는 심각하게 오해한다. 만일 당신이 지금 당장 일어나서 5킬로미터를 뛰면, 몸무게에 따라 다르지만 약 300칼로리가 소비된다. 더 많은 열량을 소비하면 살이 빠질 것이라고 생각하겠지만, 여러 연구에 따르면 적당한 운동 또는 격렬한 운동을 정기적으로 해도 몸무게는 약간(보통 1~2킬로그램 정도)만 감소한다.[42] 일주일에 몇 번 300칼로리를 추가로 태우더라도 몸 전체의 대사량에 비하면 그 양이 적기 때문이다. 당신이 이미 과체중이라면 더더욱 그렇다. 게다가 운동은 식욕을 일시적으로 억제하는 호르몬과 동시에 허기지게 만드는 다른 호르몬(예컨대 코르티솔)도 자극한다.[43] 따라서 당신이 일주일에 16킬로미터를 달렸다면, 에너지 균형을 유지하기 위해 필요한 1,000칼로리(머핀 두세 개)를 더 먹거나 마시고 싶은 자연스러운 욕구를 자제할 수 있어야 살이 빠진다.[44] 그뿐 아니라 어떤 운동은 지방을 근육으로 대체하기 때문에 몸무게에는 변화가 없다(물론 건강한 쪽으로의 변화이기는 하다.). 몸을 움직이는 것이 살을 빼는 데 도움이 되지는 않더라도 살이 찌는 것은 막을 수 있다. 신체 활동을 하면 지방세포가 아니라 근육이 인슐린에 민감해지고, 그 결과 지방이 배가 아니라 근육에서 흡수된다.[45] 또한 신체 활동을 하면 지방과 당을 태우는 미토콘드리아의 수가 늘어난다. 몸을 많이 움직이는 사람들이 많이 먹어도 살이 안 찌는 이유는 이러한 대사 변화 때문이다.

마지막으로, 아직 잘 밝혀져 있지 않은 환경 인자가 하나 더 있다. 우리 몸에는 우리가 먹는 음식을 나눠 먹는 다른 생물이 살고 있다. 우리 장에는 수십억 마리의 미생물이 살고 있는데(이것을 총칭해서 미생물균microbiome이라고 부른다.), 이 미생물들은 단백질, 지방, 탄수화물을 소화시키고, 열량과 특정 영양소가 잘 흡수되도록 효소들을 제공하고, 심지어는 비타민도 합성한다. 이 미생물들은 날마다 보는 동식물만큼이나 우리 환경을 구성하는 중요한 자연의 일부다. 많은 증거들은 식생활 변화뿐만 아니라 항생제를 무분별하게 쓰는 것이 비만을 일으키는 주요 원인임을 보여준다. 그것이 우리 몸속의 미생물균을 비정상적으로 바꾸기 때문이다.[46] 실제로 공장식으로 대량 사육되는 가축들에게 항생제를 투여하는 이유 중 하나는 체중 증가를 촉진하기 위함이다.

* * *

어느 모로 보나 인간은 지방을 저장하도록, 그것도 많이, 게다가 대개는 피하지방으로 저장하도록 적응되어 있다. 진화적 관점에서 인간의 대사를 보면, 왜 과체중인 사람이 살을 빼기가 그렇게 어려운지 알 수 있다. 과체중이거나 비만인 사람들도 계속 살찌고 있지 않다면 에너지 과잉인 상태가 아니라 마른 사람과 똑같이 에너지 균형이 유지되고 있는 것이다. 만일 그들이 다이어트를 하거나 운동을 더 하면, 쓰는 양보다 적은 열량을 섭취하고 있는 것이니 배고프고 피곤할 수밖에 없고, 따라서 더 먹고 덜 움직이려는 본능적 욕구가 일어날 것이다. 배고픔과 무기력은 오래된 적응이다. 우리 종의 진화사에서 배고픔을 무시하거나 이기는 것이 적응이었던 때는 아마 없었으리라. 하지만 지나치게 뚱뚱한 것에 적응되어 있는 것도 아니다. 어떤 사람들은 과체중인데도 건강할 수 있지만, 지나친 내장지방 비만은 2형 당뇨병 같은 대사 질환, 심장 질환, 그리고 생식기 암과 관계가 있다. 왜 그럴까? 그리고 우리가 그러한 질병들의 증상을 치료하는 방식이 어떻게 역진화를 초래할까?

2형 당뇨병: 예방할 수 있는 질병

몇십 년간 2형 당뇨병으로 고생하신 우리 할머니는 당을 독초와 동급으로 취급하셨다. 할머니는 우리 형제에게 당의 위험에 대해 가르치기 위해 식탁 위에 설탕통을 미끼로 두고 우리가 차나 아침 식사용 시리얼에 설탕을 넣을 때마다 우리를 야단치셨다. 할머니의 훈육에는 분명 타당한 면이 있었다. 혈액 속에 당이 너무 많으면—그것이 당뇨병이다.—몸 전체 조직에 독이 되기 때문이다. 하지만 어린 나는 할머니의 경고에 신경 쓰지 않았다. 다른 조부모들을 포함해 내가 아는 모든 사람은 당을 많이 섭취했지만 아무도 당뇨병에 걸리지 않았다.

당뇨병은 실제로는 인슐린을 충분히 생산하지 못하는 일군의 질환들을 총칭하는 명칭이다. 아이들에게 주로 생기는 1형 당뇨병은 인슐린을 만드는 췌장세포들을 면역계가 파괴할 때 발생한다. 임신성 당뇨병은 임신 중에 임신부의 췌장이 인슐린을 너무 적게 생산할 때 발생한다. 이럴 때 임신부와 태아 모두 높은 혈당 수치가 오래 지속되는 위험한 상태에 처한다. 세 번째 유형의 당뇨병은 우리 할머니가 걸린 당뇨병으로, 가장 흔한 2형 당뇨병이다('성인형 당뇨병'이라고도 부른다.). 2형 당뇨병이 우리 이야기의 주제인데, 이 당뇨병은 전 세계적으로 가장 빠르게 증가하고 있는 질환들 중 하나인 대사 증후군과 관계있으며 과거에는 드물었던 불일치 질환이다. 1975년과 2005년 사이에 2형 당뇨병 발생률이 전 세계적으로 일곱 배 넘게 증가했고, 증가 속도는 더 빨라졌다. 선진국뿐 아니라 개발도상국에서도 마찬가지다.[47] 우리 할머니의 짐작대로 지나친 당이 2형 당뇨병의 원인이지만, 지나친 내장지방과 너무 적은 신체 활동도 원인이 된다.

기본적으로 2형 당뇨병은 지방세포, 근육세포, 간세포가 인슐린에 둔감해질 때 발생한다. 이러한 민감성의 상실을 인슐린 저항성이라고 하는데, 이것이 악순환의 고리를 유발한다. 정상적인 상황에서는 밥을 먹어 혈당 수치가 올라가면 췌장에서 분비된 인슐린이 간세포, 지방세포, 근육세포에게 혈액에서 포도당을 꺼내 가라고 지시한다. 하지만 이러한 세포들이 인슐린의 지시에 제대로 반응하지 않으면, 혈당 수치가 계속 높은 상태로 유지되고(여기서 밥을 더 먹으면 혈당 수치는 계속 올라갈 것이다.) 췌장은 이 상황에 대처하기 위해 더 많은 인슐린을 생산한다. 2형 당뇨병에 걸린 사람은 높은 혈당 수치 때문에 소변이 자주 마렵고, 갈증을 심하게 느끼며, 시야가 흐려지고, 가슴이 두근거리는 등의 문제를 겪는다. 발병 초기에는 식생활과 운동으로 병의 진행을 되돌리거나 멈출 수 있지만, 이 악순환의 고리가 오랫동안 계속되면 인슐린 저항성이 점점 강해지고, 인슐린을 합성하는 췌장세포는 과로로 지치게 된다. 그러다 췌장세포들이 결국 기능을 멈추면 2형 당뇨병 환자들은 혈당 수치를 내리고 심장병, 신부전, 시력 상실, 사지 감각마비, 치매 등 끔찍한 합병증을 피하기 위해 정기적으로 인슐린 주사를 맞아야 한다. 많은 나라에서 당뇨병은 사망과 기능장애의 주요 원인 중 하나이며 치료비가 많이 든다.

2형 당뇨병은 고통을 초래하므로 괴로운 질환이다. 또한 대개 피할 수 있고 과거에는 드물었으며 풍요의 불가피한 결과—2형 당뇨병은 8장에서 이야기한 역학적 이행의 부산물로 여겨진다.—로 간주된다는 점에서 난처한 질환이다. 사실 우리는 예방하는 방법을 이미 알고 있고 초기 치료법도 알고 있다. 많은 의학자들은 당뇨병 환자들이 어떻게 건강을 관리해야 하는지, 왜 어떤 사람은 당뇨병에 걸리지 않고 어떤 사람은 당뇨병에 걸리는지를 주로 연구한다. 물론 이 둘은 중요한 문제다. 하지만 애초에 발병을 예방하는 방법을 진지하게 찾는 움직임은 별로 없다. 진화적 관점은 이 문제에 어떤 도움을 줄까?

이 질문에 답하기 위해, 2형 당뇨병의 근본 원인인 인슐린 저항성을 초래하는 환경 인자와 유전 인자 사이의 상호작용을 잠시 살펴보자. 여러 차례 이야기했듯이 우리가 음식물을 소화시키는 동안 늘어나는 혈중 포도당은 체내 세포들이 쓸 연료가 된다. 포도당이 혈액에서 각각의 세포로 들어가려면 세포막을 통과해야 한다. 이때 포도당은 포도당 운반체glucose transporter라고 불리는 막에 삽입된 특수한 단백질의 도움을 받는다. 이 단백질은 몸 안의 거의 모든 세포에 존재한다. 간세포과 췌장세포에 있는 포도당 운반체들은 수동적이라서 작은 입자가 체를 그냥 통과하듯 포도당이 자유롭게 드나든다. 하지만 지방세포와 근육세포에 있는 포도당 운반체들은 옆에 있는 인슐린 수용체insulin receptor에 인슐린이 결합하지 않으면 포도당 분자들을 들여보내지 않는다. 그림 23에서 볼 수 있듯이, 인슐린 분자가 인슐린 수용체에 결합하면 세포 안에서 연쇄 반응이 일어나 포도당 운반체가 혈액 속 포도당을 세포로 들여보낸다. 세포 안에 들어온 포도당 분자는 당장 연소되거나, 글리코겐 또는 지방으로 전환된다(이 또한 인슐린이 관여한다.). 요컨대 정상적인 조건에서는 우리가 밥을 먹고 나면 지방, 간, 근육의 세포들이 인슐린이 존재할 때마다 당을 가져간다.

인슐린 저항성은 근육, 지방, 간, 심지어는 뇌의 세포들까지 포함해 여러 종류의 세포에서 발생할 수 있다. 인슐린 저항성의 정확한 원인은 완전히 밝혀져 있지 않지만, 근육, 지방, 간의 세포들에서 발생하는 인슐린 저항성은 지나친 내장지방에서 비롯되는 높은 트라이글리세라이드 수치와 밀접한 관계가 있다. 내장지방이 많고 특히 지방간을 갖고 있는 사람들이 혈중 트라이글리세라이드 수치를 높이는 식생활을 하면 인슐린 저항성이 생길 위험이 상당히 높다.[48] 주로 복부 주변에 살이 있는 사과형 체형이 주로 엉덩이나 허벅지에 살이 있는 배형 체형보다 당뇨병에 걸릴 위험이 더 높다. 실제로 인슐린 저항성이 생긴 사람들 중 일부는 지나친 비만이 아닌데도(그들은 정상 체질량 지수를 갖고 있다.) 지방간을 갖고 있다(이러한 사람들을 '마른 비만'이라고 부른다.).[49] 이미 살펴보았듯이, 지방간과 내장지방을 만드는 일등 공신은 빠르게 소화되는 포도당과 과당이다. 이러한 포도당과 과당의 주요 공급원은 고과당 옥수수 시럽과 설탕이다. 이런 점에서 탄산음료, 주스, 그 밖에 과당이 많이 들어 있고 섬유소가 없는 여타 가공식품들은 특히 위험한데, 간이 과당의 대부분을 트라이글리세라이드로 바꾸는 탓에 트라이글리세라이드가 간에 축적되는 동시에 혈류로 곧장 들어가기 때문이다.[50] 신체 활동 부족과 불포화 지방 함량이 낮은 식생활도 내장지방을 축적시키므로 인슐린 저항성에 영향을 미친다(이에 대해서는 앞으로 더 이야기하겠다.).

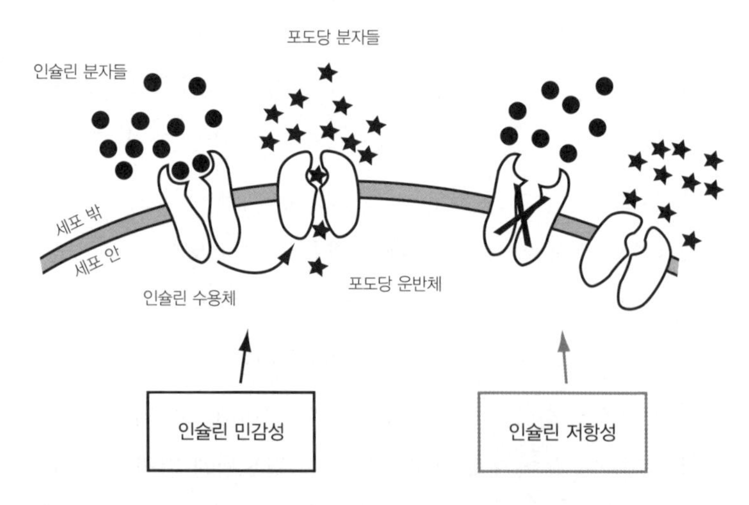

그림 23. 세포 내로 포도당이 유입되는 과정에 인슐린이 미치는 영향. 근육세포, 지방세포 등은 포도당 운반체 근처에 인슐린 수용체들이 있다. 정상적인 상황에서는 혈류 속의 인슐린이 인슐린 수용체에 결합하면 포도당 운반체가 포도당을 세포 내로 들여보낸다. 하지만 인슐린 저항성이 생기면(오른쪽) 인슐린 수용체가 인슐린에 반응하지 않고, 따라서 포도당 운반체가 포도당을 들여보내지 않아 결과적으로 혈당 수치가 높게 유지된다.

지나친 내장지방이 인슐린 저항성을 일으켜 2형 당뇨병을 야기한다는 사실을 알면, 왜 이 불일치 질환이 거의 완벽하게 예방 가능한 질환인지, 왜 서로 관련된 여러 인자들이 발병 여부에 영향을 미치는지 설명할 수 있다. 이 인자들 중 유전자와 출생 전 환경은 우리가 통제할 수 없다. 하지만 에너지 균형에 더 중요한 다른 두 가지 인자는 우리가 어느 정도 통제할 수 있다. 바로 식생활과 신체 활동이다. 실제로, 적어도 당뇨병 초기에는 몸무게를 줄이고 열심히 운동하면 병의 진행을 때때로 되돌릴 수 있다는 것이 여러 연구 결과 밝혀졌다. 한 극단적인 연구에서는 당뇨병 환자 11명에게 8주간 하루에 단 600칼로리만 섭취하도록 했다. 600칼로리는 대부분의 경우 시도조차 어려운 극단적인 식생활이다(하루에 참치 샌드위치 두 개를 먹는 수준이다.). 음식을 극도로 절제한 이 환자들은 두 달 후 뱃살 위주로 평균 13킬로그램을 감량했고, 췌장이 원래 생산하던 인슐린의 두 배를 생산했으며, 거의 정상 수준의 인슐린 민감성을 회복했다.[51] 신체 활동을 열심히 하는 것도 병의 진행을 되돌리는 데 큰 도움이 된다. 몸을 활발하게 움직이면 간, 근육, 지방세포에 저장되어 있는 에너지를 꺼내게 만드는 호르몬들(글루카곤, 코르티솔 등)이 생산되기 때문이다. 이 호르몬들은 운동하는 동안 인슐린의 작용을 일시적으로 막고, 운동 이후 최대 16시간 동안 세포의 인슐린 민감성을 높인다.[52] 인슐린 저항성이 높은 비만 청소년들에게 적당한 운동을 시키면(하루 30분, 일주일에 4번, 2주 동안), 인슐린 저항성이 거의 정상 수준으로 떨어진다.[53] 한마디로 2형 당뇨병 초기에는 신체 활동량을 높이고 내장지방을 줄여 건강을 되돌릴 수 있다. 주목할 만한 한 연구에서, 과체중이며 당뇨병에 걸린 중년의 오스트레일리아 원주민 10명이 옛날의 수렵채집 생활로 돌아갔더니, 7주 후에 식생활과 운동만으로 당뇨병이 거의 완치되었다.[54]

식생활과 운동이 2형 당뇨병에 미치는 장기적인 효과에 대해서는 연구가 더 필요하지만, 이러한 연구들을 보면 왜 당뇨병의 발생 또는 진행을 막기 위해 운동을 열심히 하고 식생활을 개선하라는 조언을 잘 따르지 못하는지 의문이 든다. 물론 가장 큰 장벽은 우리가 만들어놓은 환경이다. 오늘날의 산업 세계에서 가장 값싸고 풍부한 음식은 섬유소가 적고 단순 탄수화물과 당, 특히 고과당 옥수수 시럽이 많이 들어 있는 음식들이다. 이런 음식들은 비만, 특히 내장지방 비만을 초래함으로써 인슐린 저항성을 일으킨다. 비만, 신체 활동, 음주 같은 변수를 보정한 상태에서 로버트 러스티그Robert Lustig와 그 동료들은 하루에 당 섭취를 150칼로리 높일 때마다 2형 당뇨병 발병률이 1.1퍼센트 증가한다는 사실을 알아냈다.[55] 자동차와 엘리베이터 같은 기계들은 신체 활동량을 줄이기 때문에 문제를 악화시킨다. 당뇨병에 걸리면 말할 것도 없고 살만 쪄도 식생활과 운동 습관을 바꾸는 것이 매우 어렵고 시간과 돈도 많이 든다.

두 번째 이유는 질병을 치료하는 방식에 있는 것 같다. 사람들은 병에 걸려야 병원에 간다. 이 시점에서 의사들이 할 수 있는 일은 널리 인정받는 합리적인 양면적 접근법을 취하는 것뿐이다. 우선 그들은 환자들에게 신체 활동을 늘리고 열량 섭취량을 줄이기 위해 당, 녹말, 지방을 자제하라고 권한다. 이와 동시에 대부분의 의사들은 환자들에게 나타나는 증상을 막는 약을 처방한다. 널리 쓰이는 당뇨병 약들 중에는 지방세포와 간세포의 인슐린 민감성을 높이는 것, 췌장세포가 인슐린을 더 잘 합성할 수 있게 하는 것, 소화관의 포도당 흡수를 억제하는 것이 있다. 이러한 약들은 2형 당뇨병 증상을 몇 년간 억제할 수 있지만, 대다수가 심각한 부작용을 남기고 부분적인 효과만 거둔다. 3,000명 이상을 대상으로 실시한 연구에서 가장 널리 쓰이는 당뇨병 약인 메트포르민metformin의 효과와 생활 개선 요법의 효과를 비교했더니, 식생활 변화와 운동이 거의 두 배 이상의 치료 효과를 보였고, 효과 지속 기간도 더 길었다.[56]

2형 당뇨병은 원인을 해결하지 않아 세대를 거듭할수록 더 흔해지는 역진화의 한 사례로 볼 수 있다. 2형 당뇨병은 만성적인 에너지 과잉이 수년에 걸쳐 비만과 내장지방 비만, 인슐린 저항성을 일으킴에 따라 빠르게 증가하고 있는 가장 중요한 불일치 질환이다. 옛날 방식의 훌륭한 식생활과 신체 활동이 2형 당뇨병을 예방하고 치료하는 가장 좋은 방법이지만, 너무 많은 사람들이 증상이 나타날 때까지 실천을 미룬다. 당뇨병 환자들 중에는 식생활을 과감하게 바꾸고 운동을 열심히 해서 스스로 병을 치료하는 사람도 있고, 너무 허약해서 운동을 할 수 없거나 식생활을 크게 바꾸지 못하는 사람도 있다. 하지만 대부분은 식생활과 운동의 적당한 변화와 약물 치료를 병행하며 수십 년 동안 살아간다. 이런 접근법이 많은 사람들에게 통하는 것은 운동과 식생활을 당장 과감하게 바꿀 수 없는 사람들이 할 수 있는 실용적인 방법이기 때문이다. 게다가 환자들에게 몸무게를 줄이고 운동을 더 하라고 수년간 권유했지만 소용이 없었던 의사들도 비관적 또는 현실적으로 바뀌어 체중 감량과 운동 목표를 낮게 잡는다. 극단적인 처방은 실패와 역효과를 부르기 쉽기 때문이다. 불행히도 점점 많은 사람들이 증상을 관리하는 것에 만족하고 있는 탓에 악순환의 고리는 끊어지지 않고 있다. 설상가상으로 많은 당뇨병 환자들이 합병증을 앓는다. 그중 가장 흔한 것이 심장병이다.

소리 없는 살인자

우리는 평소 심장에 거의 신경을 쓰지 않는다. 심지어 운동할 때조차 그렇다. 심장은 묵묵히 펌프질을 하고, 혈액은 심장과 폐를 오가며 모든 동맥과 정맥 속을 흐른다. 하지만 우리 중 약 3분의 1은 순환계가 수십 년 동안 소리 없이 서서히 나빠져 죽게 된다. 울혈성 심부전 같은 몇몇 심장병은 우리를 아주 천천히 죽이지만, 심장 질환과 관련해 가장 흔한 사망 원인은 심장마비다. 가슴이 답답하고, 어깨와 팔에 통증이 느껴지고, 구역질이 나고, 숨이 가빠지는 것은 심장마비의 전조 증상으로, 당장 조치를 취하지 않으면 증상이 심해지면서 의식을 잃고 사망하게 된다. 심장마비와 밀접한 관련이 있는 또 하나의 사망 원인은 뇌졸중이다. 뇌에 혈관이 터져도 우리는 알 수 없지만, 갑자기 두통이 오고 몸 일부에 힘이 들어가지 않거나 감각이 없어지며, 혼란스러워 말을 할 수 없고 생각과 몸의 기능이 제대로 작동하지 않게 된다.

심장마비와 뇌졸중의 원인을 찾다 보면, 순환계 구조에 분명한 설계 결함이 있는 것처럼 보인다. 심장과 뇌는 다른 조직들과 마찬가지로 매우 좁은 혈관을 통해 산소, 당, 호르몬 등 필요한 분자들을 공급받는다. 그런데 나이가 들면 혈관 벽이 딱딱해지고 두꺼워진다. 심장근육에 혈액을 공급하는 가느다란 관상동맥들 중 하나가 막히면, 그 부분이 죽고 심장이 멈춘다. 마찬가지로, 뇌에 필요한 물질을 공급하는 수천 개의 가느다란 혈관들 중 하나가 막히면 혈관이 터져서 수많은 뇌세포가 죽는다. 이 중요한 혈관들이 왜 그렇게 좁게 만들어져서 쉽게 막히는 것일까? 왜 뇌졸중과 심장마비가 인간에게 그렇게 자주 일어날까? 심혈관계 질환을 역진화의 한 예로 볼 수 있을까? 심혈관계 질환은 우리가 근본 원인을 해결하지 않음으로써 계속 유지되고 심해지는 불일치 질환일까? 이러한 질문들에 답하기 위해 먼저 심혈관계 질환을 일으키는 기본 메커니즘을 살펴보고, 그것이 어째서 잉여 에너지가 유발하는 불일치 질환인지 알아보자.

뇌졸중과 심장마비는 갑자기 발생하는 것처럼 보이지만, 대부분의 경우 동맥이 오랫동안 서서히 딱딱해지는 **죽상동맥경화증** atherosclerosis의 결말이다. 죽상동맥경화증은 동맥벽에 생기는 만성적인 염증으로, 우리 몸이 콜레스테롤과 트라이글리세라이드를 몸 구석구석 실어 나르는 방식에서 비롯된다. 악명 높은 콜레스테롤은 미끌미끌한 작은 지방성 물질이다. 우리 몸의 모든 세포는 많은 중요한 기능에 콜레스테롤을 이용하기 때문에, 콜레스테롤 섭취량이 부족하면 간과 장이 지방에서 콜레스테롤을 합성한다. 콜레스테롤도 트라이글리세라이드도 물에 녹지 않기 때문에, 그들은 지질단백질lipoprotein이라는 특수 단백질의 도움을 받아 혈류 속을 이동한다. 이 수송 체계는 복잡하지만 여기서는 몇 가지 사실만 알아두면 된다. 우선 LDL(소위 '나쁜 콜레스테롤')은 콜레스테롤과 트라이글리세라이드를 간에서 다른 기관으로 실어 나르는 입자로, 유형마다 크기와 밀도가 다르다. 트라이글리세라이드를 주로 수송하는 유형은 상대적으로 작고 밀도가 높다. 콜레스테롤을 수송하는 유형은 크고 물에 잘 뜬다. HDL(소위 '좋은 콜레스테롤')은 주로 콜레스테롤을 간으로 수송한다.[57] 그림 24에 잘 설명되어 있듯이, LDL(특히 작고 밀도가 높은 유형)이 동맥벽에 붙어 있다가 지나가는 산소 분자와 반응할 때 죽상동맥경화증이 시작된다. LDL은 사과가 갈변하듯이 천천히 산화된다.

동맥벽이 천천히 산화되는 것이 좋은 일처럼 들리지 않는다면 제대로 맞혔다. 이러한 산화 반응은 만성적인 염증을 일으켜 노화를 가속하고 다양한 질환을 유발한다. 동맥에서 LDL이 산화되면 동맥벽을 이루고 있는 세포에 염증이 생기고, 그 염증을 제거하러 백혈구들이 온다. 불행히도 백혈구들은 양의 되먹임 고리를 촉발한다. 산화된 LDL을 흡수한 백혈구는 거품 모양의 세포로 변하며 이 또한 산화된다. 결국에는 이 거품 복합체가 동맥벽에 단단히 엉겨 붙는데 이것을 죽상판atheromatous plaque이라고 한다. 한편 HDL은 죽상판에서 콜레스테롤을 쓸어 담아 간으로 돌려보낸다. 따라서 죽상판은 LDL(주로 작은 유형) 수치가 높을 때뿐 아니라 HDL

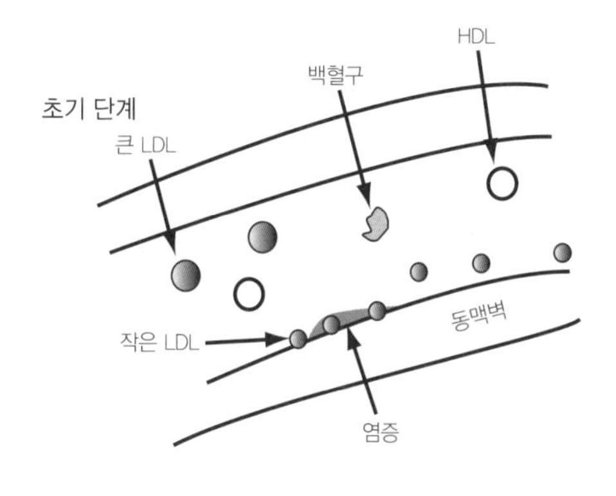

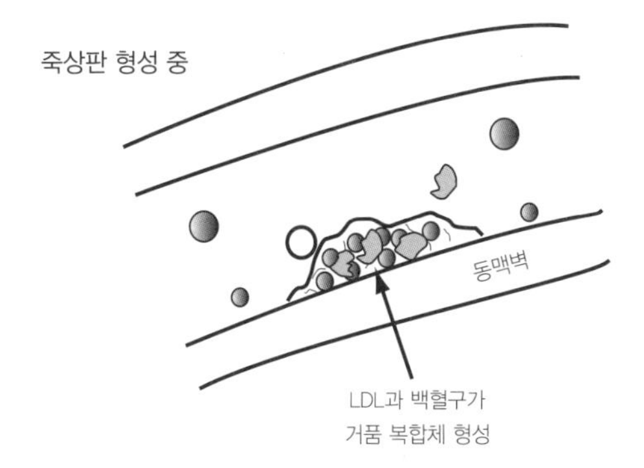

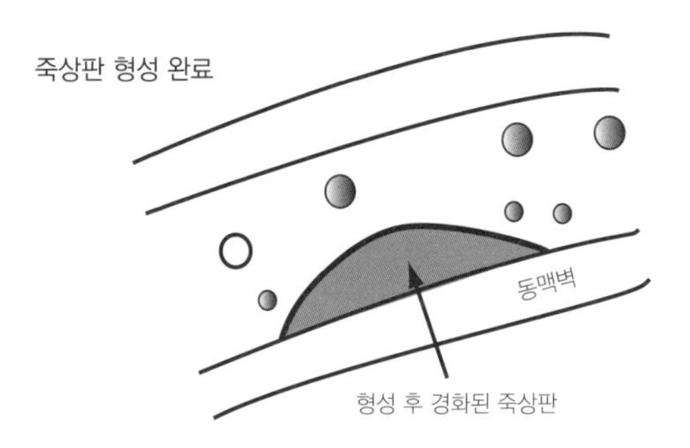

그림 24. 죽상판 형성 과정. 트라이글리세라이드를 수송하는 작은 LDL이 동맥벽에 염증을 유발한다. 염증이 생기면 백혈구가 몰려와서 거품 형태의 복합체가 형성되고 그것이 굳어 죽상판이 되면 동맥벽이 좁아지고 단단해진다.

수치가 낮을 때에도 생긴다. 죽상판이 계속 축적되면 동맥벽 세포들이 성장해서 죽상판을 덮어버리면 동맥이 영구적으로 좁아지고 단단해진다. 또한 죽상판이 혈관을 막아버릴 수도 있고, 죽상판의 일부 덩어리가 떨어져 나갈 수도 있다. 혈액 속에 떠다니는 이런 덩어리는 심장이나 뇌에 있는 더 좁은 동맥에 끼어서 혈류를 막아 심장마비나 뇌졸중을 일으킬 수 있기 때문에 위험하다. 설상가상으로, 혈관이 좁아지면 같은 양의 혈액을 전달하기 위해 더 큰 압력이 필요하다. 악순환은 여기서 끝나지 않는다. 동맥이 더 단단해지고 좁아지면서 혈압이 높아지면(고혈압), 심장에 무리가 가고, 혈액 응고 또는 혈관 파열의 위험이 높아진다.

죽상판이 생겨서 심혈관계 질환을 유발하는 것은 분명 지적 설계로 보기 어렵다. 자연선택은 왜 이런 어처구니없는 실수를 했을까? 복잡한 질환들이 으레 그렇듯, 특정 유전자 변종이 발병 위험을 높이는 것은 일정 수준까지이고 주된 원인은 다른 데 있다. 그중 하나가 그 누구도 피해갈 수 없는 적, 바로 노화다. 나이가 들수록 동맥 손상이 계속 누적되어 온몸의 동맥이 경화된다. 고대 미라의 심장과 혈관을 컴퓨터 단층 촬영CT(3차원 엑스선 촬영이라고 생각하면 된다.)으로 조사해보니, 북극의 수렵채집인 집단을 포함해 고대 집단들에서도 동맥이 노화된 흔적이 나타났다.[58] 이처럼 어느 정도의 죽상동맥경화는 불가피하며 오래전부터 있던 현상이지만, 그럼에도 심혈관계 질환의 대부분은 어느 정도 불일치 질환이라는 증거들이 많다. 우선, 고대 미라에서 죽상동맥경화증이 진단되었다고 해서 그가 심장마비로 죽었다는 뜻은 아니다. 수렵채집인

무리와 기타 전통 부족들을 대상으로 지금까지 실시된 (사후 검시를 포함한) 모든 연구에 따르면, 그들이 어느 정도 죽상동맥경화증을 갖고 있다 해도 심장마비에 걸렸거나 고혈압 같은 심장병 증상들을 앓았던 것 같지는 않다.[59] 특히 심장마비는 심장으로 가는 얇은 관상동맥에 죽상경화증이 생길 때 발생하는데, 미라의 CT 영상은 그럴 확률이 오늘날 서구 사람들보다 최소 50퍼센트 낮음을 보여준다. 그러므로 가장 타당한 가설은 최근까지 심장마비를 유발할 정도로 심한 죽상동맥경화가 드물었다는 것이다. 오늘날 심장병이 매우 흔한 이유는 2형 당뇨병과 마찬가지로 신체 활동 부족, 나쁜 식생활, 비만 등의 새로운 환경조건 때문이다. 게다가 심장병의 경우 음주, 흡연, 스트레스 같은 새로운 위험 인자들도 추가된다.

가장 먼저 따져봐야 할 요인은 신체 활동이다. 신체 활동은 심혈관계가 제대로 성장하고 기능하기 위해 꼭 필요하다. 유산소 운동은 심장을 튼튼하게 만들어줄 뿐 아니라 간과 근육을 포함한 온몸에서 지방이 저장되고 분비되고 연소되는 것을 조절한다. 일주일에 25킬로미터 걷기 같은 적당한 운동만으로도 HDL 수치를 크게 높이고 혈중 트라이글리세라이드의 수치를 낮출 수 있다는 사실이 많은 연구에서 일관되게 밝혀졌다. 이 두 가지 변화는 심장병에 걸릴 위험을 낮춘다.[60] 운동의 또 다른 좋은 점은 동맥의 염증 수치를 낮출 수 있다는 것이다.[61] 조금 전에 살펴보았듯이 동맥의 염증은 죽상동맥경화증을 유발하는 주범이다. 일반적으로는 운동의 지속성이 운동의 강도보다 이러한 위험 요인들에 더 좋은 영향을 미치는 것으로 보인다. 하지만 활발한 운동은 새로운 혈관의 성장을 촉진함으로써 혈압을 낮추고, 심장근육과 동맥벽을 튼튼하게 해준다. 규칙적으로 운동하는 성인은 심장병이나 뇌졸중에 걸릴 확률이 거의 절반으로 줄고(다른 위험 요인들을 보정한 결과), 운동 강도를 높여도 그 위험이 줄어든다.[62] 진화적 관점에서 볼 때 이러한 통계 수치는 타당한데, 심혈관계가 정상적인 복구 메커니즘을 작동시키기 위해서는 신체 활동으로 인한 자극이 필요하기 때문이다(10장 참조). 인간은 일생 동안 활발하게 움직이도록 진화한 존재다. 따라서 신체 활동량이 줄어들면 우리는 죽상동맥경화증을 포함해 다양한 병에 걸릴 수밖에 없다.

에너지 균형을 결정하는 또 하나의 중요한 인자인 식생활도 죽상동맥경화증과 심장병에 큰 영향을 미친다. 일반적으로 지방을 많이 섭취하는 식생활을 하면 LDL 수치는 높아지고, HDL 수치는 낮아지며, 트라이글리세라이드 수치는 높아진다고 알려져 있다. 이 세 가지 증상을 묶어서 '이상지질혈증dyslipidemia'이라고 부르는데, 혈액 속에 '나쁜 지방'이 많다는 뜻이다. 따라서 대부분의 사람들은 지방 비율이 높은 식생활은 건강에 나쁘다고 생각한다. 사실 지방이 죽상동맥경화증을 어느 정도나 촉진하는지 문제는 여러 가지 이유로 복잡한데, 무엇보다도 모든 지방이 똑같지 않기 때문이다. 앞에서 지방은 탄소 원자와 수소 원자로 구성된 사슬 구조의 지방산 분자라고 이야기했다. 이 사슬의 구조에 따라 속성이 다른 여러 유형의 지방산이 만들어진다. 수소 원자가 적게 포함된 지방산은 불포화 지방산으로, 실온에서 액체 상태로 존재한다. 수소가 들어갈 수 있는 자리가 꽉 찬 지방산은 포화 지방산으로, 실온에서

고체로 존재한다. 별로 중요해 보이지 않는 이 차이는 우리가 지방을 섭취했을 때 중요해진다. 포화 지방산은 간을 자극해서 LDL을 더 많이 생산하게 만드는 반면, 불포화 지방산은 간이 HDL을 더 많이 생산하게 만들기 때문이다.[63] 포화 지방산이 많이 포함된 음식을 먹으면 죽상동맥경화증의 위험이 높아지고 따라서 심장병의 위험도 높아진다고 말하는 것도 이 때문이다.[64] 또한 같은 이유로 불포화 지방산, 특히 생선 기름, 아마씨, 견과류에 풍부한 오메가3 지방산이 들어 있는 음식을 먹으면 좋다. 불포화 지방산이 풍부한 식품을 많이 먹으면 HDL 수치가 높아지는 반면 LDL 수치와 트라이글리세라이드 수치가 낮아져 심혈관계 질환 위험이 감소한다.[65] 지방 중에서 가장 나쁜 것은 불포화 지방산에 높은 열과 압력을 가해서 만든 포화 지방산이다. 이 부자연스러운 트랜스 지방 trans fat은 산패되지 않지만(따라서 많은 가공 포장 식품에 이용된다.) 간을 파괴해 LDL 수치를 높이고, HDL 수치를 낮추며, 몸이 오메가3 지방산을 이용하는 것을 방해한다.[66] 트랜스 지방은 기본적으로 간을 천천히 파괴하는 독이라고 할 수 있다.

만일 당신이 이 글을 회의적인 시선으로 읽고 있다면(누구나 그래야 하지만) 이런 생각이 떠올랐을지도 모른다. 맞아, 하지만 아프리카 둥지에 사는 수렵채집인들은 올리브유, 정어리, 아마씨와 같이 심장 건강에 좋은 지방을 함유한 음식을 어떻게 구했을까? 그들은 붉은 육류를 많이 먹지 않았던가? 이 질문에는 두 가지 답을 할 수 있다. 첫째, 수렵채집인의 식생활에 관한 연구 결과 그들이 실제로 오메가3 지방산 등 불포화 지방산을 많이 먹는다는 사실이 밝혀졌다. 불포화 지방산은 씨와 견과류에 풍부하지만, 고기에도 다량 함유되어 있다. 옥수수 대신 풀과 관목을 먹는 야생 동물들은 근육에 불포화 지방산을 더 많이 저장하기 때문이다. 풀을 먹인 동물의 고기는 옥수수를 먹인 동물의 고기보다 기름기가 적고, 포화 지방 함량이 5~10배 적다.[67] 또한 이누이트 같은 북극의 수렵채집인들은 동물 지방뿐만 아니라 건강한 생선 기름도 많이 먹기 때문에, 콜레스테롤 비율이 건강 범위 내에서 유지된다.[68]

둘째, 약간의 논란이 있을 수는 있지만 우리가 포화 지방산을 지나치게 나쁘게 생각하는 것일지도 모른다. 포화 지방산을 먹으면 LDL 수치가 높아지지만, 낮은 HDL 수치가 높은 LDL 수치보다 심장병과 훨씬 더 밀접한 관계가 있다는 사실이 오래전부터 알려져 있었고 많은 연구들에서 반복적으로 입증되었다.[69] 죽상동맥경화증이 높은 LDL 수치와 낮은 HDL 수치, 그리고 높은 트라이글리세라이드 수치가 결합한 결과임을 생각해보라. 고지방 저탄수화물 식생활(예컨대 앳킨스 식단)을 하는 사람은 저지방 고탄수화물 식생활을 하는 사람에 비해 HDL 수치가 높고 트라이글리세라이드 수치가 낮다.[70] 그 결과 탄수화물 함량이 낮은 식생활을 하는 사람은 지방 함량이 낮지만 단순 탄수화물 함량이 높은 식생활(이러한 식생활은 LDL 수치를 낮추지만 HDL 수치도 낮추고 트라이글리세라이드 수치를 높인다.)을 하는 사람보다 죽상동맥경화증에 잘 걸리지 않을지도 모른다. 또 하나의 매우 중요한 인자가 있다. 작고 밀도가 높은 유형의 LDL이 크고 밀도가 낮은 유형의 LDL보다 동맥벽에 염증을 훨씬 잘 일으키는데, 포화 지방산 함량이 높은 식생활이 건강에 덜 나쁜 큰 유형의 LDL 수를 늘리는 것 같다.[71] 따라서 불포화 지방이 일반적으로 포화 지방보다 더 건강한 지방이지만, 포화 지방은 일각에서 생각하는 것처럼 그렇게 나쁘지 않을지도 모른다.[72]

마지막으로, 당신이 먹는 모든 탄수화물이 똑같지 않고, 많은 탄수화물이 지방으로 바뀌며, 이것이 죽상동맥경화증 위험을 높일 수 있다는 사실을 기억하자. 이미 이야기했듯이, 다량의 포도당을 혈류로, 과당을 간으로 빠르게 실어 나르는 음식들은 간의 기능을 떨어뜨리고 혈중 트라이글리세라이드 수치를 높이기 때문에 특히 치명적이다. 이러한 정크 푸드들은 지나친 내장지방에 가장 큰 원인이 되는데, 내장지방이야말로 혈중 트라이글리세라이드 수치를 높여 결국 혈관벽에 염증을 유발해 죽상동맥경화증을 일으키는 주범이다. 이러한 이유에서 신선한 채소와 과일을 많이 먹는 것이 건강을 지키는 가장 확실한 길이다. 이러한 음식들은 주로 복합 탄수화물로 이루어져 있고 단순 탄수화물이 적기 때문에, 내장지방을 분해하고 항산화 물질을 제공해 염증을 줄이도록 도와준다.[73]

지방 문제를 차치하더라도 과거와 다른 현대의 생활 방식이 여러 가지 면에서 죽상동맥경화증과 심장병을 유발한다. 그중 한 가지가 우리가 먹는 유일한 광물인 소금을 지나치게 섭취하는 것이다. 대부분의 수렵채집인은 하루에 1~2그램 정도의 소금(이 정도면 생존에 충분하다.)을 육류에서 얻는다. 그들이 바다 근처에 살지 않는 한 달리 소금을 얻을 길은 없다.[74] 오늘날에는 소금이 남아돌 만큼 풍부하다. 우리는 소금을 사용해 음식을 저장한다. 소금은 맛이 아주 좋아서 사람들은 하루에 3~5그램 이상의 소금을 먹는다. 하지만 여분의 소금이 혈중 염분 농도를 높이면 혈액이 온몸에서 물을 끌어온다. 풍선에 바람이 더 들어가면 압력이 증가하듯이, 순환계에 물이 더 많아지면 동맥의 혈압이 높아진다. 만성적인 고혈압은 심장과 동맥벽에 스트레스를 주고, 결국 혈관에 손상과 염증이 일어나 앞에서 설명한 것처럼 죽상판이 생성된다.[75] 만성적인 정서적 스트레스도 혈압을 높여 비슷한 결과를 초래한다. 지나치게 가공된 음식을 먹는 탓에 섬유소를 너무 적게 섭취하는 것도 문제다. 충분한 섬유소는 음식물이 대장을 통과하는 속도를 높이고 포화지방산을 흡수함으로써 LDL 수치를 낮춘다.[76] 그리고 마지막으로, 술과 기타 약물들도 조심해야 한다. 적당한 음주는 혈압을 낮추고 콜레스테롤 비율을 개선하지만, 지나친 음주는 간을 손상시켜서 지방과 포도당 수치를 제대로 조절하지 못하게 한다. 흡연도 간을 손상시켜서 LDL 수치를 높이고, 흡연자가 빨아들인 독성 물질이 동맥벽에 염증을 일으켜 죽상판 형성을 촉진한다.

모든 증거들을 종합하면, 수렵채집인은 나이가 들어도 현대인보다 심장병에 훨씬 덜 걸린다는 연구 결과가 전혀 놀랍지 않다. 수렵채집인은 몸을 많이 움직이고 건강한 자연 그대로의 음식을 먹기 때문이다. 구석기에는 담배도 없었다. 고기를 많이 먹는데도 불구하고 수렵채집인의 콜레스테롤 수치는 산업 사회의 서구인보다 훨씬 더 건강한 수준이다.[77] 게다가 앞에서 지적했듯이 수렵채집인의 건강을 임상 연구와 사후 검시를 통해 평가한 결과들을 보면, 노인들에서조차 심장병이 거의 나타나지 않는다. 이러한 자료들은 대조군을 설정하지도, 무작위 배정 방식을 채택하지도 않은 연구에서 나왔다는 점에서 물론 한계가 있다. 하지만 심장마비와 뇌졸중은 대체로 농경 사회(특히 산업 사회)의 식생활과 앉아서 생활하는 습관이 합쳐져서 생긴, 진화적 불일치로 인한 질환인 것이 분명하다. 자급자족하는 농부는 몸을 많이 움직이므로 이러한 불일치 질환에 걸릴 위험이 그다지 높지 않았다. 심장병은 문명이 발전해서 상류 계층이 출현할 때까지 흔하지 않았다. 죽상동맥경화증의 가장 오래된 사례 중 하나는 이집트 미라에서 발견되었다(CT 결과). 이 미라의 주인공은 기원전 1550년에 사망한 아모세 메르예트 아몬Ahmose-Meryet-Amon 공주로 밝혀졌다.[78] 파라오의 딸이었던 이 부유한 공주는 아마 몸을 움직일 필요가 없는 편한 인생을 살았을 것이고 에너지가 풍부한 음식을 맘껏 먹었을 것이다.

수녀의 병

누구나 걱정하는 단 하나의 질병이 있다면 바로 암일 것이다. 미국인의 약 40퍼센트가 암에 걸리고, 그중 약 3분의 1이 암으로 죽는다. 암은 미국과 서구의 다른 나라들에서 심장병 다음으로 두 번째로 높은 사망 원인이다.[79] 암은 오래전부터 있었고 인간만 걸리는 병도 아니다. 유인원과 개 같은 다른 포유류도 드물기는 하지만 암에 걸릴 수 있다.[80] 어떤 암들은 수천 년 전부터 인류와 함께 했다. 실제로 암이라는 용어를 처음 쓰고 그 질병을 설명한 사람은 고대 그리스의 의사 히포크라테스Hippocrates, 기원전 460~370년였다. 이렇게 오래된 질병이지만 과거에 비해 요즘에 암이 더 흔해졌다는 데 의문의 여지가 없다. 19세기 중엽 이탈리아 베로나 병원의 의사였던 도메니코 리고니스테른Domenico Rigoni-Stern이 최초의 암 발생률 분석 결과를 발표했다.[81] 그의 분석에 따르면, 1760년과 1839년 사이에 사망한 150,673명의 베로나 사람들 중 1퍼센트 미만(1,136명)이 암으로 죽었고, 그중 88퍼센트가 여성이었다. 리고니스테른 연구팀이 놓친 사례들도 많이 있을 테고, 베로나 사람들이 더 오래 살았다면 암 발생률이 더 높았을 것이라고 추정할 수도 있지만, 어쨌든 이 수치는 현대의 암 발생률의 10분의 1 수준에 불과한 것이다.

암은 원인에 따라 여러 유형이 있기 때문에 이해하기 어렵고 치료하기도 어렵다. 하지만 모든 암은 정도를 벗어난 세포의 우연한 돌연변이에서 시작된다. 치명적으로 돌변할 수 있는 이러한 세포들 여러 개가 이미 당신 몸에 있을지도 모른다. 다행히도 이 세포들 대부분은 잠자코 있으면서 아무것도 하지 않는다. 하지만 때때로 그중 하나에 비정상적으로 기능하게 하는 추가 돌연변이가 일어난다. 그러면 이 세포가 제멋대로 끊임없이 분열해서 종양을 형성한다. 여기서 돌연변이가 또 일어나면, 이 세포들이 이 조직에서 저 조직으로 들불처럼 번져나가면서 정상 세포들이 쓸 자원을 갉아먹고 결국에는 몸의 기관들이 기능하지 못하게 만든다. 암 연구자 멜 그리브스Mel Greaves가 지적했듯이 암은 몸 안에서 길을 잘못 든, 고삐가 풀린 자연선택이다. 암세포는 정상 세포보다 더 잘 증식하는 돌연변이를 가진 이기적인 세포기 때문이다.[82] 게다가 환경 스트레스가 집단 내의 진화를 촉진하듯이, 독성 물질이나 호르몬과 같이 몸에 스트레스를 주는 다른 인자들은 암세포가 정상 세포보다 더 효과적으로 증식해서 원발 부위 외의 다른 조직과 기관으로 침투하기 좋은 조건을 만든다. 하지만 자연선택과의 비교는 여기까지다. 암세포의 탁월한 증식 능력은 단기적이고 결국에는 역효과를 부르기 때문이다. 유기체 안에서 돌연변이 세포들을 번성하게 만드는 인자들은 결국 숙주의 죽음을 초래하기 때문에, 암은 한 세대에서 다음 세대로 전달되는 경우가 드물다. 바이러스가 매개하는 소수의 암을 제외하면, 암은 그것이 발생하는 거의 모든 개체에서 저마다 독립적으로, 그리고 약간 다르게 진행된다.

암의 원인은 많다. 가장 단순한 원인은 노화다. 나이가 드는 만큼 돌연변이가 발생할 시간이 늘어나 암에 걸릴 위험이 높아진다. 또한 돌연변이를 복구하는 기능이나 복제를 멈추는 기능을 막는 불운한 유전자 때문에 생기는 암도 있다.[83] 암의 또 다른 흔한 원인은 독성 물질, 방사능, 그 밖에 암 유발 돌연변이를 촉발하는 환경 인자들이 있다. 어떤 암은 바이러스에 의해 유발된다. 하지만 우리가 이야기할 암은 장기적인 에너지 과잉 상태와 비만이 초래하는 암이다. 풍요가 유발하는 이러한 암들은 생식기관—여성의 경우는 유방, 자궁, 난소이고, 남성의 경우는 전립선—에서 가장 흔하게 발생한다. 하지만 결장 같은 다른 기관에 생기는 암도 만성적인 에너지 과잉 때문에 생길 수 있다.

에너지 균형이 생식기관의 암을 왜 그리고 어떻게 촉진하는지는 다루기 어려운 문제인데, 인과관계가 간접적이고 복잡하기 때문이다. 암 발생 경로가 에너지와 관계있음을 알 수 있는 첫 번째 단서는 출산과 유방암 사이의 수수께끼 같은 상관관계에서 찾을 수 있었다. 리고니스테른 같은 초창기 의사들은 수녀들이 기혼 여성들보다 유방암에 훨씬 잘 걸린다는 사실에 주목하고 그 이유를 궁금하게 여겼다(수년간 유방암은 '수녀의 병'으로 불렸다.). 이러한 관찰은 훗날 대규모 연구들에 의해 뒷받침되었다. 그 연구들에 따르면 여성이 유방암, 난소암, 자궁암에 걸릴 확률은 월경을 더 자주 겪을수록 증가하고 아이를 낳을수록 감소했다.[84] 수십 년에 걸쳐 이뤄진 연구들을 보면 생식 호르몬, 특히 다량의 에스트로겐의 높은 수치에 반복적으로 노출되는 것이 이러한 상관관계의 주요 원인인 것 같다. 에스트로겐은 온몸에 폭넓게 작용하지만, 특히 여성의 유방, 난소, 자궁에서 세포분열을 강력하게 촉진한다. 매번 월경주기가 돌아올 때마다 에스트로겐 수치가 올라가서(프로게스테론 progesterone 같은 관련된 다른 호르몬들도 마찬가지다.) 수정된 배아가 착상될 수 있도록 자궁 내벽의 세포 수와 그 크기를 늘린다. 이러한 생식 호르몬의 급증은 유방세포의 분열도 촉진한다. 이렇게 여성은 월경을 겪을 때마다 에스트로겐의 급증을 반복적으로 겪고, 이것이 세포분열을 촉진해 암 유발 돌연변이를 발생시키거나 이미 생긴 돌연변이 세포의 수를 늘린다. 하지만 한 여성이 임신과 수유를 하게 되면 생식 호르몬에 노출되는 횟수가 줄어들기 때문에 유방과 기타 생식기관에 암이 생길 위험이 낮아진다.[85] 모유 수유는 젖샘관의 내벽을 씻어냄으로써 돌연변이 세포의 불씨를 제거한다.[86]

에스트로겐 같은 생식 호르몬과 생식기 암의 관계는 왜 암이 만성적인 에너지 과잉 상태의 영향을 받는 불일치 질환인지 알려준다. 수백만 년간 자연선택은 잉여 에너지를 에스트로겐 같은 생식 호르몬을 만들어 번식에 쓰는 여성을 선호해왔다. 하지만 자연선택은 에너지와 에스트로겐 등 생식 호르몬의 장기적인 과잉 상태에 대처할 수 있도록 여성의 몸을 준비해놓지 않았다. 그 결과, 오늘날 여성들은 과거의 어머니들과 달리 암에 걸릴 위험이 매우 높다. 그들의 몸은 가능한 많은 자식을 남기도록 진화한 상태 그대로이기 때문이다. 따라서 잉여 에너지가 많은 여성은 생식 호르몬에 더 많이 노출되기 때문에 암에 걸리기 쉽다.[87]

좀 더 자세히 살펴보면, 선진국에서 에너지와 에스트로겐이 생식기 암 발생률을 높이는 경로는 두 가지다. 첫 번째는 여성이 경험하는 월경의 횟수다. 미국, 영국, 일본 같은 선진국 여성은 평균적으로 만 12~13세부터 50대 초반까지 월경을 계속한다. 그들은 피임을 하기 때문에 일생에 한두 번만 임신한다. 게다가 아이를 낳은 후 길어야 1년 정도 모수 수유를 한다. 종합하면 현대 선진국 여성은 평생 350~400번의 월경을 경험한다. 반면 전형적인 수렵채집인 여성은 16세에 월경을 시작하고, 성인으로 보내는 인생의 대부분을 임신과 수유로 보내며, 이를 위한 에너지도 겨우 마련한다. 따라서 수렵채집인 여성은 일생에 총 150번의 월경을 경험한다. 월경주기마다 몸에 강력한 영향을 미치는 호르몬들이 출렁거린다고 생각하면, 최근 피임과 풍요가 확산되면서 생식기 암 발생률이 급증했다는 사실은 전혀 놀랍지 않다.

만성적인 에너지 과잉이 여성의 생식기 암을 일으키는 두 번째 경로는 지방이다. 앞에서 인간 여성이 여분의 에너지를 지방세포에 저장하는 것에 특히 잘 적응되어 있다는 이야기를 했는데, 지방세포는 에스트로겐을 합성해 혈류로 분비하는 일종의 내분비기관의 역할도 한다. 비만인 여성은 정상 체중인 여성보다 에스트로겐 수치가 40퍼센트 더 높을 수 있다.[88] 그 결과, 여성의 생식기 암 발생률은 폐경 이후의 비만과 상관성이 매우 높다. 폐경을 맞은 8만 5000명 이상의 미국 여성을 대상으로 한 연구에서, 비만 여성은 정상 체중인 여성보다 유방암에 걸릴 위험이 2.5배 높은 것으로 나타났다.[89] 이러한 관계는 왜 생식기 암 발생률의 증가가 비만 발생률의 증가와 함께 가는지를 잘 설명해준다.

에너지 과잉과 생식기 암 사이의 관계는 여성에서보다 약하지만 남성에서도 적용되는 것 같다. 남성의 주요 생식 호르몬인 테스토스테론testosterone은 전립선을 자극해 정자를 보호하는 우유 같은 액체(전립선액)를 생산하는 일을 한다. 전립선은 이 액체를 항상 생산한다. 여러 연구들은 일생 동안 높은 테스토스테론 수치에 노출되는 것이 전립선암 위험을 높이며, 선진국 남성과 에너지 과잉 상태가 잦은 남성이 특히 그렇다는 사실을 보여준다.[90]

생식기 암은 에너지 과잉이 생식 호르몬에 영향을 미친 결과 발생하는 불일치 질환이기 때문에, 신체 활동은 그 발생률에 강력한 영향을 미친다. 당신의 몸이 신체 활동에 더 많은 에너지를 쓸수록 생식 호르몬을 생산하는 데 쓸 에너지가 줄어든다. 몸을 활발하게 움직이는 여성은 그렇지 않은 여성보다 에스트로겐 생산량이 약 25퍼센트 낮다.[91] 이 차이는 적당한 운동을 일주일에 몇 시간만 해도 유방암, 자궁암, 전립선암 등 여러 암 발생률이 크게 낮아진다는 많은 연구 결과들을 어느 정도 뒷받침해준다.[92] 운동 강도를 높일수록 암 발생 위험이 줄어든다는 사실도 여러 연구에서 밝혀졌다. 한 연구는 1만 4000명 이상의 여성들을 운동 강도에 따라 상, 중, 하로 나누고 각각의 유방암 발생률을 조사했는데, 중에 속한 여성들은 유방암 발생률이 35퍼센트 낮았고, 상 집단에 속한 여성들은 유방암 발생률이 50퍼센트 낮았다(나이, 몸무게, 흡연 여부 등 다른 요인들은 통제됐다.).[93]

요컨대 진화적 관점은 왜 오늘날 많은 사람들이 누리고 있는 지나친 풍요가 생식 호르몬의 수치를 높이는지, 왜 그러한 높은 생식 호르몬 수치가 피임과 맞물려 유방, 난소, 자궁, 전립선에서 암의 발생 가능성을 높이는지 설명해준다. 따라서 생식기 암은 여분의 에너지가 너무 많아서 생기는 불일치 질환이다. 경제가 발전하고 가공식품이 전 세계에 급속도로 보급되면서 점점 더 많은 사람들이 에너지 과잉 상태에 처하고, 때로는 극단적인 과잉 상태에 놓이면서 생식기 암 발생률이 여성과 남성에서 모두 높아졌다.[94] 하지만 생식기 암도 역진화의 한 사례에 속할까? 우리가 치료하는 방식이 생식기 암을 더 악화시키고 더 널리 퍼뜨리는 건 아닐까?

대체로 이 질문에 대한 대답은 '아니오.'인 것처럼 보인다. 혹자는 운동을 더 하고 음식을 덜 먹어서 생식기 암에 걸릴 위험을 줄이고 있을지 모른다. 하지만 우리가 암을 치료하는 방식은 꽤 타당해 보인다. 내가 만일 암 진단을 받는다면, 나는 그 돌연변이 세포들을 최대한 빨리 죽이고 온몸으로 암세포가 퍼지는 것을 막기 위해 약물 투여, 수술, 방사선 치료 등 할 수 있는 모든 방법을 동원할 것이다. 이러한 방법들은 실제로 유방암을 포함한 몇몇 암에서 생존율을 높였다. 하지만 우리가 암을 치료하는 방식은 두 가지 중요한 측면에서 역진화를 촉진하는 것 같다. 우선, 암은 우리 생각보다 더더욱 예방이 가능한 병이다. 생식기 암의 발생률은 신체 활동을 늘리고 식생활을 바꾸는 것만으로도 크게 낮출 수 있다. 우리가 먹고 마시는 발암 물질들이 유발하는 다른 암들도 오염을 규제하고 담배를 끊으면 예방할 수 있다. 게다가 암은 기본적으로 길을 잘못 들었든 아니든 '진화'라는 것을 떠올려보자. 즉 암은 몸 안에서 돌연변이 세포들이 아무런 제약 없이 증식하는 것이다. 항생제로 세균을 치료하는 것이 때때로 항생제에 내성을 가진 세균이 진화할 조건을 만드는 것처럼, 독한 약물을 써서 암을 치료하는 것은 신약에 저항성을 가진 암세포가 등장하는 계기가 될 수 있다.[95] 따라서 진화적 관점에서 암을 바라보면 이 질병과 싸우는 더 효과적인 전략들을 생각해낼 수 있다. 한 가지 방법은 양성 세포가 악성 세포를 이기게 만드는 것이다. 또 하나의 방법은 특정 화학 물질에 민감한 암세포의 성장을 촉진한 후 그들이 약한 상태일 때 공격해서 암세포를 잡는 것이다. 암은 몸 안에서 일어나는 일종의 진화이므로, 진화의 논리는 우리가 이 무서운 질병과 더 잘 싸울 수 있는 방법을 찾는 데 도움이 된다.

지나친 풍요는 역효과를 부를까?

풍요의 질환으로는 2형 당뇨병, 심장병, 생식기 암만 있는 것이 아니다. 통풍과 지방간도 있다. 과체중은 그 밖에 수면 무호흡증, 신장 질환, 담낭 질환 등 수많은 질병을 일으키고 등, 엉덩이, 무릎, 발에 부상을 입을 확률도 높인다. 전 세계 사람들이 운동을 덜하고 당과 단순 탄수화물 위주로 더 많은 열량을 섭취하는 탓에, 풍요의 질환—인간이 진화하는 동안에는 드물었던 불일치 질환—은 계속 증가할 것이고, 최근 들어 실제로 증가하고 있다.[96]

풍요의 질환을 어느 정도까지 역진화의 예로 볼 수 있을까? 역진화는 진화적 불일치 때문에 병에 걸리지만 원인을 해결하지 않음으로써 병을 없애기는커녕 더 악화시키는 것을 말한다. 6장에서 나는 불일치 질환의 세 가지 특징을 말했다. 첫째, 불일치 질환은 대개 서로 상호작용하는 복합적인 원인에서 비롯되는 탓에 치료나 예방이 어려운 비감염성 만성질환이다. 둘째, 불일치 질환은 번식 적합도에 거의 영향을 미치지 않는다. 셋째, 불일치 질환을 촉진하는 인자들은 문화적 가치를 지니고 있어서 손해를 주는 한편 이익도 준다.

2형 당뇨병, 심장병, 유방암은 이러한 성질을 모두 갖고 있다. 이 질환들은 복합적인 환경 자극들로 인해 발생한다. 특히 새로운 식생활과 운동 부족이 주요 원인이지만, 더 오래 살고, 더 일찍 성숙하고, 피임을 더 많이 하는 등의 다른 인자들도 원인이다. 게다가 이러한 질환들은 대개 중년까지 발생하지 않으므로 사람들이 가질 수 있는 자식 수에 영향을 미치지 않는다(유방암 진단을 받는 여성 대부분이 60대다.).[97] 마지막으로, 풍요의 질환을 양산하는 데 중요한 역할을 해온 농업, 산업, 다른 문화적 발전들의 손익을 결산하는 것은 쉽지 않다. 예를 들어 농업혁명과 산업혁명 이후 음식이 값싸고 풍부해진 덕분에 수십억 명이 더 많이 먹을 수 있게 되었다. 하지만 이러한 값싼 에너지원의 대부분이 당, 녹말, 건강에 나쁜 지방으로 만들어진다. 우리는 풀을 먹여서 기른 동물의 고기까지는 아니더라도, 건강한 과일과 채소를 전 세계 사람들에게 먹일 수 있을까? 경제 제도도 무시할 수 없다. 시장경제는 많은 형태의 진보를 이끌었고, 덕분에 선진국에서는 더 많은 사람들이 그들의 조부모보다 더 오래 더 건강하게 산다. 하지만 자본주의의 모든 것이 우리 몸에 유익하지는 않다. 광고업자와 제조업자가 사람들의 욕구와 무지를 수익 창출에 이용하기 때문이다. 예를 들어 사람들은 '무지방' 식품이라는 광고에 속아 당과 단순 탄수화물 함량이 높은 고칼로리 식품을 산다. 이러한 식품들은 실제로는 소비자를 더 뚱뚱하게 만든다. 역설적이게도 오늘날 더 적은 열량의 식품을 소비하려면 더 많은 노력과 돈이 든다. 우리 집 냉장고에 있는 약 440밀리리터의 크렌베리 주스는 얼핏 보면 120칼로리의 건강식품처럼 보인다. 하지만 자세히 보면 이 주스병은 2회 제공량을 담고 있어서 한 병을 다 마시면 약 600밀리리터의 코카콜라 한 병과 동일하게 240칼로리를 섭취하게 된다. 또한 자동차, 의자, 에스컬레이터, 리모컨과 같이 신체 활동량을 줄이는 기계들이 주변에 가득하다. 우리 환경은 불필요하게 비만 지향적이다. 동시에 제약 회사들은 이러한 질환들의 증상을 아주 효과적으로 치료해주는 엄청나게 다양한 약을 개발해왔다. 이러한 의약품들은 우리의 생명을 구해주고 기능장애를 줄여주지만, 현 상태를 개선해주지는 못한다.

결국 우리가 창조한 환경은 지나친 에너지를 제공해 우리를 병들게 만든 다음, 그러한 에너지 흐름을 차단하지 않고도 계속 살 수 있게 만든다.

어떻게 해야 할까? 확실하고 근본적인 해법은 더 건강한 것을 먹고 운동을 더 많이 하는 것이지만, 이것은 우리 종이 직면한 매우 어려운 도전 과제들 중 하나다(12장 참조). 또 하나의 중요한 해법은 더 지적이고 합리적인 방법인데, 이러한 질환들의 증상보다는 원인에 주목하는 것이다. 너무 많은 지방이 주로 내장에 축적되어 있는 것은 건강이 위험하다는 신호이며 에너지 불균형을 나타내는 단서지만, 과체중이나 비만 그 자체는 질병이 아니다. 과체중이거나 비만인 사람들이 건강보다 몸무게에만 집중해서 뚱뚱하다고 욕하고 비난하는 것에 불만을 품는 것도 어찌 보면 당연하다. 이것은 가난한 사람을 가난하다고 비난하는 것과 같이 아주 비열한 논리다. 게다가 실제로 가난과 비만은 상관성이 높기 때문에 각각에 대한 비난은 서로 연결되어 있다.[98]

비만의 '유행'에 대한 지나친 우려는 역풍을 맞을 만했다. 극단적으로 문제가 과장된 것은 아닌지 의문을 품는 사람들도 있다.[99] 이러한 견해에 따르면 우리는 뚱뚱한 사람들에게 쓸데없는 오명을 씌우고 있을 뿐 아니라, 실재하지 않는 위기와 싸우기 위해 수십억 달러를 낭비하고 있다. 이러한 회의주의자들의 말도 어느 정도 일리가 있다. 권장 체중을 초과한다고 해서 건강하지 않은 것은 아니다. 과체중인 많은 사람들이 건강하게 오랫동안 사는 것을 보면 알 수 있다. 과체중인 사람들 중 약 3분의 1은 어떤 대사 문제도 겪고 있지 않다. 물론 그들이 과체중으로도 잘 적응할 수 있는 유전자들을 갖고 있기 때문일지도 모른다.[100] 하지만 이 장에서 여러 차례 강조했듯이, 건강에 가장 중요한 것은 지방 그 자체가 아니다. 체지방을 어디에 저장하느냐, 무엇을 먹느냐, 그리고 몸을 얼마나 움직이느냐 하는 문제가 건강과 수명을 결정하는 훨씬 더 중요한 요소다.[101] 모든 체중, 체구, 연령대를 통틀어 2만 2000명의 남성들을 8년간 추적한 획기적인 한 연구에 따르면, 운동하지 않은 마른 사람들이 규칙적으로 운동한 비만인 사람들보다 사망 위험이 두 배나 높았다(흡연, 음주, 나이 같은 다른 요인들을 보정한 결과다.).[102] 운동은 지방의 부정적 효과를 완화할 수 있다. 그러므로 과체중이거나 심지어는 약간 뚱뚱해도 운동을 열심히 하면 조기 사망의 위험이 높아지지 않는다.

적당한 신체 활동이 건강에 왜 중요하며 어떻게 중요한지 이해하기 위해 역진화의 길로 들어선 또 다른 유형의 불일치 질환, 바로 사용하지 않아서 생기는 질환들을 살펴보자. 이 질환들은 지나쳐서가 아니라 모자라서 생기는 것이다.

∞

10장

쓰지 않아서 생기는 병

: 너무 적은 사용과 자극이 쇠퇴를 가속하다

무릇 있는 자는 받아 풍족하게 되고

없는 자는 있는 것까지 빼앗기리라.

—「마태복음」 15장 29절

다리 위에서 차가 꽉 막혔을 때 이 다리가 자동차들과 사람들의 무게를 지탱할 만큼 튼튼한지 의문을 가져본 일이 있는가? 다리가 무너져 철, 벽돌, 콘크리트가 쏟아져 내리는 가운데 사람들이 강물에 빠지는 혼란과 공포를 상상해보자. 다행히도 이러한 사고는 거의 일어나지 않는다. 대부분의 다리가 실제 교통량보다 훨씬 더 많은 자동차와 사람을 견딜 수 있도록 만들어지기 때문이다. 예를 들어 존 로블링John Roebling은 예상하는 것보다 여섯 배 큰 하중을 견딜 수 있도록 브루클린브리지를 설계했다. 공학적으로 말하면, 브루클린브리지의 안전계수는 6이다.[1] 다행히도 공학자들은 다리,

엘리베이터 케이블, 비행기 날개 같은 중요한 구조를 설계할 때 이 정도의 높은 안전계수를 사용해야 한다. 안전계수는 건설비를 높이지만 당연하고 꼭 필요하다. 어떤 것을 얼마나 튼튼하게 만들어야 하는지 우리는 확실히 모르기 때문이다.

우리 몸은 어떨까? 뼈가 부러져봤거나 인대 또는 힘줄이 끊어져봤다면 알겠지만, 자연선택은 신체 구조를 만들 때 당신의 모든 활동을 감당할 만큼 큰 안전계수를 적용하지 않았다. 분명 인간의 뼈와 인대는 고속으로 달리는 자동차와 충돌하거나 자전거와 부딪힐 때 받는 힘을 견딜 수 있게 진화하지 않았다. 하지만 왜 그렇게 많은 사람들이 걷거나 달리다가 넘어지는 것만으로도 손목, 정강이, 발가락에 골절을 입을까? 게다가 뼈가 서서히 약해져서 골절이 일어나기 쉬운 상태가 되는 질병인 골다공증이 흔해진 것도 큰 문제다. 미국에 사는 노인 여성의 3분의 1 이상이 골다공증으로 골절을 입는데, 최근까지도 골다공증은 노인들에게 드물었다. 3장에서 설명했듯이 할머니들은 노년에 지팡이를 짚고 다니거나 침대 위에서 요양하도록 진화하지 않았다. 오히려 그들은 자식들과 손자들에게 식량을 조달하는 것을 적극적으로 돕도록 진화했다.

불행히도 능력이 요구에 부응하지 못하는 불일치는 골격에만 나타나는 것이 아니다. 왜 어떤 사람은 항상 감기를 달고 사는 반면 어떤 사람은 감염을 거뜬히 막아낼 수 있는 면역계를 갖고 있을까? 왜 어떤 사람은 극단적인 온도에 남들만큼 잘 적응할 수 없을까? 왜 어떤 사람은 투르 드 프랑스에서 우승할 정도로 산소를 빠르게 들이마실 수 있는 반면, 어떤 사람은 겨우 계단을 오르는 데도 헉헉거릴까? 왜 생존과 번식에 중대한 영향을 미치는 이러한 불일치가 그렇게 널리 퍼져 있을까?

능력이 몸의 요구에 부응할 수 없게 된 것은 모든 불일치가 그렇듯이 유전자와 환경의 상호작용이 바뀐 결과다. 그러니까 환경이 최근에 많이 바뀌었는데 우리 몸은 그러한 변화에 적응되어 있지 않은 탓이다. 우리가 물려받은 유전자들은 성숙 과정에서 항상 환경과 적극적인 상호작용을 하며 우리 몸이 성장하고 발달하는 방식에 영향을 미친다. 다만 9장에서 이야기한 풍요의 질환들이 과거에 드물었던 자극들(예를 들어 당)이 너무 많아진 결과로 생긴 것이라면, 이 질환들은 과거에는 흔했던 자극들이 너무 적어져서 생기는 것이다. 어릴 때 골격에 적절한 자극을 주지 않으면 커서 튼튼한 골격을 지닐 수 없고, 성장할 때 뇌를 자극하지 않으면 예정보다 빨리 인지 능력을 잃고 치매 같은 질환에 걸릴 수 있다.[2] 이러한 질환들의 원인을 예방하지 못하면 악순환의 고리, 즉 같은 환경을 자식들에게 물려줌으로써 그 질병이 더 흔해지는 역진화가 초래된다. 사용하지 않음으로써 생기는 질환은 선진국에서 발생하는 질환과 기능장애의 상당 부분을 차지한다. 이것은 한번 발생하면 치료하기 어려운 경향이 있지만, 몸이 어떻게 성장하고 기능하도록 진화했는지에 관심을 갖는다면 대부분의 경우 예방할 수 있다.

성장기에 스트레스가 필요한 이유

사고실험을 하나 해보자. 당신이 먼 미래의 로봇 공학자라고 상상해보라. 당신은 말하기, 걷기, 기타 정교한 작업을 수행할 수 있는 기술적으로 뛰어난 로봇을 만들 수 있다. 따라서 각각의 로봇을 만들 때 특수한 목적을 잘 수행할 수 있도록, 원하는 기능에 딱 맞는 능력을 장착할 것이다(경찰 로봇에는 무기를, 웨이터 로봇에는 쟁반을 장착할 것이다.). 또한 극단적인 더위, 얼어붙을 듯한 추위, 수중 같은 특수한 환경조건을 고려해 로봇을 설계할 것이다. 자, 이제는 그 로봇이 무슨 기능을 할지, 어떤 환경에 보내질지 모르는 상태에서 로봇을 설계해야 한다. 어떻게 하면 적응력이 뛰어난 로봇을 만들 수 있을까?

이 경우에는 주어진 조건에 맞추어 자신의 능력과 기능을 역동적으로 발달시킬 수 있는 로봇을 설계해야 한다. 그러한 로봇은 물을 만난다면 방수 기능을 발달시킬 것이고, 불 속에서 사람을 구조해야 한다면 불에 타지 않는 능력을 발달시킬 것이다. 또한 로봇은 여러 부품이 합쳐진 것이기 때문에, 각 부품이 발달할 때 다른 부분과 맞물려 함께 일할 수 있어야 한다. 예를 들면 방수 기능이 팔 또는 다리의 움직임을 방해해서는 안 된다.

언젠가는 공학자들이 이러한 로봇을 만들 것이다. 하지만 이미 진화가 동물과 식물을 이렇게 만들어냈다. 유전자와 환경의 무수한 상호작용을 통해 발달하는 유기체들은 엄청나게 복잡하고 매우 통합적인 몸을 만들 수 있다. 이러한 몸은 잘 작동할뿐더러 광범위한 환경에 잘 적응한다. 물론 우리 뜻대로 새로운 장기를 자라게 할 수는 없지만, 많은 신체 기관들이 성장 과정에서 스트레스에 대응하며 환경의 요구에 적합한 기능을 발달시킨다. 예를 들어 당신이 어릴 때 많이 뛰어다녔다면, 다리뼈가 자극을 받아서 두껍게 자랐을 것이다. 우리가 잘 모르는 또 다른 예는 땀을 흘리는 능력이다. 인간은 수백만 개의 땀샘을 갖고 태어나지만, 실제로 더울 때 땀을 분비하는 땀샘의 비율은 생후 첫 몇 년간 얼마나 많은 열 스트레스를 경험하느냐에 달려 있다.[3] 우리는 평생 환경 스트레스에 역동적으로 대응하며 기능을 수없이 조정한다. 심지어 성인이 되어서도 이런 조정이 일어난다. 만일 당신이 몇 주 동안 정기적으로 역기를 들어 올린다면, 당신의 팔근육은 처음에는 지치겠지만 곧 더 커지고 강해진다. 반대로 누워서 몇 달 또는 몇 년을 지낸다면 당신의 근육과 뼈는 약해진다.

몸이 환경 스트레스에 대응해 겉으로 보이는 특징(표현형)을 조정하는 능력을 공식 용어로 **표현형 가소성**phenotypic plasticity이라고 한다. 모든 유기체는 성장과 활동에 표현형 가소성이 필수이며, 생물학자들이 연구할수록 관련 사례들이 속속들이 발견되고 있다.[4] 무더운 환경에서 살면 더 많은 땀샘이 발달할 것이고, 다리나 팔이 부러질 가능성이 높으면 두꺼운 뼈가 발달할 것이다. 피부가 화상을 입을 가능성이 높으면 여름에 피부를 태우는 것이 좋다. 하지만 이러한 상호작용에 의존하는 것은 주요 환경 단서가 없거나 적거나 비정상적일 때 불일치를 유발할 가능성이 있다. 겨울이 가고 봄이 올 때 나는 살이 검게 타는데, 이것은 내 피부가 화상을 입는 것을 막아준다. 하지만 만일 내가 겨울에 비행기를 타고 적도로 간다면, 옷이나 자외선 차단제로 보호하지 않는 한 내 하얀 피부는 순식간에 화상을 입을 것이다. 진화적 관점에서 보면, 오늘날 우리 몸에는 옛날보다 그러한 불일치가 더 많을 것이라고 예상할 수 있다. 지난 몇 세대 동안 우리는 때로 자연선택이 미처 대비하지 못한 방식(제트기 여행처럼)으로 환경조건을 바꾸었기 때문이다. 이러한 불일치는 인생 초기에 생겼다가 훗날 치명적인 문제가 될 수 있는데, 그때는 문제를 바로잡기에 너무 늦다.

다시 안전계수로 돌아가자. 왜 자연은 공학자들이 다리를 만들듯 몸을 만들지 않았을까? 왜 우리가 광범위한 환경조건에 적응할 수 있도록 넉넉한 안전계수를 사용하지 않았을까? 얻는 것만큼이나 잃을 것이 많기 때문이라는 대답이 가장 타당한 설명이 될 것이다. 어떤 일이든 다 좋을 수 없다. 이게 좋으면 저게 나쁠 수 있다. 예를 들어 다리뼈가 두꺼워지면 잘 부러지지는 않지만 움직이는 데 에너지가 더 많이 든다. 검은 피부는 피부가 화상을 입지 않도록 해주지만 당신이 합성하는 비타민 D의 양을 제한한다.[5] 자연선택은 특정 환경에 맞게 표현형을 조정하는 메커니즘을 선호함으로써, 다양한 당면 과제들 사이에서 우리 몸이 적절한 균형을 찾으며 충분하지만 과하지 않은 기능을 수행하게 한다.[6] 피부색과 근육의 크기 같은 몇 가지 특징은 평생 조정된다. 예를 들어 근육은 유지하는 데 비용이 많이 드는 조직이라서 기초대사량의 약 40퍼센트를 쓴다. 따라서 필요가 없을 때는 위축시켰다가 필요할 때 키우는 것이 합리적이다. 하지만 다리 길이나 뇌 크기 같은 대부분의 특징들은 성장한 다음에 재조정될 수 없기 때문에 환경 변화에 계속해서 적응할 수 없다. 따라서 이러한 형질들을 만들 때 몸은 발달 초기, 대개 자궁 속에서 또는 생후 첫 몇 년간 환경 단서(스트레스)를 이용해 성인일 때의 최적 구조를 예측해야 한다. 이러한 예측은 주변 환경에 맞게 몸을 조정하는 것을 돕지만, 초기에 올바른 자극을 경험하지 못한 구조들은 나중에 경험하는 조건에 잘 맞지 않게 된다.

요컨대 우리는 '사용하지 않으면 잃도록' 진화했다. 몸은 설계되는 것이 아니라 성장하고 진화하기 때문에, 제대로 발달하기 위해서는 성장 과정에서 특정 스트레스를 겪어야 한다. 그러한 사례로 잘 연구된 것이 뇌 발달이다. 언어적 또는 사회적 상호작용을 경험하지 못한 어린아이의 뇌는 제대로 발달하지 못한다. 그래서 새로운 언어나 바이올린을 배우기 가장 좋은 시기는 어릴 때다. 이러한 상호작용은, 면역계를 비롯해 외부 세계와 긴밀하게 상호작용하며 음식을 소화시키고 안정된 체온을 유지하는 다른 기관계들에서도 중요한 역할을 한다.

이런 측면에서 보면, 성장하는 몸이 기대만큼의 스트레스를 경험하지 못할 때 불일치 질환이 발생할 것이라고 예측할 수 있다. 그런 질환들 중 일부는 발달 초기에 모습을 드러내지만, 골다공증 같은 것은 노년이 될 때까지 발생하지 않는다. 물론 골다공증처럼 나이와 관계있는 병은 인간이 더 오래 살면서 흔해진 것이지만, 많은 증거들이 뒷받침하듯이 불가피한 것이 아니며 예방할 수 있다. 60세 사람의 허약한 뼈는 명백한 진화적 불일치다. 게다가 이 불일치는 우리가 원인을 해결하지 못하면 역진화로 이어질 수 있다. 사용하지 않아서 생기는 질환은 무수히 많지만, 이 장에서는 주변에서 흔히 볼 수 있으며 이 책의 관점을 뒷받침하는 몇 가지 사례에 초점을 맞추었다. 골격에서 찾을 수 있는 두 가지 예부터 시작해보자. 왜 사람들은 골다공증에 걸리고, 왜 우리는 매복된 사랑니를 가질까? 두 예는 뼈가 스트레스 반응해 자라도록 되어 있는 탓에 발생하는 결과다.

왜 뼈는 적정 수준의 스트레스가 필요할까?

뼈는 집을 떠받치는 기둥처럼 높은 하중을 견뎌야 한다. 하지만 건물의 기둥과 달리 뼈는 움직일 수 있어야 하고, 칼슘을 저장해야 하고, 안에 골수를 가져야 하고, 근육과 인대와 힘줄이 붙을 자리가 있어야 한다. 게다가 뼈는 평생 모양과 크기를 계속 바꾸면서 제 기능에 충실해야 한다. 부상을 입으면 스스로 복구도 해야 한다. 지금까지 어떤 공학자도 뼈처럼 다재다능하고 기능적인 물질을 만들어내지 못했다.

뼈가 수많은 일을 아주 잘 수행해내는 것은 자연선택 덕분이다. 수억 년간 뼈는 많은 부속들을 지닌 단일 조직으로 진화했다. 이 부속들은 철근콘크리트처럼 함께 맞물려 단단하고 강한, 그리고 유전자와 환경 신호를 종합해 역동적으로 성장하는 물질을 만든다. 뼈의 초기 모양은 주로 유전자의 통제를 받지만, 뼈가 몸의 나머지 부분과 조화를 이루어 제대로 발달하기 위해서는 적절한 영양소와 호르몬이 필요하다. 게다가 성인이 되어 올바른 모양의 뼈를 갖기 위해서는 자라는 동안 일정 수준의 기계적 스트레스를 겪어야 한다. 당신이 움직일 때마다 당신의 체중과 근육이 뼈에 힘을 가하고, 그때마다 뼈에 약간의 변형이 생긴다. 이러한 변형은 당신이 알아채지 못할 정도로 아주 미미하지만, 뼈세포들은 그것을 충분히 감지하고 반응한다. 사실 뼈가 적절한 크기, 모양, 강도를 갖추기 위해서는 이러한 변형이 필수적이다. 성장하는 뼈가 충분한 자극을 경험하지 못하면 휠체어에 앉아서 지내는 아이의 다리뼈처럼 힘이 없어지고 약해진다. 반면 발달 과정에서 뼈에 많은 자극을 주면 뼈가 두껍고 강하게 자란다. 테니스 선수의 팔이 이 원리를 잘 보여준다. 어렸을 때부터 테니스를 많이 친 사람은 라켓을 잡는 팔의 뼈가 다른 팔보다 40퍼센트나 두껍고 강하다.[7] 또 다른 연구들에 따르면, 다른 사람보다 더 많이 달리고 걷는 아이들이 더 두꺼운 다리뼈를 발달시키고, 더 단단하고 질긴 음식물을 씹는 아이들이 더 두툼한 턱뼈를 발달시킨다.[8] 스트레스 없이는 아무것도 얻을 수 없다.

유전자와 영양소 같은 인자도 뼈의 성장에 중요한 영향을 미치지만, 발달 과정에서 골격이 기계적 자극에 대응하는 능력 또한 매우 적응적이다. 이러한 가소성이 없다면 뼈는 무너지지 않기 위해 브루클린브리지처럼 매우 튼튼하게 만들어져야 할 것이고, 그러면 움직일 때마다 거추장스럽고 에너지도 많이 들 것이다. 하지만 불행히도 골격이 환경의 기계적 자극에 적응하는 방식에는 한 가지 제약이 있다. 골격은 성장을 멈추면 더 이상 두꺼워질 수 없다. 성인이 되어 테니스를 많이 치기 시작하면 팔뼈가 약간 더 두꺼워질 수는 있겠지만 십대 테니스 선수만큼은 아니다. 사실 우리의 골격이 최대 크기에 이르는 시기는 성인이 된 직후로, 여성이 18~20세이고 남성이 20~25세다.[9] 이 시기가 지나면 뼈를 더 키우기 위해 우리가 할 수 있는 일이 거의 없고, 뼈는 곧 손실되기 시작한다.

그때부터 뼈는 훨씬 더 두껍게 성장할 수 없지만, 활성이 전혀 없는 것은 아니며, 다행히 스스로 복구할 수 있다. 앞에서 지적했듯이 움직일 때마다 뼈에 가해지는 힘이 뼈에 약간의 변형을 일으킨다. 이러한 변형은 정상적이고 건강한 것이지만, 변형이 너무 많이, 너무 빠르게, 너무 강하게 가해지면 뼈에 금이 갈 수 있다. 미세한 금이 여럿 축적되어 커지고 합쳐지면 뼈에 금이 크게 가서 하중을 견디지 못해 붕괴하는 다리처럼 뼈가 부러진다. 하지만 보통은 그러한 재난이 일어나지 않는데, 뼈가 스스로 복구되기 때문이다. 이 과정에서 오래되고 손상된 뼈세포는 제거되고 그 자리를 새롭고 건강한 뼈세포가 채운다. 사실 복구 과정은 대개 뼈에 스트레스가 가해질 때 시작한다. 우리가 뛰고 점프하고 나무를 오를 때마다 뼈에 일어나는 변형이 일종의 신호가 되어서 가장 필요한 곳에서 복구가 일어난다.[10] 그러므로 뼈는 사용할수록 더 좋은 상태로 유지된다. 그런데 불행히도 그 반대 또한 성립해 뼈는 충분히 사용하지 않으면 손실된다. 무중력 상태에 가까운 우주에 장기 체류하는 우주인들은 골격에 가해지는 자극이 거의 없어서 뼈가 빠른 속도로 소실된다. 그 결과 긴 임무를 끝내고 돌아오면 위험할 정도로 뼈가 약하다. 그래서 우주인들이 지구로 돌아오면 걸을 때 다리뼈가 부러질까봐 대개 들것에 실려 나온다. 물론 자연선택은 인간을 우주에 살도록 적응시키지 않았지만, 지구에서의 진화 과정에서 기대만큼 뼈를 사용하지 않으면, 주변에서 흔히 볼 수 있는 골격 관련 불일치 질환에 걸릴 수 있다. 그 예가 골다공증과 매복 사랑니다.

골다공증

골다공증은 노인, 그중에서도 주로 여성에게 아무런 경고도 없이 몰래 다가와 몸을 쇠약하게 만드는 질병이다. 한 할머니가 넘어졌는데 고관절이나 손목이 부러졌다는 이야기를 흔히 들어봤을 것이다. 일반적으로는 넘어지는 것 정도로 뼈가 부러지면 안 되지만, 할머니의 뼈들은 너무 얇아서 넘어지는 힘을 견딜 수 없다. 또한 척추에 있는 약한 뼈 하나가 상체의 체중을 견디지 못해서 팬케이크처럼 갑자기 푹 꺼져버리는 일도 흔하다. 이러한 압박골절은 만성적인 통증, 키의 감소, 구부정한 자세를 초래한다. 전반적으로 50세 이상 여성 중 최소 3분의 1과 남성 중 최소 10퍼센트가 골다공증을 앓고 있으며[11], 개발도상국에서 골다공증은 더 흔하다. 이 유행병은 수많은 비극과 수십억 달러의 의료비를 초래하는 심각한 사회 문제이자 경제 문제다.

겉보기에 골다공증은 노년의 질병이므로 오래 사는 사람이 늘어나면서 증가하는 것이 당연해 보인다. 하지만 고고학 기록에서 골다공증과 관련된 골절을 찾아보기 어렵고, 심지어 농업이 시작된 이후에도 그런 흔적은 드물다.[12] 여러 증거로 판단컨대, 골다공증은 우리가 물려받은 유전자와 여러 위험 인자들(신체 활동, 연령, 성, 호르몬, 식생활)의 상호작용이 유발하는 현대의 불일치 질환일 가능성이 높다. 특히 주로 앉아서 생활하는 폐경 이후의 여성 중 젊은 시절에 운동을 별로 하지 않았고 칼슘을 충분히 섭취하지 않으며 비타민 D가 충분하지 않은 사람들이 매우 위험하다.

연령, 성, 운동, 호르몬, 식생활이 어떻게 상호작용해서 골다공증을 유발하는지 이해하기 위해, 이러한 위험 인자들이 뼈를 만드는 두 종류의 세포, 조골세포造骨細胞, osteoblast와 파골세포破骨細胞, osteoclast에 미치는 영향을 살펴보자. 조골세포는 새로운 뼈를 만드는 세포이고 파골세포는 오래된 뼈를 녹여서 제거하는 세포다. 두 세포는 모두 꼭 필요한데, 집을 확장하거나 재건축할 때 새로운 벽을 만들려면 오래된 벽을 허물어야 하듯이, 뼈를 성장시키고 복구하기 위해서는 두 종류의 세포가 협력해야 하기 때문이다. 뼈가 정상적으로 성장할 때는 조골세포가 파골세포보다 더 활동적이다(그렇지 않으면 뼈가 두꺼워지지 않을 것이다.). 하지만 나이가 들면서 골격의 성장이 느려지거나 멈추면, 조골세포가 만들어내는 뼈는 줄어들어 그림 25처럼 뼈를 복구하는 데 시간이 오래 걸린다. 복구 과정에서 조골세포가 먼저 파골세포에게 특정 지점의 뼈를 파내라고 신호를 보내고, 그 작업이 완료된 후에 빈 공간을 새롭고 건강한 뼈로 채워 넣는다.[13] 정상적인 조건에서는 파골세포가 제거하는 만큼 조골세포가 채워넣는데, 파골세포의 활동이 조골세포의 활동을 능가하면 골다공증이 발생한다. 이러한 불균형이 생기면 뼈가 가늘어지고 구멍이 많아진다. 이것은 해면뼈spongy bone에 심각한 타격을 주는데, 해면뼈는 척추체 같은 특정 뼈뿐 아니라 관절의 내부를 구성한다(그림 25 참조). 이러한 유형의 뼈는 작고 가벼운 수많은 막대와 판으로 이루어져 있다. 골격은 성장할 때 이 중요한 지지뼈strut를 수백만 개씩 만들지만, 성장을 멈추면 그 능력을 잃는다. 그 후에는 파골세포가 지지뼈를 제거하고 절단해도 지지뼈가 다시 자라거나 복구되지 않는다. 그렇게 지지뼈가 차례로 무너지면서 뼈가 영구적으로 약해지다가 언젠가 안전계수가 너무 낮아

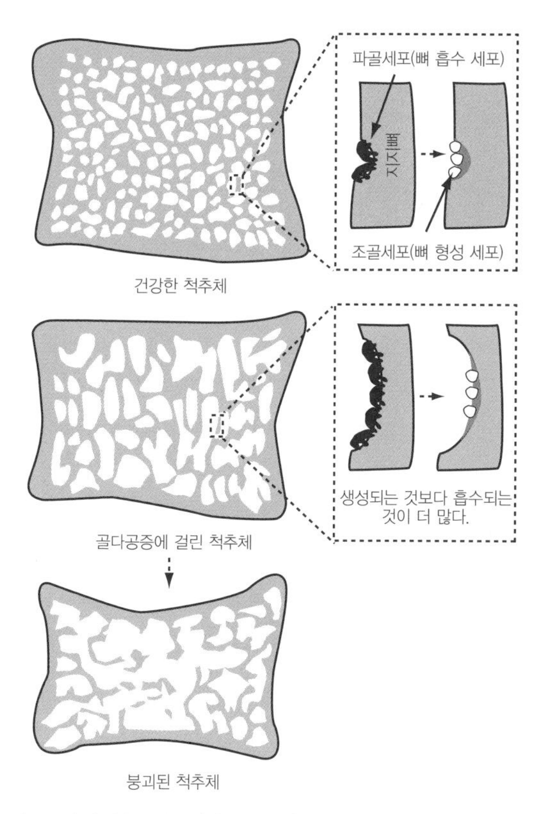

그림 25. 골다공증이 발생하는 과정. (위) 정상적인 척추체 몸통의 중간 단면을 보면 해면뼈가 촘촘하게 채워져 있다. 오른쪽의 세부 그림은 파골세포가 뼈를 제거한 자리를 조골세포가 다시 채우는 모습이다. (가운데) 골다공증은 뼈 흡수 활동이 뼈 대체 활동을 능가해서 뼈 질량과 밀도가 줄어들 때 생긴다. (아래) 결국 척추는 체중을 지탱하지 못할 정도로 약해져 붕괴한다.

지면 골절이 일어난다.

따라서 골다공증은 조골세포가 뼈를 너무 적게 쌓는 것에 비해 파골세포가 뼈를 너무 많이 흡수하여 발생하는 질병이라고 할 수 있다. 나이가 들면 이러한 불균형 때문에 뼈가 약해져서 부러진다. 파골세포의 활동이 조골세포의 활동을 능가하게 만드는 나이 관련 인자들 중 가장 큰 영향을 미치는 것이 에스트로겐이다. 에스트로겐의 수많은 기능 중 하나가 조골세포의 스위치를 켜서 뼈를 만들고, 파골세포의 스위치를 꺼서 뼈의 흡수를 막는 것이다. 에스트로겐의 이중 기능은 여성이 폐경을 맞아 그 수치가 급감하면서 골칫거리가 된다. 갑자기 조골세포의 활동이 느려지는 반면 파골세포의 활동이 활발해져서 뼈가 소실되는 속도가 빨라진다. 따라서 폐경 여성에게 에스트로겐을 주입하면(에스트로겐 대체 요법) 뼈가 소실되는 속도를 늦추거나 멈출 수 있다. 남성도 위험하지만 여성보다는 덜한데, 남성은 뼈 내부에서 테스토스테론을 에스트로겐으로 전환하기 때문이다. 하지만 폐경을 겪지 않는 남성도 나이가 들면 테스토스테론 수치가 떨어져서 에스트로겐을 덜 만들기 때문에 여성과 마찬가지로 골절의 위험이 높아진다.

골다공증을 현대의 불일치 질환으로 만드는 또 다른 주요 인자는 신체 활동이다. 신체 활동이 뼈 건강에 미치는 유익한 효과는 아무리 강조해도 지나치지 않다. 골격은 주로 20대 초 이전에 형성되기 때문에, 어린 시절—특히 사춘기—에 체중을 지지하는 활동을 많이 하면 최대 뼈 질량이 더 커진다. 그림 26이 보여주는 것처럼, 어릴 때 앉아서 생활한 사람은 활동적이었던 사람보다 중년이 되었을 때 뼈 질량이 훨씬 적다. 신체 활동은 나이가 드는 와중에도 뼈의 건강에 계속 영향을 미친다. 노인들이 체중을 지지하는 활동을 많이 하면 뼈 손실 속도를 상당히 늦출 수 있으며 때로는 멈추거나 거꾸로 되돌릴 수도 있다는 것이 수많은 연구에서 밝혀졌다.[14] 특히 여성의 경우 과거와 달라진 인간의 성숙과 노화 과정이 이 문제를 더욱 악화시킨다. 수렵채집인 소녀는 선진국에 사는 소녀보다 일반적으로 3년쯤 늦게 사춘기를 시작하기 때문에, 노년에 잘 견딜 수 있는 강하고 건강한 골격을 성장시킬 시간을 몇 년 더 갖는다.[15] 그리고 물론 현대인처럼 오래 살게 되면 뼈는 약해지고 잘 부러진다.

신체 활동과 에스트로겐 외에 골다공증의 위험을 높이는 또 다른 중요한 요인으로는 식생활, 그중에서도 칼슘의 섭취가 있다. 몸

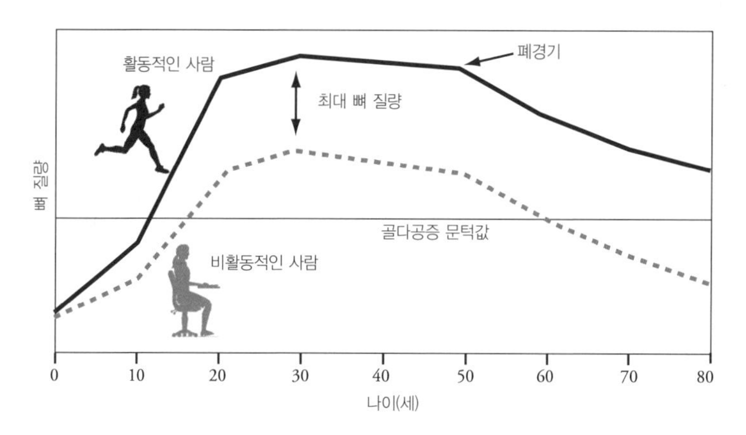

그림 26. 일반적인 골다공증 모델. 몸을 잘 움직이지 않는 사람은 성인이 되었을 때 남들보다 뼈 질량이 적다. 최대 뼈 질량에 이른 다음에는 모든 사람이 뼈의 손실을 겪는다. 특히 여성은 폐경기 이후 뼈 손실이 심하다. 활동적이지 않은 사람은 최대 뼈 질량이 애초에 적었기 때문에 더 빠른 속도로 뼈가 소실되어 남들보다 일찍 골다공증에 걸린다.

이 제대로 기능하기 위해서는 충분한 칼슘이 필요하고, 뼈가 하는 많은 일 중 하나가 이 필수 무기질을 저장하는 것이다. 만일 음식에서 충분한 칼슘을 섭취하지 못해 혈액 속의 칼슘 수치가 지나치게 떨어지면, 호르몬의 자극으로 파골세포가 뼈를 흡수해 그 균형을 회복한다. 하지만 이후에 뼈 조직이 다시 채워지지 않으면 이 반응으로 뼈가 약해진다. 따라서 칼슘 섭취가 부실하면 뼈가 약해지고, 나이가 들면서 뼈가 더 빠르게 소실된다. 게다가 곡물을 주식으로 하는 현대의 식생활은 전형적인 수렵채집인의 식생활보다 2~5배 칼슘이 적고, 미국 성인 중 충분한 칼슘을 섭취하는 사람은 아주 소수에 불과하다.[16] 그뿐 아니라 장이 칼슘을 흡수하도록 돕는 비타민 D와 뼈 합성에 필요한 단백질을 적게 섭취하는 것은 문제를 악화시킨다.[17] 하지만 당신이 골다공증을 염려해 칼슘과 비타민 D를 충분히 섭취해도 이 질병을 예방하거나 되돌릴 수 없다는 것을 명심해야 한다. 조골세포가 그 칼슘을 이용하도록 자극하려면 골격을 사용해야 한다.

수백만 년간의 자연선택 결과, 우리 몸은 신체 활동이 부족한 상태에서 칼슘, 비타민 D, 단백질이 충분하지 않으면 골격이 성숙하지 않게 만들어졌다. 또한 최근까지 여성은 16세가 되어야 사춘기를 맞았기 때문에 더 크고 튼튼한 골격을 만들 시간이 충분했다. 유전적 변이도 중요한 역할을 해서, 일부 사람들은 골다공증에 잘 걸리는 유전적 소인을 갖고 있다. 하지만 다른 많은 불일치 질환이 그렇듯, 이러한 유전자를 갖고 있는 사람들이라도 환경이 크게 바뀌지 않았다면 이렇게 큰 위험에 처하지 않았을 것이다. 무엇보다 일단 진단이 내려지면—대개 뼈가 부러졌을 때 알게 된다.—문제를 되돌리기에 너무 늦었다는 것이 가장 큰 문제다. 이 시점에서 최선의 전략은 질병의 진행을 멈추고 추가 골절을 막는 것이다. 의사들은 대개 식이 보충제, 적당한 운동(활발한 운동은 뼈가 약할 경우 위험할 수 있다.), 약물을 병행하는 처방을 한다. 폐경기 여성에게 종종 처방되는 에스트로겐 보충제는 매우 효과적이지만 심장병과 암에 걸릴 위험을 높이기 때문에, 의사와 환자는 다른 위험들에 견주어 골다공증의 위험을 판단해야 한다. 파골세포의 활동을 느리게 하는 여러 가지 약이 개발되었지만, 이 약들은 대개 불쾌한 부작용을 초래한다.

따라서 골다공증은 불일치 질환으로서 어느 정도 사람들이 더 일찍 사춘기를 겪고 더 오래 살게 되어 발생하는 것이지만, 어릴 때 칼슘을 충분히 섭취하고 운동을 많이 하는 사람들은 골다공증에 걸리지 않는 튼튼한 골격을 갖는다. 나아가 나이가 들어서도 운동을 계속한다면(물론 충분한 칼슘을 섭취하면서), 뼈가 손실되는 속도가 훨씬 느려질 것이다. 폐경기 여성은 항상 더 높은 위험에 처하지만, 어려서부터 나이 들어서까지 진화적으로 정상적인 스트레스를 겪으면 골격이 적절한 안전계수를 유지할 수 있다. 이 점에 있어서 골다공증은 역진화의 사례다. 운동을 더 많이 하고 칼슘이 풍부한 음식을 더 많이 먹어서 원인을 해결하지 않는 한, 몸을 쇠약하게 만들고 돈이 많이 드는 이 불필요한 질병은 계속 퍼져나갈 것이다.

사랑스럽지 않은 사랑니

나는 대학 졸업반 때 몇 달간 턱이 아파서 고생한 적이 있다. 참아도 보고 진통제도 먹어봤지만 소용이 없었다. 그러다가 정기검진을 하러 갔을 때 주치의가 내게 당장 치과교정 전문의를 찾아가라고 말했다. 엑스선을 찍어보니, 사랑니(세 번째 어금니)가 돋아나려고 하는데 공간이 충분치 않아서 방향을 돌려 다른 치아의 뿌리를 밀고 있었다. 그래서 대부분이 그렇듯 나도 이 반갑지 않은 이를 제거하는 수술을 받았다. 매복 사랑니는 다른 치아를 제자리에서 밀어내 통증을 유발할 뿐 아니라 신경을 손상시킬 수 있으며, 때로는 심각한 감염을 일으키기도 한다. 항생제가 생기기 전에는 이러한 감염만으로도 생명이 위험할 수 있었다. 왜 진화는 모든 치아가 제대로 자리 잡을 수 없게끔 우리 머리를 부실하게 설계해서 심한 통증을 일으키고 때로는 죽음까지 초래할까? 페니실린과 현대 치과술이 생기기 전에는 매복 사랑니를 어떻게 처리했을까?

알고 보니 진화는 그렇게 나쁜 설계자가 아니었다. 당신이 최근의 그리고 현대의 머리뼈들을 보게 된다면, 매복 사랑니는 진화적 불일치의 또 다른 사례임을 알게 될 것이다. 내가 일하는 박물관에는 전 세계에서 온 수천 점의 머리뼈가 있다. 지난 몇백 년간의 머리뼈들은 대부분의 치과의사에게 악몽 그 자체일 것이다. 그런 머리뼈에는 충치와 감염이 가득하고, 턱에는 이가 너무 많고, 약 4분의 1은 매복된 치아를 갖고 있었다. 한편 산업화 이전 농부의 머리뼈에도 충치가 많고, 고통스러워 보이는 농양이 있지만, 매복 사랑니를 갖고 있는 머리뼈는 5퍼센트 이하다.[18] 오히려 수렵채집인 대부분은 거의 완벽한 치아 상태를 갖고 있었다. 아마 석기 시대에는 치과교정 전문의와 치과의사 같은 사람들이 필요 없었을 것이다. 수백만 년간 인간은 사랑니를 뽑아야 하는 문제를 겪지 않았지만, 식품 가공 기술에 혁신이 일어난 결과, 유전자와 씹기의 기계적 자극이 상호작용하면서 턱과 치아가 맞물려 성장하는 오래된 시스템이 엉망이 되었다. 실제로 매복 사랑니가 흔해진 원인을 살펴보면 골다공증과 비슷한 면이 많다. 걷고 뛰는 등의 활동을 하면서 충분한 스트레스를 주지 않으면 팔다리뼈와 척추가 튼튼하게 성장하지 않는 것처럼, 음식을 씹어서 얼굴에 충분한 스트레스를 주지 않으면 턱은 모든 치아가 들어설 만큼 크게 성장하지 못하고 따라서 치아는 제자리를 잡지 못한다.

좀 더 자세히 살펴보자. 우리는 음식물을 씹을 때마다 근육의 힘으로 아랫니와 윗니를 강하게 부딪쳐 음식을 부순다. 다른 사람의 입에 손가락이 끼어본 경험이 있다면, 인간의 씹는 힘이 뼈가 으스러질 정도로 강하다는 것을 알고 있을 것이다.[19] 이 힘은 음식물을 부술 뿐 아니라 얼굴에 스트레스를 가한다. 걷고 뛸 때 다리뼈가 변형되는 것처럼 음식을 씹으면 턱뼈가 변형된다.[20] 또한 씹으려면 반복적인 힘을 가해야 한다. 석기 시대의 전형적인 음식—특히 연골이 씹히는 살코기처럼 질긴 음식—은 수천 번을 씹어야 했을 것이다. 반복적으로 큰 힘을 가하면 시간이 흐르면서 턱이 두꺼워진다. 달리기와 테니스가 팔다리뼈를 두껍게 만드는 것과 같다. 다시 말해 어린 시절에 단단하고 질긴 음식을 씹으면, 크고 강한 턱이 발달한다. 이 가설을 검증하기 위해 나는 내 동료들과 함께 바위너구리를 길렀다(인간처럼 씹는, 코끼리의 작고 귀여운 친척이다.). 우리는 바위너구리를 두 집단으로 나누어, 한 집단에게는 영양소는 똑같지만 부드러운 음식을 주고 다른 집단에게는 단단한 음식을 주었다. 그 결과, 단단한 음식을 씹은 집단이 부드러운 음식을 씹은 집단보다 훨씬 더 길고 두껍고 넓은 턱을 가졌다.[21]

음식물을 씹을 때 발생하는 기계적 힘은 턱이 올바른 크기와 모양으로 성장할 수 있게 해줄 뿐 아니라, 치아가 턱 안에서 제자리를 잡을 수 있게 한다. 어금니에는 높이 솟은 교두와 움푹 꺼진 부분이 있어서 막자사발과 막자처럼 작용한다. 씹을 때마다 우리는 아랫니의 교두가 윗니의 움푹한 부분에 꼭 맞도록 아랫니를 윗니 쪽으로 정확하게 끌어당긴다. 그러므로 효과적으로 씹기 위해서는 아랫니와 윗니가 올바른 모양을 갖추고 제대로 자리 잡고 있어야 한다. 치아의 모양을 결정하는 것은 주로 유전자지만, 치아가 턱에 자리를 잡는 것은 씹기의 영향을 많이 받는다. 씹을 때 치아, 잇몸, 턱에 가하는 힘이 치조(치아가 박힐 턱뼈의 공간—옮긴이)의 뼈세포를 활성화시켜서 치아를 올바른 위치로 이동시킨다. 따라서 충분히 씹지 않으면 치아가 잘못 배열될 가능성이 높아진다. 실험에서 돼지와 원숭이에게 힘주어 씹을 필요가 없는 잘게 갈린 부드러운 음식을 주면, 턱이 비정상적인 모양으로 자라고 치아는 제자리를 잡지 못해 서로 들어맞지 않는다.[22] 치과교정 전문의들은 같은 원리—치아를 밀고 당기고 회전시키는 힘을 가하는 것—를 적용한 치아교정기를 이용해 사람들의 치아를 가지런히 정돈한다. 기본적으로 치아교정기는 치아를 원래 있어야 할 곳으로 움직이기 위해 치아에 지속적인 압력을 가하는 금속 끈이다.

요컨대 턱과 치아는 여러 과정을 통해 함께 자라고 맞물린다. 이 과정이 제대로 작동하기 위해서는 단지 씹기만 하면 되는 것이 아니라, 특정 수준의 기계적 힘을 가해 제대로 씹어야 한다. 어릴 때 충분히 강하게 씹지 않으면 치아가 제자리를 잡지 못하고, 턱은 사랑니가 제자리를 잡을 만큼 충분히 커지지 않는다. 그런 이유로 오늘날 많은 사람들은 치아를 가지런하게 만들기 위해 치과교정 전문의를 찾고, 매복 사랑니를 제거하기 위해 치과 수술을 한다. 이것은 우리 유전자가 지난 몇백 년간 별로 변하지 않았는데도 음식이 너무 부드럽게 가공되어 우리가 충분히 강하게 자주 씹지 않은 결과다. 오늘 당신이 무엇을 먹었는지 생각해보자. 아마 갈고, 으깨고, 거품을 내고, 잘게 자르고, 부드럽게 조리한 음식들이었을 것이다. 블렌더와 그라인더 같은 기계들 덕분에 우리는 전혀 씹을 필요가 없는 놀라운 음식(오트밀, 수프, 수플레!)들을 하루 종일 먹을 수 있다. 4장에서 살펴보았듯이 요리와 식량 가공은 호모속이 진화하는 동안 치아를 더 작고 얇게 만든 중요한 혁신이었다. 하지만 최근의 식품 가공은 정도가 너무 심해서 요즘 아이들은 턱이 정상적으로 성장하기 위해 필요한 만큼 씹지 않는다. 며칠만 동굴 원시인처럼 먹어보자. 구운 고기와 거칠게 다듬은 채소만 먹고, 현대의 기술을 이용해 갈거나 으깨거나 끓이거나 부드럽게 만든 음식은 전혀 먹지 않고 생활해보자. 당신의 턱근육은 그렇게 단단한 음식물을 씹는 데 익숙하지 않기 때문에 금방 피로를 느낄 것이다. 치과의사들은 사람들의 입안을 들여다볼 때마다 현대의 나약한 식생활이 치아에 미치는 영향을 어김없이 확인한다. 예컨대 최근에 서구식 식생활로 바꾼 오스트레일리아 원주민 어린이들은 더 전통적인 음식을 먹고 자란 어른들에 비해 턱이 작아서 심각한 치아 밀집 현상을 보인다.[23] 사실 지난 몇천 년간 인간의 얼굴은 몸집의 변화를 감안해도 약 5~10퍼센트가 작아졌는데, 이것은 조리한 부드러운 음식을 먹인 동물들의 얼굴이 줄어드는 비율과 거의 같은 수준이다.[24]

나는 부정교합과 매복 사랑니가 그 원인을 해결하지 않아서 늘어나는 불일치 질환이라고 생각하지만, 치과교정술을 포기하고 아이들에게 단단하고 질긴 음식을 씹으라고 강요하는 것만이 능사는 아니라고 생각한다. 부모들이 이런 식으로 치과 치료비를 아끼려고 했다가는 짜증을 부리고 떼를 쓰는 아이들을 감당할 수 없을 것이다. 하지만 나는 아이들에게 껌을 더 많이 씹게 하는 것이 한 가지 해법이 될 수 있으리라고 생각한다. 많은 사람들은 껌을 씹는 것이 보기에도 좋지 않고 불쾌함을 유발한다고 생각하지만, 치과의사들은 무설탕 껌이 충치의 발생을 줄인다는 사실을 오래전부터 알고 있었다.[25] 게다가 몇몇 실험에서 아이들에게 수지를 함유한 딱딱한 껌을 씹게 했더니 턱이 더 크게 성장하고 치아가 더 고르게 발달했다.[26] 연구가 더 필요하겠지만, 나는 껌을 더 많이 씹는 것이 미래 세대의 충치 예방과 사랑니 보존에 도움을 준다고 생각한다.

약간의 먼지는 괜찮다

많은 사람들이 미생물은 곧 세균이라고, 즉 병을 일으키고 음식물을 상하게 하는, 눈에 보이지 않는 해로운 생물이라고 생각한다. 미생물은 적을수록 좋다! 그래서 우리는 비누, 표백제, 증기, 항생제 같은 무수한 살균제로 집, 옷, 음식, 몸을 쉴 새 없이 소독한다. 많은 부모들은 아이들이 온갖 종류의 더러운 물질을 입안에 넣는 것을 막으려고 하지만, 아이들의 이러한 행동은 말려도 소용없는 자연적인 본능처럼 보인다(내 딸은 걸음마를 뗄 때 자갈을 특히 좋아했다.). 깨끗해야 건강하다는 생각에 의문을 품는 사람은 거의 없고, 부모들과 광고업자들을 비롯해 수많은 사람들은 세상이 위험한 세균으로 가득하다는 사실을 끊임없이 상기시킨다. 그만큼 저온살균, 공중위생, 항생제가 다른 어떤 의학의 진보들보다 많은 생명을 구했기 때문이다.

하지만 진화적 관점에서 보면 몸과 몸이 닿는 모든 것을 멸균하려는 최근의 시도는 비정상적이고, 때로는 해롭기까지 하다. 한 가지 이유는 우리 몸이 온전히 '우리'의 것이 아니기 때문이다. 우리 몸은 장, 호흡기, 피부 등의 기관에 자연적으로 존재하는 수조 개 미생물들의 숙주다. 한 추산에 따르면, 우리 몸 안에는 우리의 세포보다 열 배 많은 외래 미생물들이 있고, 이들을 모두 합치면 그 무게가 수 킬로그램에 이른다고 한다.[27] 우리는 수백만 년간 수많은 벌레들뿐 아니라 이러한 미생물들과 공진화해왔기 때문에 우리 몸의 미생물군은 대부분 무해하며 소화를 돕거나 피부 및 두피를 청소하는 등의 중요한 기능을 수행한다.[28] 이러한 미생물들이 우리에게 의존하는 것만큼이나 우리도 이들에게 의존하고 있어서 만일 그들을 박멸한다면 우리는 고통스러울 것이다. 다행히 항생제와 기생충제는 우리 몸의 미생물군을 모조리 죽이지 않는다. 하지만 이 약들을 과용하면 유익한 미생물들과 벌레들이 사라져서 새로운 질병이 발생할 수 있다.

보이는 모든 것을 없애지 말아야 하며 항생제와 기타 약물을 과용해서는 안 되는, 이 장의 주제와 관계된 또 다른 이유는 특정 미생물들과 벌레들이 면역계에 적절한 자극을 주기 때문이다. 뼈가 성장하려면 스트레스가 필요하듯이 면역계가 적절하게 성숙하기 위해서는 세균들이 필요하다. 몸의 다른 기관계가 그렇듯, 발달하는 면역계가 요구에 부응하는 능력을 갖기 위해서는 환경과 상호작용할 필요가 있다. 해로운 외래 침입자에 대한 면역 반응이 불충분하면 죽음에 이를 수 있지만, 알레르기 반응이나 면역계가 자기 몸의 세포를 외래 침입자로 착각하고 공격하는 자가면역질환처럼 지나친 면역 반응도 위험하기는 마찬가지다. 게다가 우리 몸의 다른 기관계와 마찬가지로, 생후 첫 몇 년이 면역계 발달에 특히 중요하다. 어머니의 자궁이라는 비교적 안전한 환경을 떠나 잔인한 현실 세계를 처음 만났을 때, 아마 처음 보는 수많은 병균들이 당신을 공격했을 것이다. 모든 아기들이 그렇듯이 당신은 아마 수차례 감기에 걸렸을 것이고, 자주 장 트러블을 겪었을 것이다. 이 질병들은 고통스러웠겠지만, 그로 인해 당신의 면역계가 발달할 수 있었다. 그 과정에서 당신의 백혈구들은 해로운 세균과 바이러스 같은 광범위한 외래 병원체들을 인식하고 죽이는 법을 배운다.[29] 어머니의 젖을 먹고 자란 아이들은 보다 효과적으로 건강을 지킬 수 있었다. 모유에는 수많은 항체와 보호 인자가 들어 있어서 면역력을 강화한다.[30] 수렵채집인 아이는 보통 생후 3년까지 젖을 먹는데, 세균과 벌레가 득실거리는 세상에서 자라는 동안 젖의 유익한 성분들이 미성숙한 면역계를 튼튼하게 해준다. 그러므로 아이 젖을 더 일찍 뗀 농부들은 해로운 병원체가 더 많은 환경을 조성한 데다 아이들의 면역력까지 떨어뜨렸다.

적당한 더러움은 정상이고 건강한 면역계를 발달시키는 데 필수라는 생각은 '위생 가설hygiene hypothesis'로 잘 알려져 있다. 데이비드 스트래천David Strachan이 처음 공식적으로 제기한 이 가설은[31], 염증성 장 질환과 자가면역질환에서 특정 암들과 자폐증에 이르는 수많은 질병들에 대한 생각을 혁명적으로 바꾸었다.[32] 위생 가설은 왜 면역계가 때때로 알레르기를 일으키는지에 대한 가설을 세우는 데 처음 적용되었다. 알레르기는 이 장에서 이야기한 예들처럼 능력이 요구에 부응하지 못해서 생기는 문제가 아니다. 오히려 알레르기는 땅콩, 꽃가루, 모직 섬유와 같이 보통은 해롭지 않은 물질에 면역계가 과민 반응하는 해로운 염증 반응이다. 대부분의 알레르기 반응은 약하게 일어나지만, 다들 알고 있듯이 생명을 위협하는 심각한 알레르기도 있다. 가장 무서운 알레르기 반응 중 하나가 천식이다. 천식은 기도를 둘러싼 근육이 수축하고 기도의 내벽이 부풀어 숨쉬기가 어려워지거나 불가능해지는 질환이다. 그 밖의 알레르기 반응들은 피부 발진, 눈의 따끔거림, 콧물, 구토 등을 유발한다. 특히 알레르기와 천식이 선진국에서 증가하고 있는 것은 이 병들이 역진화의 사례일 가능성을 암시한다. 천식을 비롯해 면역 질환은 소득이 높은 국가들에서 1960년대 이래로 세 배 이상 증가한 반면, 감염성 질환의 발생률은 떨어졌다.[33] 한 예로 땅콩 알레르기는 미국 등 부유한 나라들에서 지난 20년간 두 배 증가했다.[34] 최근에 시작된 이러한 빠른 증가 추세는 유전적 변화나 진단 기술의 향상만으로 설명되지 않으며, 어느 정도는 환경에 기인할 것이다. 그러면 우리와 함께 공진화한 특정 세균들과 벌레들에 적게 노출되는 것이 알레르기의 주요 원인일까?

지나친 청결과 위생이 어떻게 그리고 왜 우유나 꽃가루 같은 무해한 물질로 하여금 죽음까지 초래하는 과민 반응을 유발하게 만드는지 알기 위해, 먼저 면역계가 작동하는 메커니즘을 간략히 알아보자. 외래 물질이 몸 안에 들어오면 특수 세포들이 침입자들을 먹고 부순 다음 그 파편(항원)을 세포 표면에 크리스마스 장식처럼 걸어놓는다. 그러면 몸 전체에 존재하는 다른 면역세포인 도움T세포T-helper cell가 와서 그 항원과 접촉한다. 도움T세포들은 보통 항원을 용인하고 아무 일도 하지 않는데, 때때로 항원이 해롭다고 판단하기도 한다. 이때 도움T세포가 할 수 있는 일은 두 가지다. 하나는 거대한 백혈구들을 불러오는 것이다. 그러면 백혈구들이 그 항원과 관계있는 모든 것을 먹어치운다. 이러한 종류의 세포 반응은 우리 몸에서 바이러스나 세균에 감염된 모든 세포를 아주 효과적으로 제거한다. 또 하나의 방법은 그 외래 항원에 특이적인 항체를 생산하는 세포들을 활성화시키는 것이다. 이 방법은 혈액이나 다른 체액 속을 헤엄쳐 다니는 침입자들과 싸우는 데 효과적이다. 항체에는 여러 가지 종류가 있지만, 알레르기 반응은 거의 대부분 면역글로블린E IgE와 관계가 있다. 이 항체들이 항원과 결합하면 또 다른 면역세포들을 유인한다. 이 세포들은 항원을 제시하는 모든 세포에 대해 전면 공격을 펼친다. 이때 동원되는 무기들 중에는 히스타민histamine처럼 염증—발진, 콧물, 기도 폐쇄—을 유발하는 화학 물질들이 있다. 이것은 근육 경련을 일으키기도 하는데, 이때 천식, 설사, 기침, 구토 등 침입자들을 내쫓기 위한 불쾌한 증상들이 발생한다.

항체는 치명적인 수많은 병원체로부터 우리 몸을 보호하지만, 흔하고 무해한 물질을 표적으로 잘못 정하면 알레르기를 유발한다. 처음에 이런 일이 일어나면 반응은 대개 약하다. 하지만 당신의 면역계는 기억해놓고 있다가 다음에 같은 항원을 만나면, 그 항원에 특이적인 항체를 생산하는 세포들이 즉시 덤벼든다. 활성화된 세포들은 빠르게 자기 복제를 해 항체를 엄청나게 많이 생산한다. 방아쇠가 당겨지면 공격 세포들이 성난 벌떼처럼 반응하고, 그 결과 당신을 죽일 수도 있는 엄청난 염증 반응을 유발한다. 따라서 알레르기 반응은 판단을 잘못한 도움T세포들이 일으키는 부적절한 면역 반응이라고 볼 수 있다. 왜 도움T세포들은 무해한 물질을 죽여야 할 적으로 잘못 판단하는 실수를 저지를까? 이러한 반응은 세균과 벌레가 줄어든 환경과 무슨 관계가 있을까?

알레르기의 원인은 복합적이지만, 여러 근거에 따르면 발달 초기에 비정상적으로 깨끗한 환경에 노출되는 것이 알레르기가 흔해진 이유일 것이다. 첫 번째 가설은 서로 다른 종류의 도움T세포들과 관계가 있다. 대부분의 세균과 바이러스는 도움T1세포들을 활성화시키고, 그러면 백혈구들이 소집되어 작은 물고기를 잡아먹는 큰 물고기처럼 감염된 세포를 먹어치운다. 반면, 도움T2세포들은 항체의 생산을 자극한다. 그러면 위에서 설명한 것처럼 염증 반응이 활성화된다. A형 간염 바이러스와 같은 특정 감염이 도움T1세포들을 자극하면 도움T2세포의 수는 억제된다.[35] 위생 가설에 따르면, 인류 역사 대부분에 있어서 사람들은 소소한 감염들과 항상 싸우고 있었기 때문에 그들의 면역계는 세균과 바이러스를 처리하느라 바빴고, 따라서 도움T2세포의 수는 제한되었다. 하지만 표백제, 멸균, 항생제가 거의 무균 상태에 가까운 환경을 만든 이후로 아이들의 면역계에는 할 일 없이 배회하는 도움T2세포가 많아졌다. 그러다 보니 그중 하나가 심각한 실수를 저질러서 무해한 물질을 적으로 잘못 인식할 가능성이 높아졌다. 실제로 이런 일이 발생할 때 알레르기가 생긴다.

위생 가설은 많은 주목을 받았지만, 알레르기가 흔해진 이유를 완전히 설명하지는 못한다. 우선, 도움T1세포들이 때때로 도움T2세포들을 조절하기는 하지만, 두 유형의 세포들은 대개 함께 일한다.[36] 또한 우리는 지난 몇십 년간 도움T1세포들을 활성화시키는 홍역, 볼거리, 풍진, 수두 같은 바이러스 질환을 거의 근절했다. 게다가 이 질환들을 앓는다고 해서 알레르기가 생기지 않는 것도 아니다.[37] '오래된 친구' 가설이라고 알려진 다른 가설은 알레르기와 같은 부적절한 면역 반응이 더 자주 일어나는 것은 우리 몸속 미생물군이 심각하게 비정상적으로 바뀌었기 때문이라고 설명한다.[38] 수백만 년간 우리는 무수한 미생물들과 벌레들, 그리고 주변에 항상 존재하는 작은 생물들과 함께 살아왔다. 이러한 미생물들이 완전히 무해한 것은 아니지만, 전면적인 면역 반응으로 그들과 싸우기보다는 억제하면서 용인하는 것이 적응적인 반응이었을 것이다. 만일 체내 미생물군에 속한 모든 세균과 일일이 전면전을 펼치느라 항상 몸이 아프다면 인생이 얼마나 비참하고 짧아질지 상상해보라! 우리 몸속 면역계와 병원체들은 일종의 냉전 체제 같은 평형 상태 속에서 서로 균형을 유지했다.

이런 맥락에서 보면, 알레르기 같은 부적절한 면역 반응이 선진국에서 흔해진 것은 어쩌면 면역계와 '오래된 친구들'이 오랫동안 유지해온 평형을 우리가 깨뜨렸기 때문인지도 모른다. 항생제, 표백제, 구강청결제 등의 위생 용품과 정수처리장과 같은 위생 시설 덕분에 우리는 다양한 벌레들과 세균들을 만날 일이 없어졌다. 벌레들과 세균들에 대처할 필요가 없어진 우리 면역계는 사소한 자극에도 과민 반응을 하면서, 피 끓는 에너지를 분출할 건설적인 출구가 없는 망나니 십대처럼 말썽을 부린다. '오래된 친구' 가설은 왜 동물, 먼지, 물 등에서 비롯되는 세균들에 노출되면 알레르기 발생률이 낮아지는지 설명해준다.[39] 그뿐 아니라 특정 기생생물에 노출되는 것이 다발경화증과 염증성 장 질환 같은 자가면역질환을 치료하는 데 때때로 도움이 된다는 증거가 늘어나고 있는데, 이것도 '오래된 친구' 가설로 잘 설명된다.[40] 머지않은 미래에 의사들은 알레르기 환자들에게 벌레나 배설물을 처방할지도 모른다.[41]

요컨대 천식과 기타 알레르기 질환들을 불일치 질환으로 볼 이유는 충분하다. 미생물에 너무 적게 노출되는 것이 면역계와 미생물계의 평형을 깨뜨렸고, 그로 인해 면역계가 무해한 외래 물질에 과민 반응을 하는 역설적인 상황이 초래됐다. 하지만 면역계는 앞에서 설명한 것보다 훨씬 더 복잡하고, 유전자를 비롯한 다른 인자들도 중요한 역할을 한다. 예를 들어 쌍둥이들은 같은 알레르기를 겪을 가능성이 높다.[42] 하지만 알레르기를 유발하는 유전자 빈도는 빠르게 증가하는 것 같지 않는 반면, 면역계를 교란하는 다른 환경 인자들인 오염, 음식과 물, 공기 중의 다양한 독성 물질들은 확실히 더 흔해졌다.

위생 가설과 '오래된 친구' 가설에 따르면 우리가 면역 질환을 치료하는 방식이 때때로 역진화를 유발하는 것 같다. 알레르기 반응의 증상에 집중하는 것은 매우 중요하고 생명을 구하는 일이지만, 애초에 알레르기를 예방하기 위해 원인을 잘 해결할 필요도 있다. 아이들이 적절한 미생물군을 가진다면 생명을 위협하는 알레르기가 생길 가능성이 줄어들 것이고 자가면역질환에도 걸리지 않을 것이다. 아이들에게 올바른 종류의 음식과 운동이 필요하듯이, 그들의 장과 소화관에도 올바른 종류의 미생물군이 필요하다. 아이들이 아파서 항생제가 필요할 때(항생제는 생명을 구하는 약이다.), 항생제 처방에 이어서 친생제 처방이 뒤따른다면 '오래된 친구'들이 돌아와 면역계가 제 할 일을 수행할 수 있을 것이다.

고통이 없으면 얻는 것도 없다

사용하지 않음으로써 생기는 불일치 질환은 널리 퍼져 있다. 이 유형의 병은 스트레스가 너무 적어서 요구 수준에 못 미치는 능력을 갖게 됨으로써 발생한다. 당신은 비타민과 기타 영양소들의 불충분한 섭취, 부족한 잠, 약한 허리근육, 햇볕을 충분히 쬐지 못하는 것 등 이 범주에 속하는 다른 불일치 질환들을 충분히 떠올릴 수 있을 것이다. 고통이 없으면 얻는 것도 없듯이 몸이 건강하려면 몸을 움직여야 한다. 달리기, 하이킹, 수영 같은 격렬한 활동을 하면 근육에 더 많은 산소가 필요해서, 숨이 가빠지고 심장박동수가 올라가며 혈압이 상승하고 근육이 피로해진다. 이러한 스트레스들은 심혈관계, 호흡계, 근골격계의 능력을 향상시키는 수많은 적응 반응들을 유발한다. 심장근육은 강해지는 동시에 커지고, 동맥은 성장하고 유연해지며, 운동근육에는 섬유가 늘어나고, 뼈는 두꺼워진다. 하지만 이렇게 매우 적응적인 기관계라도 오랫동안 쓰지 않으면 문제가 생긴다. 우리 몸은 신체 활동이 적은, 병리적으로 비정상인 조건에서 성장하도록 적응되어 있지 않다. 또한 우리 몸은 불필요한 능력을 축소해서 에너지를 아끼도록 적응되어 있어서(근육을 유지하는 데는 비용이 많이 든다.), 소파에서 뒹굴뒹굴하기만 하는 사람은 건강 상태가 심각하게 나빠져 근육은 위축되고 동맥은 경직된다. 신체 활동이 많은 사람들이 그렇지 않은 사람들보다 더 오래 살고 건강하게 늙는다는 것은 이미 여러 연구에서 증명된 사실이다.[43]

사용하지 않음으로써 생기는 불일치 질환을 역진화의 예로 볼 수 있는 또 다른 이유는, 우리가 그 원인을 해결하지 않아서 계속 존속하거나 더 악화되고 있기 때문이다. 이 장에서 거론한 사례들인 골다공증, 매복 사랑니, 알레르기는 모두 역진화로 가고 있는 불일치 질환의 특징을 두루 갖추고 있다. 첫째, 우리는 그 증상들 대부분을 잘 치료할 수 있지만, 원인을 해결하기 위한 일은 거의 하고 있지 않으며 대개는 원인조차 잘 모른다. 둘째, 앞서 이야기한 불일치 질환들 중 어떤 것도 번식 적합도에 영향을 미치지 않는다(치료되지 않는 극단적인 알레르기 반응은 예외다.). 우리는 골다공증, 충치, 특정 알레르기를 지닌 채로 수년간 살 수 있다. 셋째, 이 모든 질환들에서 진화적 불일치를 야기하는 환경과 그것이 인체에 미치는 생리 효과 사이의 관계는 점진적이고 모호하고 뒤늦게 나타나고 불충분하고 간접적이다. 그리고 맛있는 가공식품, 수고를 덜어주는 기계, 깨끗한 생활환경과 같이 우리가 소중하게 여기는 문화 요소들이 이러한 불일치 질환들을 부추긴다. 사실 이 질환들 대다수는 스트레스와 지저분한 것을 피하려는 기본적이고 일반적인 욕구에서 비롯된다. 아이들은 더러운 것을 만지며 뛰어놀기 좋아하지만 나이가 들면 사람들은 그러한 즐거움을 포기한다. 성인들이 가능하면 편안하게 쉬고 깨끗하게 지내려는 것은 적응적인 행동일 것이다. 그렇더라도 동굴 원시인은 상상조차 하지 못했던 수준의 편리하고 안락하고 깨끗한 환경을 창조함으로써 이러한 성향이 지나치게 강해진 것은 최근의 일이다. 이례적으로 청결하고 안락한 삶을 살 수 있는 것이 반드시 좋은 것도 아니다. 아이들에게 특히 그렇다. 제대로 성장하기 위해서는 몸의 거의 모든 부분이 외부 세계와의 접촉을 통해 적절한 스트레스를 받아야 한다. 비판적인 사고를 훈련하지 않으면 아이의 지적 능력이 축소되는 것처럼, 아이의 뼈, 근육, 면역계에 스트레스를 주지 않으면 이 기관들이 필요한 능력을 갖추지 못한다.

사용하지 않아서 생기는 질환에 대한 해결책은 석기 시대로 돌아가는 것이 아니다. 현대의 많은 발명들은 인생을 더 낫고, 더 편리하고, 더 맛있고, 더 편안하게 만들었다. 이 책의 많은 독자들은 항생제와 현대의 위생 시설 없이 살 수 없을 것이다. 이와 같은 진보들을 포기한다는 것은 말도 안 되지만, 이러한 문명의 이기를 언제 그리고 얼마나 사용하고 허용하고 처방할지에 대해서는 신중하게 다시 생각해볼 필요가 있다. 사용하지 않아서 생기는 질환과 관련해 좋은 소식은, 우리가 그런 질병을 다루기 위한 노력을 이미 시작했고 어떤 종류의 노력이 필요한지만 찾으면 된다는 것이다. 신체 활동의 경우가 대표적이다. 대부분의 부모들은 아이들에게 운동을 권하고, 대부분의 학교는 적절하지는 않지만 그래도 적당한 수준의 체육교육을 시킨다. 우리가 알지 못하는 것은 어느 정도의 운동량이 충분한지, 그리고 특히 나이든 사람들을 운동시키는 더 효과적인 방법이 무엇인지다. 또한 얼마쯤의 먼지가 충분하지만 지나치지는 않은 수준일까? 자식들이 흙을 먹어도 그냥 내버려두라고 국가가 부모들에게 권고하는 것이 과연 가능할까? 항생제 처방을 받은 다음에는 내과 전문의를 찾아가서 소화관의 생태환경을 회복하기 위해 벌레, 세균, 또는 특별하게 가공한 배설물을 처방받는 세상이 올까?

결론적으로, 인간의 몸은 브루클린브리지처럼 설계되어 있지 않고, 외부 환경과 상호작용하면서 성장하도록 진화했다. 수백만 년에 걸쳐 이러한 상호작용을 하도록 적응된 결과, 우리 몸이 능력을 제대로 발휘하기 위해서는 적절하고 충분한 스트레스가 필요하다. "고통 없이 얻어지는 것은 없다."는 오래된 속담은 우리 몸에 딱 맞는 조언이다. 우리 아이들이 이 속담을 귀담아듣지 않는다면, 수명은 길어지면서 골다공증 같은 문제가 흔해지는 악순환의 고리가 초래될 것이다. 언젠가 이러한 문제를 치료하는 기적의 신약이 개발될지도 모르지만, 개인적으로는 그러한 전망에 회의적이다. 이러한 질병들이 발생하는 빈도와 강도를 식생활과 운동을 통해 예방하거나 줄이는 방법은 이미 알려져 있다. 게다가 건강한 식단 관리와 운동은 다른 이점과 즐거움을 무수히 많이 제공한다. 어떻게 하면 생활 습관을 바꿔 몸을 변화시킬 수 있을지에 대해서는 12장에서 다루기로 하고, 그전에 우리가 대응하는 방식 때문에 수많은 문제로 이어질 수 있는 마지막 범주의 불일치 질환을 살펴보자. 그것은 혁신이 초래하는 질환이다.

∞

11장

새로움과 안락함 속에 숨겨진 위험

: 일상적인 혁신이 몸에 해로운 이유

인생의 어떤 시기를 보더라도,

사람은 항상 더 안락한 삶을 위한 새로운 계획에 사로잡혀 있을 것이다.

—알렉시 드 토크빌, 『미국의 민주주의』

위험은 어디에나 있지만, 왜 그토록 많은 사람들이 해로울 수 있는 행동을 피할 수 있는데도 일부러 할까? 대표적인 예가 담배다. 오늘날 10억 명이 넘는 사람들이 담배가 건강에 해롭다는 것을 알면서도 끊지 않는다. 그 밖에도 수백만 명이 다양한 이유로 피부를 태우고 마약을 남용하고 번지점프를 하는 등 누가 봐도 부자연스럽고 위험한 행동을 한다. 또한 우리는 주변에 있는 위험한 화학물질들을 아무렇지 않게 여긴다. 나는 의심스러운 물질들로 만들어진 페인트와 데오도란트를 구매하는데, 일부 성분이 독성 물질이거나 발암 물질이라는 심증이 있어도 조사하지 않으며, 그것을 정부가 엄격하게 규제하리라고 믿지도 않는다. 한 예가 아질산나트륨이다. 음식을 보존하고(보툴리누스 식중독을 막아준다.) 붉은 고기를 붉게 만드는 데 이용되는 이 화학 물질은 암과 관련이 있다. 미국 정부가 1920년대에 아질산나트륨 함량을 낮추도록 규제한 뒤로 위암 발생률이 크게 줄었지만, 아무리 소량이어도 우리는 왜 아직 그 물질을 음식에 넣을까?[1] 발암 물질로 알려져 있는 폼알데하이드가 사용된 건축용 합판으로 집을 짓는 것을 허용하는 이유는 뭘까? 왜 우리는 기업들이 질병과 죽음을 초래하는 화학 물질들을 배출해 공기와 물, 식품을 오염시키게 내버려둘까?

이러한 수수께끼에 대한 간단한 답은 존재하지 않지만, 잘 알려져 있는 한 가지 큰 이유는 우리가 손익을 계산하는 방식에 있다. 우리는 장기적 손익보다는 단기적 손익을 더 높이 평가하는 경향이 있다(경제학자들은 이러한 행동을 '과장된 가치폄하hyperbolic discounting'라고 부른다.). 즉 장기 목표에 대해서는 더 이성적으로 평가하면서, 당장의 욕구, 행동, 쾌락 관련해서는 덜 이성적으로 행동한다. 따라서 장기적으로 보면 해로울 수 있는 것을 용인하거나 즐기는 까닭은 그것이 앞으로 끼칠 손해나 위험보다는 지금 당장 우리 삶에 가져다주는 이익이 더 높이 평가되기 때문이다. 그러다 보니 이러한 판단을 내리는 데 있어서 적정 사용량이 종종 중요한 역할을 한다. 미국 정부는 값싼 고기와 저렴한 목재의 단기적인 경제적 이익과 장기적인 건강 위험을 비교한 것을 토대로, 음식에 소량의 아질산나트륨을 첨가하는 것이나 건축용 합판에 소량의 폼알데하이드를 사용하는 것을 허용한다. 그 밖에도 미묘하고 작은 타협들이 항상 이루어진다. 소수의 사람들이 자동차 오염 물질과 차 사고로 죽는 것은 우리가 자동차를 갖고 다니는 이점을 위해 지불하는 대가다. 대부분의 미국 주州정부는 도박 관련 중독과 부패가 초래하는 사회적 비용에도 불구하고 도박 산업이 벌어주는 수입을 위해 그 업계를 후원한다.

때때로 사람들이 해로울지도 모르는 어떤 새로운 일을 시도하는 데는 더 근본적인 진화적 이유가 있는 것 같다. 무엇보다도 우리는 새로운 행동들을 새롭게 여기지 않는 탓에 그것들이 해로울 수 있다고 생각하지 않을뿐더러 우리 주변 세계가 정상적이고 해롭지 않다고 여기는 심리적 성향을 태생적으로 갖고 있다. 나는 학교에 가고, 자동차와 비행기를 타고 다니고, 통조림 음식을 먹고, 텔레비전을 보는 것이 특별하지 않다고 생각하면서 자랐다. 또한 나는 사람들이 가끔 자동차 사고를 당하는 것은 정상이고, 감기에 걸려서 죽거나 굶어 죽는 것은 비정상이라고 생각하면서 자랐다. 익숙해지는 것이 우리의 습성이다. 자신이 하는 모든 일에 의문을 품으면 매우 불행하게 살아야 한다. 그러다 보니 이성적인 사람이라면 으레 자신의 행동이나 환경에 의문을 품지 않는다. 우리는 벽에 페인트를 칠하는 것은 특별하다고 생각하지 않으며, 페인트에 들어 있는 해로운 화학 물질들을 단순히 집을 짓고 사는 것의 불가피한 부작용으로 여긴다. 역사는 평범한 사람이 정상인이라면 생각할 수조차 없는 끔찍한 행동에 익숙해질 수 있다는 것을 보여준다. 철학자 한나 아렌트Hannah Arendt는 이러한 현상을 '악의 평범성Banality of evil'이라고 불렀다. 건강하지 못한 새로운 행동과 환경이 일상이 되면 인간은 거기에 익숙해진다는 사실은 진화적 논리로도 알 수 있다.

주변 세계를 정상(일상의 평범성)으로 받아들이려는 타고난 성향은 뜻하지 않게 불일치 질환과 역진화라는 해로운 결과를 초래할 수 있다. 지금 본인의 모습을 돌아보라. 당신은 아마 앉아서 이 책을 읽고 있을 것이고, 글자를 보기 위해 조명을 켜놓았을 것이다. 신발은 신고 있을 테고, 방은 냉방 또는 난방 중일 것이다. 어쩌면 탄산음료를 마시고 있을지도 모르겠다. 당신의 할머니 세대만 해도 이러한 환경이 정상이었겠지만, 당신이 앉아서 책을 읽고 있다는 사실을 포함해 지금 거론한 어떤 행동도 인류에게 정상적인 조건이 아니며, 이 모두는 지나치면 해로울 수 있다. 왜일까? 우리 몸이 독서, 지나친 좌식 생활, 탄산음료 섭취와 같은 새로운 일에 잘 적응되어 있지 않기 때문이다. 이것은 새로운 소식이 아니다. 담배가 해롭다는 것을 모두가 알고 있듯이, 지나친 술이 간에 나쁘고 지나친 당이 충치를 유발하며 운동 부족이 몸에 나쁘다는 것도 잘 알려져 있다. 하지만 대부분의 사람들은 일상적으로 하는 많은 일들에 우리 몸이 잘 적응되어 있지 않기 때문에 지나치면 해로울 수 있다는 사실을 알면 놀라워한다.

여기서 왜 인간이 해로울 수 있는 새로운 일을 자주 하는지에 대한 두 번째 진화적 설명을 찾을 수 있다. 바로 우리가 안락함을 좋은 것으로 착각하기 때문이다. 육체적으로 편안한 상태를 누가 싫어하겠는가? 장시간 고된 일을 하는 것, 딱딱한 바닥에 앉아 있는 것, 지나치게 덥거나 추운 것은 피할 수 있다면 피하는 것이 좋다. 내가 이 글을 쓰기 위해 의자에 앉아 있는 이유는 서 있는 것보다 편하기 때문이다. 그리고 우리 집의 난방은 안락한 온도인 20도에 맞추어져 있다. 잠시 후에 나는 신발과 외투를 입고 출근해, 직장에 도착하면 계단을 오르는 수고를 피해 엘리베이터를 타고 사무실에 올라갈 것이다. 그다음에는 온도 조절이 되는 사무실에서 하루 일과를 편안하게 앉아서 보낼 것이다. 내가 먹는 음식은 구하기도 쉽고 먹기도 쉬우며, 샤워기에서 나오는 물은 적당한 온도로 맞춰져 있고, 오늘밤 잠을 청할 침대는 부드럽고 따뜻할 것이다. 혹시라도 두통이 찾아온다면 진통제를 먹을 것이다. 대부분의 사람들처럼 나 역시 편안하면 무조건 좋다고 생각한다. 물론 어느 정도는 사실이다. 발이 아픈 신발은 대개 나쁜 것이고, 몸을 너무 조이는 옷도 마찬가지다. 하지만 편할수록 좋을까? 당연히 그렇지 않다. 대부분의 사람들은 지나치게 푹신한 매트리스가 요통을 유발할 수 있다고 생각하고, 몸을 움직이지 않는 것이 건강에 나쁘다는 사실을 잘 안다. 하지만 편안하고자 하는 본능이 더 현명한 판단(다음부터는 엘리베이터를 타지 않겠다는 결심)을 이기는 것이 인간 본성이다. 우리는 일상적이고 정상적인 안락이 극단으로 치우치면 해롭다는 것을 대체로 잘 알아차리지 못한다. 안락은 돈을 벌어주기도 한다. 우리는 더 편한 것을 갈구하는 욕망에 호소하는 제품 광고를 하루 종일 보고 듣는다.

일상적으로 누리는 비정상적인 안락들 가운데 인류에게는 너무도 새로운 것이라서 건강에 나쁠 수 있는 것이 수없이 많다. 이 장에서는 위에서 언급한 행동들 중 당신이 지금 당장 하고 있을 세

가지, 바로 신발을 신는 것, 책을 읽는 것, 그리고 앉아 있는 것을 중점적으로 살펴보겠다. 이러한 활동들은 역진화를 악화시킬 수 있다. 그로 인해 유발되는 진화적 불일치(비정상적인 발, 근시, 요통)에 대해 우리는 증상을 완화해주는 발명품(교정기구, 안경, 척추 수술)을 만들 뿐 애초에 그런 문제가 일어나지 않도록 원인을 해결하지는 않고 있기 때문이다. 그 결과, 이제 그러한 문제들이 너무 흔해져서 대부분의 사람들은 그것들이 정상적이고 불가피하다고 간주한다. 하지만 그래서는 안 된다. 우리는 이 문제들을 방치할 것이 아니라, 무엇이 정상인지를 진화적 관점에서 되돌아봄으로써 더 나은 신발, 책, 의자를 고안할 필요가 있다.

신발의 이성과 감성

나는 가끔 맨발로 뛰는데, 그때마다 사람들이 "아프지 않아요?", "개똥 조심해요!", "유리조각 조심해요!"라고 말을 건넨다. 개를 산책시키는 사람들이 그렇게 반응한다는 것이 특히 재밌다. 그들은 개는 맨발로 걷고 뛰어도 괜찮다고 생각하면서 인간이 그렇게 하는 것은 비정상이라고 생각한다. 사람들이 그런 식으로 반응한다는 것은 우리가 우리 몸과 너무 멀어져서 새로움과 정상에 대한 왜곡된 관점을 갖게 되었다는 증거다. 따지고 보면 인간은 수백만 년 전부터 맨발로 걷고 뛰었고, 아직도 많은 사람들이 그렇게 한다. 게다가 사람들이 대략 4만 5000년 전부터 신발을 신기 시작했을 때[2] 그들의 신발은 오늘날의 기준에서 보면 최소한의 장치에 불과했다. 두툼한 발꿈치 쿠션도 없었고, 발바닥활 지지대도 없었다. 지금까지 알려진 가장 오래된 샌들은 약 1만 년 전의 것으로, 얇은 신발 밑창을 노끈으로 발목에 묶는 형태였고, 5,500년 된 가장 오래된 신발은 모카신이었다.[3]

선진국에서는 신발을 신는 것이 당연한 일이고 맨발로 다니는 것이 특이하고 상스럽고 불결한 일이다. 식당과 상점은 맨발 손님을 응대하지 않고, 사람들은 발을 잘 지지해주는 편안한 신발이 건강에 좋다고 생각한다.[4] 신발을 신는 것이 맨발보다 정상이며 좋은 것이라는 사고방식은 맨발달리기를 둘러싼 논란이 벌어졌을 때 분명하게 드러났다. 이 주제에 대한 관심에 불을 댕긴 것은 2009년에 출간된 베스트셀러 『본 투 런: 인류가 경험한 가장 위대한 질주』였다. 이 책은 멕시코 북부의 한 외딴 지역에서 열리는 울트라마라톤에 관한 이야기지만, 러닝화가 부상을 유발한다는 주장을 제기해 화제가 되었다.[5] 1년 뒤 나는 동료들과 맨발로 달리면 충격이 없는 방식으로 착지하게 되어 딱딱한 바닥에서 편안하게 달릴 수 있기 때문에 신발의 쿠션은 필요 없다고 주장하는 논문을 발표했다(더 자세한 이야기는 다음에 소개돼 있다.).[6] 그때 이후로 치열한 논쟁이 이어졌다. 그리고 대개 그렇듯이 극단적인 견해들이 가장 큰 관심을 끌어 모았다. 맨발달리기를 열렬히 옹호하는 사람들은 신발이 불필요하고 부상을 유발한다고 비난하고, 맨발달리기를 열렬히 반대하는 사람들은 달리기를 할 때 부상을 피하기 위해 신발을 신어야 한다고 주장했다. 일부 비판적인 사람들은 맨발달리기를 단순히 "한때 유행"으로 치부했다.[7]

진화생물학자인 나는 양극단의 견해가 저마다 흥미롭긴 하지만 타당하지 않다고 생각한다. 인간이 수백만 년간 맨발로 다녔다는 사실을 고려하면 신발을 신는 것은 최근의 유행으로 봐야 한다. 다른 한편으로 보면 사람들이 수천 년간 이런저런 신발을 이용해왔지만 대개는 특별한 해를 끼치지 않았다. 사실 신발을 신는 것에는 이점이 있는 만큼 손해도 있다. 우리가 손해를 미처 생각하지 못하는 것은 신발을 신는 것이 속옷을 입는 것만큼이나 정상적이고 흔한 일이 되었기 때문이다. 그뿐 아니라 대부분의 신발, 특히 운동화는 매우 편하다. 대부분의 사람들은 편안한 신발이 건강에 좋은 신발이라고 생각한다. 하지만 정말 그럴까?

스타일 문제를 제외한 신발의 가장 중요한 기능은 발바닥을 보호하는 것이다. 신발을 신지 않는 사람과 동물의 발에서는 굳은살이 이러한 보호 기능을 한다. 굳은살은 머리카락처럼 생긴 유연한 단백질인 케라틴keratin으로 구성되어 있다. 케라틴은 코뿔소의 뿔과 말의 발굽을 구성하는 물질이기도 하다. 피부는 맨발로 다닐 때마다 굳은살을 만든다. 맨발로 더 많이 다닐 수 있는 따뜻한 봄이 오면 굳은살이 자라고, 더 이상 맨발로 다닐 수 없는 겨울이 오면 굳은살이 사라진다. 그런데 일단 신발을 신기 시작하면 신발에 계속 의존하게 되는 악순환이 초래된다. 즉 굳은살 없이 맨발로 다니다 아픔을 참지 못하고 신발을 신게 되면 굳은살은 영원히 생기지 않는다. 신발 밑창이 굳은살보다 발을 더 잘 보호하는 것은 분명한 사실이지만, 밑창이 두꺼운 신발은 감각을 둔하게 만드는 단점이 있다. 발바닥에는 광범위한 신경망이 있어서 땅바닥에 관한 중요한 정보를 뇌에 전달하고, 날카롭거나 울퉁불퉁하거나 뜨거운 뭔가가 발에 닿으면 다치지 않도록 반사 반응을 유도한다. 그런데 신발은 이처럼 감각이 전달되는 과정에 방해가 되며, 밑창이 두꺼울수록 당신이 얻는 감각 정보는 적어진다. 실제로 양말만 신어도 안정감이 줄어서 무술가, 무용수, 요가 수련자는 감각 자극에 예민하게 반응하기 위해 맨발을 선호한다.

신발에서 발이 받는 충격이 가장 크게 완화되는 곳은 발꿈치다. 발꿈치는 우리가 걷거나 뛸 때 땅에 처음으로 닿는 신체 부위다. 그림 27에 잘 나와 있듯이 발이 땅에 부딪히면 땅에 갑작스러운 충격이 가해진다. 이것을 최대 충격력impact peak이라고 하며, 걸을 때는 체중과 같고 달릴 때는 체중의 세 배쯤 된다.[8] 모든 작용에는 똑같은 힘의 반작용이 따르기 때문에, 최대 충격력과 동일한 크기의 충격파가 다리와 척추를 따라 즉시 머리로 전달된다(달릴 때는 0.01초 내에). 발꿈치가 땅에 세게 닿으면 큰 망치로 치는 것처럼 느껴지기도 한다. 다행히 발꿈치의 지방층이 이 힘을 충분히 흡수해 맨발로 걸어도 전혀 불편함이 없지만, 콘크리트나 아스팔트 같은 단단한 표면에 발꿈치를 부딪혀가며 장시간 맨발로 달리면 아플 수 있다. 그래서 대부분의 러닝화 뒤꿈치에는 탄성이 있는 물질로 만들어진 두툼한 쿠션이 갖춰져 있다. 이러한 신발은 최대 충격력이 전달되는 속도를 늦춰 뒤꿈치 착지를 더 편하고 덜 아프게 해준다(그림 27 참조). 이러한 신발을 신으면 걷기도 더 편하다.

하지만 맨발로 다니는 사람들은 잘 알듯이, 단단한 표면에서 걷고 달릴 때 뒤꿈치에 쿠션을 댄 신발을 신지 않아도 불편하지 않다. 맨발로 걸을 때 우리는 뒤꿈치를 더 부드럽게 착지시켜 최대 충격력을 줄이려고 한다. 그리고 달릴 때는 뒤꿈치를 내리기 전에 발볼을 먼저 착지시켜 최대 충격력을 아예 피할 수 있다. 이것을 '앞발 착지'라고 한다.[9] 직접 해보면 금방 알 수 있을 것이다. 맨발로 점프해보기만 하면 된다(당장 해 보라.). 의식하지 않아도 뒤꿈치를 내리기 전에 발볼을 먼저 닿게 해서 사뿐히 착지하게 될 것이

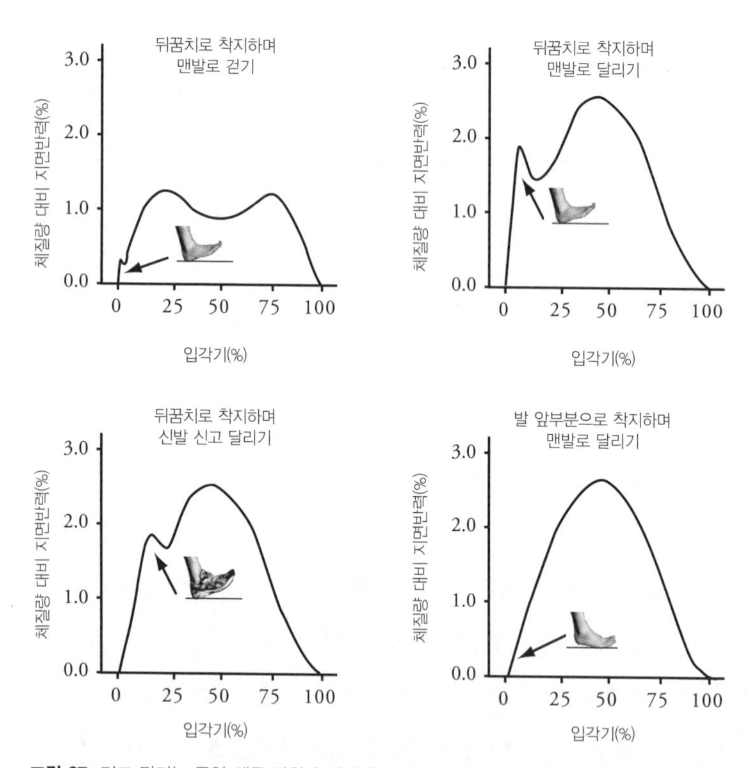

그림 27. 걷고 달리는 동안 체중 단위당 지면에 가해지는 힘(맨발일 때와 신발을 신었을 때). 걸을 때는 보통 뒤꿈치로 착지하는데, 이때는 최대 충격력이 작다. 맨발로 달리는 동안 뒤꿈치 착지를 하면 최대 충격력이 훨씬 크고 빨리 전달된다. 쿠션이 있는 신발은 최대 충격력의 전달 속도를 크게 늦춘다. 앞발 착지는 (신발을 신든 맨발이든) 최대 충격력을 전혀 발생시키지 않는다.

다. 하지만 일부러 뒤꿈치를 먼저 닿으려고 시도하면 충격이 크고 느낌이 딱딱하고 아플 것이다(실제로 해 본다면 조심하라.). 달리기에도 같은 원리가 적용된다. 달리기는 간단히 말하면 한 발에서 다른 발로 점프하는 것이다. 당신은 앞발 또는 때때로 중간발로 사뿐히 착지함으로써 쿠션이 없어도 단단한 표면에서 빠르게 달릴 수 있다. 그런 식으로 달리면 알아차릴 수 있을 만한 최대 충격력이 발생하지 않기 때문이다. 즉 착지할 때 발에 충격이 가지 않는다. 통증은 해가 되는 행동을 피하게 하려는 적응이라는 점을 생각하면, 경험 많은 맨발 달리기 주자들, 또는 최소한의 신발을 신는 달리기 주자들이 단단하거나 고르지 않은 땅 위에서 장거리를 뛸 때 앞발 또는 중간발로 착지를 한다는 사실이 놀랍지 않다. 신발을 신고 뛰는 달리기 주자들도 평상시에는 발꿈치 착지를 하지만 단단한 표면에서 맨발로 달리라고 하면 앞발 착지로 바꾼다는 사실도 놀랍지 않다.[10] 물론 맨발 달리기 주자들도 천천히 달리거나 단거리를 달리거나 푹신한 표면 위에서 달릴 때는 뒤꿈치로 착지하기도 하지만, 그것이 고통스러워지면 이런 식으로 달릴 필요가 없다.[11] 세계에서 가장 빠른 달리기 주자들의 대다수는 신발을 신고 달릴 때도 앞발 착지를 한다.

뒤꿈치 착지가 부자연스럽거나 잘못되었다고 주장하는 것이 아니다. 오히려 맨발이든 신발을 신었든 사람들이 특히 부드러운 표면에서 때때로 뒤꿈치 착지를 선호하는 데는 여러 가지 이유가 있다는 말이다. 뒤꿈치 착지를 하면 보폭을 쉽게 벌릴 수 있고 종아리근육에 훨씬 무리가 덜 간다(앞발 착지를 하면 뒤꿈치를 부드럽게 내리기 위해 종아리근육이 늘어나는 동시에 강하게 수축해야 한다.). 뒤꿈치 착지는 발꿈치힘줄에도 무리를 덜 준다. 대부분의 신발에서 볼 수 있는 두툼한 뒤꿈치 쿠션도 뒤꿈치 착지를 하지 않을 수 없게 만든다. 중요한 점은 쿠션이 장착된 신발을 신고 뒤꿈치 착지를 하다 보면, 보행의 충격을 줄이기 위해 꼭 필요한 감각 자극을 받지 못한다는 것이다. 따라서 쿠션이 있는 신발을 신고 나쁜 자세로 달리면 매번 지면을 강하게 치며 쿵쾅거리게 된다.[12] 신발의 뒤꿈치 쿠션 덕분에 다치지는 않지만, 이런 식으로 일주일에 40킬로미터를 달리면, 각각의 발은 한 해에 약 100만 번의 강한 충격을 받게 된다. 이 정도의 충격은 해로울 수 있다. 아이린 데이비스Irene Davis를 비롯해 다른 연구자들은 최대 충격력이 크고 빠르게 전달될수록 발, 정강이, 무릎, 허리에 반복성 스트레스 손상repetitive stress injury이 생길 수 있다고 경고한다.[13] 나는 학생들과 함께 하버드 대학교 크로스컨트리 경주팀 선수들을 조사해봤다. 그 결과, 앞발 착지를 하는 선수들보다 뒤꿈치 착지를 하는 선수들이 두 배 이상 자주 부상을 입었다.[14] 요지는 앞발로 착지하든 뒤꿈치로 착지하든 부드럽게 해야 하며 맨발로 다니면 그렇게 할 가능성이 높아진다는 것이다.

발을 더 편안하게 해주는 신발의 다른 특징들도 우리 몸에 영향을 준다. 러닝화를 포함한 많은 신발에는 발바닥활을 받쳐주는 지지대가 있다. 정상적인 발바닥활은 하프돔처럼 생겼고, 걸을 때 약간 평평해진다. 발을 단단하게 만들어 엄지발가락의 볼록한 부분에 체중을 신도록 돕기 위해 발바닥활이 늘어나기 때문이다. 달릴 때는 발바닥활이 더 많이 무너진다. 이때 발바닥활은 에너지를 저장했다가 풀어놓는 거대한 스프링처럼 작용하며 몸을 공중으로 밀어 올린다(3장 참조). 당신의 발에는 발바닥활의 뼈들을 붙드는 십여 개의 인대와 네 겹의 근육이 있다. 목 부상자가 쓰는 목 보조기가 목근육이 머리를 떠받치는 힘을 덜어주듯이, 신발의 발바닥활 지지대는 그 구조물을 구성하는 인대와 근육의 힘을 덜어준다. 따라서 발근육이 해야 할 일을 줄여주기 때문에 많은 신발에 그런 지지대가 장착되어 있는 것이다. 발의 수고를 덜어주는 또 하나의 특징은 뻣뻣한 신발 밑창이다. 이것은 발근육이 몸을 앞쪽과 위쪽으로 미는 힘을 덜어준다(그래서 해변의 백사장에서 걸으면 발이 피곤한 것이다.). 또한 대부분의 신발 밑창은 발가락 쪽이 위로 휘어져 있다. '발가락 스프링'이라고 부르는 이 굴곡은 입각기 마지막에 발가락들이 땅을 밀 때 근육의 힘을 덜어준다.

발바닥활 지지대와 위로 휜 뻣뻣한 신발 밑창이 발을 편안하게 해주는 것은 분명하지만, 이 또한 여러 가지 문제를 유발할 수 있다. 가장 흔한 문제는 평발이다. 발바닥활이 처음부터 발달하지 않거나 영구적으로 무너질 때 평발이 생긴다. 미국인의 약 25퍼센트가 평발을 갖고 있다.[15] 이러한 사람들은 걷거나 뛸 때 불편함을 겪을 수 있고 부상을 입기도 더 쉽다. 무너진 발바닥활이 발이 움직이는 방식을 바꾸어서, 발목, 무릎, 심지어는 엉덩이까지 비정상적으로 움직이기 때문이다. 어떤 사람은 유전자 때문에 평발을 갖지만, 발바닥활 형태를 만들고 지탱해주는 발근육이 약해져도 평발이 생긴다. 주로 맨발로 다니는 사람들과 주로 신발을 신고 다니는 사람들을 비교한 연구에 따르면, 맨발로 다니는 사람들 중에는 평발이 거의 없고, 거의 모두가 적정 높이의 발바닥활을 갖고 있었다.[16] 나도 많은 발들을 검사해봤지만, 주로 맨발로 다니는 사람들에서 평발을 거의 보지 못했고, 따라서 평발은 진화적 불일치라고 확신했다.

신발을 신고 다님으로써 일어날 수 있는 또 하나의 흔한 문제는 발바닥근막염이다. 아침에 일어났을 때나 달린 후에 발바닥에 타들어가는 듯한 심한 통증을 느낀 적이 있는가? 이러한 통증은 발바닥에 있는, 힘줄처럼 생긴 근육막인 발바닥근막plantar fascia, 족저근에 염증이 생겨서 발생한다. 발바닥근막은 다른 근육들과 함께 발바닥활을 고정시킨다. 발바닥근막염은 복합적인 원인으로 발생하지만, 그중 하나는 발바닥활에 있는 근육들이 활 형태를 유지할 수 없을 만큼 약해지면 부족한 힘을 발바닥근막이 보충하기 때문이다. 발바닥근막은 이러한 큰 스트레스를 견딜 수 없기 때문에 염증이 생겨서 통증을 느끼게 된다.[17]

발이 아프면 온몸이 아프기 때문에 환자들은 치료에 필사적이다. 불행히도 우리는 이 불운한 사람들을 도울 때 문제의 근본 원인을 해결하기보다 증상을 완화하는 데 집중한다. 강하고 유연한 발이 건강한 발이지만, 많은 발 전문의들은 환자의 발을 강하게 만드는 대신, 보조 기구를 처방하고 발바닥활 지지대와 뻣뻣한 밑창이 장착된 편안한 신발을 권한다. 이런 식의 치료는 평발과 발바닥근막염의 증상을 효과적으로 완화해주지만, 보조 장치를 계속 사용하면 악순환의 고리에 빠질 수 있다. 보조 기구들은 문제가 발생하는 것을 막는 대신 발의 근육을 점점 약하게 만들어 오히려 기구 의존도를 높이기 때문이다. 그러므로 우리는 몸의 다른 부분들처럼 발을 치료해야 한다. 목이나 어깨를 삐거나 다치면 우리는 고통을 덜기 위해 일시적으로 보조 기구를 쓰지만 그것을 영원히 쓰지는 않는다. 오히려 최대한 빨리 보조 기구를 빼고 원래 힘을 되찾기 위해 물리치료를 받는다.

반복성 스트레스 손상은 몸을 움직이는 방식 때문에 발생한다. 따라서 예방과 치료를 위해 걷고 달릴 때 사람들이 실제로 어떻게 움직이고 근육이 이 움직임을 얼마나 잘 조절하는지 살펴봐야 하지만, 실제로 이렇게 하는 경우는 거의 없다. 반복성 스트레스 손상으로 고통받는 환자의 걸음걸이를 검사하는 의사들도 있지만, 대부분의 경우에는 증상을 완화할 목적으로 약물, 보조 기구, 또는 쿠션이 장착된 신발이 처방된다. 발목이 안쪽으로 돌아가는 것(내전) 또는 바깥쪽으로 돌아가는 것(외전)을 어느 정도 막아주는 모션컨트롤motion-control 신발이 달리기 주자의 부상 발생률을 줄이는 데 전혀 효과가 없다는 것이 여러 연구에서 밝혀졌다.[18] 오히려 쿠션이 장착된 값비싼 신발을 신을 때 부상을 더 잘 입는다는 연구 결과도 있다.[19] 안타깝게도 달리는 사람들 중 20~70퍼센트가 매년 반복성 스트레스 손상을 겪고, 신발 기술이 지난 30년간 발전했음에도 이 비율이 줄었다는 증거는 없다.[20]

신발의 다른 측면들도 진화적 불일치를 유발한다. 우리가 모양이 예쁜 불편한 신발을 신는 일은 얼마나 많은가? 수백만 명, 어쩌면 수십억 명의 사람들이 발가락 부분이 좁은 신발이나 하이힐을 신는다. 그러한 신발들은 보기는 좋을지 몰라도 건강에는 좋지 않다. 신발 앞코가 좁으면 발 앞부분이 부자연스럽게 뭉쳐서 건막류, 발가락 배열의 이상, 망치 발가락 같은 문제들을 일으키기 쉽다.[21] 하이힐을 신으면 종아리가 매끈하게 보이지만, 정상적인 자세를 망치고, 종아리근육을 영구적으로 짧아지게 하고, 발바닥 앞쪽의 볼록한 부분, 발바닥활, 심지어 무릎에 비정상적인 힘을 가해 부상을 입게 한다.[22] 가죽이나 플라스틱 구조물에 온종일 발을 넣고 다니는 것을 우리는 위생적이라고 생각하지만, 사실 습하고 덥고 산소가 없는 그러한 신발 내부는 무좀 같은 성가신 감염을 유발하는 곰팡이들과 세균들의 천국이다.[23]

요컨대 많은 사람들이 발 문제를 겪는 까닭은 인간의 발이 맨발 생활에 적합하게 진화했기 때문이다. 인간은 수천 년간 최소한의 기능만 갖춘 신발을 신었지만, 편안함과 스타일을 겸비한 현대의 몇몇 신발들은 발의 자연스러운 기능을 크게 훼손할 수 있다. 물론 신발을 완전히 포기할 필요는 없다. 요즘 들어 높은 굽, 빳빳한 밑창, 발바닥활 지지대, 좁은 앞코 없이 최소한의 기능만 갖춘 신발을 신어서 진화적 불일치에 대응하려는 사람들이 점점 늘고 있다. 이것이 얼마나 효과가 있을지 지켜보는 일도 흥미로울 듯하다. 그리고 약한 발을 가진 사람들이 최소한의 기능만 갖춘 신발을 신을 때 근육에 무리가 가는 것에 적응할 방법을 어서 알아내야 한다. 또한 영유아들에게는 맨발로 다니도록 권장하고, 발이 제대로 튼튼하게 발달하도록 최소한의 기능만 갖춘 어린이 신발을 신기는 것이 좋다고 생각한다. 하지만 애석하게도 오늘날 대부분의 사람들은 보조 기구, 편한 신발, 수술, 약물, 약국 진열대에서 볼 수 있는 다른 수많은 제품들을 사용해 발의 통증을 완화하는 것에 만족한다. 우리가 계속해서 편한 신발을 신고 다니는 한, 발 전문의들을 비롯해 현대인의 아픈 발을 치료하는 여타 전문가들은 할 일이 끊이지 않을 것이다.

초점 맞추기

운동이 몸의 보약이라면 독서는 마음의 양식이다. 독서는 우리 삶의 일부라서 우리는 글자를 읽기 위해 몸이 무슨 일을 하는지 별로 생각하지 않는다. 설령 "나는 일부만 깊게 읽는다."[24]라고 말한 새뮤얼 골드윈Samuel Goldwyn처럼 이 책을 읽고 있다 해도, 당신은 눈에서 팔 길이만큼 떨어진 지점에 잇따라 늘어선 흑색과 백색 점들을 장시간 응시해야 한다. 당신의 눈은 이 단어에서 저 단어로 휙휙 넘어가면서 해당 지면에 매우 집중한다. 나는 진정으로 훌륭한 책에 몰입할 때면 내 몸과 주변 세계를 몇 시간이나 까맣게 잊는다. 하지만 글 같은 것을 얼굴 가까이에 놓고 몇 시간이나 보는 것은 자연스러운 행동이 아니다. 약 6,000년 전에 쓰기가 처음 발명되었고, 15세기에 인쇄술이 등장했으며, 19세기 들어서야 독서가 평범한 일이 되었다. 오늘날의 선진국 사람들은 모니터 화면을 뚫어져라 쳐다보면서 많은 시간을 보낸다.

이러한 집중에는 많은 이점이 있지만 시력이 나빠지는 것을 감수해야 한다. 당신이 근시라면 책이나 모니터 화면처럼 가까이 있는 것에 초점을 맞추는 데 아무 문제가 없더라도 2미터 이상 떨어진 대상은 흐릿하게 보일 것이다. 미국과 유럽에서는 7~17세 어린이 중 거의 3분의 1이 근시라서 제대로 보려면 안경이 필요하다. 아시아의 몇몇 나라에서는 근시 비율이 더 높다.[25] 근시는 너무 흔해서 안경을 쓰는 것이 보편적인 현상을 넘어 심지어 멋으로 간주되기도 한다. 하지만 여러 증거에 따르면 과거에는 근시가 매우 드물었던 것 같다. 범세계적 연구들에 따르면, 수렵채집인 집단과 자급 농업 집단에서는 근시 비율이 3퍼센트 이하다.[26] 과거에는 유럽에서도 교육받은 상류층을 제외하고는 근시가 흔치 않았다. 1813년에 제임스 웨어James Ware는 "여왕의 친위대 중 많은 이들이 근시였던 반면, 보병에서는 1만 명 중 6명 이하 꼴로 근시였다."라고 지적했다.[27] 19세기 말 덴마크에서는 특별한 기술이 없는 노동자, 어부, 농부의 근시 발생률이 3퍼센트 이하였지만, 기능공의 근시 발생률은 12퍼센트였고, 대학생의 근시 발생률은 32퍼센트였다.[28] 서구의 생활 방식으로 이행한 수렵채집인 집단에서도 근시 발생률이 비슷한 변화를 보였다. 1960년대의 한 연구에서 알래스카 배로섬에 사는 이누이트를 대상으로 시력을 측정했는데[29], 노인은 2퍼센트 이하가 약한 근시를 갖고 있었지만, 청년과 학생 중 대다수가 근시였고 일부는 고도 근시였다. 근시는 현대의 병이라는 주장은 타당해 보인다. 가까운 과거만 해도 근시는 심각한 단점이었을 것이기 때문이다. 옛날에는 먼 곳이 잘 안 보이는 사람들이 효과적으로 동물을 사냥하거나 식량을 채집하기 어려웠을 것이고, 포식자, 뱀 등의 위험 요소들을 인지하지 못하고 놓치기 쉬웠을 것이다. 근시를 유발하는 유전자를 지닌 사람들은 아마 더 일찍 죽고 자식을 덜 남겼을 테니 그 유전자 빈도는 낮게 유지되었을 것이다.

근시는 많은 유전자들과 다양한 환경 인자들 간의 상호작용으로 생기는 복잡한 형질이다.[30] 하지만 인간 유전자가 지난 몇백 년 사이에 별로 바뀌지 않았으므로, 최근에 근시가 전 세계적으로 유행하고 있는 것은 주로 환경 변화 때문이다. 확인된 인자들 중 가장 자주 지목되는 주범은 근거리 작업이다. 즉 바느질거리 또는 책이나 스크린의 글자를 보듯이 가까운 대상에 장시간 고도로 집중하는 것이 원인이다.[31] 1,000명 이상의 싱가포르 어린이들을 대상으로 실시한 연구에 따르면, 일주일에 책을 2권 이상 읽는 어린이들이 그렇지 않은 어린이들보다 고도 근시가 될 확률이 세 배 이상 높았다(성별, 인종, 학교, 부모의 근시 정도 같은 변수들은 통제했다.).[32] 하지만 몇몇 다른 연구들에서는 책을 많이 읽는 것과 무관하게 야외에서 시간을 적게 보내는 어린이들이 근시가 되기 쉽다는 결과가 나왔다. 따라서 유년기와 청소년기에 충분히 강하고 다양한 시각적 자극에 노출되지 않는 것이 근시의 주요 원인일지도 모른다.[33] 거론되는 또 다른 원인들 중에서 아직까지 증거가 별로 없지만 추가 연구가 필요한 것을 꼽으면, 녹말을 많이 섭취하는 식생활과 사춘기 초기의 급성장이 있다.[34]

어떤 요인이 근시를 유발하며 우리가 이 문제를 다루는 방식이 옳은지 살펴보기 전에, 먼저 눈이 어떻게 빛을 모으는지 알아보자. 그림 28에 잘 요약되어 있듯이 눈이 빛을 모으는 과정은 크게 두 단계로 진행된다. 첫 번째 단계는 눈 앞부분을 덮고 있는 투명한 외막인 각막에서 일어난다. 각막은 돋보기처럼 굽어 있어서 굴절된 빛이 동공을 통과해 수정체에 도달한다. 그다음 단계인 초점을 정밀하게 조절하는 과정은 수정체에서 일어난다. 수정체는 셔츠 단추 크기의 투명한 원반이다. 각막과 마찬가지로 수정체도 볼록한 모양으로, 각막에서 오는 빛을 눈동자 뒷면에 있는 망막에 모은다. 망막에 있는 특수한 신경세포들이 빛을 일련의 신호들로 바꾸면, 이 신호들이 뇌로 보내져 인지 가능한 영상이 된다. 하지만 각막과 달리 수정체는 초점을 조절하기 위해 모양을 바꿀 수 있다. 동공 뒤에서 수정체를 붙잡고 있는 수백 개의 미세한 근섬유들이 수정체의 모양을 바꾼다.[35] 정상적인 수정체는 매우 볼록하지만, 수정체를 붙잡고 있는 근섬유가 용수철처럼 항상 잡아당겨 수정체를 트램펄린처럼 평평하게 만든다. 이렇게 평평한 상태일 때 수정체는 먼 물체에서 오는 빛을 망막에 모은다. 하지만 가까이에 있는 비교적 큰 물체에서 오는 빛을 망막에 모으려면 수정체가 좀 더 볼록해져야 한다. 이러한 조정(이런 과정을 '조절 작용accomodation'이라고 한다.)이 이뤄질 때는, 수정체걸이인대에 붙어 있는 작은 섬모체근이 수축해 수정체에 걸리는 긴장을 줄여서 수정체를 볼록하게 만든다. 다시 말해 당신이 이 글자들을 읽는 동안, 각 안구에 있는 수백 개의 작은 근육들이 수정체걸이인대를 느슨하게 해서 수정체를 둥그렇게 만들어 가까이에 있는 책이나 화면에서 나오는 빛을 당신의 망막에 모은다. 만일 당신이 고개를 들어 먼 곳을 응시한다면, 섬모체근이 이완되고 수정체걸이인대들이 팽팽해져서 먼 물체에 초점을 맞출 수 있도록 수정체가 평평해진다.

수억 년에 걸쳐 자연선택은 안구를 완벽한 모양으로 가다듬었다. 안구의 초점 시스템은 우리 대부분이 명료한 시각을 당연하게 여길 정도로 아주 잘 작동한다. 하지만 복잡한 장치가 대개 그렇듯이, 어딘가가 조금만 바뀌어도 기능이 저해될 수 있다. 근시도 예외가 아니다. 대부분의 근시는 그림 28이 보여주듯이 안구가 너무 길어질 때 발생한다.[36] 안구가 이렇게 길어지면 가까운 물체는 섬모체근을 수축시켜 수정체를 볼록하게 만들어 초점을 맞출 수 있다. 하지만 지나치게 긴 안구를 갖고 있는 사람이 섬모체근을 이완

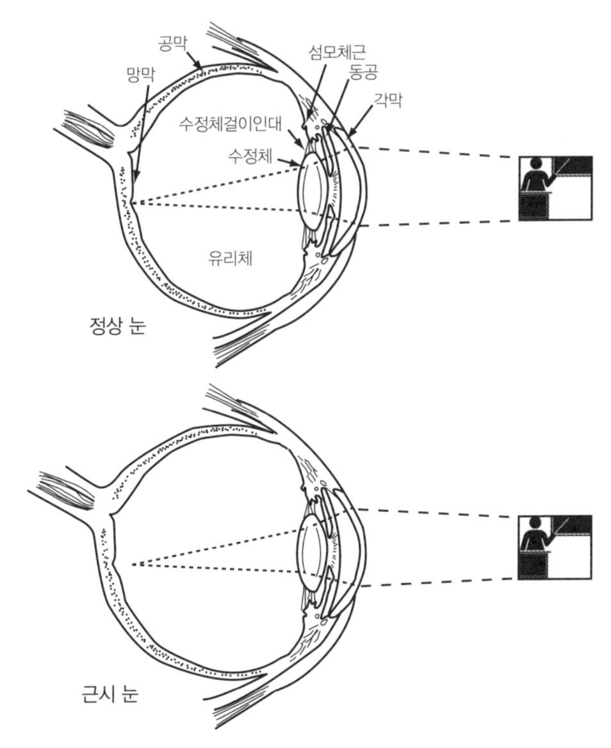

그림 28. 먼 물체에 눈이 초점을 맞추는 방식. 정상적인 눈에서는 빛이 각막을 지나 굴절된 다음 수정체를 통과해 망막에 모인다. 근시라면 안구가 너무 길어서 먼 물체의 초점이 망막 앞에서 잡힌다.

시켜 먼 물체에 초점을 맞추려고 하면, 평평해진 수정체의 초점이 망막 앞에서 잡힌다. 그 결과 2미터 이상 멀리 있는 물체는 초점이 맞지 않고, 때로는 그 정도가 심하다. 불행히도 근시가 있는 사람들은 녹내장, 백내장, 망막 분리, 망막 퇴화 같은 다른 문제들을 겪을 위험도 높다.[37]

근시처럼 중요하고 널리 퍼져 있는 문제라면 그 이유가 잘 밝혀져 있을 것이라고 생각하겠지만, 장시간의 근거리 작업이나 외부의 자극 부족이 어떻게 안구를 길어지게 하는지는 아직 확실하게 밝혀져 있지 않다. 한 가지 유력한 가설은 가까운 물체에 장시간 초점을 맞추면 안압이 높아져서 안구가 길어진다는 것이다. 이 가설에 따르면, 당신이 (이 책의 지면처럼) 가까운 물체를 응시할 때 섬모체근은 계속해서 수축해야 하고, 양안시binocular vision, 두 눈 보기를 유지하기 위해 다른 근육들이 안구를 안쪽으로 회전시켜야 한다(이것을 '눈모음convergence'이라고 한다.). 섬모체근과 안구 회전근은 안구의 외벽(공막)에 고정되어 있기 때문에, 사실상 안구를 누르게 되어 유리체 안의 압력을 높이고, 그 결과 안구가 길어진다.[38] 짧은꼬리원숭이의 유리체에 센서를 이식한 다음 원숭이에게 가까운 물체를 응시하게 했더니, 안압의 상승을 확인할 수 있었다.[39] 인간을 대상으로 안압을 직접 측정한 적은 없지만, 가까운 물체에 초점을 맞출 때 사람의 안구도 약간 길어진다.[40] 따라서 안구 외벽이 아직 단단해지기 전 성장 중인 아이들이 근거리 물체를 지속적으로 응시하면 안구 외벽이 과도하게 늘어나서 안구가 영구적으로 길어질 수 있다는 가설이 제기되었다. 이때 아주 약간만 길어져도 근시가 생길 수 있다. 성인 또한 지속적으로 근거리 작업을 하면 같은 과정을 겪는다. 직업상 현미경 렌즈에 눈을 대고 장시간을 보내는 사람들은 근시가 계속해서 진행하는 경우가 많다.[41]

근거리 작업 가설close work hypothesis은 논란의 여지가 있다. 우선 이 가설은 인간을 대상으로 직접 검증된 적이 없다. 그리고 비정상적인 시각 자극이 근거리 작업과 관계없이 근시를 유발할 수 있음을 암시하는 동물 실험 결과들도 설명하지 못한다. 이 현상은 우연히 발견되었는데, 뇌가 시각 정보를 어떻게 지각하는지 알아보던 연구팀이 눈꺼풀을 실로 꿰매어버린 원숭이가 정상보다 21퍼센트 긴 안구를 가졌음을 발견했다.[42] 흥미를 느낀 연구자들은 후속 실험을 통해 원숭이들의 근시가 지나친 근거리 작업 때문이 아니라 정상적인(실험실에서 원숭이가 보는 것이 정상이라고 간주할 수 있다면) 시각 자극의 부재로 발생했음을 밝혀냈다.[43] 새끼고양이와 병아리의 시력을 저하시킨 최근의 연구들에서는 근시가 초점이 맞지 않는 영상 때문에 발생할 수 있음을 확인했다. 비정상적인 영상이 어떤 식으로든 정상적인 안구 성장을 방해하기 때문이다.[44] 게다가 실외보다 실내에서 더 많은 시간을 보내는 어린이들이 근시가 될 가능성이 더 높았다.[45] 이러한 비정상적인 안구 성장이 어떤 메커니즘에 의해 일어나는지 현재로서는 알 수 없다. 하지만 다양한 증거를 토대로 제안된 가설에 따르면, 실내 또는 책의 지면 등에서 보는 단조롭고 차분한 색깔보다 알록달록한 색깔과 다양한 강도의 빛처럼 복잡한 시각 자극이 있어야 정상적인 안구 길이를 가질 수 있는 것 같다.

어떤 환경 인자가 근시를 유발하는지는 모른다. 지금보다는 드물었으나 수천 년 전에도 근시는 있었다. 실제로 멀리 있는 물체를 보지 못하는 증상은 신약성경에 은유로 등장하기도 한다. "이런 것을 갖추지 못한 자는 맹인이라 멀리 볼 수 없는 사람과 같으며, 과거의 더러운 죄를 용서받은 사실을 잊은 사람들이다."[46] 2세기 의사 갈레노스Galenos는 이 증상을 진단하고 '근시'라는 단어를 처음 만든 것으로 보인다. 하지만 르네상스 시대에 안경이 발명되기 전까지 근시인 사람들은 도움 없이 기능장애를 견뎌야 했다. 그 후로 안경은 수많은 혁신을 거쳐 개선되고 정교해졌다. 벤저민 프랭클린Benjamin Franklin이 1784년에 개발한 이중 초점 렌즈도 그중 하나다. 요즘은 지나치게 긴 안구를 가진 사람도 기술의 도움으로 먼 물체를 잘 볼 수 있다. 따라서 오늘날에는 근시가 번식 적합도에 부정적인 영향을 미치는 것 같지 않다. 이런 점에서 안경은 근시인 사람들을 자연선택으로부터 보호해주고 있다. 오히려 안경은 문화적 진화의 대상이 되었다. 안경은 점차 가벼워졌고 얇아졌으며, 여러 기능을 갖게 되었다. 심지어 보이지 않는 안경(콘택트렌즈)까지 생겼다. 안경에도 유행이 있어서, 근시인 사람들은 멋있게 보이기 위해 몇 년마다 한 번씩 안경테를 새로 바꾼다.

초점을 맞추는 것의 중요성과 오늘날 안경의 문화적 진화가 합쳐져 안경이 공진화를 유발했다는 흥미로운 가설이 나왔다. 이런 종류의 진화는 문화적 발전이 유전자에 대한 자연선택을 촉진할 때 일어난다. 가축의 젖을 먹는 문화가 젖당을 소화시킬 수 있는 유전자를 널리 퍼지게 한 것이 대표 사례다(7장 참조). 안경이 공진화를 유발했다는 가설은 검증하기 어렵다. 하지만 안경이 몇백 년 사이에 누구나 이용할 수 있는 흔한 것이 된 이래로, 자연선택이 근시를 발생시키는 나쁜 유전자들을 제거하는 메커니즘이 느슨해졌다고 볼 근거가 있다. 만일 그렇다면 근시가 환경 인자들과 무관하게 점진적으로 증가했으리라고 예측할 수 있다. 하지만 근시가 매우 빨리 증가했다는 점을 고려하면 이 가설은 타당성이 없다. 다소 극단적인 데다 난처하기까지 한 또 하나의 가설은, 안경이 많은 사람에게 너무나 유용했기 때문에 안경이 근시를 유발하는 지능 유전자에 대한 간접적인 선택을 일으켰다는 것이다. 많이 거론되는 1958년의 한 연구에서 근시를 가진 미국 어린이가 정상 시력을 가진 어린이보다 지능지수IQ가 상당히 더 높다는 사실이 밝혀졌고, 그 후에 싱가포르, 덴마크, 이스라엘 같은 나라에서 이 상관관계가 재현되었다.[47] 상관관계가 인과관계는 아니지만, 이 현상을 설명하기 위해 많은 가설이 제기되었다. 먼저 안구 크기와 뇌 크기가 밀접하게 연관되어 있기 때문에 안경이 더 큰 뇌에 대한 선택을 일으켰고 그로 인해 근시가 되기 쉬운 더 큰 안구에 대한 선택이 일어났다는 가설이 있다.[48] 그렇다면 높은 근시 발생률은 큰 뇌에 대한 선택에 따른 부산물일 것이다. 하지만 이 가설은 많은 이유로 기각될 가능성이 높다. 무엇보다도 뇌 크기는 빙하기 이래로 감소했고(4장 참조), 뇌가 더 컸던 빙하기 인류가 근시였을 것 같지는 않다. 또는 지능에 영향을 미치는 유전자들 중 일부가 안구의 성장에 영향을 미쳤거나, 지능에 영향을 미치는 유전자들이 염색체에서 근시를 유발하는 유전자 근처에 위치한다는 가설이 있다.[49]

그렇다면 안경은 근시에 부정적으로 작용하는 자연선택을 제거했을 뿐 아니라, 지능에 대한 자연선택을 일으켜 근시를 지닌 영리한 사람의 비율을 더 높였을 것이다. 하지만 이 가설은 타당하지 않다고 생각한다. 책을 더 자주 읽는 어린이는 단지 근시가 되기 쉬울 뿐이며, 근시인 어린이는 먼 물체를 뚜렷하게 보지 못하는 탓에 아마 실내에서 더 많은 시간을 보내면서 책을 더 많이 읽었을 것이다. 어느 경우든 근시인 어린이가 정상 시력의 어린이보다 책을 더 많이 읽었고 따라서 지능 검사에서 더 높은 점수를 받는다. 지능 검사는 책을 더 많이 읽는 어린이에게 유리하기 때문이다.

근시에 대해 알아낼 것이 많이 있지만 두 가지 사실은 분명하다. 첫째, 근시는 과거에 드물었지만 현대에 와서 환경에 의해 악화된 진화적 불일치다. 둘째, 우리는 왜 어린이의 안구가 지나치게 길어지는지 잘 모르지만 안경으로 근시 문제를 효과적으로 해결할 수 있다. 안경은 빛이 안구에 닿기 전에 빛을 굴절시켜서 초점이 맺히는 장소를 망막 뒤로 보내는 단순한 렌즈에 불과하다. 안경 덕분에 전 세계의 약 10억 명 사람들이 명료하게 볼 수 있으며, 더 많은 나라가 경제 발전을 이룩하면 그 수는 더 증가할 것이다. 오늘날 안경은 신발처럼 흔한 풍경이며, 한때 매력적이지 않은 물건으로 치부되기도 했지만("남자들은 안경 낀 소녀에게는 눈길을 주지 않는다.") 지금은 눈에 띄지 않는 물건 또는 멋진 액세서리가 되었다.

근시인 사람들이 매우 많은 데다 우리가 안경을 이용해 근시의 원인보다는 증상을 치료하고 있다는 사실을 토대로, 우리가 근시의 역진화를 어떻게 촉진하는지를 설명하는 여러 가설이 있다. 한 가지 논란이 되는 가설은 근거리 작업이 근시를 유발한다는 이론에 근거해 안경이 문제를 악화시킨다고 주장한다. 따라서 눈근육의 수축이 애초에 근시를 유발하는 원인이라면, 먼 물체를 마치 가까이 있는 것처럼 보이게 해주는 교정 안경을 착용하여 모든 것이 가까운 곳에 보이게 만들라고 제안한다.[50] 앞서 지적했듯이 모든 증거가 이 이론과 일치하지는 않지만, 돋보기를 제공하면 어린이의 근시 진행을 늦출 수 있다는 몇몇 연구 결과가 이 가설을 뒷받침한다.[51] 시각 박탈 가설을 토대로 하는 또 다른 가설은 안경이 근시를 예방하지도 악화시키지도 않지만, 근시를 유발하는 다른 요인들을 간접적으로 촉진할 수 있다고 주장한다. 안경이 있기 때문에 근시가 될 위험이 있는 어린이들이 불충분한 시각 자극을 제공하는 독서 등의 실내 활동에 너무 많은 시간을 보내게 된다는 것이다. 한 가지 확실한 해결책은 이러한 어린이들에게 실외에서 더 많은 시간을 보내도록 권장하는 것이다. 또 하나의 방법은 (이 책과 같은) 지루하게 인쇄된 책 대신 알록달록하고 강렬한 영상으로 시각을 자극하는 흥미로운 전자책을 제공하는 것이다. 프로젝터를 이용해 어린이 책을 먼 거리에 있는 벽에 알록달록하고 역동적으로 띄울 수 있다면 멋지지 않을까? 실내 환경을 더 밝고 알록달록하게 장식하는 것도 도움이 될 것이다.

근시에 대해 아직도 알아야 할 것이 많지만, 왜 어떻게 해서 사람들이 근시가 되며 어떻게 그들을 도울 수 있는가라는 질문에서 우리는 역진화의 몇 가지 전형적인 특징들을 확인할 수 있다. 첫째, 수많은 진화적 불일치와 마찬가지로 근시는 부모가 자식에게 비다윈주의적non-Darwinian 방식으로 자기도 모르게 전달한다. 특정 유전자들이 어린이들을 근시로 만들기도 하지만, 부모가 자식에게 전달하는 근시 유발 요인은 환경이다. 그리고 때로는 안경이 문제를 악화시킬 수 있다. 둘째, 우리는 근시를 예방하기 위해 노력할 수 있을 만큼 충분히 많은 사실을 알고 있지만, 지금까지 예방에 별 관심을 기울이지 않았다. 안경이 덜 효과적이고 덜 매력적이었다면 우리가 근시를 예방하기 위해 훨씬 더 열심히 노력하지 않았을까.

편한 의자를 가져와

1920년대 말에 미시간 출신의 두 진취적인 젊은이가 자신들이 발명한 안락의자의 이름을 공모하는 대회를 열었다. 제출된 많은 후보들 중에서 그들은 '레이지보이La-Z-Boy'를 골랐다(그중에는 '앉아서졸기Sit-N-Snooze'와 '늘어지기Slack-Back'도 있었다.). 이 회사는 같은 이름의 고급 의자를 지금도 생산하고 있다. 요즘 모델은 18개의 '안락 레벨'을 장착하고 있고, 독립적으로 움직이는 등받이와 발판, '모든 각도에서 허리를 받쳐주는 지지대'를 갖추고 있다. 추가 비용을 지불하면 마사지를 제공하는 진동 모터, 의자에 들어가고 나오는 것을 돕는 좌석 기울이기, 컵 홀더 같은 사양을 추가할 수 있다. 하지만 레이지보이를 살 돈이면 칼라하리사막이나 세계의 오지로 가는 왕복 비행기 표를 살 수 있다. 그곳에 가면 쿠션과 각도가 조절되는 등판, 다리 받침대를 갖춘 의자는 고사하고 의자조차 찾기 어려울 것이다. 하지만 앉아 있는 사람을 발견하지 못한다는 뜻은 아니다. 수렵채집인과 자급자족하는 농부는 필요한 식량을 얻기 위해 고되게 일하고, 잉여 에너지를 갖는 일이 드물다. 고된 노동으로 한정된 식량을 얻는 사람들은 기회가 생기면 앉거나 누울 것이다. 그것이 서 있는 것보다 에너지가 훨씬 덜 들기 때문이다. 하지만 앉아 있을 때는 대개 쪼그리고 앉거나, 다리를 접거나 뻗은 채로 땅에 주저앉는다. 의자가 있다 해도 등받이가 없는 의자일 것이고, 등을 기댈 곳은 나무, 바위, 벽이 전부다.

이 책을 읽는 당신에게는 편안한 의자에 앉는 것이 지극히 정상적이고 기분 좋은 일이지만, 인간이 이렇게 앉는 것은 진화적 관점에서 보면 매우 이례적인 일이다. 하지만 의자가 건강에 나쁠까? 나는 사무용 의자를 포기하고 트레드밀과 연결된 책상에서 선 채로 이 글을 써야 할까? 당신은 이 글을 쪼그리고 앉아서 읽어야 할까? 그리고 우리는 침대 매트리스를 버리고 우리 조상들처럼 딱딱한 바닥에서 자야 할까?

걱정 마시라! 의자에 앉는 것이 나쁘다는 이야기를 하려는 것이 아니다. 분명히 말해두지만 나는 내 집의 의자들을 치울 생각이 전혀 없다. 하지만 의자에서 보내는 시간의 양을 걱정할 필요는 있는 것 같다. 특히 그 나머지 시간도 몸을 움직이지 않고 지내는 사람이라면. 한 가지 문제는 에너지 균형과 관계가 있다(9장 참조). 책상에 앉아 있으면 서 있을 때보다 시간당 약 20칼로리를 덜 쓴다. 그것은 우리가 체중을 지탱하고 방향을 바꿀 때처럼 다리, 등, 어깨의 근육을 긴장시키지 않기 때문이다.[52] 하루에 8시간 서 있으면

160칼로리를 쓰는데, 이것은 30분 걸을 때 쓰는 에너지와 같다. 몇 주, 몇 년이 지나면 주로 앉아서 생활하는 것과 서서 생활하는 것의 에너지 차이는 엄청나게 커진다.

몇 시간 편안 의자에 앉아 있을 때 생기는 또 다른 문제는 근육 위축이다. 특히 몸통을 안정시키는 등과 복부의 코어근육이 위축된다. 근육 활동의 관점에서 보면 의자에 앉아 있는 것은 침대에 누워 있는 것과 별로 다르지 않다. 장기 요양이 몸에 해롭다는 사실은 잘 알려져 있다. 오래 누워 있으면 심장이 약해지고, 근육이 변성되고, 뼈가 손실되고, 조직의 염증 수치가 올라간다.[53] 장기간 의자에 앉아 있는 것도 거의 같은 영향을 미친다. 체중을 지탱하기 위해 다리근육을 사용할 일이 전혀 없는 데다, 의자에 등받이, 머리 받침, 팔 받침이 있다면 상체근육도 많이 사용하지 않을 것이기 때문이다. 레이지보이가 편안한 것은 이런 이유들 때문이다. 의자에 구부정하게 앉거나 기대어 앉는 것도 똑바로 앉아 있는 것보다 근육을 덜 쓴다.[54] 하지만 이러한 편안함에는 대가가 따른다. 장기간의 활동 부족에 반응해 근육에 변성이 일어난다. 이는 근섬유가 사라지기 때문인데, 특히 지구력을 제공하는 적색 지근섬유가 사라진다.[55] 편안한 의자에 나쁜 자세로 앉아 몇 달 또는 몇 년을 보내고 그 외 시간에도 주로 앉아서 생활한다면, 몸통과 복부의 근육이 약해져서 쉽게 피로할 수 있다. 반면 땅에 쪼그려 앉거나 주저앉거나 등받이가 없는 의자에 앉으면, 등과 복부의 다양한 근육을 써서 자세를 조절하기 때문에 근력 유지에 도움이 된다.[56]

또한 오랫동안 앉아 있으면 근육이 짧아진다. 장기간 관절을 움직이지 않으면 더 이상 펼칠 일이 없는 근육이 짧아질 수 있다. 하이힐을 신으면 종아리근육이 짧아지는 것도 같은 이유다. 의자도 예외가 아니다. 의자에 앉으면 엉덩이와 무릎이 적당한 각도로 구부러지는데, 이러한 자세에서는 고관절 앞쪽을 가로지르는 고관절 굴곡근flexor muscle이 짧아진다. 따라서 장시간 앉아 있으면 고관절 굴곡근이 영구적으로 짧아질 수 있다. 그러다 일어서면, 짧아진 고관절 굴곡근이 팽팽해지니까 골반이 앞쪽으로 기울어져서 지나친 요추 만곡을 초래한다. 그러면 이 만곡을 만회하기 위해 넓적다리 뒤쪽에 있는 넓적다리뒷근육(햄스트링)이 수축해 골반을 뒤쪽으로 당기므로, 일자허리flat-back posture, 편평등 자세가 되어 어깨가 앞쪽으로 구부정해진다. 다행히 스트레칭을 잘 하면 근육의 길이가 늘어나고 탄력성이 높아진다. 따라서 의자에서 장시간을 보내는 사람이라면 정기적으로 일어나서 스트레칭을 하는 것이 좋다.[57]

의자에 장시간 앉아 있을 때 일어나는 근육 불균형은 지구에서 가장 흔한 건강 문제 중 하나인 요통의 원인으로 지목된다. 당신이 어디에 살고 무엇을 하느냐에 따라 요통에 걸릴 확률은 60~90퍼센트다.[58] 일부 요통은 디스크추간판 붕괴 같은 구조적 문제나, 척추에 충격을 가하는 외상 사고에 의해 발생한다. 하지만 요통의 대부분은 '비특이적nonspecific'이라고 진단된다. 이 말은 원인을 잘 모르는 문제를 지칭하는 의학의 완곡어법이다. 수십 년간의 연구에도 불구하고 우리는 요통의 진단, 예방, 치료에 무능하기 짝이 없다. 그래서 많은 전문가들은 인간의 요통은 요추 만곡이라는 진화의 지적이지 않은 설계 때문에 발생하는 불가피한 결과이며, 약 600

만 년 전에 직립한 이래 인류에게 내려진 저주라고 결론짓는다.

하지만 이것이 사실일까? 요통은 오늘날 기능장애를 초래하는 가장 흔한 원인으로 매년 수십억 달러의 의료비를 초래한다. 오늘날 우리에게는 진통제나 파스 등 통증을 덜어주는 여러 방법이 있지만, 구석기 시대의 수렵채집인은 허리가 심하게 아플 때 어떻게 했을까? 통증은 어떻게든 견뎠다 쳐도, 허리가 아프면 수렵과 채집, 포식자를 피하는 것, 자식에게 식량을 조달하는 것, 그 밖에 번식의 성공에 영향을 미치는 일들에 지장이 있었을 것이다. 따라서 잘 다치지 않는 허리를 지닌 사람을 선호하는 자연선택이 일어났을 것이다. 1장에서 살펴보았듯이 임신의 생체역학적 요구에 따라 여성은 남성보다 더 많은 척추뼈가 요추 만곡을 이루도록, 그리고 남성보다 더 강한 관절을 갖도록 진화했다. 현재의 인간이 호모 에렉투스 같은 초기 호미닌보다 한 개 적은 다섯 개의 요추를 갖고 있는 것도 척추를 강화하기 위한 적응으로 설명할 수 있다. 어쩌면 요추는 우리가 생각하는 것보다 훨씬 뛰어난 구조인지도 모른다. 그렇다면 요즘 요통이 빈발하는 것은 오늘날 우리가 몸을 사용하는 방식에 우리 몸이 적응되어 있지 않아서 일어나는 진화적 불일치로 볼 수 있을까? 우리는 앉아서 생활하는 것과 신체 활동 부족에 잘 적응되어 있지 않은 것일까?

불행히도 요통은 복합적인 원인으로 발생하는 매우 골치 아픈 문제라서, 왜 요통이 일어나고 어떻게 그것을 예방할지에 대한 명쾌한 답을 찾으려는 끈질긴 노력들은 지금까지 모두 수포로 돌아갔다. 요통의 원인을 선진국에 특징적인 요인들에서 찾으려던 연구들은 유전자, 키, 몸무게, 앉아서 보내는 시간, 나쁜 자세, 자주 겪는 진동, 스포츠 활동, 잦은 들기 운동 등을 용의선상에 올렸으나 어떤 결정적 단서도 찾아내지 못했다.[59] 하지만 전 세계 요통 발생에 대한 포괄적인 분석에 따르면, 저개발국보다 선진국에서 일관되게 요통 발생률이 두 배 높았다. 게다가 저소득 국가 내에서는 시골에 비해 도시에서 요통 발생률이 대략 두 배쯤 높았다.[60] 예를 들어 티베트의 시골 농부들은 약 40퍼센트가 요통을 앓고 있지만, 인도의 재봉사들은 68퍼센트가 요통을 겪고 있으며, 그중 다수가 자신들의 통증을 "만성적이고 참을 수 없다."라고 묘사한다.[61] 이 가운데 어느 집단도 레이지보이에 느긋하게 앉아서 생활하지 않지만, 무거운 짐을 자주 지거나 '등골이 휘는' 일을 하는 사람이 기계를 조작하며 장시간 의자에 앉아 있는 사람보다 요통이 적은 것이 일반적인 추세다.

문화를 초월해 보편적으로 나타나는 요통의 패턴을 허리의 진화와 연계해 생각해보면, 요통의 원인이 복잡하기는 하지만 어느 정도는 진화적 불일치라는 단서를 얻을 수 있다. 지금까지 연구된 어떤 집단도 진화적 관점에서 정상적인 방식으로 허리를 사용하지 않는다는 것이 핵심이다. 수렵채집인을 대상으로 요통 발생률을 조사한 사람은 아직 없지만, 수렵채집인은 의자에 잘 앉지 않고 푹신한 매트리스에서 자지 않는다.[62] 그들은 적당량의 짐을 지고 걷고, 땅을 파고, 나무를 오르고, 식량을 조달하고, 달린다. 또한 괭이질 같은 힘든 일이나 들어 올리는 일처럼 허리에 반복적인 하중을 가하는 작업을 장시간 하지도 않는다. 다시 말해 수렵채집인은 허리를 '적당히' 사용한다. 자급자족하는 농부처럼 허리를 과도하게 사용하지도, 앉아서 생활하는 사무직 노동자처럼 지나치게 적게 사용하지도 않는다. 그들은 그림 29에 나와 있는 마이클 애덤스Michael Adams와 그 동료들이 제안한 요통 모델[63]에서 중간쯤에 해당한다. 이 모델에 따르면 건강한 허리를 갖기 위해서는 허리의 사용법과 허리의 기능 사이에서 적절한 균형점을 찾아야 한다. 정상적인 허리는 상당한 수준의 유연성, 근력, 지구력뿐 아니라 협응력coordination(근육, 신경계, 운동기관 등의 움직임 간 상호 조정 능력—옮긴이)과 균형을 어느 정도 필요로 한다. 주로 앉아서 생활하는 사람들은 허리가 약하고 유연하지 않기 때문에, 허리를 무리하게 움직이다가는 근육 좌상, 인대 파열, 관절 압박, 디스크 탈출 같은 문제를 겪을 가능성이 높다. 예상할 수 있다시피 요통으로 고생하는 선진국 사람들은 지근섬유의 비율이 낮아서 허리에 피로가 빨리 온다. 또한 그들은 코어근육의 힘이 약하고, 고관절과 척추의 유연성이 낮고, 움직임의 패턴이 비정상적이다.[64] 한편 무거운 것을 많이 들거나 허리의 근육, 뼈, 인대, 디스크, 신경에 반복성 스트레스 손상을 유발하는 활동을 많이 하는 사람들이 있다. 예를 들어 몇 주 연속으로 밭을 갈고 농작물을 수확하는 티베트의 농부들과 무거운 짐을 옮기는 가구 배송업자들도 요통으로 고생한다. 하지만 그들의 허리 부상은 컴퓨터나 재봉틀 앞에 하루 종일 몸을 구부리고 앉아 있는 사람들이 겪는 요통과 원인이 다르다.

요컨대 허리의 사용 방법과 허리의 건강 사이에는 적절한 균형점이 존재하는 것 같다. 정상적인 허리를 갖기 위해서는 의자에 편안하게 앉아 있는 대신 하루 종일, 심지어 잠을 잘 때도 허리를 적당히 사용해야 한다. 농업은 인간의 허리에는 좋지 않은 일이었던 것 같다. 하지만 지금 우리는 편안한 의자뿐 아니라 쇼핑 카트, 바퀴 달린 여행 가방, 엘리베이터와 같이 인간의 노동을 덜어주는 수많은 기계장치 덕분에 정반대의 문제에 직면했다. 허리에 지나친 부담을 줄 필요는 없어졌지만, 그 대신 우리는 약하고 유연하지 않은 허리 때문에 고생하고 있다. 그로 인해 초래된 결과는 우리가 흔히 겪는 일들이다. 몇 달 또는 몇 년 사이에 고통을 느끼지는 않겠지만 우리의 허리는 약해져서 다치기 쉬운 상태가 된다. 그러다 어느 날 가방을 들어 올리려고 허리를 구부리거나 잠을 잘못 자거

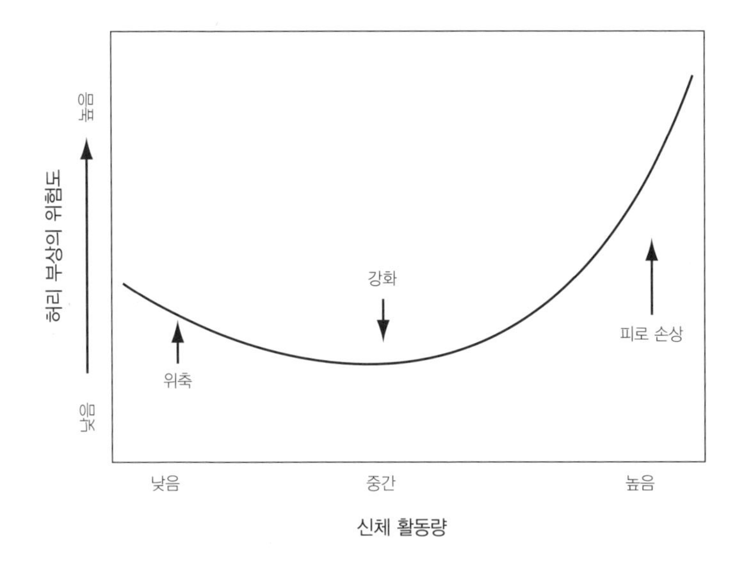

그림 29. 신체 활동량과 허리 부상 간의 상관관계 모델. 신체 활동량이 매우 낮든 높든 부상 위험이 크지만, 부상의 원인은 두 경우가 다르다. M. A. Adams et al. (2002). *The Biomechanics of Back Pain*. Edinburgh: Churchill-Livingstone의 그림 6.4를 변형하여 게재.

나 길거리에서 넘어져서 허리를 삐끗한다. 병원에 가면 '비특이적 요통'이라는 진단을 받고, 고통을 완화시키는 몇 가지 약을 처방받는다. 문제는, 요통은 한번 시작되면 악순환이 반복된다는 것이다. 허리에 부상을 입으면 쉬면서 허리에 부담을 주는 활동을 피하는 것이 자연스러운 본능이지만, 지나치게 쉬면 근육이 약해져서 추가 부상을 입기 쉽다. 다행히 저충격 유산소운동을 비롯해 허리의 힘을 길러주는 치료를 받으면 허리 건강을 효과적으로 개선할 수 있다.[65]

편안함을 넘어서

미국을 오가는 거의 모든 비행기 좌석의 앞주머니에는 《스카이몰*SkyMall*》이라는 잡지가 꽂혀 있다. 이 잡지는 비행기에서 판매되는 제품들을 소개하는데, 충격 흡수 신발, 공기 주입식 쿠션, 아웃도어용 히터 등 우리 몸을 더 편안하게 해주는 것들이 대부분이다. 나는 긴 비행을 할 때마다 딸과 함께 가장 어이없는 제품을 찾는 시합을 하고는 하는데, 대개 애완동물을 편안하게 해주는 제품이 뽑힌다. 그중 내가 가장 좋아하는 제품은 키가 높은 먹이통이다. 이 먹이통이 있으면 애완용 개가 땅에 고개를 숙이고 먹느라 목에 부담을 줄 일이 없어진다. 이와 같은 수많은 제품들은 우리 자신뿐 아니라 애완동물까지도 편안하게 하려는 우리 종의 끝없는 욕구를 잘 보여준다. 더 편하게 만들어주는 것은 무조건 좋은 것으로 여겨지고 그렇게 광고된다. 그리고 사람들은 너무 덥거나 너무 춥지 않기 위해, 계단을 오르는 수고를 덜기 위해, 뭔가를 들어 올리거나 돌리지 않기 위해, 서 있지 않기 위해 많은 돈을 지불한다. 지난 몇 세대 동안 우리는 편안함과 쾌적함을 위해 수많은 발명품을 만들어냈고, 몇몇 사업가가 그 덕에 부자가 되었다. 하지만 그중 일부는 편하고 싶은 욕구를 극단적으로 추구하는 사람들에게 기능장애를 유발한다.

물론 구석기 시대 이래로 놀랍도록 다양한 혁신이 우리 몸에 얼마나 많은 새로운 자극을 가했는지 생각해보면, 우리를 편안하게 해주는 기계들은 빙산의 일각에 불과하다. 동굴 원시인을 현대 도시로 데려와서 우리가 당연하게 여기는 전화기, 샤워기, 오토바이, 총 같은 신기술에 대해 설명해준다고 상상해보자. 자연선택이 나쁜 돌연변이를 솎아내고 적응을 촉진하는 것처럼, 문화적 진화는 쓸모가 덜하거나 해로운 것들을 솎아내고 더 나은 혁신을 일으킨다. 고래수염으로 만든 코르셋과 헤드 바인딩Head Binding(사회적 지위를 과시하기 위해 머리뼈를 변형시키는 고대의 풍습이다.)은 물론이고, 주먹도끼, 아스트롤라베astrolabe, 고대 천문 도구, 흑백텔레비전도 역사 속으로 사라졌다. 하지만 문화적 선택이 항상 자연선택과 같은 기준에 따라 작동하는 것은 아니다. 자연선택은 생물의 생존과 번식 능력을 높이는 새로운 돌연변이만 선호하는 반면, 문화적 선택은 인기가 있거나 돈이 되거나 다른 이유에서 이롭다는 이유만으로 새로운 행동을 촉진할 수 있다. 이런 기준에 따라 신발을 신고 책을 읽고 의자에 앉는 것은 많은 이점과 쾌적함을 가져다주기 때문에 선택되었다. 하지만 이러한 행동들이 유발하는 진화적 불일치는 역진화의 특징들을 갖고 있다. 특히 우리는 나쁜 발, 나쁜 시력, 나쁜 허리의 증상들을 치료하는 것에 능하지만 그 원인을 예방하려는 노력은 전혀 하지 않는다. 게다가 이 문제들 중 어떤 것도 인간이 오래 행복하게 사는 능력 또는 많은 자식을 갖는 능력에 영향을 미치지 않는다. 이러한 불일치들은 많은 이득을 가져다주기 때문에 계속 존속하거나 악화되고 있다.

안락함과 편리함을 추구하는 혁신을 비롯해 많은 새로운 것들이 인간의 건강에 항상 좋은 것은 아니지만, 그렇다고 모든 신제품과 신기술을 피할 필요는 없다. 다만 진화적 관점은 몇몇 혁신이 우리 몸에 진화적 불일치를 유발할 수 있다는 점을 알려준다. 수백만 년간 진화한 우리 몸은 그러한 현대 기술에 잘 적응되어 있지 않다. 무엇보다 그 양이나 정도가 지나칠 때 문제가 생긴다. 이 장에서 다룬 사례인 신발을 신는 것, 책을 읽는 것, 의자에 앉는 것을 생각해보자. 최근까지 하지 않았던 이러한 일들은 그 자체로 해롭지 않으며 대개 이롭다. 하지만 지나치면 다양한 문제들을 일으킬 수 있으며, 우리는 이것이 해롭다는 것도 알아채지 못한다. 그러한 해로움은 오랜 시간에 걸쳐 매우 서서히 축적되기 때문에 인과관계를 알아차리기 어렵기 때문이다. 우리에게 신발과 독서와 의자는 안락하고 편리하고 쾌적하고 정상적인 것이다.

당신이 먹고 입고 사용하는 모든 것에서 완전히 새로우면서 지나칠 경우 불일치 질환 또는 부상을 초래할 수 있는 일을 꼽아보면 재미있을 것이다. 여기서 몇 가지만 이야기해보자. 부드럽고 편안한 매트리스는 지나치게 부드럽고 편안할 경우 허리를 약하게 할 수 있다. 더 많은 시간을 실내에서 보낼 수 있게 해주는 전구도 밝은 햇볕을 충분히 쬐지 못하게 하므로 시력과 기분에 영향을 미칠 수 있다. 욕실의 세균을 죽이는 살균제도 새로운 세균의 진화를 촉진해 당신을 병들게 만들 수 있다. 당신이 음악을 들을 때 사용하는 이어폰은 음량을 지나치게 높일 경우 청력 손실을 유발할 수 있다. 당신의 삶을 피상적으로는 더 쉽게 만들지만 실제로는 당신을 약하게 만드는 더 은밀한 위험들도 있다. 예를 들어 에스컬레이터, 엘리베이터, 바퀴 달린 여행 가방, 쇼핑 카트, 자동 캔 따개 같은 것이 있다. 이러한 장치들은 이미 문제가 있는 몸에는 경이로운 도우미들이지만, 아직 건강한 몸에는 해로울 수 있다. 수고를 덜어주는 이러한 장치들에 장기간 지나치게 의지하면 노쇠를 앞당길 수 있다.

혁신과 안락의 질환을 해결하는 방법은 현대의 이기를 제거하는 것이 아니라, 문제의 원인을 해결하지 않고 증상만 치료할 때 일어나는 역진화의 악순환을 끊는 것이다. 이 장의 앞부분에서 했던 주장으로 돌아가면, 신발을 완전히 포기할 필요는 없지만 사람들, 특히 어린이들에게 더 자주 맨발로 다니고 최소한의 기능을 지닌 신발을 신도록 권장함으로써 발과 관련한 몇 가지 문제들을 해결할 수 있다(이 가설은 아직 검증되지 않았다.). 독서도 현대의 경이로운 발명품이다. 우리는 독서를 하지 않을 수도 없고 하지 말라고 해서도 안 된다. 하지만 우리는 아이들에게 다른 방식의 독서를 권장함으로써 (그리고 야외 활동을 더 많이 하도록 권장함으로써) 근시를 어느 정도 예방하거나 줄일 수 있다. 또한 집과 사무실에 있는 모든 의자를 내다버리고 서 있거나 쪼그려 앉는 대신 사무직 노동자들에게 서서 일하는 책상을 권하면 좋을 것이다.

물론 이러한 변화들은 여러 가지 이유로 쉽게 이뤄지지 않을 것이다. 우선 안락함과 편리함을 싫어할 사람이 누가 있겠는가? 인생을 더 쉽고 더 즐겁게 만드는 제품을 생산하고 구매하도록 유혹하는 데 수십억 달러가 들어간다. 새로운 모든 것을 포기할 필요는 없다. 하지만 정상이라고 여기고 편하다고 생각하는 것을 진화적 관점에서 비판적으로 바라본다면, 더 나은 신발과 의자, 매트리스, 책, 안경, 전구, 집, 도시를 만들 수 있을 것이다. 진화적 논리가 그러한 변화를 이루는 데 무슨 도움이 될 수 있는가는 다음 장에서 다루겠다.

∞

12장

더 적합한 자의 생존

: 진화적 논리는 더 건강한 몸을 일구는 데 도움이 되는가

이 경쟁에 대해 생각할 때, 우리는 자연의 전쟁은 부단한 것이 아니며
어떤 공포도 느껴지지 않는다는 것, 죽음은 일반적으로 급속하게
일어난다는 것, 아울러 힘 있고 건강하고 행복한 개체가 살아남아
번성한다는 것에서 위안을 얻을 수 있다.

—찰스 다윈, 『종의 기원』

다음은 한 무리의 80대 노인들이 건강에 관한 대화를 주고받는 장면을 익살스럽게 묘사한 것이다. "나는 눈이 나빠서 잘 보이지가 않아." "나는 목에 관절염이 심해서 머리를 돌릴 수가 없어." "나는 심장약 때문에 어지러워." "맞아 그게 다 우리가 너무 오래 살아서 생기는 문제지. 하지만 아직 운전은 할 수 있잖아!"

이 농담은 최근에 생긴 것이 분명하다. 지난 몇천 년간 문화적 진화는 인간 몸이 처한 조건을 크게 바꾸었다. 그것은 때로 더 나쁘게 바뀌었지만(특히 처음에는), 결국에는 대체로 더 좋아졌다. 농업, 산업화, 위생 시설, 신기술, 개선된 사회제도, 기타 문화적 발

전들 덕분에 우리는 더 많은 식량과 에너지를 누리게 되었고 일은 덜하게 되었으며, 우리 삶을 풍요롭게 만들고 개선하는 여러 축복들을 향유하게 되었다. 오늘날 수십억 명의 사람들이 긴 수명과 건강을 당연하게 여긴다. 실제로 부유하고 정치적으로 안정된 나라에서 태어난 행운아라면 70대 또는 80대까지 살 것이고, 심각한 전염병에 걸릴 일이 없을 것이고, 힘든 육체노동을 하지 않아도 되고, 맛있는 음식을 항상 충분히 먹을 수 있으며, 자신처럼 건강한 자식들을 낳아 키울 것이다. 행운아가 되지 못한 소수에게는 이 전망이 마치 평생의 휴가를 선전하는 광고처럼 들릴 것이다.

솔직히 인간의 건강과 행복은 몇백 년 전부터 지금까지 계속되고 있는 과학의 폭발적인 발전 덕분에 크게 개선되었다. 과학적 발전은 농업혁명의 유해한 결과들을 해결했다. 앞에서 살펴보았듯이 농부는 수렵채집인보다 더 많은 식량을 보유하고 더 많은 자식을 낳을 수 있음에도, 강도 높은 노동을 해야 하고, 기아, 영양실조, 전염병을 더 많이 경험한다. 지난 몇 세대 동안 우리는 농업이 본격적으로 시작된 이후에 새롭게 생겼거나 이전보다 더 흔해진 전염병 대다수를 정복했다. 천연두, 홍역, 페스트, 말라리아 같은 질병들은 이제 완전히 사라졌거나, 적절한 방법으로 치료 또는 예방된다. 사람들이 마을과 도시에 정착한 뒤로 널리 퍼진, 영양실조와 열악한 위생으로 인한 질환들도 지금은 거의 사라졌다. 그러한 질환들이 일부 지역에 아직 존재하는 것은 정치적 불안정, 사회적 불평등, 무지 탓이다. 민주주의, 정보화, 경제 발전이 전 세계로 퍼져나감에 따라 사람들은 더 커졌고 더 오래 살며 그 밖에 다른 면에서도 번영을 누리고 있다. 하지만 불가피한 대가도 있다. 모든 사람이 병에 걸려 죽게 되었다. 어려서 설사나 폐렴, 말라리아에 걸려 죽지 않으면 노년에 암이나 심장병에 걸려 죽을 확률이 높다. 마찬가지로 몸이 수년에 걸쳐 조금씩 마모되기 때문에, 늙으면 자동차나 다른 기술의 도움으로 돌아다닐 수는 있어도 점점 노쇠해질 수밖에 없다.

우리 몸의 진화는 끝나지 않았다. 자연선택은 농업이 시작될 때 끝난 것이 아니라, 바뀐 식생활, 세균, 환경에 인간을 적응시켜왔으며 지금도 그러고 있다. 하지만 문화적 진화의 속도와 힘이 자연선택의 속도와 힘을 크게 능가했고, 우리가 물려받은 몸은 아직도 지난 수백만 년간 우리가 진화해온 다양한 환경조건에 적응되어 있다. 우리는 큰 뇌를 갖고 있고 몸에는 지방이 적당히 있으며, 비교적 빨리 번식하지만 성적으로 성숙하기까지 오래 걸리는 두발 동물이다. 또한 우리 몸은 활동적인 오래달리기 선수에 적합하게 적응되어 있다. 따라서 우리는 정기적으로 장거리를 걷고 달리는 것, 그리고 자주 나무를 타고 땅을 파고 물건을 실어 나르는 것을 잘 한다. 우리는 과일, 덩이줄기, 야생 동물, 씨, 견과류 등 다양한 것을 먹도록 진화했다. 우리가 주로 먹었던 음식에는 당, 단순탄수화물, 소금이 적은 반면, 단백질, 복합 탄수화물, 섬유소, 비타민이 많이 있었다. 또한 인간은 도구를 만들고 사용하도록, 효과적으로 의사소통하도록, 긴밀하게 협력하도록, 혁신을 이루어내도록, 문화를 이용해 다양한 도전에 대처하도록 적응되어 있다. 뛰어난 문화적 능력 덕분에 호모 사피엔스는 전 세계로 급속하게 퍼져

나갈 수 있었고, 그다음에는 역설적으로 수렵채집인의 생활 방식을 그만두게 되었다.

우리가 창조한 새로운 환경과 우리가 물려받은 몸이 만난 불행한 결과가 불일치 질환이다. 적응은 복잡한 개념이며, 인간의 몸은 단 하나의 환경에 적응되어 있는 것이 아니지만, 우리의 생물학적 형질들은 더러운 쓰레기가 높이 쌓여 있고 인구밀도가 높은 정착지에 살기에 적합하지 않다. 또한 우리는 몸을 지나치게 쓰지 않는 것에도, 너무 잘 먹는 것에도, 너무 편하고 깨끗한 것에도 잘 적응되어 있지 않다. 의료 및 위생 분야에서 일어난 최근의 발전에도 불구하고, 너무 많은 사람들이 과거에는 드물었거나 몰랐던 다양한 질병에 걸린다. 이것들은 주로 비감염성 만성질환들로 대다수가 지나친 발전 때문에 발생했다. 지난 수백만 년간 인간은 에너지 균형을 맞추기 위해 고군분투했지만, 요즘은 수십억 명의 사람들이 (지나친 당 섭취에서) 더 많은 열량을 얻고 몸은 덜 움직임으로써 뚱뚱해졌다. 우리가 배에 지나친 지방을 축적하는 한편 운동은 게을리 하는 탓에 풍요의 질환, 특히 심장병, 2형 당뇨병, 골다공증, 유방암, 결장암 등이 증가하고 있다. 미국에서 2형 당뇨병의 발생률은 십대에서조차 증가하고 있고, 현재 미국인의 거의 25퍼센트가 당뇨병 전증, 당뇨병, 그리고 심혈관계 질환의 위험 인자들 중 하나를 갖고 있다.[1] 또한 경제 발전은 환경을 오염시키고 그 밖의 해로운 변화(너무 많은 자극, 너무 적은 자극, 너무 새로운 자극)를 초래함으로써 암, 알레르기, 천식, 통풍, 소아지방변증, 우울증 같은 불일치 질환도 유발했다. 미국인의 다음 세대는 부모보다 더 오래 살

지 못하는 첫 번째 세대가 될지도 모른다.[2]

사망률이 낮아진 대신 이환율이 높아지고 있는 현재의 역학적 이행은 부유한 나라만의 문제가 아니다. 다른 나라들도 같은 방향으로 가고 있다.[3] 예를 들어 인도에서는 기대 수명이 극적으로 늘었지만, 2형 당뇨병이 해일처럼 중산층을 덮치고 있다. 인도에서 당뇨병 환자의 수는 2010년에 5000만 명이었던 것이 2030년에는 1억 명 이상이 될 것으로 예상된다.[4] 선진국들은 이미 청장년층과 중년층의 만성질환 때문에 늘어난 비용 문제로 고민하고 있다(예를 들어 당뇨병은 한 사람의 평균 보건비를 두 배 증가시킨다.).[5] 인도와 같이 부유하지 않은 나라들은 이 문제에 어떻게 대처할 것인가?

전반적으로 보면 인간의 몸은 많은 면에서 더 좋아졌지만 그만큼 다른 면에서는 더 못해진 역설적인 상황에 놓였다. 이 역설을 이해하고 대안을 마련하기 위해서는 서로 관련된 두 과정을 진화의 렌즈로 살펴볼 필요가 있다. 요약해서 말하면, 첫 번째 과정은 환경 변화로 우리가 진화적 불일치 질환에 더 취약해졌다는 것이다. 따라서 우리는 왜 불일치가 일어나는지 이해하고 그러한 불일치 질환을 예방하거나 치료하는 방법을 알아내야 한다. 그렇게 할 때 우리는 두 번째 과정인 역진화의 악순환 고리를 끊는 것이 얼마나 중요한지 이해할 수 있다. 전부는 아니지만 많은 불일치 질환이 예방 가능한 것임에도, 우리는 환경적 원인을 해결하는 데 너무나 자주 실패하고 있다. 그 결과 질병을 유발하는 동일한 환경 조건이 문화를 통해 자식들에게 그대로 전달되면서 불일치 질환들이 계속 유지되거나 더 악화되고 있다. 이 악순환의 분명하고도 중요한 예외는 전염병이다. 미생물학과 현대 위생 시설의 발달 이후 전염병은 예방 가능한 질병이 되었다. 영양실조로 인한 질환도 각 국 정부들이 제 역할을 잘 하고 있는 덕분에 지금은 흔치 않다. 하지만 9장부터 11장까지 이야기한 다양한 이유들 때문에, 지나치게 많은 에너지, 충분한 생리적 스트레스의 부재, 그 밖의 새로운 환경조건이 유발하는 다양한 질환들을 전염병처럼 예방할 수는 없을 것 같다. 불일치 질환들은 기능장애와 죽음을 초래하는 가장 큰 원인이며, 치료하는 데 많은 비용이 든다. 예를 들어 미국은 매년 보건비로 2조 달러 이상을 쓰는데, 이 돈은 미국의 국내총생산의 거의 20퍼센트에 해당한다. 또한 우리가 치료하는 질병들 중 약 70퍼센트가 예방 가능한 것으로 추산된다.[6]

결론적으로 말해, 인간의 몸은 지난 600만 년간 먼 길을 걸어왔으며 그 여정은 아직 끝나지 않았다. 앞으로의 여정은 어떻게 될까? 우리는 대충 되는 대로 살게 될까? 우리는 암을 치료하고 비만을 해결하고 사람들을 더 건강하고 행복하게 만드는 신기술을 개발할 수 있을까? 아니면 영화 〈월-E WALL-E〉에 나오는 것과 같이 지방덩어리 인간으로 부풀어 올라 약물, 기계, 대기업에 의존한 채 골골대며 살게 될까? 진화적 관점은 우리 몸을 위한 더 나은 미래를 설계하는 데 도움이 될까? 물론 이 고르디우스의 매듭을 끊는 명백한 하나의 해법은 없다. 따라서 진화의 렌즈를 통해 몇 가지 방법들을 하나씩 살펴보자.

첫 번째 방법: 자연선택에 맡기자

1209년에 한 가톨릭 군대가 프랑스 도시 베지에에서 이단을 근절하겠다며 1만~2만 명의 사람들을 학살했다. 가톨릭 신자와 이단자를 구별하는 것이 불가능하다는 이유로 "전부 죽이고 나머지는 신께 맡겨라."라는 명령이 내려졌다고 전해진다. 다행히도 이러한 냉혹한 태도는 드물다. 하지만 나는 자연선택이 우리가 직면하고 있는 건강 문제들을 이와 비슷한 방식으로 해결하지 않겠냐는 질문을 자주 받는다. 자연선택은 현대의 환경에 대처할 수 없는 몸을 가진 사람들을 솎아냄으로써 우리 종을 정크 푸드와 활동 부족에 적응시킬까?

거듭 말하지만 자연선택은 멈추지 않았다. 기본적으로 자연선택은 지금도 존재하는 두 현상, 즉 유전 가능한 변이와 차등적인 번식 성공의 불가피한 결과이기 때문이다. 특정 전염병에 면역력이 약한 사람들에게 자연선택은 분명히 잘 작동하고 있다. 마찬가지로, 풍요롭고 편안하게 하는 환경에 유전적으로 잘 적응되어 있지 않은 사람들도 있을 것이다. 만일 그들이 자식을 적게 낳는다면 그 유전자가 유전자군에서 제거되지 않을까? 다시 말해 활동 부족, 현대의 식생활, 여러 오염 물질이 유발하는 질병에 잘 걸리지 않는 사람들이 유전자를 후대로 전달할 가능성이 높지 않을까?

이러한 가설을 완전히 무시할 수는 없다. 2009년에 미국에서 실시된 한 연구에 따르면 더 작고 살찐 여성들의 생식력이 약간 더 높았다. 이 결과는 만일 자연선택에서 이러한 추세가 아주 오랫동안 계속된다면 장담할 수 없지만 미래 세대는 더 작고 통통해질 것임을 암시한다.[7] 게다가 전염병은 여전히 자연선택을 일으키는 강력한 힘이 될 수 있다. 향후 치명적인 세계적 전염병이 발생한다면, 그것에 저항하는 면역계를 가진 사람이 그렇지 않은 사람보다 더 많은 자식을 남길 것이다. 마찬가지로 자연선택은 흔한 독성 물질이나 피부암 같은 질병의 환경 인자에 저항하는 유전자를 지닌 사람을 선호할 것이다. 미래의 부모는 자식을 낳을 때 유전자 검사를 통해 유리한 형질들을 인위적으로 선택할 것이라는 가설도 터무니없지는 않다.

인간의 진화는 끝나지 않았지만, 환경조건이 극적으로 바뀌지 않는 한 우리 종이 극적인 자연선택을 통해 비감염성 불일치 질환들에 적응할 확률은 별로 없다. 첫째, 이 질환들 대다수가 생식력에 아무런 영향을 주지 않기 때문이다. 예를 들어 2형 당뇨병은 일반적으로 생식이 끝난 이후에 생기고, 병에 걸린 사람도 수년간 관리하면서 살 수 있다.[8] 둘째, 번식 성공에 영향을 미치면서 부모에서 자식에게 전달되는 유전적 변이에만 자연선택이 작용할 수 있기 때문이다. 비만 관련 몇몇 질환들은 번식 기능을 방해할 수 있지만, 이 문제들은 주로 환경조건 때문에 발생한다.[9] 마지막으로, 문화는 선택을 추동하기도 하지만 강력한 완충 메커니즘으로도 작용한다. 매년 새로운 제품과 치료법이 개발되고 있어서, 불일치 질환을 앓는 사람은 자신의 증상에 더 잘 대처할 수 있다. 자연선택은 작동한다 하더라도 한평생 측정할 수 없을 정도로 아주 천천히 일어날 것이다.

두 번째 방법: 의학 연구와 치료에 더 투자하자

1795년에 마르키 드 콩도르세Marquis de Condorcet는 마침내 의학이 인생을 무한히 연장할 것이라고 예측했다. 지금도 지식인들은 노화를 멈추고 암을 정복하고 기타 질환들을 치료하는 획기적인 방법이 나올 것이라고 눈부시게 낙관적인 예측을 하고 있다.[10] 예를 들어 내 친구 중 한 명은 언젠가 지방세포를 억제하는 화합물을 넣은 유전자 변형 식품이 만들어질 것이라고 예측한다. 또한 유전공학이 살찌지 않게 만든 머핀을 먹을 날이 올 것이라고 상상하는 사람도 있다. 설령 실제 개발된다 하더라도, 그리고 거의 불가능하겠지만 위험한 부작용이 없다 하더라도, 나는 그러한 머핀에는 이익보다 손해가 더 많을 것이라고 예상한다. 그 머핀을 먹는 사람들은 운동을 하거나 식생활에 신경을 쓸 이유가 없기 때문에 훌륭한 식사와 운동에서 얻는 신체적, 정신적 이익을 누리지 못할 것이다.

복합질환에 대한 특효약은 과격한 과학소설에나 나올 법한 이야기이지만, 현대 의학은 지난 수십 년간 시행착오를 거쳐 불일치 질환에서 생명을 구하고 고통을 완화시키는 여러 치료법들을 찾아냈다. 그리고 더 나은 치료법을 찾기 위해 기초의학 연구에 계속 투자해야 한다는 것은 너무도 당연하다. 하지만 이 분야의 발전은 느리고 점진적으로 이뤄질 것이다. 현재 구할 수 있는 약의 대부분은 효과가 제한적일뿐 아니라 고약한 부작용이 있고, 비감염성 질환을 다루는 방법들은 진정 병을 낫게 하기보다 증상을 완화하거나, 죽거나 병에 걸릴 위험을 줄일 뿐이다. 예를 들어 2형 당뇨병, 골다공증, 심장병을 완치하는 약이나 수술은 존재하지 않는다. 게다가 2형 당뇨병을 앓는 성인에게 도움을 주는 약물 대다수는 같은 질병에 걸린 청소년에게 효과가 덜하다.[11] 많은 투자에도 불구하고 여러 암의 사망률은 인구의 크기와 연령을 감안했을 때 1950년대 이후로 거의 변동이 없다.[12] 자폐증, 크론병, 알레르기, 기타 수많은 질환들은 여전히 치료가 어렵다. 갈 길이 참으로 멀다.

의학이 가까운 미래에 병원체와 관련이 없는 만성적인 불일치 질환에 대한 획기적인 해결책을 내놓으리라고 기대할 수 없는 또 하나의 이유는 그 원인을 잘 겨냥해 효과적으로 제거하기 어렵기 때문이다. 해로운 세균과 해충은 위생 시설, 백신, 항생제로 퇴치할 수 있지만, 나쁜 식생활, 운동 부족, 노화가 유발하는 질환은 여러 인자들이 복합적으로 작용한 결과라서 간단한 치료약이 통하지 않는다. 이러한 만성질환의 위험 인자로 밝혀진 유전자들은 엄청나게 많고 다양하며, 특정 유전자가 한 질환에 강력한 영향을 미치는 경우는 거의 없다.[13] 다시 말해 당신의 이웃을 당뇨병, 심장병, 암에 잘 걸리게 만드는 유전자 돌연변이는 드물고, 설령 있다 해도 그 돌연변이가 당신이나 당신의 자식에게 영향을 미치는 돌연변이와 같을 가능성이 거의 없다. 게다가 설령 우리가 이런 흔치 않은 유전자들을 겨냥하는 약물을 만들 수 있더라도 그 효과는 제한적일 것이다. 따라서 매우 효과적인 치료약 몇 개로 대부분의 비감염성 불일치 질환들을 치료하는 일은 일어나지 않을 것이다. 이 문제를 해결할 파스퇴르 박사는 영영 나오지 않을 것이다.

그렇기 때문에 어렵더라도 환경과 행동을 바꿀 수밖에 없다. 이 질환들 다수는 환경과 행동의 변화를 통해 어느 정도—때로는 상당한 수준—까지 예방할 수 있기 때문이다. 과거의 훌륭한 식생활과 운동이 만병통치약은 아니지만, 그것이 불일치 질환 발생률을 대폭 낮춘다는 것을 수많은 연구들이 한결같이 보여주고 있다. 한 예로 52개국에 사는 3만 명의 노인들을 대상으로 실시한 연구에서, 과일과 채소를 많이 먹고, 금연하고, 적당히 운동하고, 지나친 음주를 자제하도록 생활 방식 전반을 개선했더니 심장병 발생률이 약 50퍼센트 줄어들었다.[14] 담배와 질산나트륨 같은 발암 물질에 대한 노출을 줄이면 폐암과 위암 발생이 줄어드는 것으로 나타났다. 그리고 증거가 더 필요하지만 벤젠과 폼알데하이드 같은 발암 물질에 대한 노출을 줄이면 다른 암들의 발생이 줄어드는 것으로 보인다. 예방이야말로 가장 확실한 약이지만, 우리 종은 우리에게 가장 이익이 되는 예방 조치를 취하기에 정치적, 심리적 의지가 항상 부족하다.

여기서 우리가 질문해봐야 할 것이 있다. 우리는 예방에 써야 할 관심과 자원을 불일치 질환의 증상을 치료하는 데 투자함으로써 역진화를 어느 정도나 촉진하고 있을까? 개인적으로 생각해보면, 지금 내가 하고 있는 행동 때문에 병에 걸린다 해도 그것이 수년 후고, 그 병의 증상들을 치료할 방법이 있다는 것을 안다면 나 역시도 건강하지 않은 음식을 먹고 운동을 하지 않게 되지 않을까? 사회적인 차원에서 생각해보면, 우리가 질병 치료에 쓰고 있는 돈은 예방에 써야 할 돈을 희생한 것 아닐까?

이것은 내가 답할 수 있는 질문이 아니지만, 객관적으로 우리는 예방에 관심과 자원을 너무 적게 할당하고 있다. 얼마나 심각한지 규모가 크고 적절한 대조군을 설정한 장기적인 중재 연구intervention study(연구자가 질병 예방 인자를 대상자들에게 주고 예방 인자를 주지 않은 집단과 비교하는 연구—옮긴이)를 살펴보자. 연구 결과, 건강하지 않았지만 운동을 통해 건강해진 미국 성인들은 심혈관계 질환의 발생률이 반으로 줄었다.[15] 심장병에 걸린 미국인 한 명을 치료하는 데 연간 1만 8000달러가 쓰이기 때문에, 인구의 25퍼센트가 건강 상태를 개선한다면 심장병 치료비에서만 연간 580억 달러 이상을 절약할 수 있다.[16] 580억 달러는 미국국립보건원National Institutes of Health에 배정되는 한 해 연구 예산의 두 배에 달한다. 현재 미국국립보건원의 연구 예산 중 5퍼센트만이 질병 예방에 관한 연구에 쓰인다.[17] 미국인의 25퍼센트를 건강하게 만들기 위해, 또는 그런 방법을 알아내기 위해 실제로 돈이 얼마나 들지는 아무도 모른다. 하지만 2008년의 한 연구는 신체 활동을 늘리고 금연을 권장하고 영양 상태를 개선하는 지역사회 프로그램에 일인당 연간 10달러를 쓸 경우 5년 내에 보건비로 연간 160억 달러 이상을 절약할 수 있을 것으로 추산했다.[18] 정확한 숫자는 달라질 수 있지만, 요점은 기본적으로 예방이 건강과 수명을 높이기 위한 더 나은 방법인 데다 비용 면에서도 더 효율적이라는 것이다.

우리는 예방에 더 투자해야 한다고 생각하면서도 건강한 젊은이들이 병에 걸릴 수 있는 행동을 하는 것을 말리기 어렵다고 생각한다. 흡연을 생각해보자. 흡연은 신체 활동 부족, 나쁜 식생활,

알코올 남용과 같은 위험 인자들 중 가장 예방 가능한 사망 원인이다. 미국의 공공 보건 당국은 오랜 법적 투쟁 끝에 1950년대 이래로 담배를 피우는 미국인의 비율을 절반으로 줄였다.[19] 하지만 미국인 중 20퍼센트는 아직도 담배를 피운다. 2011년에 흡연으로 인한 조기 사망은 44만 3000건이었고, 이로 인한 직접 비용은 연간 960억 달러였다. 마찬가지로 대부분의 미국인은 운동을 하고 건강하게 먹어야 한다는 사실을 알지만, 신체 활동에 대한 정부 권고를 따르는 사람은 미국인의 20퍼센트에 불과하고 식생활 가이드라인을 따르는 사람은 20퍼센트도 안 된다.[20]

우리 몸은 사용하도록 진화했기 때문에 몸을 사용해야 한다고 설득하고 권유하고 격려하는 것에 실패하는 이유는 많고 다양하다. 주요 원인 중 하나는 우리가 아직도 미래의 획기적인 연구를 기다리는 마르키 드 콩도르세의 전철을 밟고 있다는 점이다. 죽음이 두렵고 과학에 희망을 거는 우리는 수십억 달러를 쏟아 부으며 병든 신체 기관을 재생시키는 방법을 알아내려고 하고, 신약 사냥에 나서며, 마모된 신체 부위를 대체할 인공장기를 만들려고 한다. 이러한 분야에 투자하지 말자고 주장하는 것은 아니다. 오히려 반대로 더 많이 투자하되, 불일치 질환의 원인을 해결하기보다는 단순히 증상만 치료함으로써 악순환을 조장하는 방식으로는 하지 말자는 말이다. 쉽게 말해 의료보험은 예방에 돈을 더 써야 한다는 얘기다(결국에는 예방이 치료비를 줄여줄 것이다.). 그뿐 아니라 질병 치료와 관련된 연구를 지원할 요량으로 예방의학에 투자하는 연구기금을 줄여서는 안 된다. 하지만 불행히도 미국국립보건원이 예방의학에 투자하는 돈이 얼마 되지 않는다는 것은 그렇게 하고 있다는 증거다.

또 다른 요인은 돈이다. 미국 등지에서 공공 보건은 어느 정도 이윤을 추구하는 산업이 되었다.[21] 그 결과 보건 분야 종사자들은 수년간 자주 구매해야 하며 질병의 증상을 완화시키는 제산제, 보조 기구 등의 치료제 개발과 투자에 집중한다. 돈이 되는 또 다른 방법은 물리치료 같은 예방 치료 대신 수술 같은 값비싼 치료법을 권하는 것이다. 예방의학도 이윤 때문에 왜곡된다. 예를 들어 다이어트 산업의 규모는 미국 등지에서 수십억 달러에 육박한다. 대부분의 다이어트는 효과가 없지만 과체중인 사람들이 현실성 없는 기적 같은 새로운 다이어트에 기꺼이 큰돈을 쓰기 때문이다.

요컨대 우리는 현재 불일치 질환의 치료에 투자하고 집중할 목적으로 예방에 쓸 시간, 돈, 노력을 희생할 수밖에 없다. 수많은 사람들이 이미 병들어 있고, 예방을 위한 노력은 별로 효과가 없기 때문이다. 그러면 사람들의 행동을 바꾸는 것은 좀 더 쉽지 않을까?

세 번째 방법: 교육하고 권한을 부여하자

아는 것이 힘이다. 그러므로 우리는 몸이 어떻게 작동하는지에 대한 유용하고 믿을 수 있는 정보가 필요하고, 원하는 바를 이룰 수 있는 권한이 필요하다. 따라서 공공 보건 전략의 기본은 사람들이 자신의 몸을 더 잘 사용하고 보살피고 몸에 대한 더 합리적인 결정을 내릴 수 있게 교육하며 그럴 권한을 주는 것이어야 한다.

수많은 연구와 시행착오를 거쳐 지난 몇십 년간 공공 보건 전략이 빠르게 진보했다. 1990년대 이전의 전략은 정보가 있을 때 사람들이 더 합리적인 결정을 내린다는 가정 아래 기본적인 건강 교육을 제공하는 데 집중했다. 고등학생 때 나는 흡연, 마약, 무책임한 섹스에 관한 충격적인 통계자료와 흡연자의 폐를 찍은 무시무시한 사진을 보았다. 하지만 예상할 수 있다시피, 이러한 프로그램의 효과를 조사한 연구에 따르면 정보를 제공하는 것은 필요한 일이지만 지속적인 행동 변화를 일으키기에 불충분했다.[22] 오늘날의 공공 보건 프로그램들은 단순히 정보만이 아니라 사회 환경을 변화시킬 수 있는 권한까지 제공하는 전면전인 접근 방식을 옹호한다.[23] 또한 공공 보건 증진 노력이 효과를 거두려면 여러 층위에서 운영되는 프로그램이 필요하다. 즉 의사와 환자 같은 개인 수준에서 학교와 교회 같은 지역사회 수준, 그리고 언론 캠페인, 규제, 세금 같은 정부 정책 수준까지 다층적으로 접근해야 한다.[24] 하지만 이러한 노력과 경쟁하는 요인들 때문에 공공 보건 전략의 효과가 제한된다. 예를 들어 미국의 광고업자들은 맛있지만 건강에 좋지 않은 식품을 어린이들에게 선전하는 데 연간 수십억 달러를 쓴다. 2004년 기준으로 2~7세 미국 어린이는 텔레비전에서 어린이용 음식에 대한 광고를 평균 4,400건 이상 보지만, 운동이나 영양에 관한 공익광고는 약 164건밖에 접하지 못했다. 무려 27배 차이다![25]

학교교육도 효과가 크지 않다. 미국의 한 대학교에서 2,000명의 학생들에게 건강에 관한 15주짜리 강의를 듣게 했다. 이 수업은 신체 활동과 건강한 식생활에 관한 내용도 포함하고 있었다. 절반은 실제 강의에 참석했고, 나머지 절반은 온라인 강의를 들었다. 수강 후 학생들의 행동을 평가해봤더니, 적당한 강도의 활동은 8퍼센트 늘었지만 활발한 활동은 감소한 것으로 나타났다. 또한 그들은 과일과 채소를 4퍼센트 더 먹었고 통곡물을 8~11퍼센트 더 먹었다.[26] 온라인 강의를 수강한 학생들은 강의실에서 수업을 들은 학생들보다 생활 습관의 변화가 적었다. 다른 연구들에서도 비슷한 결과가 나왔다.[27] 교육은 중요하지만 효과는 크지 않다.

교육의 질과 폭을 개선해도 사람들의 행동이 크게 바뀌지는 않는다는 것은 많은 돈을 들여 연구하지 않아도 알 수 있다. 만일 내가 배가 고픈데 초콜릿 케이크 한 조각과 셀러리 중에서 선택해야 한다면 당연히 케이크를 선택할 것이다. 오늘날의 풍요로운 환경에서 건강에 도움이 되는 음식을 선택하게끔 인도하는 몸의 지혜 같은 것은 존재하지 않는다.[28] 아이든 어른이든 우리는 진화하는 동안 주로 찾던 먹거리(달고 녹말이 풍부하고 짜고 지방질인 음식)를 본능적으로 선호한다는 사실과, 광고, 폭넓은 선택지, 또래 압력, 비용 같은 요인들이 현대인의 식품 선택에 강력한 영향을 미친다는 사실이 실험 결과 반복적으로 밝혀졌다.[29] 신체 활동에도 같은 원리가 적용된다. 에스컬레이터를 타는 것과 계단을 오르는 것 중 선택할 수 있다면, 나를 포함해 대다수의 사람들이 에스컬레이터를 선택할 것이다. 쇼핑몰에 에스컬레이터 대신 계단을 이용하라고 권고하는 배너와 포스터를 붙여도 계단을 오르는 사람들은 겨우 6퍼센트 늘어날 뿐이다. 신체 활동을 권장하는 대중 캠페인의 효과

도 딱 이 정도다.[30]

우리가 건강에 대해 이렇게 비합리적으로 행동하는 이유는 요즘 각광받고 있는 연구 주제이다. 수많은 실험 결과, 인간은 여러 면에서 불가항력적으로 행동한다는 사실이 밝혀졌다. 우리는 본능적으로 반응한다. 초콜릿 케이크와 셀러리 중 무엇을 먹을지 또는 계단을 오를지 에스컬레이터를 탈지와 같은 일상적이고 반복적이며 순간적인 결정을 내릴 때, 우리는 즉흥적으로 판단한다.[31] 오랜 숙고를 통해 본능을 억누르는 것은 가능할지 몰라도 그러한 행동을 그만두기는 어렵다. 예를 들어 우리는 먼 미래에 주어지는 보상(예컨대 노년의 건강)과 현재에 주어지는 보상(예컨대 한 개 더 많은 쿠키)의 가치를 비교 평가할 때, 미래의 보상이 지연될수록 현재의 보상을 높게 평가하는 경향이 있다. 건강에 도움이 되지 않는 이러한 본능은 식량이 귀하던 시절에 생존과 번식 확률을 높여준 적응이었다가 최근에 환경이 풍요로워지면서 부적응이 된 경우이다. 다시 말해 시도 때도 없이 비합리적인 결정을 하는 것은 우리 잘못이 아니다. 우리는 지나치게 많이 먹고 나쁜 음식을 먹고 운동을 적게 하려는 자연적 본능 때문에 제조업자와 광고업자에게 쉽게 속는다. 이러한 행동들은 건강에 나쁘지만 뿌리 깊은 본능이라서 억제하기 매우 어렵다.

결론은 아는 것이 힘이지만 그것만으로는 충분하지 않다는 것이다. 정보와 권한은 필요하다. 하지만 넘쳐나는 음식과 노동을 덜어주는 기계로 둘러싸인 환경에서 더 건강한 선택을 하려면 기본적인 욕구를 극복할 수 있게 만드는 동기와 격려가 필요하다.

네 번째 방법: 환경을 바꾸자

비만의 유행, 비감염성 만성질환의 전 세계적 확산, 보건비의 상승, 가족의 건강이 걱정된다면, 다음 세 진술에 동의하는지 자문해 보라.

1. 당분간은 사람들이 불일치 질환에 계속 걸릴 것이다.
2. 의학의 진보는 불일치 질환의 증상을 진단하고 치료하는 데 도움이 되겠지만, 근본 원인을 해결하지는 못할 것이다.
3. 식생활, 영양, 건강을 개선하는 방법들에 대해 교육하려는 시도는 현재로서 효과가 제한적일 수밖에 없다.

여기에 동의한다면, 마지막 선택지는 예방을 통해 건강을 개선하도록 환경을 바꾸는 것이다. 하지만 어떻게 해야 할까?

사고실험을 하나 해보자. 건강 염려증 환자인 동시에 보건비에 집착하는 폭군이 정권을 잡고 국민들에게 생활 방식을 근본적으로 바꾸기를 강요한다고 상상해보자. 탄산음료, 과일 주스, 사탕 등 당이 많은 식품과 포테이토칩, 흰쌀, 흰 빵 등 단순 탄수화물 식품이 금지된다. 패스트푸드 레스토랑 주인들을 잡아 가두고, 흡연자, 술주정뱅이, 음식과 공기와 물을 발암 물질이나 독성 물질로 오염시키는 사람들을 교도소로 보낸다. 옥수수를 재배하는 농부는 더 이상 보조금을 받을 수 없고, 축산업자는 소에게 풀이나 건초만 먹여야 한다. 모든 사람이 날마다 팔굽혀펴기 운동을 해야 하고,

일주일에 150분씩은 격렬한 운동을 해야 하며, 하루에 8시간씩 자고, 규칙적으로 칫솔질을 해야 한다.

건강은 좋아질지 몰라도 이런 파시즘 국가의 건강 수용소는 불가능하다(대중이 들고 일어나거나 쿠데타가 일어날 것이다.). 인간은 자기 몸에 대한 결정권이 있기 때문에 그런 시도는 비윤리적이기도 하다. 물론 그렇게 하면 많은 불일치 질환이 예방될 것이고 몇 가지 암도 줄어들겠지만, 자유는 건강보다 소중하다. 사람들의 권리를 존중하면서 환경을 효과적으로 바꿀 수는 없을까?

진화적 관점은 두 가지 원리에 기초한 유용한 틀을 제공한다. 첫 번째 원리는, 모든 질환이 유전자와 환경의 상호작용으로 생기는데 우리는 유전자를 바꿀 수 없으므로 불일치 질환을 효과적으로 예방하기 위해서는 환경을 바꾸어야 한다는 것이다. 두 번째 원리는, 인간의 몸은 수백만 세대의 '생존 투쟁'을 거쳐 오늘날과 크게 다른 환경조건에 적응되어 있다는 것이다. 최근까지 인간은 자연선택의 지배 아래 행동할 수밖에 없었다. 우리 조상들은 자연에서 나는 건강한 음식을 먹고, 충분한 운동과 수면을 취했으며, 의자가 없는 환경에서 살았다. 또한 전염병을 야기하는 인구밀도가 높고 더러운 영구 정착지에 살 일도 거의 없었다. 그러니까 인간은 건강에 유익한 행동을 하도록 진화하지 않았으며, 지금까지는 어쩔 수 없이 그렇게 했을 뿐이다. 다시 말해 진화적 관점에서 보면 우리는 때때로 건강을 위해 외부 세력의 도움을 받을 필요가 있다.

인간이 자신에게 이익이 되는 방식으로 행동하려면 격려가 필요하며 때로는 강요도 필요하다는 논리는 어린이에게 적용할 때는 논란의 여지가 없다. 아이는 이성적인 결정을 내릴 수 없고, 어린이는 (나쁜 부모와 같이) 스스로 통제할 수 없는 상황의 희생양이 되어서는 안 되기 때문이다. 이런 이유로 정부는 미성년자에게 술과 담배를 판매하는 것을 금하고, 자녀들이 예방접종을 하도록 부모들에게 요구하고, (정도의 차이는 있지만) 학교 체육교육을 의무화한다. 요즘 많은 학교들은 탄산음료를 비롯해 건강에 해로운 식품들을 금지한다. 정부는 어린이가 공장에서 장시간 일하는 것을 금한다.[32] 이러한 조치는 윤리적, 사회적, 실질적 이유로 타당할 뿐 아니라 진화적 관점에서도 타당하다. 특정 종류의 강제—구석기에는 상상할 수 없었던 것—는 자기 보호 능력이 없는 어린이를 환경의 새롭고 해로운 측면에서 보호한다.

이 논리를 성인에 적용해보면 어떨까? 나는 철학자도 변호사도 정치인도 아니지만, 내 생각을 말해보면 그러한 논리를 '자유주의적 개입주의' 또는 '부드러운 개입주의'의 진화론 버전으로 볼 수 있을 것 같다.[33] 많은 사람들과 마찬가지로 나 또한 성인은 다른 사람에게 피해를 주지 않는 선에서 하고 싶은 대로 할 권리가 있다고 생각한다. 당신이 내 담배 연기를 들이마시지 않아도 된다면, 또는 내 폐암 치료비를 지불하지 않아도 된다면, 나는 담배를 피울 권리가 있다. 또한 나는 내 몸과 주머니 사정이 허락하는 한 원하는 만큼 도넛을 먹고 탄산음료를 마실 권리가 있다. 하지만 인간은 때때로 자신에게 이익이 되지 않는 행동을 한다. 이것은 충분한 정보가 없고, 환경을 통제할 수 없고, 타인에게 부당하게 이용당하기 때문이기도 하지만, 무엇보다 우리가 과거에는 드물었던 편안함과 고칼로리 식품을 갈구하는 본능을 통제할 수 있도록 적응되어 있지 않기 때문이다. 따라서 우리가 자신에게 이익이 되는 합리적인 선택을 할 수 있는 사회 분위기를 정부가 만들어주면 좋을 것이다. 다시 말해 정부는 개인이 비합리적으로 행동할 권리를 보장하면서도 사람들이 합리적으로 행동하도록 권유하고 때로는 강제할 권리와 의무가 있다. 또한 정부는 우리가 합리적인 결정을 내리기 위해 필요한 정보를 제공할 의무가 있고, 우리가 부당하게 이용당하지 않게 보호할 의무도 있다. 한 가지 좋은 예로, 정부는 식품 생산자들이 자신들의 식품에 어떤 해로운 화학 물질들이 들어있는지 분명하게 밝히도록 해야 한다. 그뿐 아니라 정부는 흡연 자체를 금지해서는 안 되지만, 흡연의 위험을 경고하고 금연 동기를 제공하고, 흡연이 타인에게 주는 피해를 보상하도록 세금을 무겁게 매겨야 한다. (요컨대 '내게 피해를 주지 않는 한 너는 마음대로 할 자유가 있다.'는 식의 생각은 경계해야 한다.)

사회가 부드러운 개입주의를 통해 진화의 관점에서 부자연스러운 주변 환경을 바꿈으로써 건강을 증진시켜야 한다는 데 동의한다면, 문제는 행동 여부가 아니라 그 강도와 방식이다.

어린이에 관한 일부터 시작하자. 앞에서 말했듯이 어린이의 환경을 규제하는 것에 대해서는 비교적 논란이 적다. 어린이는 스스로를 위한 합리적인 결정을 내릴 수 없다. 게다가 유년기에 운동을 하지 않거나 비만이 되거나 해로운 화학 물질에 노출되면, 어른이 되어 건강에 심각한 문제가 생길 수 있다. 그러므로 가장 먼저 학교에서 경쟁보다는 건강에 중점을 두는 체육교육이 의무화되어야 한다. 미국의 공중위생국장은 어린이와 청소년에게 하루 1시간의 운동을 권하지만, 학생들 중 소수만 따른다.[34] 예를 들어 500명 이상의 미국 고등학생을 대상으로 실시한 조사에 따르면, 학생들 중 약 절반만 체육교육에 참여하고 대부분은 정부 권장량의 절반만큼도 운동을 하지 않았다.[35] 대학생은 어떨까? 과거에는 대부분의 대학교에서 체육교육이 필수였지만 요즘은 그렇지 않다. 예를 들어 내가 교수로 있는 하버드대학교는 1970년에 필수 체육 과목을 없앴다. 하버드대학교 학생들을 조사해보니 소수의 학생들만 일주일에 세 번 이상 격렬한 운동을 하고 있었다.

어린이 관련 규제 중 논란이 거센 분야는 정크 푸드다. 미성년자에게 술을 팔거나 제공하는 것을 금지해야 한다는 데는 거의 모두가 동의한다. 와인, 맥주, 증류주는 중독성이 있고, 지나치면 건강에 파괴적인 영향을 미치기 때문이다. 그런데 지나친 당분 섭취는 뭐가 다를까? 진화적 관점에 입각해 어린이들에게 탄산음료, 가당음료, 기타 당 함량이 높은 식품의 판매를 제한한다면 많은 것이 달라지지 않을까? 이러한 식품들도 술만큼이나 중독성이 있고 많이 먹으면 건강에 좋지 않다.[36] 우리는 당을 갈구하도록 진화했지만, 대부분의 야생 과일에는 당이 매우 적다. 수렵채집인 어린이가 먹을 수 있었던 당 함량이 높은 음식은 꿀이 전부였다. 패스트푸드는 어떨까? 공장에서 가공된 이러한 음식들은 가끔씩 소량만 먹으면 별로 해롭지 않지만 지나치게 많이 먹으면 서서히 건강을 해친다. 게다가 우리는 이러한 음식에 쉽게 중독된다.[37] 그렇다면 학교에서 감자튀김과 탄산음료의 소비를 금지하거나 제한하는 것이 어린이에게 안전띠를 매라는 것과 뭐가 다른가? 그리고 학교 밖에서 이러한 음식의 판매를 제한하는 것이 어린이가 볼 수 있는 영화의 종류를 제한하는 것과 뭐가 다른가?

어린이에 관한 규제는 (특히 식품업계와 그들의 로비 단체들에게) 환영받지는 못할지라도 용인될 수 있을 것이다. 하지만 성인의 경우는 문제가 다르다. 성인은 병에 걸릴 권리가 있다. 게다가 기업은 건강에 나쁘든 말든 담배와 의자 같은 제품들을 원하는 소비자에게 팔 권리가 있다. 하지만 사실 이 권리에는 많은 예외가 있다. 미국에서는 LSD와 헤로인뿐 아니라 살균되지 않은 우유와 수입 해기스(양의 내장으로 만든 순대 비슷한 스코틀랜드 음식)를 판매하는 것이 불법이다. 부드러운 개입주의에 입각한 더 타당하고 공정한 전략은, 사람들이 자신에게 이익이 되는 합리적인 선택을 할 수 있도록 제도를 만드는 것이다. 세금은 금지보다 덜 강압적인 정책이므로, 타인의 건강을 해칠 수 있는 제품을 알면서도 만드는 사람들에게 세금이나 벌금을 매기는 것부터 시작하면 좋을 것이다. 탄산음료나 패스트푸드에 세금을 부과하는 것이 담배와 술에 세금을 부과하는 것과 뭐가 다른가? 질병을 예방하기 위해 부드럽게 개입해서 현대의 환경을 바꾸는 방법은 그 밖에도 많다. 담배와 술에 대해 하는 것처럼 정크 푸드에 대한 광고를 규제할 수도 있다(모든 대형 탄산음료에 "지나친 당 섭취는 비만, 당뇨병, 심장병을 초래합니다."라는 경고 문구를 넣는 식이다.). 포장 식품에 1회 제공량과 성분을 거짓 없이 잘 보이게 표시하도록 하고, 당 함량이 높은 살찌기 쉬운 식품을 '무지방'으로 선전하지 못하게 하는 방법도 있다. 또한 엘리베이터보다 계단을 더 쉽게 이용할 수 있도록 건물을 설계하게 만들 수도 있다. 개인과 기업이 질병을 유발하는 행동을 하게 만드는 보상이나 인센티브를 중단하는 방법도 있다. 이 논리에 따르면 고과당 옥수수 시럽, 옥수수를 먹인 쇠고기, 기타 건강하지 못한 식품을 양산하는 옥수수 재배 농가에게 보조금을 주지 말아야 할 것이다.

* * *

요컨대 문화적 진화가 우리를 이러한 혼란 속에 빠뜨렸다면 문화적 진화가 우리를 구할 수도 있지 않을까? 수백만 년에 걸쳐 우리 조상들은 혁신과 협력 덕분에 충분한 음식을 얻고 서로 도와 자식들을 보살피며 사막이나 툰드라나 정글 같은 가혹한 환경 속에서 살아남았다. 현재의 우리는 새로운 방식의 혁신과 협력을 통해 해로운 음식, 특히 지나친 당과 가공식품을 피하고, 도시, 근교, 기타 부자연스러운 환경에서 살아남아야 한다. 따라서 우리를 이롭게 하는 정부와 사회제도가 필요하다. 우리는 건강한 생활 방식을 선택하도록 진화하지 않았다. 대부분의 사람들은 자기 잘못으로 병에 걸리지 않는다. 오히려 병에 걸리도록 조장하고 꾀어내고 때로는 강요하는 환경에서 자라기 때문에 우리는 나이가 들면서 만성질환에 걸린다. 그다음에는 이러한 질병들의 증상을 치료하는 데에 그친다. 피할 수 있었을 병에 걸려 그 증상을 치료하기 위해 약물과 값비싼 기술에 의존하는 종으로 전락하고 싶지 않다면, 환경을 바꿀 필요가 있다. 사실 수명이 연장되고 인구가 성장하면서 만성질환이 점점 증가하는 현재의 추세가 계속될 경우, 우리가 그 비용을 언제까지 감당할 수 있을지도 의문이다.

나는 오늘날 문화적 진화 과정이 한 형태의 강압적인 환경을 다른 형태의 강압적인 환경으로 서서히 대체하고 있다고 본다. 수백만 년간 우리 조상들은 건강한 식생활을 하고 몸을 많이 움직일 수밖에 없는 상황이었다. 하지만 문화적 진화는 특히 인류가 농업을 시작한 이후에 우리 몸과 환경이 상호작용하는 방식을 바꾸었다. 요즘에도 많은 사람들이 여전히 가난하게 살고, 열악한 위생 시설, 감염, 영양실조 때문에 병에 걸린다. 이러한 원인들은 구석기 시대에 훨씬 드물었다. 우리 중 선진국에 사는 행운아들은 그러한 비극을 겪지 않아도 되며, 지금의 우리는 원하면 얼마든지 몸을 움직이지 않으면서 원하는 것이면 뭐든 먹을 수 있다. 사실 어떤 사람들에게 이러한 습관들은 그냥 주어진 것이다. 선택이든 본능이든 그러한 습관들은 때때로 우리를 병들게 하고, 그다음에 우리는 증상을 치료하는 데 급급하다. 우리는 우리가 창조한 환경 속에서 전반적으로 좋은 건강 상태를 유지하며 오래 사는 것에 만족한다. 하지만 우리는 더 잘 할 수 있다. 우리가 만들어낸 환경을 자식들에게 그대로 물려줌으로써 역진화의 악순환을 초래한다면, 우리는 예방 가능한 질환들로부터 영영 벗어날 수 없을 것이다.

마무리하며: 뒷걸음질 쳐서 미래로 가자

자연선택이 '적자생존survival of the fittest'을 뜻한다고 오해하는 사람들이 종종 있다. 다윈은 그 말을 쓰지도 않았고(그 말은 1864년에 허버트 스펜서Herbert Spencer가 만들어냈다.), 자연선택은 '적자생존'보다는 '더 적합한 자의 생존survival of the fitter'에 가깝기 때문에 그 용어가 있었어도 쓰지 않았을 것이다. 자연선택은 완벽을 만들어내지 않는다. 자연선택은 단지 남들보다 적응이 덜 된 불운한 개체를 제거할 뿐이다. 많은 사람들이 진화를 과거지사로 여기는 오늘날 '더 적합한 자의 생존'이라는 말은 어떤 의미를 가지는가?

이 질문에 대한 일반적인 대답은 진화는 아직도 중요하다는 것이다. 진화는 우리 몸이 왜 지금과 같은 방식인지, 우리가 왜 병에 걸리는지 설명해주기 때문이다. "진화에 비추어보지 않고는 생물학의 어떤 것도 이해되지 않는다."라는 말을 기억하자. 우리 종의 진화사는 우리의 골격, 심장, 내장, 뇌가 왜 그리고 어떻게 지금과 같은 방식으로 작동하는지 설명해준다. 또한 진화는 단 600만 년 만에 어떻게 우리가 아프리카 숲속의 유인원에서 두 발로 서서 외계 생명체를 찾기 위해 망원경으로 먼 은하를 바라보는 존재로 탈바꿈했는지 설명해준다. 지난 600만 년간의 일은 경이롭기 그지없지만, 우리 종은 단 몇 단계의 큰 변화를 거쳐 진화했다. 그중 난데없이 일어난 것은 없었고, 모두가 이전의 변화에 기대어 우연히 일어났다. 그리고 그 원동력은 대개 기후변화였다.

큰 구도에서 볼 때 우리가 진화시킨 적응들 중 엄청난 변화의 힘을 품은 것이 하나 있다면, 그것은 자연선택에만 기대지 않고 문화적 선택을 통해 진화하는 능력일 것이다. 오늘날 문화적 진화는 자연선택의 속도와 지혜를 능가한다. 인간이 최근에 이뤄낸 수많은 혁신은 더 많은 식량, 더 많은 에너지, 더 많은 자식을 생산하게 해주기 때문에 선택되었다. 하지만 큰 집단 규모와 높은 인구밀도,

부적절한 위생 시설, 질 낮은 식품으로 인해 전염병이 증가한 것은 이러한 문화적 진화의 의도하지 않은 부산물이었다. 문명은 극단적인 기아, 독재, 전쟁, 노예제 같은 현대의 폐단을 초래하기도 했다. 오늘날의 우리는 이러한 문제들을 해결할 수 있을 정도로 진보했고, 선진국에 사는 사람은 분명 수렵채집인보다 나은 생활을 영위하고 있다.

진화, 즉 더 적합한 자의 생존이 우리를 지금의 자리에 있게 했고, 21세기 인간으로 살아가는 것의 장단점도 거기서 비롯되었다. 하지만 미래는 어떨까? 무한히 창의적인 인간이 새로운 기술을 만들어냄으로써 계속 발전할 수 있을까? 아니면 몰락하게 될까? 진화론적 사고는 인간 조건을 개선하는 데 도움이 될까?

우리 종의 다채롭고 복잡한 진화사에서 얻을 수 있는 가장 유익한 교훈을 꼽는다면, 문화가 아무리 뛰어나도 생물학적 현실을 넘을 수 없다는 것이다. 인간의 진화는 체력에 대한 두뇌의 승리가 아니었다. 그리고 우리는 미래를 전혀 다른 모습으로 그리는 과학소설을 곧이곧대로 믿어서는 안 된다. 우리가 아무리 똑똑해도 물려받은 몸을 속속들이 바꿀 수 없으며, 발, 간, 뇌, 기타 신체 부위를 자연보다 더 잘 만들 수 있다고 생각하는 것은 위험한 오만이다. 좋든 싫든 우리는 당분과 염분과 지방과 녹말을 좋아하는 약간 통통하고 털 없는 두 발 유인원이지만, 그럼에도 섬유소가 풍부한 과일과 채소, 견과류, 씨, 덩이줄기, 기름기가 없는 고기를 포함하는 다양한 식생활에 적응되어 있다. 우리는 휴식과 이완을 즐기지만, 그러면서도 하루에 수 킬로미터를 걷고 달리도록 진화한 오래달리기 선수의 몸을 갖고 있으며, 땅을 파고 나무를 오르고 물건을 옮기도록 진화했다. 우리는 안락함을 좋아하지만, 하루 종일 실내에서 의자에 앉아 지내는 것, 발바닥활 지지대가 있는 신발을 신는 것, 몇 시간 동안 책이나 화면을 응시하는 것에 잘 적응되어 있지 않다. 그 결과 수십억 명의 사람들이 과거에는 드물었거나 없었던 풍요의 질환, 불용의 질환, 혁신의 질환을 앓고 있다. 게다가 우리는 이러한 질환들의 증상을 치료하는 데만 집중한다. 그것이 아직 잘 모르는 원인을 해결하는 것보다 쉽고, 돈이 적게 들며, 더 시급하기 때문이다. 이렇게 우리는 문화와 유전자 사이의 역진화 메커니즘을 끊지 못한다.

어쩌면 이 악순환이 그렇게 나쁘지 않을지도 모른다. 그리고 우리가 풍요, 불용, 혁신이 초래하는 예방 가능한 질환들의 치료법을 언젠가 완성해 일종의 안정 상태에 이를 수 있을지도 모른다. 하지만 나는 그러한 전망에 회의적이고, 미래의 과학자들이 암, 골다공증, 당뇨병을 정복하기를 바라며 마냥 기다리는 것은 어리석다고 생각한다. 더 나은 방법이 있다. 왜 우리 몸이 지금과 같은 방식이 되었는지에 관심을 기울이기만 하면 된다. 우리는 죽음이나 기능 장애를 초래하는 주요 질환들을 치료하는 방법을 아직 모르지만, 그러한 병에 걸릴 가능성을 줄이거나 예방하는 방법을 알고 있다. 바로 우리가 물려받은 몸을 그 몸이 진화한 방식에 최대한 가깝게 이용하는 것이다. 문화적 혁신이 많은 불일치 질환을 유발했듯이, 또 다른 문화적 혁신은 그것을 예방하는 것을 도울 수 있다. 이를 위해서는 과학, 교육, 지적 협력이 필요하다.

이 세계가 가능한 모든 세계 중에서 최선이 아니듯이, 우리 몸도 가능한 모든 몸 중에서 최선이 아니다. 하지만 그것이 우리가 가질 수 있는 유일한 몸이고, 따라서 우리는 그 몸을 즐기고 돌보고 보호해야 한다. 우리 몸의 과거는 더 적합한 자의 생존이라는 과정이 만들었지만, 그 몸의 미래는 우리가 어떻게 사용하느냐에 달려 있다. 안이한 낙관주의를 비판하는 볼테르의 풍자소설 『캉디드』의 말미에서 주인공은 평화를 되찾으며 이렇게 선언한다. "내 밭을 일구지 않으면 안 된다." 나는 거기에 덧붙여 이렇게 말하고 싶다. "내 몸을 일구지 않으면 안 된다."

감사의 말

모든 페이지를 여러 번 읽어준 아내 토니아와 딸 엘리너에게 특히 감사의 말을 전한다. 두 사람은 참을성 있게 나의 오랜 집필 작업을 뒷바라지해주었고, 오스트랄로피테쿠스, 운동, 다이어트, 수많은 질병들(그중 많은 질병은 다행스럽게도 이 책에 언급되지 않았다.)에 대한 끝없는 대화들을 받아주었다. 그리고 대단한 친구들과 동료들이 이 책 일부를 편집하고 교정하는 데 큰 도움을 주었다. 특히 여러 장들을 읽어준 데이비드 필빔David Pilbeam, 캐롤 후븐Carole Hooven, 앨런 가버Alan Garber, 터커 굿리치Tucker Goodrich에게 감사한다. 그리고 오퍼 바요세프Ofer Bar-Yosef, 레이철 카머디Rachel Carmody,

스티브 코벳Steve Corbett, 아이린 데이비스Irene Davis, 제러미 드실바Jeremy DeSilva, 피터 엘리슨Peter Ellison, 데이비드 헤이그David Haig, 케이티 하인드Katie Hinde, 팸 존슨Pam Johnson, 벤저민 리버먼Benjamin Lieberman, 찰리 넌Charlie Nunn, 데이비드 레이츨런David Raichlen, 쳇 셔우드Chet Sherwood에게 중요한 도움을 받았다.

그 밖에 도움과 협력, 경이로운 대화 등의 여러 지원을 제공해 준 다음 동료들에게도 감사한다. 브라이언 애디슨Brian Addison, 메이어 버락Meir Barak, 캐럴라인 블리크Caroline Bleeke, 마크 블루먼크랜츠Mark Blumenkrantz, 데니스 브램블Dennis Bramble, 에릭 카스티요Eric Castillo, 퍼즈 크럼프턴Fuzz Crompton, 애덤 다우드Adam Daoud, 크리스 딘Chris Dean, 모린 데블린Maureen Devlin, 피에어 드헤머코트Pierre d'Hemecourt, 헤더 딩월Heather Dingwall, 캐럴린 엥Carolyn Eng, 브렌다 프레이저Brenda Frazier, 마이클 힌츠Michael Hintze와 도로시 힌츠Dorothy Hintze, 장자크 위블랭Jean-Jacques Hublin, 수미야 제임스Soumya James, 패리시 젱킨스 주니어Farish A. Jenkins Jr., 야나 캄베로프Yana Kamberov, 캐런 크레이머Karen Kramer, 크리스티 루턴Kristi Lewton, 필립 리버먼Philip Lieberman, 데이비드 루드위그David Ludwig, 메그 린치Meg Lynch, 자린 마찬다Zarin Machanda, 미키 매허피Mickey Mahaffey, 크리스 맥두걸Chris McDougall, 리처드 메도Richard Meadow, 브루스 모건Bruce Morgan, 야니스 피츠일라디스Yannis Pitsiladis, 존 포크John Polk, 허먼 폰처Herman Pontzer, 앤 프레스콧Anne Prescott, 필립 라이트마이어Philip Rightmire, 닐 로치Neil Roach, 크레이그 로저스Craig Rodgers, 캠벨 롤리언Campbell Rolian, 메리엘렌 루볼로Maryellen Ruvolo, 파디스 사

베티Pardis Sabeti, 리 색스비Lee Saxby, 존 세이John Shea, 타니아 스미스Tanya Smith, 클리프 태빈Cliff Tabin, 노린 투로스Noreen Tuross, 마두수단 벤카데산Madhusudhan Venkadesan, 애나 워러너Anna Warrener, 윌리엄 워벌William Werbel, 캐서린 휫컴Katherine Whitcome, 리처드 랭엄Richard Wrangham, 케이티 징크Katie Zink. 혹시 빠뜨린 분들에게는 죄송한 마음을 전한다.

에이전트 맥스 브록먼Max Brockman의 끊임없는 지원과 도움에도 감사하다. 유능한 편집자 에럴 맥도널드Erroll McDonald와 함께 일한 것은 내게 행운이었다.

마지막으로 내게 많은 배움을 선사해준 나의 모든 학생들에게 감사한다.

∞

주석

서론

1. Haub, C., and O. P. Sharma (2006). India's population reality: Reconciling change and tradition. *Population Bulletin* 61: 1-20; http://data.worldbank.org/indicator/SP.DYN.LE00.IN.

2. 이 문제는 8장에서 다시 다룰 것이다. 역학적 이행을 뒷받침하는 증거들을 요약한 자료로, 질병에 대한 전 세계적 부담을 다룬 2012년 12월의 《랜싯(*The Lancet*)》 특별호를 참조하면 된다.

3. Hayflick, N. (1998). How and why we age. *Experimental Gerontology* 33: 639-53.

4. Khaw, K.-T., et al. (2008). Combined impact of health behaviours and mortality in men and women: The EPIC-Norfolk Prospective Population Study. *PLoS Medicine* 5: e12.

5. OECD (2011). *Health at a Glance 2011*. Paris: Organization of Economic Cooperation and Development Publishing; http://dx.doi.org/10.1787/health_glance-2011-en.

6. 앨프리드 러셀 월리스(Alfred Russel Wallace)도 기본적으로 같은 이론을 내놓았다. 다윈과 월리스는 그 이론을 1858년에 런던 린네 학회에서 공동 발표했다. 월리스는 지금보다 더 인정받아야 마땅하지만, 다윈이 훨씬 더 완전하고 입증된 이론을 세웠다. 다윈은 그 이론을 이듬해에 『종의 기원』으로 발표했다.

7. 때때로 자연선택은 '적자생존'이라고도 불리지만, 다윈은 이 말을 사용한 적이 없고, 엄밀하게 말하면 '더 적합한 자의 생존'이라고 해야 한다.

8. The ENCODE Project Consortium (2012). An integrated encyclopedia of DNA elements in the human genome. *Nature* 489: 57-74.

9. 생물학자들은 이러한 특징들을 '스팬드럴(spandrel)'이라고 말한다. 스티븐 제이 굴드(Stephen J. Gould)와 리처드 르원틴(Richard Lewontin)의 유명한 에세이 때문인데, 거기서 두 사람은 생물의 많은 특징들은 적응이 아니라 발달이나 구조의 창발적 속성이라고 주장하며 이를 교회 건물에

서 인접한 두 아치 사이에 생기는 역삼각형 공간인 스팬드럴에 빗대어 설명했다. 굴드와 르원틴은 스팬드럴이 의도적인 구조가 아니라 아치를 짓는 과정에서 생기는 부산물이듯이, 기능이 있는 것처럼 보이는 생물의 많은 특징들도 애초에 적응으로 생겨난 것이 아니었다고 주장했다. 더 자세한 내용을 알고 싶으면 다음 문헌을 참조하라. Lewontin, R. C., and S. J. Gould (1979). The spandrels of San Marcos and the Panglossian paradigm: A critique of the adaptationist programme. *Proceedings of the Royal Society of London B* 205: 581-98.

10. 이 쟁점을 다룬 뛰어난 문헌들 중에서 여전히 읽을 가치가 있는 고전은 다음과 같다. Williams, G. C. (1966). *Adaptation and Natural Selection*. Princeton, NJ: Princeton University Press.

11. 다윈이 갈라파고스핀치에 대해 처음 썼지만, 이 핀치들의 자연선택에 대해 우리가 알고 있는 것 대부분은 피터 그랜트(Peter Grant)와 로즈메리 그랜트(Rosemary Grant) 부부의 연구를 바탕으로 한다. 그들의 연구를 요약한 다음 문헌을 보라. Grant, P. R. (1991). Natural selection and Darwin's finches. *Scientific American* 265: 81-87; Weiner, J. (1994). *The Beak of the Finch: A Story of Evolution in Our Time*. New York: Knopf.

12. Jablonski, N. G. (2006). *Skin: A Natural History*. Berkeley: University of California Press.

13. 이 사건들의 큰 그림을 잘 그려낸 닐 슈빈(Neil Shubin)의 저서를 추천한다. Shubin, N.(2008). *Your Inner Fish: A Journey into the 3.5-Billion-Year History of the Human Body*. New York: Vintage Books.

14. 과학자들이 어떻게 스토리를 이용해 인간의 진화사를 말하는지, 그리고 어떻게 이러한 스토리의 구조를 분석함으로써 과학에 대해 알 수 있는지를 사려 깊게 분석한 다음 문헌을 보라. Landau, M. (1991). *Narratives of Human Evolution*. New Haven, CT: Yale University Press.

15. Dobzhansky, T. (1973). Nothing in biology makes sense except in the light of evolution. *The American Biology Teacher* 35: 125-29.

16. 지나치게 가공된 음식을 먹고 몸을 충분히 움직이지 않는 동물원의 영장류는 인간과 비슷한 메커니즘을 통해 2형 당뇨병에 걸린다. Rosenblum, I. Y., T. A. Barbolt, and C. F. Howard Jr.(1981). Diabetes mellitus in the chimpanzee (Pan troglodytes). *Journal of Medical Primatology* 10: 93-101.

17. 진화의학 입문서로 참고할 만한 책은 다음과 같다. Williams, G. C., and R. M. Nesse (1996). *Why We Get Sick: The New Science of Darwinian Medicine*. New York: Vintage Books. 그 밖에도 뛰어난 개론서들이 많이 있다. Stearns, S. C., and J. C. Koella (2008). *Evolution in Health and Disease*, 2nd ed. Oxford: Oxford University Press; Gluckman, P., and M. Hanson (2006). *Mismatch: The Lifestyle Diseases Timebomb*. Oxford: Oxford University Press; Trevathan, W. R., E. O. Smith, and J. J.

McKenna (2008). *Evolutionary Medicine and Health*. Oxford: Oxford University Press; Gluckman, P., A. Beedle, and M. Hanson (2009). *Principles of Evolutionary Medicine*. Oxford: Oxford University Press; Trevathan, W. R.(2010). *Ancient Bodies, Modern Lives: How Evolution Has Shaped Women's Health*. Oxford: Oxford University Press.

1장

1. 침팬지의 힘을 측정하는 실험은 동기와 억제 같은 요인들 때문에 정확하게 이뤄지기 어렵다. 1926년에 실시된 최초의 연구에서는 침팬지가 인간보다 다섯 배 힘이 세다는 결과가 나왔다. 하지만 최근 연구들에서는(Finch, 1943; Edwards, 1965; Scholz et al., 2006) 침팬지가 가장 힘이 센 인간보다도 두 배쯤 힘이 세다고 나왔다. 다음 문헌들을 참고하라. Bauman, J. E. (1926). Observations on the strength of the chimpanzee and its implications. Journal of Mammalology 7: 1-9; Finch, G. (1943). The bodily strength of chimpanzees. Journal of Mammalogy 24: 224-28; Edwards, W. E. (1965). Study of monkey, ape and human morphology and physiology relating to strength and endurance. Phase IX: The strength testing of five chimpanzee and seven human subjects. Holloman Air Force Base, NM, 6571st Aeromedical Research Laboratory, Holloman, New Mexico; Scholz, M. N., et al. (2006). 보노보의 수직 점프 실험은 보노보가 더 뛰어난 근육을 가지고 있음을 암시한다. *Proceedings of the Royal Society B: Biological Sciences* 273: 2177-84.

2. Darwin, C. (1871). *The Descent of Man*. London: John Murray, 140-42.

3. 2000만~1000만 년 전에 살았던 수십 종의 유인원 화석이 수백 점 존재한다. 하지만 이 종들 사이의 관계 또는 그들과 침팬지, 고릴라, 마지막 공통 조상 간의 관계는 불분명하고 논란이 많다. 이에 대한 개론서로 다음을 참고하라. Fleagle, J. (2013). *Primate Adaptation and Evolution*, 3rd ed. New York: Academic Press.

4. '호미니드(hominid, 사람과)'라고도 부르기도 하지만 린네 분류법의 복잡한 규칙에 따르면, 인간은 고릴라보다 침팬지와 더 가까워서 '호미닌'이 더 적절하다.

5. Shea, B. T. (1983). Paedomorphosis and neoteny in the pygmy chimpanzee. *Science* 222: 521-22; Berge, C., and X. Penin (2004). Ontogenetic allometry, heterochrony, and interspecific differences in the skull of African apes, using tridimensional Procrustes analysis. *American Journal of Physical Anthropology* 124: 124-38; Guy, F., et al. (2005). Morphological affinities of the Sahelanthropus tchadensis (Late Miocene hominid from Chad) cranium. *Proceedings of the National*

Academy of Sciences 102: 18836-41.

6. Lieberman, D. E., et al. (2007). A geometric morphometric analysis of heterochrony in the cranium of chimpanzees and bonobos. *Journal of Human Evolution* 52: 647-62; Wobber, V., R. Wrangham, and B. Hare (2010). Bonobos exhibit delayed development of social behavior and cognition relative to chimpanzees. *Current Biology* 20: 226-30.

7. 이 가설의 주요 주창자는 영국 해부학자 아서 키스(Arthur Keith) 경이었다. 그는 자신의 저서에서 이 가설을 옹호했다. Keith, A. (1927). *Concerning Man's Origin*. London: Watts.

8. White, et al. (2009). Ardipithecus ramidus and the paleobiology of early hominids. *Science* 326: 75-86.

9. 이 머리뼈를 최초로 기술한 다음 문헌을 보라. Brunet, M., et al.(2002). A new hominid from the upper Miocene of Chad, central Africa. *Nature* 418: 145-51; Brunet, M., et al. (2005). New material of the earliest hominid from the Upper Miocene of Chad. *Nature* 434: 752-55. 뒤통수뼈는 아직 기술되지 않았다. 이 화석들이 어떻게 발견되었는지에 대해서는 다음 대중서를 보라. Reader, J. (2011). *Missing Links: In Search of Human Origins*. Oxford: Oxford University Press; Gibbons, A. (2006). *The First Human*. New York: Doubleday.

10. 연대를 밝히는 한 가지 방법은 해당 화석들을 동아프리카에서 나온 비슷한 연대의 화석들과 비교하는 것이다. 또 하나의 방법은 베릴륨 동위원소의 반감기를 이용하는 것이다. 다음 문헌들을 보라. Vignaud, P., et al. (2002). Geology and palaeontology of the Upper Miocene Toros-Menalla hominid locality, Chad. *Nature* 418: 152 -55; Lebatard, A. E., et al. (2008). Cosmogenic nuclide dating of Sahelanthropus tchadensis and Australopithecus bahrelghazali Mio-Pliocene early hominids from Chad. *Proceedings of the National Academy of Sciences USA* 105: 3226-31.

11. Pickford, M., and B. Senut (2001). "Millennium ancestor," a 6-million-year-old bipedal hominid from Kenya. *Comptes rendus de l'Académie des Sciences de Paris, série 2a*, 332: 134-44.

12. Haile-Selassie, Y., G. Suwa, and T. D. White (2004). Late Miocene teeth from Middle Awash, Ethiopia, and early hominid dental evolution. *Science* 303: 1503-5; Haile-Selassie, Y., G. Suwa, and T. D. White (2009). Hominidae. In *Ardipithecus kadabba: Late Miocene Evidence from the Middle Awash, Ethiopia*, ed. Y. Haile-Selassie and G. WoldeGabriel. Berkeley: University of California Press, 159-236.

13. White, T. D., G. Suwa, and B. Asfaw (1994). Australopithecus ramidus, a new species of early hominid from Aramis, Ethiopia. *Nature* 371: 306-12; White, T. D., et al. (2009). Ardipithecus

ramidus and the paleobiology of early hominids. *Science* 326: 75-86; Semaw, S., et al. (2005). Early Pliocene hominids from Gona, Ethiopia. *Nature* 433: 301-5.

14. 더 자세히 알고 싶으면 다음 문헌들을 보라. Guy, F., et al. (2005). Morphological affinities of the Sahelanthropus tchadensis (Late Miocene hominid from Chad) cranium. *Proceedings of the National Academy of Sciences USA* 102: 18836-41; Suwa, G., et al. (2009). The Ardipithecus ramidus skull and its implications for hominid origins. *Science* 326: 68e1-7; Suwa, G., et al. (2009). Paleobiological implications of the Ardipithecus ramidus dentition. *Science* 326: 94-99; Lovejoy, C. O. (2009). Reexamining human origins in the light of Ardipithecus ramidus. *Science* 326: 74e1-8.

15. Wood, B., and T. Harrison (2012). The evolutionary context of the first hominins. *Nature* 470: 347-52.

16. 동물들이 걷는 시기를 알려주는 최고의 지표는 뇌 발달 속도다(임신이 되는 순간부터 측정한다.). 이러한 측면에서 인간은 쥐에서 코끼리에 이르는 다른 동물과 비교 가능한 수준에 있다. 다음 문헌을 보라. Garwicz, M., M. Christensson, and E. Psouni (2009). A unifying model for timing of walking onset in humans and other mammals. *Proceedings of the National Academy of Sciences USA* 106: 21889-93.

17. Lovejoy, C. O., et al. (2009). The pelvis and femur of Ardipithecus ramidus: The emergence of upright walking. *Science* 326: 71e1-6.

18. Richmond, B. G., and W. L. Jungers (2008). Orrorin tugenensis femoral morphology and the evolution of hominin bipedalism. *Science* 319: 1662-65.

19. Lovejoy, C. O., et al. (2009). The pelvis and femur of Ardipithecus ramidus: The emergence of upright walking. *Science* 326: 71e1-6.

20. Zollikofer, C. P., et al. (2005). Virtual cranial reconstruction of Sahelanthropus tchadensis. *Nature* 434: 755-59.

21. Lovejoy, C. O., et al. (2009). Combining prehension and propulsion: The foot of Ardipithecus ramidus. Science 326: 72e1-8; Haile-Selassie, Y., et al.(2012). A new hominin foot from Ethiopia shows multiple Pliocene bipedal adaptations. *Nature* 483: 565-69.

22. DeSilva, J. M., et al. (2013). The lower limb and mechanics of walking in Australopithecus sediba. *Science* 340: 1232999.

23. Lovejoy, C. O. (2009). Careful climbing in the Miocene: The forelimbs of Ardipithecus ramidus and humans are primitive. *Science* 326: 70e1-8.

24. Brunet, M., et al. (2005). New material of the earliest hominid from the Upper Miocene of Chad. *Nature* 434: 752-55; Haile-Selassie, Y., G. Suwa, and T. D. White (2009). Hominidae. In *Ardipithecus kadabba: Late Miocene Evidence from the Middle Awash, Ethiopia*, ed. Y. Haile-Selassie and G. WoldeGabriel. Berkeley: University of California Press, 159-236; Suwa, G., et al. (2009). Paleobiological implications of the Ardipithecus ramidus dentition. *Science* 326: 94-99.

25. Guy, F., et al. (2005). Morphological affinities of the Sahelanthropus tchadensis (Late Miocene hominid from Chad) cranium. *Proceedings of the National Academy of Sciences USA* 102: 18836-41; Suwa, G., et al. (2009). The Ardipithecus ramidus skull and its implications for hominid origins. *Science* 326: 68e1-7.

26. Haile-Selassie, Y., G. Suwa, and T. D. White (2004). Late Miocene teeth from Middle Awash, Ethiopia, and early hominid dental evolution. *Science* 303: 1503-5.

27. 몇몇 연구자들은 작아진 송곳니는 남성들 사이의 싸움이 적어지고 심지어 암수 한 쌍의 결합이 약해진 증거라고 주장해왔다. 하지만 다른 영장류 종에서 남성과 여성의 송곳니 크기 차이로 남성들 간의 경쟁 수준을 잘 예측하지 못한다. 그리고 나중 종들의 몸집을 보면, 초기 호미닌 남성이 여성보다 약 50퍼센트 컸음을 짐작할 수 있다. 이것은 남성들이 서로 극심한 경쟁을 벌였다는 증거다. 또 다른 가설은 송곳니의 길이가 벌린 입의 크기를 결정하므로 씹는 힘에 영향을 준다는 것이다. 큰 송곳니를 갖기 위해서는 벌린 입의 크기가 커야 하고, 턱을 닫는 근육은 훨씬 뒤에 위치해야 한다. 그러면 이 근육들이 씹는 힘을 효율적으로 발생시키지 못한다. 이러한 이유로 작은 송곳니는 벌린 입의 크기가 작고 씹는 힘이 큰 것과 관계있다. 더 자세한 내용은 다음 문헌들을 보라. Lovejoy, C. O. (2009). Reexamining human origins in the light of Ardipithecus ramidus. *Science* 326: 74e1-8; Plavcan, J. M. (2000). Inferring social behavior from sexual dimorphism in the fossil record. *Journal of Human Evolution* 39: 327-44; Hylander, W. L. (2013). Functional links between canine height and jaw gape in catarrhines with special reference to early hominins. *American Journal of Physical Anthropology* 150: 247-59.

28. 이러한 데이터를 얻을 수 있는 자료들은 많지만, 그중 가장 좋은 증거는 유공충(foraminifera)이라는 작은 바다 생물의 껍데기에서 얻을 수 있다. 유공충은 탄산칼슘(C_aCO_3) 껍데기를 만들고, 죽으면 바다 밑바닥에 가라앉는다. 바다의 온도가 올라가면, 껍데기에 결합된 산소 원자들 중 더 무거운 산소 동위원소의 비율이 높아진다(O_{18} 대 O_{16}). 따라서 바다 밑바닥의 코어 샘플에서 O_{18}과 O_{16}의 비율을 분석하면 바다의 온도가 오랜 시간에 걸쳐 어떻게 변했는지 측정할 수 있다. 그림 4의 출처가 되는 논문은 산소 동위원소에 대해 아주 종합적으로 연구한 것이다.

29. Kingston, J. D. (2007). Shifting adaptive landscapes: Progress and challenges in reconstructing early hominid environments. *Yearbook of Physical Anthropology* 50: 20-58.

30. Laden, G., and R. W. Wrangham (2005). The rise of the hominids as an adaptive shift in fallback foods: Plant underground storage organs (USOs) and the origin of the Australopiths. *Journal of Human Evolution* 49: 482-98.

31. 오랑우탄이 어떻게 대처하는지를 잘 기술한 다음 문헌을 참고하라. Knott, C. D. (2005). Energetic responses to food availability in the great apes: Implications for Hominin evolution. In *Primate Seasonality: Implications for Human Evolution*, ed. D. K. Brockman and C. P. van Schaik. Cambridge: Cambridge University Press, 351-78.

32. Thorpe, S. K. S., R. L. Holder, and R. H. Crompton (2007). Origin of human bipedalism as an adaptation for locomotion on flexible branches. *Science* 316: 1328-31.

33. Hunt, K. D. (1992). Positional behavior of Pan troglodytes in the Mahale Mountains and Gombe Stream National Parks, Tanzania. *American Journal of Physical Anthropology* 87: 83-105.

34. Carvalho, S., et al. (2012). Chimpanzee carrying behaviour and the origins of human bipedality. *Current Biology* 22: R180-81.

35. Sockol, M. D., D. Raichlen, and H. D. Pontzer (2007). Chimpanzee locomotor energetics and the origin of human bipedalism. *Proceedings of the National Academy of Sciences USA* 104: 12265-69.

36. Pontzer, H. D., and R. W. Wrangham (2006). The ontogeny of ranging in wild chimpanzees. *International Journal of Primatology* 27: 295-309.

37. Lovejoy, C. O. (1981). The origin of man. Science 211: 341-50; Lovejoy, C. O.(2009). Reexamining human origins in the light of Ardipithecus ramidus. *Science* 326: 74e1-8.

38. 솔직히 초기 호미닌 남성과 여성의 몸집 차이를 알아내기에는 화석이 충분하지 않다. 그 차이를 알 수 있는 가장 유력한 증거는 오스트랄로피테쿠스류의 후기 종에서 찾을 수 있는데, 남성이 여성보다 약 50퍼센트 크다. 다음 문헌을 보라. Plavcan, J. M., et al. (2005). Sexual dimorphism in Australopithecus afarensis revisited: How strong is the case for a human-like pattern of dimorphism? *Journal of Human Evolution* 48: 313-20.

39. Mitani, J. C., J. Gros-Louis, and A. Richards (1996). Sexual dimorphism, the operational sex ratio, and the intensity of male competition among polygynous primates. *American Naturalist* 147: 966-80.

40. Pilbeam, D. (2004). The anthropoid postcranial axial skeleton: Comments on development, variation, and evolution. *Journal of Experimental Zoology Part B* 302: 241-67.

41. Whitcome, K. K., L. J. Shapiro, and D. E. Lieberman (2007). Fetal load and the evolution of lumbar lordosis in bipedal hominins. *Nature* 450: 1075-78.

2장

1. 생식을 하는 사람들은 인간이 원래 날음식을 먹도록 진화했다는 논리를 근거로 음식을 체온 이상으로 익히는 것이 해롭다고 생각한다. 또한 그들은 가열을 하면 자연적으로 존재하는 비타민과 효소가 파괴된다고 생각한다. 우리 조상들이 날음식만 먹은 것도 사실이고, 지나친 가공식품이 건강에 해로운 것도 사실이지만, 다른 주장들은 일반적으로 사실이 아니다. 요리는 실제로 음식 속의 영양소를 더 잘 이용할 수 있게 해준다. 게다가 인간은 오랫동안 요리를 했기 때문에 이제 요리는 우리 몸에 필수적이며 인간의 보편적인 특징이 되었다. 생식이 가능해진 것은 야생 식물보다 섬유소가 적고 에너지가 풍부한 재배 종을 최근 들어 이용할 수 있게 되었기 때문이다. 그래도 생식만 고수하면 몸무게가 줄고, 생식력이 떨어지며, 가열하면 파괴되는 세균과 기타 병원체들 때문에 병에 걸리기 쉽다. 더 자세한 내용은 다음을 보라. Wrangham, R. W. (2009). *Catching Fire: How Cooking Made Us Human*. New York: Basic Books. 먹는 데 걸리는 시간에 관한 비교 연구로는 다음을 참고하라. Organ, C., et al. (2011). Phylogenetic rate shifts in feeding time during the evolution of Homo. *Proceedings of the National Academy of Sciences USA* 108: 14555-59.

2. Wrangham, R. W. (1977). Feeding behaviour of chimpanzees in Gombe National Park, Tanzania. In *Primate Ecology*, ed. T. H. Clutton-Brock. London: Academic Press, 503-38.

3. McHenry, H. M., and K. Coffing (2000). Australopithecus to Homo: Transitions in body and mind. *Annual Review of Anthropology* 29: 145-56.

4. Haile-Selassie, Y., et al. (2010). An early Australopithecus afarensis postcranium from Woranso-Mille, Ethiopia. *Proceedings of the National Academy of Sciences USA* 107: 12121-26.

5. Dean, M. C. (2006). Tooth microstructure tracks the pace of human life-history evolution. *Proceedings of the Royal Society B* 273: 2799-808.

6. 사실, 오스트랄로피테쿠스류의 완전한 부분 골격은 발견되지 않았다. 따라서 그들의 독특한 머리뼈에 대해서는 많은 사실이 알려져 있지만, 나머지 몸에 대해서는 잘 모른다.

7. DeSilva, J. M., et al. (2013). The lower limb and walking mechanics of Australopithecus

sediba. *Science* 340: 1232999.

8. Cerling, T. E., et al. (2011). Woody cover and hominin environments in the past 6 million years. *Nature* 476: 51-56; deMenocal, P. B. (2011). Anthropology. Climate and human evolution. *Science* 331(6017): 540-42; Passey, B. H., et al. (2010). High-temperature environments of human evolution in East Africa based on bond ordering in paleosol carbonates. *Proceedings of the National Academy of Sciences USA* 107: 11245-49.

9. 서문에서 이야기했듯이, 예비 식량과 관련한 선택의 입증된 사례는 갈라파고스핀치에서 찾을 수 있다. 갈라파고스핀치는 다윈이 처음 연구했고, 최근에 그랜트 부부가 더 자세하게 연구했다. 긴 가뭄이 계속되면 선인장 열매와 같이 그들이 좋아하는 먹이가 줄어들어 많은 핀치들이 굶어 죽는다. 하지만 부리가 두꺼운 핀치들은 씨 같은 딱딱한 먹이를 더 잘 먹을 수 있기 때문에 이 시기에 살아남을 가능성이 더 높다. 그러한 환경조건에서는 부리가 두꺼운 핀치들이 자손을 더 많이 남기고, 부리의 두께는 유전되기 때문에 부리가 두꺼운 핀치의 비율이 다음 세대에서 증가한다. 다음 책을 참고하라. Weiner, J. (1994). *The Beak of the Finch: A Story of Evolution in Our Time*. New York: Knopf.

10. Grine, F. E., et al. (2012). Dental microwear and stable isotopes inform the paleoecology of extinct hominins. *American Journal of Physical Anthropology* 148: 285-317; Ungar, P. S. (2011). Dental evidence for the diets of Plio-Pleistocene hominins. *Yearbook of Physical Anthropology* 54: 47-62; Ungar, P., and M. Sponheimer (2011). The diets of early hominins. *Science* 334: 190-93.

11. Wrangham, R. W. (2005). The delta hypothesis. In *Interpreting the Past: Essays on Human, Primate, and Mammal Evolution*, eds. D. E. Lieberman, R. J. Smith, and J. Kelley. Leiden: Brill Academic, 231-43.

12. Wrangham, R. W., et al. (1999). The raw and the stolen: Cooking and the ecology of human origins. *Current Anthropology* 99: 567-94.

13. Wrangham, R. W., et al. (1991). The significance of fibrous foods for Kibale Forest chimpanzees. *Philosophical Transactions of the Royal Society, Part B Biological Science* 334: 171-78.

14. Laden, G., and R. Wrangham (2005). The rise of the hominids as an adaptive shift in fallback foods: Plant underground storage organs (USOs) and australopith origins. *Journal of Human Evolution* 49: 482-98.

15. Wood, B. A., S. A. Abbott, and H. Uytterschaut (1988). Analysis of the dental morphology of Plio-Pleistocene hominids IV. Mandibular postcanine root morphology. *Journal of Anatomy* 156:

107-39.

16. Lucas, P. W. (2004). *How Teeth Work*. Cambridge: Cambridge University Press.

17. 힘을 효율적으로 발생시키기 위해 우리 몸은 고전 물리학의 기본 원리들을 이용한다. 모든 근육들과 마찬가지로, 씹기근육은 '토크(torque, 돌림힘)'라는 회전력을 발생시켜 턱을 움직인다. 렌치의 손잡이가 길수록 같은 힘을 가할 때 더 큰 회전력을 내듯이, 씹기근육이 붙은 부위가 턱관절에서 멀리 떨어져 있으면 이 근육이 만들어내는 회전력이 증가하여 씹는 힘이 증가한다. 이 원리로 오스트랄로피테쿠스류의 머리뼈 배치를 설명할 수 있다. 그림 6과 같이 오스트랄로피테쿠스류의 광대뼈는 상당히 길고 앞쪽으로 많이 튀어나왔으며 옆으로도 넓게 펼쳐져 있었다. 넓고 앞으로 튀어나온 광대뼈의 위치 덕분에 오스트랄로피테쿠스류의 깨물근은 음식물을 씹을 때 수직 방향과 측면 방향의 힘을 크게 발생시켰다. 씹기근육이 낼 수 있는 힘들을 모두 더해보니, 오스트랄로피테쿠스 보이세이가 인간보다 씹는 힘이 약 2.5배 큰 것으로 추측된다. 오스트랄로피테쿠스류의 입에 손가락이 끼지 않도록 조심해야 했을 것이다. Eng, C. M., et al. (2013). Evolution of bite force in hominins. *American Journal of Physical Anthropology*.

18. Currey, J. D. (2002). *Bones: Structure and Mechanics*. Princeton: Princeton University Press.

19. Rak, Y. (1983). *The Australopithecine Face*. New York: Academic Press; Hylander, W. L. (1988). Implications of in vivo experiments for interpreting the functional significance of "robust" australopithecine jaws. In *Evolutionary History of the "Robust" Australopithecines*, ed. F. Grine. New York: Aldine De Gruyter, 55-83; Lieberman, D. E. (2011). *The Evolution of the Human Head*. Cambridge, MA: Harvard University Press.

20. 따라서 오스트랄로피테쿠스류에서 치아가 더 두껍고 커지고, 얼굴이 더 커지고, 턱이 육중해진 것은 기후변화 때문이라고 설명할 수 있고, 이 추세는 오스트랄로피테쿠스 보이세이와 오스트랄로피테쿠스 로부스투스 같은 건장한 종들에서 극에 달했다. 이들은 모두 250만 년 전 이후에 진화했다.

21. Pontzer, H., and R. W. Wrangham. The ontogeny of ranging in wild chimpanzees. *International Journal of Primatology* 27: 295-309.

22. 그라우초 보행의 비용을 측정한 연구는 다음과 같다. Gordon, K. E., D. P. Ferris, and A. D. Kuo (2009). Metabolic and mechanical energy costs of reducing vertical center of mass movement during gait. *Archives of Physical Medicine and Rehabilitation* 90: 136-44. 침팬지와 인간을 비교한 연구는 다음과 같다. Sockol, M. D., D. A. Raichlen, and H. D. Pontzer(2007). Chimpanzee locomotor energetics and the origin of human bipedalism. *Proceedings of the National Academy of*

Sciences USA 104: 12265-69. 이 중요한 연구에서 침팬지는 1미터를 걸을 때마다 1킬로그램당 0.20 밀리리터의 산소를 쓰지만, 인간은 1킬로그램당 0.05밀리리터의 산소를 쓴다는 사실이 발견됐다. 유산소 호흡에서 산소 1리터는 5.13킬로칼로리로 환산된다.

23. Schmitt, D. (2003). Insights into the evolution of human bipedalism from experimental studies of humans and other primates. *Journal of Experimental Biology* 206: 1437-48.

24. Latimer, B., and C. O. Lovejoy (1990). Hallucal tarsometatarsal joint in Australopithecus afarensis. *American Journal of Physical Anthropology* 82: 125-33; McHenry, H. M., and A. L. Jones (2006). Hallucial convergence in early hominids. *Journal of Human Evolution* 50: 534-39.

25. Harcourt-Smith, W. E., and L. C. Aiello (2004). Fossils, feet and the evolution of human bipedal locomotion. *Journal of Anatomy* 204: 403-16; Ward, C. V., W. H. Kimbel, and D. C. Johanson (2011). Complete fourth metatarsal and arches in the foot of Australopithecus afarensis. *Science* 331: 750-53; DeSilva, J. M., and Z. J. Throckmorton (2010). Lucy's flat feet: The relationship between the ankle and rearfoot arching in early hominins. *PLoS One* 5(12): e14432.

26. Latimer, B., and C. O. Lovejoy (1989). The calcaneus of Australopithecus afarensis and its implications for the evolution of bipedality. *American Journal of Physical Anthropology* 78: 369-86.

27. Zipfel, B., et al. (2011). The foot and ankle of Australopithecus sediba. Science 333: 1417-20.

28. Aiello, L. C., and M. C. Dean (1990). *Human Evolutionary Anatomy*. London: Academic Press.

29. 초기 호미닌의 완전한 대퇴골은 존재하지 않는다. 따라서 우리는 이 특징이 아르디피테쿠스 같은 초기 호미닌에서 진화했는지 아니면 오스트랄로피테쿠스류만의 독특한 특징인지 모른다.

30. Been, E., A. Gómez-Olivencia, and P. A. Kramer (2012). Lumbar lordosis of extinct hominins. *American Journal of Physical Anthropology* 147: 64-77; Williams, S. A., et al. (2013). The vertebral column of Australopithecus sediba. *Science* 340: 1232996

31. Raichlen, D. A., H. Pontzer, and M. D. Sockol (2008). The Laetoli footprints and early hominin locomotor kinematics. *Journal of Human Evolution* 54: 112-17.

32. Churchill, S. E., et al. (2013). The upper limb of Australopithecus sediba. *Science* 340: 1233447.

33. Wheeler, P. E. (1991). The thermoregulatory advantages of hominid bipedalism in open equatorial environments: The contribution of increased convective heat loss and cutaneous

evaporative cooling. *Journal of Human Evolution* 21: 107-15.

34. Tocheri, M. W., et al. (2008). The evolutionary history of the hominin hand since the last common ancestor of Pan and Homo. *Journal of Anatomy* 212: 544-62.

35. Goodall, J. (1986). *The Chimpanzees of Gombe: Patterns of Behavior*. Cambridge, MA: Harvard University Press; Boesch, C., and H. Boesch (1990). Tool use and tool making in wild chimpanzees. *Folia Primatologica* 54: 86-99.

3장

1. Zachos, J., et al. (2001). Trends, rhythms, and aberrations in global climate 65 Ma to present. *Science* 292: 686-93.

2. 기후변화가 인간의 진화에 미친 영향에 관해서는 다음 책을 추천한다. Potts, R. (1986). *Humanity's Desert: The Consequences of Ecological Instability*. New York: William Morrow and Co.

3. Trauth, M. H., et al. (2005). Late Cenozoic moisture history of East Africa. *Science* 309: 2051-53.

4. Bobe, R. (2006). The evolution of arid ecosystems in eastern Africa. *Journal of Arid Environments* 66: 564-84; Passey, B. H., et al. (2010). High-temperature environments of human evolution in East Africa based on bond ordering in paleosol carbonates. *Proceedings of the National Academy of Sciences USA* 107: 11245-49.

5. 외젠 뒤부아의 매혹적인 전기는 다음과 같다. Shipman, P. (2001). *The Man Who Found the Missing Link: The Extraordinary Life of Eugene Dubois*. New York: Simon & Schuster.

6. 이 분류학적 혼란을 정리한 사람은 조류 전문가 에른스트 마이어(Ernst Mayr)였다. 그 유명한 논문은 다음과 같다. Mayr, E. (1951). Taxonomic categories in fossil hominids. Cold Spring Harbor Symposia on Quantitative Biology 15: 109-18.

7. Ruff, C. B., and A. Walker (1993). Body size and body shape. In *The Nariokotome Homo erectus Skeleton*, ed. A. Walker and R. E. F. Leakey. Cambridge, MA: Harvard University Press, 221-65; Antón, S. C. (2003). Natural history of Homo erectus. *Yearbook of Physical Anthropology* 46: 126-70; Lordkipanidze, D., et al. (2007). Postcranial evidence from early Homo from Dmanisi, Georgia. *Nature* 449: 305-10; Graves, R. R., et al. (2010). Just how strapping was KNM-WT 15000? *Journal of Human Evolution* 59(5): 542-54.

8. Leakey, M. G., et al. (2012). New fossils from Koobi Fora in northern Kenya confirm taxonomic diversity in early Homo. *Nature* 488: 201-4.

9. Wood, B., and M. Collard (1999). The human genus. *Science* 284: 65-71.

10. Kaplan, H. S., et al. (2000). Theory of human life history evolution: Diet, intelligence, and longevity. *Evolutionary Anthropology* 9: 156-85.

11. Marlowe, F. W. (2010). *The Hadza: Hunter-Gatherers of Tanzania*. Berkeley: University of California Press.

12. 가장 오래된 분명한 증거는 260만 년 전의 것으로 추정되며, 여러 유적지들에서 발견되었다. 다음 문헌들을 참고하라. de Heinzelin, J., et al. (1999). Environment and behavior of 2.5-million-year-old Bouri hominids. *Science* 284: 625-29; Semaw, S., et al. (2003). 2.6-million-year-old stone tools and associated bones from OGS-6 and OGS-7, Gona, Afar, Ethiopia. *Journal of Human Evolution* 45: 169-77. 340만 년 전의 것으로 추정되는 뼈들도 나왔지만, 이 발견은 논란이 있다. 다음을 참고하라. McPherron, S. P., et al. (2010). Evidence for stone-tool-assisted consumption of animal tissues before 3.39 million years ago at Dikika, Ethiopia. *Nature* 466: 857-60.

13. Kelly, R. L. (2007). *The Foraging Spectrum: Diversity in Hunter-Gatherer Lifeways*. Clinton Corners, NY: Percheron Press.

14. Marlowe, F. W. (2010). *The Hadza: Hunter-Gatherers of Tanzania*. Berkeley: University of California Press.

15. Hawkes, K., et al. (1998). Grandmothering, menopause, and the evolution of human life histories. *Proceedings of the National Academy of Sciences USA* 95: 1336-39.

16. Hrdy, S. B. (2009). *Mothers and Others*. Cambridge, MA: The Belknap Press.

17. Wrangham, R. W., and N. L. Conklin-Brittain (2003). Cooking as a biological trait. *Comparative Biochemistry and Physiology—Part A: Molecular & Integrative Physiology* 136: 35-46.

18. Zink, K. D. (2013). Hominin food processing: material property, masticatory performance and morphological changes associated with mechanical and thermal processing techniques. Doctoral thesis, Harvard University, Cambridge, MA.

19. Carmody, R. N., G. S. Weintraub, and R. W. Wrangham (2011). Energetic consequences of thermal and nonthermal food processing. *Proceedings of the National Academy of Sciences USA* 108: 19199-203.

20. Meegan, G. (2008). *The Longest Walk: An Odyssey of the Human Spirit*. New York: Dodd

Mead.

21. Marlowe, F. W. (2010). *The Hadza: Hunter-Gatherers of Tanzania*. Berkeley: University of California Press.

22. Pontzer, H., et al. (2010). Locomotor anatomy and biomechanics of the Dmanisi hominins. *Journal of Human Evolution* 58: 492-504.

23. Pontzer, H. (2007). Predicting the cost of locomotion in terrestrial animals: A test of the LiMb model in humans and quadrupeds. *Journal of Experimental Biology* 210: 484-94; Steudel-Numbers, K. (2006). Energetics in Homo erectus and other early hominins: The consequences of increased lower limb length. *Journal of Human Evolution* 51: 445-53.

24. Bennett, M. R., et al. (2009). Early hominin foot morphology based on 1.5-million-year-old footprints from Ileret, Kenya. *Science* 323: 1197-201; Dingwall, H. L., et al. (2013). Hominin stature, body mass, and walking speed estimates based on 1.5-million-year-old fossil footprints at Ileret, Kenya. *Journal of Human Evolution* 2013.02.004.

25. Ruff, C. B., et al. (1999). Cross-sectional morphology of the SK 82 and 97 proximal femora. *American Journal of Physical Anthropology* 109: 509-21; Ruff, C. B., et al. (1993). Postcranial robusticity in Homo. I: Temporal trends and mechanical interpretation. *American Journal of Physical Anthropology* 91: 21-53.

26. Ruff, C. B. (1988). Hindlimb articular surface allometry in Hominoidea and Macaca, with comparisons to diaphyseal scaling. *Journal of Human Evolution* 17: 687-714; Jungers, W. L. (1988). Relative joint size and hominoid locomotor adaptations with implications for the evolution of hominid bipedalism. *Journal of Human Evolution* 17: 247-65.

27. Wheeler, P. E. (1991). The thermoregulatory advantages of hominid bipedalism in open equatorial environments: The contribution of increased convective heat loss and cutaneous evaporative cooling. *Journal of Human Evolution* 21: 107-15.

28. 다음 문헌들을 보라. Ruff, C. B. (1993). Climatic adaptation and hominid evolution: The thermoregulatory imperative. *Evolutionary Anthropology* 2: 53-60; Simpson, S. W., et al. (2008). A female Homo erectus pelvis from Gona, Ethiopia. *Science* 322: 1089-92; Ruff, C. B. (2010). Body size and body shape in early hominins: Implications of the Gona pelvis. *Journal of Human Evolution* 58: 166-78.

29. Franciscus, R. G., and E. Trinkaus (1988). Nasal morphology and the emergence of Homo

erectus. *American Journal of Physical Anthropology* 75: 517-27.

30. 추운 날 간단한 실험으로 이것을 증명할 수 있다. 코로 숨을 내쉰 다음에 입으로 숨을 내쉬어보라. 코로 숨을 내쉴 때보다 입으로 숨을 내쉴 때 더 많은 수증기가 나올 것이다. 그것은 코를 통과하는 불규칙한 공기의 흐름이 많은 수분을 다시 붙잡기 때문이다.

31. Van Valkenburgh, B. (2001). The dog-eat-dog world of carnivores: A review of past and present carnivore community dynamics. In *Meat-Eating and Human Evolution*, ed. C. B. Stanford and H. T. Bunn. Oxford: Oxford University Press, 101-21.

32. Wilkins, J., et al. (2012). Evidence for early Hafted hunting technology. *Science* 338: 942-46; Shea, J. J. (2006). The origins of lithic projectile point technology: Evidence from Africa, the Levant, and Europe. *Journal of Archaeological Science* 33: 823-46.

33. O'Connell, J. F., et al. (1988). Hadza scavenging: Implications for Plio-Pleistocene hominid subsistence. *Current Anthropology* 29: 356-63.

34. Potts, R. (1988). Environmental hypotheses of human evolution. *Yearbook of Physical Anthropology* 41: 93-136; Dominguez-Rodrigo, M. (2002). Hunting and scavenging by early humans: The state of the debate. *Journal of World Prehistory* 16: 1-54; Bunn, H. T. (2001). Hunting, power scavenging, and butchering by Hadza foragers and by Plio-Pleistocene Homo. In *Meat-Eating and Human Evolution*, ed. C. B. Stanford and H. T. Bunn. Oxford: Oxford University Press, 199-218; Braun, D. R., et al. (2010). Early hominin diet included diverse terrestrial and aquatic animals 1.95 Myr ago in East Turkana, Kenya. *Proceedings of the National Academy of Sciences USA* 107: 10002-7.

35. 촉 없는 창은 아주 무겁지 않는 한, 동물의 가죽에서 튕겨 나온다. 게다가 동물을 죽이는 것은 창이 뚫는 구멍이 아니다. 그보다는 창촉의 삐죽삐죽하고 날카로운 날이 초래하는 열상이 내부 출혈을 일으켜 죽게 만든다. 오늘날에도 창촉이 있는 창으로 동물을 죽이기 위해서는 사냥감에서 몇 미터 내로 들어와야 한다. 더 자세한 것은 다음 문헌들을 보라. Churchill, S. E. (1993). Weapon technology, prey size selection and hunting methods in modern hunter-gatherers: Implications for hunting in the Palaeolithic and Mesolithic. In *Hunting and Animal Exploitation in the Later Palaeolithic and Mesolithic of Eurasia*, ed. G. L. Peterkin, H. M. Bricker, and P. A. Mellars. Archeological Papers of the American Anthropological Association no. 4, 11-24.

36. Carrier, D. R. (1984). The energetic paradox of human running and hominid evolution. *Current Anthropology* 25: 483-95; Bramble, D. M., and D. E. Lieberman (2004). Endurance

running and the evolution of Homo. *Nature* 432: 345-52.

37. 이 제약을 설명하는 한 가설은 전력 질주는 시소 같은 보행이라서 한 걸음 내딛을 때마다 내장이 앞뒤로 흔들리며 피스톤처럼 횡격막에 충돌한다. 따라서 전력 질주를 하는 네 발 동물이 헐떡거리는 것(빠르고 짧고 얕은 호흡)을 막기 위해 한 걸음과 한 번의 호흡을 일치시켜야 한다. 더 자세한 것은 다음 문헌을 참고하라. Bramble, D. M., and F. A. Jenkins Jr. (1993). Mammalian locomotor-respiratory integration: Implications for diaphragmatic and pulmonary design. *Science* 262: 235-40.

38. 사냥꾼들은 대개 자신들이 잡을 수 있는 가장 큰 먹이를 추적하는데, 그것은 몸집이 큰 동물일수록 빨리 과열되기 때문이다. 체열의 증가는 몸집의 세제곱에 비례하지만, 체열의 손실은 몸집에 정비례한다.

39. Liebenberg, L. (2006). Persistence hunting by modern hunter-gatherers. *Current Anthropology* 47: 1017-26.

40. Montagna, W. (1972). The skin of nonhuman primates. *American Zoologist* 12: 109-24.

41. 물 1리터가 증발하려면 531킬로칼로리의 에너지가 필요하다. 에너지 보존의 법칙에 따라, 증발한 양의 에너지만큼 피부가 식는다.

42. Schwartz, G. G., and L. A. Rosenblum (1981). Allometry of hair density and the evolution of human hairlessness. *American Journal of Physical Anthropology* 55: 9-12.

43. 2장을 떠올려보라. 이것은 걷기의 정반대다. 걷기에서는 입각기 전반부에 무게중심이 올라간다. 걷기는 몸을 움직이기 위해 추의 역학을 이용하는 반면, 달리기는 질량-스프링 역학을 이용한다.

44. 캥거루에서도 같은 현상이 관찰되었다. 다음 문헌을 참고하라. Alexander, R. M. (1991). Energy-saving mechanisms in walking and running. *Journal of Experimental Biology* 160: 55-69.

45. Ker, R. F., et al. (1987). The spring in the arch of the human foot. *Nature* 325: 147-49.

46. Lieberman, D. E., D. A. Raichlen, and H. Pontzer (2006). The human gluteus maximus and its role in running. *Journal of Experimental Biology* 209: 2143-55.

47. Spoor, F., B. Wood, and F. Zonneveld (1994). Implications of early hominid labyrinthine morphology for evolution of human bipedal locomotion. *Nature* 369: 645-48.

48. Lieberman, D. E. (2011). *Evolution of the Human Head*. Cambridge, MA: Harvard University Press.

49. 이러한 특징들과 그 기능에 관해서는 다음 문헌을 보라. Bramble, D. M., and D. E.

Lieberman (2004). Endurance running and the evolution of Homo. *Nature* 432: 345-52.

50. Rolian, C., et al. (2009). Walking, running and the evolution of short toes in humans. *Journal of Experimental Biology* 212: 713-21.

51. 인간은 매우 잘 움직이는 몸통을 갖고 있어서 몸통을 엉덩이나 머리와 따로 비틀 수 있다. 이러한 비틀기는 달릴 때 중요하다. 걸을 때와 다르게 달릴 때 우리 몸은 일시적으로 공중에 떠 있게 되는데, 이때 한 다리는 앞쪽에 있고 다른 다리는 뒤쪽에 있다. 이러한 가위 같은 움직임은 각운동량을 발생시킨다. 이 힘은 억제하지 않으면, 달리기 주자의 몸통을 왼쪽 또는 오른쪽으로 회전시키게 된다. 따라서 달리기 주자는 반대쪽 방향으로 똑같은 힘의 각운동량을 발생시키기 위해 팔을 흔들고 몸통을 반대쪽으로 회전시켜야 한다. 그뿐 아니라 몸통의 독립적인 비틂은 머리가 좌우로 흔들거리는 것을 막아준다. 더 자세한 설명은 다음 문헌들을 참고하라. Hinrichs, R. N. (1990). Upper extremity function in distance running. In *Biomechanics of Distance Running*, ed. P. R. Cavanagh. Champaign, IL: Human Kinetics, 107-34; Pontzer, H., et al. (2009). Control and function of arm swing in human walking and running. *Journal of Experimental Biology* 212: 523-34.

52. 근육에는 두 종류의 섬유가 있다. 속근섬유와 지근섬유다. 속근섬유는 지근섬유보다 빠르고 힘차게 수축한다. 하지만 더 빨리 지치고 에너지 소모량이 크다. 지근섬유는 더 경제적이지만 수축 속도가 느리다. 유인원과 원숭이를 포함한 대부분의 동물들은 다리에 속근섬유의 비율이 높아서, 짧은 시간에 폭발적으로 빨리 달릴 수 있다. 하지만 인간의 다리는 지근섬유가 지배하고 있다. 덕분에 우리 좋은 지구력이 강하다. 예를 들어 인간에서 종아리근육은 약 60퍼센트가 지근섬유이지만, 짧은꼬리원숭이와 침팬지에서는 약 15~20퍼센트가 지근섬유다. 호모 에렉투스의 다리도 지근섬유가 더 많았을 것이라고 추측된다. 다음 문헌들을 참고하라. Acosta, L., and R. R. Roy (1987). Fiber-type composition of selected hindlimb muscles of a primate (cynomolgus monkey). *Anatomical Record* 218: 136-41; Dahmane, R., et al. (2005). Spatial fiber type distribution in normal human muscle: Histochemical and tensiomyographical evaluation. *Journal of Biomechanics* 38: 2451-59; Myatt, J. P., et al. (2011). Distribution patterns of fiber types in the triceps surae muscle group of chimpanzees and orangutans. *Journal of Anatomy* 218: 402-12.

53. Goodall, J. (1986). *The Chimpanzees of Gombe*. Cambridge, MA: Harvard University Press.

54. Napier, J. R. (1993). *Hands*. Princeton, NJ: Princeton University Press.

55. Marzke, M. W., and R. F. Marzke (2000). Evolution of the human hand: Approaches to acquiring, analysing and interpreting the anatomical evidence. *Journal of Anatomy* 197 (pt. 1): 121-

40.

56. Rolian, C., D. E. Lieberman, and J. P. Zermeno (2012). Hand biomechanics during simulated stone tool use. *Journal of Human Evolution* 61: 26-41.

57. Susman, R. L. (1998). Hand function and tool behavior in early hominids. Journal of Human Evolution 35: 23-46; Tocheri, M. W., et al. (2008). The evolutionary history of the hominin hand since the last common ancestor of Pan and Homo. *Journal of Anatomy* 212: 544-62; Alba, D., et al. (2003). Morphological affinities of the Australopithecus afarensis hand on the basis of manual proportions and relative thumb length. *Journal of Human Evolution* 44: 225-54.

58. Roach, N. T., et al. (2013). Elastic energy storage in the shoulder and the evolution of high-speed throwing in Homo. *Nature*.

59. 인간이 잘 던지도록 돕는 또 하나의 중요한 특징은 위팔뼈의 '비틀림'이다. 대부분의 사람들은 침팬지와 마찬가지로 위팔뼈(상완골)가 비틀려 있어서, 팔꿈치관절이 자연스럽게 안쪽을 바라본다. 하지만 공을 자주 던지는 야구 선수 같은 사람들은 던지는 팔이 던지지 않는 팔에 비해 20도가 덜 비틀려 있다. 이런 특징은 던지기에 유리하다. 위팔뼈가 덜 비틀릴수록 팔을 뒤로 보내 탄성에너지를 저장하기 쉬워지기 때문이다. 호모 에렉투스의 골격 화석 두 점은 야구 선수보다도 위팔뼈의 비틀림 값이 작다. 더 자세한 것은 다음 문헌들을 보라. Roach, N. T., et al. (2012). The effect of humeral torsion on rotational range of motion in the shoulder and throwing performance. *Journal of Anatomy* 220: 293-301; Larson, S. G. (2007). Evolutionary transformation of the hominin shoulder. *Evolutionary Anthropology* 16: 172-87.

60. 불에 대한 가장 오래된 고고학적 증거는 남아프리카의 원더베르크 동굴에서 나왔다. 그 불이 요리에 쓰였는지, 요리가 언제부터 널리 받아들여졌는지는 불분명하다(4장 참조). 다음 문헌을 참고하라. Berna, F., et al. (2012). Microstratigraphic evidence of in situ fire in the Acheulean strata of Wonderwerk Cave, Northern Cape province, South Africa. *Proceedings of the National Academy of Sciences USA* 109: 1215-20.

61. Carmody, R. N., G. S. Weintraub, and R. W. Wrangham (2011). Energetic consequences of thermal and nonthermal food processing. *Proceedings of the National Academy of Sciences USA* 108: 19199-203.

62. Brace, C. L., S. L. Smith, and K. D. Hunt (1991). What big teeth you had, grandma! Human tooth size, past and present. In *Advances in Dental Anthropology*, ed. M. A. Kelley and C. S. Larsen. New York: Wiley-Liss, 33-57.

63. Alexander, R. M. (1999). *Energy for Animal Life*. Oxford: Oxford University Press.

64. 뇌 크기에 관해서는 다음 문헌을 보라. Martin, R. D. (1981). Relative brain size and basal metabolic rate in terrestrial vertebrates. *Nature* 293: 57-60; 장 크기에 관해서는 다음 문헌을 보라. Chivers, D. J., and C. M. Hladik (1980). Morphology of the gastrointestinal tract in primates: Comparisons with other mammals in relation to diet. *Journal of Morphology* 166: 337-86.

65. Aiello, L. C., and P. Wheeler (1995). The expensive-tissue hypothesis: The brain and the digestive system in human and primate evolution. *Current Anthropology* 36: 199-221.

66. Lieberman, D. E. (2011). *The Evolution of the Human Head*. Cambridge, MA: Harvard University Press.

67. Hill, K. R., et al. (2011). Co-residence patterns in hunter-gatherer societies show unique human social structure. *Science* 331: 1286-89; Apicella, C. L., et al. (2012). Social networks and cooperation in hunter-gatherers. *Nature* 481: 497-501.

68. 이에 대한 자세한 설명은 다음 문헌을 보라. L. Liebenberg(2001). *The Art of Tracking: The Origin of Science*. Claremont, South Africa: David Philip Publishers.

69. Kraske, R. (2005). *Marooned: The Strange but True Adventures of Alexander Selkirk*. New York: Clarion Books.

70. 그녀의 행동에 관한 여러 이야기들이 있다. 가장 유명한 것은 마르그리트 드나바르(Marguerite de Navarre)의 『엡타메롱(*Heptaméron*)』에 나오는 경건한 버전의 이야기다. Http://digital.library.upenn.edu/women/navarre/heptameron/heptameron.html.

4장

1. 이러한 전략을 뒷받침하는 진화 이론에 대한 개론서로 다음을 참고하라. Stearns, S. C. (1992). *The Evolution of Life Histories*. Oxford: Oxford University Press.

2. 상황이 아무리 좋더라도 화석 종을 정확하게 정의하기란 어렵다. 어떤 전문가들은 호모 에렉투스가 매우 변이가 많은 종이라고 생각하지만, 다른 전문가들은 동아프리카, 조지아, 그 밖의 다른 곳에서 발견된 변종들을 유연관계가 깊은 다른 종으로 본다. 이 책에서 호모 에렉투스를 거론할 때는 정확한 분류학적 의미를 따지지 않고 넓은 의미로 간주할 것이다.

3. Rightmire, G. P., D. Lordkipanidze, and A. Vekua (2006). Anatomical descriptions, comparative studies, and evolutionary significance of the hominin skulls from Dmanisi, Republic

of Georgia. *Journal of Human Evolution* 50: 115-41; Lordkipanidze, D., et al. (2005). The earliest toothless hominin skull. *Nature* 434: 717-18.

4. Antón, S. C. (2003). Natural history of Homo erectus. *Yearbook of Physical Anthropology* 46: 126-70.

5. 어떤 학자들은 최초의 유럽인을 호모 안테세소르(*Homo antecessor*)라는 별개의 종으로 분류하지만, 이들을 호모 에렉투스와 구분하는 근거가 명확하지 않다. Bermúdez de Castro, J., et al. (1997). A hominid from the Lower Pleistocene of Atapuerca, Spain: Possible ancestor to Neandertals and modern humans. *Science* 276: 1392-95.

6. 정밀하지 않은 이 추측은 연간 인구 성장률이 0.004, 영토 중심 사이의 평균 거리가 24킬로미터, 500년마다 북쪽에 새로운 영토를 건설한다는 가정 아래 나온 것이다.

7. Shreeve, D. C. (2001). Differentiation of the British late Middle Pleistocene interglacials: The evidence from mammalian biostratigraphy. *Quaternary Science Reviews* 20: 1693-705을 보라.

8. deMenocal, P. B. (2004). African climate change and faunal evolution during the Pliocene-Pleistocene. *Earth and Planetary Science Letters* 220: 3-24.

9. Rightmire, G. P., D. Lordkipanidze, and A. Vekua (2006). Anatomical descriptions, comparative studies and evolutionary significance of the hominin skulls from Dmanisi, Republic of Georgia. *Journal of Human Evolution* 50: 115-41; Lordkipanidze, D. T., et al. (2007). Postcranial evidence from early Homo from Dmanisi, Georgia. *Nature* 449: 305-10.

10. Ruff, C. B., and A. Walker (1993). Body size and body shape. In *The Nariokotome Homo erectus Skeleton*, ed. A. Walker and R. E. F. Leakey. Cambridge, MA: Harvard University Press, 221-65; Graves, R. R., et al. (2010). Just how strapping was KNM-WT 15000? *Journal of Human Evolution* 59(5): 542-54.; Spoor, F., et al. (2007). Implications of new early Homo fossils from Ileret, east of Lake Turkana, Kenya. *Nature* 448: 688-91; Ruff, C. B., E. Trinkaus, and T. W. Holliday (1997). Body mass and encephalization in Pleistocene Homo. *Nature* 387: 173-76.

11. Rightmire, G. P. (1998). Human evolution in the Middle Pleistocene: The role of Homo heidelbergensis. *Evolutionary Anthropology* 6: 218-27.

12. Arsuaga, J. L., et al. (1997). Size variation in Middle Pleistocene humans. *Science* 277: 1086-88.

13. Reich, D., et al. (2010). Genetic history of an archaic hominin group from Denisova Cave in Siberia. *Nature* 468: 1053-60; Scally, A., and R. Durbin(2012). Revising the human mutation

rate: Implications for understanding human evolution. *Nature Reviews Genetics* 13: 745-53.

14. Reich, D., et al. (2011). Denisova admixture and the first modern human dispersals into Southeast Asia and Oceania. *American Journal of Human Genetics* 89: 516-28.

15. Klein, R. G. (2009). *The Human Career*, 3rd ed. Chicago: University of Chicago Press.

16. 지금까지 발견된 가장 오래된 창은 독일의 40만 년 전 유적지에서 나왔다. 이 인상적인 투창용 창은 길이가 2.3미터이고, 매우 단단한 나무로 만들어졌으며, 말, 사슴, 코끼리를 죽이는 데 사용되었을 것이다. Thieme, H. (1997). Lower Palaeolithic hunting spears from Germany. *Nature* 385: 807-10.

17. 이런 석기 제작 방식을 르발루아 기법(Levallois technique)이라고 부르는데, 이런 종류의 석기가 발견된 파리 교외 지역의 이름을 따서 19세기에 명명되었다. 하지만 가장 오래된 증거는 남아프리카 유적지인 카투판(Kathu Pan)에서 나왔다. 다음을 참고하라. Wilkins, J., et al. (2012). Evidence for early hafted hunting technology. *Science* 338: 942-46.

18. Berna, F. P., et al. (2012). Microstratigraphic evidence of in situ fire in the Acheulean strata of Wonderwerk Cave, Northern Cape province, South Africa. *Proceedings of the National Academy of Sciences USA* 109: 1215-20; Goren-Inbar, N., et al. (2004). Evidence of hominin control of fire at Gesher Benot Ya'aqov, Israel. *Science* 304: 725-27. 해석의 한계에 대해서는 다음 문헌을 보라. Roebroeks, W., and P. Villa (2011). On the earliest evidence for habitual use of fire in Europe. *Proceedings of the National Academy of Sciences USA* 108: 5209-14.

19. Karkanas, P., et al. (2007). Evidence for habitual use of fire at the end of the Lower Paleolithic: Site-formation processes at Qesem Cave, Israel. *Journal of Human Evolution* 53: 197-212.

20. Green, R. E., et al. (2008). A complete Neandertal mitochondrial genome sequence determined by high-throughput sequencing. *Cell* 134: 416-26.

21. Green, R. E., et al. (2010). A draft sequence of the Neandertal genome. *Science* 328: 710-22; Langergraber, K. E., et al. (2012). Generation times in wild chimpanzees and gorillas suggest earlier divergence times in great ape and human evolution. *Proceedings of the National Academy of Sciences USA* 109: 15716-21.

22. 이종교배가 있었다고 해서 네안데르탈인과 현생 인류가 같은 종이라는 뜻은 아니다. 많은 종은 이종교배를 할 수 있고 실제로 한다. 전문용어로는 '교잡(hybridization)'이라고 한다. 하지만 교잡이 거의 일어나지 않고 두 종이 매우 다르다면, 그들을 한 종으로 보는 것은 도움이 되기보다 오

히려 혼란스럽기만 하다.

23. 뼈에 대한 화학 분석에 따르면, 그들은 늑대나 여우와 같은 다른 육식동물만큼이나 고기를 많이 먹었던 것 같다. 다음 문헌들을 보라. Bocherens, H. D., et al. (2001). New isotopic evidence for dietary habits of Neandertals from Belgium. *Journal of Human Evolution* 40: 497-505; Richards, M. P., and E. Trinkaus(2009). Out of Africa: Modern human origins special feature: Isotopic evidence for the diets of European Neanderthals and early modern humans. *Proceedings of the National Academy of Sciences USA* 106: 16034-39.

24. 정확하게 말하면 뇌 용적은 체질량의 0.75제곱이다(뇌 용적=체질량$^{0.75}$). 다음 문헌을 참고하라. Martin, R. D. (1981). Relative brain size and basal metabolic rate in terrestrial vertebrates. *Nature* 293: 57-60.

25. 이 계산에 관해서는 다음 문헌을 참고하라. Lieberman, D. E. (2011). *Evolution of the Human Head*. Cambridge, MA: Harvard University Press.

26. Ruff, C. B., E. Trinkaus, and T. W. Holliday (1997). Body mass and encephalization in Pleistocene Homo. *Nature* 387: 173-76.

27. Vrba, E. S. (1998). Multiphasic growth models and the evolution of prolonged growth exemplified by human brain evolution. *Journal of Theoretical Biology* 190: 227-39; Leigh, S. R. (2004). Brain growth, life history, and cognition in primate and human evolution. *American Journal of Primatology* 62: 139-64.

28. DeSilva, J., and J. Lesnik (2006). Chimpanzee neonatal brain size: Implications for brain growth in Homo erectus. *Journal of Human Evolution* 51: 207-12.

29. 인간의 뇌는 약 115억 개의 뉴런을 갖고 있는 반면, 침팬지의 뇌는 평균 65억 개의 뉴런을 갖고 있다. Haug, H. (1987). Brain sizes, surfaces, and neuronal sizes of the cortex cerebri: A stereological investigation of man and his variability and a comparison with some mammals (primates, whales, marsupials, insectivores, and one elephant). *American Journal of Anatomy* 180: 126-42.

30. Changizi, M. A. (2001). Principles underlying mammalian neocortical scaling. *Biological Cybernetics* 84: 207-15; Gibson, K. R., D. Rumbaugh, and M. Beran (2001). Bigger is better: Primate brain size in relationship to cognition. In *Evolutionary Anatomy of the Primate Cerebral Cortex*, ed. D. Falk and K. R. Gibson. Cambridge: Cambridge University Press, 79-97.

31. 그녀는 약 2,000칼로리에 더해 태아를 위한 15퍼센트가 더 필요할 것이다. 활동 수준이 보통

인 세 살짜리는 990칼로리가, 일곱 살짜리는 1,200칼로리가 필요하다.

32. 인간 뇌의 자체적인 보호 장치 중 한 가지는 뇌를 덮고 있는 매우 두꺼운 막이다. 이 막들은 뇌를 구획한다(왼쪽과 오른쪽, 위와 아래). 이러한 막들은 유리병이 서로 부딪히는 것을 막아주는 와인 상자의 칸막이처럼 기능한다. 또한 뇌는 충격을 흡수하는 압축 유체 속에 담겨 있다. 게다가 인간의 머리뼈는 굉장히 두껍다.

33. Leutenegger, W. (1974). Functional aspects of pelvic morphology in simian primates. *Journal of Human Evolution* 3: 207-22.

34. Rosenberg, K. R., and W. Trevathan (1996). Bipedalism and human birth: The obstetrical dilemma revisited. *Evolutionary Anthropology* 4: 161-68.

35. Tomasello, M. (2009). *Why We Cooperate*. Cambridge, MA: MIT Press.

36. 한 가지 예외가 고기다. 수컷은 때때로 함께 사냥을 나간 구성원들과 고기를 나눈다. Muller, M. N., and J. C. Mitani (2005). Conflict and cooperation in wild chimpanzees. *Advances in the Study of Behavior* 35: 275-331.

37. Dunbar, R. I. M. (1998). The social brain hypothesis. *Evolutionary Anthropology* 6: 178-90.

38. Liebenberg, L. (1990). *The Art of Tracking: The Origin of Science*. Cape Town: David Philip.

39. 어떤 전문가들은 청년기를 인간에만 있는 단계로 간주하고, 급성장이 이루어지는 시기로 정의한다. 하지만 거의 모든 대형 포유류는 골격의 성장이 끝나기 오래전에 급성장기를 겪는다(특히 체질량이 급증한다.).

40. Bogin, B. (2001). *The Growth of Humanity*. Cambridge: Cambridge University Press.

41. Smith, T. M., et al. (2013). First molar eruption, weaning, and life history in living wild chimpanzees. *Proceedings of the National Academy of Sciences USA* 110: 2787-91.

42. 인간은 유인원에 비해 성숙하는 데 드는 총에너지가 많지만, 아기 한 명에게 들어가는 비용은 인간의 경우에서 더 낮다. 레슬리 아이엘로(Leslie Aiello)와 캐시 키(Cathy Key)는 젖을 생산하는 것은 대형 동물의 어미에게 특히 많은 비용을 초래해서 에너지 필요량을 25~50퍼센트 올린다고 지적했다. 몸무게가 50킬로그램이고 수유 중인 초기 인류의 어머니는 하루 평균 2,300칼로리의 에너지가 필요할 것이다. 이는 몸무게가 30킬로그램이고 수유 중인 유인원 어미보다 50퍼센트 더 많은 양이다. 따라서 유인원처럼 5년 후에 자식의 젖을 뗀다고 가정하면 몸무게가 50킬로그램인 어머니는 아이 한 명당 무려 420만 칼로리를 쓸 것이다. 이것은 3년 후에 젖을 떼는 경우보다 170만 칼로리가 더 많다. 그러므로 고기, 골수, 가공된 식물 같은 질 높은 음식을 항상 충분히 얻을 수 있는 어머니는 아기가 아직 미성숙할 때 젖을 뗄 경우 상당한 번식 이익을 얻을 것이다. 더 자세한 것은

다음 문헌을 보라. Aiello, L. C., and C. Key (2002). The energetic consequences of being a Homo erectus female. *American Journal of Human Biology* 14: 551-65.

43. Kramer, K. L. (2011). The evolution of human parental care and recruitment of juvenile help. *Trends in Ecology and Evolution* 26: 533-40.

44. 이러한 추산이 가능한 것은, 인간과 여타 영장류를 포함한 모든 포유류에서 첫 번째 영구치 어금니가 나는 나이쯤에 뇌가 성인의 크기에 이르기 때문이다. 게다가 치아는 나이테와 같이 시간의 기록을 보존하는 미세한 구조를 갖고 있기 때문에, 해부학자들은 치아를 분석해 첫 번째 어금니가 몇 살 때 났는지, 따라서 뇌가 언제 성장을 멈추었는지 추측할 수 있다. 더 자세한 것은 다음 문헌들을 보라. Smith, B. H. (1989). Dental development as a measure of life history in primates. *Evolution* 43: 683-88; Dean, M. C.(2006). Tooth microstructure tracks the pace of human life-history evolution. *Proceedings of the Royal Society B Biological Sciences* 273: 2799-2808.

45. Dean, M. C., et al. (2001). Growth processes in teeth distinguish modern humans from Homo erectus and earlier hominins. *Nature* 414: 628-31.

46. Smith, T. M., et al. (2007). Rapid dental development in a Middle Paleolithic Belgian Neanderthal. *Proceedings of the National Academy of Sciences USA* 104: 20220-25.

47. Dean, M. C., and B. H. Smith (2009). Growth and development in the Nariokotome youth, KNM-WT 15000. In *The First Humans: Origin of the Genus Homo*, ed. F. E. Grine, J. G. Fleagle, and R. F. Leakey. New York: Springer, 101-20.

48. Smith, T. M., et al. (2010). Dental evidence for ontogenetic differences between modern humans and Neanderthals. *Proceedings of the National Academy of Sciences USA* 107: 20923-28.

49. 지방 분자는 한 개의 글리세롤과 세 개의 지방산으로 이루어진 트라이글리세라이드다. 지방산은 탄소 원자들과 수소 원자들이 연결되어 있는 사슬 구조물이고, 글리세롤은 무색무취의 당알코올이다

50. Kuzawa, C. W. (1998). Adipose tissue in human infancy and childhood: An evolutionary perspective. *Yearbook of Physical Anthropology* 41: 177-209.

51. Pond, C. M., and C. A. Mattacks (1987). The anatomy of adipose tissue in captive Macaca monkeys and its implications for human biology. *Folia Primatologica* 48: 164-85.

52. Clandinin, M. T., et al. (1980). Extrauterine fatty acid accretion in infant brain: Implications for fatty acid requirements. *Early Human Development* 4: 131-38.

53. 글리코겐(당신의 근육과 간에 저장된 탄수화물의 한 형태)은 지방보다 더 빨리 연소되지만,

훨씬 더 무겁고 밀도가 높다. 따라서 몸은 한정된 양만을 저장할 수 있다. 정말 빠르게 달릴 때가 아니면, 당신은 주로 지방을 태운다. 더 자세한 것은 9장을 보라.

54. Ellison, P. T. (2003). *On Fertile Ground*. Cambridge, MA: Harvard University Press.

55. 이 관계를 클라이버 법칙(Kleiber's Law)이라고 한다. 한 생물의 신진대사량은 몸무게의 0.75 제곱씩 증가한다(기초대사율=체질량$^{0.75}$)

56. Leonard, W. R., and M. L. Robertson (1997). Comparative primate energetic and hominoid evolution. *American Journal of Physical Anthropology* 102: 265-81; Froehle, A. W., and M. J. Schoeninger (2006). Intraspecies variation in BMR does not affect estimates of early hominin total daily energy expenditure. *American Journal of Physical Anthropology* 131: 552-59.

57. 데이터에 관해서는 다음 문헌들을 보라. Leonard, W. R., and M. L. Robertson (1997). Comparative primate energetics and hominoid evolution. *American Journal of Physical Anthropology* 102: 265-81; Pontzer, H., et al. (2010). Metabolic adaptation for low energy throughput in orangutans. *Proceedings of the National Academy of Sciences USA* 107: 14048-52; Dugas, L. R., et al. (2011). Energy expenditure in adults living in developing compared with industrialized countries: A meta-analysis of doubly labeled water studies. *American Journal of Clinical Nutrition* 93: 427-41; Pontzer, H., et al. (2012). Hunter-gatherer energetics and human obesity. *PLoS One* 7(7): e40503.

58. Kaplan, H. S., et al. (2000). A theory of human life history evolution: diet, intelligence, and longevity. *Evolutionary Anthropology* 9: 156-85.

59. 인간뿐 아니라 포유류가 전반적으로 그렇다. 다음 문헌을 보라. Pontzer, H.(2012). Relating ranging ecology, limb length, and locomotor economy in terrestrial animals. *Journal of Theoretical Biology* 296: 6-12.

60. 관련하여 다음 문헌을 보라. chapter 5 of Wrangham, R. W. (2009). *Catching Fire: How Cooking Made Us Human*. New York: Basic Books.

61. 몇 가지 중요한 이론들과 참고 사항들에 관해서는 다음 문헌들을 보라. Charnov, E. L., and D. Berrigan(1993). Why do female primates have such long lifespans and so few babies? Or life in the slow lane. *Evolutionary Anthropology* 1: 191-94; Kaplan, H. S., J. B. Lancaster, and A. Robson (2003). Embodied capital and the evolutionary economics of the human lifespan. In *Lifespan: Evolutionary, Ecology and Demographic Perspectives*, ed. J. R. Carey and S. Tuljapakur. *Population and Development Review* 29, supp. 2003, 152-82; Isler, K., and C. P. van Schaik (2009). The expensive brain: A framework for explaining evolutionary changes in brain size. *Journal of Human Evolution*

57: 392-400; Kramer, K. L., and P. T. Ellison (2010). Pooled energy budgets: Resituating human energy-allocation trade-offs. *Evolutionary Anthropology* 19: 136-47.

62. 여러 '피그미' 집단들(키가 150센티미터를 넘지 않는 사람들)이 열대우림이나 섬 같은 에너지가 한정된 장소에서 진화했다. 조지아 드마니시의 호미닌이 몸집이 작은 것 역시 에너지를 절약하기 위한 선택이 일어났기 때문일 것이다.

63. Morwood, M. J., et al. (1998). Fission track age of stone tools and fossils on the east Indonesian island of Flores. *Nature* 392: 173-76.

64. Brown, P., et al. (2004). A new small-bodied hominin from the Late Pleistocene of Flores, Indonesia. *Nature* 431: 1055-61.

65. Morwood, M. J., et al. (2005). Further evidence for small-bodied hominins from the Late Pleistocene of Flores, Indonesia. *Nature* 437: 1012-17.

66. Falk, D., et al. (2005). The brain of LB1, Homo floresiensis. *Science* 308: 242-45; Baab, K. L., and K. P. McNulty (2009). Size, shape, and asymmetry in fossil hominins: The status of the LB1 cranium based on 3D morphometric analyses. *Journal of Human Evolution* 57: 608-22; Gordon, A. D., L. Nevell, and B. Wood (2008). The Homo floresiensis cranium (LB1): Size, scaling, and early Homo affinities. *Proceedings of the National Academy of Sciences USA* 105: 4650-55.

67. Martin, R. D., et al. (2006). Flores hominid: new species or microcephalic dwarf? *Anatomical Record A* 288: 1123-45.

68. Argue, D., et al. (2006). Homo floresiensis: Microcephalic, pygmoid, Australopithecus, or Homo? *Journal of Human Evolution* 51: 360-74; Falk, D., et al. (2009). The type specimen (LB1) of Homo floresiensis did not have Laron syndrome. *American Journal of Physical Anthropology* 140: 52-63.

69. Weston, E. M., and A. M. Lister (2009). Insular dwarfism in hippos and a model for brain size reduction in Homo floresiensis. *Nature* 459: 85-88.

5장

1. Sahlins, M. D. (1972). *Stone Age Economics*. Chicago: Aldine.

2. Scally, A., and R. Durbin (2012). Revising the human mutation rate: Implications for understanding human evolution. *Nature Reviews Genetics* 13: 745-53.

3. Laval, G. E., et al. (2010). Formulating a historical and demographic model of recent human evolution based on resequencing data from noncoding regions. *PLoS ONE* 5(4): e10284.

4. Lewontin, R. C. (1972). The apportionment of human diversity. *Evolutionary Biology* 6: 381-98; Jorde, L. B., et al. (2000). The distribution of human genetic diversity: A comparison of mitochondrial, autosomal, and Y-chromosome data. *American Journal of Human Genetics* 66: 979-88.

5. Gagneux, P., et al. (1999). Mitochondrial sequences show diverse evolutionary histories of African hominoids. *Proceedings of the National Academy of Sciences USA* 96: 5077-82; Becquet, C., et al. (2007). Genetic structure of chimpanzee populations. *PLoS Genetics* 3(4): e66.

6. Green, R. E. (2008). A complete Neandertal mitochondrial genome sequence determined by high-throughput sequencing. *Cell* 134: 416-26; Green, R. E., et al. (2010). A draft sequence of the Neandertal genome. *Science* 328: 710-22; Langergraber, K. E., et al. (2012). Generation times in wild chimpanzees and gorillas suggest earlier divergence times in great ape and human evolution. *Proceedings of the National Academy of Sciences USA* 109: 15716-21.

7. 이종교배 자료에 대해서는 다음 문헌을 보라. Sankararaman, S. (2012). The date of interbreeding between neandertals and modern humans. *PLoS Genetics* 8: e1002947.

8. Reich D., et al. (2010). Genetic history of an archaic hominin group from Denisova Cave in Siberia. *Nature* 468: 1053-60; Krause, J. (2010). The complete mitochondrial DNA genome of an unknown hominin from southern Siberia. *Nature* 464: 894-97.

9. 오모 I(Omo I)이라고 명명된 화석은 에티오피아 남부에서 발견되었다. McDougall, I., F. H. Brown, and J. G. Fleagle (2005). Stratigraphic placement and age of modern humans from Kibish, Ethiopia. *Nature* 433: 733-36.

10. 예를 들어 헤르토(Herto)에서는 연대가 16만 년 전으로 추정되는 세 명의 화석이, 제벨이르후드(Djebel Irhoud) 유적지에서는 16만 년 전의 화석 여러 점이 나왔다. 그리고 수단의 싱가(Singa)에서 발견된 머리뼈 화석은 13만 3000년 전의 것이다. 몇몇 화석들은 훨씬 더 오래되었을지도 모른다. 예를 들어 남아프리카의 플로리스바드(Florisbad)에서 나온 머리뼈의 일부가 그렇다. 이 화석은 20만 년 전의 것일 가능성이 있다. 다음 문헌들을 보라. White, T. D., et al. (2003). Pleistocene Homo sapiens from Middle Awash, Ethiopia. *Nature* 423: 742-47; McDermott, F., et al. (1996). New Late-Pleistocene uranium-thorium and ESR ages for the Singa hominid (Sudan). *Journal of Human Evolution* 31: 507-16.

11. Bar-Yosef, O. (2006). Neanderthals and modern humans: A different interpretation. In *Neanderthals and Modern Humans Meet*, ed. N. J. Conard. Tübingen: Tübingen Publications in Prehistory, Kerns Verlag, 165-87.

12. Bowler, J. M., et al. (2003). New ages for human occupation and climatic change at Lake Mungo, Australia. *Nature* 421: 837-40; Barker, G., et al.(2007). The "human revolution" in lowland tropical Southeast Asia: The antiquity and behavior of anatomically modern humans at Niah Cave (Sarawak, Borneo). *Journal of Human Evolution* 52: 243-61.

13. 유전자 분석 자료와 고고학 증거에 따르면, 인간의 신세계 점령은 3만 년 전 이후, 아마 2만 2000년 전 이후에 일어났을 것으로 보인다. 훌륭한 개론서로 다음 책을 추천한다. Meltzer, D. J.(2009). *First Peoples in a New World: Colonizing Ice Age America. Berkeley*, CA: University of California Press. 더 많은 정보를 원하면 다음 문헌을 보라. Goebel, T., M. R. Waters, and D. H. O'Rourke (2008). The late Pleistocene dispersal of modern humans in the Americas. *Science* 319: 1497-02; Hamilton, M. J., and B. Buchanan (2010). Archaeological support for the three-stage expansion of modern humans across northeastern Eurasia and into the Americas. *PLoS One* 5(8): e12472. 칠레의 몬테베르데(Monte Verde) 같은 아주 오래된 유적지들을 근거로 신세계 점령이 더 빨랐다는 주장이 있지만, 이에 관해서는 논란이 있다. 자세한 내용은 다음 문헌을 참조하라. Dillehay, T. D., and M. B. Collins (1998). Early cultural evidence from Monte Verde in Chile. *Nature* 332: 150-52.

14. Hublin, J. J., et al. (1995). The Mousterian site of Zafarraya (Granada, Spain): Dating and implications on the palaeolithic peopling processes of Western Europe. *Comptes Rendus de l'Académie des Sciences, Paris*, 321: 931-37.

15. Lieberman, D. E., C. F. Ross, and M. J. Ravosa (2000b). The primate cranial base: Ontogeny, function and integration. *Yearbook of Physical Anthropology* 43: 117-69; Lieberman, D. E., B. M. McBratney, and G. Krovitz (2002). The evolution and development of cranial form in Homo sapiens. *Proceedings of the National Academy of Sciences USA* 99: 1134-39.

16. Weidenreich, F. (1941). The brain and its rôle in the phylogenetic transformation of the human skull. *Transactions of the American Philosophical Society* 31: 328-442; Lieberman, D. E. (2000). Ontogeny, homology, and phylogeny in the Hominid craniofacial skeleton: The problem of the browridge. In *Development, Growth and Evolution*, ed. P. O'Higgins and M. Cohn. London: Academic Press, 85-122.

17. Bastir, M., et al. (2008). Middle cranial fossa anatomy and the origin of modern humans. Anatomical Record 291: 130-40; Lieberman, D. E. (2008). Speculations about the selective basis for modern human cranial form. *Evolutionary Anthropology* 17: 22-37.

18. 턱끝이 턱뼈를 강화한다는 가설은 타당하지 않다. 음식을 요리해서 먹는 인간에게 강한 턱뼈가 왜 필요하겠는가? 아래턱의 앞니가 제대로 방향을 잡도록 돕는다는 것, 말하는 것을 돕는다는 것, 매력적으로 보이게 한다는 것 등의 다른 가설들도 모두 근거가 불충분하다. 이러한 가설들을 다룬 개론서로 다음 문헌을 참고하라. Lieberman, D. E. (2011). *The Evolution of the Human Head*. Cambridge, MA: Harvard University Press.

19. Rak, Y., and B. Arensburg (1987). Kebara 2 Neanderthal pelvis: First look at a complete inlet. *American Journal of Physical Anthropology* 73: 227-31; Arsuaga, J. L., et al. (1999). A complete human pelvis from the Middle Pleistocene of Spain. *Nature* 399: 255-58; Ruff, C. B. (2010). Body size and body shape in early hominins: Implications of the Gona pelvis. *Journal of Human Evolution* 58: 166-78.

20. Ruff, C. B., et al. (1993). Postcranial robusticity in Homo. I: Temporal trends and mechanical interpretation. *American Journal of Physical Anthropology* 91: 21-53.

21. McBrearty, S., and A. S. Brooks (2000). The revolution that wasn't: A new interpretation of the origin of modern human behavior. *Journal of Human Evolution* 39: 453-563.

22. Brown, K. S., et al. (2012). An early and enduring advanced technology originating 71,000 years ago in South Africa. *Nature* 491: 590-93; Yellen, J. E., et al. (1995). A middle stone age worked bone industry from Katanda, Upper Semliki Valley, Zaire. *Science* 268: 553-56; Wadley, L., T. Hodgskiss, and M. Grant (2009). Implications for complex cognition from the hafting of tools with compound adhesives in the Middle Stone Age, South Africa. *Proceedings of the National Academy of Sciences USA* 106: 9590-94; Mourre, V., P. Villa, and C. S. Henshilwood (2010). Early use of pressure flaking on lithic artifacts at Blombos Cave, South Africa. *Science* 330: 659-62.

23. Henshilwood, C. S., et al. (2001). An early bone tool industry from the Middle Stone Age at Blombos Cave, South Africa: Implications for the origins of modern human behaviour, symbolism and language. *Journal of Human Evolution* 41: 631-78; Henshilwood, C. S., F. d'Errico, and I. Watts (2009). Engraved ochres from the Middle Stone Age levels at Blombos Cave, South Africa. Journal of Human Evolution 57: 27-47.

24. 이 논쟁에 관해서는 다음 문헌을 보라. D'Errico, F., and C. Stringer (2011). Evolution,

revolution, or saltation scenario for the emergence of modern cultures? *Philosophical Transactions of the Royal Society, London, Part B, Biological Science* 366: 1060-69.

25. Jacobs, Z., et al. (2008). Ages for the Middle Stone Age of southern Africa: Implications for human behavior and dispersal. *Science* 322: 733-35.

26. 역사적 이유로 고고학자들은 사하라사막 이남 아프리카 지역의 후기 구석기 시대를 지칭할 때 'Later Stone Age'라는 용어를 쓰지만 여기서는 총칭해서 'Upper Paleolithic Period'라는 용어를 썼다.

27. Stiner, M. C., N. D. Munro, and T. A. Surovell (2000). The tortoise and the hare. Small-game use, the broad-spectrum revolution, and Paleolithic demography. *Current Anthropology* 41: 39-79.

28. Weiss, E., et al. (2008). Plant-food preparation area on an Upper Paleolithic brush hut floor at Ohalo II, Israel. *Journal of Archaeological Science* 35: 2400-14; Revedin, A., et al. (2010). Thirty-thousand-year-old evidence of plant food processing. *Proceedings of the National Academy of Sciences USA* 107: 18815-19.

29. '샤텔페롱(Chátelperron) 석기 문화'라고 알려져 있는 이 불가사의한 문화는 3만 5000~2만 9000년 전에 해당하는 몇몇 유적지에서만 발견된다. 이 문화권에서는 전형적인 중기 구석기 도구와 동시에 후기 구석기 도구, 그리고 상아를 조각해 만든 목걸이와 반지 같은 장식물이 발견된다. 이 문화를 두고 과도기에 여러 문화가 혼재된 것이라고 생각하는 학자들도 있지만, 네안데르탈인의 후기 구석기 문화라고 생각하는 학자들도 있다. 더 많은 정보와 기타 견해에 대해서는 다음 문헌들을 보라. Bar-Yosef, O., and J. G. Bordes (2010). Who were the makers of the Châtelperronian culture? *Journal of Human Evolution* 59: 586-93; Mellars, P. (2010). Neanderthal symbolism and ornament manufacture: The bursting of a bubble? *Proceedings of the National Academy of Sciences USA* 107: 20147-48; Zilhão, J. (2010). Did Neandertals think like us? *Scientific American* 302: 72-75; Caron, F., et al. (2011). The reality of Neandertal symbolic behavior at the Grotte du Renne, Arcy-sur-Cure, France. *PLoS One* 6: e21545.

30. 뇌 크기와 지능의 관계는 여러 가지 이유로 골치 아픈 문제다. 첫째, 뇌 크기는 몸 크기에 따라갈 수밖에 없다(즉 몸이 더 큰 사람이 뇌가 더 큰 경향이 있다.). 하지만 둘의 관계는 종 내에서 엄밀하지 않아서, 몸 크기의 효과를 정확하게 보정하기란 불가능하다. 둘째, 지능을 측정하는 것은 고사하고 지능을 뭐라고 정의해야 하는지가 중요한 문제다. 대부분의 연구들은 뇌 크기와 지능검사로 측정한 지능 사이에 약한 상관성(0.3~0.4)이 있음을 밝혀냈지만, 이것만 보고 확실한 결론을 내

리는 것은 주의해야 한다. 지능이 실제로 무엇인지에 대한 선입관 없이 지능을 측정하는 것은 불가능하기 때문이다. 수학 문제를 풀고 정확한 문법을 구사하는 능력이 지능인가? 아니면 쿠두 같은 대형 동물을 추적하고 타인이 무슨 생각을 하고 있는지 이해하는 능력이 지능인가? 게다가 지능을 측정할 때 환경이 미치는 무수한 영향을 보정한다는 것 또한 거의 불가능하다. 예를 들어 다음 연구를 보라. Witelson, S. F., H. Beresh, and D. L. Kigar (2006). Intelligence and brain size in 100 postmortem brains: Sex, lateralization and age factors. *Brain* 129: 386-98.

31. 이 연구들은 골상학과 무관하다. 골상학은 19세기에 유행한 사이비과학으로, 머리뼈의 외적 모양의 미미한 차이가 성격, 지적 능력, 기타 뇌 기능의 유의미한 개인차를 반영한다고 추정했다.

32. Lieberman, D. E., B. M. McBratney, and G. Krovitz (2002). The evolution and development of cranial form in Homo sapiens. *Proceedings of the National Academy of Sciences USA* 99: 1134-39; Bastir, M., et al. (2011). Evolution of the base of the brain in highly encephalized human species. *Nature Communications* 2: 588. 크기 비교 연구에 관해서는 다음 문헌들을 보라. Rilling, J., and R. Seligman (2002). A quantitative morphometric comparative analysis of the primate temporal lobe. *Journal of Human Evolution* 42: 505-34; Semendeferi, K. (2001). Advances in the study of hominoid brain evolution: Magnetic resonance imaging (MRI) and 3-D imaging. In *Evolutionary Anatomy of the Primate Cerebral Cortex*, ed. D. Falk and K. Gibson. Cambridge: Cambridge University Press, 257-89.

33. 관자엽에서 베르니케 영역이라고 알려져 있는 부위가 손상되면 실제로 말을 이해하지 못한다.

34. Persinger, M. A. (2001). The neuropsychiatry of paranormal experiences. *Journal of Neuropsychiatry and Clinical Neurosciences* 13: 515-24.

35. Bruner, E. (2004). Geometric morphometrics and paleoneurology: Brain shape evolution in the genus Homo. *Journal of Human Evolution* 47: 279-303.

36. Culham, J. C., and K. F. Valyear (2006). Human parietal cortex in action. *Current Opinions in Neurobiology* 16: 205-12.

37. Semendeferi, K., et al. (2001). Prefrontal cortex in humans and apes: A comparative study of area 10. *American Journal of Physical Anthropology* 114: 224-41; Schenker, N. M., A. M. Desgouttes, and K. Semendeferi (2005). Neural connectivity and cortical substrates of cognition in hominoids. *Journal of Human Evolution* 49: 547-69.

38. 이마앞엽의 손상에 관해서 피니어스 게이지(Phineas Gage)의 사례가 가장 유명하다. 그는 철도 노동자였는데, 다이너마이트 폭발 사고로 쇠막대가 그의 눈구멍과 뇌를 관통했다. 놀랍게도

게이지는 살았지만, 사고 이후 신경질을 잘 내고 참을성이 없어졌다. 더 자세한 내용은 다음 문헌을 참고하라. Damasio, A. R. (2005). *Descartes' Error: Emotion, Reason, and the Human Brain*. New York: Penguin.

39. 이에 대한 설명으로는 다음 문헌을 보라. Lieberman, D. E., K. M. Mowbray, and O. M. Pearson (2000). Basicranial influences on overall cranial shape. *ournal of Human Evolution* 38: 291-315. 현생 인류와 네안데르탈인에서 생후 첫 몇 년간 이러한 일이 다르게 일어난다는 증거에 관해서는 다음 자료를 보라. Gunz, P., et al. (2012). A uniquely modern human pattern of endocranial development. Insights from a new cranial reconstruction of the Neandertal newborn from Mezmaiskaya. *Journal of Human Evolution* 62: 300-13. 머리뼈바닥을 더 구부러지게 하고 뇌를 더 둥그렇게 만드는 또 하나의 요인은 더 작은 얼굴이다. 뇌가 머리뼈바닥의 위쪽에서 자랄 때, 얼굴은 머리뼈바닥에서 아래쪽과 앞쪽으로 자란다. 그러므로 얼굴의 길이는 머리뼈바닥이 얼마나 구부러지는지에 영향을 미친다. 얼굴이 비교적 더 긴 얼굴이 동물은 더 평평한 머리뼈바닥을 갖고 있어서, 얼굴이 머리뼈 앞쪽으로 더 튀어나오게 된다.

40. Miller, D. T., et al. (2012). Prolonged myelination in human neocortical evolution. *Proceedings of the National Academy of Sciences* USA 109: 16480-85; Bianchi, S., et al. (2012). Dendritic morphology of pyramidal neurons in the chimpanzee neocortex: Regional specializations and comparison to humans. *Cerebral Cortex*. Epub: [TK.]

41. Lieberman, P. (2013). *The Unpredictable Species: What Makes Humans Unique*. Princeton, NJ: Princeton University Press을 보라.

42. Kandel, E. R., J. H. Schwartz, and T. M. Jessel (2000). *Principles of Neural Science*, 4th ed. New York: McGraw-Hill; Giedd, J. N. (2008). The teen brain: Insights from neuroimaging. *Journal of Adolescent Health* 42: 335-43.

43. 타니아 스미스(Tanya Smith)와 그 동료들은 미성숙한 네안데르탈인 두 명을 미성숙한 현생 인류의 대규모 표본과 비교했다. 이 네안데르탈인 중 한 명(벨기에의 스클라디나(Scladina) 유적지에서 나왔다.)은 사망 당시 8세였지만 현생 인류로 치면 10세쯤 되었다. 또 한 명의 네안데르탈인 르무스티에(Le Moustier) 1호는 사망 시점에 약 12세였지만, 현생 인류로 치면 16세쯤 되는 골격을 갖고 있었다. 더 많은 화석들을 분석해야 하지만, 그것은 고인류가 성인이 되기 전에 짧은 청소년기를 거쳤다는 뜻이다. 다음 문헌을 참조하라. Smith, T., et al. (2010). Dental evidence for ontogenetic differences between modern humans and Neanderthals. *Proceedings of the National Academy of Sciences USA* 107: 20923-28.

44. Kaplan, H. S., et al. (2001). The embodied capital theory of human evolution. In *Reproductive Ecology and Human Evolution*, ed. P. T. Ellison. Hawthorne, NY: Aldine de Gruyter; Yeatman, J. D., et al. (2012). Development of white matter and reading skills. *Proceedings of the National Academy of Sciences USA* 109: 3045-53; Shaw, P., et al. (2005). Intellectual ability and cortical development in children and adolescents. *Nature* 44: 676-79; Lieberman, P. (2010). *Human Language and Our Reptilian Brain*. Cambridge, MA: Harvard University Press.

45. Klein, R. G., and B. Edgar (2002). *The Dawn of Human Culture*. New York: Nevreaumont Publishing.

46. Enard, W., et al. (2009). A humanized version of Foxp2 affects cortico-basal ganglia circuits in mice. *Cell* 137: 961-71.

47. Krause, J., et al. (2007). The derived FOXP2 variant of modern humans was shared with Neandertals. *Current Biology* 17: 1908-12; Coop, G., et al.(2008). The timing of selection at the human FOXP2 gene. *Molecular Biology and Evolution* 25: 1257-59.

48. Lieberman, P. (2006). *Toward an Evolutionary Biology of Language*. Cambridge, MA: Harvard University Press.

49. 모양이 이렇게 바뀌는 것은 영장류에서 혀의 크기는 체질량을 따라가기 때문이다. 따라서 인간의 얼굴이 더 짧아져도 혀는 더 작아지지 않았다. 그 대신 인간의 혀뿌리는 다른 영장류보다 목구멍의 더 아래쪽에 위치하게 되었다.

50. 인간 말소리의 이러한 성질을 '비연속적인 말소리'라고 한다. 케네스 스티븐스(Kenneth Stevens)와 아서 하우스(Arthur House)가 처음 제안했다. 관련하여 다음 문헌을 보라. Stevens, K. N., and A. S. House (1955). Development of a quantitative description of vowel articulation. *Journal of the Acoustical Society of America* 27: 401-93.

51. 고인류와의 이종교배는 아프리카에서도 일어났을 것이다. 다음 문헌들을 보라. Hammer, M. F., et al. (2011). Genetic evidence for archaic admixture in Africa. *Proceedings of the National Academy of Sciences USA* 108: 15123-28; Harvarti, K., et al. (2011). The Later Stone Age calvaria from Iwo Eleru, Nigeria: Morphology and chronology. *Plos One* 6: e24024.

52. 만일 빙하기 유럽에 살았던 수렵채집인의 인구밀도가 현재 100제곱킬로미터당 1명이 사는 아북극 수렵채집인과 같았다면, 이탈리아 같은 곳에는 최대 3,000명이 살았을 것이다. 다음 문헌을 참조하라. Zubrow, E. (1989). The demographic modeling of Neanderthal extinction. In *The Human Revolution*, ed. P. Mellars and C. B. Stringer. Edinburgh: Edinburgh University Press, 212-31.

53. Caspari, R., and S. H. Lee (2004). Older age becomes common late in human evolution. *Proceedings of the National Academy of Sciences USA* 101(30): 10895-900.

54. 이 이론들에 관해서는 다음 문헌들을 보라. Stringer, C. (2012). *Lone Survivor: How We Came to Be the Only Humans on Earth*. New York: Times Books; Klein, R. J., and B. Edgar (2002). *The Dawn of Human Culture*. New York: Wiley. 이 자료도 흥미로울 것이다. Kuhn, S. L., and M. C. Stiner (2006). What's a mother to do? The division of labor among Neandertals and modern humans in Eurasia. *Current Anthropology* 47: 953-81.

55. Shea, J. J. (2011). Stone tool analysis and human origins research: Some advice from Uncle Screwtape. *Evolutionary Anthropology* 20: 48-53.

56. 후대로 전달되는 생물학적 정보의 기본 단위는 유전자이고, 이에 상응하는 문화적 단위는 밈이다. 상징, 습관, 관행, 믿음 같은 것이 밈에 해당한다. '밈'이라는 말은 '흉내를 내다.'는 뜻의 그리스어에서 유래했다. 유전자처럼 밈도 한 개체에서 다음 개체로 전달되지만, 유전자와 달리 밈은 부모 자식 사이에서만 전달되는 것이 아니다. 다음 문헌을 참조하라. Dawkins, R. (1976). *The Selfish Gene*. Oxford: Oxford University Press.

57. 문화적 진화와 문화적 선택을 분석한 많은 문헌이 존재하고, 개인적으로 많은 도움을 얻었다. 다음 문헌들을 보라. Cavalli-Sforza, L. L., and M. W. Feldman (1981). *Cultural Transmission and Evolution: A Quantitative Approach*. Princeton: Princeton University Press; Boyd, R., and P. J. Richerson (1985). *Culture and the Evolutionary Process*. Chicago: University of Chicago Press; Durham, W. H. (1991). *Co-evolution: Genes, Culture and Human Diversity*. Stanford, CA: Stanford University Press. 대중 교양서로는 다음 책들을 추천한다. Richerson, P. J., and R. Boyd (1995). *Not by Genes Alone: How Culture Transformed Human Evolution*. Chicago: University of Chicago Press; and Ehrlich, P. R. (2000). *Human Natures: Genes, Cultures and the Human Prospect*. Washington, DC: Island Press.

58. 락타아제는 젖 속에 존재하는 당인 젖당(락토오스)을 소화시키는 효소다. 최근까지 인간도 다른 포유류와 마찬가지로 젖을 뗀 후 락타아제를 생산할 수 없었지만, LCT 유전자에 생긴 돌연변이 덕분에 일부 사람들은 성인이 되어서도 계속 이 효소를 합성할 수 있다. Tishkoff, S. A., et al. (2007). Convergent adaptation of human lactase persistence in Africa and Europe. *Nature Genetics* 39: 31-40; Enattah, N. S., et al. (2008). Independent introduction of two lactase-persistence alleles into human populations reflects different history of adaptation to milk culture. *American Journal of Human Genetics* 82: 57-72.

59. Wrangham, R. W. (2009). *Catching Fire: How Cooking Made Us Human*. New York: Basic Books.

60. 두 가지 일반 원리가 존재한다. 첫 번째는 베르크만 규칙(Bergmann's Rule)이다. 이에 따르면 부피는 몸길이의 세제곱으로 늘어나지만 표면적은 제곱으로 늘어나기 때문에 몸집이 더 큰 사람이 표면적은 상대적으로 더 적다. 따라서 추운 지방에 사는 동물들은 일반적으로 몸집이 크다. 두 번째는 알렌 규칙(Allen's rule)이다. 이에 따르면 더 긴 팔다리가 표면적을 늘리는 데 도움이 된다. 따라서 추운 지방에서는 팔다리가 짧은 것이 유리하다.

61. Holliday, T. W. (1997). Body proportions in Late Pleistocene Europe and modern human origins. *Journal of Human Evolution* 32: 423-48; Trinkaus, E. (1981). Neandertal limb proportions and cold adaptation. In *Aspects of Human Evolution*, ed. C. B. Stringer. London: Taylor and Francis, 187-224.

62. Jablonski, N. (2008). Skin. Berkeley: University of California Press; Sturm, R. A. (2009). Molecular genetics of human pigmentation diversity. *Human Molecular Genetics* 18: R9-17.

63. Landau, M. (1991) *Narratives of Human Evolution*. New Haven, CT: Yale University Press.

64. Pontzer, H., et al. (2012). Hunter-gatherer energetics and human obesity. PLoS ONE 7(7): e40503, doi: 10.1371; Marlowe, F. (2005). Hunter-gatherers and human evolution. *Evolutionary Anthropology* 14: 54-67.

65. 크기 효과를 보정하지 않았기 때문에 이 분석에는 약간의 문제가 있다. 인간을 포함한 동물들은 몸집이 클수록 일할 때 에너지를 덜 쓴다. 어쨌든 요지는, 앉아서 생활하는 서구인이 수렵채집인보다 일할 때 체질량 1단위당 더 적은 에너지를 쓴다는 것이다.

66. Lee, R. B. (1979). *The !Kung San: Men, Women and Work in a Foraging Society*. Cambridge: Cambridge University Press.

67. 수렵채집인의 변화에 관해서는 다음 자료들을 보라. Kelly, R. L. (2007). The Foraging Spectrum: Diversity in Hunter-Gatherer Lifeways. Clinton Corners, NY: Percheron Press; Lee, R. B., and R. Daly (1999). *The Cambridge Encyclopedia of Hunters and Gatherers*. Cambridge: Cambridge University Press.

6장

1. Floud R., et al. (2011). *The Changing Body: Health Nutrition and Human Development in the*

Western Hemisphere Since 1700. Cambridge: Cambridge University Press.

2. McGuire, M. T., and A. Troisi (1998). *Darwinian Psychiatry*. Oxford: Oxford University Press. 다음 문헌들도 보라. Baron-Cohen, S., ed. (2012). *The Maladapted Mind: Classic Readings in Evolutionary Psychopathology*. Hove, Sussex: Psychology Press; Mattson, M. P. Energy intake and exercise as determinants of brain health and vulnerability to injury and disease. *Cell Metabolism* 16: 706-22.

3. 이 주제를 다룬 뛰어난 책들이 많이 있다. 참고할 만한 중요한 책들은 다음과 같다. Odling-Smee, F. J., K. N. Laland, and M. W. Feldman (2003). *Niche Construction: The Neglected Process in Evolution*. Princeton: Princeton University Press; Richerson, P. J., and R. Boyd (2005). *Not By Genes Alone: How Culture Transformed Human Evolution*. Chicago: University of Chicago Press; Ehrlich, P. R. (2000). *Human Natures: Genes, Cultures and the Human Prospect*. Washington, DC: Island Press; Cochran, G., and H. Harpending (2009). *The 10,000 Year Explosion*. New York: Basic Books.

4. Weeden, J., et al. (2006). Do high-status people really have fewer children? Education, income, and fertility in the contemporary US. *Human Nature* 17: 377-92; Byars, S. G., et al. (2010). Natural selection in a contemporary human population. *Proceedings of the National Academy of Sciences USA* 107: 1787-92.

5. Williamson, S. H., et al. (2007). Localizing recent adaptive evolution in the human genome. *PLoS Genetics* 3: e90; Sabeti, P. C., et al. (2007). Genome-wide detection and characterization of positive selection in human populations. *Nature* 449: 913-18; Kelley, J. L., and W. J. Swanson (2008). Positive selection in the human genome: From genome scans to biological significance. *Annual Review of Genomics and Human Genetics* 9: 143-60; Laland, K. N., J. Odling-Smee, and S. Myles (2010). How culture shaped the human genome: Bringing genetics and the human sciences together. *Nature Reviews Genetics* 11: 137-48.

6. Brown, E. A., M. Ruvolo, and P. C. Sabeti (2013). Many ways to die, one way to arrive: How selection acts through pregnancy. *Trends in Genetics* S0168-9525.

7. Kamberov, Y. G., et al. (2013). Modeling recent human evolution in mice by expression of a selected EDAR variant. *Cell* 152: 691-702. 이 유전자 변종은 더 작은 유방, 삽 모양의 위턱 앞니 같은 다른 효과들도 낸다.

8. 유전자 빈도가 변하는 데 몇 세대가 걸리는지 계산하는 방법은 $\triangle p=(spq^2)/1-sq^2$이다. p와 q는 한 유전체 내에서의 두 대립유전자의 빈도를 나타낸다. △p는 세대당 대립유전자(p)의 빈도 변

화를 나타내고, s는 선택계수다(0.0은 전혀 선택되지 않는 것이고, 1.0은 100퍼센트 선택되는 것이다.).

9. Tattersall, I., and R. DeSalle (2011). *Race? Debunking a Scientific Myth*. College Station: Texas A & M Press.

10. Corruccini, R. S. (1999). *How Anthropology Informs the Orthodontic Diagnosis of Malocclusion's Causes*. Lewiston, NY: Edwin Mellen Press; Lieberman, D. E., et al. (2004). Effects of food processing on masticatory strain and craniofacial growth in a retrognathic face. *Journal of Human Evolution* 46: 655-77.

11. Kuno, Y. (1956). *Human Perspiration*. Springfield, IL: Charles C. Thomas.

12. 이에 관해서는 다음 문헌들을 보라. Bogin, B. (2001). *The Growth of Humanity*. New York: Wiley; Brace, C. L., K. R. Rosenberg, and K. D. Hunt(1987). Gradual change in human tooth size in the Late Pleistocene and Post-Pleistocene. *Evolution* 41: 705-20; Ruff, C. B., et al. (1993). Postcranial robusticity in Homo. I: Temporal trends and mechanical interpretation. *American Journal of Physical Anthropology* 91: 21-53; Lieberman, D. E.(1996). How and why humans grow thin skulls. *American Journal of Physical Anthropology* 101: 217-36; Sachithanandam, V., and B. Joseph (1995). The influence of footwear on the prevalence of flat foot: A survey of 1846 skeletally mature persons. *Journal of Bone and Joint Surgery* 77: 254-57; Hillson, S. (1996). *Dental Anthropology*. Cambridge: Cambridge University Press.

13. Wild, S., et al. (2004). Global prevalence of diabetes. *Diabetes Care* 27: 1047-53.

14. 진화의학에 관한 좋은 책 여러 권을 추천한다. Nesse, R., and G. C. Williams(1994). *Why We Get Sick: The New Science of Darwinian Medicine*. New York: New York Times Books. 다음 책들도 읽을 가치 있다. Ewald, P.(1994). *Evolution of Infectious Diseases*. Oxford: Oxford University Press; Stearns, S. C., and J. C. Koella (2008). *Evolution in Health and Disease*, 2nded. Oxford: Oxford University Press; Trevathan, W. R., E. O. Smith, andJ. J. McKenna (2008). *Evolutionary Medicine and Health*. Oxford: Oxford University Press; Gluckman, P., A. Beedle, and M. Hanson (2009). *Principles of Evolutionary Medicine*. Oxford: Oxford University Press; Trevathan, W. R. (2010). *Ancient Bodies, Modern Lives: How Evolution Has Shaped Women's Health*. Oxford: Oxford University Press.

15. Greaves, M. (2000). *Cancer: The Evolutionary Legacy*. Oxford: Oxford University Press.

16. 이 복잡한 주제에 관해서는 다음 문헌을 참조하라. Dunn, R. (2011). *The Wild Life of Our*

Bodies. New York: HarperCollins.

17. 이것은 전립선암을 포함한 많은 종류의 암과 관련해서 논란이 있는 주제다. 같은 학술지에 1년 차이로 실렸지만 다른 결론에 이른 다음의 두 연구를 참조하라. Wilt, T. J., et al. (2012). Radical prostatectomy versus observation for localized prostate cancer. *New England Journal of Medicine* 367: 203-13; Bill-Axelson, A., et al. (2011). Radical prostatectomy versus watchful waiting in early prostate cancer. *New England Journal of Medicine* 364: 1708-17.

18. 다이어트의 역사에 관해 다음 책을 참조하라. Foxcroft, L. (2012). *Calories and Corsets: A History of Dieting over Two Thousand Years*. London: Profile Books.

19. Gluckman, P., and M. Hanson (2006). *Mismatch: The Lifestyle Diseases Timebomb*. Oxford: Oxford University Press.

20. Nesse, R. M. (2005). Maladaptation and natural selection. *The Quarterly Review of Biology* 80: 62-70.

21. 이 효과는 잘 연구되어 있지만, 이것을 처음 밝혀낸 중요한 초기 논문은 다음과 같다. Colditz, G. A. (1993). Epidemiology of breast cancer: Findings from the Nurses' Health Study. *Cancer* 71: 1480-89.

22. Baron-Cohen, S. (2008). *Autism and Asperger Syndrome: The Facts*. Oxford: Oxford University Press.

23. Price, W. A. (1939). *Nutrition and Physical Degeneration: A Comparison of Primitive and Modern Diets and Their Effects*. Redlands, CA: Paul B. Hoeber, Inc.

24. 예를 들어 다음 문헌들을 보라. Mann, G. V., et al. (1962). Cardiovascular disease in African Pygmies: A survey of the health status, serum lipids and diet of Pygmies in Congo. *Journal of Chronic Disease* 15: 341-71; Mann, G. V., et al. (1962). The health and nutritional status of Alaskan Eskimos. *American Journal of Clinical Nutrition* 11: 31-76; Truswell, A. S., and J. D. L. Hansen(1976). Medical research among the !Kung. In *Kalahari Hunter-Gatherers: Studies of the !Kung San and Their Neighbors*, ed. R. B. Lee and I. DeVore. Cambridge: Harvard University Press, 167-94; Truswell, A. S. (1977). Diet and nutrition of hunter-gatherers. In *Health and Disease in Tribal Societies*. New York: Elsevier, 213-21; Howell, N. (1979). *Demography of the Dobe !Kung*. New York: Academic Press; Kronman, N., and A. Green (1980). Epidemiological studies in the Upernavik District, Greenland. *Acta Medica Scandinavica* 208: 401-6; Trowell, H. C., and D. P. Burkitt (1981). *Western Diseases: Their Emergence and Prevention*. Cambridge, MA: Harvard

University Press; Rode, A., and R. J. Shephard (1994). Physiological consequences of acculturation: A 20-year study of fitness in an Inuit community. *European Journal of Applied Physiology and Occupational Physiology* 69: 516-24.

25. 다음 문헌을 참조하라. Wilmsen, E. (1989). *Land Filled with Flies: A Political Economy of the Kalahari*. Chicago: University of Chicago Press.

26. 많은 동물들은 비타민 C를 합성하지만, 과일을 먹는 원숭이와 유인원은 수백만 년 전에 이 능력을 잃었다. 따라서 어떤 동물의 기관에서는 비타민 C를 약간만 찾을 수 있다.

27. Carpenter, K, J. (1988). *The History of Scurvy and Vitamin C*. Cambridge: Cambridge University Press.

28. 인간의 구강 내 미생물군에 대해서는 포사이스 치의학 연구소(Forsyth Dental Institute)가 운영하는 웹사이트(http://www.homd.org)를 보라.

29. 충치의 역사와 진화에 대해서는 다음 문헌을 보라. Hillson, S. (2008). The current state of dental decay. In *Technique and Application in Dental Anthropology*, ed. J. D. Irish and G. C. Nelson. Cambridge: Cambridge University Press, 111-35. 침팬지의 충치에 관해서는 다음을 보라. Lovell, N. C.(1990). *Patterns of Injury and Illness in Great Apes: A Skeletal Analysis*. Washington, DC: Smithsonian Press.

30. Vos, T., et al. (2012). Years lived with disability (YLDs) for 1160 sequelae of 289 diseases and injuries 1990-2010: A systematic analysis for the Global Burden of Disease Study 2010. *Lancet* 380: 2163-96.

31. *Oxford English Dictionary*, 3rd ed. (2005). Oxford: Oxford University Press. 현재 '완화'는 말기 환자의 통증을 덜어준다는 뜻으로 더 널리 쓰인다.

32. Boyd, R., and P. J. Richerson (1985). *Culture and the Evolutionary Process*. Chicago: University of Chicago Press; Durham, W. H. (1991). *Co-evolution: Genes, Culture and Human Diversity*. Stanford: Stanford University Press; Ehrlich, P. R. (2000). *Human Natures: Genes, Cultures and the Human Prospect*. Washington, DC: Island Press; Odling-Smee, F. J., K. N. Laland, and M. W. Feldman (2003). *Niche Construction: The Neglected Process in Evolution*. Princeton: Princeton University Press; Richerson, P. J., and R. Boyd (2005). *Not by Genes Alone: How Culture Transformed Human Evolution*. Chicago: University of Chicago Press.

33. Kearney, P. M., et al. (2005). Global burden of hypertension: Analysis of worldwide data. *Lancet* 365: 217-23.

34. Dickinson, H. O., et al. (2006). Lifestyle interventions to reduce raised blood pressure: A systematic review of randomized controlled trials. *Journal of Hypertension* 24: 215-33.

35. Hawkes, K. (2003). Grandmothers and the evolution of human longevity. *American Journal of Human Biology* 15: 380-400.

7장

1. Diamond, J. (1987). The worst mistake in the history of the human race. *Discover* 5: 64-66.

2. Ditlevsen, P. D., H. Svensmark, and S. Johnsen (1996). Contrasting atmospheric and climate dynamics of the last-glacial and Holocene periods. *Nature* 379: 810-12.

3. Cohen, M. N. (1977). *The Food Crisis in Prehistory*. New Haven, CT: Yale University Press. 다음 문헌도 참조하라. Cohen, M. N., and G. J. Armelagos (1984). *Paleopathology at the Origins of Agriculture*. Orlando: Academic Press.

4. 전 세계에 있는 이러한 증거는 다음 문헌에서 다뤄지고 있다. Mithen, S. (2003). *After the Ice: A Global Human History*. Cambridge, MA: Harvard University Press.

5. Doebley, J. F. (2004). The genetics of maize evolution. *Annual Review of Genetics* 38: 37-59.

6. Nadel, D., ed. (2002). *Ohalo II— A 23,000-Year-Old Fisher-Hunter-Gatherers' Camp on the Shore of the Sea of Galilee*. Haifa: Hecht Museum.

7. Bar-Yosef, O. (1998). The Natufian culture of the southern Levant. *Evolutionary Anthropology* 6: 159-77.

8. Alley, R. B., et al. (1993). Abrupt accumulation increase at the Younger Dryas termination in the GISP2 ice core. *Nature* 362: 527-29.

9. 소빙하기(The Younger Dryas)는 엄청 추운 시기였지만, 아이러니하게도 그 이름은 당시 고산 지대에서 번성했던 아름다운 야생 식물인 담자리꽃나무(Dryas octopetala)에서 나왔다.

10. 이 사람들을 하리프인(Harifian)이라고 한다. Goring-Morris, A. N. (1991). The Harifian of the southern Levant. In *The Natufian Culture in the Levant*, ed. O. Bar-Yosef and F. R. Valla. Ann Arbor, MI: International Monographs in Prehistory, 173-216.

11. 다음 문헌들을 보라. Zeder, M. A. (2011). The origins of agriculture in the Near East. *Current Anthropology* 52(S4): S221-35; Goring-Morris, N., and A. Belfer-Cohen (2011). Neolithisation processes in the Levant. *Current Anthropology* 52(S4): S195-208.

12. 다음 개론서들을 보라. Smith, B. D. (2001). *The Emergence of Agriculture*. New York: Scientific American Press; Bellwood, P. (2005). *First Farmers: The Origins of Agricultural Societies*. Oxford: Blackwell Publishing.

13. Wu, X., et al. (2012). Early pottery at 20,000 years ago in Xianrendong Cave, China. *Science* 336: 1696-700.

14. Clutton-Brock, J. (1999). *A Natural History of Domesticated Mammals*, 2nd ed. Cambridge: Cambridge University Press. 또한 다음의 문헌도 보라. Connelly, J., et al. (2011). Meta-analysis of zooarchaeological data from SW Asia and SE Europe provides insight into the origins and spread of animal husbandry. *Journal of Archaeological Science* 38: 538-45.

15. Pennington, R. (2001). Hunter-gatherer demography. In *Hunter-Gatherers: An Interdisciplinary Perspective*, ed. C. Panter-Brick, R. Layton, and P. Rowley-Conwy. Cambridge: Cambridge University Press, 170-204.

16. 인구 성장률을 계산하는 식은 $N_t=N_o*e^{rt}$이다. N_t는 해당 연도(t)의 인구, N_o는 시작 연도의 인구, r은 성장률(1퍼센트는 0.01), t는 햇수를 나타내고, e는 자연로그의 밑으로서 그 근사치는 e=2.7182818280이다.

17. Bocquet-Appel, J. P. (2011). When the world's population took off: The springboard of the Neolithic demographic transition. *Science* 333: 560-61.

18. Price, T. D., and A. B. Gebauer (1996). *Last Hunters, First Farmers: New Perspectives on the Prehistoric Transition to Agriculture*. Santa Fe, NM: School of American Research.

19. 각 언어의 구성 요소를 정의하는 것은 쉽지 않지만, 세계의 언어를 포괄적으로 정리한 자료는 다음과 같다. Lewis, M. P., ed. (2009). *Ethnologue: Languages of the World*, 16th ed. Dallas, TX: SIL International. 또한 다음 웹사이트(http://www.ethnologue.com)를 참고하라.

20. Kramer, K. L., and P. T. Ellison (2010). Pooled energy budgets: Resituating human energy allocation trade-offs. *Evolutionary Anthropology* 19: 136-47.

21. 다음 책을 참조하라. Anderson, A. (1989). *Prodigious Birds*. Cambridge: Cambridge University Press.

22. 개론서로 다음 책을 참조하라. Sée, H. (2004). *Economic and Social Conditions During Eighteenth Century France*. Kitchener, Ontario: Batoche Books. 동시대 이야기를 다룬 책은 다음과 같다. Arthur Young, *Travels in France*(1792). 이 책은 웹사이트(http://www.econlib.org/library/YPDBooks/Young/yngTF0.html)에서도 볼 수 있다.

이 책에는 가난에 대한 목격담이 많이 등장하는데, 대개 혹독한 세금이 가난을 더 심해지게 했다. 목격담 중 하나는 다음과 같다. "말을 쉬게 해주기 위해 긴 언덕을 걸어 올라가는 길에 한 가난한 여성과 동행하게 되었다. 그녀는 신세 한탄을 했다. 이유를 물으니 자신의 남편은 땅도 별로 없고 가진 것이라고는 소 한 마리와 작고 약한 말 한 마리뿐인데도 무거운 세금을 물어야 한다고 말했다. 그녀는 아이가 일곱이나 되었다……. 척 봐도 60 또는 70살은 먹어 보였고, 등이 구부정하고 얼굴에는 주름과 고생한 티가 역력했지만, 그녀는 자신의 나이가 겨우 28이라고 말했다."

23. See Bogaard, A. (2004). *Neolithic Farming in Central Europe*. London: Routledge.

24. Marlowe, F. W. (2005). Hunter-gatherers and human evolution. *Evolutionary Anthropology* 14: 54-67.

25. Gregg, S. A. (1988). *Foragers and Farmers: Population Interaction and Agricultural Expansion in Prehistoric Europe*. Chicago: University of Chicago Press.

26. 최소 추정치만 제공하는 민족지 연구들에 따르면, 남아프리카의 부시먼은 최소 69종의 식물을, 파라과이의 아체족은 최소 44종의 식물을, 콩고의 에페족은 최소 28종의 식물을, 탄자니아의 하드자족은 최소 62종의 식물을 먹는다. 이 자료는 다음 문헌들에 나온다. Lee, R. B. (1979). *The !Kung San: Men, Women and Work in a Foraging Society*. Cambridge and New York: Cambridge University Press; Hill, K., et al. (1984). Seasonal variance in the diet of Aché hunter-gatherers of eastern Paraguay. *Human Ecology* 12: 145-80; Bailey, R. C., and N. R. Peacock (1988). Efe Pygmies of northeast Zaire: Subsistence strategies in the Ituri Forest. In *Coping with Uncertainty in Food Supply*, ed. I. de Garine and G. A. Harrison. Oxford: Oxford University Press, 88-117; Marlowe, F. W. (2010). *The Hadza Hunter-Gatherers of Tanzania*. Berkeley: University of California Press.

27. Milton, K. (1999). Nutritional characteristics of wild primate foods: Do the diets of our closest living relatives have lessons for us? *Nutrition* 15: 488-98; Eaton, S. B., S. B. Eaton III, and M. J. Konner (1997). Paleolithic nutrition revisited: A twelve-year retrospective on its nature and implications. *European Journal of Clinical Nutrition* 51: 207-16.

28. Froment, A. (2001). Evolutionary biology and health of hunter-gatherer populations. In *Hunter-Gatherers: An Interdisciplinary Perspective*, ed. C. Panter-Brick, R. H. Layton, and P. Rowley-Conwy. Cambridge: Cambridge University Press, 239-66.

29. Prentice, A. M., et al. (1981). Long-term energy balance in child-bearing Gambian women. *American Journal of Clinical Nutrition* 34: 279-99; Singh, J., et al. (1989). Energy expenditure of Gambian women. *British Journal of Nutrition* 62: 315-19.

30. Donnelly, J. S. (2001). *The Great Irish Potato Famine*. Norwich, VT: Sutton Books.

31. 기근의 역사와 원인에 관해서는 다음 문헌을 참고하라. Gráda, C. Ó.(2009). *Famine: A Short History*. Princeton: Princeton University Press.

32. Hudler, G. (1998). *Magical Mushrooms, Mischievous Molds*. Princeton: Princeton University Press.

33. Hillson, S. (2008). The current state of dental decay. In *Technique and Application in Dental Anthropology*, ed. J. D. Irish and G. C. Nelson. Cambridge: Cambridge University Press, 111-35.

34. Smith, P., O. Bar-Yosef, and A. Sillen (1984). Archaeological and skeletal evidence for dietary change during the late Pleistocene/early Holocene in the Levant. In *Palaeopathology at the Origins of Agriculture*, ed. M. N. Cohen and G. J. Armelagos. New York: Academic Press, 101-36.

35. Chang, C. L., et al. (2011). Identification of metabolic modifiers that underlie phenotypic variations in energy-balance regulation. *Diabetes* 60: 726-34.

36. Lee, R. B. (1979). *The !Kung San: Men, Women and Work in a Foraging Society*. Cambridge: Cambridge University Press; Marlowe, F. W. (2010). *The Hadza Hunter-Gatherers of Tanzania*. Berkeley: University of California Press.

37. Sand, G. (1895). *The Haunted Pool*, trans. F. H. Potter. New York: Dodd, Mead and Co., chapter 2.

38. Leonard, W. R. (2008). Lifestyle, diet, and disease: Comparative perspectives on the determinants of chronic health risks. In *Evolution in Health and Disease*, ed. S. C. Stearns and J. C. Koella. Oxford: Oxford University Press, 265-76.

39. Kramer, K. (2011). The evolution of human parental care and recruitment of juvenile help. *Trends in Ecology and Evolution* 26: 533-40; Kramer, K.(2005). Children's help and the pace of reproduction: Cooperative breeding in humans. *Evolutionary Anthropology* 14: 224-37. 크레이머가 연구한 집단들 중에서 수렵채집인 집단인 하드자족은 어린이에게 하루 5~6시간의 노동을 시켰다.

40. Malthus, T. R. (1798). *An Essay on the Principle of Population*. London: J. Johnson.

41. 대략적인 추정치에 관해서는 다음 문헌들을 보라. Haub, C. (1995). How many people have ever lived on the Earth? *Population Today* 23: 4-5; Cochran, G., and H. Harpending(2009). *The 10,000 Year Explosion*. New York: Basic Books.

42. Zimmermann, A., J. Hilpert, and K. P. Wendt (2009). Estimations of population density for selected periods between the Neolithic and AD 1800. *Human Biology* 81: 357-80.

43. 개론서로 다음 책을 보라. Ewald, P. (1994). *The Evolution of Infectious Disease*. Oxford: Oxford University Press.

44. 이에 관해서는 다음 책을 참조하라. Barnes, E. (2005). *Diseases and Human Evolution*. Albuquerque: University of New Mexico Press.

45. Armelagos, G. J., A. H. Goodman, and K. Jacobs (1991). The origins of agriculture: Population growth during a period of declining health. In *Cultural Change and Population Growth: An Evolutionary Perspective*, ed. W. Hern. Population and Environment 13: 9-22.

46. Li, Y., et al. (2003). On the origin of smallpox: Correlating variola phylogenics with historical smallpox records. *Proceedings of the National Academy of Sciences USA* 104: 15787-92.

47. Boursot, P., et al. (1993). The evolution of house mice. *Annual Review of Ecology and Systematics* 24: 119-52; Sullivan, R. A. (2004). *Rats: Observations on the History and Habitat of the City's Most Unwanted Inhabitants*. New York: Bloomsbury.

48. Ayala, F. J., A. A. Escalante, and S. M. Rich (1999). Evolution of Plasmodium and the recent origin of the world populations of *Plasmodium falciparum*. *Parassitologia* 41: 55-68.

49. 다음 두 권의 책을 참조하라. Ewald, P. (1993). *The Evolution of Infectious Disease*. Oxford: Oxford University Press; Diamond, J. (1997). *Guns, Germs, and Steel*. New York: W. W. Norton.

50. 인플루엔자는 겨울에 더 빠르게 퍼진다. 그것은 사람들이 실내에서 더 많은 시간을 보내기 때문이 아니라, 재채기와 기침을 통해 나온 바이러스가 차고 건조한 공기 속에서 더 오래 생존하기 때문이다. Lowen, A. C., et al. (2007). Influenza virus transmission is dependent on relative humidity and temperature. *PLoS Pathogens* 3: e151.

51. Potter, C. W. (1998). Chronicle of influenza pandemics. In *Textbook of Influenza*, ed. K. G. Nicholson, R. G. Webster, and A. J. Hay. Oxford: Blackwell Science, 395-412.

52. 한 가지 무서운 예가 천연두다. 천연두는 예방접종으로 근절되었다. 따라서 현재는 아무도 천연두 예방주사를 맞지 않는다. 하지만 만일 천연두가 다시 나타난다면 극소수만이 면역을 갖고 있기 때문에 그 결과는 끔찍할 것이다. 과거에 유럽인들이 신세계에 천연두를 가져왔을 때, 아메리카 원주민들의 약 90퍼센트가 감염되었다.

53. 이에 대해서는 다음 문헌들을 보라. Smith, P. H., and L. K. Horwitz (2007). Ancestors and inheritors: A bio-cultural perspective of the transition to agro-pastoralism in the Southern Levant. In *Ancient Health: Skeletal Indicators of Agricultural and Economic Intensification*, ed. M. N. Cohen and G. M. M. Crane-Kramer. Gainesville: University Press of Florida, 207-22; Eshed, V., et

al.(2010). Paleopathology and the origin of agriculture in the Levant. *American Journal of Physical Anthropology* 143: 121-33.

54. Danforth, M. E., et al. (2007). Health and the transition to horticulture in the South-Central U.S. In *Ancient Health: Skeletal Indicators of Agricultural and Economic Intensification*, ed. M. N. Cohen and G. M. M. Crane-Kramer. Gainesville: University Press of Florida: 65-79.

55. Mummert, A., et al. (2011). Stature and robusticity during the agricultural transition: Evidence from the bioarchaeological record. *Economics and Human Biology* 9: 284-301.

56. Pechenkina, E. A., R. A. Benfer, Jr., and Ma Xiaolin (2007). Diet and health in the Neolithic of the Wei and Yellow River Basins, Northern China. In *Ancient Health: Skeletal Indicators of Agricultural and Economic Intensification*, ed. M. N. Cohen and G. M. M. Crane-Kramer. Gainesville: University Press of Florida, 255-72; Temple, D. H., et al. (2008). Variation in limb proportions between Jomon foragers and Yayoi agriculturalists from prehistoric Japan. *American Journal of Physical Anthropology* 137: 164-74.

57. Marquez, M. L., et al. (2002). Health and nutrition in some prehispanic Mesoamerican populations related with their way of life. In *The Backbone of History: Health and Nutrition in the Western Hemisphere*, ed. R. Steckel and J. Rose. Cambridge: Cambridge University Press, 307-38.

58. 다음 문헌들을 보라. Cohen, M. N., and G. J. Armelagos (1984). *Paleopathology at the Origins of Agriculture*. Orlando, FL: Academic Press; Seckel, R. H., and J. C. Rose (2002). *The Backbone of History: Health and Nutrition in the Western Hemisphere*. Cambridge: Cambridge University Press; Cohen, M. N., and G. M. M. Crane-Kramer (2007). *Ancient Health: Skeletal Indicators of Agricultural and Economic Intensification*. Gainesville: University Press of Florida.

59. 이 주장에 관해서는 다음 문헌들을 보라. Laland, K. N., J. Odling-Smee, and S. Myles (2010). How culture shaped the human genome: Bringing genetics and the human sciences together. *Nature Reviews Genetics* 11: 137-48; Cochran, G., and H. Harpending (2009). *The 10,000 Year Explosion*. New York: Basic Books.

60. Hawks, J., et al. (2007). Recent acceleration of human adaptive evolution. *Proceedings of the National Academy of Sciences USA* 104: 20753-88; Nelson, M. R., et al. (2012). An abundance of rare functional variants in 202 drug target genes sequenced in 14,002 people. *Science* 337: 100-104; Kienan, A., and A. G. Clark (2012). Recent explosive human population growth has resulted in an excess of rare genetic variants. *Science* 336: 740-43; Tennessen, J. A., et al. (2012). Evolution

and functional impact of rare coding variation from deep sequencing of human exomes. *Science* 337: 64-69.

61. Fu, W., et al. (2013). Analysis of 6,515 exomes reveals the recent origin of most human protein-coding variants. *Nature* 493: 216-20.

62. Akey, J. M. (2009). Constructing genomic maps of positive selection in humans: Where do we go from here? *Genome Research* 19: 711-22; Bustamante, C. D., et al. (2005). Natural selection on protein-coding genes in the human genome. *Nature* 437: 1153-57; Frazer, K. A., et al. (2007). A second generation human haplotype map of over 3.1 million SNPs. *Nature* 449: 851-61; Sabeti, P. C., et al. (2007). Genome-wide detection and characterization of positive selection in human populations. *Nature* 449, 913-18; Voight, B. F., et al. (2006). A map of recent positive selection in the human genome. *PLoS Biology* 4: e72; Williamson, S. H., et al. (2007). Localizing recent adaptive evolution in the human genome. *PLoS Genetics* 3: e90; Grossman S. R., et al. (2013). Identifying recent adaptations in large-scale genomic data. *Cell* 152: 703-13.

63. López, C., et al. (2010). Mechanisms of genetically-based resistance to malaria. *Gene* 467: 1-12.

64. G6PD(glucose-6-phosphate dehydrogenase) 결핍증이라고 하는 이 반응은 이 돌연변이를 갖고 있는 사람이 잠두(누에콩)를 먹었을 때도 일어난다.

65. Tishkoff, S. A., et al. (2007). Convergent adaptation of human lactase persistence in Africa and Europe. *Nature Genetics* 39: 31-40; Enattah, N. S., et al. (2008). Independent introduction of two lactase-persistence alleles into human populations reflects different history of adaptation to milk culture. *American Journal of Human Genetics* 82: 57-72.

66. Helgason, A., et al. (2007). Refining the impact of TCF7L2 gene variants on type 2 diabetes and adaptive evolution. *Nature Genetics* 39: 218-25.

67. McGee, H. (2004). *On Food and Cooking*, 2nd ed. New York: Scribner.

8장

1. 러다이트는 영국의 산업혁명 초기에 신기술에 반대한 사람들이었다. 일종의 현대판 로빈 후드인 가상의 인물 '네드 러드(Ned Ludd)'의 이름을 딴 것이다.

2. Wegman, M. (2001). Infant mortality in the 20th century: Dramatic but uneven progress.

Journal of Nutrition 131: 401-8.

3. http://www.cdc.gov/nchs/data/nvsr/nvsr59/nvsr59_01.pdf.

4. Komlos, J., and B. E. Lauderdale (2007). The mysterious trend in American heights in the 20th century. *Annals of Human Biology* 34: 206-15.

5. Ogden, C., and M. Carroll (2010). *Prevalence of Obesity Among Children and Adolescents: United States, Trends 1963-1965 through 2007-2008*; http://www.cdc.gov/nchs/data/hestat/obesity_child_07_08/obesity_child_07_08.

6. 운동경기 관람은 산업 시대의 또 다른 발명품이었다. 국제축구연맹(FIFA)에 따르면, 수십 억 명이 축구를 관람하지만, 약 250만 명만이 실제로 축구를 한다. www.fifa.com/mm/document/fifafacts/.../emaga_9384_10704.pdf.

7. 최초의 산업 양조장에 관해서는 다음 문헌을 보라. Corcoran, T. (2009). *The Goodness of Guinness: The 250-Year Quest for the Perfect Pint*. New York: Skyhorse Publishing.

8. 어린 찰스 다윈과 빅토리아 시대의 과학에 관해 다음과 같은 훌륭한 전기가 있다. Brown, J. (2003). *Charles Darwin: Voyaging*. Princeton: Princeton University Press.

9. 산업혁명의 일반 역사에 관해서는 다음을 참조하라. Stearns, P. N. (2007). *The Industrial Revolution in World History*, 3rd ed. Boulder, CO: Westview Press.

10. http://eh.net/encyclopedia/article/whaples.work.hours.us.

11. http://www.globallabourrights.org/reports?id=0034.

12. James, W. P. T., and E. C. Schofield (1990). *Human Energy Requirements: A Manual for Planners and Nutritionists*. Oxford: Oxford University Press.

13. 하루 8시간, 1년에 260일을 일한다고 가정했다. 보통 체격의 마라톤 선수는 총 42.195킬로미터를 완주하는 데 약 2,800칼로리를 쓴다.

14. Bassett, Jr., D. R., et al. (2008). Walking, cycling, and obesity rates in Europe, North America, and Australia. *Journal of Physical Activity and Health* 5: 795-814.

15. Kerr, J., F. Eves, and D. Carroll (2001). Encouraging stair use: Stair-riser banners are better than posters. *American Journal of Public Health* 91: 1192-93.

16. Archrer, E., et al. (2013). 45-year trends in women's use of time and household management energy expenditure. *PLoS One* 8: e56620.

17. James, W. P. T., and E. C. Schofield (1990). *Human Energy Requirements: A Manual for Planners and Nutritionists*. Oxford: Oxford University Press.

18. Leonard, W. R. (2008). Lifestyle, diet, and disease: Comparative perspectives on the determinants of chronic health risks. In *Evolution in Health and Disease*, ed. S. C. Stearns and J. C. Koella. Oxford: Oxford University Press, 265-76; Pontzer, H., et al. (2012). Hunter-gatherer energetics and human obesity. *PLoS ONE* 7: e40503.

19. 이러한 변화의 역사에 관해서는 다음 책을 보라. Hurt, R. D. (2002). *American Agriculture: A Brief History*, 2nd ed. West Lafayette, IN: Purdue University Press.

20. Abbott, E. (2009). *Sugar: A Bittersweet History*. London: Duckworth.

21. 당의 시장가격은 1913년에 1파운드당 12센트였고, 2010년에는 1파운드당 53센트였다. 물가 상승률을 감안하면 1913년의 12센트는 2010년의 2.74달러다.

22. Haley, S., et al. (2005). Sweetener Consumption in the United States. U.S. Department of Agriculture Electronic Outlook Report from the Economic Research Service; http://www.ers.usda.gov/media/326278/sss24301_002.pdf.

23. Finkelstein, E. A., C. J. Ruhm, and K. M. Kosa (2005). Economic causes and consequences of obesity. *Annual Review of Public Health* 26: 239-57.

24. Newman, C. (2004). Why are we so fat? The heavy cost of fat. *National Geographic* 206: 46-61.

25. Bray, G. A. (2007). *The Metabolic Syndrome and Obesity*. Totowa, NJ: Humana Press.

26. http://www.cdc.gov/mmwr/preview/mmwrhtml/mm5304a3.htm.

27. Pimentel, D., and M. H. Pimentel (2008). *Food, Energy and Society*, 3rd ed. Boca Raton, FL: CRC Press.

28. L. L. Birch (1999). Development of food preferences. *Annual Review of Nutrition* 19: 41-62.

29. Moss, M. (2013). *Salt Sugar Fat: How the Food Giants Hooked Us*. New York: Random House.

30. Boback, S. M., et al. (2007). Cooking and grinding reduces the cost of meat digestion. *Comparative Biochemistry and Physiology Part A: Molecular and Integrative Physiology* 148: 651-56.

31. Siraisi, N. G. (1990). *Medieval and Early Renaissance Medicine: An Introduction to Knowledge and Practice*. Chicago: University of Chicago Press.

32. Szreter, S. R. S., and G. Mooney (1998). Urbanisation, mortality and the standard of living debate: New estimates of the expectation of life at birth in nineteenth-century British cities. *Economic History Review* 51: 84-112.

33. 「레위기」 13장 25절(『킹 제임스』 성경).

34. 파스퇴르의 전기는 많이 있지만, 1926년에 출판된 폴 드 크루이프(Paul de Kruif)의 고전적 전기인 『미생물 사냥꾼』에 비견할 만한 것은 없다. 최근에 개정 증보판이 나왔다. De Kruif, P., and F. Gonzalez-Crussi (2002). *The Microbe Hunters*. New York: Houghton Mifflin Harcourt.

35. Snow, S. J. (2008). *Blessed Days of Anaesthesia: How Anaesthetics Changed the World*. Oxford: Oxford University Press.

36. 켈로그의 요양원을 묘사한 소설로는 다음 책이 있다. Boyle, T. C. (1993). *The Road to Wellville*. New York: Viking Press.

37. Ackroyd, P. (2011). *London Under*. London: Chatto and Windus.

38. Chernow, R. (1998). *Titan: The Life of John D. Rockefeller, Sr*. New York: Warner Books.

39. 자세한 내용은 다음 책을 참조하라. Gordon, R. (1993). *The Alarming History of Medicine*. New York: St. Martin's Press.

40. Lauderdale, D. S., et al. (2006). Objectively measured sleep characteristics among early-middle-aged adults: The CARDIA study. *American Journal of Epidemiology* 164: 5-16. 다음 문헌도 참고하라. *Sleep in America Poll*, 2001-2002. Washington, DC: National Sleep Foundation.

41. Worthman, C. M., and M. Melby (2002). Toward a comparative developmental ecology of human sleep. In *Adolescent Sleep Patterns: Biological, Social, and Psychological Influences*, ed. M. S. Carskadon. New York: Cambridge University Press, 69-117.

42. Marlowe, F. (2010). *The Hadza Hunter-Gatherers of Tanzania*. Berkeley: University of California Press.

43. Ekirch, R. A. (2005). *At Day's Close: Night in Times Past*. New York: Norton.

44. 시간의 현대화는 이야깃거리가 많은 주제다. 다음 문헌은 이 주제를 포괄적이고 정교하게 다루고 있다. Landes, D. S. (2000). *Revolution in Time: Clocks and the Making of the Modern Era*, 2nd ed. Cambridge, MA: Harvard University Press.

45. Silber, M. H. (2005). Chronic insomnia. *New England Journal of Medicine* 353: 803-10.

46. Worthman, C. M. (2008). After dark: The evolutionary ecology of human sleep. In *Evolutionary Medicine and Health*, ed. W. R. Trevathan, E. O. Smith, and J. J. McKenna. Oxford: Oxford University Press, 291-313.

47. Roth, T., and T. Roehrs (2003). Insomnia: Epidemiology, characteristics, and consequences. *Clinical Cornerstone* 5: 5-15.

48. Spiegel, K., R. Leproult, and E. Van Cauter (1999). Impact of sleep debt on metabolic and endocrine function. *Lancet* 354: 1435-39.

49. Taheri, S., et al. (2004). Short sleep duration is associated with reduced leptin, elevated ghrelin, and increased body mass index(BMI). *Sleep* 27: A146-47.

50. Lauderdale, D. S., et al. (2006). Objectively measured sleep characteristics among early-middle-aged adults: The CARDIA study. *American Journal of Epidemiology* 164: 5-16.

51. 선택이 전혀 일어나지 않았다는 뜻이 아니다. 이 문제를에 대해 다음 문헌을 보라. Stearns, S. C., et al. (2010). Measuring selection in contemporary human populations. *Nature Reviews Genetics* 11: 611-22.

52. Hatton, T. J., and B. E. Bray (2010). Long run trends in the heights of European men, 19th-20th centuries. *Economics and Human Biology* 8: 405-13.

53. Formicola, V., and M. Giannecchini (1999). Evolutionary trends of stature in upper Paleolithic and Mesolithic Europe. *Journal of Human Evolution* 36: 319-33.

54. Bogin, B. (2001). *The Growth of Humanity*. New York: Wiley.

55. Floud, R., et al. (2011). *The Changing Body: Health, Nutrition, and Human Development in the Western World Since 1700*. Cambridge: Cambridge University Press.

56. Villar, J., et al. (1992). Effect of fat and fat-free mass deposition during pregnancy on birth weight. *American Journal of Obstetrics and Gynecology* 167: 1344-52.

57. Floud, R., et al. (2011). *The Changing Body: Health, Nutrition, and Human Development in the Western World Since 1700*. Cambridge: Cambridge University Press.

58. Wang, H., et al. (2012). Age-specific and sex-specific mortality in 187 countries, 1970-2010: A systematic analysis for the Global Burden of Disease Study 2010. *Lancet* 380: 2071-94.

59. Friedlander, D., B. S. Okun, and S. Segal (1999). The demographic transition then and now: Process, perspectives, and analyses. *Journal of Family History* 24: 493-533.

60. http://www.census.gov/population/international/data/idb/worldpopinfo.php.

61. 영국, 유럽, 미국에서 진행되고 있는 이러한 추세에 관한 장기 자료는 다음 문헌에서 찾아볼 수 있다. Floud, R., et al. (2011). *The Changing Body: Health, Nutrition, and Human Development in the Western World Since 1700*. Cambridge: Cambridge University Press. 1970년부터 2010년까지의 사망률 자료는 다음 문헌에서 찾아볼 수 있다. Lozano, R., et al. (2012). Global and regional mortality from 235 causes of death for 20 age groups in 1990 and 2010: A systematic analysis for

the Global Burden of Disease Study 2010. *Lancet* 380: 2095-128.

62. Aria, E. (2004). United States Life Tables. *National Vital Statistics Reports* 52 (14): 1-40; http://www.cdc.gov/nchs/data/nvsr/nvsr52/nvsr52_14.pdf.

63. 자세한 내용을 알고 싶으면 다음 자료들을 보라. http://www.cdc.gov/nchs/data/nvsr/nvsr59/nvsr59_08.pdf; Vos, T., et al. (2012). Years lived with disability(YLDs) for 1160 sequelae of 289 diseases and injuries 1990-2010: A systematic analysis for the Global Burden of Disease Study 2010. *Lancet* 380: 2163-96.

64. 이 용어는 제임스 프리스가 1980년에 발표한 고전적 논문에서 유래한다. 그는 '이환 상태의 압축(compression of morbidity)'이라는 용어를 만들어냈다. 그는 한 사람의 인생에서 만성질환에 처음 걸리는 나이가 늦어질 경우 사망하기 전까지 질병에 걸린 상태는 더 짧게 지속되지만, 더 이른 나이에 만성질환에 걸릴 경우 이환 상태는 더 오래 지속된다는 가설을 제안했다. 다음 논문을 참조하라. Fries, J. H. (1980). Aging, natural death, and the compression of morbidity. *New England Journal of Medicine* 303: 130-35.

65. DALYs는 기능장애를 안고 사는 햇수에, 그로 인한 조기 사망으로 손실되는 햇수를 더한 값이다.

66. Murray, C. J. L., et al. (2012). Disability-adjusted life years(DALYs) for 291 diseases and injuries in 21 regions, 1990-2010: A systematic analysis for the Global Burden of Disease Study 2010. *Lancet* 380: 2197-223.

67. Vos, T., et al. (2012). Years lived with disability(YLDs) for 1160 sequelae of 289 diseases and injuries 1990-2010: A systematic analysis for the Global Burden of Disease Study 2010. *Lancet* 380: 2163-96.

68. Vos, T., et al. (2012). Years lived with disability(YLDs) for 1160 sequelae of 289 diseases and injuries 1990-2010: A systematic analysis for the Global Burden of Disease Study 2010. *Lancet* 380: 2163-96.

69. Salomon, J. A., et al. (2012). Healthy life expectancy for 187 countries, 1990-2010: A systematic analysis for the Global Burden Disease Study 2010. *Lancet* 380: 2144-62.

70. Gurven, M., and H. Kaplan (2007). Longevity among hunter-gatherers: A cross-cultural examination. *Population and Development Review* 33: 321-65.

71. Howell, N. (1979). *Demography of the Dobe !Kung*. New York: Academic Press; Hill, K., A. M. Hurtado, and R. Walker (2007). High adult mortality among Hiwi hunter-gatherers: Implications

for human evolution. *Journal of Human Evolution* 52: 443-54; Sugiyama, L. S. (2004). Illness, injury, and disability among Shiwiar forager-horticulturalists: Implications of health-risk buffering for the evolution of human life history. *American Journal of Physical Anthropology* 123: 371-89.

72. Mann, G. V., et al. (1962). Cardiovascular disease in African Pygmies: A survey of the health status, serum lipids and diet of Pygmies in Congo. *Journal of Chronic Disease* 15: 341-71; Truswell, A. S., and J. D. L. Hansen (1976). Medical research among the !Kung. In *Kalahari Hunter-Gatherers: Studies of the !Kung San and Their Neighbors*, ed. R. B. Lee and I. DeVore. Cambridge, MA: Harvard University Press, 167-94; Howell, N. (1979). *Demography of the Dobe !Kung*. New York: Academic Press; Kronman, N., and A. Green (1980). Epidemiological studies in the Upernavik District, Greenland. *Acta Medica Scandinavica* 208: 401-6; Rode, A., and R. J. Shephard(1994). Physiological consequences of acculturation: A 20-year study of fitness in an Inuit community. *European Journal of Applied Physiology and Occupational Physiology* 69: 516-24.

73. 암에 관한 자료는 영국 통계청(National Statistics)의 암 발생 데이터와 웨일즈 암 발생 감독 기구(Welsh Cancer Incidence and Surveillance Unit, WCISU)에서 얻었다. 각 웹사이트는 다음과 같다. www.statistics.gov.uk; www.wcisu.wales.nhs.uk. 수명에 관한 자료는 다음 웹사이트에서 볼 수 있다. http://www.parliament.uk/documents/commons/lib/research/rp99/rp99-111.pdf.

74. Ford, E. S. (2004). Increasing prevalence of metabolic syndrome among U.S. adults. *Diabetes Care* 27: 2444-49.

75. Talley, N. J., et al. (2011). An evidence-based systematic review on medical therapies for inflammatory bowel disease. *American Journal of Gastroenterology* 106: 2-25.

76. Lim, S. S., et al. (2012). A comparative risk assessment of burden of disease and injury attributable to 67 risk factors and risk factor clusters in 21 regions, 1990-2010: A systematic analysis for the Global Burden of Disease Study 2010. *Lancet* 380: 2224-60; Ezzati, M., et al. (2004). *Comparative Quantification of Health Risks: Global and Regional Burden of Diseases Attributable to Selected Major Risk Factors*. Geneva: World Health Organization; Mokdad, A. H., et al. (2004). Actual causes of death in the United States, 2000. *Journal of the American Medical Association* 291: 1238-45.

77. Vita, A. J., et al. (1998). Aging, health risks, and cumulative disability. *New England Journal of Medicine* 338: 1035-41.

1. 가장 오래된 조각상들은 독일에서 나온 것으로 약 3만 5000년 전의 것이다. 다음 문헌을 참조하라. Conard, N. J. (2009). A female figurine from the basal Aurignacian of Hohle Fels Cave in southwestern Germany. *Nature* 459: 248-52.

2. Johnstone, A. M., et al. (2005). Factors influencing variation in basal metabolic rate include fat-free mass, fat mass, age, and circulating thyroxine but not sex, circulating leptin, or triiodothyronine. *American Journal of Clinical Nutrition* 82: 941-48.

3. Spalding, K. L., et al. (2008). Dynamics of fat cell turnover in humans. *Nature* 453: 783-87.

4. 또 다른 기본적인 단당류 중에 갈락토오스(galactose)가 있다. 젖에 풍부하게 있고 포도당과 항상 짝지어 다닌다.

5. 게다가 포도당의 일부는 몸 전체에서 단백질과 결합하여 산화를 초래함으로써 조직을 손상시킨다.

6. 성장호르몬과 에피네프린(아드레날린)을 포함한 다른 호르몬들도 비슷한 방식으로 에너지 생산을 촉진한다.

7. Bray, G. A. (2007). *The Metabolic Syndrome and Obesity*. Totowa, NJ: Humana Press.

8. 체질량 지수는 몸무게(kg)를 키의 제곱(m^2)으로 나눈 값이다. 키는 선형적으로 증가하는 반면 체중은 세제곱에 비례해 증가하므로, 비만을 측정하는 방식으로 아주 좋지는 않다. 그 결과, 키가 큰 수백만 명의 사람들은 자신들이 실제보다 뚱뚱하다고 생각하고, 키가 작은 수백만 명의 사람들은 자신들이 실제보다 날씬하다고 생각한다. 게다가 체질량 지수는 체지방의 비율과 상관관계가 약하고, 한 사람의 지방에서 얼마가 내장지방이고 얼마가 피하지방인지를 고려하지 않는다. 체질량 지수는 자주 측정되기 때문에 아직도 널리 이용되고 있다.

9. Colditz, G. A., et al. (1995). Weight gain as a risk factor for clinical diabetes mellitus in women. *Annals of Internal Medicine* 122: 481-86; Emberson, J. R., et al. (2005). Lifestyle and cardiovascular disease in middle-aged British men: The effect of adjusting for within-person variation. *European Heart Journal* 26: 1774-82.

10. Pond, C. M., and C. A. Mattacks (1987). The anatomy of adipose tissue in captive Macaca monkeys and its implications for human biology. *Folia Primatologica* 48: 164-85; Kuzawa, C. W. (1998). Adipose tissue in human infancy and childhood: An evolutionary perspective. *Yearbook of Physical Anthropology* 41: 177-209; Eaton, S. B., M. Shostak, and M. Konner(1988). *The Paleolithic*

Prescription: A Program of Diet and Exercise and a Design for Living. New York: Harper and Row.

11. Dufour, D. L., and M. L. Sauther (2002). Comparative and evolutionary dimensions of the energetics of human pregnancy and lactation. *American Journal of Human Biology* 14: 584-602; Hinde, K., and L. A. Milligan(2011). Primate milk: Proximate mechanisms and ultimate perspectives. *Evolutionary Anthropology* 20: 9-23.

12. Ellison, P. T. (2001). *On Fertile Ground: A Natural History of Human Reproduction*. Cambridge, MA: Harvard University Press.

13. 지방은 렙틴이라는 호르몬을 생산함으로써 다양한 대사 기능에 영향을 미친다. 지방이 많을수록 렙틴 수치가 올라가고, 그 반대도 마찬가지다. 렙틴은 식욕 조절 등 여러 효과를 미친다. 몸이 많은 지방을 비축하고 있는 정상적인 조건일 때는 렙틴 수치가 올라가서 뇌가 식욕을 억제한다. 몸에 지방이 부족해서 렙틴 수치가 떨어지면 식욕이 다시 생긴다. 또한 렙틴은 여성의 배란기를 조절하는 데도 영향을 미친다. 따라서 체지방 수치가 떨어지면 여성의 임신 능력이 줄어든다. 더 자세한 내용은 다음 문헌에서 확인하라. Donato, J., et al. (2011). Hypothalamic sites of leptin action linking metabolism and reproduction. *Neuroendocrinology* 93: 9-18.

14. Neel, J. V. (1962). Diabetes mellitus: A "thrifty" genotype rendered detrimental by "progress"? *American Journal of Human Genetics* 14: 353-62.

15. Knowler, W. C., et al. (1990). Diabetes mellitus in the Pima Indians: Incidence, risk factors, and pathogenesis. *Diabetes Metabolism Review* 6: 1-27.

16. Gluckman, M., A. Beedle, and M. Hanson (2009). *Principles of Evolutionary Medicine*. Oxford: Oxford University Press.

17. Speakman, J. R. (2007). A nonadaptive scenario explaining the genetic predisposition to obesity: The "predation release" hypothesis. *Cell Metabolism* 6: 5-12.

18. Yu, C. H. Y., and B. Zinman (2007). Type 2 diabetes and impaired glucose tolerance in aboriginal populations: A global perspective. *Diabetes Research and Clinical Practice* 78: 159-70.

19. Hales, C. N., and D. J. Barker (1992). Type 2 (non-insulin-dependent) diabetes mellitus: The thrifty phenotype hypothesis. *Diabetologia* 35: 595-601.

20. Painter, R. C., T. J. Rosebloom, and O. P. Bleker (2005). Prenatal exposure to the Dutch famine and disease in later life: An overview. *Reproductive Toxicology* 20: 345-52.

21. Kuzawa, C. W., et al. (2008). Evolution, developmental plasticity, and metabolic disease. In *Evolution in Health and Disease*, 2nd ed., ed. S. C. Stearns and J. C. Koella. Oxford: Oxford

University Press, 253-64.

22. Wells, J. C. K. (2011). The thrifty phenotype: An adaptation in growth or metabolism. *American Journal of Human Biology* 23: 65-75.

23. Eriksson, J. G. (2007). Epidemiology, genes and the environment: Lessons learned from the Helsinki Birth Cohort Study. *Journal of Internal Medicine* 261: 418-25.

24. Eriksson, J. G., et al. (2003). Pathways of infant and childhood growth that lead to type 2 diabetes. *Diabetes Care* 26: 3006-10.

25. Ibrahim, M. (2010). Subcutaneous and visceral adipose tissue: Structural and functional differences. *Obesity Reviews* 11: 11-18.

26. Coutinho, T., et al. (2011). Central obesity and survival in subjects with coronary artery disease: A systematic review of the literature and collaborative analysis with individual subject data. *Journal of the American College of Cardiology* 57: 1877-86.

27. 이러한 내용들을 잘 정리한 문헌으로 다음 책을 보라. Wood, P. A. (2009). *How Fat Works*. Cambridge, MA: Harvard University Press.

28. Rosenblum, A. L. (1975). Age-adjusted analysis of insulin responses during normal and abnormal glucose tolerance tests in children and adolescents. *Diabetes* 24: 820-28; Lustig, R. H. (2013). *Fat Chance: Beating the Odds Against Sugar, Processed Food, Obesity, and Disease*. New York: Penguin.

29. 혈당 수치를 얼마나 높이는지 측정하는 두 가지 방법이 있다. 첫 번째는 '혈당 지수(GI)'다. 이것은 식품 100그램이 순수한 포도당 100그램에 비해 혈당 수치를 얼마나 올리는지를 나타내는 지표다. 두 번째는 '혈당 부하(GL)'다. 이것은 일정량의 음식물이 포도당 수치를 얼마나 올리는지를 나타내는 지표다(GI은 1회 섭취량에 함유된 탄수화물의 양을 반영한 값이다.). 사과는 GI는 39이고 GL은 6인 반면, 과일맛 스낵은 GI는 99이고 GL은 24이다.

30. Weigle, D. S., et al. (2005). A high-protein diet induces sustained reductions in appetite, ad libitum caloric intake, and body weight despite compensatory changes in diurnal plasma leptin and ghrelin concentrations. *American Journal of Clinical Nutrition* 82: 41-8.

31. Small, C. J., et al. (2004). Gut hormones and the control of appetite. *Trends in Endocrinology and Metabolism* 15: 259-63.

32. Samuel, V. T. (2011) Fructose-induced lipogenesis: From sugar to fat to insulin resistance. *Trends in Endocrinology and Metabolism* 22: 60-65.

33. Vos, M. B., et al. (2008). Dietary fructose consumption among U.S. children and adults: The Third National Health and Nutrition Examination Survey. *Medscape Journal of Medicine* 10: 160.

34. 최근 연구에서 이 가설을 검증해보았다. 이 연구는 식생활을 통해 몸무게를 10~15퍼센트를 감량할 21명의 사람들(18~40세)을 모집해, 이들을 무작위로 세 집단으로 나누었다. 그리고 3개월 동안 동일한 열량을 포함하는 세 종류의 식생활을 하게 했다. 첫 번째 집단은 저지방 식생활, 두 번째 집단은 저탄수화물 식생활, 세 번째 집단은 혈당 부하가 낮은 식생활을 하게 했다. 저지방 식생활을 한 사람들이 가장 살이 적게 빠졌다. 저탄수화물 식생활을 한 사람들은 저지방 식생활을 한 사람들보다 하루에 300칼로리를 더 태웠지만, 코르티솔 수치와 염증 수치가 높아졌다. 저혈당 식생활을 한 사람들은 저지방 식생활을 한 사람들보다 하루에 150칼로리를 더 태웠지만, 저탄수화물 식생활의 부정적 효과가 전혀 나타나지 않았다. 자세한 내용은 다음 문헌을 참조하라. Ebbeling, C. B., et al. (2012). Effects of dietary composition on energy expenditure during weight-loss maintenance. *Journal of the American Medical Association* 307: 2627-34.

35. 이것은 빠르게 바뀌고 있는 중요한 주제다. 다음 문헌을 보라. Walley, A. J., J. E. Asher, and P. Froguel (2009). The genetic contribution to non-syndromic human obesity. *Nature Reviews Genetics* 10: 431-42.

36. Frayling, T. M., et al. (2007). A common variant in the FTO gene is associated with body mass index and predisposes to childhood and adult obesity. *Science* 316: 889-94; Povel, C. M., et al. (2011). Genetic variants and the metabolic syndrome: A systematic review. *Obesity Reviews* 12: 952-67.

37. Rampersaud, E., et al. (2008). Physical activity and the association of common FTO gene variants with body mass index and obesity. *Archives of Internal Medicine* 168: 1791-97.

38. Adam, T. C., and Epel, E. S. (2007). Stress, eating and the reward system. *Physiology and Behavior* 91: 449-58.

39. Epel, E. S., et al. (2000). Stress and body shape: Stress-induced cortisol secretion is consistently greater among women with central fat. *Psychosomatic Medicine* 62: 623-32; Vicennati, V., et al. (2002). Response of the hypothalamic-pituitary-adrenocortical axis to high-protein/fat and high carbohydrate meals in women with different obesity phenotypes. *Journal of Clinical Endocrinology and Metabolism* 87: 3984-88; Anagnostis, P.(2009). Clinical review: The pathogenetic role of cortisol in the metabolic syndrome: A hypothesis. *Journal of Clinical Endocrinology and*

Metabolism 94: 2692-701.

40. Mietus-Snyder, M. L., et al. (2008). Childhood obesity: Adrift in the "Limbic Triangle." *Annual Review of Medicine* 59: 119-34.

41. Beccuti, G., and S. Pannain (2011). Sleep and obesity. *Current Opinions in Clinical Nutrition and Metabolic Care* 14: 402-12.

42. Shaw, K., et al. (2006). Exercise for overweight and obesity. Cochrane Database of Systematic Reviews. CD003817.

43. Cook, C. M., and D. A. Schoeller (2011). Physical activity and weight control: Conflicting findings. *Current Opinions in Clinical Nutrition and Metabolic Care* 14: 419-24.

44. Blundell, J. E., and N. A. King (1999). Physical activity and regulation of food intake: Current evidence. *Medicine and Science in Sports and Exercise* 31: S573-83.

45. Poirier, P., and J. P. Després (2001). Exercise in weight management of obesity. *Cardiology Clinics* 19: 459-70.

46. Turnbaugh, P. J., and J. I. Gordon (2009). The core gut microbiome, energy balance and obesity. *Journal of Physiology* 587: 4153-58.

47. Smyth, S., and A. Heron (2006). Diabetes and obesity: The twin epidemics. *Nature Medicine* 12: 75-80.

48. Koyama, K., et al. (1997). Tissue triglycerides, insulin resistance, and insulin production: Implications for hyperinsulinemia of obesity. *American Journal of Physiology* 273: E708-13; Samaha, F. F., G. D. Foster, and A. P. Makris(2007). Low-carbohydrate diets, obesity, and metabolic risk factors for cardiovascular disease. *Current Atherosclerosis Reports* 9: 441-47; Kumashiro, N., et al. (2011). Cellular mechanism of insulin resistance in nonalcoholic fatty liver disease. *Proceedings of the National Academy of Sciences USA* 108: 16381-85.

49. Thomas, E. L., et al. (2012). The missing risk: MRI and MRS phenotyping of abdominal adiposity and ectopic fat. *Obesity* 20: 76-87.

50. Bray, G. A., S. J. Nielsen, and B. M. Popkin (2004). Consumption of high-fructose corn syrup in beverages may play a role in the epidemic of obesity. *American Journal of Clinical Nutrition* 79: 537-43.

51. Lim, E. L., et al. (2011). Reversal of type 2 diabetes: Normalisation of beta cell function in association with decreased pancreas and liver triacylglycerol. *Diabetologia* 54: 2506-14.

52. Borghouts, L. B., and H. A. Keizer (2000). Exercise and insulin sensitivity: A review. *International Journal of Sports Medicine* 21: 1-12.

53. van der Heijden, G. J., et al. (2009). Aerobic exercise increases peripheral and hepatic insulin sensitivity in sedentary adolescents. *Journal of Clinical Endocrinology and Metabolism* 94: 4292-99.

54. O'Dea, K. (1984). Marked improvement in carbohydrate and lipid metabolism in diabetic Australian aborigines after temporary reversion to traditional lifestyle. *Diabetes* 33: 596-603.

55. Basu, S., et al. (2013). The relationship of sugar to population-level diabetes prevalence: An econometric analysis of repeated cross-sectional data. *PLoS One*. 8: e57873.

56. Knowler, W. C., et al. (2002). Reduction in the incidence of Type 2 diabetes with lifestyle intervention or metformin. *New England Journal of Medicine* 346: 393-403.

57. HDL은 콜레스테롤을 정소, 난소, 부신으로 보내고, 그곳에서 콜레스테롤은 에스트로겐, 테스토스테론, 코르티솔 같은 호르몬으로 바뀐다. HDL도 LDL도 콜레스테롤 자체가 아니라 콜레스테롤을 포함하는 분자라는 점을 유념하라. '좋은 콜레스테롤'과 '나쁜 콜레스테롤'이라는 널리 쓰이는 말은 오해의 소지가 있다. 하지만 너무 널리 알려져 있고 흔히 쓰이는 까닭에 여기서 두 용어를 사용했다.

58. Thompson, R. C., et al. (2013). Atherosclerosis across 4000 years of human history: The Horus study of four ancient populations. *Lancet* 381: 1211-22.

59. Mann, G. V., et al. (1962). Cardiovascular disease in African Pygmies: A survey of the health status, serum lipids, and diet of Pygmies in Congo. *Journal of Chronic Disease* 15: 341-71; Mann, G. V., et al. (1962). The health and nutritional status of Alaskan Eskimos. *American Journal of Clinical Nutrition* 11: 31-76; Lee, K. T., et al. (1964). Geographic pathology of myocardial infarction. *American Journal of Cardiology* 13: 30-40; Meyer, B. J. (1964). Atherosclerosis in Europeans and Bantu. *Circulation* 29: 415-21; Woods, J. D. (1966). The electrocardiogram of the Australian aboriginal. *Medical Journal of Australia* 1: 238-41; Magarey, F. R., J. Kariks, and L. Arnold (1969). Aortic atherosclerosis in Papua and New Guinea compared with Sydney. *Pathology* 1: 185-91; Mann, G. V., et al. (1972). Atherosclerosis in the Masai. *American Journal of Epidemiology* 95: 26-37; Truswell, A. S., and J. D. L. Hansen (1976). Medical research among the !Kung. In *Kalahari Hunter-Gatherers: Studies of the !Kung San and Their Neighbors*, ed. R. B. Lee and I. DeVore. Cambridge: Harvard University Press, 167-94; Kronman, N., and A. Green (1980). Epidemiological studies in the Upernavik District, Greenland. *Acta Medica Scandinavica* 208:

401-6; Trowell, H. C., and D. P. Burkitt (1981). *Western Diseases: Their Emergence and Prevention*. Cambridge, MA: Harvard University Press; Blackburn, H., and R. Prineas (1983). Diet and hypertension: Anthropology, epidemiology, and public health implications. *Progress in Biochemical Pharmacology* 19: 31-79; Rode, A., and R. J. Shephard (1994). Physiological consequences of acculturation: A 20-year study of fitness in an Inuit community. *European Journal of Applied Physiology and Occupational Physiology* 69: 516-24.

60. Durstine, J. L., et al. (2001). Blood lipid and lipoprotein adaptations to exercise: A quantitative analysis. *Sports Medicine* 31: 1033-62. 운동은 트라이글리세라이드를 연소시킴으로써 작고 밀도 높은 LDL의 비율을 줄인다.

61. Ford, E. S. (2002) Does exercise reduce inflammation? Physical activity and C-reactive protein among U.S. adults. *Epidemiology* 13: 561-68.

62. Tanasescu, M., et al. (2002). Exercise type and intensity in relation to coronary heart disease in men. *Journal of the American Medical Association* 288: 1994-2000.

63. Cater, N. B., and A. Garg (1997). Serum low-density lipoprotein response to modification of saturated fat intake: Recent insights. *Current Opinion in Lipidology* 8: 332-36.

64. 개론서로 다음 책들을 보라. Willett, W. (1998). *Nutritional Epidemiology*, 2nd ed. Oxford: Oxford University Press; Hu, F. B. (2008). *Obesity Epidemiology*. Oxford: Oxford University Press.

65. 이러한 지방산을 N3 지방산 또는 오메가3 지방산이라고 부르는 것은 지방산 사슬의 끝에서 세 번째 탄소에서부터 이중결합이 형성되기 때문이다. 오메가3 지방산의 건강 효과에 관해서는 다음 문헌을 보라. McKenney, J. M., and D. Sica (2007). Prescription of omega-3 fatty acids for the treatment of hypertriglyceridemia. *American Journal of Health Systems Pharmacists* 64: 595-605.

66. Mozaffarian, D., A. Aro, and W. C. Willett (2009). Health effects of trans-fatty acids: Experimental and observational evidence. *European Journal of Clinical Nutrition* 63 (suppl. 2): S5-21.

67. Cordain, L., et al. (2002). Fatty acid analysis of wild ruminant tissues: Evolutionary implications for reducing diet-related chronic disease. *European Journal of Clinical Nutrition* 56: 181-91; Leheska, J. M., et al. (2008). Effects of conventional and grass-feeding systems on the nutrient composition of beef. *Journal of Animal Science* 86: 3575-85.

68. Bjerregaard, P., M. E. Jørgensen, and K. Borch-Johnsen (2004). Serum lipids of Greenland Inuit in relation to Inuit genetic heritage, westernisation and migration. *Atherosclerosis* 174: 391-

98.

69. Castelli, W. P., et al. (1977). HDL cholesterol and other lipids in coronary heart disease: The cooperative lipoprotein phenotyping study. *Circulation* 55: 767-72; Castelli, W. P., et al. (1992). Lipids and risk of coronary heart disease: The Framingham Study. *Annals of Epidemiology* 2: 23-28; Jeppesen, J., et al. (1998). Triglycerides concentration and ischemic heart disease: An eight-year follow-up in the Copenhagen Male Study. *Circulation* 97: 1029-36; Da Luz, P. L., et al. (2005). Comparison of serum lipid values in patients with coronary artery disease at 〈50, 50 to 59, 60 to 69, and 〉70 years of age. *American Journal of Cardiology* 96: 1640-43.

70. Gardner, C. D., et al. (2007). Comparison of the Atkins, Zone, Ornish, and LEARN diets for change in weight and related risk factors among overweight premenopausal women: The A TO Z Weight Loss Study: A randomized trial. *Journal of the American Medical Association* 297: 969-77; Foster, G. D., et al. (2010). Weight and metabolic outcomes after 2 years on a low-carbohydrate versus low-fat diet: A randomized trial. *Annals of Internal Medicine* 153: 147-57.

71. Stampfer, M. J., et al. (1996). A prospective study of triglyceride level, low-density lipoprotein particle diameter, and risk of myocardial infarction. *Journal of the American Medical Association* 276: 882-88; Guay, V., et al.(2012). Effect of short-term low-and high-fat diets on low-density lipoprotein particle size in normolipidemic subjects. *Metabolism* 61(1): 76-83.

72. 그러한 문헌들을 철저하게 검토한 다음 연구들을 보라. Hooper, L., et al. (2012). Reduced or modified dietary fat for preventing cardiovascular disease. *Cochrane Database of Systematic Reviews* 5: CD002137; Hooper, L., et al. (2012). Effect of reducing total fat intake on body weight: Systematic review and meta-analysis of randomised controlled trials and cohort studies. *British Medical Journal* 345: e7666.

73. 예를 들어 스페인에서 실시한 무작위 대조군 연구는 과체중이거나 담배를 피우거나 심장병이 있는 55세부터 80세까지의 피험자 7,447명을 저지방 식생활 또는 지중해 식생활 중 하나에 배정했다. 5년 후 이 연구는 종료되었는데, 지중해 식생활에 배정된 집단에서 심장마비, 뇌졸중, 기타 심장병들로 인한 사망률이 이미 30퍼센트 낮았기 때문이다. Estruch, R., et al. (2013). Primary prevention of cardiovascular disease with a Mediterranean diet. *New England Journal of Medicine* 368: 1279-90을 보라.

74. Cordain, L., et al. (2005). Origins and evolution of the Western diet: Health implications for the 21st century. *American Journal of Clinical Nutrition* 81: 341-54.

75. Tropea, B. I., et al. (2000). Reduction of aortic wall motion inhibits hypertension-mediated experimental atherosclerosis. *Arteriosclerosis, Thrombosis, and Vascular Biology* 20: 2127-33.

76. 섬유소는 포만감을 주기 때문에 식욕을 통제하는 데도 도움이 된다. 섬유소의 효과에 대한 대표적 연구를 다음 문헌에서 다루고 있다. Anderson, J. W., B. M. Smith, and N. J. Gustafson (1994). Health benefits and practical aspects of high-fiber diets. *American Journal of Clinical Nutrition* 59: 1242S-47S.

77. Eaton, S. B. (1992). Humans, lipids and evolution. Lipids 27: 814-20.

78. Allam, A. H., et al. (2009). Computed tomographic assessment of atherosclerosis in ancient Egyptian mummies. *Journal of the American Medical Association* 302: 2091-94.

79. American Cancer Society (2011). *Cancer Facts and Figures*. Atlanta: American Cancer Society.

80. Beniashvili, D. S. (1989). An overview of the world literature on spontaneous tumors in nonhuman primates. *Journal of Medical Primatology* 18: 423-37.

81. Rigoni-Stern, D. A. (1842). Fatti statistici relativi alle mallattie cancrose. *Giovnali per servire ai progressi della Patologia e della Terapeutica* 2: 507-17.

82. Greaves, M. (2001). *Cancer: The Evolutionary Legacy*. Oxford: Oxford University Press.

83. 잘 연구된 한 가지 사례가 p53 유전자다. 이 유전자는 세포가 DNA 복구를 시작하는 것을 돕고, 스트레스를 받은 세포들이 증식하는 것을 막는다. 이 유전자가 변이된 인간과 그 밖의 동물들의 경우 돌연변이를 유발하는 자극에 노출될 때 암 발생률이 높아진다. Lane, D. P. (1992). p53, guardian of the genome. *Nature* 358: 15-16.

84. Eaton, S. B., et al. (1994). Women's reproductive cancers in evolutionary context. *Quarterly Review of Biology* 69: 353-36.

85. 생물학자들은 과거에 수유 빈도가 배란을 억제한다고 생각했지만, 최근의 증거들에 따르면 수유의 전반적인 에너지 비용이 이 효과를 일으키는 주된 원인인 듯하다. 다음 문헌을 보라. Valeggia, C., and P. T. Ellison (2009). Interactions between metabolic and reproductive functions in the resumption of postpartum fecundity. *American Journal of Human Biology* 21: 559-66.

86. Lipworth, L., L. R. Bailey, and D. Trichopoulos (2000). History of breast-feeding in relation to breast cancer risk: A review of the epidemiologic literature. *Journal of the National Cancer Institute* 92: 302-12.

87. 이러한 생물학적 메커니즘을 진화론적 관점과 인류학적 관점에서 종합적으로 검토한 다

음 책을 추천한다. Trevathan, W. (2010) *Ancient Bodies, Modern Lives: How Evolution Has Shaped Women's Health*. Oxford: Oxford University Press.

88. Austin, H., et al. (1991). Endometrial cancer, obesity, and body fat distribution. *Cancer Research* 51: 568-72.

89. Morimoto, L. M., et al. (2002). Obesity, body size, and risk of postmenopausal breast cancer: The Women's Health Initiative (United States). *Cancer Causes and Control* 13: 741-51.

90. Calistro Alvarado, L. (2010). Population differences in the testosterone levels of young men are associated with prostate cancer disparities in older men. *American Journal of Human Biology* 22: 449-55; Chu, D. I., and S. J. Freedland(2011). Metabolic risk factors in prostate cancer. *Cancer* 117: 2020-23.

91. Jasienska, G., et al. (2006). Habitual physical activity and estradiol levels in women of reproductive age. *European Journal of Cancer Prevention* 15: 439-45.

92. Thune, I., and A. S. Furberg (2001). Physical activity and cancer risk: Dose-response and cancer, all sites and site-specific. *Medicine and Science in Sports and Exercise* 33: S530-50.

93. Peel, B., et al. (2009). Cardiorespiratory fitness and breast cancer mortality: Findings from the Aerobics Center Longitudinal Study (ACLS). *Medicine and Science in Sports and Exercise* 41: 742-48; Ueji, M., et al. (1988). Physical activity and the risk of breast cancer: A case-control study of Japanese women. *Journal of Epidemiology* 8: 116-22.

94. Ellison, P. T. (1999). Reproductive ecology and reproductive cancers. In *Hormones and Human Health*, ed. C. Panter-Brick and C. Worthman. Cambridge: Cambridge University Press, 184-209.

95. 더 자세한 것은 다음 문헌들을 보라. Merlo, L. M. F., et al. (2006). Cancer as an evolutionary and ecological process. *Nature Reviews Cancer* 6: 924-35; Ewald, P. W. (2008). An evolutionary perspective on parasitism as a cause of cancer. *Advances in Parasitology* 68: 21-43.

96. 이러한 질환들로 인한 2010년과 1990년의 전 세계 사망률과 기능장애 발생률을 비교한 분석으로 다음 문헌들을 보라. Lozano, R., et al. (2012). Global and regional mortality from 235 causes of death for 20 age groups in 1990 and 2010: A systematic analysis for the Global Burden of Disease Study 2010. *Lancet* 380: 2095-128; Vos, T., et al. (2012). Years lived with disability(YLDs) for 1160 sequelae of 289 diseases and injuries 1990-2010: A systematic analysis for the Global Burden of Disease Study 2010. *Lancet* 380: 2163-96.

97. http://seer.cancer.gov/csr/1975_2009_pops09/results_single/sect_01_table.11_2pgs.pdf.

99. Campos, P., et al. (2006). The epidemiology of overweight and obesity: Public health crisis or moral panic? *International Journal of Epidemiology* 35: 55-60.

100. Wildman, R. P., et al. (2008). The obese without cardiometabolic risk factor clustering and the normal weight with cardiometabolic risk factor clustering: Prevalence and correlates of 2 phenotypes among the U.S. population(NHANES 1999-2004). *Archives of Internal Medicine* 168: 1617-24.

101. McAuley, P. A., et al. (2010). Obesity paradox and cardiorespiratory fitness in 12,417 male veterans aged 40 to 70 years. *Mayo Clinic Proceedings* 85: 115-21; Habbu, A., N. M. Lakkis, and H. Dokainish (2006). The obesity paradox: Fact or fiction? *American Journal of Cardiology 98: 944-48;* McAuley, P. A., and S. N. Blair (2011). Obesity paradoxes. *Journal of Sports Science* 29: 773-82.

102. Lee, C. D., S. N. Blair, and A. S. Jackson (1999). Cardiorespiratory fitness, body composition, and all-cause and cardiovascular disease mortality in men. *American Journal of Clinical Nutrition* 69: 373-80.

10장

1. 안전계수는 한 구조물의 최대 강도를 최대 하중으로 나눈 값이다.

2. Horstman, J. (2012). *The Scientific American Healthy Aging Brain: The Neuroscience of Making the Most of Your Mature Mind*. San Francisco: Jossey-Bass.

3. 일본 연구자들은 왜 일부 군인들이 태평양 남부의 덥고 습한 환경에 더 잘 적응하는지 알아본 결과, 생후 첫 3년까지 더 많은 열 스트레스를 경험한 사람이 땀샘을 더 많이 발달시켰고 그것을 성인이 되어서까지 유지했음을 발견했다. Kuno, Y. (1956). *Human Perspiration*. Springfield, IL: Charles C. Thomas.

4. 파충류에 좋은 사례가 많다. 더 좁은 가지에서 도마뱀을 기르면 도마뱀이 더 짧은 다리를 발달시키고, 몇몇 종에서는 알의 온도 변화가 부화 시점의 성별을 결정한다. 다음 문헌들을 보라. Losos, J. B., et al. (2000). Evolutionary implications of phenotypic plasticity in the hindlimb of the lizard Anolis sagrei. *Evolution* 54: 301-5; Shine, R.(1999). Why is sex determined by nest temperature in many reptiles? *Trends in Ecology and Evolution* 14: 186-89.

5. 이러한 생물학적 메커니즘에 관해서는 다음 문헌을 참조하라. Jablonski, N. (2007). *Skin: A*

Natural History. Berkeley: University of California Press.

6. 몸은 구조를 요구에 맞도록 적응시키지만 요구를 초과하지 않는다는 개념을 '공동 발달설(symmorphosis hypothesis)'이라고 한다. 더 자세한 것은 다음 문헌을 보라. Weibel, E. R., C. R. Taylor, and H. Hoppeler (1991). The concept of symmorphosis: A testable hypothesis of structure-function relationship. *Proceedings of the National Academy of Sciences USA* 88: 10357-61.

7. Jones, H. H., et al. (1977). Humeral hypertrophy in response to exercise. *Journal of Bone and Joint Surgery* 59: 204-8.

8. Lieberman, D. E. (2011). *The Evolution of the Human Head*. Cambridge, MA: Harvard University Press.

9. Carter, D. R., and G. S. Beaupré (2001). *Skeletal Function and Form: Mechanobiology of Skeletal Development, Aging, and Regeneration*. Cambridge: Cambridge University Press.

10. Currey, J. D. (2002). *Bone: Structure and Mechanics*. Princeton: Princeton University Press.

11. Riggs, B. L., and L. J. Melton III (2005). The worldwide problem of osteoporosis: Insights afforded by epidemiology. *Bone* 17 (suppl. 5): 505-11.

12. Roberts, C. A., and K. Manchester (1995). *The Archaeology of Disease*, 2nd ed. Ithaca, NY: Cornell University Press.

13. Martin, R. B., D. B. Burr, and N. A. Sharkey (1998). *Skeletal Tissue Mechanics*. New York: Springer.

14. Guadalupe-Grau, A., et al. (2009). Exercise and bone mass in adults. *Sports Medicine* 39: 439-68.

15. Devlin, M. J. (2011). Estrogen, exercise, and the skeleton. *Evolutionary Anthropology* 20: 54-61.

16. 다음 자료들을 보라. http://www.ars.usda.gov/foodsurvey; Eaton, S. B., S. B. Eaton III, and M. J. Konner (1997). Paleolithic nutrition revisited: A twelve-year retrospective on its nature and implications. *European Journal of Clinical Nutrition* 51: 207-16.

17. Bonjour, J. P. (2005). Dietary protein: An essential nutrient for bone health. *Journal of the American College of Nutrition* 24: 526S-36S.

18. Corruccini, R. S. (1999). *How Anthropology Informs the Orthodontic Diagnosis of Malocclusion's Causes*. Lewiston, NY: Mellen Press.

19. Hagberg, C. (1987). Assessment of bite force: A review. *Journal of Craniomandibular*

Disorders: Facial and Oral Pain 1: 162-69.

20. 인간 외의 영장류에서 이 힘이 측정되었다. 다음 문헌을 보라. Hylander, W. L., K. R. Johnson, and A. W. Crompton (1987). Loading patterns and jaw movements during mastication in Macaca fascicularis: A bone-strain, electromyographic, and cineradiographic analysis. *American Journal of Physical Anthropology* 72: 287-314.

21. Lieberman, D. E., et al. (2004). Effects of food processing on masticatory strain and craniofacial growth in a retrognathic face. *Journal of Human Evolution* 46: 655-77.

22. Corruccini, R. S., and R. M. Beecher (1982). Occlusal variation related to soft diet in a nonhuman primate. *Science* 218: 74-76; Ciochon, R. L., R. A. Nisbett, and R. S. Corruccini (1997). Dietary consistency and craniofacial development related to masticatory function in minipigs. *Journal of Craniofacial Genetics and Developmental Biology* 17: 96-102.

23. Corruccini, R. S. (1984). An epidemiologic transition in dental occlusion in world populations. *American Journal of Orthodontics and Dentofacial Orthopaedics* 86: 419-26; Lukacs, J. R. (1989). Dental paleopathology: Methods for reconstructing dietary patterns. In *Reconstruction of Life from the Skeleton*, ed. M. R. Iscan and K. A. R. Kennedy. New York: Alan R. Liss, 261-86.

24. 더 자세한 것은 다음 문헌을 참조하라. Lieberman, D. E. (2011). *The Evolution of the Human Head*. Cambridge, MA: Harvard University Press.

25. Twetman, S. (2009). Consistent evidence to support the use of xylitol-and sorbitol-containing chewing gum to prevent dental caries. *Evidence Based Dentistry* 10: 10-11.

26. Ingervall, B., and E. Bitsanis (1987). A pilot study of the effect of masticatory muscle training on facial growth in long-face children. *European Journal of Orthodontics* 9: 15-23.

27. Savage, D. C. (1977). Microbial ecology of the gastrointestinal tract. *Annual Review of Microbiology* 31: 107-33.

28. Dethlefsen, L., M. McFall-Ngai, and D. A. Relman (2007). An ecological and evolutionary perspective on human-microbe mutualism and disease. *Nature* 449: 811-18.

29. Ruebush, M. (2009). *Why Dirt Is Good*. New York: Kaplan.

30. Brantzaeg, P. (2010). The mucosal immune system and its integration with the mammary glands. *Journal of Pediatrics* 156: S8-15.

31. Strachan, D. J. (1989). Hay fever, hygiene, and household size. *British Medical Journal* 299: 1259-60.

32. 다음 문헌들을 보라. Correale, J., and M. Farez (2007). Association between parasite infection and immune responses in multiple sclerosis. *Annals of Neurology* 61: 97-108; Summers, R. W., et al. (2005). Trichuris suis therapy in Crohn's disease. *Gut* 54: 87-90; Finegold, S. M., et al. (2010). Pyrosequencing study of fecal microflora of autistic and control children. *Anaerobe* 16: 444-53.

33. Bach, J. F. (2002). The effect of infections on susceptibility to autoimmune and allergic diseases. *New England Journal of Medicine* 347: 911-20.

34. Otsu, K., and S. C. Dreskin (2011). Peanut allergy: An evolving clinical challenge. *Discovery Medicine* 12: 319-28.

35. Prescott, S. L., et al. (1999). Development of allergen-specific T-cell memory in atopic and normal children. *Lancet* 353: 196-200; Sheikh, A., and D. P. Strachan (2004). The hygiene theory: Fact or fiction? *Current Opinions in Otolaryngology and Head and Neck Surgery* 12: 232-36.

36. Hansen, G., et al. (1999). Allergen-specific Th1 cells fail to counterbalance Th2 cell-induced airway hyperreactivity but cause severe airway inflammation. *Journal of Clinical Investigation* 103: 175-83.

37. Benn, C. S., et al. (2004). Cohort study of sibling effect, infectious diseases, and risk of atopic dermatitis during first 18 months of life. *British Medical Journal* 328: 1223-27.

38. Rook, G. A. (2009). Review series on helminths, immune modulation and the hygiene hypothesis: The broader implications of the hygiene hypothesis. *Immunology* 126: 3-11.

39. Braun-Fahrlander, C., et al. (2002). Environmental exposure to endotoxin and its relation to asthma in school-age children. *New England Journal of Medicine* 347: 869-77; Yazdanbakhsh, M., P. G. Kremsner, and R. van Ree(2002). Allergy, parasites, and the hygiene hypothesis. *Science* 296: 490-94.

40. Rook, G. A. (2012). Hygiene hypothesis and autoimmune diseases. *Clinical Reviews in Allergy and Immunology* 42: 5-15.

41. Van Nood, E., et al. (2013). Duodenal infusion of donor feces for recurrent Clostridium difficile. New England Journal of Medicine 368: 407-15.

42. Feijen, M., J. Gerritsen, and D. S. Postma (2000). Genetics of allergic disease. *British Medical Bulletin* 56: 894-907. 하지만 쌍둥이들은 같은 미생물군을 공유하는 경향이 있어서 이것이 유전자의 역할을 실제보다 부풀리고 있는지도 모른다. 더 자세한 것은 다음 문헌을 참조하라.

Turnbaugh, P. J., et al. (2009). A core gut microbiome in obese and lean twins. *Nature* 457: 480-84.

43. 이 효과를 조사한 많은 연구들 중에서 내가 가장 좋아하는 것은 제임스 프리스 박사와 그 동료들이 실시한 연구다. 이 연구는 50세 이상의 미국인을 두 집단으로 나누어 1984년부터 추적 조사했다. 한 집단에는 538명의 아마추어 달리기 선수들이 배정되었다. 다른 집단에는 건강하고 과체중이 아니지만 운동을 별로 하지 않고 앉아서 생활하는 423명이 포함되었다. 20년 후 아마추어 달리기 선수들은 대조군보다 한 해 사망률이 20퍼센트가 낮았고, 사망한 225명의 참가자들 중 3분의 1만 달리기 선수들이었다(두 배 차이). 그뿐 아니라 달리기 선수들은 기능장애 수준이 50퍼센트 낮았다. 이것은 신체 연령이 14년이 더 젊다는 말과 같다. Chakravarty, E.F., et al. (2008) Reduced disability and mortality among aging runners: a 21-year longitudinal study. *Archives of Internal Medicine* 168: 1638-46.

11장

1. Paik, D. C., et al. (2001). The epidemiological enigma of gastric cancer rates in the U.S.: Was grandmother's sausage the cause? *International Journal of Epidemiology* 30: 181-82; Jakszyn, P., and C. A. Gonzalez (2006). Nitrosamine and related food intake and gastric and oesophageal cancer risk: A systematic review of the epidemiological evidence. *World Journal of Gastroenterology* 12: 4296-303.

2. 나는 네안데르탈인이 겨울에 발을 가죽으로 감싸는 방법을 알아냈을 것이라고 생각한다. 하지만 그러한 물질은 고고학 기록에 오래 남지 않는다. 신발에 대한 최초의 간접 증거는 발뼈 두께에 대한 연구에서 나온다. 이러한 연구는 신발을 신는 사람이 맨발로 다니는 사람보다 더 얇은 발뼈를 갖고 있다는 사실을 바탕으로 한다. Trinkaus, E., and H. Shang(2008). Anatomical evidence for the antiquity of human footwear: Tianyuan and Sunghir. *Journal of Archaeological Science* 35: 1928-33.

3. Pinhasi, R., et al. (2010). First direct evidence of chalcolithic footwear from the Near Eastern Highlands. *PLoS ONE* 5(6): e10984; Bedwell, S. F., and L. S. Cressman (1971). Fort Rock Report: Prehistory and environment of the pluvial Fort Rock Lake area of South-Central Oregon. In *Great Basin Anthropological Conference*, ed. M. C. Aikens. Eugene: University of Oregon Anthropological Papers, 1-25.

4. 미국족부의학협회의 웹사이트는 "주로 서서 일하는 사람들에게는 훌륭한 발바닥활 지지대

를 제공하고 밑창에 쿠션이 장착된 신발이 필수"라고 말한다. http://www.apma.org/MainMenu/FootHealth/Brochures/Footwear.aspx.

5. McDougall, C. (2009). *Born to Run: A Hidden Tribe, Superathletes, and the Greatest Race the World Has Never Seen*. New York: Knopf.

6. Lieberman, D. E., et al. (2010). Foot strike patterns and collision forces in habitually barefoot versus shod runners. *Nature* 463: 531-35.

7. Kirby, K. A. (2010). Is barefoot running a growing trend or a passing fad? *Podiatry Today* 23: 73.

8. Chi, K. J., and D. Schmitt (2005). Mechanical energy and effective foot mass during impact loading of walking and running. *Journal of Biomechanics* 38: 1387-95.

9. 걸을 때도 마찬가지다(까치걸음을 생각해보라.). 하지만 그것은 매우 비효율적이고 불필요하기 때문에 일반 보행이 될 수 없다.

10. Nigg, B. M. (2010). *Biomechanics of Sports Shoes*. Calgary: Topline Printing.

11. 변화는 항상 존재한다. 많은 숙련된 맨발 달리기 주자들은 앞발 착지를 선호하는 반면, 습관적으로 맨발로 다니는 사람들도 때로는 뒤꿈치로 착지한다. 우리는 기술, 달리는 거리, 표면의 단단함, 속도, 피로 같은 요인들이 이러한 변화에 얼마나 영향을 주는지 아직 모른다. 장거리 달리기를 잘하기로 유명한 케냐의 칼렌진족은 맨발로 달릴 때 앞발 착지를 한다. 하지만 맨발로 다니는 케냐 북부의 다센나흐족에 관한 연구는 그들이 대개 뒤꿈치로 착지하며, 특히 천천히 달릴 때 그렇게 한다는 사실을 알아냈다. 하지만 다센나흐족은 뜨거운 모래사막에서 사는 유목민으로 많이 달리지 않는다. 다음 문헌들을 보라. Lieberman, D. E., et al. (2010). Foot strike patterns and collision forces in habitually barefoot versus shod runners. *Nature* 463: 531-35; Hatala, K. G., et al. (2013). Variation in foot strike patterns during running among habitually barefoot populations. *PLoS One* 8: e52548.

12. 나는 장거리를 잘 달리려면 수영, 던지기, 등산 같은 운동처럼 기술이 필요하며, 숙련된 맨발 달리기 주자들이 움직이는 방식에서 많은 것을 배울 수 있다고 생각한다. 더 많은 연구가 필요하지만, 많은 코치들과 전문가들은 좋은 달리기 자세의 요건으로 거의 평평한 발로 부드럽게 착지하는 것, 보폭을 짧게 해서 무릎 아래서 발이 착지하게 하는 것, 1분당 170~180걸음을 내디딜 수 있도록 걸음 간 소요 시간을 짧게 하는 것, 엉덩이가 지나치게 기울어지지 않게 하는 것을 꼽는다. 하지만 이러한 방식으로 달리려면 발과 종아리의 근육에 더 많은 힘이 필요하다. 그뿐 아니라 그동안 이런 방식으로 달린 적이 없다면, 천천히 조심스럽게 바꾸는 것이 중요하다. 근력을 기르고, 힘줄, 인대,

뼈가 적응할 시간이 필요하기 때문이다. 그렇게 하지 않으면 부상을 입을 수 있다.

13. Milner, C. E., et al. (2006). Biomechanical factors associated with tibial stress fracture in female runners. *Medicine and Science in Sports and Exercise* 38: 323-28; Pohl, M. B., J. Hamill, and I. S. Davis (2009). Biomechanical and anatomic factors associated with a history of plantar fasciitis in female runners. *Clinical Journal of Sports Medicine* 19: 372-76. 몸이 그 힘을 둔화시키기 때문에 최대 충격력이 문제를 초래하지 않는다는 상반되는 가설에 대해서는 다음 문헌을 참조하라. Nigg, B. M. (2010). *Biomechanics of Sports Shoes*. Calgary: Topline Printing.

14. Daoud, A. I., et al. (2012). Foot strike and injury rates in endurance runners: A Retrospective Study. *Medicine and Science in Sports and Exercise* 44: 1325-44.

15. Dunn, J. E., et al. (2004). Prevalence of foot and ankle conditions in a multiethnic community sample of older adults. *American Journal of Epidemiology* 159: 491-98.

16. Rao, U. B., and B. Joseph (1992). The influence of footwear on the prevalence of flat foot: A survey of 2300 children. *Journal of Bone and Joint Surgery* 74: 525-27; D'Août, K., et al. (2009). The effects of habitual footwear use: Foot shape and function in native barefoot walkers. *Footwear Science* 1: 81-94.

17. Chandler, T. J., and W. B. Kibler (1993). A biomechanical approach to the prevention, treatment and rehabilitation of plantar fasciitis. *Sports Medicine* 15: 344-52.

18. 다음 문헌들을 보라. Ryan, M. B., et al. (2011). The effect of three different levels of footwear stability on pain outcomes in women runners: A randomised control trial. *British Journal of Sports Medicine* 45: 715-21; Richards, C. E., P. J. Magin, and R. Callister (2009). Is your prescription of distance running shoes evidence-based? *British Journal of Sports Medicine* 43: 159-62; Knapick, J. J., et al. (2010). Injury reduction effectiveness of assigning running shoes based on plantar shape in Marine Corps basic training. *American Journal of Sports Medicine* 36: 1469-75.

19. Marti, B., et al. (1988). On the epidemiology of running injuries: The 1984 Bern Grand-Prix Study. *American Journal of Sports Medicine* 16: 285-94.

20. van Gent, R. M., et al. (2007). Incidence and determinants of lower extremity running injuries in long distance runners: A systematic review. *British Journal of Sports Medicine* 41: 469-80.

21. Nguyen, U. S., et al. (2010). Factors associated with hallux valgus in a population-based study of older women and men: The MOBILIZE Boston Study. *Osteoarthritis Cartilage* 18: 41-

46; Goud, A. et al. (2011). Women's musculoskeletal foot conditions exacerbated by shoe wear: An imaging perspective. *American Journal of Orthopedics* 40: 183-91.

22. Kerrigan, D. C., et al. (2005). Moderate-heeled shoes and knee joint torques relevant to the development and progression of knee osteoarthritis. *Archives of Physical Medicine and Rehabilitation* 86: 871-75.

23. 또한 신발이 발보다 더 깨끗하다는 생각은 어디서 나온 걸까? 당신은 발을 씻는 것에 비해 신발을 얼마나 자주 세탁하는가? 이러한 쟁점들에 대해서는 다음 문헌을 참조하라. Howell, L. D. (2010). *The Barefoot Book*. Alameda, CA: Hunter House.

24. Zierold, N. (1969). *Moguls*. New York: Coward-McCann.

25. Au Eong, K. G., T. H. Tay, and M. K. Lim (1993). Race, culture and myopia in 110,236 young Singaporean males. *Singapore Medical Journal* 34: 29-32; Sperduto, R. D., et al. (1983). Prevalence of myopia in the United States. *Archives of Ophthalmology* 101: 405-7.

26. Holm, S. (1937). The ocular refraction state of the Palaeo-Negroids in Gabon, French Equatorial Africa. *Acta Ophthalmology* 13(suppl.):1-299; Saw, S. M., et al. (1996). Epidemiology of myopia. *Epidemiologic Reviews* 18: 175-87.

27. Ware, J. (1813). Observations relative to the near and distant sight of different persons. *Philosophical Transactions of the Royal Society*, London 103: 31-50.

28. Tscherning, M. (1882). *Studier over Myopiers Aetiologi*. Copenhagen: C. Myhre.

29. Young, F. A., et al. (1969). The transmission of refractive errors within Eskimo families. *American Journal of Optometry and Archives of the American Academy of Optometry* 46: 676-85.

30. 이 점에 관해서는 다음 문헌들을 보라. Foulds, W. S., and C. D. Luu (2010). Physical factors in myopia and potential therapies. In *Myopia: Animal Models to Clinical Trials*, ed. R. W. Beuerman, et al. Hackensack, NJ: World Scientific, 361-86; Wojciechowski, R. (2011). Nature and nurture: The complex genetics of myopia and refractive error. *Clinical Genetics* 79: 301-20; Young, T. L. (2009). Molecular genetics of human myopia: An update. *Optometry and Vision Science* 86: E8-E22.

31. Saw, S. M., et al. (2002). Nearwork in early onset myopia. *Investigative Ophthalmology and Vision Science* 43: 332-39.

32. Saw, S.M., et al. (2002). Component dependent risk factors for ocular parameters in *Singapore Chinese children. Ophthalmology* 109: 2065-71.

33. Jones, L. A. (2007). Parental history of myopia, sports and outdoor activities, and future myopia. *Investigative Ophthalmology and Vision Science* 48: 3524-32; Rose, K. A., et al. (2008). Outdoor activity reduces the prevalence of myopia in children. *Ophthalmology* 115: 1279-85; Dirani, M., et al.(2009). Outdoor activity and myopia in Singapore teenage children. *British Journal of Ophthalmology* 93: 997-1000.

34. 식생활 가설에 따르면, 녹말은 인슐린 수치를 높인다. 그 결과, 뼈의 성장판(뼈끝판)뿐 아니라 안구벽에도 작용하는 성장호르몬(IGF-1)의 혈중 농도를 높인다. 이 가설이 옳다면, 근시인 사람이 정상 시력을 지닌 사람보다 더 크고 더 빨리 자란다는 증거와, 2형 당뇨병을 지닌 사람(혈중 인슐린 수치가 높다.)이 근시가 될 가능성이 높다는 것을 설명하는 데 도움이 될 것이다. 더 많은 정보를 원하면 다음 문헌들을 보라. Gardiner, P. A. (1954). The relation of myopia to growth. Lancet 1: 476-79; Cordain, L., et al. (2002). An evolutionary analysis of the aetiology and pathogenesis of juvenile-onset myopia. *Acta Ophthalmologica Scandinavica* 80: 125-35; Teikari, J. M. (1987). Myopia and stature. *Acta Ophthalmologica Scandinavica* 65: 673-76; Fledelius, H. C., J. Fuchs, and A. Reck(1990). Refraction in diabetics during metabolic dysregulation, acute or chronic with special reference to the diabetic myopia concept. *Acta Ophthalmologica Scandinavica* 68: 275-80.

35. 이러한 미세섬유들을 수정체결이인대라고 하는데, 옛날에는 독일의 자연학자 요한 고트프리트 진(Johann Gottfried Zinn)의 이름을 따서 '진의 작은 띠(소대)'라고 불렀다.

36. Sorsby, A., et al. (1957). *Emmetropia and Its Aberrations*. London: Her Majesty's Stationery Office.

37. Grosvenor, T. (2002). *Primary Care Optometry*, 4th ed. Boston: Butterworth-Heinemann.

38. McBrien, N. A., A. I. Jobling, and A. Gentle (2009). Biomechanics of the sclera in myopia: Extracellular and cellular factors. *Ophthalmology and Vision Science* 86: E23-30.

39. Young, F. A. (1977). The nature and control of myopia. Journal of the American Optometric Association 48: 451-57; Young, F. A. (1981). Primate myopia. *American Journal of Optometry and Physiological Optics* 58: 560-66.

40. Woodman, E. C., et al. (2011). Axial elongation following prolonged near work in myopes and emmetropes. *British Journal of Ophthalmology* 5:652-56; Drexler, W., et al. (1998). Eye elongation during accommodation in humans: Differences between emmetropes and myopes. *Investigative Ophthalmology and Vision Science* 39: 2140-47; Mallen, E. A., P. Kashyap, and K. M. Hampson (2006). Transient axial length change during the accommodation response in young

adults. *Investigative Ophthalmology and Vision Science* 47: 1251-54.

41. McBrien, N. A., and D. W. Adams (1997). A longitudinal investigation of adult-onset and adult-progression of myopia in an occupational group: Refractive and biometric findings. *Investigative Ophthalmology and Vision Science* 38: 321-33.

42. Hubel D., T. N. Wiesel, and E. Raviola (1977). Myopia and eye enlargement after neonatal lid fusion in monkeys. *Nature* 266: 485-88.

43. Raviola, E., and T. N. Weisel (1985). An animal model of myopia. *New England Journal of Medicine* 312: 1609-15.

44. Smith III, E. L., G. W. Maguire, and J. T. Watson (1980). Axial lengths and refractive errors in kittens reared with an optically induced anisometropia. *Investigative Ophthalmology and Vision Science* 19: 1250-55; Wallman, J., et al. (1987). Local retinal regions control local eye growth and myopia. *Science* 237: 73-77.

45. Rose, K. A., et al. (2008). Outdoor activity reduces the prevalence of myopia in children. *Ophthalmology* 115: 1279-85.

46. 「베드로 후서」 1장 9절(『킹 제임스』 성경).

47. Nadell, M. C., and M. J. Hirsch (1958). The relationship between intelligence and the refractive state in a selected high school sample. *American Journal of Optometry and Archives of American Academy of Optometry* 35: 321-26; Czepita, D., E. Lodygowska, and M. Czepita (2008). Are children with myopia more intelligent? A literature review. *Annales Academiae Medicae Stetinensis* 54: 13-16.

48. Miller, E. M. (1992). On the correlation of myopia and intelligence. *Genetic, Social, and General Psychology Monographs* 118: 363-83.

49. Saw, S. M., et al. (2004). IQ and the association with myopia in children. *Investigative Ophthalmology and Vision Science* 45: 2943-48.

50. Rehm, D. (2001). *The Myopia Myth*; http://www.myopia.org/ebook/index.htm.

51. Leung, J. T., and B. Brown (1999). Progression of myopia in Hong Kong Chinese schoolchildren is slowed by wearing progressive lenses. *Optometry and Vision Science* 76: 346-54; Gwiazda, J., et al. (2003). A randomized clinical trial of progressive addition lenses versus single vision lenses on the progression of myopia in children. *Investigative Ophthalmology and Vision Science* 44: 1492-1500.

52. Rieff, C., K. Marlatt, and D. R. Denge (2011). Difference in caloric expenditure in sitting versus standing desks. *Journal of Physical Activity and Health* 9: 1009-11.

53. Convertino, V. A., S. A. Bloomfield, and J. E. Greenleaf (1997). An overview of the issues: Physiological effects of bed rest and restricted physical activity. *Medicine and Science in Sports and Exercise* 29: 187-90.

54. O'Sullivan, P. B., et al. (2006). Effect of different upright sitting postures on spinal-pelvic curvature and trunk muscle activation in a pain-free population. *Spine* 31: E707-12.

55. Lieber, R. L. (2002). *Skeletal Muscle Structure, Function, and Plasticity: The Physiological Basis of Rehabilitation*. Philadelphia: Lippincott, Williams and Wilkins.

56. Nag, P. K., et al. (1996). EMG analysis of sitting work postures in women. *Applied Ergonomics* 17: 195-97.

57. Riley, D. A., and J. M. Van Dyke (2012). The effects of active and passive stretching on muscle length. *Physical Medicine and Rehabilitation Clinics of North America* 23: 51-57.

58. Dunn, K. M., and P. R. Croft (2004). Epidemiology and natural history of lower back pain. *European Journal of Physical and Rehabilitation Medicine* 40: 9-13.

59. 이와 관련해서 다음 책을 추천한다. Waddell, G. (2004). *The Back Pain Revolution*, 2nd ed. Edinburgh: Churchill-Livingstone.

60. Violinn, E. (1997). The epidemiology of low back pain in the rest of the world: A review of surveys in low-and middle-income countries. *Spine* 22: 1747-54.

61. Hoy, D., et al. (2003). Low back pain in rural Tibet. *Lancet* 361: 225-26; Nag, A., H. Desai, and P. K. Nag (1992). Work stress of women in sewing machine operation. *Journal of Human Ergonomics* 21: 47-55.

62. 가장 오래된 매트리스는 7만 7000년 전의 것으로 남아프리카 시두부 동굴에서 나왔다. 이 동굴의 거주자들은 풀과 향이 나는 잎을 바닥에 깔고 잠을 잤던 것 같다(향이 나는 잎은 곤충을 쫓는다.). Wadley, L., et al. (2011). Middle Stone Age bedding construction and settlement patterns at Sibudu, South Africa. *Science* 334: 1388-91.

63. Adams, M. A., et al. (2002). *The Biomechanics of Back Pain*. Edinburgh: Churchill-Livingstone.

64. Mannion, A. F. (1999). Fibre type characteristics and function of the human paraspinal muscles: Normal values and changes in association with low back pain. *Journal of Electromyography*

and Kinesiology 9: 363-77; Cassisi, J. E., et al. (1993). Trunk strength and lumbar paraspinal muscle activity during isometric exercise in chronic low-back pain patients and controls. *Spine* 18: 245-51; Marras, W. S., et al. (2005). Functional impairment as a predictor of spine loading. *Spine* 30: 729-37.

65. Mannion, A. F., et al. (2001). Comparison of three active therapies for chronic low back pain: Results of a randomized clinical trial with one-year follow-up. *Rheumatology* 40: 772-78.

12장

1. May, A. L., E. V. Kuklina, and P. W. Yoon (2012). Prevalence of cardiovascular disease risk factors among U.S. adolescents, 1999-2008. *Pediatrics* 129: 1035-41.

2. Olshansky, S. J., et al. (2005). A potential decline in life expectancy in the United States in the 21st century. *New England Journal of Medicine* 352: 1138-45.

3. World Heath Organization (2011). *Global Status Report on Noncommunicable Diseases 2010*. Geneva: WHO Press; http://whqlibdoc.who.int/publications/2011/9789240686458_eng.pdf.

4. Shetty, P. (2012). Public health: India's diabetes time bomb. *Nature* 485: S14-S16.

5. 이 숫자는 2011년에 2형 당뇨병으로 진단된 1880만 명의 미국인들과(2형 당뇨병을 앓고 있지만 아직 진단되지 않은 미국인이 700만 명 더 있을 것으로 추산된다.) 2007년에 초래된 직접적인 비용 1160억 달러를 바탕으로 한 것이다. 더 자세한 사실은 다음 웹사이트를 참고하라. http://www.cdc.gov/chronicdisease/resources/publications/AAG/ddt.htm.

6. Russo, P. (2011). Population health. In *Health Care Delivery in the United States*, ed. A. R. Kovner and J. R. Knickman. New York: Springer, 85-102.

7. Byars, S. G., et al. (2009). Natural selection in a contemporary human population. *Proceedings of the National Academy of Sciences USA* 107 (suppl. 1): 1787-92.

8. Elbers, C. C. (2011). Low fertility and the risk of type 2 diabetes in women. *Human Reproduction* 26: 3472-78.

9. Pettigrew, R., and D. Hamilton-Fairley (1997). Obesity and female reproductive function. *British Medical Bulletin* 53: 341-58.

10. de Condorcet, M. J. A. (1795). *Esquisse d'un Tableau Historique des Progrès de l'Esprit Humain*. Paris: Agasse. 현대의 낙관주의적 견해에 관해서는 다음 예측을 보라. http://www.

kurzweilai.net/predictions/download.php.

11. TODAY Study Group (2012). A clinical trial to maintain glycemic control in youth with type 2 diabetes. *New England Journal of Medicine* 366: 2247-56.

12. 이 자료는 웹사이트(http://www.cdc.gov/nchs/)에서 직접 확인할 수 있다. 사망률은 인구의 크기와 평균 연령에 일어나는 변화들을 감안해서 보정되므로, 한 질병으로 진단된 사람의 수가 변한 것에 영향을 받지 않는다.

13. Pritchard, J. K. (2001). Are rare variants responsible for susceptibility to common diseases? *American Journal of Human Genetics* 69: 124-37; Tennessen, J. A. (2012). Evolution and functional impact of rare coding variation from deep sequencing of human exomes. *Science* 337: 64-69; Nelson, M. R.(2012). An abundance of rare functional variants in 202 drug target genes sequenced in 14,002 people. *Science* 337: 100-4.

14. Yusuf, S., et al. (2004). Effect of potentially modifiable risk factors associated with myocardial infarction in 52 countries (the INTERHEART study): Case-control study. *Lancet* 364: 937-52.

15. Blair, S. N., et al. (1995). Changes in physical fitness and all-cause mortality: A prospective study of healthy and unhealthy men. *Journal of the American Medical Association* 273: 1093-98.

16. 이 숫자는 2011년에 뇌졸중 또는 심장마비에 걸린 1300만 명의 미국인들을 바탕으로 한 것이지만, 이들은 심장병에 걸린 사람들의 일부에 불과하다. 더 많은 자료를 원하면 다음을 보라. Kovner, A. R., and J. R. Knickman (2011). *Health Care Delivery in the United States*. New York: Springer.

17. Russo, P. (2011). Population health. In *Health Care Delivery in the United States*, ed. A. R. Kovner and J. R. Knickman. New York: Springer, 85-102; 다음 웹사이트를 참고하라. http://report.nih.gov/award/.

18. Trust for America's Health (2008). *Prevention for a Healthier America: Investments in Disease Prevention Yield Significant Savings, Stronger Communities*. Washington, DC: Trust for America's Health. 이 보고서를 다음 웹사이트에서도 읽을 수 있다. http://healthyamericans.org/reports/prevention08/.

19. Brandt, A. M. (2007). *The Cigarette Century*. New York: Basic Books.

20. McTigue, K. M., et al. (2003). Screening and interventions for obesity in adults: Summary of the evidence for the U.S. Preventive Services Task Force. *Archives of Internal Medicine* 139: 933-

49; http://www.cdc.gov/nchs/data/hus/hus11.pdf#073.

21. 이윤 추구가 의료 행위를 어떻게 왜곡하는지에 대해서는 다음 책을 참조하라. Bortz, W. M. (2011). *Next Medicine: The Science and Civics of Health*. Oxford: Oxford University Press.

22. Glanz, K., B. K. Rimer, and K. Viswanath (2008). Theory, research and practice in health behavior and health education. In *Health Behavior in Education: Theory, Research and Practice*, 4th ed. San Francisco: Jossey-Bass, 23-41.

23. Institute of Medicine (2000). *Promoting Health: Intervention Strategies from Social and Behavioral Research*. Washington, DC: National Academy Press.

24. Orleans, C. T., and E. F. Cassidy (2011). Health and behavior. In *Health Care Delivery in the United States*, ed. A. R. Kovner and J. R. Knickman. New York: Springer, 135-49.

25. Gantz, W., et al. (2007). *Food for Thought: Television Food Advertising to Children in the United States*. Menlo Park, CA: Kaiser Family Foundation.

26. Hager, R., et al. (2012). Evaluation of a university general education health and wellness course delivered by lecture or online. *American Journal of Health Promotion* 26: 263-69.

27. Cardinal, B. J., K. M. Jacques, and S. S. Levy (2002). Evaluation of a university course aimed at promoting exercise behavior. *Journal of Sports Medicine and Physical Fitness* 42: 113-19; Wallace, L. S., and J. Buckworth(2003). Longitudinal shifts in exercise stages of change in college students. *Journal of Sports Medicine and Physical Fitness* 43: 209-12; Sallis, J. F., et al. (1999). Evaluation of a university course to promote physical activity: Project GRAD. *Research Quarterly for Exercise and Sport* 70: 1-10.

28. Galef Jr., B. G. (1991). A contrarian view of the wisdom of the body as it relates to dietary self-selection. *Psychology Reviews* 98: 218-23.

29. 다음 문헌들을 보라. Birch, L. L. (1999). Development of food preferences. *Annual Review of Nutrition* 19: 41-62; Popkin, B. M., K. Duffey, and P. Gordon-Larsen(2005). Environmental influences on food choice, physical activity and energy balance. *Physiology and Behavior* 86: 603-13.

30. Webb, O. J., F. F. Eves, and J. Kerr (2011). A statistical summary of mall-based stair-climbing interventions. *Journal of Physical Activity and Health* 8: 558-65.

31. 이와 관련해 행동경제학에 관한 두 권의 대중서를 추천한다. Kahneman, D. (2011). *Thinking Fast and Thinking Slow*. New York: Farrar, Straus and Giroux; and Ariely, D. (2008). *Predictably*

Irrational: The Hidden Forces That Shape Our Decisions. New York: Harper.

32. 아동노동법은 미국에서 1938년이 되어서야 통과되었다.

33. 다음 문헌들을 보라. Feinberg, J. (1986). *Harm to Self*. Oxford: Oxford University Press; Sunstein, C., and R. Thaler (2008). *Nudge: Improving Decisions About Health, Wealth, and Happiness*. New Haven, CT: Yale University Press.

34. http://www.surgeongeneral.gov/initiatives/healthy-fit-nation/obesityvision2010.pdf.

35. Johnstone, L. D., J. Delva, and P. M. O'Malley (2007). Sports participation and physical education in American secondary schools. *American Journal of Preventive Medicine* 33(4S): S195-S208.

36. Avena, N. M., P. Rada, and B. G. Hoebel (2008). Evidence for sugar addiction: Behavioral and neurochemical effects of intermittent, excessive sugar intake. *Neuroscience Biobehavioral Reviews* 32: 20-39.

37. Garber, A. K., and R. H. Lustig (2011). Is fast food addictive? *Current Drug Abuse Reviews* 4: 146-62.

우리 몸 연대기

초판 1쇄 발행 2018년 5월 25일
초판 7쇄 발행 2024년 7월 29일

지은이 대니얼 리버먼 **옮긴이** 김명주 **감수** 최재천

발행인 이봉주 **단행본사업본부장** 신동해
편집장 김경림 **책임편집** 이민경 **디자인** 박진범
마케팅 최혜진 이은미 **홍보** 반여진 허지호 송임선
국제업무 김은정 김지민 **제작** 정석훈

브랜드 웅진지식하우스
주소 경기도 파주시 회동길 20
문의전화 031-956-7430(편집) 02-3670-1123(마케팅)
홈페이지 www.wjbooks.co.kr
인스타그램 www.instagram.com/woongjin_readers
페이스북 www.facebook.com/woongjinreaders
블로그 blog.naver.com/wj_booking

발행처 ㈜웅진씽크빅
출판신고 1980년 3월 29일 제406-2007-000046호

ISBN 978-89-01-22495-4 03470

웅진지식하우스는 ㈜웅진씽크빅 단행본사업본부의 브랜드입니다.

※ 책값은 뒤표지에 있습니다.
※ 잘못된 책은 구입하신 곳에서 바꾸어 드립니다.